Die selbsttätige Regelung

Die selbsttätige Regelung

Theoretische Grundlagen mit praktischen Beispielen

Von

A. Leonhard

Dr.-Ing. Dr. techn. E. h.
o. Professor an der Technischen Hochschule Stuttgart

Dritte neubearbeitete Auflage

Mit 367 Abbildungen

Springer-Verlag
Berlin/Göttingen/Heidelberg
1962

ISBN-13: 978-3-642-92841-3   e-ISBN-13: 978-3-642-92840-6
DOI: 10.1007/978-3-642-92840-6

Softcover reprint of the hardcover 3st edition 1962
Library of Congress Catalog Card Number: 62-17096

Vorwort zur dritten Auflage

Das 1949 in erster Auflage erschienene Werk (mit einem Vorläufer „Die selbsttätige Regelung in der Elektrotechnik" 1940) kann nun in dritter Auflage vorgelegt werden. Die Regelungstechnik hat sich in den letzten 20 Jahren, also seit Erscheinen des ersten Regelungsbuches des Verfassers, zu einem beinahe selbständigen Wissensgebiet der Technik mit eigenen Methoden entwickelt.

Auf dem Gebiet der Behandlung einfacher linearer Regelkreise kann von einem gewissen Abschluß der Entwicklung gesprochen werden. Sowohl für die Analyse als auch die Synthese liegen brauchbare Verfahren vor und der Verfasser war bemüht, sich in der neuen Auflage auf die Behandlung der zweckmäßigsten Methoden zu beschränken.

Neu aufgenommen wurde hier ein Abschnitt (13 II), in dem gezeigt wird, wie sich die in den letzten Jahren hoch entwickelte Netzwerksynthese [85] unter Umständen auch bei der Wahl von Struktur und Dimensionierung bei Regelproblemen einsetzen läßt.

Entsprechend der wachsenden Bedeutung der „selbstanpassenden" oder auch „selbstoptimierenden" Regelung wird in einem Abschnitt (1 IV) ein Überblick über dieses Gebiet gegeben. Außerdem werden vermaschte Regelkreise — Hilfsregelkreise, Reihenschaltung von Regelkreisen — (1 III) ausführlicher behandelt als früher, da sie stärker Eingang in der Regelungstechnik gefunden haben.

In neuerer Zeit hat, insbesondere wohl bei der Reaktorregelung, das vom Verfasser erstmalig am Beispiel der Netzregelung 1943 [22] behandelte Problem der Mehrfachregelung Beachtung gefunden, wobei die Entkoppelung der verschiedenen Systeme eine große Rolle spielt. In Abschnitt 8 wurde daher anhand des alten Beispiels der Netzregelung gezeigt, wie bei einer Entkoppelung vorzugehen ist.

Da für manche Zwecke der Übergang von analoger zu digitaler Regelung erforderlich wird (insbesondere bei besonders hohen Ansprüchen an die Genauigkeit) und damit die digitale Regelung in Zukunft immer häufiger anzutreffen sein wird, erschien es erforderlich, in einem besonderen Abschnitt wenigstens einen Überblick über dieses Problem zu geben (1 V).

Neuere Arbeiten auf dem Gebiet der Regelung beschäftigen sich vielfach mit dem recht umfangreichen Gebiet der nichtlinearen Regelvorgänge. Da die Art der möglichen Nichtlinearitäten sehr mannigfaltig ist und deshalb eine praktisch allgemein anwendbare Theorie nicht zu finden sein wird, werden in diesen Arbeiten meist nur Sonderprobleme nach den verschiedensten Methoden behandelt. Dabei beschränkt man sich vielfach auf die Kontrolle der Stabilität oder weist nach, wie durch zweckmäßigen Einsatz einer Nichtlinearität ein Regelvorgang verbessert werden kann (Abschn. 12 III).

Neu aufgenommen wurde ein Abschnitt (11 III) über die Behandlung nichtlinearer Kreise in der Phasenebene, die, wenigstens bei einfacheren Problemen, einen guten Einblick in die Stabilitätsverhältnisse bietet. In einem ebenfalls neu aufgenommenen Abschnitt (13 VIII) wird gezeigt, wie auch bei nichtlinearen Regelkreisen unter Anlehnung an die Methoden für lineare Kreise eine gewisse Optimierung durchgeführt werden kann.

Die Bedeutung des Schrittreglers (Abtastregelung) ist in den letzten Jahren weiter gewachsen. Trotzdem hielt es der Verfasser nicht für erforderlich, die besonders für solche Systeme entwickelte spezielle Laplace-Transformation (Z-Transformation), die ein besonderes, ziemlich umfangreiches Kapitel erfordert hätte, aufzunehmen. Praktisch liegen nach Ansicht des Verfassers die Verhältnisse doch so, daß bei einer Abtastregelung die Abtastzeit gegenüber der Dauer einer Regelschwingung klein sein muß, wenn die Regelung gut arbeiten soll. In diesem Fall kann aber die Regelung mit Annäherung wie eine stetige behandelt werden (Abschn. 9 VI). Anhand von experimentellen Untersuchungen [103] konnte aber gezeigt werden, wie durch Einführung von Differenzenquotienten die Abtastregelung verhältnismäßig einfach verbessert werden kann (Abschn. 9 VI d). In diesem Zusammenhang erscheint es dem Verfasser für angebracht darauf hinzuweisen, daß doch die meisten Regelprobleme mit Hilfe der anschaulichen und durchaus exakten Frequenzgangdarstellung gelöst werden können und daß nur in Sonderfällen (z. B. bei beliebigen Anfangsbedingungen) die Laplace-Transformation zu Hilfe zu nehmen ist.

Man wird vielleicht in der neuen Auflage einen Abschnitt über statistische Methoden in der Regelungstechnik vermissen. Ein entsprechendes Kapitel ist aber bewußt weggelassen worden und zwar aus folgenden Gründen: Vorläufig ist noch nicht klar zu erkennen, wo diese sicher aussichtsreich erscheinenden Verfahren Eingang finden werden, und dann ist das Gebiet der Statistik den meisten Ingenieuren heute noch so fremd, daß erst eine sehr umfangreiche, über den Rahmen dieses Werkes hinausgehende Einführung über statistische Methoden hätte gegeben werden müssen.

In einem letzten Abschnitt (13 IX) wird kurz auf die Verwendung von Regelmodellen bei der Behandlung von Regelproblemen eingegangen. Gerade bei solchen Untersuchungen zeigt sich der große Vorteil der Verwendung des Regelschemas bzw. der Blockschaltbilder mit eingetragenen Übergangsfunktionen, wie sie in der ersten Auflage dieses Werkes erstmalig verwendet werden. Man „steckt" mit Funktionssteckern, auf die die Übergangsfunktion aufgezeichnet ist, in einfacher Weise das Blockschaltbild.

Der Gesamtcharakter des Werkes hat sich bei diesen Ergänzungen aber in keiner Weise verändert. Irgend welche theoretische oder praktische Verfahren zur Lösung von Regelproblemen werden immer nur in Zusammenhang mit möglichst weitgehend durchgearbeiteten Beispielen behandelt.

Für wertvolle Anregungen und Unterstützung bei der Korrektur bin ich meinen Mitarbeitern vor allem den Herren Dipl.-Ing. A. Boehringer, F. Brugger, H. Eisele und H. Lauffer zu großem Dank verpflichtet. Außerdem danke ich Herrn Dipl.-Ing. H. Seyfried, der mich auf den ungünstigen Einfluß von Totzeiten in Rückführkreisen (S. 312) aufmerksam gemacht hat.

Auch dem Verlag für die verständnisvolle Zusammenarbeit und die wieder sehr gute Ausstattung des Buches meinen besten Dank.

Stuttgart, den 23. Juli 1962 **A. Leonhard**

Inhaltsverzeichnis

A. Grundlagen

B. Ermittlung des Regelvorganges

C. Die Stabilität der Regelung

D. Synthese des Regelkreises

A. Grundlagen

1. Allgemeines über Regelung

I. Verschiedene Arten von Regelung. Zweck der Regelung

Überall in der Natur spielen sich Regelvorgänge ab, und zwar Vorgänge, die nach irgendwelchen, uns vielfach unverständlichen Naturgesetzen ablaufen, also nicht etwa durch den Menschen verursacht oder veranlaßt sind. Man kann diese Art von Regelung, die sich ohne unser Zutun abspielt, als *natürliche* Regelung bezeichnen.

Im Gegensatz hierzu soll von *künstlicher* Regelung dann gesprochen werden, wenn sie erst durch menschliche Einwirkung zustande kommt.

Mit der natürlichen Regelung können wir uns im einzelnen hier nicht befassen, sie interessiert, je nachdem wo sie auftritt, mehr die Vertreter anderer Wissensgebiete, z. B. die Zoologen, wenn es sich um die selbsttätige Einregelung der Zahl der Tiere einer Gattung, oder die Physiologen, wenn es sich um Vorgänge im menschlichen Körper handelt. Gerade im menschlichen Körper spielen sich die verschiedensten, oft recht verwickelten Regelvorgänge ab; erwähnt sei nur die selbsttätige Regelung des Zuckergehaltes im Blut oder die Regelung des Blutdruckes. Ebenso wie in der Technik versagt leider auch in der Natur die Regelung gelegentlich, was, wie dort, meist sehr unangenehme Folgen hat. Versagt z. B. die oben erwähnte Regelung des Zuckergehaltes, so tritt Zuckerkrankheit auf. Durch Einführung einer künstlichen Regelung kann dann allerdings diese Krankheit, wenigstens in ihren ungünstigen Auswirkungen, beseitigt werden. Die natürliche Regelung kann uns aber, wie bereits gesagt, hier nicht näher beschäftigen, nur der Vollständigkeit halber sollte kurz auf sie hingewiesen werden; grundsätzlich spielen sich die Regelvorgänge hier ganz ähnlich ab, wie bei der künstlichen, und dementsprechend können recht interessante Parallelen zwischen beiden Regelungsarten gezogen werden [*14, 32*].

Wenn wir nun zur künstlichen Regelung übergehen, so können wir hier nochmals eine Unterscheidung treffen: Die primitivere Regelung ist die *Regelung von Hand*, bei der noch der Mensch, gewissermaßen als Regelglied, in den Regelkreis eingeschaltet ist. Die höher entwickelte Regelung ist die *selbsttätige Regelung*, bei der der Mensch nicht mehr unmittelbar eingreift, und mit dieser Art der Regelung werden wir uns im weiteren allein zu beschäftigen haben.

Zuerst soll einiges über den Zweck und die Aufgaben der Regelung in der Technik gesagt werden. Man kann wohl vor allem folgende zwei Hauptaufgaben unterscheiden:

Einmal hat die Regelung auftretende Gefahrenmomente zu beseitigen und dann hat sie außerdem die Betriebsbedingungen von technischen Einrichtungen zu verbessern und damit in vielen Fällen erst das richtige Arbeiten der Einrichtung entweder überhaupt oder wenigstens in wirtschaftlicher Weise zu ermöglichen. Einige Beispiele sollen diese zwei Aufgaben etwas erläutern.

Zur ersten Aufgabe: Wenn die Drehzahl einer Kraftmaschine nicht konstant oder annähernd konstant gehalten, also geregelt wird, besteht die Gefahr, daß bei einer plötzlichen Entlastung die Maschine durchgeht, d.h. unzulässig hohe Drehzahlen annimmt und auseinanderfliegt. Wenn der Dampfdruck eines Kessels nicht durch entsprechende Steuerung geregelt wird, besteht die Gefahr, daß der Druck bei plötzlichem Rückgang des Dampfverbrauchs zu hoch wird und der Kessel explodiert. Allerdings wird man sich bei der Beseitigung solcher Gefahrenmomente nicht allein auf die Regelung verlassen, sondern wird noch besondere Sicherheitseinrichtungen vorsehen — Schnellschlußventil bei der Dampfturbine, Sicherheitsventil beim Kessel —. Aufgabe der Regelung ist aber, dafür zu sorgen, daß die Gefahr überhaupt gar nicht richtig zur Auswirkung kommt, sondern schon im Entstehen beseitigt wird.

Und nun einige Beispiele für die zweite Aufgabe der Regelung: Nur wenn die Spannung in einem Netz gut konstant gehalten, also geregelt wird, können Glühlampen wirtschaftlich betrieben werden, da auch schon bei geringen Spannungsschwankungen ihre Lebensdauer stark zurückgeht. Bei der Metallveredelung in Öfen muß ein bestimmtes Temperaturprogramm sehr genau eingehalten werden, wenn das Material die verlangten Eigenschaften annehmen soll. Eine Lichtmaschine, etwa in einem Kraftwagen, wird nur brauchbar durch einen Regler, der dafür sorgt, daß trotz der großen Drehzahländerungen die abgegebene Spannung konstant bleibt. Ein Verbundbetrieb in größerem Ausmaße mit Kupplung großer Netzgebiete wird erst durch sehr umfangreiche Regeleinrichtungen für Spannung, Frequenz, Übergabeleistung u.dgl. ermöglicht. Zuverlässig arbeitende automatische Fertigungsstraßen sind nur möglich, wenn wenigstens einzelne Glieder in der Steuerkette, im allgemeinen Werkzeugmaschinen, mit Kontrollorganen ausgerüstet sind. Diese Organe überprüfen laufend das Arbeitsergebnis, z.B. das Maß einer abgedrehten Welle o.dgl., und beeinflussen bei Abweichung des Maßes vom Sollwert die Maschine so, daß die Abweichung verschwindet, wirken also als Regelorgane.

Ganz allgemein kann man sagen, daß die Anforderungen an die Regelung in einem bestimmten Zweige der Technik um so höher liegen, je höher entwickelt an sich dieser Zweig der Technik ist.

Durch eine Regelung kann auch erreicht werden, daß irgendeine Größe einer anderen, die sich beliebig ändern kann, möglichst genau und möglichst ohne Zeitverzögerung folgt. Man spricht dann von *Folgeregelung*. Z.B. soll der Fräser einer Werkzeugmaschine der Stellung eines ein Modell abtastenden Fühlers folgen, oder ein Scheinwerfer soll der Stellung eines auf einen bestimmten beweglichen Gegenstand gerichteten Fernrohrs folgen, oder bei einem Mischsystem soll die Zugabe einer bestimmten Zusatzflüssigkeit in eine feste Abhängigkeit von der veränderlichen Durchflußmenge der Flüssigkeit gebracht werden.

II. Grundbegriffe, Aufbau eines einfachen Regelkreises [83]

Der Begriff der Regelung sei nun etwas genauer festgelegt. Wir sprechen von Regelung dann, wenn eine Betriebsgröße (Ausgangsgröße), die sonst irgendwelchen Schwankungen unterworfen wäre, entweder unabhängig von der Zeit konstant gehalten, oder in eine bestimmte Abhängigkeit von einer oder mehreren anderen Betriebs- oder Führungsgrößen gebracht wird. Dabei muß die dafür erforderliche Beeinflussung der Anordnung unmittelbar oder mittelbar von dieser geregelten Größe aus erfolgen. Erfolgt die Beeinflussung nicht von dieser Größe selbst aus, sondern etwa nur in Abhängigkeit von der Veränderung einer Eingangsgröße, so spricht man von *Steuerung*. Wird z.B. ein Regeltransformator, durch den die Spannungsschwankungen eines Netzes ausgeglichen werden sollen, abhängig von der schwankenden Netzspannung verstellt, so liegt eine Steuerung vor, wird er aber abhängig von der konstant zu haltenden Ausgangsspannung verstellt, so liegt eine Regelung vor. In beiden Fällen kann im übrigen die Bedingung konstanter Ausgangsspannung erreicht werden. Die Betriebsgröße, die geregelt wird, nennen wir die *Regelgröße*. Ihr jeweils verlangter Wert, der durch eine Führungsgröße bestimmt wird, wird als *Sollwert*, ihr tatsächlicher als *Istwert* bezeichnet. Während sich bei den meisten Regelanordnungen die Führungsgröße und damit der Sollwert der Regelgröße nicht oder nur in größeren Zeitabschnitten oder in einem festen Zusammenhang zu irgend einer Betriebsgröße des Systems ändert, kann bei einer Folgeregelung vielfach für den Verlauf der Führungsgröße überhaupt keine Gesetzmäßigkeit festgestellt werden.

Bei der Spannungsregelung eines Generators wird meist eine unabhängig von Laständerungen möglichst konstante Spannung, oder bei einer Kursregelung ein bestimmter, fester Kurs, verlangt. Dagegen soll bei der Drehzahlregelung einer Kraftmaschine für Generatorantrieb mit Rücksicht auf günstige Lastverteilung die Drehzahl nicht vollkommen konstant gehalten, sondern in eine feste Abhängigkeit von der Belastung — also einer anderen Betriebsgröße — gebracht werden, etwa so, daß zwischen Leerlauf und Vollast ein Drehzahlabfall von 5% auftritt. Im ersten Fall, bei vollkommen konstanter Regelgröße, spricht man von *astatischer* oder *Integralregelung* (*I*-Regelung), im zweiten, also bei Abhängigkeit der Regelgröße von der Belastung von *statischer* oder *Proportionalregelung* (*P*-Regelung). Als *Proportionalbereich* (*P*-Bereich) der Regelung bezeichnet man den Bereich, um den sich die Regelgröße ändert, wenn ein bestimmter Regelbereich durchlaufen wird. Dieser kann z.B. durch den Hub irgendeines Stellgliedes im Regelkreis, bei der Drehzahlregelung einer Turbine etwa durch die Differenz zwischen maximaler und minimaler Turbinenöffnung, festliegen. Der Proportionalbereich wird meist auf den Sollwert bezogen und in % angegeben.

Bei Fahrplanregelung, etwa der Temperatur in einem Vergüteofen oder der Leistung eines Kraftwerkes, wird die Regelgröße, also im einen Fall die Temperatur, im andern die Leistung, in eine feste Abhängigkeit von einer anderen Betriebsgröße, nämlich der Zeit gebracht. Bei der Regelung der Übergabeleistung von einem Netz in ein benachbartes wird meist das sogenannte Netzkennlinienverfahren angewandt, bei dem die Leistung abhängig von zwei Betriebsgrößen, nämlich der Zeit und der Frequenz, unter Umständen auch noch von einer dritten, nämlich der Gangabweichung einer Synchronuhr, geregelt wird, so daß die Leistungslieferung, die für Normalfrequenz nach einem Fahrplan festgelegt ist, bei zu geringer Frequenz über-, bei zu hoher unterschritten wird.

Dem Regeltechniker wird also die Aufgabe gestellt, dafür zu sorgen, daß in irgendeinem System irgendeine Betriebsgröße nach vorgegebenen Gesetzen geregelt wird. Für diese Aufgabe ist es nun belanglos, welches der eigentliche Zweck des Systems ist, den Regeltechniker braucht nur zu interessieren, wie über dieses System durch Einwirkungen von außen oder durch Eingreifen der Regelung die Regelgröße beeinflußt werden kann. Für ihn ist gewissermaßen die Regelung Selbstzweck und er kann das System deshalb ausschließlich unter diesem Gesichtspunkt betrachten. Zum Beispiel ist bei der Drehzahlregelung die eigentliche Aufgabe der Kraftmaschine, Leistung etwa an einen Generator abzugeben, unwichtig gegenüber der Tatsache, daß durch Änderung der Kraftstoffzufuhr über die Kraftmaschine die Regelgröße, nämlich die Drehzahl, beeinflußt werden kann. Oder bei der Temperaturregelung einer Ofenanlage ist im Hinblick auf die Regelung uninteressant, daß im Ofen irgendwelche Metalle veredelt werden, wichtig ist hierfür nur, daß durch die Ofenanlage die Temperatur beeinflußt, also geregelt werden kann. Das ganze System, durch das die Regelgröße beeinflußt werden kann, wird mit *Regelstrecke* bezeichnet. Zur Regelstrecke gehören unter Umständen räumlich sehr weit auseinanderliegende Teile, wie z.B. bei der Drehzahlregelung einer Kraftmaschine für einen Generator letzten Endes das ganze Netz mit allen Abnehmern.

Über die Regelstrecke kann nun zunächst durch eine Störung, nämlich eine Änderung irgendeiner Zustandsgröße, etwa der Belastung einer Kraftmaschine oder des Seitenwindes bei einer Kursregelung, die Regelgröße beeinflußt werden. War vor einer solchen Beeinflussung der Sollwert der Regelgröße vorhanden und das ganze Regelsystem im Gleichgewicht, so wird jetzt dieses Gleichgewicht gestört, wir nennen daher die entsprechende störende Zustandsgröße die *Störgröße.*

Aufgabe der Regelung ist es, die Wirkung dieser Störgröße wieder aufzuheben und dafür zu sorgen, daß die Regelgröße möglichst wieder auf ihren Sollwert gebracht wird. Dazu muß vor allen Dingen die Möglichkeit einer Messung der Regelgröße zum Vergleich mit der Führungsgröße gegeben, also eine Meßeinrichtung, ein *Meßglied* vorhanden sein. Das gleiche gilt natürlich auch bei einer Folgeregelung, bei der auch durch eine Messung der Vergleich zwischen der hier im allgemeinen stark veränderlichen Führungs- und der Regelgröße ermöglicht wird. Das Meßglied kann aus einem einfachen *Meßwerk* bestehen, dem

die Regelgröße zugeführt wird, z. B. einem elektromagnetischen Meßwerk bei Spannungs- oder einem Fliehkraftpendel bei Drehzahlregelung.
Es kann aber auch mehrere Teilglieder umfassen, was z. B. dann erforderlich wird, wenn eine unmittelbare Zuführung der Regelgröße zum Meßwerk
nicht möglich ist. Bei einer Temperaturregelung wird man z. B. dort,
wo die Temperatur geregelt werden soll, ein Thermoelement einbauen
und erst die Spannung dieses Elements, die ein Maß für die Temperatur
bildet, unter Umständen noch über einen Meßwertverstärker, dem
eigentlichen Meßwerk zuführen. Das Organ, das gewissermaßen die
Regelgröße am Regelsystem abgreift, abfühlt, im obigen Beispiel das
Thermoelement, wird *Meßfühler* genannt.

Das Meßglied hat nun nicht nur die Abweichung festzustellen, zu
messen, sondern es muß durch Einwirkung auf die Regelstrecke in
Gegenwirkung zur Störung die Regelgröße beeinflussen, muß also gleichzeitig als Stellwerk, als *Regler* ausgebildet sein. Die Betriebsgröße des
Meßgliedes, durch die diese Beeinflussung erfolgt, nennen wir *Stellgröße*
oder auch Ausgangsgröße des Meßwerkes bzw. Reglers, sie kann sehr
verschiedenartig sein z. B. ein Widerstandswert, eine Spannung, die
Stellung eines Steuerkolbens oder eines Strahlrohrs, eine Ventilstellung
u. dgl. mehr.

Da es häufig erwünscht ist, verschiedene Werte der Regelgröße ein-
regeln zu können, besitzt das Meßglied im allgemeinen noch eine besondere Einstellmöglichkeit für die Regelgröße, den sogenannten *Sollwerteinsteller*. Die Wirkungsweise des Sollwerteinstellers kann wieder sehr
verschieden sein. Er kann z. B. die Wirkung der Regelgröße auf das
Meßwerk verändern, was bei elektromagnetischen Meßwerken durch
Vorschalten eines Widerstandes vor die Magnetspule erreicht wird. Oder
das Meßwerk selbst kann beeinflußt werden, etwa dadurch, daß eine
rückstellende Federkraft (Führungsgröße) verändert wird, oder es kann
die Wirkung der Ausgangsgröße des
Meßwerkes auf das Verstellsystem
beeinflußt werden, z. B. bei Öldruck-
reglern durch Veränderung der Lage
eines Gestängedrehpunktes und dergleichen.

Die Abweichung der Regelgröße
vom Sollwert muß bei vielen Meßwerken erst ein gewisses Maß überschreiten, bevor es eingreift, also auf

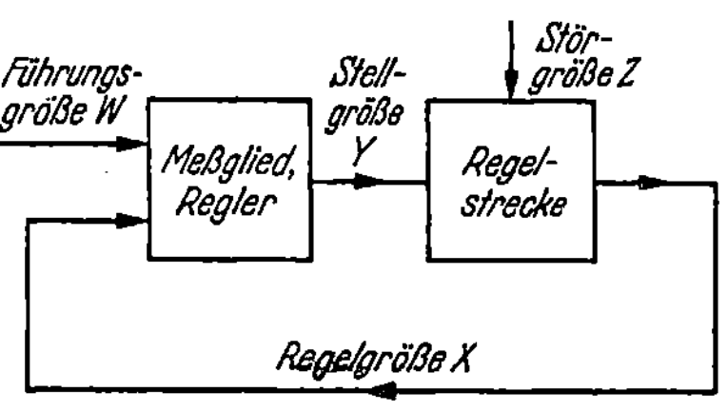

Abb. 1. Aufbau eines Regelkreises

die Regelstrecke einwirkt. Man bezeichnet als *Unempfindlichkeitsgrad*
des Meßwerkes die Differenz der Grenzwerte, innerhalb deren das Meßwerk noch nicht anspricht, bezogen auf den Sollwert. Mindestens dieser
Unempfindlichkeitsgrad ist dann auch maßgebend für die Gesamtrege-
lung.

Grundsätzlich wird also der Aufbau einer Regelanordnung der
Abb. 1 entsprechen. Es liegt ein geschlossener Kreis, der *Regelkreis*
vor. Die Ausgangsgröße der Regelstrecke, die Regelgröße X, beeinflußt
über das Meßglied, das als Regler arbeitet, durch die Stellgröße Y wieder

die Regelstrecke. Außerdem kann das System noch durch die Führungsgröße W am Meßwerk und durch die Störgröße Z, an der Regelstrecke angreifend, beeinflußt werden. Bei der Regelung einer Dampfkraftmaschine nach Abb. 2 ist z. B. Kraftmaschine mit Generator und Netz

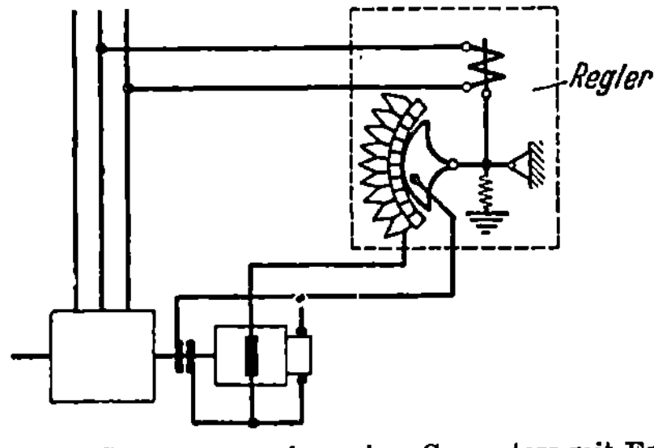

Abb. 2. Drehzahlregelung einer Kraftmaschine für Generatorantrieb ohne Hilfsmotor

die Regelstrecke, das Fliehkraftpendel, das unmittelbar die Dampfzufuhr steuert, das Meßwerk, der Regler. Als Störgröße kann eine Belastungsänderung, aber auch eine Änderung des Dampfdrucks wirksam werden.

Das Meßwerk ist meistens in seinem Aufbau sehr weitgehend mit einem Meßinstrument vergleichbar. Seine Leistungsfähigkeit als Stellwerk ist daher beschränkt und in vielen Fällen findet sich an der Regelstrecke in ihrem ursprünglichen, natürlichen Aufbau kein Angriffspunkt, an dem durch das Meßwerk unmittelbar die gewünschte Beeinflussung der Regelgröße erfolgen kann. Man

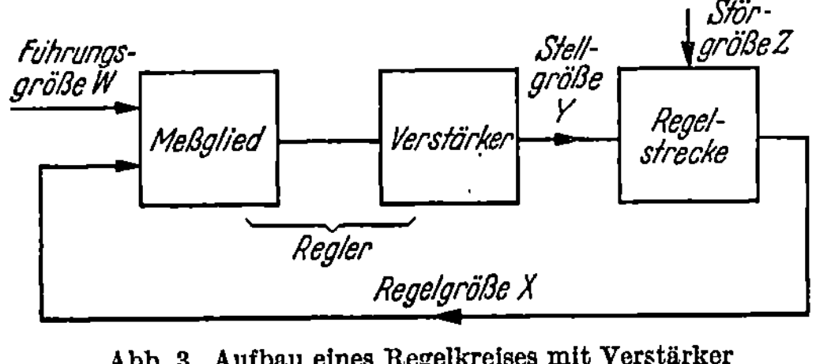

Abb. 3. Aufbau eines Regelkreises mit Verstärker

schaltet daher zwischen Meßglied und Regelstrecke noch einen oder mehrere Verstärker (z. B. Stellmotoren) mit Energiezufuhr von außen ein und bekommt damit ein Schema nach Abb. 3.

Wenn als Beispiel für die Regelung wieder das gleiche wie in Abb. 2 angenommen wird, so steuert jetzt das Fliehkraftpendel Abb. 2 einen Stellmotor, etwa einen Ölhilfsmotor, und erst dieser verstellt die Dampfzufuhr.

Sind die Verstärker irgendwie konstruktiv mit dem Meßwerk zusammengefaßt, so bezeichnet man das Ganze als *Regler*, und zwar als *mittelbaren* oder *Regler mit Hilfsenergie*. Sind besondere Verstärker nicht vorhanden, oder aber vollkommen getrennt ohne konstruktiven Zusammenhang mit dem Meßwerk angeordnet, so wird das Meßglied für sich als Regler, und zwar dann als *direkter* oder *unmittelbarer* oder *Regler ohne Hilfsenergie* bezeichnet. Soll z. B. nach Abb. 4 die Spannung eines

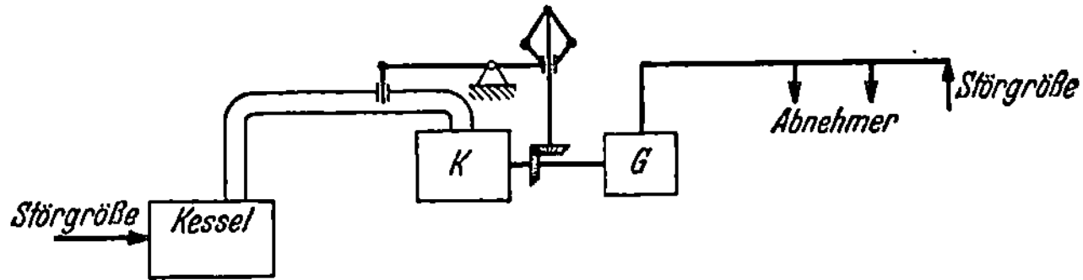

Abb. 4. Spannungsregelung eines Generators mit Erregermaschine durch einen Regler ohne Hilfsenergie

großen Wasserkraftgenerators durch Änderung des Erregerstromes der
Erregermaschine geregelt werden, so wird ein unmittelbarer Regler,
also gewissermaßen ein einfaches Meßwerk, etwa ein Wälzregler, bei

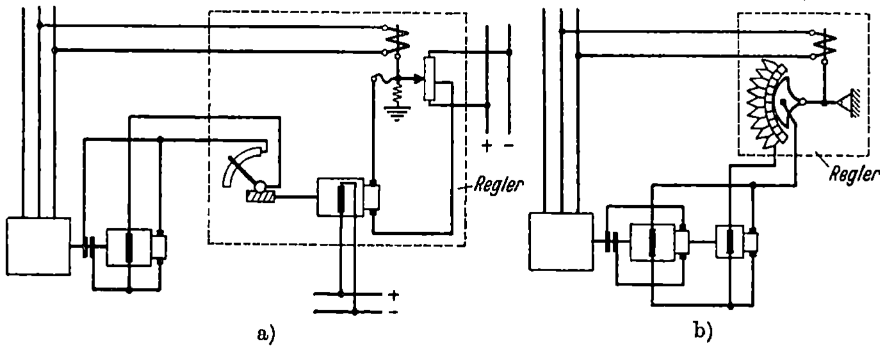

Abb. 5a u. b. Spannungsregelung eines großen Generators mit Erregermaschine
a) durch einen Regler mit Hilfsmotor („Regler mit Hilfsenergie"),
b) durch einen Regler mit Hilfsgenerator („Regler ohne Hilfsenergie")

genügend großer Empfindlichkeit nicht mehr in der Lage sein, diesen
Erregerstrom unmittelbar zu steuern. Man ist dann gezwungen, einen
Verstärker zwischenzuschalten. Als Verstärker kann ein *Hilfsmotor* z.B.
nach Abb. 5a, ein Elektromotor, der mit dem Meßwerk zu einem Regler
zusammengebaut ist, gewählt werden, oder nach
Abb. 5b ein *Hilfsgenerator*, wobei dann der unmittelbare Regler beibehalten werden kann.

Praktisch zeigt sich, daß sich solche Verstärker sehr ähnlich verhalten wie andere Einzelglieder
der Regelstrecke, auf die noch näher eingegangen
wird. Da es außerdem für die Berechnung der
Regelvorgänge vollkommen belanglos ist, ob sie
tatsächlich zum Regler oder zur Regelstrecke gehören, erscheint es für die Behandlung der Regelprobleme u. U. zweckmäßig, diese Verstärker einfach mit zur Regelstrecke zu rechnen, so daß damit
wieder die Abb. 1 Gültigkeit besitzt.

Die Regelstrecke besteht meistens aus mehreren
Einzelgliedern, kurz *Regelglieder* oder auch *Verstellglieder*, abgekürzt V-Glieder genannt, die im
allgemeinen hintereinander geschaltet sind, so daß
nach Abb. 6 bei einer klar hervortretenden Wirkungsrichtung immer ein Glied vom vorhergehenden und schließlich das erste vom Meßglied gesteuert wird. Bezeichnen wir die Stell- oder Ein-

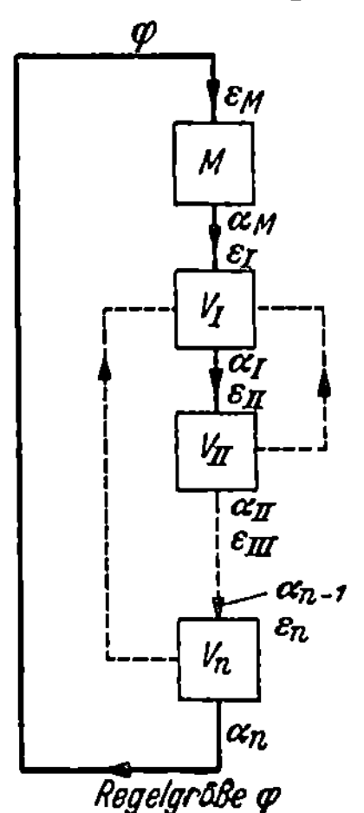

Abb. 6. Schema einer
Regelanordnung mit Auf-
trennung der Regelstrecke
in Einzelglieder, Verstellglieder (V)
(Blockschaltbild)

gangsgröße eines (des k-ten) Regelgliedes, bezogen auf irgendeinen Festwert, etwa auf ihren maximalen Wert mit ε_k, die Ausgangsgröße, wieder bezogen auf irgendeinen Festwert, mit α_k, so wird $\alpha_k = \varepsilon_{k+1}$.

Die einzelnen Regelglieder können je nach dem unmittelbaren Zweck,
dem sie dienen, in ihrem Aufbau sehr verschieden sein, sie können reine

Verstärker (z. B. Erregermaschine eines Generators, Servomotor eines mittelbaren Reglers) oder Energiewandler (z.B. Dampfkesselanlage) oder einfache Verstellwerke (z.B. Spannungsteiler mit Motorantrieb) oder dergleichen sein. Entsprechend hängt die Zahl der Regelglieder von der erforderlichen Verstärkung der vom Meßwerk gelieferten Stellgröße oder von der Zahl der erforderlichen Energieumwandlungen oder unter Umständen auch noch von anderen Einflüssen ab. Ein Schema entspr. Abb. 6 wird als *Regelschema* oder *Blockschaltbild* bezeichnet.

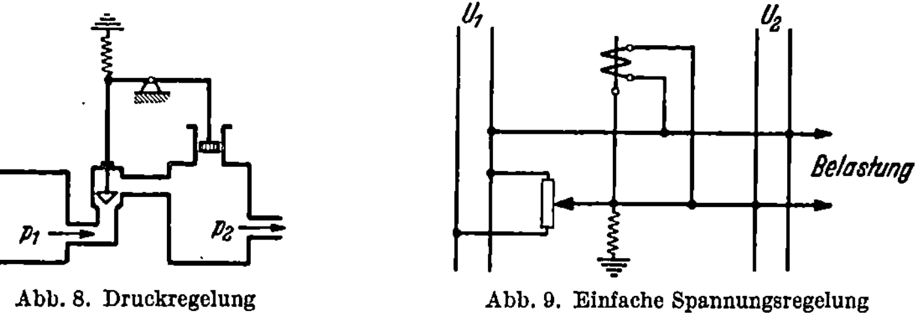

Abb. 7. Temperaturregelung eines Gebäudes mit Regelschema

Bei einer Temperaturregelung für ein Gebäude nach Abb. 7 können außer dem Meßwerk M mit zugehörigem *Meßfühler MF*, einem Thermoelement, und einem Meßwertverstärker MV (Elektronenverstärker oder auch elektropneumatischer Verstärker) klar drei weitere Regelglieder unterschieden werden: Das Meßwerk steuert den Ölhilfsmotor für das Dampfventil als erstes Glied (im allgemeinen Regelglied mit Rückführung! s. Abschn. IIIa). Durch die Stellung des Dampfventils wird die Temperatur des umlaufenden Warmwassers beeinflußt, das Warm-

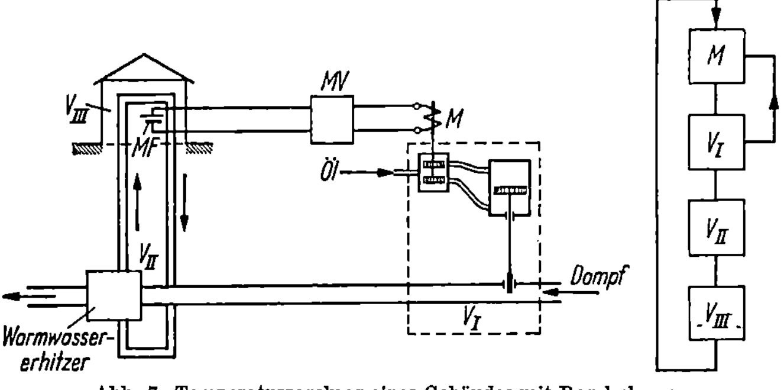

Abb. 8. Druckregelung   Abb. 9. Einfache Spannungsregelung

wassersystem ist also das zweite Regelglied. Durch die Temperatur des Warmwassersystems wird dann schließlich erst die Raumtemperatur im Gebäude gesteuert, das Gebäude selbst stellt demnach das dritte Glied dar.

Bei einer Spannungsregelung nach Abb. 5a besteht das System, wie sich sofort übersehen läßt, ebenfalls aus vier Gliedern, dem Meßwerk, dem Verstellmotor, der Erregermaschine und dem Generator.

Bei der Drehzahlregelung nach Abb. 2 sind nur zwei Glieder vorhanden, das Meßwerk (Fliehkraftpendel) und die Kraftmaschine KM mit Generator und Netz.

Gelegentlich kommen auch ganz einfache Regelanordnungen vor, bei denen das Meßwerk ohne Zwischenschaltung eines weiteren Gliedes unmittelbar die Regelgröße beeinflußt. Abb. 8 und 9 zeigen Beispiele einer solchen Regelung. Bei der Gas-Druckregelung Abb. 8 verstellt das Meßwerk (federbelasteter Kolben) ein Drosselventil und damit bei fester Gas-Abnahme und festem Druck p_1 unmittelbar die Regelgröße, den Druck p_2. Bei der Spannungsregelung Abb. 9 verstellt das elektromagnetische Meßwerk an einem Spannungsteiler unmittelbar die Regelgröße, nämlich die Spannung U_2.

III. Vermaschte Regelkreise

a) Rückführung. Außer der reinen Reihenschaltung der einzelnen Regelglieder können auch noch Verbindungen nach rückwärts vorhanden sein. Von der Ausgangsgröße eines Gliedes wird dann — gewollt oder ungewollt — rückwärts dieses Glied selbst oder ein im Regelkreis weiter zurückliegendes Glied beeinflußt, so wie dies in Abb. 6 durch gestrichelte Linien angedeutet ist. Eine solche gewollte rückwärtige Beeinflussung liegt z. B. bei einer sogenannten *Rückführung* vor. In Abb. 10 ist ein einfaches Beispiel einer Rückführung bei einem Regler für Drehzahlrege-

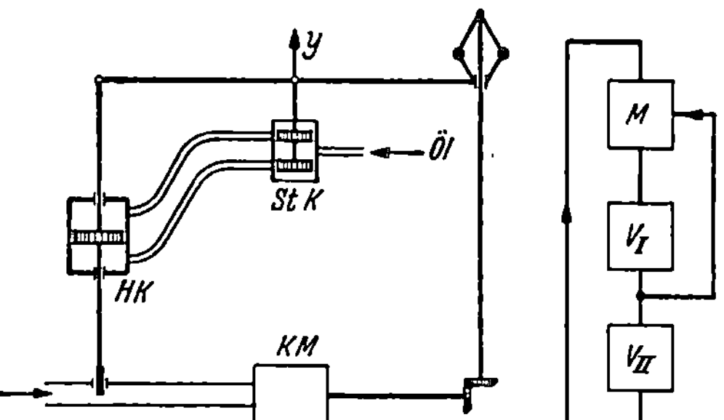

Abb. 10. Drehzahlregelung einer Kraftmaschine durch indirekten Regler (Regler mit Hilfsenergie) mit Rückführung. Zugehöriges Regelschema

lung gezeigt, zusammen mit dem Regelschema. Die Stellung y des Steuerkolbens, also die zunächst vom Meßwerk, dem Fliehkraftpendel ausgehende Stellgröße für den Hauptverstellkolben *HK* wird außer vom Fliehkraftpendel noch von der Stellung des Hauptkolbens beeinflußt. Ändert sich die Drehzahl um einen bestimmten Wert, so ändert sich die Muffenstellung und damit wird der Steuerkolben aus seiner Nullage gebracht, der Hauptkolben bewegt sich und führt jetzt den Steuerkolben, also seine Stellgröße, in Richtung der Nullage zurück, so daß diese schon erreicht wird, bevor die Drehzahl wieder ihren ursprünglichen Wert angenommen hat. Wie sich später zeigen wird, begünstigt dies den Regelvorgang. Von dieser, wohl bei der Drehzahlregelung erstmalig eingeführten Rückführung, rührt überhaupt der Ausdruck „Rückführung" her, auch für Fälle, bei denen nicht so klar wie bei Abb. 10 die Rückführung zu erkennen ist.

Abb. 11 zeigt ein anderes Beispiel einer Rückführung. Die Drehzahl eines Motors wird durch einen Regler mit Hilfsenergie, bestehend aus einem elektromagnetischen Meßwerk und einem Hilfsmotor, geregelt. Das elektromagnetische Meßwerk erhält außer der Haupterregerwicklung, die von einer Tourendynamo gespeist wird, noch eine Hilfswicklung, die an die Ankerklemmen des Verstellmotors angeschlossen ist. Der Wickelsinn bzw. die Polarität ist so gewählt, daß bei einer Drehrichtung des Hilfsmotors im Sinne einer Drehzahlerhöhung die Hilfsspule die Wirkung der Hauptspule unterstützt und bei umgekehrtem Drehsinn ihr entgegenwirkt. Da die Ankerspannung des Hilfsmotors

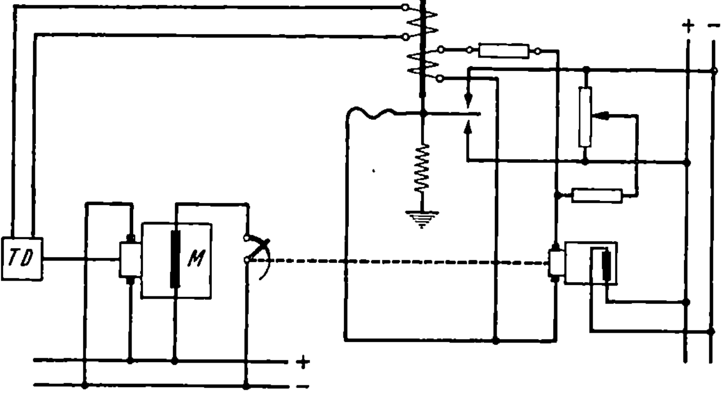

Abb. 11. Drehzahlregelung eines Gleichstrommotors durch indirekten Regler mit Rückführung

etwa verhältnisgleich ist seiner Drehzahl, wird damit das Meßwerk außer von der Regelgröße, im vorliegenden Fall der Drehzahl der Hauptmaschine, noch zusätzlich von der Verstellgeschwindigkeit des Hilfsmotors beeinflußt. Dadurch wird erreicht, daß bei kleinen Abweichungen der Drehzahl vom Sollwert der Regler nur mit geringer mittlerer Verstellgeschwindigkeit arbeitet und damit der Sollwert ohne starkes Überregeln erreicht wird. Bei dieser Anordnung ist also im Gegensatz zum vorigen Beispiel Abb. 10 die Rückführung abhängig gemacht nicht von der Stellung des Hilfsmotors (Ölkolben), sondern von der Verstell*geschwindigkeit* des Hilfsmotors.

b) Hilfsregelkreise. In der Technik kommen öfters Regelstrecken vor, die über mehrere Stellgrößen beeinflußt werden können und dementsprechend sind auch Anordnungen entwickelt worden, die selbsttätig den Regler jeweils auf *die* Stellgröße schalten, die am besten den gewollten Zustand der Regelstrecke nach einer Störung wieder herstellen. In Abschnitt IV wird noch kurz auf dieses Problem eingegangen. Hier soll nur der Fall betrachtet werden, daß durch *zwei* getrennte Regler über zwei Stellgrößen auf die Regelstrecke eingewirkt wird. Die Eingangsgrößen der Regler können die gleichen sein oder aber die Ausgangsgröße eines Reglers, also eine der beiden Stellgrößen, ist Eingangsgröße des zweiten Reglers.

Abb. 12 zeigt ein Beispiel mit zugehörigem Regelschema für den ersten Fall. Die Ausgangs-Dampftemperatur ϑ_a eines Dampfüberhitzers soll konstant gehalten werden. Dies ist in erster Linie durch Änderung der Heizleistung Y_2 möglich, die durch einen Regler M_2 gesteuert wird. Die Temperatur folgt nun aber der Heizleistung wegen der großen Wärmekapazität des ganzen Apparates erst mit großer Verzögerung, so

daß sich nur eine sehr träge, für viele Fälle unbrauchbare Regelung ergibt.
Man sieht daher zusätzlich noch eine zweite, wesentlich schnellere Regelung über einen zweiten Regler M_1 vor. Durch Einspritzen einer veränderlichen Wassermenge in den Dampfstrom am Eingang des Überhitzers kann die Ausgangstemperatur verhältnismäßig schnell gesteuert
werden. Der Regler M_1 beeinflußt diese eingespritzte Wassermenge Y_1
und regelt so die Temperatur ϑ_a wesentlich schneller als Regler M_2.

Nun sollen aber letzten Endes doch Störungen der Temperatur,
etwa als Folge größerer Dampfentnahme, durch Änderung der Heizleistung bei etwa konstanter Einspritz-Wassermenge ausgeglichen werden. Dies läßt sich bei Zusammenarbeiten der beiden Regler erreichen,
wenn M_1 als Proportionalregler, M_2 als Integralregler ausgebildet werden
und der Sollwert des Integralreglers etwa in die Mitte des Proportionalbereiches des Proportionalreglers gelegt wird. Der Regler M_2 regelt dann
mit der Temperatur automatisch auch die Wassermenge auf den mittleren Wert ein.

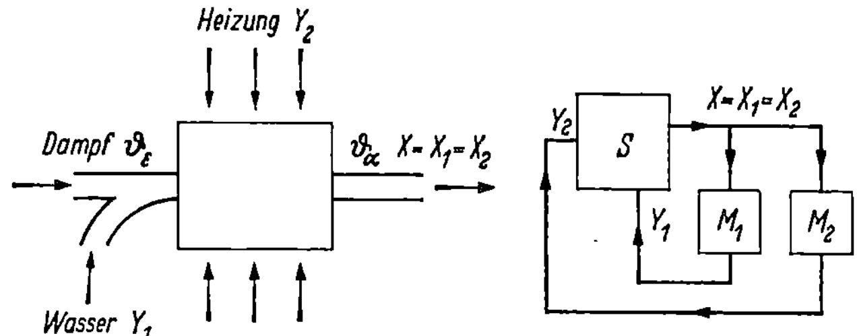

Abb. 12. Regelung mit Hilfsregelkreis (schnelle Regelung von langsamer überlagert)

Regelanordnungen entsprechend dem Schema Abb. 12 sind auch
dann zweckmäßig, wenn der Sollwert sehr genau eingehalten, dabei aber
größere Abweichungen doch schnell, wenn auch mit einem gewissen
Restfehler ausgeregelt werden sollen. Man führt dann den P-Regler M_1
als schnellen Analogregler und den I-Regler M_2 als langsamen aber sehr
genauen Digitalregler aus (s. Abschn. V).

Die Regelung der Dampftemperatur bei der Anordnung nach Abb. 12
(links) kann man aber auch so ausführen, wie im Schema Abb. 13 (rechts)
gezeigt. Der Regler M_1 ist dann als Integral-Regler ausgeführt und regelt
die Temperatur ϑ_a auf den Sollwert. Dem Regler M_2 wird als Eingangsgröße X_2 nicht die Temperatur, sondern die Einspritz-Wassermenge, also
die auch der Regelstrecke zugeführte Ausgangsgröße Y_1 des Reglers M_1
zugeführt. Der Regler M_2 regelt damit die Wassermenge auf den Mittelwert und so werden auch hier im stationären Betrieb alle Störeinflüsse
durch Änderung der Heizleistung ausgeglichen.

In Abb. 13 (links) ist gezeigt, wie nach diesem Schema auch die
Spannungsregelung eines Gleichstromgenerators durchgeführt werden
kann, der durch eine Wasserturbine ohne Drehzahlregler angetrieben
wird. Der Regler M_1, ein schneller I-Regler, ist der eigentliche Spannungsregler mit der Generatorspannung U als Eingangsgröße X_1 und
der Erregerspannung u als Ausgangsgröße Y_1. Die Erregerspannung u

ist gleichzeitig Eingangsgröße für einen zweiten Regler M_2, der die Turbinenöffnung als Ausgangsgröße Y_2 und damit die Drehzahl so steuert, daß die mittlere Erregerspannung etwa konstant bleibt und damit für das Eingreifen des Reglers M_1 im normalen Belastungsbereich immer genügend Steuerbereich nach beiden Seiten vorhanden ist.

Eine Regelung nach dem Schema Abb. 13 kann auch für eine Weitbereich-Regelung verwendet werden. Bei vielen Antrieben, z. B. für Papiermaschinen, soll eine in weiten Grenzen einstellbare Drehzahl auf dem einmal gewählten Drehzahlwert möglichst genau gehalten werden. In solchen Fällen etwa einen selbsttätigen Regler für den ganzen Bereich mit einem entsprechenden Sollwerteinsteller zu verwenden, ist nicht zweckmäßig und zwar aus folgendem Grund: Im Normalbetrieb hat ein solcher Regler nur die verhältnismäßig geringen Schwankungen auszuregeln, die durch Änderung der verschiedenen Betriebsgrößen wie Belastung, Erwärmung und dgl. hervorgerufen werden. Er muß aber

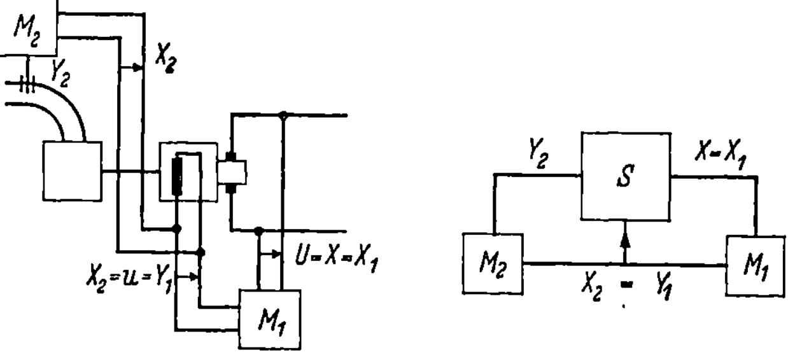

Abb. 13. Regelung mit Hilfsregelkreis. Spannungsregelung durch Erregung und Drehzahl

mit Rücksicht auf die gewünschte Einstellbarkeit der Drehzahl für einen großen Stellbereich ausgelegt werden. Nur ein ganz kleiner Teil dieses Bereiches wird für seine eigentliche Aufgabe, die Drehzahl möglichst genau konstant zu halten, ausgenutzt.

Man arbeitet daher in diesem Fall zweckmäßigerweise mit einem Hilfsregelkreis entsprechend dem Schema Abb. 13, wobei aber der Regler M_2 an der gleichen Stelle der Regelstrecke zusätzlich eingreift, wie der Regler M_1. Bei einer Weitbereich-Drehzahlregelung über eine LEONARDschaltung z. B. wirken beide auf die Erregung des Generators ein, wobei die Grunderregung durch den langsam arbeitenden Regler M_2, die die Störeinflüsse ausgleichende Zusatzerregung vom schnell arbeitenden Regler M_1 geliefert wird. Eingangsgröße von M_1 ist die geregelte Drehzahl, Eingangsgröße von M_2 die von M_1 eingestellte Zusatzerregung, die damit stationär auf einem mittleren Wert gehalten wird [96].

c) **Reihenschaltung zweier Regelkreise.** Bei den unter b) behandelten Anordnungen wirken die zwei vorgesehenen Regler unmittelbar auf die Regelstrecke ein, es liegt also eine Parallelschaltung der Ausgangsgrößen vor. Gelegentlich werden auch zwei Regler in Reihe geschaltet derart, daß die Ausgangsgröße des ersten Reglers lediglich Eingangsgröße (Führungsgröße) für den zweiten darstellt, ohne unmittelbar auf die Regelstrecke einzuwirken. Abb. 14 zeigt eine solche Anordnung, die Spannungsregelung eines Drehstromgenerators über einen TIRRILL-Regler, einen der ältesten in der Elektrotechnik verwendeten Regler.

Der Generator G wird erregt von der Erregermaschine E, deren Spannung u von einem Zweipunktregler M_2, der den Widerstand R im

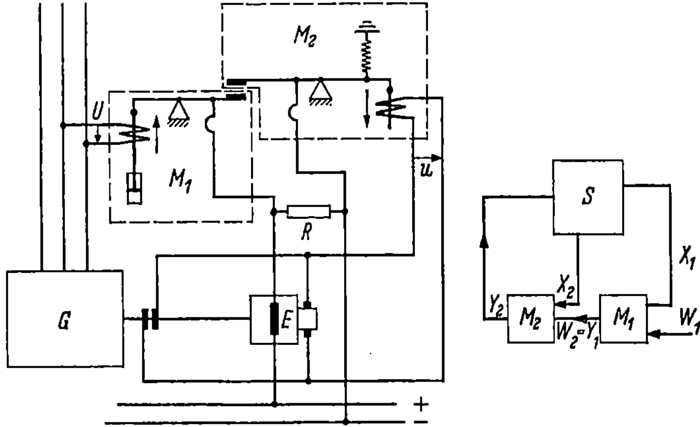

Abb. 14. Tirrillregler als Beispiel einer Reihenschaltung zweier Regelkreise

Erregerkreis der Erregermaschine periodisch kurzschließt, geregelt wird. Der Regler M_2 erhält seine Führungsgröße W_2 als Ausgangsgröße Y_1 eines zweiten Reglers M_1 mit der Generatorspannung U als Eingangsgröße X_1. In Abb. 14 ist das zugehörige Regelschema mit aufgezeichnet und in Abb. 15 ein Ersatzbild für den TIRRILL-Regler als stetigen Regler.

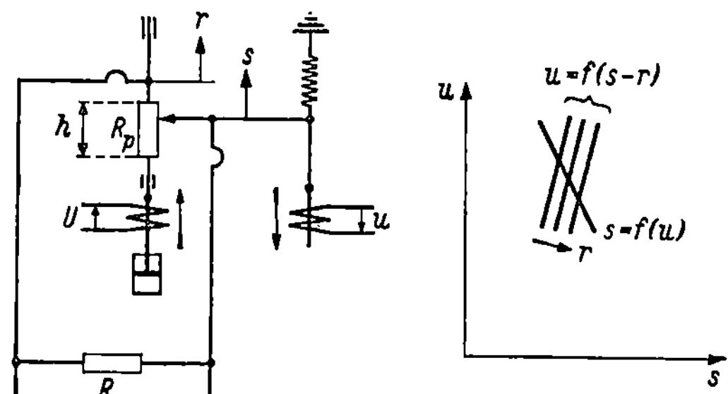

Abb. 15. Ersatzbild eines Tirrillreglers mit Kennlinien

Läßt man den Wert des Widerstandes R_p gegen ∞ gehen, so geht der stetige Regler in den Zweipunktregler über. Man sieht, daß der Regler M_1 lediglich die Führungsgröße W_2 des Reglers M_2 liefert, ohne unmittelbar auf die Regelstrecke einzuwirken. Der Zweck einer solchen Reihenschaltung ist die Verbesserung der Stabilitätsverhältnisse. Bei der Regelung mit TIRRIL-Regler wird beispielsweise die sonst in der Erregermaschine auftretende Verzögerung zwischen Eingang und Ausgang praktisch ausgeschaltet. [Wie in Abschnitt V (Abb. 17) gezeigt, kann bei dem Schema Abb. 14 auch $X_2 = X_1$ sein.]

IV. Selbstanpassende Regelkreise

a) Allgemeines. Bei der Behandlung der verschiedenen Verfahren für Analyse und Synthese von Regelkreisen wird im allgemeinen davon ausgegangen, daß der Regelkreis mit den gestellten Aufgaben in seinem Aufbau eindeutig festliegt oder aber festgelegt werden kann. So werden z.B. Regelkonstanten bei fester Regelstrecke so bestimmt, daß sich bei einer bestimmten angenommenen Störung ein gewünschter Regelvorgang einstellt.

In der Technik tritt nun aber gar nicht so selten der Fall auf, daß sich das Regelproblem einer Anlage in längeren oder kürzeren Zeitabständen oder auch laufend verändert. Diese Änderungen können ganz verschiedener Art sein, wie an einigen Beispielen gezeigt werden soll.

Je nach ihrem Betriebszustand kann sich die Regelstrecke in ihrem stationären oder in ihrem Zeitverhalten verändern. Oder der gewünschte Wert der Regelgröße liegt nicht fest, sondern hängt von irgendwelchen fremden Einflüssen ab. Oder die Regelstrecke kann durch verschiedene Steuergrößen beeinflußt werden und der Regler soll möglichst so steuern, daß die Einwirkung auf die Regelgröße am günstigsten wird.

Um diesen Anforderungen gerecht zu werden, ist man vielfach gezwungen, die normalen, in nachstehenden Kapiteln behandelten Regelanordnungen, durch Zusatzeinrichtungen zu ergänzen. Auf einige solche Einrichtungen, wie sie zwar praktisch noch wenig ausgeführt, wie sie aber wohl in den kommenden Jahren in wachsendem Maße Eingang finden werden, soll nun eingegangen werden.

b) Regelstrecke veränderlich. Bei dem S. 150 behandelten Beispiel einer Momenten-Regelung bei einem elektrischen Fahrzeug zeigt sich, daß der Regelbereich (η) abhängig von der Drehzahl in weiten Grenzen variiert und dementsprechend die Nachstellzeit (T_n) verstellt werden müßte, wenn im ganzen Drehzahlbereich gerade der aperiodische Grenzfall erreicht werden sollte. Im allgemeinen wird man T_n für den ungünstigsten Fall einstellen. Man kann aber auch durch eine Zusatzeinrichtung dafür sorgen, daß die Nachstellzeit abhängig von der Drehzahl so verstellt wird, daß sich im ganzen Bereich der gewünschte aperiodische Regelverlauf ergibt.

Der Zusammenhang zwischen Nachstellzeit und Drehzahl, also zwischen einer Regelkonstante und einer Betriebsgröße ist hier eindeutig gegeben, so daß die Verstellung der Regelkonstante unmittelbar oder mittelbar über eine Folgeregelung von der Betriebsgröße her erfolgen kann.

Ähnliche Verhältnisse ergeben sich bei der S. 136 behandelten Druckregelung. Auch dort zeigt sich abhängig von der Last verschiedenes Verhalten der Regelstrecke. Dort ist aber auch schon eine besondere Zusatzeinrichtung in Form eines geeignet geformten Drosselklappenantriebs vorgesehen. Die scheinbare Schlußzeit des Reglers wird auf diese Weise der veränderlichen Regelstrecke angeglichen.

Es kann aber auch der Fall eintreten, daß eine Änderung des Verhaltens der Regelstrecke in keinem klaren, eindeutigen Zusammenhang mit einer einfach zu messenden Betriebsgröße steht. Man ist dann unter Umständen gezwungen, den Zustand der Regelstrecke laufend zu messen und abhängig von diesem Meßergebnis den Regler zu beeinflussen. An einem einfachen Beispiel soll dies näher erläutert werden.

Das die Regelung in einem Regelkreis im wesentlichen bestimmende Glied sei ein Proportionalglied mit Verzögerung. Die Zeitkonstante dieses Gliedes sei veränderlich und der zugehörige Regler soll unabhängig von diesen Änderungen möglichst immer optimal eingestellt werden. Man kann dies auf folgende Weise erreichen: Einem Modellglied mit den gleichen Eigenschaften, wie sie das veränderliche Glied aufweist, wird dieselbe Eingangsgröße, unter Umständen eine zusätzlich eingeführte periodische Größe, zugeführt, wie dem Regelglied. Durch Vergleich der Ausgangsgrößen von Regel- und Modellglied kann dann festgestellt werden, ob das Modellglied mit dem Regelglied in seinem Zeitverhalten übereinstimmt. Trifft dies nicht zu, so wird die Zeitkonstante des Modellgliedes automatisch über eine Regelung solang verstellt, bis die Ausgangsgrößen übereinstimmen und abhängig vom neuen Zustand des Modellgliedes wird dann z.B. über eine Folgeregelung der Regler verstellt.

Schwieriger werden die Verhältnisse, wenn sich die Regelstrecke nicht in so einfach übersehbarer Weise, sondern u.U. sogar in ihrer Struktur ändert. Auch in diesem Fall wird man versuchen, durch Vergleichsmessungen an der Strecke und an einem Modell, dieses der Regelstrecke möglichst anzugleichen, am Modell durch Variation der Reglerkonstanten eine Optimaleinstellung zu finden und diese Einstellung dann auf den eigentlichen Regelkreis zu übertragen.

c) **Regelgröße veränderlich.** Vielfach ist bei einer Regelung die einzustellende Regelgröße nicht eine meßtechnisch einfach zu erfassende Größe, sondern sie kann erst nach Messung verschiedener Größen rechnerisch ermittelt und dann dem Regler zugeführt werden. Soll z.B. der Maschineneinsatz in einem Kraftwerk oder in einem ganzen Netzverband so erfolgen, daß der Wirkungsgrad ein Optimum wird (man spricht daher auch von selbstoptimierender Regelung), so muß in bestimmten Zeitabständen nach der Gesamtlast und dem Wirkungsgradverlauf der einzelnen Maschinen die Lastverteilung errechnet und dann den einzelnen Maschinen die jeweilig einzuhaltende Leistung als Regelgröße zugeführt werden.

Oder bei der automatischen Einstellung des Richtwinkels eines Geschützes ist der Winkel erst durch Rechnung zu bestimmen, wobei verschiedene Größen, wie Ziel, atmosphärische Verhältnisse, Ladung usw. zu berücksichtigen sind.

Bei einer solchen Errechnung der Regelgröße ist man wohl immer gezwungen besondere, meist für den Sonderfall zugeschnittene, Rechenmaschinen einzusetzen.

d) **Verschiedene Beeinflussungsmöglichkeiten der Regelstrecke durch den Regler.** Soll und kann irgendeine Größe als Regelgröße abhängig von einer zweiten als Steuergröße auf ein Minimum eingeregelt werden, so liegt die erforderliche Verstell*richtung* für die Steuergröße nicht eindeutig fest. Bei Betrieb auf der einen Seite des Minimums bedeutet z.B. Vergrößerung, auf der anderen Verkleinerung der Steuergröße eine Verbesserung, also eine Verringerung der Regelgröße. Man kann in diesem Fall folgendermaßen vorgehen: Die Steuergröße wird ständig, abwechselnd in der einen und anderen Richtung um ein kleines Stück verstellt. Nach jeder Verstellung wird die Regelgröße gemessen und gespeichert. Die Differenz zwischen zwei Verstellungen kann somit gemessen werden und damit ist eine Entscheidung über die richtige Verstellrichtung möglich. Ist die Differenz Null, so ist das Minimum erreicht. Ergibt eine Vergrößerung der Steuergröße z.B. auch eine Vergrößerung der Regelgröße, so liegt die mittlere Steuergröße zu hoch und die nächste Verstellung nach unten wird größer gewählt z.B. durch Kurzschließen eines Widerstandes im Ankerkreis eines Verstellmotors. Die größere Verstellung nach unten erfolgt solange bis die richtige, mittlere Stellung der Steuergröße erreicht ist, also die Differenz zwischen zwei Verstellungen Null geworden ist.

Denkbar ist auch der Fall, und er kommt gelegentlich wohl auch vor, daß nicht nur die Verstell*richtung einer* Steuergröße unbestimmt ist, sondern, daß mehrere Steuergrößen vorhanden sind und daß der Regler möglichst *die* Größe verstellen soll, die die Regelgröße bei Abweichungen am stärksten im korrigierenden Sinn beeinflußt. Auch in diesem Fall geht man so vor, daß man probeweise alle Steuergrößen nacheinander um kleine Beträge verstellt, dann feststellt, welche Steuergröße am günstigsten auf die Regelgröße eingewirkt hat und diese dann bei der nächsten Verstellung bevorzugt, d. h. um einen größeren Betrag verstellt.

V. Analoge und digitale Regelanordnungen
[*79, 103, 104, 105, 106, 107*]

a) Analoges und digitales Messen. Bei der Messung irgendeiner stetig veränderlichen physikalischen Größe stellt man diese im allgemeinen durch eine andere ebenfalls stetig veränderliche physikalische Größe dar, die von einem Meßgerät angezeigt wird. So wird z.B. die Größe einer Spannung durch die Größe des Winkels ausgedrückt, um den der Zeiger eines Meßgerätes ausschlägt. Der Zeigerausschlag ändert sich stetig mit der Spannung, er stellt eine der Spannung *analoge Größe* dar. Man spricht daher in diesem Fall von einer *analogen Messung*.

Der Zeiger kann an und für sich unendlich viele Stellungen innerhalb seines Ausschlagbereiches einnehmen. Um das vom Zeiger angezeigte Meßergebnis verstehen zu können, muß der Instrumentenbenutzer jedoch die Zeigerstellung mit einer Skala vergleichen und den der Zeigerstellung entsprechenden Skalenwert ablesen. Bei der Ablesung kann der Beobachter die Zeigerstellung nicht beliebig genau kennzeichnen, sondern nur auf einen Bruchteil, z.B. ein Zehntel des Skalenabstandes. Der Beobachter führt damit eine *Quantisierung* des Meßwertes durch, er mißt nur in Stufen von etwa $1/_{10}$ Skalenteilen. Zwei Zeigerstellungen, die sich nur um eine geringere Winkelabweichung voneinander unterscheiden, erhalten den gleichen Skalenwert zugeordnet.

Man kann bei der Messung aber auch ganz auf eine analoge Anzeige verzichten und die Quantisierung der zu messenden Größe gleich im Meßvorgang durchführen lassen. Das Meßgerät stellt dann fest, aus wieviel „Quanten" — darunter sei die kleinste vom Meßgerät unterscheidbare Stufe der Meßgröße verstanden — sich die zu messende Größe zusammensetzt und zeigt als Meßergebnis unmittelbar diese Zahl an. Man spricht deshalb von einer *digitalen Messung* (lat. „digitus" = Finger oder Ziffer). Ein digitales Meßgerät stellt die zu messende stetige physikalische Größe demnach nicht durch eine andere stetige physikalische Größe, sondern durch eine Zahl dar. Diese wird zwar mit Hilfe irgend einer physikalischen Größe, z. B. einer Spannung angezeigt, wird aber in ihrem Wert durch Schwankungen dieser Größe nicht beeinflußt.

Bei einer digitalen Messung kann sich somit das Meßergebnis nicht stetig ändern, sondern nur nach einer Treppenfunktion, wobei der Treppensprung dem Meßquant entspricht. Wird z. B. die Spannung 85,321 Volt mit einem Digitalvoltmeter gemessen, das als kleinsten Spannungssprung 10 mV unterscheiden kann, dann stellt das Gerät fest, daß die Meßspannung 8532 mal größer als 10 mV ist und zeigt auf seinem Anzeigefeld die Zahl 8532 an. Steigt die Spannung langsam an, dann ändert sich die angezeigte Zahl erst dann, wenn die Spannung auf 85,330 V angestiegen ist. Die angezeigte Zahl springt dann auf 8533.

Ein technischer Vergleich der beiden Meßmethoden — analog und digital — zeigt, daß der Aufwand bei der digitalen Messung wesentlich größer ist als bei der analogen, und daß die digitale Messung im allgemeinen einen größeren Zeitaufwand erfordert. Dafür weist sie aber verschiedene Vorteile, wie bequeme Ablesung, größere, erreichbare Genauigkeit, einfache Fernübertragung eines Meßwertes (als Zahl) und einfache Speicherung, auf.

b) Analoge und digitale Methoden in der Regelungstechnik. Bei fast allen Regelaufgaben ist die Regelgröße eine stetig veränderliche physikalische Größe, und fast immer wird als Stellgröße eine ebenfalls stetig veränderliche Größe benötigt. Man wird deshalb den Regelkreis im allgemeinen aus analog arbeitenden Gliedern aufbauen, also auch mit analogen Meßwerken. Nur in Sonderfällen, wenn einer der genannten Vorteile der digitalen Messung von ausschlaggebender Bedeutung wird, geht man zur digitalen Messung über.

Wird z. B. bei einer Regelung besonders hohe Genauigkeit gefordert, so treten bei einem analogen Regelkreis Schwierigkeiten auf, die sich nur mit sehr hohem Aufwand, zum Teil auch gar nicht, beseitigen lassen. So können manche Regelgrößen, wie z. B. Frequenz oder Drehzahl mit analogen Meßwerken nur auf einige $^0/_{00}$ genau gemessen werden. Wird höhere Genauigkeit verlangt, so muß digital gemessen werden. Oder wenn eine Regelgröße über lange Zeit genau konstant gehalten werden soll, so muß eine Führungsgröße entsprechender Konstanz zur Verfügung gestellt werden, was digital viel einfacher (eine Zahl) möglich ist als analog. In manchen Fällen spielt zwar die Anforderung an die Genauigkeit keine ausschlaggebende Rolle, aber der Meßwert muß auf eine größere Entfernung übertragen oder auch gespeichert werden. In beiden Fällen ist, wie gesagt, die digitale Messung der analogen überlegen.

Charakteristisch für einen digitalen Regelkreis ist der digitale Sollwert — Istwert — Vergleich. Bei diesem Vergleich wird ein als Zahl dargestellter Istwert mit einem als Zahl vorliegenden Sollwert verglichen und die Regelabweichung als Differenz der beiden Zahlen, also ebenfalls als Zahl, ermittelt. Da Regelgröße und Stellgröße immer physikalische Größen darstellen, muß ein digitaler Regelkreis zwei, gegenüber den bisher behandelten, neue Glieder enthalten: Einmal den *Analog-Digital-Wandler* (A/D), der den Wert der Regelgröße aus der analogen in die digitale Form überführt und meist durch das besonders ausgebildete Meßglied verkörpert wird, und zum anderen den *Digital-Analog-Wandler* (D/A), der die dann digital vorliegende Regelabweichung (oder die Stellgröße) wieder in die analoge Form überführt. Ein digitaler Regelkreis hat somit das in Abb. 16 gezeigte Aussehen.

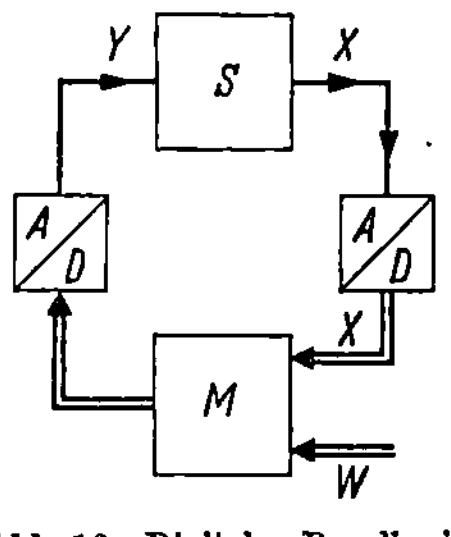

Abb. 16. Digitaler Regelkreis mit digitaler Verarbeitung der Regelabweichung (Der digitale Teil ist durch Doppelstriche gekennzeichnet)

Im folgenden seien als Beispiele drei digitale Regelkreise beschrieben, bei denen sich die Verwendung von digitalen Methoden als besonders vorteilhaft erwiesen hat.

α) **Digitale Wegregelung.** Bei den sogenannten numerisch gesteuerten Werkzeugmaschinen werden die Sollwerte für die Werkzeugstellung von Lochstreifen abgenommen. Im einfachsten Fall, z.B. bei einem Koordinaten-Bohrwerk, ist auf dem Lochstreifen als Zahl gespeichert, welche Strecke der Werkzeugschlitten nach Beendigung seiner Bohrung in der einen Richtung weiterrücken soll, damit das Werkstück für die nächste Bohrung in die richtige Stellung kommt. Bei den numerisch gesteuerten Werkzeugmaschinen handelt es sich also um eine Folgeregelung, bei der die Regelgröße ein Weg, also eine analoge Größe, der Sollwert aber in Form einer Zahl gegeben ist.

Die Aufgabe läßt sich mit einem analogen Regelkreis lösen: Die vom Lochstreifen abgenommene Zahl wird mit Hilfe eines Digital-Analog-Wandlers in eine Spannung verwandelt; der Weg des Werkzeugschlittens wird mit Hilfe eines auf der Antriebsspindel sitzenden Potentiometers durch eine Spannung abgebildet; beide Spannungen werden miteinander verglichen und so der Abstand von der gewünschten Stellung festgestellt. Bei dieser Methode entstehen aber Ungenauigkeiten in erster Linie bei der Abbildung des Schlittenweges, und dann bei der Umwandlung der Sollwert-Zahl in eine Spannung.

Wesentlich genauer, aber auch viel teurer ist die Lösung der Aufgabe mit einem digitalen Regelkreis: Dazu wird z.B. der Weg mit Hilfe einer geätzten Rasterskala aus Glas, die am Schlittenbett angebracht ist, und deren Länge gleich der Länge des Schlittenhubs ist, in eine Impulsfolge abgebildet. Wird die Rasterskala von einer auf dem Schlitten sitzenden Fotozelle abgetastet, so wird bei jedem Vorrücken des Schlittens, z.B. um 1/100 mm 1 Impuls abgegeben. Soll der Schlitten etwa um 10 cm vorrücken, so steht auf dem Lochstreifen die Zahl 1000 gespeichert. Diese Zahl wird abgelesen und in einen Zähler eingegeben. Dann wird der Schlittenantrieb eingeschaltet. Die bei der Bewegung des Schlittens von der Rasterskala erzeugten Impulse werden dem Zähler zugeführt und zählen den Zählerstand bis auf 0 zurück. Der an den Zähler angeschlossene Digitalregler sorgt dafür, daß der Schlitten genau dann zum Stehen kommt, wenn der Zähler leer ist. Die Abbildung des Weges mit Hilfe von Rasterskalen ist sehr genau möglich, auch bei langen Schlittenhüben. Der im Zähler stattfindende Soll-Ist-Vergleich ist unbeeinflußbar von Temperatur- und Spannungsschwankungen.

β) **Digitale Netzregelung.** Ein Netzregler eines im Verbundbetrieb mit anderen Netzen zusammenarbeitenden Netzes muß einmal die *Frequenz* des Netzes, zum anderen die *Übergabeleistung* zwischen seinem und den benachbarten Netzen regeln. Unter Umständen ist es günstig, für das ganze Netz nur einen einzigen, zentral aufgestellten Netzregler zu verwenden, der verschiedene Kraftwerke fernsteuert. Dabei ergeben sich gewisse Schwierigkeiten: Einmal muß die Netzfrequenz sehr genau gemessen werden. Dann müssen die Übergabeleistungen an den Übergangsstellen in die Nachbarnetze gemessen werden. Die hier verlangte Meßgenauigkeit ist zwar nicht groß, aber die Meßergebnisse müssen über große Entfernungen übertragen werden. In beiden Fällen kommen also die Vorteile der digitalen Messung zur Wirkung.

Um die Netzfrequenz genau messen zu können, wird sie zunächst vervielfacht, etwa um den Faktor 10^4, d.h., der Frequenzbereich von 49 bis 51 Hz wird auf 490 bis 510 KHz umgesetzt, was fehlerfrei erfolgen kann. Dann werden während einer bestimmten Zeit, z.B. während 100 msek, die Perioden in einem Zähler gezählt und das Ergebnis der Zählung mit dem als Zahl vorliegenden Frequenz-Sollwert verglichen. Die Differenzimpulszahl wird vom digitalen Netzregler weiter verarbeitet. Das als Basis für die Zählung dienende Zeitintervall läßt sich mit Hilfe eines quarzstabilisierten Impulsgenerators mit höchster Genauigkeit feststellen und konstant halten, so daß die beschriebene Frequenzmessung und, wegen des digitalen Soll-Ist-Vergleichs, auch die digitale Frequenzregelung, sehr genau möglich ist, z. B. auf $0{,}01^0/_{00}$, eine Genauigkeit, wie sie sich mit analogen Mitteln nicht erreichen läßt.

Um die Meßwerte der Übergabeleistung störungsfrei (auf den Hochspannungsleitungen) übertragen zu können, werden Leistungsmesser verwendet, die die Übergabeleistung in eine Impulsfolge variabler Frequenz abbilden. Die Frequenz der Impulsfolge ist der Übergabeleistung proportional. Wenn die Impulsamplituden so groß gemacht werden, daß sie genügend weit über den Störpegel auf der Hochspannungsleitung hinausragen, ist eine fehlerfreie Übertragung der Meßwerte der Übergabeleistung möglich. Vom Netzregler wird die Impulsfrequenz durch Abzählen der während eines definierten Zeitintervalls eintreffenden Impulse in eine Zahl verwandelt und mit einer der Soll-Übergabeleistung ent-

2*

sprechenden Impulszahl verglichen. Die beim Vergleich ermittelte Differenzimpulszahl wird ebenfalls digital weiterverarbeitet.

Aus den bei den beiden Soll-Ist-Vergleichen für Frequenz und Übergabeleistung ermittelten Differenzimpulszahlen bildet der digitale Netzregler entsprechend der Regelvorschrift für die Frequenz-Übergabeleistungs-Regelung die Stellgröße auf digitalem Wege.

γ) Digitale Drehzahlregelung. An die Drehzahlregelung schnell laufender Antriebe werden oft sehr hohe Anforderungen gestellt. Einmal soll sich eine gewünschte Drehzahl innerhalb eines weiten Drehzahleinstellbereichs exakt und reproduzierbar einstellen und auf Bruchteile von einem Promille genau über lange Zeiträume hinweg einhalten lassen, zum anderen sollen die bei Drehmomentenstößen erfolgenden Drehzahleinbrüche sehr klein gehalten und sehr rasch wieder ausgeregelt werden.

Die mit analogen Mitteln erreichbare statische Genauigkeit ist beschränkt (maximal etwa $1^0/_{00}$). Hauptgründe dafür sind die ungenügende Linearität und die Temperaturabhängigkeit der Tacho-Spannung sowie die mangelhafte Langzeitkonstanz der den Sollwert liefernden Spannungsquelle. Durch Anwendung einer digitalen Drehzahlmessung läßt sich die statische Genauigkeit wesentlich steigern: Die zu regelnde Drehzahl wird mit Hilfe einer direkt auf der Motorwelle sitzenden Impulsscheibe in eine Impulsfolge abgebildet. Diese Abbildung ist temperaturunabhängig und über beliebig große Einstellbereiche völlig linear. Der digitale Drehzahlregler zählt die während einer definierten Meßzeit eintreffenden Impulse und vergleicht deren Zahl mit einem als Zahl vorliegenden (z. B. von einer Lochkarte abgenommenen) Sollwert. Die Differenzimpulszahl wird von einem digitalen Drehzahlregler ausgewertet. Die Genauigkeit der digitalen Messung und des digitalen Soll-Ist-Vergleichs hängt nur von der Zahl der während der Meßzeit gezählten Impulse ab. Entsprechen dem Drehzahlsollwert 10000 Impulse, gezählt während der Meßzeit, so ist eine statische Genauigkeit von $0,1^0/_{00}$ möglich.

Zum Zählen der vielen Impulse, die zur Erreichung einer hohen statischen Genauigkeit nötig sind, wird immer eine gewisse Zeit benötigt. So dauert das Zählen von 10000 Impulsen selbst bei der recht hohen Impulsfrequenz von 500 KHz noch 20 msek. Erst nach dieser Zeit merkt im ungünstigsten Fall der Digitalregler eine plötzlich aufgetretene Regelabweichung. Diese Meßzeit des Reglers geht als Totzeit in den Regelkreis ein. Infolge dieser im Vergleich zu den Zeitkonstanten normaler Antriebe großen Totzeit kann das dynamische Verhalten eines Digitalreglers nicht so gut sein wie das eines elektronischen Analogreglers. Hinzu kommt, daß Rückführungen von der Regelstrecke

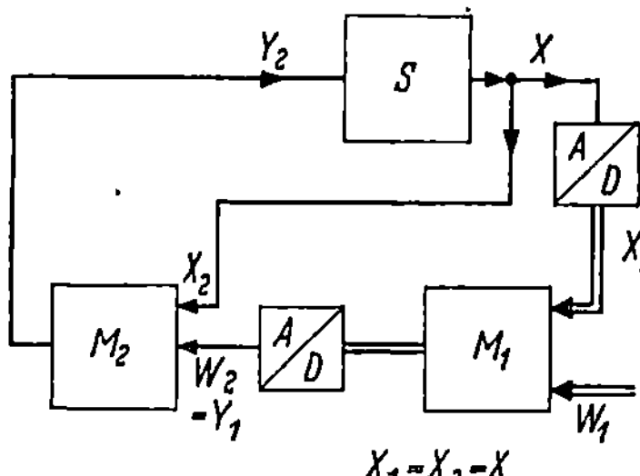

Abb. 17. Reihenschaltung eines digitalen und eines analogen Regelkreises bei Drehzahlregelung
(Der digitale Teil ist durch Doppelstriche gekennzeichnet)

zum Regler, die einem analogen Regler erst die besten dynamischen Eigenschaften verleihen, bei einem Digitalregler wegen der Notwendigkeit, in jeden Rückführzweig einen Analog-Digitalwandler einzuschalten, so aufwendig werden, daß ihre Ausführung kaum zu verantworten ist.

Um einer Drehzahlregelung höchste statische Genauigkeit bei bestem dynamischen Verhalten zu geben, kombiniert man beide Regelungsarten und wendet eine Schaltung etwa nach Abb. 17 an. Die Anordnung stellt eine gegenüber dem Regelschema Abb. 14 etwas abgewandelte Reihenschaltung dar (X_2 ist hier gleich X_1). Der analoge Folge-Regelkreis sorgt dafür, daß Drehzahleinbrüche infolge plötzlicher Störungen rasch aufgefangen und einigermaßen genau ausgeregelt werden; der digitale Führungs-Regelkreis beseitigt die Restabweichungen der analogen Regelung und bestimmt die statische Regelgenauigkeit.

VI. Das Regelproblem

Damit eine Regelung richtig arbeitet, ist zunächst erforderlich, daß die Stellgröße des Meßwerkes unmittelbar oder mittelbar über Verstärker die Regelstrecke im richtigen Sinn beeinflußt, d. h. daß sie etwa einer Störung entgegenwirkt. Bei der Spannungsregelung muß z. B. bei einer Spannungsabsenkung die Stellgröße vergrößernd auf den Erregerstrom, oder bei einer Drehzahlregelung verringernd auf die Kraftstoffzufuhr bei Drehzahlanstieg einwirken. Diese Forderung läßt sich im allgemeinen ohne Schwierigkeit erfüllen. Meistens wird aber außerdem verlangt, daß die Auswirkung einer Störung, also die Abweichung der Regelgröße von ihrem Sollwert, möglichst klein bleibt und in möglichst kurzer Zeit beseitigt wird oder daß bei einer Folgeregelung die Regelgröße möglichst genau und ohne Verzögerung der Führungsgröße folgt. Erst diese zweite Bedingung läßt die Regelung in vielen Fällen zu einem sehr schwierigen Problem werden. Sowohl im Meßwerk als auch vor allem in Verstärkern und in der Regelstrecke tritt praktisch immer eine mehr oder weniger große Verzögerung auf, so daß auch die Beeinflussung der Regelgröße über Regler und Regelstrecke erst mit Verzögerung wirksam wird.

Wenn z. B. bei einer Raumtemperatur-Regelung mit Gasheizung die Gaszufuhr erhöht wird, so dauert es eine ganze Weile, bis sich auch die Raumtemperatur entsprechend erhöht hat. Oder wenn bei einer Drehzahlregelung die Kraftstoffzufuhr der Kraftmaschine vergrößert wird, so kann die Drehzahl wegen der zu beschleunigenden Massen nicht plötzlich einen neuen, höheren Wert annehmen, sondern sie folgt mit einiger Verzögerung.

Bemißt man nun, um diese Verzögerung klein zu halten, den Regler so, daß die von ihm ausgehende Stellgröße schon bei kleiner Abweichung einen großen Wert annimmt, so wird die Regelgröße zwar ihren Sollwert schnell erreichen, aber sie wird sich durch die zu große Beeinflussung des ganzen Systems noch weiter ändern, also über ihren Sollwert hinausgehen. Dadurch wird nun allerdings auch der Regler über seine Stellgröße das Verstellsystem wieder beeinflussen, und zwar im entgegengesetzten Sinn wie vorher. Wegen der Verzögerung im System kommt aber die Auswirkung auf die Regelgröße wieder zu spät, weshalb sich diese zunächst noch im gleichen Sinn wie vorher ändert, dann aber, wenn der Einfluß des Reglers schließlich wirksam wird, im entgegengesetzten Sinn, so daß der Sollwert zwar erreicht, aber auch dieses Mal wieder überschritten werden kann. Es ist sehr leicht einzusehen, daß auf diese Weise die Regelung unter Umständen erst nach längerer Zeit, nachdem sich dieser Vorgang mehrere Male wiederholt hat, wobei die maximalen Abweichungen der Regelgröße vom Sollwert allmählich kleiner geworden sind, zur Ruhe kommt. Aber auch der Fall kann auftreten, daß die Abweichungen nach jedem Nulldurchgang nicht kleiner, sondern größer werden oder auch gleichbleiben. Die Regelung kommt dann überhaupt nicht zur Ruhe, sie *pendelt* und ist in dieser Form unbrauchbar. Man spricht dann von *labiler* Regelung im Gegensatz zur *stabilen*, die nach längerer oder kürzerer Zeit zu einem stationären Zustand führt.

Bei vielen Anordnungen folgt die Regelgröße auch einer Störung erst mit Verzögerung, so daß sich am Regler die Störung erst nach einer gewissen Zeit bemerkbar macht und diesen damit verspätet zum Eingreifen bringt. Die Regelung wird dadurch natürlich ungünstig beeinflußt. Man kann nun in manchen Fällen die Verhältnisse dadurch verbessern, daß man das System noch zusätzlich unmittelbar von der Störung her so beeinflußt, daß die Auswirkung der Störung auf die Regelgröße von vornherein weitgehend verringert wird. In diesem Fall wird die Regelung durch eine Steuerung ergänzt, man spricht von *Störgrößenaufschaltung*. Liegt z. B. die Aufgabe der Drehzahlregelung einer Kraftmaschine vor, die einen Generator speist, so kann die Kraftstoffzufuhr außer vom Regler, auch unmittelbar von der Generatorbelastung, die in diesem Fall eine der möglichen Störgrößen darstellt, beeinflußt werden.

Bei einer Proportionalregelung, also bei einer Regelung mit störabhängiger Regelgröße, kann die Störabhängigkeit dadurch verringert werden, daß der Sollwert von der Störgröße beeinflußt wird. Auch in diesem Fall spricht man von Störgrößenaufschaltung.

Besonders wichtig für die Beurteilung einer Regelung wird demnach die Kenntnis des zeitlichen Verlaufs der verschiedenen Größen im ganzen System, vor allem aber selbstverständlich der Regelgröße bei einem Regelvorgang sein. Bei jeder Untersuchung einer Regelung wird man daher zunächst versuchen, diesen Ablauf des Vorganges bei irgendeiner Störung auch tatsächlich zu ermitteln. In vielen Fällen wird aber diese Berechnung schwierig und langwierig und man beschränkt sich dann lediglich darauf, festzustellen, ob die Regelung überhaupt stabil arbeitet, ob sie also nach einer Störung wieder zur Ruhe kommt.

Der Verlauf der Regelgröße bzw. deren Abweichung vom Sollwert nach einer Störung, die wir, auf den Sollwert bezogen, mit dem Buchstaben φ bezeichnen wollen, entspricht je nach dem Aufbau des ganzen Regelkreises einer mehr oder weniger verwickelten Zeitfunktion.

Im allgemeinen kann aber der zeitliche Verlauf der Regelgröße durch Exponential- oder exponentiell abklingende cosinus- und sinus-Funktionen dargestellt werden. Durch Gleichung (1) wird z. B. ein Teilvorgang beschrieben, der sich aus einer abklingenden cosinus- und sinus-Funktion zusammensetzt. φ ist, wie gesagt, die bezogene Regelabweichung, t die Zeit und C' und C'' sind Integrationskonstanten.

$$\varphi = e^{-\frac{t}{T_d}} (C' \cos \omega_p t + C'' \sin \omega_p t) \tag{1}$$

T_d wird als Dämpfungszeitkonstante und ω_p als Schwingungsfrequenz bezeichnet.

Betrachtet man den Regelvorgang als beendet, wenn die Regelschwingung auf den $0{,}04 = e^{-\pi}$fachen Anfangswert abgeklungen ist, so beträgt die entsprechende Regelzeit nach Gl. (1):

$$t_R = \pi \, T_d \, . \tag{2}$$

Im allgemeinen interessiert aber mehr als die tatsächliche Regelzeit die Zahl der auftretenden Halbwellen. Eine Halbwelle entspricht der Zeit von

$$t_h = \frac{\pi}{\omega_p} \tag{3}$$

und damit wird die auf t_h bezogene Regelzeit

$$\tau_R = \frac{t_R}{t_h} = T_d \, \omega_p \, . \tag{4}$$

Die Verhältniszahl τ_R kann als *bezogene Regelzeit* bezeichnet werden. Sie gibt die Zahl der auftretenden Halbwellen der Regelschwingungen an, bis die Amplitude auf 4% ihres Anfangswertes abgeklungen, der Regelvorgang also praktisch beendet ist.

Allgemeine Richtlinien über die bei Regelvorgängen erforderliche oder zweckmäßige Dämpfung lassen sich nicht aufstellen. In einem Fall, wenn z. B. durch periodische Störeinflüsse die Gefahr einer Fremderregung mit einer der Eigenfrequenz etwa entsprechenden Frequenz vorliegt, wird verlangt, daß der Vorgang rein aperiodisch verläuft. In einem anderen Fall wird Wert auf besonders schnelle Regelung gelegt, wobei dann geringere Dämpfung eingestellt wird und einige Regelschwingungen in Kauf genommen werden. Von Fall zu Fall muß also der Regelvorgang den jeweils erforderlichen Bedürfnissen angeglichen werden (s. Abschn. 13).

Man wird bestrebt sein, die beiden Aufgaben — Ermittlung des Regelvorganges oder Kontrolle der Stabilität — mit einem möglichst geringen Aufwand an Rechenarbeit durchzuführen. Dies wird dann möglich werden, wenn nicht jedes Regelproblem vollkommen neu durchgerechnet werden muß, sondern wenn weitgehend Ergebnisse anderer schon bekannter Regelvorgänge benutzt werden können. Zweckmäßigerweise wird daher für eine zu untersuchende Regelanordnung immer zunächst ein Regelschema aufgestellt, etwa nach Abb. 6, wobei aber gleichzeitig das grundsätzliche Verhalten der einzelnen Glieder durch Eintragung der Übergangsfunktion, auf die später noch ausführlich einzugehen ist, gekennzeichnet wird, wie z. B. in Abb. 5/5.

Man wird nun zunächst wohl glauben, daß die Mannigfaltigkeit in den Ausführungsformen sowohl der Meßwerke, als auch der weiteren Regelglieder so groß sein wird, daß es unmöglich ist, hier irgendwelche spezifische, typische Fälle herausgreifen zu können. Sobald man sich aber mit den verschiedensten Regelanordnungen auf allen Gebieten der Technik befaßt, macht man die Erfahrung, daß, was das grundsätzliche Verhalten betrifft, doch nur verhältnismäßig wenige Grundformen von Regelgliedern vorkommen und daß nur in seltenen Fällen davon abweichende Formen auftreten. Die Kurven und Gleichungen für diese Grundformen können in entsprechenden Tabellen (Tabelle 6 und 7) zusammengestellt werden und man braucht dann, wie sich ergeben wird, bei der Untersuchung einer bestimmten Regelung nur die Teilgleichungen der Einzelglieder entsprechend zu kombinieren und erhält damit die Regelgleichung. Aus einzelnen, bekannten Bausteinen wird also gewissermaßen die Gesamtregelanordnung aufgebaut. Unsere nächste Aufgabe wird es daher sein müssen, diese Bausteine, also die wichtigsten Grundformen für Regelglieder kennenzulernen und die für die spätere Berechnung des Regelvorgangs oder die Kontrolle der Stabilität erforderlichen Beziehungen abzuleiten.

Meistens ist es nun so, daß die Regelglieder der Regelstrecke und vielfach auch Verstärker als Glieder zwischen Meßglied und Regelstrecke in ihrem grundsätzlichen Verhalten festliegen und vom Regeltechniker als gegeben hingenommen werden müssen bzw. von ihm nur in geringem Ausmaß beeinflußt werden können. Anders ist es dagegen bei den Meßgliedern, die ja vielfach unmittelbar den Regler darstellen oder jedenfalls einen sehr wichtigen Bestandteil des Reglers bilden und die deshalb vom Regeltechniker so entworfen und gebaut werden können, wie es mit Rücksicht auf gute, brauchbare Regelung erwünscht ist. Praktisch zeigt sich, daß man mit einer verhältnismäßig geringen Variation im grundsätzlichen Verhalten von Meßgliedern bzw. unmittelbaren Reglern auskommt. Die Behandlung der Meßglieder (Regler), die getrennt durchgeführt wird, ergibt daher auch ein sehr klares Bild. Anders liegen die Verhältnisse bei den übrigen Regelgliedern, die eine wesentlich größere Mannigfaltigkeit in den Ausführungsformen aufweisen, sich aber nach gewissen Gesichtspunkten doch ordnen und entsprechend übersichtlich behandeln lassen.

VII. Die rechnerische Behandlung von Regelgliedern und ihre Voraussetzungen (Linearisierung und Normierung)

Will man bei der Untersuchung eines Regelvorganges oder auch nur eines Regelgliedes zu einer rechnerischen Lösung kommen, so wird man im allgemeinen gezwungen sein, gewisse Näherungen einzuführen. Der Zusammenhang zweier voneinander abhängigen Größen entspricht sehr häufig einer recht verwickelten, komplizierten Funktion, die zwar vielfach in Form einer Kurve vorliegt, die aber mathematisch nur schwer zu erfassen ist. Man ersetzt nun diese Kurve durch eine idealisierte, nämlich durch eine Gerade, die Tangente an die Kurve im Betriebspunkt, d. h. in dem Punkt, der sich im stationären Zustand einstellt. Diese Ersatzgerade hat dann allerdings nur in einem gewissen Bereich mit genügender Annäherung Gültigkeit. Wir beschränken uns damit bei unseren Untersuchungen auf diesen Bereich und müssen uns von Fall zu Fall Rechenschaft über die Grenzen der Gültigkeit unserer Rechnung ablegen. Man spricht von einer *Linearisierung* des Systems und rechnet dann praktisch nur mit linearen bzw. linearisierten Regelgliedern. Untersucht wird weiterhin nur die *Abweichung* der Größen vom Betriebspunkt, wobei ihr für die Rechnung zulässiger Betrag durch den Gültigkeitsbereich der Linearisierung begrenzt ist.

Wie bereits gesagt, ist bei Regelgliedern immer eine gewisse Wirkungsrichtung mit klar erkennbarer Eingangs- und Ausgangsgröße festzustellen. Einer Änderung der Eingangsgröße folgt, im allgemeinen mit einer gewissen zeitlichen Verzögerung, auch eine Änderung der Ausgangsgröße. Der Zusammenhang zwischen beiden Größen kann durch eine Differentialgleichung dargestellt werden, die beim linearisierten Glied eine lineare Differentialgleichung mit konstanten Koeffizienten wird. Von dieser Gleichung wird man letzten Endes immer ausgehen müssen, wenn man praktisch auch vielfach schon mit Sonderlösungen der Gleichung arbeitet, die bei bestimmten Annahmen über den zeitlichen Verlauf der Eingangsgröße gelten. Vor allem werden zweckmäßigerweise für die Behandlung der Regelvorgänge der *Frequenzgang* und die *Übergangsfunktion* als solche Sonderlösungen eingeführt. Der Frequenzgang stellt das vektorielle Verhältnis von Ausgangs- zu Eingangsgröße bei sinusförmigen Schwingungen der Eingangsgröße mit verschiedener Frequenz dar, die Übergangsfunktion den zeitlichen Verlauf der Ausgangsgröße bei sprungartiger Änderung der Eingangsgröße. Wie sich bei der Aufstellung der Regelgleichung noch ergeben wird, ist in manchen Fällen die eine, in manchen die andere Darstellungsart die zweckmäßigere und deshalb sollen alle zwei gleichmäßig, zusammen mit der Differentialgleichung selbst, behandelt werden. Das Nähere über die verschiedenen Darstellungsarten wird an Hand der nun zu betrachtenden wichtigsten Einzelglieder von Regelkreisen dargelegt.

In einem Regelkreis treten im allgemeinen vielerlei ganz verschiedenartige Größen auf. Ausgangs- und Eingangsgröße eines Regelgliedes sind schon häufig nicht gleichartige Größen. Die Eingangsgröße kann z. B. ein Druck, eine Spannung, eine Menge, die Ausgangsgröße eine Hebelstellung, ein Widerstand, eine Ventilstellung und dergleichen sein. Da es nun unpraktisch ist und zu unübersichtlichen Beziehungen führt, wenn bei der Rechnung die verschiedenen Dimensionen mitgeschleppt werden, wird im allgemeinen mit *bezogenen*, also dimensionslosen Größen gearbeitet. Man bezieht die Größen auf einen bestimmten als zweckmäßig erscheinenden Bezugswert, etwa den stationären Wert oder den Sollwert oder den Wert, der eine Änderung der Regelgröße am Ende des Kreises gleich dem Sollwert ergibt, und dergleichen. Man führt also eine *Normierung* der Größen durch.

2. Verhalten von Meßwerken bzw. Reglern ohne Hilfsenergie

I. Statisches Meßwerk, Proportional-Regler (P-Regler)

a) Grundsätzliches Verhalten. Als proportional oder statisch wird ein Meßwerk bzw. Regler dann bezeichnet, wenn jedem Wert der Regelgröße (hier Eingangsgröße des Meßwerkes) im stationären Zustand ein ganz bestimmter Wert der Ausgangsgröße des Meßwerkes, die dann weiter unmittelbar oder über Verstärker die Regelstrecke beeinflußt, zugeordnet ist. Zum Beispiel kann der Zusammenhang zwischen diesen beiden Größen, etwa experimentell ermittelt, der Abb. 1 entsprechen. Dabei ist E die Eingangsgröße (Regelgröße), bezogen auf einen festen Wert, etwa den Sollwert, und A die Ausgangsgröße, ebenfalls bezogen auf einen Festwert z. B. den Gesamtweg zwischen zwei Anschlägen, also den Hub H des Meßwerkes, A und E sind also normierte, dimensionslose Größen. Abb. 2 zeigt zwei statische Meßwerke, ein Fliehkraftpendel, das eine Regelmuffe verstellt (a) und ein elektromagnetisches Meßwerk, das an einem Widerstand eine Spannung abgreift (b). Im Fall a ist die Drehzahl n die Eingangsgröße, sie kann auf den Sollwert n_s bezogen werden, und die Stellung y der Regelmuffe die Ausgangsgröße, die im allgemeinen

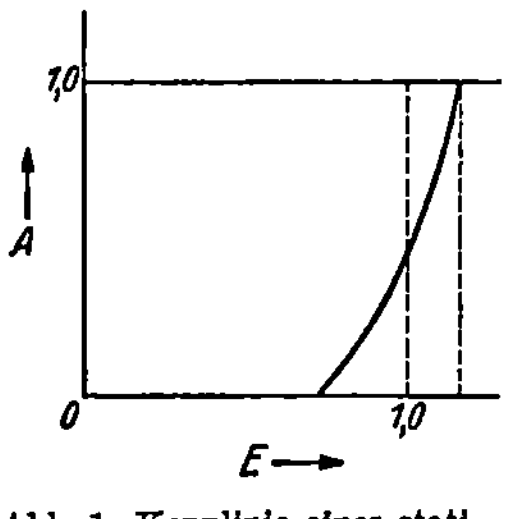

Abb. 1. Kennlinie eines statischen Meßwerkes (P-Reglers), Ausgangsgröße (A) abhängig von der Eingangsgröße (E)

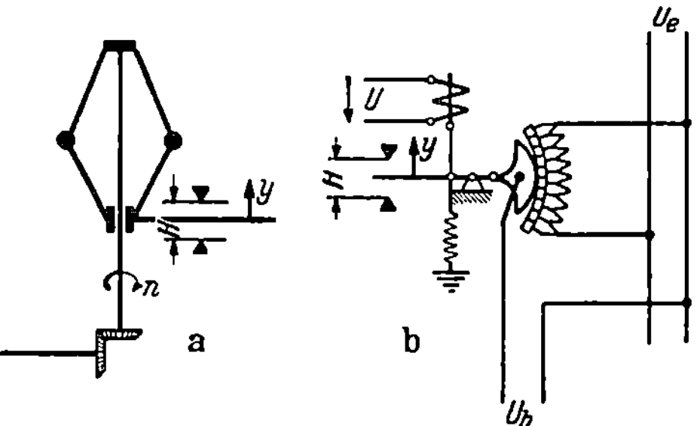

Abb. 2. Beispiele von proportionalen Reglern, Meßgliedern
a) Fliehkraftpendel, b) Elektromagnetisches Meßwerk

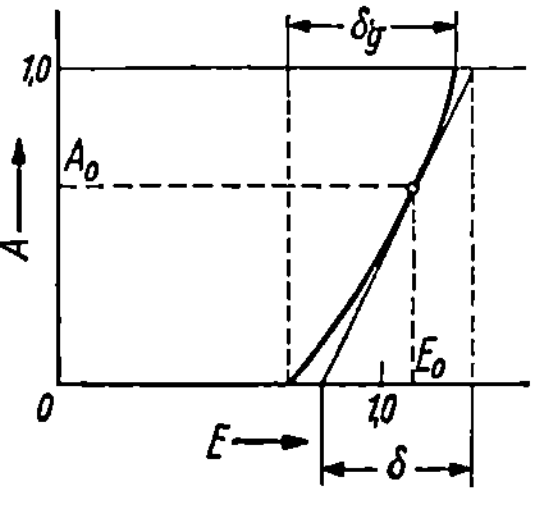

Abb. 3. Ersatz der Kennlinie eines statischen Meßwerkes (P-Reglers) durch die Tangente im Betriebspunkt

auf den ausgenutzten Hub H, der durch besondere Anschläge begrenzt ist, bezogen wird. Im Fall b ist die Spannung U die Eingangsgröße und die am Spannungsteiler abgegriffene Steuerspannung U_h die Ausgangsgröße. Die Eingangsgröße wird auch hier meist auf den Sollwert, die Ausgangsgröße auf den Differenzwert zwischen höchster und tiefster Stellung des Meßwerkes, im vorliegenden Fall auf U_e nach Abb. 2b bezogen.

In Abb. 3 ist die Kurve $A = f(E)$ nach Abb. 1 nochmals aufgezeichnet und dazu die für die Linearisierung verwendete Ersatzgerade. Dabei ist angenommen, daß der Betriebspunkt bei A_0, E_0 liegt und E_0 etwas größer als 1,0 ist. E_0 und A_0 sind die Werte, die sich im stationären Zustand nach Abklingen des Regelvorganges schließlich einstellen, womit also der „Betriebspunkt" festliegt. Im vorliegenden Fall würde die Regelung so arbeiten, daß bei dem gerade vorhandenen Betriebszustand nicht genau der Sollwert der Regelgröße, sondern, da $E_0 > 1$ und $E_0 = 1$ Endwert = Sollwert bedeuten würde, ein etwas höherer Wert eingestellt wird, was bei einer statischen (*P*-)Regelung durchaus der Fall sein kann. Die Änderung der Eingangsgröße, bezogen auf ihren Sollwert, die bei unserer Ersatzgeraden erforderlich ist, damit sich die Ausgangsgröße um ihren Bezugswert also um $A = 1,0$ ändert, bezeichnen wir mit δ und nennen δ den bezogenen *Proportionalbereich* oder die *Statik*. Als Bezugswert der Ausgangsgröße kann z. B. wie gesagt bei einem Meßwerk mit beiderseitigen Anschlägen der Gesamtbereich (Hub) gewählt werden. Der tatsächliche Regelbereich, entsprechend dem wirklichen Verlauf der Kurve $A = \mathrm{f}(E)$, ist im allgemeinen vom Proportionalbereich verschieden, wir bezeichnen ihn mit δ_g, er kann nach Abb. 3 einfach ermittelt werden, spielt aber nur für die Beurteilung des stationären Verhaltens der Regelung unter Umständen eine Rolle. Bei den für die Ermittlung des Regelvorgangs durchzuführenden Berechnungen gehen wir immer vom Betriebspunkt aus, d. h. vom Endwert der verschiedenen Größen nach Abklingen des Vorgangs und beschäftigen uns nur mit den Abweichungen von diesen Endwerten.

b) Berechnung. **α) Ideales statisches Meßwerk bzw. idealer Proportional-Regler (*P*-Regler) (Tab. 6, Nr. 1).** Wir wollen dann von einem idealen statischen Meßwerk sprechen, wenn die Kennlinie $A = \mathrm{f}(E)$ nach Abb. 1 nicht nur für den stationären Zustand, sondern auch während des Regelvorganges, bei unter Umständen sehr schnellen Änderungen der Eingangsgröße, volle Gültigkeit behält, wenn also keine zeitliche Abhängigkeit zwischen den beiden Größen besteht. Dies trifft wohl nur bei einem elektronischen Meßwerk, das praktisch verzögerungsfrei arbeitet, vollkommen zu. Bei den Beispielen 2a und 2b wird die Ausgangsgröße infolge der zu beschleunigenden Massen nur mit einer gewissen Verzögerung der Eingangsgröße folgen können, so daß insbesondere bei schnellen Vorgängen, wobei „schnell" selbstverständlich relativ aufzufassen ist (näheres im folgenden Abschnitt), nicht mehr von einem idealen statischen Meßwerk bzw. *P*-Regler gesprochen werden kann. Trotzdem wird man bei relativ langsamen Vorgängen in vielen Fällen auch Meßwerke nach Abb. 2a und b noch mit genügender Annäherung als ideal betrachten können.

Wie bereits gesagt, interessiert uns bei unseren Untersuchungen immer nur die Abweichung der verschiedenen Größen vom stationären Wert. Diese Abweichungen kennzeichnen wir durch einen kleinen griechischen Buchstaben, so daß also z. B. α die Abweichung der Ausgangsgröße vom Wert A_0 und A_0 die bezogene Ausgangsgröße im Betriebspunkt bedeutet, was nochmals erwähnt sei. Wir nehmen also den Betriebspunkt als Bezugspunkt für alle Berechnungen, d. h. wir wählen nach Abb. 4 den Betriebspunkt als Nullpunkt eines neuen Koordinatensystems mit ε und α als Abszisse bzw. Ordinate.

Nach Abb. 4 können wir nun unter Zugrundelegung unserer Ersatzgeraden setzen:

$$\alpha = \varepsilon \frac{1}{\delta} \,. \tag{1}$$

Abb. 4. Kennlinie eines statischen Meßwerkes (*P*-Reglers) mit Ersatzgerade. Abweichungen der Eingangs- und Ausgangsgröße (ε, α) von den Werten im Betriebspunkt

Die Gl. (1) sagt aus, daß sich beim idealen *P*-Regler die Ausgangsgröße unabhängig von der Zeit immer einfach proportional mit der Eingangsgröße (Regelgröße) ändert, weshalb für solche Regler der Begriff *Proportional-Regler* eingeführt worden ist. Der zeitliche Zusammenhang zwischen diesen beiden Größen kann im allgemeinen nur durch eine Differentialgleichung dargestellt werden; im vorliegenden Fall wird diese zu einer einfachen algebraischen Gleichung.

Nehmen wir an, daß die Eingangsgröße ε Schwingungen ausführt, so wird nach Gl. (1) auch die Ausgangsgröße α mit gleicher Frequenz schwingen bei einem Amplitudenverhältnis $\frac{\alpha}{\hat{\varepsilon}} = 1/\delta$. Wenn die Eingangsgröße nach der Gleichung $\varepsilon = \hat{\varepsilon} \cdot \sin(\omega t + \psi)$ schwingt, ergibt sich also für die Ausgangsgröße:

$$\alpha = \varepsilon \frac{1}{\delta} = \frac{\hat{\varepsilon}}{\delta} \sin(\omega t + \psi) \,. \tag{2}$$

Eine solche harmonische Schwingung kann nun in bekannter Weise symbolisch durch einen Zeitvektor dargestellt werden (Abb. 5), der in der komplexen Ebene mit der Winkelgeschwindigkeit ω umläuft, zur Zeit $t = 0$ den Winkel ψ gegen die reelle Achse einnimmt und dessen Projektion auf die imaginäre Achse z. B. die Sinusfunktion nach Gl. (2) ergibt.

Das Rechnen mit solchen Zeitvektoren ist in der Wechselstromtechnik und auch sonst in der allgemeinen Schwingungslehre seit langem üblich. Näheres hierüber ist in zahlreichen Lehrbüchern zu finden. Zeitvektoren sollen nun im folgenden entweder durch Verwendung großer deutscher Buchstaben oder bei griechischen Formelzeichen durch einen Pfeil ($\rightarrow$) über dem Zeichen kenntlich gemacht werden.

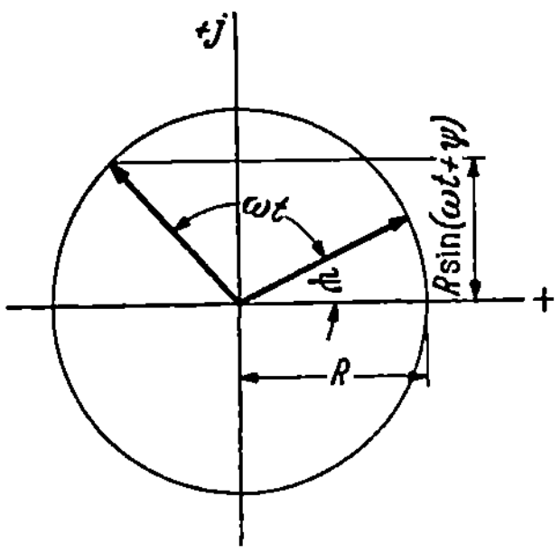

Als *Frequenzgang* ($\mathfrak{F}$) wird nun das vektorielle Verhältnis von Ausgangsgröße zu Eingangsgröße (im eingeschwungenen Zustand) bezeichnet. Im vorliegenden Fall wird

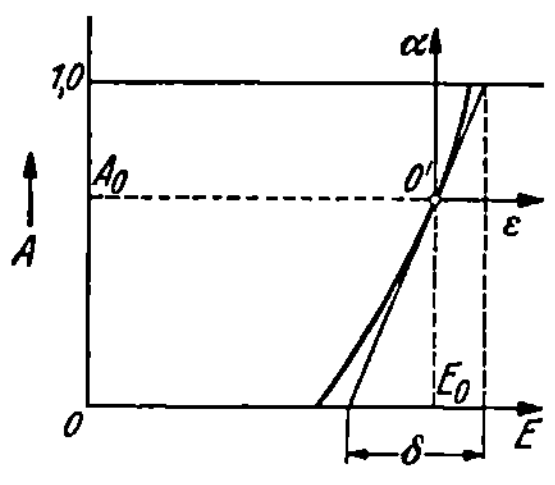

Abb. 5. Darstellung einer Schwingung durch einen umlaufenden Radiusvektor

$$\mathfrak{F} = \frac{\vec{\alpha}}{\vec{\varepsilon}} = \frac{1}{\delta} \,, \tag{3}$$

d. h. Ausgangs- und Eingangsgröße schwingen unabhängig von der Frequenz immer gleichphasig (ohne Winkelverschiebung gegeneinander) mit einem ganz bestimmten Amplitudenverhältnis.

Die *Übergangsfunktion*, d. h. der zeitliche Verlauf der Ausgangsgröße (α) bei einer plötzlichen sprungartigen Änderung der Eingangsgröße (ε) um einen bestimmten Wert (ε_s), ergibt sich auch ohne weiteres aus Gl. (1) zu

$$\alpha = \varepsilon_s \frac{1}{\delta} \,, \qquad (4)$$

d. h. die Ausgangsgröße folgt unmittelbar der Eingangsgröße und bleibt dann wie diese konstant entsprechend Abb. 6.

Vielfach weicht das Verhalten von Meßwerken nicht unwesentlich vom idealen Verhalten ab und es müssen dann u. U. genauere Untersuchungen unter Berücksichtigung aller

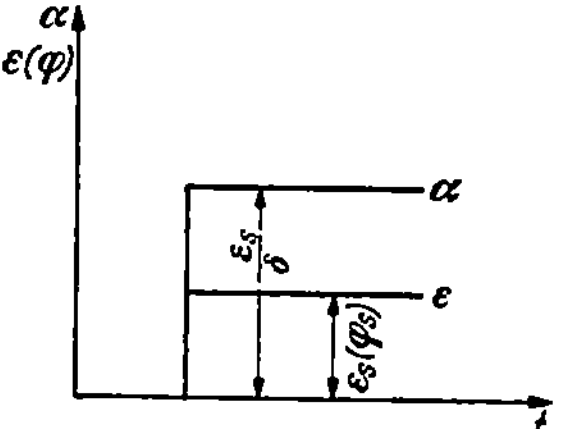

Abb. 6. Übergangsfunktion eines idealen statischen Meßwerkes

physikalischen Zusammenhänge durchgeführt werden. An Hand der Anordnungen Abb. 2 soll dies näher erläutert werden.

β) Massebehaftetes, statisches Meßwerk (*P*-Regler) ohne Dämpfung (Tab. 6, Nr. 2). Treten bei Meßwerken von der Art, wie sie in Abb. 2a und b aufgezeichnet sind, schnelle oder gar sprungartige Änderungen der Eingangsgröße, hier der Regelgröße, auf, so darf die für Stellungsänderungen erforderliche Massenbeschleunigung nicht mehr vernachlässigt werden. Um den zeitlichen Zusammenhang zwischen Ausgangs- und Eingangsgröße zu bekommen, müssen wir in diesem Fall die verschiedenen Kräfte, bzw. Momente, die auf ein solches Meßwerk mit Masse einwirken, untersuchen.

Wir gehen wieder aus vom stationären Zustand, wenn, etwa nach einem Regelvorgang, das Meßwerk zur Ruhe gekommen ist. Die von der Regelgröße hervorgerufene Kraft, wir nennen sie Stellkraft (P_s), ist in diesem Fall gerade gleich der durch eine Feder oder irgendeine andere Vorrichtung verursachten Gegen- oder Rückstellkraft (P_r), so daß Gleichgewicht vorhanden ist und das Meßwerk sich in Ruhe befindet. Bei einer Abweichung von diesem stationären Zustand treten nun, wenn die Reibung zunächst vernachlässigt wird, im allgemeinen folgende zusätzlichen Kräfte auf:

1. Zusatzkraft herrührend von einer Abweichung der Regelgröße, also der Eingangsgröße, vom stationären Wert P_{sx}.

2. Zusatzkraft herrührend von einer Abweichung des Ausschlages des Meßwerkes, also der Ausgangsgröße vom stationären Wert und zwar

a) durch die Abhängigkeit der Stellkraft vom Ausschlag P_{sy},

b) durch die Abhängigkeit der Rückstellkraft vom Ausschlag bedingt P_{ry}.

3. Beschleunigungskraft P_b.

Wir bekommen infolgedessen (bei geradlinigem Ausschlag des Meßwerkes) folgende Kräftegleichung, wenn wir nur kleine Abweichungen zulassen:

$$P_{sx} + P_{sy} + P_{ry} + P_b = 0 \tag{5}$$

oder:

$$x\left(\frac{dP_s}{dX}\right)_0 + y\left[\left(\frac{dP_s}{dY}\right)_0 + \left(\frac{dP_r}{dY}\right)_0\right] - m\frac{d^2y}{dt^2} = 0 \tag{6}$$

oder

$$p_x + p_y - m\frac{d^2y}{dt^2} = 0 . \tag{6a}$$

(X, Y, P tatsächliche Größen, X_0, Y_0, P_0 stationäre Werte, x, y, p Abweichungen von den stationären Werten).

Zunächst sei ein elektromagnetisches Meßwerk entsprechend Abb. 2b betrachtet. Die Stellkraft ist im vorliegenden Fall eine magnetische, die (bei fester Meßwerkstellung) quadratisch mit der Induktion, also (ohne Sättigung) quadratisch mit dem Spulenstrom und (bei kleiner elektromagnetischer Zeitkonstante im Spulenkreis) auch einfach quadratisch mit der Spannung, also der Regelgröße ansteigt

$$P_s = P_{s0} \cdot \left(\frac{X}{X_0}\right)^2 .$$

Es wird daher mit $\frac{x}{X_0} = \varepsilon$:

$$p_x = \left(\frac{dP_s}{dX}\right)_0 x = 2\frac{P_{s0}}{X_0} x = 2 P_{s0} \varepsilon . \tag{7}$$

Ist der Zusammenhang zwischen Stellkraft und Regelgröße in Form einer Kurve etwa nach Abb. 7 gegeben, so kann gesetzt werden

$$p_x = \lambda\frac{P_{s0}}{X_0} x = \lambda P_{s0} \varepsilon . \tag{7a}$$

Der Faktor λ gibt also die Abhängigkeit der Zugkraftänderung von der Änderung der Regelgröße im Betriebspunkt an. Bei rein quadratischer Abhängigkeit entsprechend Gl. (7) wird $\lambda = 2{,}0$, bei rein kubischer wird $\lambda = 3{,}0$ usw.

Für den stationären Zustand, wenn sich also der Regler in Ruhe befindet, ergibt sich nach Gl. (6):

$$y = - x \frac{\left(\frac{dP_s}{dX}\right)_0}{\left(\frac{dP_s}{dY}\right)_0 + \left(\frac{dP_r}{dY}\right)_0} \tag{8}$$

oder wenn man die bezogenen Größen $\alpha = \frac{y}{H}$, $\varepsilon = \frac{x}{X_0}$ einführt

$$\alpha = - \varepsilon \frac{\left(\frac{dP_s}{dX}\right)_0}{\left(\frac{dP_s}{dY}\right)_0 + \left(\frac{dP_r}{dY}\right)_0} \cdot \frac{X_0}{H} . \tag{8a}$$

Nun ist aber nach Abb. 4 und Gl. (I) im stationären Betrieb

$$\alpha = \varepsilon \, \frac{1}{\delta} \, ,$$

so daß sich für Gl. (6) schließlich ergibt:

$$\varepsilon \, X_0 \left(\frac{\mathrm{d}P_s}{\mathrm{d}X}\right)_0 - \alpha \, H \left(\frac{\mathrm{d}P_s}{\mathrm{d}X}\right)_0 \cdot \delta \, \frac{X_0}{H} - m \, \frac{\mathrm{d}^2\alpha}{\mathrm{d}t^2} \, H = 0 \tag{9}$$

oder unter Berücksichtigung von Gl. (7a):

$$\varepsilon \, (\lambda \, P_{s0}) - \alpha \, (\delta \, \lambda \, P_{s0}) - m \, \frac{\mathrm{d}^2\alpha}{\mathrm{d}t^2} \, H = 0 \, , \tag{10}$$

also entsprechend Gl. (6a):

$$p_x = \varepsilon \, (\lambda \, P_{s0});$$
$$p_y = - \alpha \, (\delta \, \lambda \, P_{s0}) \, . \tag{10a}$$

Wirkt auf die Masse m, die sich zunächst in Ruhe befinden soll, eine Kraft $\lambda \, P_{s0}$, d. h. eine Kraft, die sich unter Annahme der Ersatzgeraden durch den Punkt P_{s0}, X_0 in Abb. 7 bei einer Änderung der Regelgröße um ihren stationären Endwert ergeben würde, konstant beschleunigend ein, so wird sie sich mit steigender Geschwindigkeit bewegen. Wir bezeichnen nun mit T_f die Zeit, in der in diesem Fall der halbe Hub, also $H/2$ durchlaufen wird. Es wird

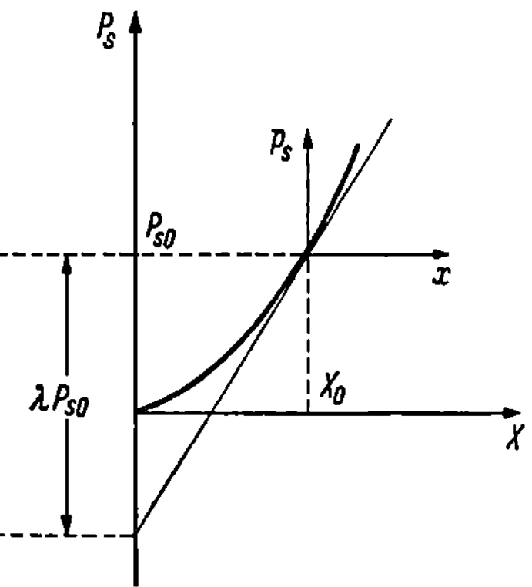

Abb. 7. Abhängigkeit der Stellkraft eines Meßwerkes von der Regelgröße. Ersatz der Kurven durch die Tangente im Betriebspunkt

$$\frac{1}{2} \left(\frac{\mathrm{d}^2y}{\mathrm{d}t^2}\right)_0 T_f^2 = \frac{H}{2} \quad \text{und daraus die Beschleunigung} \left(\frac{\mathrm{d}^2y}{\mathrm{d}t^2}\right)_0 = \frac{H}{T_f^2} \, .$$

Die Beschleunigungskraft soll $\lambda \, P_{s0}$ sein, also

$$\lambda \, P_{s0} = m \left(\frac{\mathrm{d}^2y}{\mathrm{d}t^2}\right)_0 = m \, \frac{H}{T_f^2}$$

und somit

$$m = \frac{\lambda \, P_{s0}}{H} \, T_f^2 \, . \tag{11}$$

Wir haben also die Masse dargestellt durch Ersatzgrößen, deren Bedeutung gut zu übersehen ist. Die Zeit T_f nennen wir die *Fallzeit* des Meßwerks. Für den Fall, daß $\lambda = 1{,}0$, d. h. daß die Stellkraft proportional mit der Regelgröße wächst, ist T_f bei Meßwerken mit Vertikalbewegung einfach gleich der Fallzeit, die zum Durchfallen des *halben* Hubes benötigt wird. Bezeichnen wir mit T_f' die meist einfach meßbare Zeit zum Durchlaufen des ganzen Hubes bei Einwirken der stationären Meßwerkskraft P_{s0}, so wird allgemein

$$T_f^2 = T_f'^2 \, \frac{1}{2 \, \lambda} \, . \tag{12}$$

Für Gl. (10) ergibt sich nun, wenn wir Gl. (11) berücksichtigen, *die Differentialgleichung des massebehafteten P-Reglers bzw. statischen Meßwerkes*

$$\alpha'' \, T_j^2 + \alpha \, \delta = \varepsilon = \varphi \, .\tag{13}$$

Der Rechnungsgang, der zur Gl. (13) geführt hat, soll nun auch noch an einem zweiten, der Abb. 2a etwa entsprechenden Beispiel erläutert werden. Wir vereinfachen zu diesem Zweck, um klare Verhältnisse zu bekommen, das Fliehkraftpendel entsprechend Abb. 8. Wir nehmen also an, daß die Kugeln durch ein Rohr so geführt werden, daß sie sich nur horizontal nach außen bewegen können, wobei die beiden Federn gespannt werden. Durch eine Vorrichtung soll die Änderung der Kugellage r auf eine Muffe übertragen werden, die dann weiter den Regelvorgang beeinflußt [48].

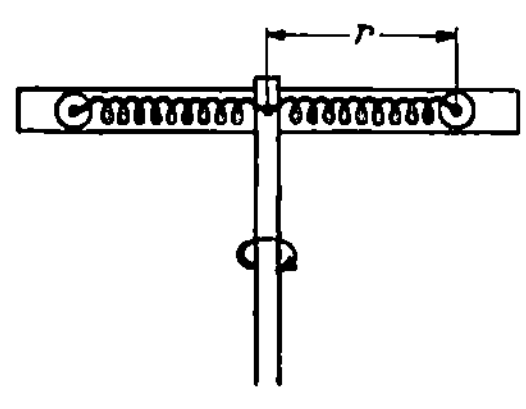

Abb. 8. Fliehkraftpendel mit rein horizontalem Ausschlag

Wir können zunächst, wenn wir die Reibungskräfte wieder vernachlässigen, drei Kräfte unterscheiden, die auf die Kugeln einwirken. 1. Die Federkraft, die immer in radialer Richtung wirkt und sich abhängig vom Radius r ändert. 2. Die Massenkraft, die der Geschwindigkeitsänderung der Kugelmassen entgegenwirkt, also in Gegenrichtung zur Geschwindigkeitsänderung steht. 3. Die vom Führungsrohr auf die Kugeln übertragene Kraft mit zwei Anteilen, von denen der eine konstant ist und senkrecht von unten dem Gewicht entgegenwirkt; er kann bei den weiteren Untersuchungen unberücksichtigt bleiben. Der zweite wirkt in tangentialer Richtung beschleunigend bzw. verzögernd auf die Kugeln. Entsprechend können wir für die Kräfte, in der waagerechten Ebene durch die Kugelmittelpunkte wirkend, folgende Kräftegleichung ansetzen:

$$- m \frac{d^2\mathfrak{r}}{dt^2} - \frac{\mathfrak{r}}{r} \, \mathrm{f}(r) = j \, \frac{\mathfrak{r}}{r} \, P_u \, .\tag{14}$$

m ist dabei die Masse der beiden Kugeln, $\mathfrak{r}$ der Radiusvektor, der die Lage der Kugeln nach Radius und Winkel bestimmt, $(\mathfrak{r}/r) \, \mathrm{f}(r)$ die nach Richtung und Größe durch $\mathfrak{r}$ bestimmte Federkraft, $j \, (\mathfrak{r}/r) \, P_u$ die senkrecht zu $\mathfrak{r}$, also in tangentialer Richtung wirkende Führungskraft, wobei r der Absolutbetrag des Kugelabstandes von der Drehachse nach Abb. 8 bedeutet. Dreht sich das Pendel mit der Winkelgeschwindigkeit Ω, so kann $\mathfrak{r}$ als Zeitvektor aufgefaßt werden, für den gesetzt werden kann:

$$\mathfrak{r} = r \cdot \mathrm{e}^{j\Omega t} \, ,\tag{15}$$

und daraus ergibt sich

$$\frac{d\mathfrak{r}}{dt} = j \, r \, \Omega \, \mathrm{e}^{j\Omega t} + \mathrm{e}^{j\Omega t} \frac{dr}{dt} \, ,\tag{16}$$

$$\frac{d^2\mathfrak{r}}{dt^2} = \mathrm{e}^{j\Omega t} \left(j \, 2 \frac{dr}{dt} \Omega - \Omega^2 \, r + \frac{d^2r}{dt^2} \right).\tag{17}$$

Gl. (14) wird damit

$$m\, e^{j\Omega t}\left(-j\,2\frac{\mathrm{d}r}{\mathrm{d}t}\,\Omega + \Omega^2\,r - \frac{\mathrm{d}^2 r}{\mathrm{d}t^2}\right) - e^{j\Omega t}\,\mathrm{f}(r) = j\,P_u\,e^{j\Omega t}\,. \qquad (18)$$

Weiterhin brauchen uns die tangentialen Kräfte (mit dem Faktor j!) nicht mehr zu interessieren, sie haben keinen Einfluß auf die radiale Lage der Kugeln und damit auf die Regelmuffe, so daß wir durch Abtrennung der reellen Glieder in Gl. (18) für die Radialbewegung der Kugeln folgende Gleichung bekommen:

$$m\,\Omega^2\,r - \mathrm{f}(r) - m\,\frac{\mathrm{d}^2 r}{\mathrm{d}t^2} = 0 \qquad (19)$$

oder

$$P_s + P_r - m\,\frac{\mathrm{d}^2 r}{\mathrm{d}t^2} = 0\,. \qquad (20)$$

Betrachten wir nun die Abweichungen der Größen vom stationären Zustand, so gilt auch hier die Gl. (6), wenn X für Ω, der Regelgröße, und Y für r, der Stellgröße, gesetzt wird. Berücksichtigt man, daß entsprechend Gl. (7) auch hier

$$\left(\frac{\mathrm{d}P_s}{\mathrm{d}X}\right)_0 = 2\,\frac{P_{s0}}{X_0} \qquad \left[P_s = P_{s0}\left(\frac{\Omega}{\Omega_0}\right)^2\right]$$

und daß im stationären Zustand $\alpha = \varepsilon\,\dfrac{1}{\delta}$ wird, so ergibt sich, wie beim elektromagnetischen Meßwerk an Hand von Gl. (8a) und (12) gezeigt, die Differentialgleichung (13).

Über die Bestimmung der Statik, des Proportionalbereiches, von solchen Fliehkraftpendeln sei noch kurz etwas gesagt. Trägt man bei der allgemeineren Form des Pendels, etwa Abb. 2a entsprechend, abhängig vom Kugelabstand r, die in diesem allgemeineren Fall aus Muffengewicht, Kugelgewicht und Federkraft resultierende Rückstellkraft P_r auf, so ergibt sich die sogenannte C-Kurve des Fliehkraftpendels, die in der Theorie der Kraftmaschinenregler eine gewisse Rolle spielt (Abb. 9). Selbstverständlich hat nur der Teil dieser Kurve, der dem Arbeitsbereich ($r_{max} - r_{min}$) entspricht, praktische Bedeutung.

Die Stellkraft P_s, von der Regelgröße herrührend, ist nach Gln. (19 u. 20) bei konstanter Drehzahl, also $\Omega =$ const, proportional dem Kugelabstand r; für verschiedene, aber konstante Drehzahlen erhalten wir also in Abb. 9 für die Stellkraft abhängig von r Geraden durch den Nullpunkt. Zwei solche Geraden, und zwar für höchste und tiefste Drehzahl sind in Abb. 9 mit eingezeichnet. Im Schnittpunkt der P_s-Geraden mit der C-Kurve, also der P_r-Kurve, ist Gleichgewicht der Kräfte vorhanden. Bei konstanter Drehzahl bedeutet eine Vergrößerung des Kugelabstandes r ein Überwiegen der Rückstellkraft, der Kugelabstand wird also wieder verringert. Entsprechend wird bei einer Verringerung des Abstandes die dann überwiegende Stellkraft die Kugeln wieder nach außen drücken. Daraus ergibt sich, daß bei dem angenommenen Verlauf für die C-Kurve die Gleichgewichtspunkte stabil sind. Würde die C-Kurve im Schnittpunkt ebenso oder weniger ansteigen als die P_s-Geraden durch den Nullpunkt, so wäre das Meßwerk labil, wie nach obigem ohne weiteres einzusehen ist. Nach Abb. 9 kann nun sehr einfach die Kurve $\Omega = f(r)$ also die Abhängigkeit der Regelgröße von der Kugelstellung auf die

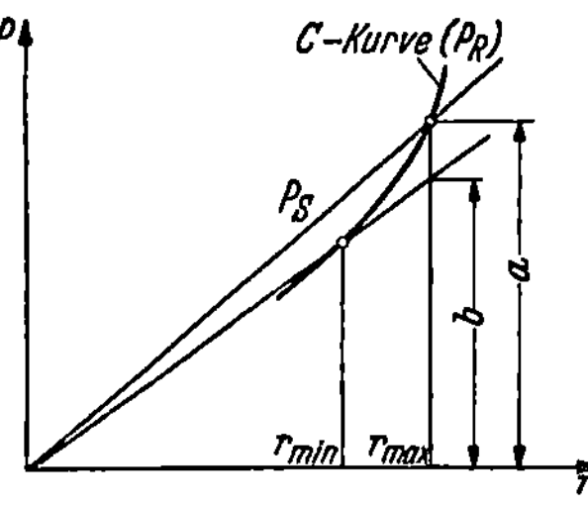

Abb. 9. C-Kurve eines Fliehkraftpendels (Rückstellkräfte abhängig vom Radius r). Ermittlung der Statik, des Proportionalitätsbereichs

Weise gefunden werden, daß für verschiedene Werte von Ω die P_s-Gerade eingezeichnet wird und aus dem Schnittpunkt mit der C-Kurve dann der entsprechende Wert von r abgelesen wird. Das Verhältnis der Strecken a/b entspricht dem Verhältnis von $(\Omega_{max}/\Omega_{min})^2$. Die Gesamtänderung von Ω, also $(\Omega_{max} - \Omega_{min})$, die dem Gesamthub $(r_{max} - r_{min})$ entspricht, ist im allgemeinen sehr klein, sie liegt für neuzeitliche Regler bei 3—6% vom Sollwert der Drehzahl. Nehmen wir nun an, daß der Sollwert Ω_s etwa in der Mitte zwischen Ω_{max} und Ω_{min} liegt, so bekommen wir mit genügender Annäherung für den tatsächlichen bezogenen Regelbereich des Pendelmeßwerkes

$$\delta_g = \frac{a - b}{a + b} \cdot \left[a = C\,\Omega_{max}^2 \approx C\left(\Omega_s + \frac{\delta_g}{2}\,\Omega_s\right)^2 \approx C\,(\Omega_s^2 + \delta_g\,\Omega_s^2); \atop b \approx C\,(\Omega_s^2 - \delta_g\,\Omega_s^2); \;\; a - b = C\,2\,\delta_g\,\Omega_s^2; \;\; a + b = C\,2\,\Omega_s^2 \right]. \right\} \tag{21}$$

Der Proportionalbereich, mit dem gerechnet wird, muß aus der Kurve $\Omega = f(r)$ für den der Rechnung zugrundeliegenden Betriebspunkt nach Abb. 3 ermittelt werden. Im allgemeinen wird er allerdings nicht wesentlich vom tatsächlichen Regelbereich abweichen.

Nachdem die Differentialgleichung des massebehafteten Meßwerkes bzw. Reglers gefunden ist, kann sehr einfach der *Frequenzgang* ermittelt werden.

Aus der Differentialgleichung (13) bekommen wir den *Frequenzgang*, wenn wir für die Eingangsgröße (ε) auf der rechten Seite eine Sinusfunktion abhängig von der Zeit annehmen. Es wird dann:

$$\alpha''\,T_f^2 + \alpha\,\delta = \hat{\varepsilon}\,\sin\omega\,t\,. \tag{22}$$

Eine Lösung dieser Differentialgleichung (im eingeschwungenen Zustand) lautet:

$$\alpha = C\,\sin\omega\,t\,,$$

wobei sich durch Einsetzen dieser Lösung in Gl. (22) für C (Integrationskonstante) der Wert

$$C = \frac{\hat{\varepsilon}}{\delta - T_f^2\,\omega^2}$$

ergibt, also

$$\alpha = \frac{\hat{\varepsilon}}{\delta - T_f^2\,\omega^2}\,\sin\omega\,t \tag{23}$$

wird. Diese Lösung entspricht also dem eingeschwungenen Zustand, auf den wir uns bei der Ermittlung des Frequenzganges immer beschränken können. Im vorliegenden Fall, in dem die Reibung vernachlässigt und deshalb keine Dämpfung vorhanden ist, würde allerdings der Ausgleichsvorgang überhaupt nicht abklingen; wir müssen daher annehmen, daß die Anfangsbedingungen so gewählt sind, daß kein Ausgleichsvorgang auftritt und damit die Gl. (23) schon die vollständige Lösung darstellt.

Ganz allgemein kann gesagt werden, daß bei Differentialgleichungen mit konstanten Koeffizienten beliebig hoher Ordnung, wie sie bei den Regeluntersuchungen dauernd auftreten werden, mit einer Sinus- oder Kosinusfunktion als Störglied auf der rechten Seite als Lösung für den eingeschwungenen Zustand immer ebenfalls eine Sinusschwingung auftritt. Die Differentiation einer Sinusfunktion führt zu einer Kosinusfunktion, also wieder einer, allerdings um den Winkel $\pi/2$ verschobenen, Sinusfunktion. Dabei ist noch zu beachten, daß die Amplitude der neuen Funktion mit ω, der Kreisfrequenz zu multiplizieren ist. Haben wir also in Erweiterung von Gl. (22) etwa eine Differentialgleichung von folgender Form

$$a_0\,\alpha + a_1\,\alpha' + a_2\,\alpha'' + a_3\,\alpha''' + \cdots = \hat{\varepsilon}\sin\omega\,t \qquad (24)$$

und wir machen den Ansatz

$$\alpha = C\sin\left(\omega\,t + \xi\right),$$

so daß also die Sinusschwingung von α sowohl nach Phasenlage (ξ), als auch Amplitude (C) vorläufig noch unbestimmt bleibt und setzen diesen Wert in Gl. (24) ein, so bekommen wir

$$a_0\,C\sin\left(\omega\,t + \xi\right) + a_1\,\omega\,C\cos\left(\omega\,t + \xi\right) - a_2\,\omega^2\,C\sin\left(\omega\,t + \xi\right)$$

$$- a_3\,\omega^3\cos\left(\omega\,t + \xi\right) + a_4\,\omega^4\,C\sin\left(\omega\,t + \xi\right) + \cdots = \hat{\varepsilon}\sin\omega\,t\,. \qquad (25)$$

Jeweils die nächste Sinusfunktion, die dem um einen Grad höheren Differentialquotienten entspricht, ist also gegenüber der vorigen um $\pi/2$ verschoben (cos-Glied entspricht dem um $\pi/2$ verschobenen sin-Glied).

Gehen wir nun zur Zeitvektordarstellung über und bezeichnen mit $\vec{\alpha}$ den Vektor, der $C\sin\left(\omega\,t + \xi\right)$ und mit $\vec{\varepsilon}$ den, der $\hat{\varepsilon}\sin\omega\,t$ entspricht, so können wir für Gl. (25) auch schreiben

$$a_0\,\vec{\alpha} + a_1\,j\,\omega\,\vec{\alpha} + a_2\,(j\,\omega)^2\,\vec{\alpha} + a_3\,(j\,\omega)^3\,\vec{\alpha} + \cdots = \vec{\varepsilon}\,. \qquad (26)$$

Wir bekommen also die Vektorgleichung sehr einfach aus der Differentialgleichung, indem wir jeweils für den n-ten Differentialquotienten den Vektor selbst multipliziert mit $(j\,\omega)^n$ setzen.

Aus der Gl. (22) bekommen wir demnach

$$T_f^2\,(j\,\omega)^2\,\vec{\alpha} + \delta\,\vec{\alpha} = \vec{\varepsilon} \qquad (27)$$

und daraus

$$\vec{a} = \frac{\vec{\varepsilon}}{\delta + (j\,w)^2\,T_f^2} \qquad (28)$$

oder den *Frequenzgang des statischen Meßwerkes* bzw. *des P-Reglers mit Masse ohne Dämpfung*:

$$\mathfrak{F} = \frac{\vec{\alpha}}{\vec{\varepsilon}} = \frac{1}{\delta + (j\,\omega)^2\,T_f^2} = \frac{1}{\delta - \omega^2\,T_f^2} \tag{29}$$

und der reziproke Wert des Frequenzganges, den wir später bei den Stabilitätsuntersuchungen gelegtl. brauchen werden, also das vektorielle Verhältnis von Eingangs- zu Ausgangsgröße, wird

$$\frac{1}{\mathfrak{F}} = \delta + (j\,\omega)^2\,T_f^2\,. \tag{29a}$$

Der Gl. (29a) entspricht in der komplexen Ebene eine Gerade, die auf der reellen Achse liegt und zwar zwischen $+\,\delta$ bei $\omega = 0$ und $-\infty$ bei $\omega = \infty$, wobei der Wert 0 bei $\omega = \pm\sqrt{\dfrac{\delta}{T_f^2}}$ erreicht wird (Abb. 10).

Die *Übergangsfunktion* des Meßwerkes, d. h. der zeitliche Verlauf der Ausgangsgröße bei einer sprungartigen Änderung der Eingangsgröße läßt sich natürlich ebenfalls aus der Differentialgleichung (13) ermitteln. Wir brauchen zu diesem Zweck nur für $\varepsilon = \varepsilon_8$ zu setzen, wobei ε_8 den festen konstanten Wert bedeutet, um den wir die Regeglgröße, also die Eingangsgröße für unser Meßwerk, verändern. An Stelle von Gl. (13) erhalten wir also:

$$\alpha''\,T_f^2 + \alpha\,\delta = \varepsilon_8 \tag{30}$$

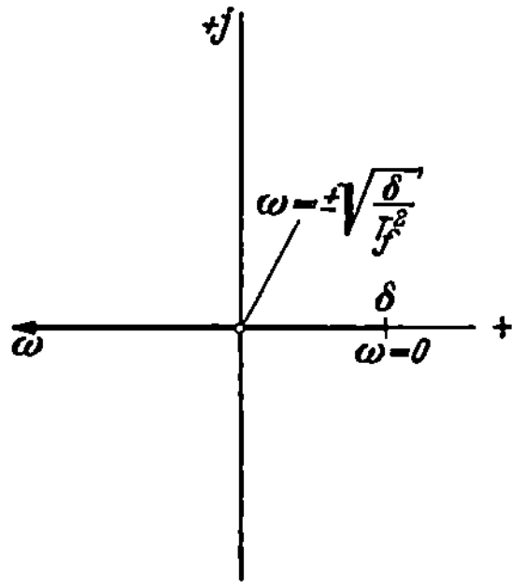

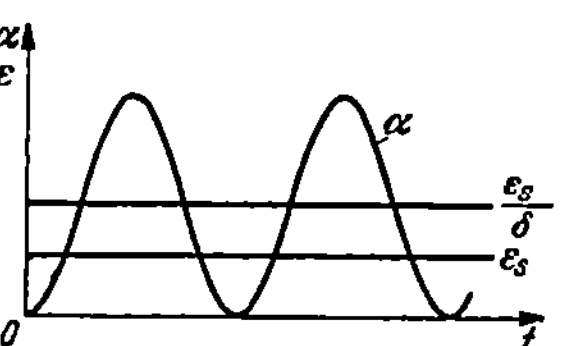

Abb. 10. Reziproker Frequenzgang eines statischen Meßwerks mit Masse

Abb. 11. Übergangsfunktion eines statischen Meßwerkes (*P*-Reglers) mit Masse ohne Dämpfung

mit der Lösung

$$\alpha = \frac{\varepsilon_8}{\delta} + C_1 \sin\left(\sqrt{\frac{\delta}{T_f^2}}\,t\right) + C_2 \cos\left(\sqrt{\frac{\delta}{T_f^2}}\,t\right). \tag{31}$$

Wir beginnen die Zeitrechnung mit dem Augenblick des Sprunges, der also zur Zeit $t = 0$ erfolgen soll. Da das Meßwerk mit Rücksicht auf die Masse weder seine Stellung selbst, noch auch seine Geschwindigkeit ruckartig ändern kann und wir annehmen wollen, daß es vor dem Sprung (ε_8) in seiner stationären Gleichgewichtslage in Ruhe war, muß zur Zeit $t = 0$ sowohl $(\alpha)_0$ als auch $(\alpha')_0$ verschwinden. Aus diesen beiden Anfangsbedingungen ergibt sich für $C_1 = 0$ und $C_2 = -\,\varepsilon_8/\delta$ und damit für die Übergangsfunktion die Gleichung:

$$\alpha = \frac{\varepsilon_8}{\delta}\left[1 - \cos\left(\sqrt{\frac{\delta}{T_f^2}}\,t\right)\right]. \tag{32}$$

Abb. 11 zeigt den Verlauf. Wir sehen, daß nach einer Sprungbeeinflussung ein derartiges Meßwerk überhaupt nicht zur Ruhe kommt, sondern ungedämpfte Schwingungen um eine neue Mittellage ausführt. Dieser Verlauf ist durchaus erklärlich, wenn berücksichtigt wird, daß wir bei unserer Untersuchung angenommen haben, daß das Meßwerk vollkommen ohne Reibung arbeitet. Praktisch wird diese Annahme aber natürlich nie vollkommen erfüllt sein, so daß in Wirklichkeit immer eine mehr oder weniger große Dämpfung auftreten und deshalb das Meßwerk schließlich doch wieder eine neue Ruhelage einnehmen wird. In vielen Fällen führt ein derartiges Meßwerk trotz der oft sehr geringen Dämpfung zu durchaus brauchbaren Regelverhältnissen.

γ) **Massebehaftetes, statisches Meßwerk (*P*-Regler) mit Dämpfung** (Tab. 6, Nr. 3 u. 4). Bisweilen ist man aber gezwungen, eine zusätzliche künstliche Dämpfung vorzusehen und versieht zu diesem Zweck das Meßwerk mit einer Bremse. Eine solche Bremse soll möglichst wenig sogenannte „trockene" Reibung besitzen, d. h. solche, die einfach unabhängig von der Geschwindigkeit mit konstanter Kraft der Bewegung entgegenwirkt, sondern sie soll eine Bremskraft liefern, die sich möglichst verhältnisgleich mit der Geschwindigkeit ändert. Im Fall der rein trockenen Reibung bleibt die Bremskraft bis zum Stillstand wirksam und beeinflußt damit die *Empfindlichkeit* des Meßwerkes, was bei der geschwindigkeitsabhängigen natürlich nicht der Fall sein kann. Die einfachste und auch gebräuchlichste Form für eine solche Bremse ist die Öldämpfungspumpe, auch Ölkatarakt genannt, wie sie in Abb. 12 dargestellt ist. Die Bremskraft, die bei einer Bewegung des Kolbens, der in einem mit Öl oder Glyzerin gefüllten Zylinder arbeitet, hier ausgeübt wird, kann mit großer Annäherung verhältnisgleich der Geschwindigkeit des Kolbens gesetzt werden, wobei der Verhältniswert im allgemeinen durch eine Änderung des Öldurchflußquerschnittes, im vorliegenden Fall nach Abb. 12 durch eine stärkere oder schwächere Abdeckung einer Bohrung durch den Kolben, verändert werden kann.

Abb. 12
Dämpfungspumpe

Kuppeln wir eine derartige Bremse etwa mit einem der in Abb. 2 (*a* und *b*) aufgezeichneten Meßwerke, so bekommen wir außer den bereits behandelten Kräften — Stellkraft, Rückstellkraft und Beschleunigungskraft — noch eine weitere, nämlich die der Geschwindigkeit proportionale Bremskraft hinzu. Die Gl. (10), auf die wir zurückgreifen wollen, ist also entsprechend zu ergänzen und wir erhalten:

$$\varepsilon\,(\lambda\,P_{s0}) - \alpha\,(\delta\,\lambda\,P_{s0}) - c_k\,\frac{d\alpha}{dt}\,H - m\,\frac{d^2\alpha}{dt^2}\,H = 0 \left.\vphantom{\begin{array}{c} \\ \\ \\ \end{array}}\right\}$$

$$\left(\frac{d\alpha}{dt}\,H = \frac{d\frac{y}{H}}{dt}\,H = \frac{dy}{dt}\,!\right) \quad (33)$$

c_k ist dabei die Bremskonstante; für sie soll noch, ähnlich wie für die Masse m, eine geeignetere Ersatzgröße gefunden werden, durch die die Bremskraft in anschaulicher Weise festgelegt ist. Lassen wir auf den

Bremskolben die Kraft $\lambda\,P_{s0}$ wirken, d. h. die λ-fache stationäre (s. S. 30) Stellkraft des Meßwerkes, die sich bei einer Änderung der Regelgröße um den stationären Endwert ergeben würde, so bewegt sich der Kolben mit konstanter Geschwindigkeit $\left(\dfrac{d\alpha}{dt}\right)_0 H$. Nach einer gewissen Zeit, die mit T_y bezeichnet werden soll, wird er schließlich den ganzen Hub H durchlaufen haben. Wir können daher setzen

$$\left(\frac{d\alpha}{dt}\right)_0 H\,T_y = H$$

und daraus die Geschwindigkeit bei der Kraft $\lambda\,P_{s0}$

$$\left(\frac{d\alpha}{dt}\right)_0 = \frac{1}{T_y}\,.$$

Somit wird mit Gl. (33)

$$\lambda\,P_{s0} = c_k \left(\frac{d\alpha}{dt}\right)_0 H = c_k\,\frac{H}{T_y}$$

und

$$c_k = \frac{\lambda\,P_{s0}}{H}\,T_y\,. \tag{34}$$

Wir haben also die Wirkung der Bremse durch eine Verzögerungszeit T_y, die meist auch einfach gemessen werden kann, gekennzeichnet. T_y wird als *Stellzeit* bezeichnet. Setzen wir diesen Wert für c_k in die Gl. (33) ein, so bekommen wir als Ersatz für die Gl. (13)

$$\alpha''\,T_f^2 + \alpha'\,T_y + \alpha\,\delta = \varepsilon = \varphi\,. \tag{35}$$

Der *Frequenzgang* wird bei entsprechender Ergänzung der Gl. (29)

$$\mathfrak{F} = \frac{\vec{\alpha}}{\vec{\varepsilon}} = \frac{1}{\delta + j\,\omega\,T_y + (j\,\omega)^2\,T_f^2} \tag{36}$$

und der reziproke Wert

$$\frac{1}{\mathfrak{F}} = \delta + j\,\omega\,T_y + (j\,\omega)^2\,T_f^2\,. \tag{36a}$$

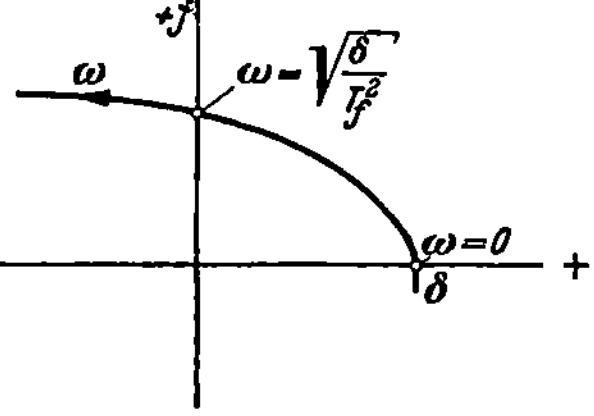

Abb. 13. Reziproker Frequenzgang eines statischen Meßwerks (P-Reglers) mit Masse und Dämpfung

Der Gl. (36a) entspricht die in Abb. 13 aufgezeichnete Kurve.

Die Differentialgleichung der *Übergangsfunktion* wird nach Gl. (35)

$$\alpha''\,T_f^2 + \alpha'\,T_y + \alpha\,\delta = \varepsilon_s \tag{37}$$

mit der Lösung [48]:

$$\alpha = \frac{\varepsilon_s}{\delta} + C_1\,e^{p_1 t} + C_2\,e^{p_2 t}\,, \tag{38}$$

wobei $p_{1,2}$ die Wurzeln der charakteristischen Gleichung von Gl. (37)

$$p^2\,T_f^2 + p\,T_y + \delta = 0 \tag{37a}$$

und C_1 und C_2 Integrationskonstanten darstellen.

Wir bekommen nach Gl. (38) je nach der Größe von T_y, also je nach der wirksamen Dämpfung einen periodischen oder aperiodischen Vorgang. Die Integrationskonstanten lassen sich wieder aus den zwei Anfangsbedingungen, nach denen im Augenblick des Stoßes sowohl $(\alpha)_0 = 0$ als auch $(\alpha')_0 = 0$ sein müssen, einfach bestimmen. In Abb. 14 ist einmal für schwache (*a*) und einmal für stärkere (*b*) Dämpfung die Übergangsfunktion aufgezeichnet.

Schon bei einer schwach eingestellten Dämpfungspumpe bekommen wir mit großer Annäherung die gleiche Übergangsfunktion, wie wenn wir T_f^2 überhaupt vernachlässigen, so daß Gl. (37) übergeht in

$$\alpha' \, T_y + \alpha \, \delta = \varepsilon_s \qquad (39)$$

mit der Lösung

$$\alpha = \frac{\varepsilon_s}{\delta}\left(1 - e^{-\frac{t}{T_y/\delta}}\right) \qquad (40)$$

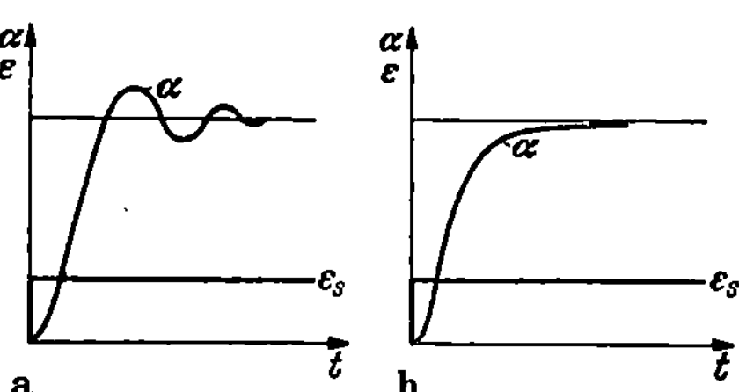

Abb. 14a u. b. Übergangsfunktion eines statischen Meßwerks (*P*-Reglers) mit Masse und Dämpfung
a) Dämpfung gering, b) Dämpfung stark

die einer einfachen Exponentialfunktion mit der Zeitkonstanten $T_n = T_y/\delta$ entspricht. Bei einer sprungartigen Änderung der Stellgröße stellt sich also ein derartiges statisches Meßwerk mit Bremse nach einer Exponentialfunktion auf einen neuen, von der Größe des Sprunges der Stellgröße abhängigen neuen Wert ein.

Ganz allgemein kann gesagt werden, daß bei neuzeitlichen Reglern mit geringer Masse des Meßwerkes, also kleinem Wert für T_f, praktisch immer dann, wenn das Meßwerk mit irgendeiner Dämpfungseinrichtung versehen ist, die Masse den Regelvorgang überhaupt nicht beeinflußt, also von vornherein vernachlässigt werden kann. Wir können somit bei statischen Meßwerken (*P*-Reglern) mit Dämpfung mit der vereinfachten Differentialgleichung

$$\alpha' \, T_y + \alpha \, \delta = \varepsilon \,, \qquad (41)$$

die an Stelle von Gl. (35) tritt und mit der vereinfachten Gleichung für den Frequenzgang

$$\mathfrak{F} = \frac{\vec{\alpha}}{\vec{\varepsilon}} = \frac{1}{\delta + j \, \omega \, T_y} \,, \qquad (42)$$

die die Gl. (36) ersetzt, rechnen. Der reziproke Wert des Frequenzganges also $1/\mathfrak{F}$, wird

$$\frac{1}{\mathfrak{F}} = \delta + j \, \omega \, T_y \,, \qquad (42\,\mathrm{a})$$

d. h. wir erhalten als Kurve für $1/\mathfrak{F}$ bei verschiedener Frequenz eine Gerade, die vom Punkt δ auf der reellen Achse ($\omega = 0$) parallel zur positiven Imaginärachse bis ins Unendliche ($\omega = \infty$) führt (Abb. 15).

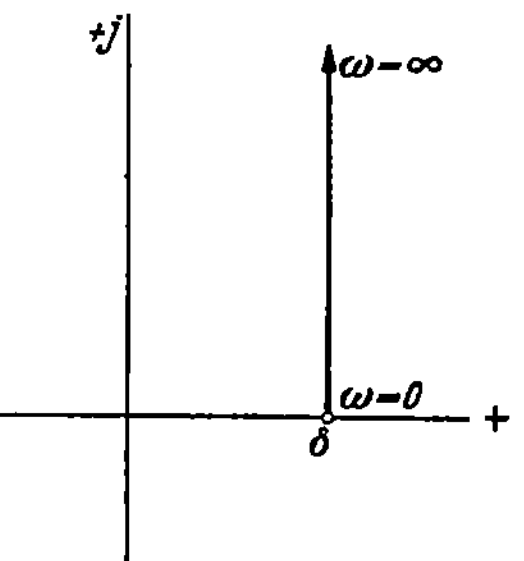

Abb. 15. Reziproker Frequenzgang eines statischen Meßwerks (*P*-Reglers) mit Dämpfung

c) Meßwerke bzw. Regler mit ähnlichem Verhalten. Der gleiche Zusammenhang zwischen Ausgangs- und Eingangsgröße, wie wir ihn bei solchen mechanischen Meßwerken mit Dämpfung gefunden haben, kann auch bei sonst ganz anders gearteten Meßwerken bzw. Reglern auftreten. Bei einer Askania-Temperaturregelung wird z. B. eine sehr empfindliche Stromwaage, die ein (Luft-)Strahlrohr bewegt und damit ein Ölstrahlrohr für einen (Askania-)Strahlrohrregler steuert, von einem Thermoelement gespeist, das als Fühler eine zu regelnde Temperatur erfaßt und in eine Spannung umwandelt. Das Thermoelement muß meistens gegen chemische oder auch rein mechanische Einflüsse mit irgend einer Schutzhülle umgeben werden, so daß die Temperatur des Elementes und damit seine Spannung mit etwas Verzögerung der Temperatur der Umgebung folgen wird. Bei einer sprungartigen Änderung der Temperatur wird sich die Spannung des Elementes mit großer Annäherung nach einer Erwärmungskurve, also einer Exponentialkurve auf den neuen Wert einstellen. Die Zeitkonstante der Erwärmung liegt, auch wenn man die Schutzhülle noch so dünn und die Wärmekapazität der ganzen Fühleranordnung noch so klein wählt, bei einigen Sekunden, in ungünstigen Fällen sogar bei einigen Minuten. Gegenüber dieser im Fühler wirksamen Verzögerung spielt die durch die Massen der Stromwaage verursachte Zeitverzögerung überhaupt keine Rolle mehr, die Vorgänge spielen sich eben, bezogen auf die Fallzeit des Meßwerkes, sehr langsam ab. Wir können daher annehmen, daß die Stellung des Meßwerkes unmittelbar der Spannung des Thermoelementes folgt, und da diese Spannung der Temperatur, also der Regelgröße, nach einer Exponentialkurve folgt, bekommen wir für die Übergangsfunktion ebenfalls den in Abb. 14b gezeichneten Verlauf mit der Gl. (40), und ebenso ist die Differentialgleichung (41) und die Gleichung für den Frequenzgang (42) gültig. An Stelle von T_y ist in diesem Fall in den Gln. (39), (40), (41), (42) und (42a) einfach die Zeitkonstante der Erwärmung für die Thermoelementanordnung T_{ϑ} multipliziert mit δ, also $T_{\vartheta}\,\delta$, zu setzen.

Auch sonst lassen sich noch öfters Meßglieder finden, deren Verhalten etwa dem des behandelten P-Reglers entspricht und demnach, wenigstens angenähert, durch die oben abgeleiteten Gleichungen dargestellt werden kann. Am schnellsten kann im übrigen das grundsätzliche Verhalten irgend eines Regelgliedes immer an Hand der Übergangsfunktion beurteilt werden.

II. Astatisches Meßwerk, Integral-Regler (I-Regler)

a) Grundsätzliches Verhalten. Wir können bei Reglern bzw. Meßwerken von der Art, wie sie in Abb. 2a und b dargestellt sind, durch geeignete Maßnahmen, auf die noch eingegangen wird, die Statik, den Proportionalbereich, soweit verringern, daß schließlich nur bei einem ganz bestimmten Wert der Regelgröße, also der Eingangsgröße E des Meßwerkes, dieses sich innerhalb des Arbeitsbereiches (zwischen $A = 0$ und $A = 1{,}0$) (Abb. 1) befindet, dort aber eine beliebige Lage einnehmen kann. Bei Überschreiten dieses festen Wertes der Regelgröße geht dann das Meß-

werk bis in die eine, bei Unterschreiten in die entgegengesetzte Endlage.
An Stelle der Kurve Abb. 1 für $A = \mathrm{f}(E)$ tritt also jetzt eine senkrechte
Gerade entsprechend Abb. 16. Nur wenn die Regelgröße ihren Sollwert (E_s) besitzt, der in diesem Fall bei richtig arbeitender Regelung
auch gleich dem stationären Endwert nach Abklingen des Regelvorganges (E_0) sein muß, befindet sich das Meßwerk innerhalb des
Arbeitsbereiches, also innerhalb des Hubes H (Abb. 2a oder 2b). Bei
einer Abweichung nach oben oder unten liegt
das Meßwerk gegen die, im allgemeinen vorhandenen, Anschläge an und stellt damit
für das folgende Regelglied den tiefst- oder
höchstmöglichen Wert der Stellgröße (Eingangsgröße) ein. Das beim statischen Meßwerk innerhalb des Regelbereiches auftretende stabile Gleichgewicht geht also beim
astatischen Meßwerk in ein indifferentes
Gleichgewicht über. Ein Meßwerk, das die
geschilderten Eigenschaften aufweist, dessen

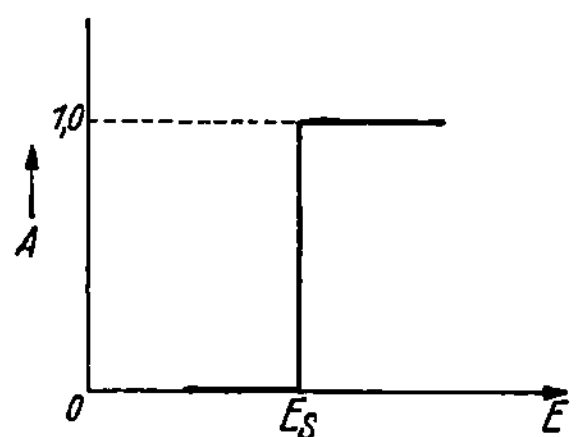

Abb. 16. Kennlinie eines astatischen
Meßwerkes

Kennlinie für den stationären Zustand der Abb. 16 entspricht, wird
als *astatisches* oder *integral* wirkendes Meßwerk bzw. ein entsprechender
Regler als *Integral-Regler* (*I*-Regler) bezeichnet.[1]

Das Fliehkraftpendel (Abb. 2a) z. B. wird astatisch, wenn die *C*-Kurve
nach Abb. 9, also die resultierende Rückstellkraft abhängig vom Pendel-
hub, wenigstens im Arbeitsbereich, durch eine durch Null gehende Gerade
dargestellt werden kann. In diesem Fall kann nur bei einer ganz bestimmten Drehzahl mit einer entsprechenden P_s-Gerade, die ja auch
durch Null geht ($P_s = m\,\omega^2\,r$), Gleichgewicht zwischen Stell- und Rückstellkraft bestehen und zwar im ganzen Hubbereich des Pendels. Bei
Überschreiten dieser Drehzahl überwiegt die Stellkraft, die Pendelkugeln gehen ganz nach außen, die Muffe nach oben, bei Unterschreiten
überwiegt die Rückstellkraft, die Pendelkugeln gehen ganz nach innen.

Bei einem elektromagnetischen Meßwerk nach Abb. 2b läßt sich
ebenfalls eine Kennlinie nach Abb. 16 erzielen, und zwar durch entsprechendes Abgleichen von Feder- und magnetischer Zugkraft oder
unter Umständen auch, z. B. bei Arbeiten ohne Feder mit dem Gewicht
als einziger Rückstellkraft, durch entsprechende Formgebung des
Magnetkernes, derart, daß die magnetische Zugkraft im Arbeitsbereich
unabhängig wird vom Hub.

Bei einem Drehmeßwerk nach dem FERRARIS-Prinzip ist das magnetische Drehmoment vom Ausschlag unabhängig, infolgedessen muß bei
astatischem Verhalten auch das Rückstellmoment unabhängig vom Ausschlag sein. Verwendet man als Rückstellmoment zunächst nur das
Moment einer Spiralfeder (F_1) nach Abb. 17, so wird dieses Moment
abhängig vom Ausschlag (Drehung im Uhrzeigersinn) zunehmen und
damit, da das magnetische Moment vom Ausschlag nicht beeinflußt
wird, das Meßwerk statisches (Proportional-)Verhalten zeigen. Durch

---

[1] Warum diese letztere Bezeichnung gewählt wurde, wird sich bei der Berechnung solcher Meßwerke (S. 44) ergeben.

Verwendung einer zweiten Feder (F_2) gelingt es aber, ein Gesamtrückstellmoment zu erzielen, das im Arbeitsbereich γ_H des Meßwerkes unabhängig vom Ausschlag wird. Die beiden von den Federn F_1 und F_2 erzeugten Drehmomente bei verschiedenem Ausschlag sind in Abb. 18 aufgezeichnet. Man sieht, daß das Moment M_{F_2} zunächst das Moment M_{F_1} unterstützt, dann Null wird und schließlich entgegenwirkt. Die Summe beider Momente bleibt damit praktisch unabhängig vom Hub konstant, so daß jetzt das Meßwerk astatisches Verhalten zeigt.

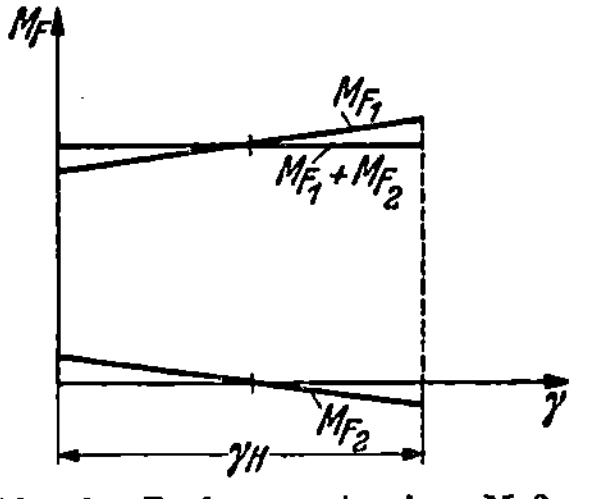

Abb. 17. Drehmeßwerk nach dem FERRARIS-Prinzip als Beispiel eines astatischen Meßwerkes

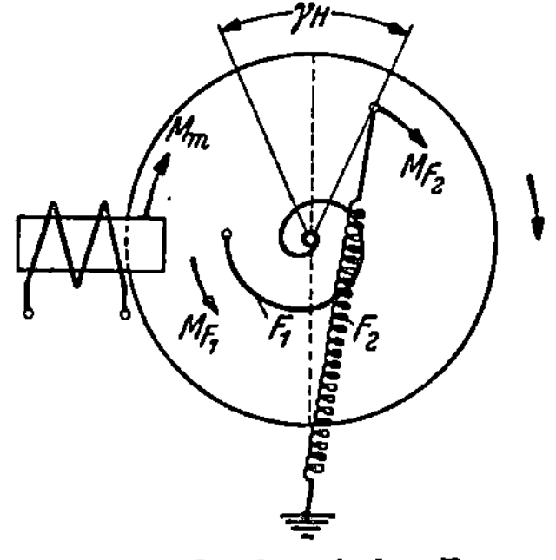

Abb. 18. Drehmomente eines Meßwerkes nach Abb. 17

Ein Druckmeßwerk nach Abb. 19, das mit einem Kolben und lediglich mit Gewichtsbelastung, also einer vom Hub unabhängigen Rückstellkraft arbeitet, zeigt, ohne besondere Hilfsmittel, von sich aus astatisches Verhalten. Nur bei ganz bestimmtem Druck wird auf den Kolben eine das Gewicht gerade kompensierende Gegenkraft ausgeübt, und zwar unabhängig von der Lage des Kolbens. Bei Abweichungen des Druckes von diesem Sollwert geht der Kolben ganz nach oben, bzw. ganz nach unten.

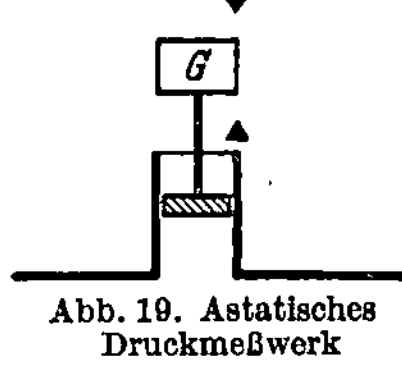

Abb. 19. Astatisches Druckmeßwerk

Um zu verhüten, daß schon bei ganz kleiner Abweichung der Regelgröße vom Sollwert ein solches astatisches Meßwerk *sofort* in seine Endlage geht und damit den höchsten oder tiefsten Wert der Stellgröße für den Regelkreis einstellt, also z. B. bei einer Kraftmaschinenregelung die Kraftstoffzufuhr entweder ganz abstellt oder aber voll einschaltet, versieht man solche Meßwerke bzw. Regler praktisch immer mit irgendwelchen Verzögerungseinrichtungen, im einfachsten Fall mit einer Dämpfungspumpe entsprechend Abb. 12. Würde man eine derartige Verzögerung nicht vorsehen, so würde wohl in allen praktisch vorkommenden Fällen die Regelung überhaupt nicht zur Ruhe kommen, sondern das Meßwerk dauernd zwischen den Anschlägen hin- und herpendeln und damit eine — manchmal vielleicht sogar brauchbare — unstetige, eine sogenannte Zweipunkt-Regelung, auf die später noch eingegangen wird, zustande kommen.

b) Berechnung. Wir gehen zunächst wieder aus von den auf das Meßwerk wirkenden Kräften bzw. Momenten, berücksichtigen aber wieder nur die Zusatzkräfte, die bei Abweichungen der verschiedenen Größen vom stationären Endwert auftreten. Die im stationären Gleichgewichtszustand vorhandenen Kräfte brauchen uns auch hier nicht zu interessieren, weil ihre Summe immer Null sein muß. Wir berücksichtigen außerdem von vornherein die Wirkung der immer vorhandenen Bremse, deren Bremskraft wir wieder proportional der Geschwindigkeit und entgegen der Bewegungsänderung ($- c_k \, dy/dt$) setzen wollen. Folgende Kräfte haben wir dann zu berücksichtigen.

1. Zusatzkraft herrührend von einer Abweichung der Regelgröße, also der Stellgröße des Meßwerkes vom stationären Wert.
2. Zusatzkraft der Bremse.
3. Beschleunigungskraft.

Die beim statischen Meßwerk auftretende Zusatzkraft von einer Abweichung des *Ausschlages* vom Endwert herrührend, fällt nach dem über das astatische Meßwerk Gesagten hier weg.

Wir bekommen also entsprechend Gl. (6) hier:

$$x \left(\frac{dP_s}{dX} \right)_0 - c_k \frac{dy}{dt} - m \frac{d^2 y}{dt^2} = 0 \tag{43}$$

und können unter Berücksichtigung von Gl. (7a):

$$\left(\frac{dP_s}{dX} \right)_0 = \lambda \frac{P_{s0}}{X_0} \, ,$$

von Gl. (34):

$$c_k = \frac{\lambda \, P_{s0}}{H} \, T_y \, ,$$

von Gl. (11):

$$m = \frac{\lambda \, P_{s0}}{H} \, T_I^2$$

dafür setzen

$$\frac{x}{X_0} \lambda \, P_{s0} - \frac{d \frac{y}{H}}{dt} \, T_y \lambda \, P_{s0} - \frac{d^2 \frac{y}{H}}{dt^2} \, T_I^2 \lambda \, P_{s0} = 0 \tag{44}$$

oder

$$\alpha'' \, T_I^2 + \alpha' \, T_y = \varepsilon = \varphi \, . \tag{45}$$

Gl. (45) stellt also die *Differentialgleichung* für den zeitlichen Zusammenhang zwischen Eingangsgröße (ε) und Ausgangsgröße (α) des *astatischen Meßwerkes* bzw. des *integral wirkenden Meßwerkes bzw. des Integralreglers mit Masse und Dämpfung* dar.

Den *Frequenzgang* bekommen wir nach dem im vorigen Abschnitt gezeigten Verfahren (S. 35), indem wir jeweils für den n-ten Differentialquotienten den Vektor multipliziert mit $(j \, \omega)^n$ setzen. Also nach Gl. (45):

$$\vec{\alpha} \, T_I^2 \, (j \, \omega)^2 + \vec{\alpha} \, T_y \, j \, \omega = \vec{\varepsilon} \tag{46}$$

und daraus der Frequenzgang

$$\mathfrak{F} = \frac{\vec{\alpha}}{\vec{\varepsilon}} = \frac{1}{j \, \omega \, T_y + (j \, \omega)^2 \, T_I^2} \tag{47}$$

und der reziproke Wert

$$\frac{1}{\mathfrak{F}} = j\,\omega\,T_y + (j\,\omega)^2\,T_f^2 \,. \tag{47a}$$

In Abb. 20 ist der Verlauf von $1/\mathfrak{F}$ abhängig von der Frequenz ω nach Gl. (47a) dargestellt (Parabel!).

Nach Gl. (45) ergibt sich für die Differentialgleichung der *Übergangsfunktion*:

$$\alpha''\,T_f^2 + \alpha'\,T_y = \varepsilon_s \tag{48}$$

mit der Lösung [*48*]:

$$\alpha = \frac{\varepsilon_s}{T_y}\,t + C_1 + C_2\,e^{-\frac{t}{T_f}\frac{T_y}{T_f}} \tag{49}$$

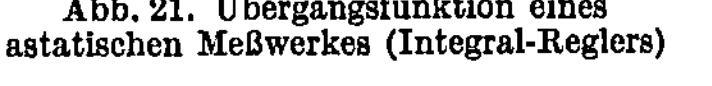

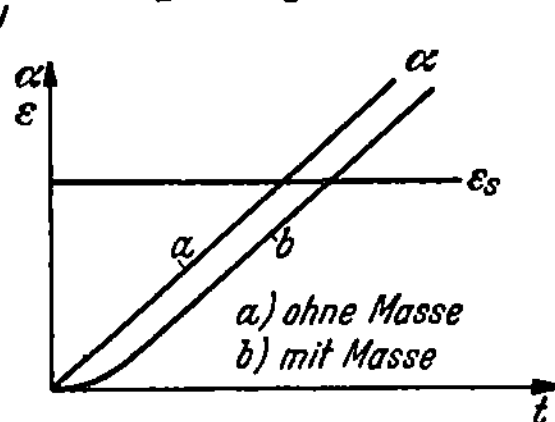

Abb. 20. Reziproker Frequenzgang eines astatischen Meßwerkes (Integral-Reglers) mit Dämpfung

Abb. 21. Übergangsfunktion eines astatischen Meßwerkes (Integral-Reglers)

oder nach Berechnung der Integrationskonstanten C_1 und C_2 aus den Anfangsbedingungen, nach denen zur Zeit des Sprunges ($t = 0$) der Ausschlag, also $(\alpha)_0 = 0$ und außerdem die Geschwindigkeit, also $(\alpha')_0 = 0$ sein muß.

$$\alpha = \frac{\varepsilon_s}{T_y}\,t - \varepsilon_s\left(\frac{T_f}{T_y}\right)^2\left(1 - e^{-\frac{t}{T_f}\frac{T_y}{T_f}}\right). \tag{50}$$

Den Verlauf dieser Übergangsfunktion zeigt Abb. 21, wobei für $(T_f/T_y)^2$ ein übertrieben großer Wert angenommen ist.

Wie im vorigen Abschnitt bereits gesagt, werden Meßwerke mit möglichst geringen Massen ausgeführt, so daß T_f sehr klein wird, jedenfalls klein gegenüber üblichen Werten von T_y. Wir können daher bei solchen astatischen Meßwerken mit Bremse meistens, ohne einen merklichen Fehler bei der Untersuchung des Regelvorganges oder auch der Stabilität zu machen, die Masse unberücksichtigt lassen, also $T_f^2 = 0$ setzen. Damit bekommen wir aus Gl. (45) *die Differentialgleichung des astatischen Meßwerkes bzw. des Integralreglers ohne Masse mit Dämpfung*

$$\alpha'\,T_y = \varepsilon \,. \tag{51}$$

Integrieren wir Gl. (51), so erhalten wir

$$\alpha = \frac{1}{T_y}\int \varepsilon\,dt + C \,. \tag{51a}$$

Wir sehen, daß hier die *Ausgangsgröße* α *verhältnisgleich wird dem Zeitintegral der Eingangsgröße*. Dies ist der Grund, warum für Regler bei diesem Verhalten die Bezeichnung *Integral-Regler* eingeführt worden ist.

Der Frequenzgang wird nach Gl. (47) mit $T_f = 0$

$$\mathfrak{F} = \frac{\vec{\alpha}}{\vec{\varepsilon}} = \frac{1}{j\,\omega\,T_y}\,, \tag{52}$$

und sein reziproker Wert

$$\frac{1}{\mathfrak{F}} = j\,\omega\,T_y \tag{53}$$

mit der imaginären Achse als Ortskurve bei veränderlicher Frequenz ω. Für die Übergangsfunktion ergibt sich

$$\alpha = \varepsilon_s\,\frac{t}{T_y} \tag{54}$$

also einfach eine Gerade, wie sie in Abb. 21 mit eingezeichnet ist.

Bei einer sprungartigen Änderung der Stellgröße bewegt sich also ein derartiges Meßwerk mit Bremse mit einer, von der Größe des Sprunges abhängigen, konstanten Geschwindigkeit bis es schließlich gegen einen Anschlag kommt und dort stehen bleibt.

c) Meßwerke mit ähnlichem Verhalten. Das gleiche Verhalten zeigen auch andere in ihrem Aufbau sonst von den bisher besprochenen ganz verschiedene Meßwerke bzw. Regler. Abb. 22 zeigt z.B. ein solches Meßwerk, wie es bei Gleichlaufschaltungen für Mehrmotorenantrieb verwendet wird. In einem Differentialgetriebe wird die Drehzahl eines Motors verglichen mit einer Solldrehzahl, z.B. der Drehzahl einer Leitwelle. Stimmen die beiden Drehzahlen nicht überein, so dreht sich eine dritte Welle *3* des Differentials mit einer der Differenz verhältnisgleichen Drehzahl im einen oder anderen Sinn und verstellt dabei z.B. bei der Verwendung von Drehstromnebenschlußmotoren die Bürsten des entsprechenden Motors so, daß die Drehzahlabweichung verringert und schließlich beseitigt wird.

Betrachten wir den Winkelausschlag der dritten, regelnden Welle als Ausgangsgröße, so sehen wir, daß sich diese Größe bei einer Abweichung der Eingangsgröße (Drehzahl) n vom Sollwert n_s mit konstanter Geschwindigkeit ändert, ganz so, wie beim behandelten Meßwerk mit Bremse entsprechend der Übergangsfunktion Abb. 21 (ohne Masse). Die Gln. (51), (52), (53) und (54) gelten daher auch hier. Für die Konstante T_y ist in diesem Fall die Zeit einzusetzen, in der bei einer Abweichung der Drehzahl vom Sollwert (n_s), die gleich ist dem Sollwert, also bei $n = 0$ oder $n = 2\,n_s$, die Regelwelle *3* den Gesamthub γ_H (Abb. 22), der im allgemeinen irgendwie fixiert ist, zurücklegt. (Läuft die Welle *3* gegen einen der angedeuteten Anschläge, so wird durch eine Rutschkupplung die Regelwelle vom Differential abgekuppelt.)

In gleicher Weise kann ein derartiges Differentialgetriebe auch als Meßwerk dienen bei der Regelung der Durchflußmenge von Flüssigkeiten oder Gasen. Die eine (Sollwert-)Welle *1* wird z.B. von einem Uhrwerk oder einem Synchronmotor, die zweite (Istwert-)Welle *2* von einem

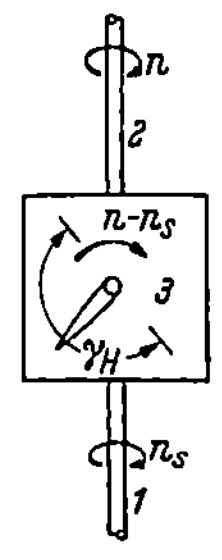

Abb. 22. Differential als astatisches Drehzahlmeßwerk

Mengenzähler angetrieben. Die Regelwelle *3*, die sich nur bei einer Differenz der beiden Drehzahlen bewegt, muß dann in irgendeiner Weise die Durchflußmenge beeinflussen. Die Geschwindigkeit der Regelwelle ist hier proportional der Abweichung der Durchflußmenge (Q) vom Sollwert, die Stellung selbst also wieder proportional dem Integral.

<h3 style="text-align:center">III. Astatisches Meßwerk
mit vorübergehender Statik, Proportional-Integral-Regler (PI-Regler)</h3>

a) **Grundsätzliches Verhalten.** Für manche Regelaufgaben ist weder das statische also proportional wirkende noch auch das astatische also integral wirkende Meßwerk bzw. der entsprechende Regler geeignet. Beim proportionalen Meßwerk kann die Bremse im allgemeinen sehr schwach eingestellt werden, so daß es Änderungen der Regelgröße sehr schnell, beinahe sogar ruckartig folgt. Dafür wird sich aber bei einer mit Rücksicht auf die Regelung erforderlichen dauernd veränderten Stellung des Meßwerkes auch eine etwas andere Regelgröße einstellen, wir bekommen also eine *statische*, eine *Proportional*-Regelung, d. h. die Regelgröße wird nicht mehr genau konstant gehalten, sondern ändert sich etwas, z. B. proportional mit der Belastung. Beim astatischen Meßwerk fällt dieser Nachteil weg, da es sich bei fester, konstanter Regelgröße in beliebiger Lage im Gleichgewicht befindet, und damit beim Sollwert der Regelgröße jeden verlangten Wert der Stellgröße für den Regelkreis einstellen kann. Dafür muß aber hier mit Rücksicht auf brauchbares Arbeiten im allgemeinen die Bremswirkung so stark eingestellt werden, daß sprungartigen Änderungen der Regelgröße das Meßwerk nur verhältnismäßig langsam folgt. Der starken Bremswirkung entsprechend, die bei einem Meßwerk nach Abb. 2 mit Hilfe der Bremse nach Abb. 12 einzustellen ist, muß bei einer Anordnung nach Abb. 22 die Verstellgeschwindigkeit der Regelwelle *3* durch Einbau einer Übersetzung niedrig gehalten werden.

Der Nachteil des statischen Reglers — statische Regelung — und gleichzeitig auch der Nachteil des astatischen Reglers — verhältnismäßig langsames Eingreifen — kann nun durch Verwendung von zwei parallel arbeitenden Reglern, einem *P*-Regler und einem *I*-Regler vermieden werden. Bei geeigneter konstruktiver oder auch schaltungstechnischer (elektronischer Regler) Ausführung des Reglers als *astatischer Regler mit vorübergehender Statik* (*PI*-Regler) läßt sich aber das gleiche Verhalten auch mit nur einem Gerät erzielen. Ein entsprechendes Meßwerk als Regler ist in Abb. 23 als elektromechanisches *a* und als Fliehkraftpendel *b* aufgezeichnet. Das Meßwerk für sich, ohne Bremse und Feder ist rein astatisch entsprechend der Kennlinie Abb. 16. Der Kolben der Bremse kann keine ruckartigen Bewegungen aus-

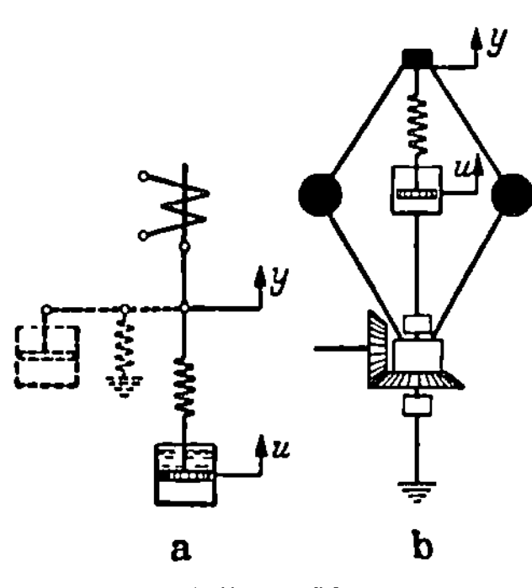

Abb. 23. Astatisches Meßwerk mit vorübergehender Statik.
a) Elektromagnetisches Meßwerk,
b) Fliehkraftpendel

führen, wohl aber das Meßwerk, das daher bei schnellen Vorgängen wie ein statisches, also proportionales, wirkt und sehr schnell den Änderungen der Regelgröße folgen kann. Da aber bei einer Abweichung der Regelgröße vom Sollwert die Feder gespannt ist, wird auf den Kolben eine Kraft ausgeübt, so daß sich dieser bewegt, und zwar mit einer dieser Kraft verhältnisgleichen Geschwindigkeit. Erst wenn wieder der richtige Sollwert erreicht ist, ist die Federspannung Null und damit bleibt der Kolben und überhaupt das ganze Meßwerk in Ruhe. Das Meßwerk kann also in dieser Form schnell eingreifen und bleibt doch, wenigstens für den stationären Betrieb, astatisch, also integralwirkend.

b) Berechnung. Wir haben bei einer Abweichung der Regelgröße x oder der Meßwerkstellung y oder der Kolbenstellung u vom stationären Endwert folgende Kräfte auf das Meßwerk wirksam:

1. Zusatzkraft von der Abweichung der Regelgröße herrührend, die wieder nach Gl. (10a) gerechnet werden kann, also

$$p_x = \varepsilon \, \lambda \, P_{s0} \, . \tag{55}$$

2. Zusatzkraft von einer Spannung der Feder, also von einer Differenz der Stellungsabweichung des Meßwerkes selbst y und des Kolbens u herrührend, für die wir setzen können:

$$p_{(y-u)} = - \frac{y-u}{H} \, \delta_v \, \lambda \, P_{s0} = - \alpha \, \delta_v \, \lambda \, P_{s0} + \frac{u}{H} \, \delta_v \, \lambda \, P_{s0} \, . \tag{56}$$

Die Gl. (56) entspricht der Gl. (10a), nur tritt an Stelle von $\alpha = \dfrac{y}{H}$ hier $(y - u)/H$ auf, weil die Rückstellkraft hier von der Differenz $(y - u)/H$ abhängt, und außerdem ist für δ hier δ_v gesetzt. δ_v entspricht der Statik bzw. dem bezogenen Proportionalbereich des Meßwerkes im Betriebspunkt bei festgehaltenem Dämpfungskolben. Da diese Statik nur vorübergehend, insbesondere bei schnellen Bewegungen des Meßwerkes, wenn der Kolben als fest angenommen werden kann, wirksam ist, wird sie als *vorübergehende* Statik oder als *vorübergehender Proportionalbereich* bezeichnet.

3. Beschleunigungskraft:

$$- m \, \frac{\mathrm{d}^2 y}{\mathrm{d}t^2} = - \lambda \, P_{s0} \, T_f^2 \, \frac{\mathrm{d}^2 \alpha}{\mathrm{d}t^2} \tag{57}$$

unter Berücksichtigung von Gl. (11).

Die Kräftegleichung für das Meßwerk lautet somit:

$$\varepsilon \, \lambda \, P_{s0} - \alpha \, \delta_v \, \lambda \, P_{s0} + \frac{u}{H} \, \delta_v \, \lambda \, P_{s0} - \frac{\mathrm{d}^2 \alpha}{\mathrm{d}t^2} \, T_f^2 \, \lambda \, P_{s0} = 0$$

oder

$$\varepsilon - \alpha \, \delta_v + \frac{u}{H} \, \delta_v - T_f^2 \, \frac{\mathrm{d}^2 \alpha}{\mathrm{d}t^2} = 0 \, . \tag{58}$$

In der Gl. (58) kommt außer der Ein- und Ausgangsgröße (ε, α) noch die Stellungsabweichung des Kolbens u vor, die noch zu eliminieren ist.

Vernachlässigen wir die Masse des Kolbens, was praktisch immer zulässig sein dürfte, und nehmen wir außerdem reine, der Geschwindigkeit proportionale Flüssigkeitsreibung an, so bekommen wir für den Kolben, auf den die Federkraft nach Gl. (56) .in entgegengesetzter Richtung wie auf das Meßwerk einwirkt, folgende Bewegungsgleichung:

$$-c_k \frac{d \frac{u}{H}}{dt} H + \alpha \, \delta_v \lambda \, P_{s0} - \frac{u}{H} \delta_v \lambda \, P_{s0} = 0 \,, \tag{59}$$

wobei wir für c_k wieder die Ersatzkonstanten nach Gl. (34) einsetzen können (für T_y hier T_{yf} gesetzt, um anzudeuten, daß die Bremse über eine Feder gekuppelt ist), so daß Gl. (59) wird.

$$-T_{yf} \frac{d \frac{u}{H}}{dt} + \alpha \, \delta_v - \frac{u}{H} \delta_v = 0 \,. \tag{60}$$

Aus Gl. (58) kann nun u/H und $\dfrac{d \frac{u}{H}}{dt}$ gerechnet und in Gl. (60) eingesetzt werden. Damit erhalten wir die endgültige *Differentialgleichung* eines *astatischen Meßwerkes mit vorübergehender Statik bzw. eines P-I-Reglers unter Berücksichtigung der Masse* des Meßwerkes:

$$\alpha''' \, T_f^2 \, T_n + \alpha'' \, T_f^2 + \alpha' \, \delta_v \, T_n = \varepsilon' \, T_n + \varepsilon \,. \tag{61}$$

Dabei ist für $T_{yf}/\delta_v = T_n$ eingeführt. T_n ist die Zeitkonstante der Exponentialfunktion, nach der sich der Kolbenhub u (Abb. 23a) ändert, wenn das Meßwerk (y) festgehalten, der Kolben zunächst um ein Stück verschoben, so daß die Feder gespannt ist, und dann losgelassen wird. Die auf den Kolben wirkende Federkraft nimmt dauernd ab, also auch die Kolbengeschwindigkeit, so daß sich eine Exponentialfunktion für den Vorgang ergibt. Die Zeitkonstante T_n wird als *Nachstellzeit* bezeichnet.

Aus der Differentialgleichung (61) erhalten wir nach S. 35 sofort:

$$T_f^2 \, T_n(j \, \omega)^3 \, \vec{\alpha} + T_f^2(j \, \omega)^2 \, \vec{\alpha} + \delta_v \, T_n(j \, \omega) \, \vec{\alpha} = T_n \, j \, \omega \, \vec{\varepsilon} + \vec{\varepsilon} \tag{62}$$

und daraus den *Frequenzgang*

$$\mathfrak{F} = \frac{\vec{\alpha}}{\vec{\varepsilon}} = \frac{1 + j \, \omega \, T_n}{j \, \omega \, \delta_v \, T_n + (j \, \omega)^2 \, T_f^2 + (j \, \omega)^3 \, T_f^2 \, T_n} \quad. \tag{63}$$

und der reziproke Wert

$$\frac{1}{\mathfrak{F}} = \frac{j \, \omega \, \delta_v \, T_n}{1 + j \, \omega \, T_n} + (j \, \omega)^2 \, T_f^2 \,. \tag{64}$$

Abb. 24 zeigt den Verlauf von $1/\mathfrak{F}$ nach Gl. (64) abhängig von der Frequenz.

Die Differentialgleichung für die *Übergangsfunktion* lautet nach Gl. (61), wobei zu beachten ist, daß $\varepsilon_s = $ const und somit $\varepsilon_s' = 0$ wird:

$$\alpha''' \, T_f^2 \, T_n + \alpha'' \, T_f^2 + \alpha' \, \delta_v \, T_n = \varepsilon_s \,. \tag{65}$$

Die Lösung dieser Gleichung lautet:

$$\alpha = \frac{\varepsilon_s}{\delta_v \, T_n} t + C_1 \, e^{p_1 t} + C_2 \, e^{p_2 t} + C_3 \, . \tag{66}$$

C_1, C_2, C_3 sind Integrationskonstanten, die sich aus den Anfangsbedingungen $[(\alpha)_0 = 0;\ (\alpha')_0 = 0;\ (\alpha'')_0 = \varepsilon_s/T_f^2]$ bestimmen lassen und p_1, p_2 sind die zwei Wurzeln der quadratischen Gleichung $T_f^2 \, T_n \, p^2 + T_f^2 \, p + \delta_v \, T_n = 0$. Der Verlauf der Übergangsfunktion ist in Abb. 25

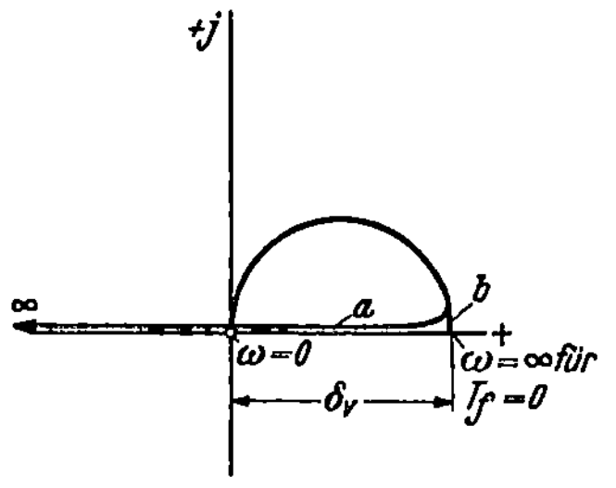

Abb. 24. Reziproker Frequenzgang eines astatischen Meßwerkes vorübergehend statisch. (*P-I*-Regler). *a* mit Masse, *b* ohne Masse

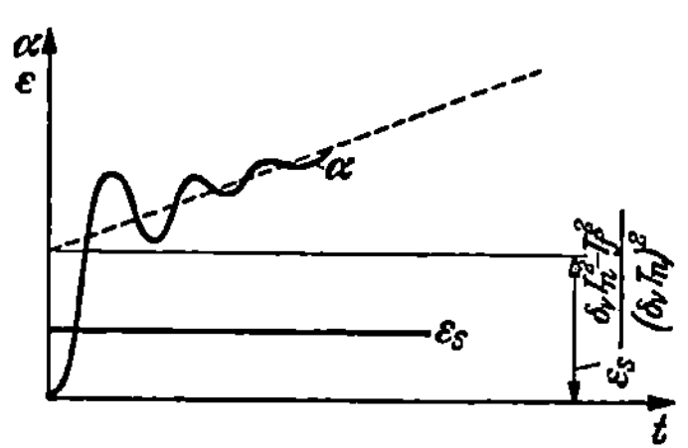

Abb. 25. Übergangsfunktion eines astatischen Meßwerkes vorübergehend statisch. (*P-I*-Regler mit Masse)

aufgezeichnet, wobei angenommen ist, daß $\delta_v/T_f^2 > 1/4 \, T_n^2$, was praktisch immer zutreffen dürfte. Wird die Masse vernachlässigt, was dann zulässig ist, wenn (bezogen auf T_f) nur verhältnismäßig langsame Änderungen der Regelgröße zu erwarten sind oder wenn noch eine, wenn auch sehr schwache, direkt mit dem Meßwerk gekuppelte Dämpfungseinrichtung vorhanden ist, so wird die Differentialgleichung der Übergangsfunktion:

$$\alpha' \, \delta_v \, T_n = \varepsilon_s \tag{67}$$

mit der Lösung

$$\alpha = \frac{\varepsilon_s}{\delta_v \, T_n} t + C \, . \tag{68}$$

Die Integrationskonstante C ergibt sich in diesem Fall aus folgender Überlegung: Im Augenblick der sprungartigen Änderung der Eingangsgröße ε_s geht auch die Ausgangsgröße α infolge der fehlenden, bzw. vernachlässigten Masse sprungartig in eine neue Stellung, die sich, wie beim normalen statischen Meßwerk [Gl. (4)], zu

$$(\alpha)_0 = \frac{\varepsilon_s}{\delta_v} \tag{69}$$

ergibt. Damit wird die Integrationskonstante $C = \varepsilon_s/\delta_v$ und die Gleichung für die Übergangsfunktion

$$\alpha = \frac{\varepsilon_s}{\delta_v} + \frac{\varepsilon_s}{\delta_v \, T_n} t \tag{70}$$

mit dem Verlauf nach Abb. 26.

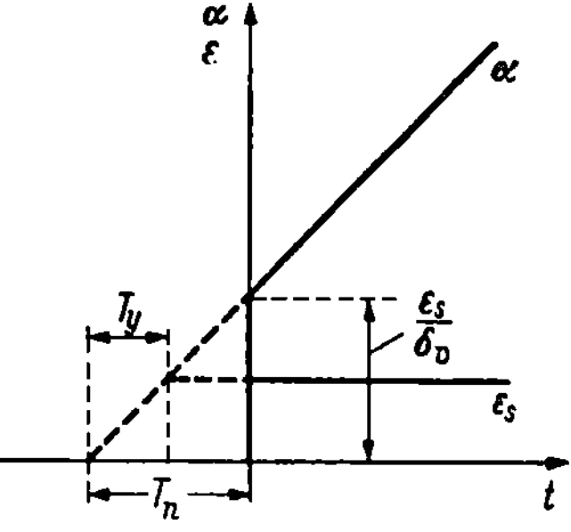

Abb. 26. Übergangsfunktion eines astatischen Meßwerkes vorübergehend statisch ohne Masse. (*PI*-Regler ohne Masse)

Infolge des Sprunges wird die Feder um ein festes Maß gespannt und übt damit auf den Kolben eine konstante Kraft aus, so daß sich der Kolben mit gleichmäßiger Geschwindigkeit bewegt.

Bei Vernachlässigung der Masse, also bei $T_l = 0$ wird die Differentialgleichung (61)

$$\alpha' \, \delta_v \, T_n = \varepsilon' \, T_n + \varepsilon \tag{71}$$

und damit der Frequenzgang Gl. (63)

$$\mathfrak{F} = \frac{\vec{\alpha}}{\vec{\varepsilon}} = \frac{1 + j \, \omega \, T_n}{j \, \omega \, \delta_v \, T_n} \tag{72}$$

bzw.

$$\frac{1}{\mathfrak{F}} = \frac{j \, \omega \, \delta_v \, T_n}{1 + j \, \omega \, T_n} \, . \tag{73}$$

Gl. (73) wird durch den in Abb. 24 mit eingezeichneten Halbkreis (b) dargestellt.

Zur Berücksichtigung einer unmittelbaren Dämpfung des Meßwerkes etwa durch eine direkt gekuppelte, in Abb. 23a gestrichelt angedeutete Bremse, muß in der Gl. (58) noch ein der Geschwindigkeit des Meßwerkes, also α' proportionales Glied $- \alpha' \, T_y -$ eingeführt werden. T_y ist dabei die nach Gl. (34) die Bremswirkung der direkten Bremse kennzeichnende Verzögerungszeit. Als Differentialgleichung ergibt sich in diesem Fall, in dem die Masse dann auf jeden Fall vernachlässigt werden kann (man nennt eine solche direkte Bremse auch *Massebremse*):

$$\alpha'' \, T_y \, T_n + \alpha' \, (T_y + \delta_v \, T_n) = \varepsilon' \, T_n + \varepsilon \, , \tag{74}$$

der Frequenzgang wird

$$\mathfrak{F} = \frac{\vec{\alpha}}{\vec{\varepsilon}} = \frac{1 + j \, \omega \, T_n}{j \, \omega \, (T_y + \delta_v \, T_n) + (j \, \omega)^2 \, T_y \, T_n} \tag{75}$$

und

$$\frac{1}{\mathfrak{F}} = j \, \omega \, T_y + \frac{j \, \omega \, \delta_v \, T_n}{1 + j \, \omega \, T_n} \, . \tag{76}$$

Die Gl. (76) entsprechende Kurve ist in Abb. 27 dargestellt.

Die Differentialgleichung der Übergangsfunktion lautet jetzt:

$$\alpha'' \, T_y \, T_n + \alpha' \, (T_y + \delta_v \, T_n) = \varepsilon_s \tag{77}$$

mit der Lösung

$$\alpha = \frac{\varepsilon_s}{T_y + \delta_v \, T_n} \, t + C_1 \, \mathrm{e}^{p t} + C_2 \, , \tag{78}$$

wobei $p = - (T_y + \delta_v \, T_n)/T_y \, T_n$ und C_1 und C_2 Integrationskonstanten darstellen, die sich aus den Anfangsbedingungen bestimmen lassen. Bei Eintritt des Sprunges befindet sich das Meßwerk noch in seiner ursprünglichen Lage $[(\alpha)_0 = 0]$, bewegt sich aber mit einer Geschwindigkeit, die nur durch die direkte Bremse bedingt ist, da ja zunächst noch keine Federspannung auftritt $[(\alpha')_0 = \varepsilon_s/T_y]$.

Es wird

$$\alpha = \frac{\varepsilon_s}{T_y + \delta_v \, T_n} \, t + \varepsilon_s \frac{\delta_v \, T_n^2}{(T_y + \delta_v \, T_n)^2} \left(1 - \mathrm{e}^{- \frac{T_y + \delta_v \, T_n}{T_y \, T_n} t} \right) \tag{79}$$

mit der Kurve für die Übergangsfunktion Abb. 28. Zunächst wird die Verstellgeschwindigkeit α' nur bestimmt durch die direkte Bremse, die im allgemeinen sehr schwach eingestellt wird; hinterher, wenn die Feder eine dem Stoß entsprechende Spannung aufweist, durch die Wirkung

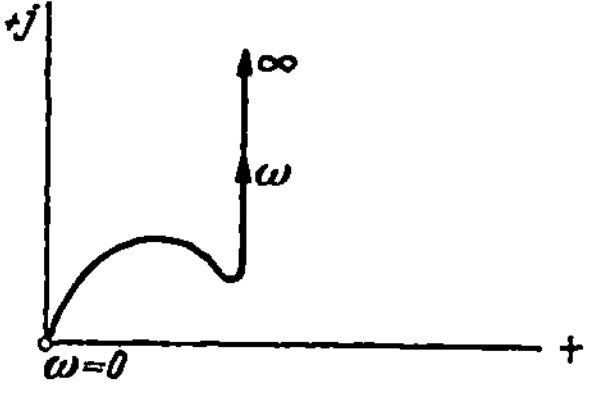

Abb. 27. Reziproker Frequenzgang eines astatischen Meßwerkes mit vorübergehender Statik und direkter Bremse

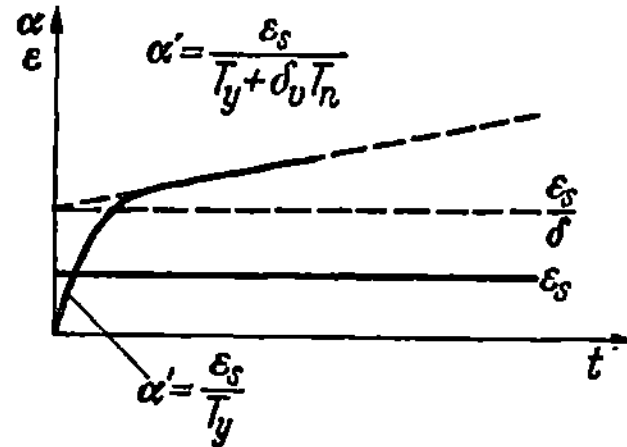

Abb. 28. Übergangsfunktion eines astatischen Meßwerkes, vorübergehend statisch mit direkter Bremse

der beiden Bremsen $(T_y + \delta_v\, T_n = T_y + T_{yf})$ zusammen. Wird die direkte Bremse schwächer und schwächer eingestellt, so nähert sich der Verlauf der Kurve Abb. 28 mehr und mehr dem der Kurve Abb. 26 ohne direkte Bremse.

Weist das Meßwerk außer der vorübergehenden auch noch eine dauernde Statik auf, wie sie z. B. bei der Anordnung nach Abb. 23a durch die gestrichelt eingezeichnete Feder erreicht werden kann, so tritt in Gl. (58) noch ein vom Weg y (bzw. α) abhängiges Glied ($-\alpha\,\delta$) entsprechend Gl. (9) und (10) auf. Vernachlässigen wir die Masse und berück-

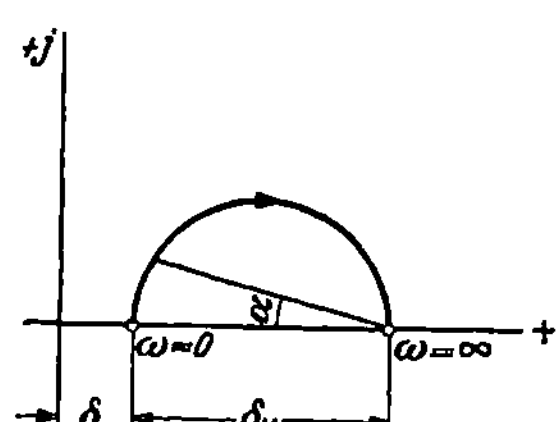

Abb. 29. Reziproker Frequenzgang eines statischen Meßwerkes mit zusätzlicher vorübergehender Statik

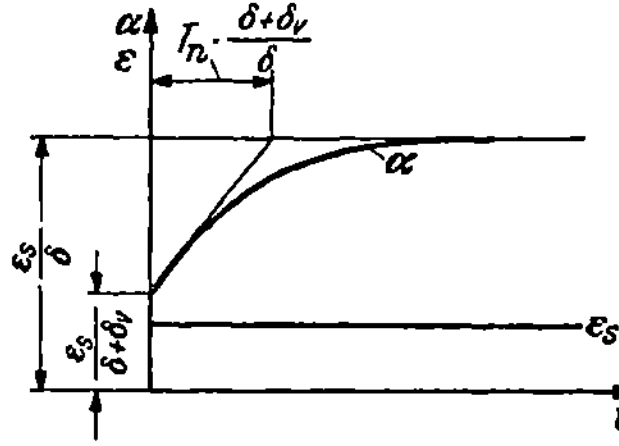

Abb. 30. Übergangsfunktion eines statischen Meßwerkes mit zusätzlicher vorübergehender Statik

sichtigen noch Gl. (60), so bekommen wir für diesen Fall die Differentialgleichung

$$\alpha'\, T_n\, (\delta_v + \delta) + \alpha\,\delta = \varepsilon'\, T_n + \varepsilon\,. \tag{80}$$

Der Frequenzgang wird jetzt

$$\mathfrak{F} = \frac{\vec{\alpha}}{\vec{\varepsilon}} = \frac{1 + j\,\omega\, T_n}{\delta + j\,\omega\, T_n\,(\delta_v + \delta)} = \frac{1}{\delta}\,\frac{1 + j\,\omega\, T_n}{1 + j\,\omega\, T_n\left(1 + \dfrac{\delta_v}{\delta}\right)} \tag{81}$$

und

$$\frac{1}{\mathfrak{F}} = (\delta_v + \delta) - \frac{\delta_v}{1 + j\,\omega\, T_n} \tag{82}$$

mit dem in Abb. 29 gezeichneten Halbkreis als Ortskurve bei verschiedener Frequenz (tg $\alpha = \omega\, T_n$). Die Differentialgleichung der Übergangsfunktion lautet

$$\alpha' \, T_n \, (\delta_v + \delta) + \alpha \, \delta = \varepsilon_s \tag{83}$$

mit der Lösung

$$\alpha = \frac{\varepsilon_s}{\delta} + C \, \mathrm{e}^{-\frac{\delta}{\delta + \delta_v} \frac{t}{T_n}} . \tag{84}$$

Die Integrationskonstante wird, da sich im Augenblick des Sprunges bei unserer Annahme eines masselosen Meßwerkes das Meßwerk ruckartig um den Wert $\varepsilon_s/(\delta + \delta_v)$ (beide Federn in Abb. 23a wirksam) bewegt,

$$C = \frac{\varepsilon_s}{\delta + \delta_v} - \frac{\varepsilon_s}{\delta} = - \frac{\varepsilon_s}{\delta + \delta_v} \frac{\delta_v}{\delta} \tag{85}$$

und somit die Gleichung der Übergangsfunktion

$$\alpha = \frac{\varepsilon_s}{\delta} \left(1 - \frac{\delta_v}{\delta + \delta_v} \mathrm{e}^{-\frac{\delta}{\delta + \delta_v} \frac{t}{T_n}} . \right) \tag{86}$$

Abb. 30 zeigt den entsprechenden Verlauf der Übergangsfunktion eines masselosen Meßwerkes mit dauernder und vorübergehender Statik.

c) Meßsysteme mit ähnlichem Verhalten. Bei manchen Meßwerken, insbesondere bei unmittelbaren Reglern, werden Luftdämpfungspumpen verwendet. Da Luft elastisch ist, wird auch dann, wenn der Bremskolben direkt ohne Feder mit dem Meßwerk gekuppelt ist, ein solches Meßwerk ähnliches Verhalten zeigen, wie das nach Abb. 23, also auch eine gewisse vorübergehende Statik, also Proportionalität aufweisen.

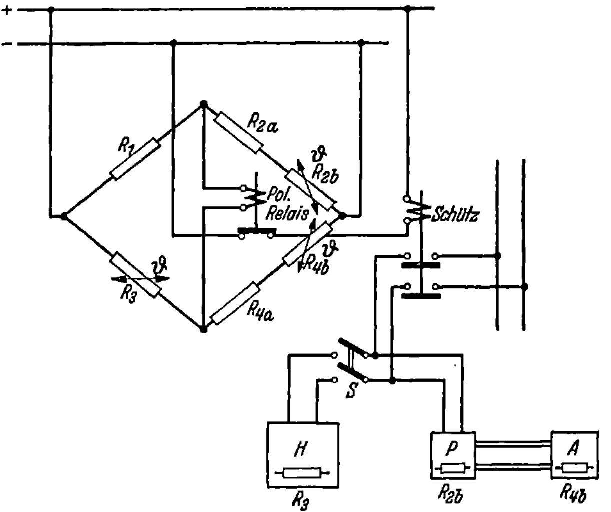

Abb. 31. Temperaturregelung mit Zweipunkt-Kontaktregler (*PI*-Wirkung)

Bei einer Temperaturregelung mit Kontaktregler wird eine Anordnung benutzt, wie sie in Abb. 31 dargestellt ist [25]. In einem Raum H, dessen Temperatur durch den temperaturabhängigen Widerstand R_3, der in

einem Brückenzweig liegt, erfaßt wird, soll die Temperatur konstant
gehalten werden, und zwar durch Änderung der absatzweise zugeführten
elektrischen Heizleistung. Im stationären Betrieb schaltet das Relais
in der Brückendiagonale abwechselnd die Heizung von H ein und wieder
aus. Je nach dem Verhältnis von Ein- zu Auszeit ist die mittlere Heizleistung verschieden. Wird nun vom stationären Betrieb ausgehend die
Temperatur in H sprungartig erniedrigt und durch vollkommenes Abschalten der Heizung von H mit Schalter S dafür gesorgt, daß diese zu
niedrige Temperatur bestehen bleibt, so wird sich folgender Vorgang
abspielen: Die Brücke ist verstimmt, das Relais fällt ab und schaltet
dadurch die Heizung eines mit irgendeiner Flüssigkeit gefüllten Hilfs-
gefäßes P ein, das sich somit erwärmt. In diesem Gefäß P liegt aber
der Teilzweig R_{2b} der Brücke, dessen Widerstand daher zunimmt, so
daß die Verstimmung der Brücke wie nach Abb. 31 einzusehen ist, allmählich rückgängig gemacht wird. Damit zieht schließlich das Relais

an, öffnet den Kontakt, P kühlt sich ab,
das Relais fällt wieder ab usw. Es wird
sich zunächst ein gewisser Gleichgewichtszustand einstellen mit ganz bestimmtem Verhältnis von Zu-Zeit/(Zu-
+ Aufzeit) des Relais$[t_z/(t_z + t_a)]$, also
einer ganz bestimmten Beaufschlagung.
Gegenüber dem vorherigen stationären
Betrieb ist das Verhältnis jetzt größer
geworden. Nun ist mit dem Gefäß P
noch ein zweites, sehr gut wärme-

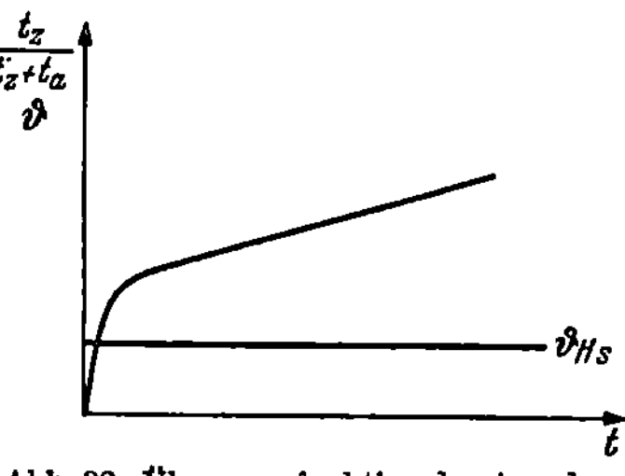

Abb. 32. Übergangsfunktion der Anordnung
nach Abb. 31

isoliertes Gefäß A durch Ausgleichsleitungen verbunden. Die Temperatur von A wird sich daher allmählich der von P angleichen und damit
wird der in A liegende Teilbrückenzweig R_{4b} höheren Widerstand annehmen und damit die Wirkung von R_{2b} in P wieder aufheben. Infolgedessen muß jetzt P wieder mehr geheizt werden, d.h. das Verhältnis
$t_z/(t_z + t_a)$ nimmt zu, und zwar gleichmäßig bis schließlich $t_a = 0$ geworden ist, das Relais also dauernd unten liegen bleibt. Der Verlauf
$t_z/(t_z + t_a)$ abhängig von der Zeit bei einer ruckartigen Verringerung der
Temperatur in H wird also der Abb. 32 entsprechen. Wir sehen die Übereinstimmung mit Abb. 26 bzw. 28. Legen wir der Berechnung die Nähe-
rungsgleichung der Übergangsfunktion (67) zugrunde, so wäre nur noch
δ_v und T_n zu bestimmen. Wir nehmen zunächst an, daß die Ausgleichsleitungen zwischen Gefäß P und A abgeschlossen seien. Bei einer ganz
bestimmten, im allgemeinen über dem Sollwert liegenden Temperatur
ϑ_{max} in H wird dann das Relais gerade noch dauernd offen und damit
das Gefäß P ungeheizt, also kalt bleiben. Der dadurch bedingte niedrige
Widerstandswert von R_{2b} hebt die Verstimmung der Brücke, durch den
zu hohen Widerstandswert von R_3 in H verursacht, gerade auf. Andererseits wird bei einer ganz bestimmten, niedrigeren Temperatur in H ϑ_{min}
das Relais gerade dauernd geschlossen bleiben. Das Verhältnis von
$(\vartheta_{max} - \vartheta_{min})/\vartheta_0$ ist nun die tatsächliche vorübergehende Statik oder
Proportionalität δ_{vg} des Meßsystems. Der Verlauf der Kurve: Beauf-

schlagung $t_z/(t_z + t_a)$ als Funktion der Temperatur in H wird wohl im allgemeinen von einer Geraden wenig abweichen, so daß dann $\delta_{vg} = \delta_v$, die tatsächliche gleich der scheinbaren Statik (Ersatz der Kurve durch Gerade) wird. Im Zweifelsfall kann die Kurve auch gemessen und dann durch ihre Tangente im Betriebspunkt ersetzt werden, wie dies an Hand von Abb. 4 gezeigt wurde.

Die Statik, also Proportionalität, kann durch Änderung des Widerstandsverhältnisses R_{2b}/R_3 verändert werden, wie nach dem Schaltbild 31 ohne weiteres einzusehen ist. Ist R_{2b}/R_3 klein, so ist die Statik klein, da nur eine kleine Temperaturänderung in H mit dem entsprechenden Einfluß auf R_3 durch den ganzen Temperaturbereich in P mit dem Einfluß auf R_{2b} in der Wirkung auf die Brücke kompensiert werden kann.

Halten wir die Temperatur von Gefäß P auf einem bestimmten Wert und nehmen wir an, daß zwischen P und A eine Temperaturdifferenz besteht, so wird sich diese Temperaturdifferenz ausgleichen, sie wird ungefähr nach einer Exponentialkurve verschwinden. Die Zeitkonstante dieser Kurve, die durch Änderung der Durchflußöffnungen zwischen P und A in großen Grenzen (einige Minuten bis zu einigen Stunden) verändert werden kann, entspricht der Zeitkonstanten T_n in unseren Gln. (67), (71), (72), (73).

Ein Regler, der das bei diesem Beispiel erläuterte Verhalten zeigt, wird als *Zweipunkt-Regler* bezeichnet. Der Zweipunkt-Regler regelt also nicht stetig, sondern er kann nur zwei Stellungen einnehmen, im vorliegenden Fall „Auf" oder „Zu" des Heizschützes. Vielfach tritt bei einem solchen Regler auch im stationären Betrieb eine dauernde Schwankung der Regelgröße zwischen zwei Grenzwerten auf. Bei der vorliegenden Anordnung wird aber, wie auch bei anderen Ausführungsformen von Zweipunkt-Reglern (z.B. Tirrillregler zur Spannungsregelung von Generatoren), die Schwankung der Regelgröße dadurch praktisch unterdrückt, daß eine Schaltfrequenz erzwungen wird, die groß ist gegenüber der in der Regelstrecke (Raum H) liegenden Zeitverzögerung. Man kann in diesem Fall den Zweipunkt-Regler praktisch genau so behandeln wie einen stetigen Regler.

IV. Meßwerke bzw. Regler mit Beeinflussung durch die zeitliche Änderung der Eingangsgröße (Regler mit Vorhalt, D-Regler)

a) Grundsätzliches Verhalten des idealen D-Reglers. In manchen Fällen ist es zweckmäßig, manchmal sogar notwendig, die Regelstrecke nicht nur von der Regelgröße selbst, sondern auch noch von deren zeitlicher Änderung zu beeinflussen. Daß sich eine solche zusätzliche Beeinflussung günstig auf den Regelvorgang auswirken wird, läßt sich schon rein überlegungsmäßig folgendermaßen erkennen: Weicht z.B. die Regelgröße vom Sollwert ab, strebt sie aber bereits dem Sollwert wieder zu, so wird zweckmäßigerweise dafür gesorgt, daß die Regelung entweder überhaupt nicht oder aber auf jeden Fall weniger stark eingreift, als wenn die Regelgröße das Bestreben hat, sich noch weiter vom Sollwert zu entfernen. Zeitliche Abnahme der Abweichung muß also im entgegengesetzten Sinn auf das Meßwerk einwirken, wie die Abweichung selbst, zeitliche Zunahme im gleichen Sinn. Bei vielen Regelanordnungen setzt die Abweichung nach einer Störung erst allmählich ein, so daß bei einer Regelung, die nur auf die Abweichung anspricht, auch die Gegenmaßnahmen erst allmählich einsetzen. Spricht aber die Regelung schon bei einer zeitlichen Änderung der Regelgröße an, so greift sie praktisch sofort ein und sorgt dafür, daß die Abweichung schon im Entstehen abgefangen wird.

Um diese Beeinflussung der Regelung zu erzielen, baut man daher Regler, deren Ausgangsgröße proportional ist der Änderungsgeschwindigkeit also dem Differentialquotienten der Eingangsgröße. Ein entsprechender Regler wird dann als *Differential-Regler* (*D*-Regler) oder auch als *Regler mit Vorhalt* bezeichnet. (Der Ausdruck „Vorhalt" kommt von „Vorhalten" beim Zielen auf bewegte Ziele.) Ohne vorläufig auf die praktischen Möglichkeiten für den Bau entsprechender Meßwerke einzugehen, sei zunächst das Verhalten eines idealen *D*-Reglers behandelt.

Die Differentialgleichung lautet, da die Ausgangsgröße proportional dem Differentialquotienten der Eingangsgröße sein soll:

$$\alpha = \frac{d\varepsilon}{dt}\, T_v \tag{87}$$

Dabei ist T_v eine Konstante mit der Dimension einer Zeit. Ändert sich ε linear in der Zeit T_v um den Wert 1,0, so wird die Ausgangsgröße gerade gleich 1,0.

Der Frequenzgang wird

$$\mathfrak{F} = \frac{\vec{\alpha}}{\vec{\varepsilon}} = p\, T_v\,. \tag{88}$$

und der reziproke Wert

$$\frac{1}{\mathfrak{F}} = \frac{1}{p\, T_v} \tag{89}$$

mit der negativen imaginären Achse als Ortskurve. ($-j\infty$ für $\omega = 0$; 0 für $\omega = \infty$). Die Ausgangsgröße eilt also beim reinen *D*-Glied der Eingangsgröße um 90° vor, und zwar unabhängig von der Frequenz.

Die Übergangsfunktion ergibt sich aus Gl. (87) mit $\frac{d\varepsilon}{dt} = 0$ zu $\alpha = 0$. Dabei ist allerdings zu beachten, daß im Augenblick des Sprunges von ε also während einer unendlich kleinen Zeitspanne der Differentialquotient $\frac{d\varepsilon}{dt}$ und damit auch α unendlich groß werden. Der Verlauf der Übergangsfunktion ergibt sich also so, wie er in Abb. 33 gezeichnet ist.

Schaltet man nun einen solchen *D*-Regler parallel zu einem *P*-oder *I*- oder *PI*-Regler und addiert in irgendeinem Additionsglied *A* nach Abb. 34 die Ausgangs-

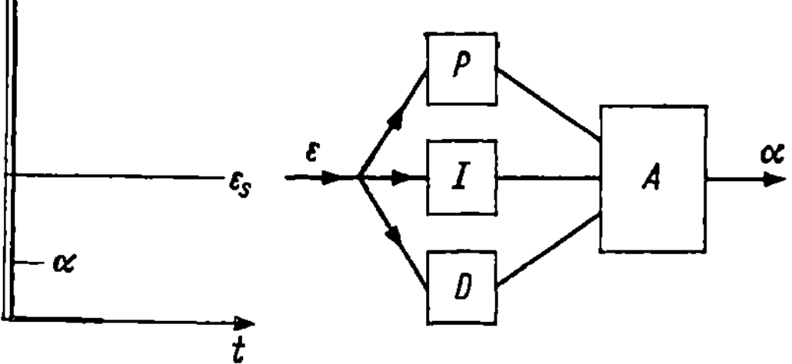

Abb. 33. Übergangsfunktion eines idealen Differentialreglers

Abb. 34. Parallelschaltung von *P*-, *I*- und *D*-Regler

größen $\alpha_P + \alpha_I + \alpha_D$, so ergeben sich folgende Frequenzgänge und Übergangsfunktionen:

PI:
$$\mathfrak{F}_{PI} = \varkappa + \frac{1}{p\,T_y} = \varkappa \frac{1 + p\,T_n}{p\,T_n}\,, \tag{90}$$

$$(T_n = \varkappa\,T_y)$$

$$\alpha = \varepsilon_8\,\varkappa\left(1 + \frac{t}{T_n}\right). \tag{91}$$

PD:
$$\mathfrak{F}_{PD} = \varkappa + p\,T_v = \varkappa\left(1 + p\,\frac{T_v}{\varkappa}\right), \tag{92}$$

$$\alpha = \varepsilon_8\,\varkappa\,.^* \tag{93}$$

ID:
$$\mathfrak{F}_{ID} = \frac{1}{p\,T_y} + p\,T_v = \frac{1 + p^2\,T_y\,T_v}{p\,T_y}\,, \tag{94}$$

$$\alpha = \varepsilon_8\,\frac{t}{T_y}\,.^* \tag{95}$$

PID:
$$\mathfrak{F}_{PID} = \varkappa + \frac{1}{p\,T_y} + p\,T_v = \frac{1 + p\,\varkappa\,T_y + p^2\,T_y\,T_v}{p\,T_y}\,, \tag{96}$$

$$\alpha = \varepsilon_8\,\varkappa\left(1 + \frac{t}{\varkappa\,T_y}\right).^* \tag{97}$$

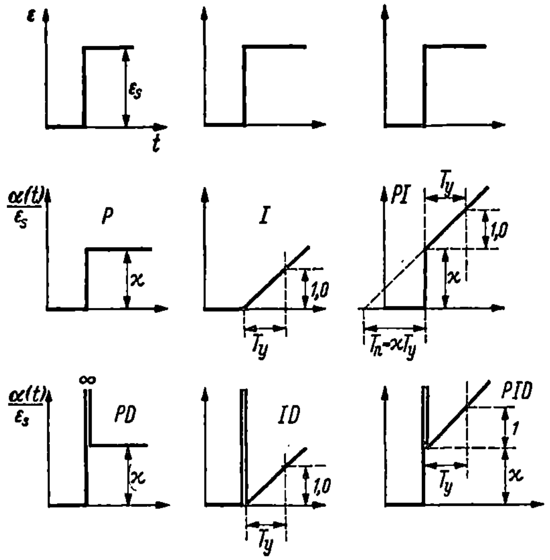

Abb. 35. Übergangsfunktionen verschiedener Reglerkombinationen

Abb. 35 zeigt die verschiedenen Übergangsfunktionen und außerdem Abb. 36 den Verlauf der Ausgangsgröße bei einer gleichmäßigen Änderung der Eingangsgröße (Anstiegsfunktion). Besonders auf diesem zweiten Bild ist die günstige Wirkung des D-Reglers zu erkennen. Der Frequenzgang für die verschiedenen Kombinationen ist in der Tab. 6, Nr. 9 b.12 aufgezeichnet.

---

* Der unendlich kurze Sprung gegen unendlich infolge des D-Anteils bei $A = 0$ tritt bei der Gleichung nicht in Erscheinung.

Während es nun gelingt P- und I-Regler so zu bauen, daß sie in ihrem Verhalten den idealen Reglern sehr nahe kommen, lassen sich D-Regler nur mit einer meist nur recht groben Annäherung verwirklichen, wie die Behandlung von zwei Beispielen zeigen wird.

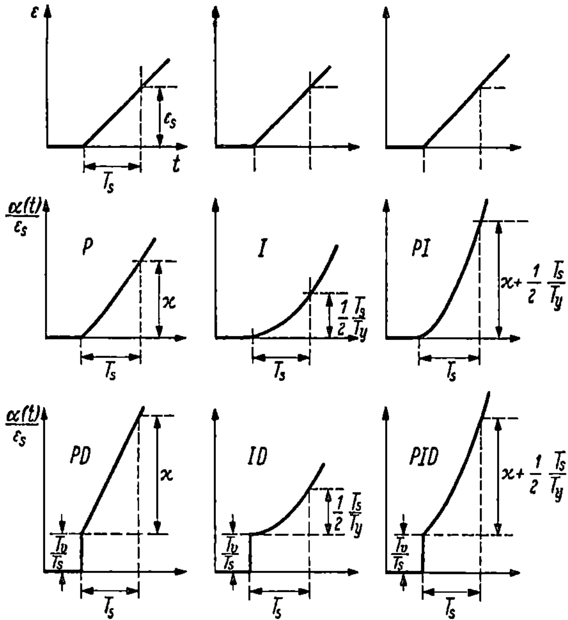

Abb. 36. Verlauf der Ausgangsgröße von verschiedenen Reglerkombinationen bei gleichmäßigem Anstieg der Eingangsgröße (Anstiegsfunktion)

b) Beschleunigungspendel. Abb. 37a [81] zeigt schematisch ein sogenanntes Beschleunigungspendel, wie es bei der Drehzahlregelung von Turbinen verwendet wird. Ein Schwungring b ist über Federspeichen c von der Antriebswelle a, deren Drehzahl geregelt wird, angetrieben. Vernachlässigt man die Luftreibung, die durch die Drehung der Scheibe zustande kommt, so tritt im Beharrungszustand der Drehzahl kein Drehmoment zwischen Antriebswelle und Schwungscheibe auf, die Federspeichen sind entspannt. Bei konstanter Beschleunigung der Welle a wird, wenigstens nach einiger Zeit, auch der Schwungring konstant beschleunigt. Das entsprechende Beschleunigungsmoment liefern die Federspeichen, so daß nach Abb. 37b ein Differenzwinkel γ zwischen Welle a und Schwungring auftritt, der in erster Annäherung (kleine Winkel!) proportional dem Moment gesetzt werden kann. Erfaßt man also diesen Differenzwinkel γ, so hat man ein Maß für die Beschleunigung.

Das bisher Geschilderte gilt nur im Beharrungszustand, wenn die Beschleunigung eine gewisse Zeit lang konstant geblieben ist. Bis die Anordnung in diesen Zustand kommt, spielt sich aber ein Ausgleichsvorgang ab, der nun rechnerisch behandelt wird und der das oben geschilderte, ideale Verhalten des Beschleunigungspendels recht unangenehm verschlechtert.

Es sei Ω_a die Winkelgeschwindigkeit von Welle a, Ω_b die der Schwung-scheibe b und γ der Differenzwinkel nach Abb. 37 b.

Es gilt nun für $\gamma = f(\Omega_a, \Omega_b)$:

$$\Omega_a - \Omega_b = \frac{d\gamma}{dt} \tag{98}$$

außerdem für $\gamma = f\left(\frac{d\Omega_b}{dt}\right)$:

$$S\gamma = \Theta_b \frac{d\Omega_b}{dt} , \tag{99}$$

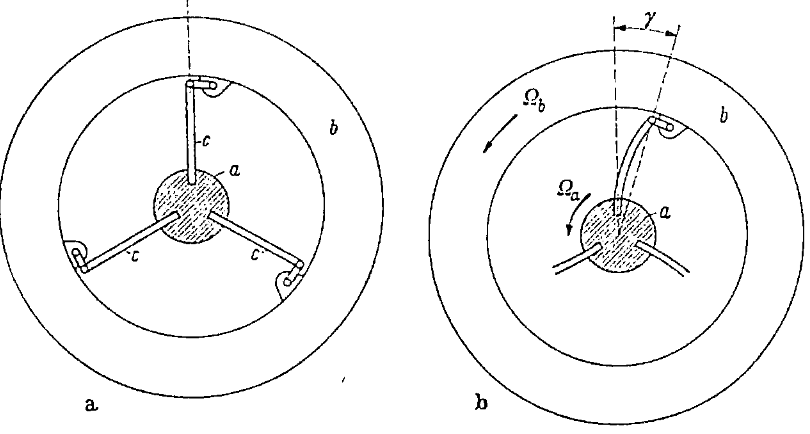

Abb. 37. Beschleunigungspendel

wobei S eine Federkonstante (Drehmoment bei Winkel $\gamma = 1$) und Θ_b das polare Trägheitsmoment der Schwungscheibe bedeuten. $\frac{d\Omega_b}{dt}$ aus Gl. (98) gerechnet und in Gl. (99) eingesetzt ergibt:

$$S\gamma + \Theta_b \frac{d^2\gamma}{dt^2} = \Theta_b \frac{d\Omega_a}{dt} . \tag{100}$$

Unter der Annahme, daß bei einem Differenzwinkel $\gamma = 0$ die Beschleu-nigung $\frac{d\Omega_a}{dt}$ sprungartig von 0 auf den Wert $\left(\frac{\Omega_{a\,s}}{T_s}\right)$ geht, wird:

$$\gamma = \frac{\Omega_{a\,s}}{\Omega_0} \frac{T_v}{T_s} (1 - \cos \omega_e t) \tag{101}$$

mit $T_v = \frac{\Theta_b \Omega_0}{S}$, Ω_0 der stationären Winkelgeschwindigkeit und $\omega_e = \sqrt{\frac{S}{\Theta_b}}$ der Eigenfrequenz des Systems.

Im Mittel stellt sich also wohl ein der Beschleunigung $\left(\frac{\Omega_{a\,s}}{T_s}\right)$ propor-tionaler Winkel γ ein, aber diesem Mittelwert ist eine ungedämpfte Schwingung überlagert. Durch eine Zusatzeinrichtung muß daher dafür gesorgt werden, daß noch ein der Änderungsgeschwindigkeit des Win-kels γ, also $\frac{d\gamma}{dt}$ verhältnisgleiches Moment auftritt, so daß die Schwingung gedämpft wird. (Auf die konstruktiven Möglichkeiten für eine solche Dämpfung soll hier nicht eingegangen werden.)

Gl. (100) ist in diesem Fall entsprechend zu ergänzen und wir erhalten:

$$S\gamma + D\frac{\mathrm{d}\gamma}{\mathrm{d}t} + \Theta_b\frac{\mathrm{d}^2\gamma}{\mathrm{d}t^2} = \Theta_b\frac{\mathrm{d}\Omega_a}{\mathrm{d}t}. \tag{102}$$

Oder mit $T_0 = \dfrac{1}{\Omega_0}$; $\dfrac{D}{S} = \dfrac{1}{s_0\,\Omega_0} = T_0\dfrac{1}{s_0}\cdot\left(\text{bei }\dfrac{\mathrm{d}\gamma}{\mathrm{d}t} = s_0\,\Omega_0 \text{ wird } D\dfrac{\mathrm{d}\gamma}{\mathrm{d}t} = S\right)$;

$\dfrac{\Theta_b\,\Omega_0}{S} = T_v = \dfrac{\Omega_0}{\omega_e^2}$:

$$\gamma + \frac{T_0}{s_0}\frac{\mathrm{d}\gamma}{\mathrm{d}t} + T_0\,T_v\frac{\mathrm{d}^2\gamma}{\mathrm{d}t^2} = T_v\frac{\mathrm{d}\dfrac{\Omega_a}{\Omega_0}}{\mathrm{d}t}, \tag{103}$$

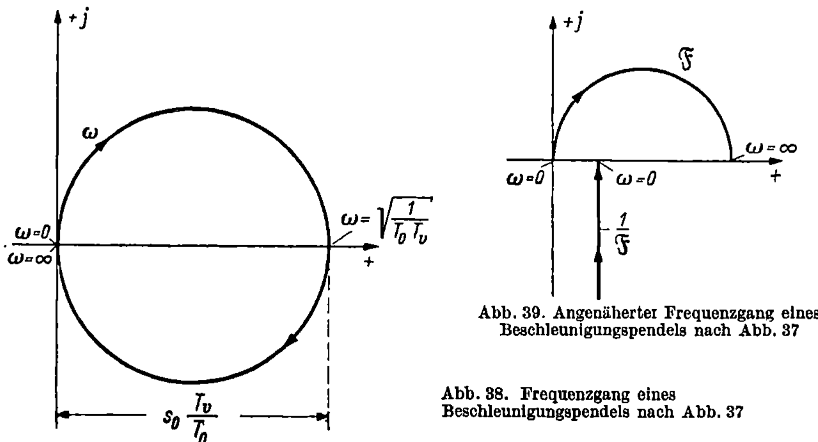

Abb. 39. Angenäherter Frequenzgang eines Beschleunigungspendels nach Abb. 37

Abb. 38. Frequenzgang eines Beschleunigungspendels nach Abb. 37

Die Gl. (103) gilt auch für die Abweichungen von den stationären Werten $\left(\alpha = \dfrac{\gamma}{1,0}\; ;\; \varepsilon = \dfrac{\Omega_{a1}}{\Omega_0}\right)$, wir können daher auch schreiben

$$\alpha + \frac{T_0}{s_0}\alpha' + T_0\,T_v\,\alpha'' = T_v\,\varepsilon' . \tag{104}$$

Aus der Differentialgleichung (104) errechnet sich der Frequenzgang:

$$\mathfrak{F} = \frac{p\,T_v}{1 + p\dfrac{T_0}{s_0} + p^2\,T_0\,T_v} . \tag{105}$$

Abb. 38 zeigt den Verlauf der entsprechenden Ortskurve. Sorgt man durch entsprechend gute Dämpfung dafür, daß $s_0 \ll \dfrac{\omega_e}{\Omega_0}$, so kann das Glied mit p^2 im Nenner vernachlässigt werden und wir erhalten, wenn für $\dfrac{T_0}{s_0} = T_D$ gesetzt wird:

$$\mathfrak{F} = \frac{p\,T_v}{1 + p\,T_D} . \tag{106}$$

Abb. 39 zeigt die Ortskurve entsprechend Gl. 106.

Aus der Ortskurve des Frequenzganges sieht man, daß nur bei ganz niedrigen Frequenzen die Ausgangsgröße der Eingangsgröße um 90° voreilt, das Glied also nur dann tatsächlich als Vorhaltglied wirksam ist. Nimmt man als Grenzfrequenz für die Brauchbarkeit des Gliedes diejenige an, bei der der Voreilwinkel 45° wird, so errechnet sich die maximale, für auftretende Regelschwingungen zulässige Winkelgeschwindigkeit $(\omega_R)_{max}$ zu

$$(\omega_R)_{max} = \frac{1}{T_D} = \frac{s_0}{T_0} = s_0\,\Omega_0 \tag{107}$$

oder wenn $(\omega_R)_{max}$ gegeben ist oder geschätzt werden kann:

$$s_0 \geqq \frac{(\omega_R)_{max}}{\Omega_0} . \tag{108}$$

Da, wie gesagt, mit Rücksicht auf gute Dämpfung außerdem $s_0 \ll \dfrac{\omega_e}{\Omega_0}$ $\left(s_0 \approx 0{,}25\,\dfrac{\omega_e}{\Omega_0}\right)$ sein soll, ist damit auch eine Grundlage für die Wahl von

$\omega_e = \sqrt{\dfrac{S}{\Theta}}$ und ein Anhaltspunkt für die erreichbare Vorhaltzeit T_v gegeben. (Beispiel: $\Omega_0 = 100$ 1/sek; $(\omega_R)_{max} = 2$ 1/sek; $s_0 \geqq 0{,}02$, gewählt $s_0 = 0{,}04$; $\omega_e = \dfrac{s_0}{0{,}25}\,\Omega_0 = 16$ 1/sek; $T_v = \dfrac{100}{16^2}$ sek $= 0{,}4$ sek.)

Der Verlauf der Übergangsfunktion wird nach Gl. (104)

$$\frac{\alpha}{\varepsilon_s} = C_1\,e^{p_1 t} + C_2\,e^{p_2 t} . \tag{109}$$

Dabei sind p_1 und p_2 die Wurzeln der charakteristischen Gleichung von Gl. (104) und C_1, C_2 die Integrationskonstanten. Abb. 40 zeigt für den aperiodischen Grenzfall $\left(s_0 = \dfrac{1}{2}\,\dfrac{\omega_e}{\Omega_0}\right)$ die Übergangsfunktion und Abb. 41 den Verlauf der Ausgangsgröße (γ) bei sprungartig einsetzendem gleichmäßigem Anstieg der Eingangsgröße $\varepsilon = \varepsilon_s \dfrac{t}{T_s}$. Ein Vergleich der Abb. 40 mit Abb. 33 zeigt, daß das Verhalten des Beschleunigungspendels nicht unwesentlich von dem des idealen D-Reglers abweicht, und daß es daher eingehender Untersuchungen bedarf um festzustellen, ob sich der Einsatz eines solchen Beschleunigungspendels überhaupt lohnt.

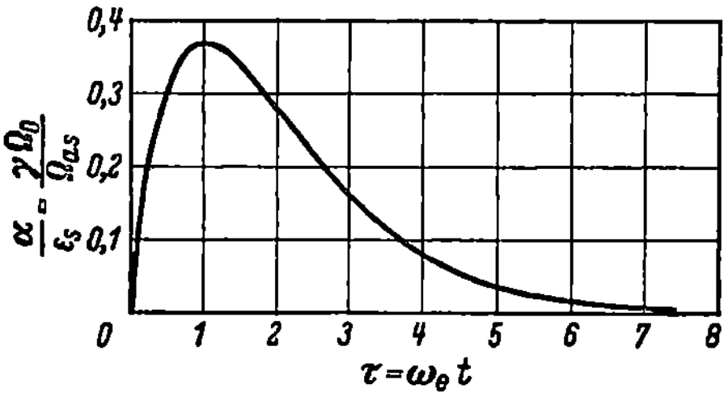

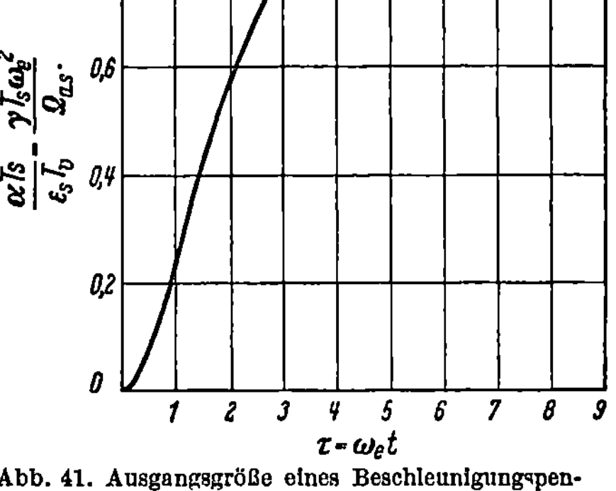

Abb. 40. Übergangsfunktion eines Beschleunigungspendels nach Abb. 37

Abb. 41. Ausgangsgröße eines Beschleunigungspendels bei gleichmäßigem Anstieg der Eingangsgröße

c) Kondensator-Widerstands-Anordnung. Nach Abb. 42 liegt ein Kondensator C über einem Widerstand R an der Spannung u_e, die als Eingangsgröße des Systems betrachtet werden soll. Ausgangsgröße ist die am Widerstand R abgegriffene Spannung u_α. Bleibt die Spannung u_e konstant, so fließt kein Strom und die Spannung u_R am Widerstand R ist Null. Ändert sich aber die Eingangsspannung gleichmäßig mit der Zeit, so wird sich, wenigstens nach einiger Zeit, ein konstanter Strom i und damit eine konstante Ausgangsspannung $u_\alpha = \varrho\, u_R$ ($\varrho\, R$ ist der Teilwiderstand der abgegriffen wird) einstellen, die proportional ist der Änderungsgeschwindigkeit von u_e. Die Ausgangsgröße u_α ist also ein Maß für die Änderungsgeschwindigkeit von u_e also von $\dfrac{du_e}{dt}$. Allerdings gilt dies nur, wenn die Änderungsgeschwindigkeit von u_e schon eine Zeitlang konstant geblieben ist. Vorher spielt sich auch hier, wie beim Beschleunigungspendel, ein Ausgleichsvorgang ab, der näher untersucht werden soll.

Nach Abb. 42 gilt:

$$u_e = u_C + u_R\,, \tag{110}$$

$$u_R = i\,R\,, \tag{111}$$

$$\frac{du_C}{dt} = \frac{1}{C}\,i = \frac{u_R}{R\,C}\,. \tag{112}$$

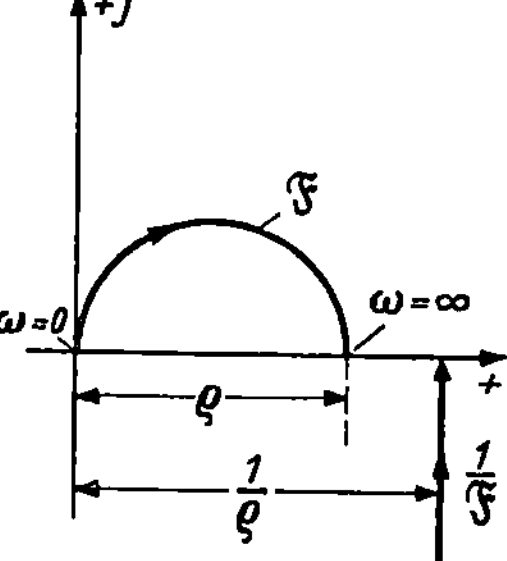

Abb. 42. Kondensator-Widerstands-Anordnung

Daraus errechnet sich

$$\frac{u_R}{R\,C} + \frac{du_R}{dt} = \frac{du_e}{dt} \tag{113}$$

oder wenn die auf die stationäre Spannung u_{e0} bezogenen Abweichungen von u_e und $u_\alpha = \varrho\, u_R$ betrachtet werden (ε und α) und für $R\,C = T$, $\varrho\,R\,C = T_v$ gesetzt wird, erhalten wir die Differentialgleichung:

$$\alpha + \alpha'\, T = \varepsilon'\, T_v\,. \tag{114}$$

Daraus ergibt sich der Frequenzgang

$$\mathfrak{F} = \frac{\vec{\alpha}}{\vec{\varepsilon}} = \frac{p\,T_v}{1 + p\,T} \tag{115}$$

bzw. der reziproke Frequenzgang

$$\frac{1}{\mathfrak{F}} = \frac{1}{p\,T_v} + \frac{1}{\varrho} \tag{116}$$

mit den Ortskurven Abb. 43.

Auch hier wirkt die Anordnung nur bei niedrigen Frequenzen als Vorhaltglied, weil nur bei niedrigen Frequenzen die Ausgangsgröße um 90° voreilt. Nimmt man wieder als Grenzfrequenz für die Brauchbarkeit des Gliedes einen Voreilwinkel von 45° an, so kann aus der maximal zu erwartenden Frequenz von Regelschwingungen $(\omega_R)_{max}$ die Mindestgröße der Zeitkonstante T errechnet werden. Es wird

$$T \leqq \frac{1}{(\omega_R)_{max}} \tag{117}$$

und damit wird die erreichbare Vorhaltzeit

$$T_v = \varrho\, T \lesseqgtr \frac{\varrho}{(\omega_R)_{max}}\,.$$

Die Übergangsfunktion wird nach Gl. (114)

$$\frac{\alpha}{\varepsilon_s} = \varrho\, e^{-\frac{t}{T}} \tag{118}$$

mit dem Verlauf nach Abb. 44.

Bei sprungartig einsetzendem gleichmäßigem Anstieg der Eingang-größe $\varepsilon = \varepsilon_s \dfrac{t}{T_s}$ wird

$$\frac{\alpha}{\varepsilon_s} = \frac{T_v}{T_s}\left(1 - e^{-\frac{t}{T}}\right) \tag{119}$$

mit dem Verlauf nach Abb. 45.

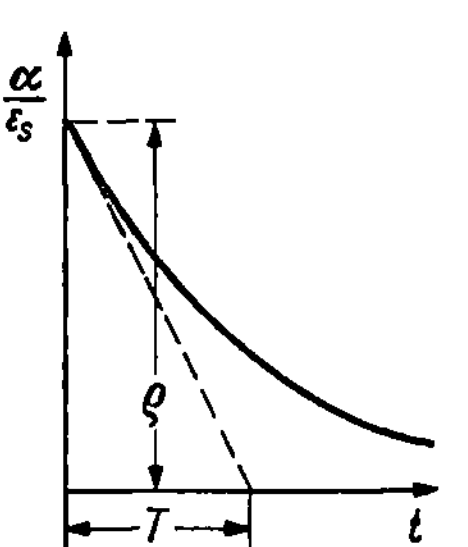

Abb. 44. Übergangsfunktion einer Anordnung nach Abb. 42

Abb. 45. Ausgangsgröße bei Verlauf der Eingangs-größe nach einer Anstiegsfunktion bei einer Anordnung nach Abb. 42

Auch hier zeigt ein Vergleich der Abb. 44 mit Abb. 33, daß das Verhalten des behandelten Gliedes abweicht von dem des idealen D-Gliedes. Allerdings liegen die Verhältnisse hier günstiger als beim Beschleunigungspendel.

Die behandelte Anordnung wird häufig im Zusammenarbeiten mit Verstärkern, vor allem auch zur Erzielung einer nachgiebigen Rückführung (s. S. 92) verwendet.

Schaltet man bei der Anordnung nach Abb. 42 parallel zum Kondensator einen Widerstand, so läßt sich nach Abb. 46 aus den Beziehungen

$$u_\varepsilon = u_C + i\, R_1 = u_C + u_\alpha$$

$$u_C = i_a\, R_2$$

$$\frac{du_C}{dt}\, C = i_b$$

$$i_a + i_b = i$$

Abb. 46. Kondensator-Widerstands-Anordnung als PD-Regler

die Differentialgleichung ableiten

$$u_\alpha + \frac{du_\alpha}{dt}\, C\, R_2 \frac{R_1}{R_1 + R_2} = u_\varepsilon \frac{R_1}{R_1 + R_2} + \frac{du_\varepsilon}{dt}\, C\, R_2 \frac{R_1}{R_1 + R_2}\,. \tag{120}$$

Setzt man $CR_2 = T_v$; $\dfrac{R_1}{R_1 + R_2} = \beta$, bezieht u_ε auf den stationären Wert $u_{\varepsilon 0}$, u_α auf den stationären Wert $u_{\alpha 0} = u_{\varepsilon 0} \dfrac{R_1}{R_1 + R_2}$ und betrachtet nur die Abweichungen der Größen, so ergibt sich

$$\alpha + \alpha' \beta T_v = \varepsilon + \varepsilon' T_v \,. \tag{121}$$

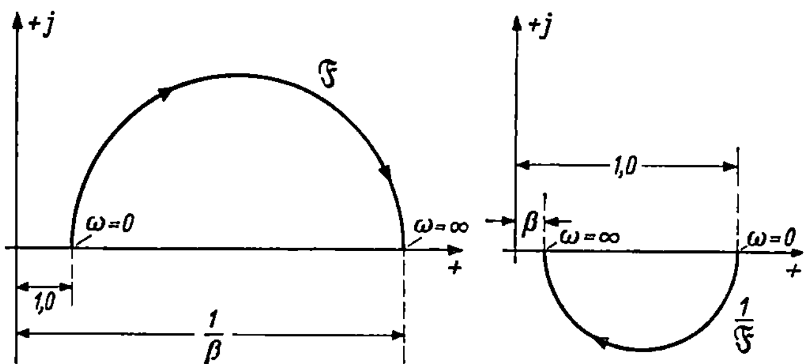

Abb. 47. Frequenzgang und reziproker Frequenzgang bei einer Anordnung nach Abb. 46

Daraus der Frequenzgang

$$\mathfrak{F} = \frac{\vec{\alpha}}{\vec{\varepsilon}} = \frac{1 + p\,T_v}{1 + p\,\beta\,T_v} \tag{122}$$

und der reziproke Wert

$$\frac{1}{\mathfrak{F}} = \frac{1 + p\,\beta\,T_v}{1 + p\,T_v} \tag{123}$$

mit den Ortskurven nach Abb. 47.

Die Übergangsfunktion wird

$$\frac{\alpha}{\varepsilon_s} = 1 + \left(\frac{1}{\beta} - 1\right) e^{-\frac{t}{\beta\,T_v}} \tag{124}$$

mit dem Verlauf nach Abb. 48. Abb. 49 zeigt noch den Verlauf von α bei gleichmäßigem Anstieg von ε also $\varepsilon = \varepsilon_s \cdot \dfrac{t}{T_s}$.

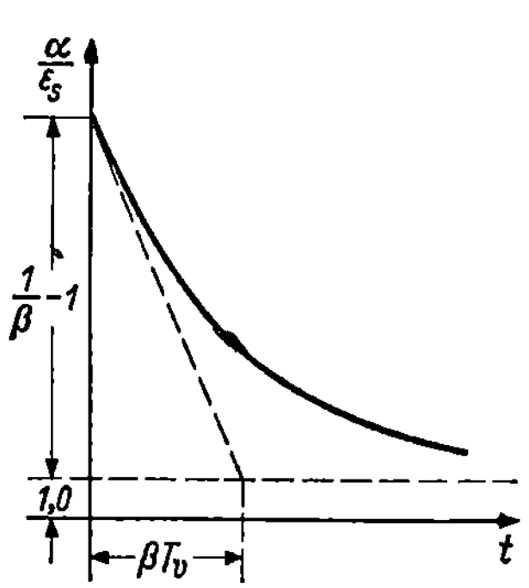

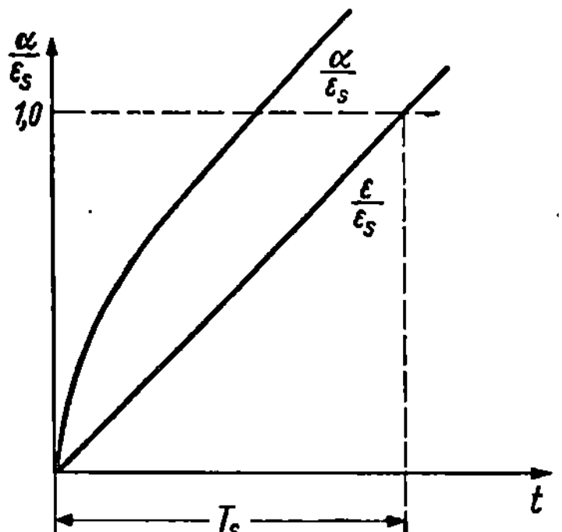

Abb. 48. Übergangsfunktion einer Anordnung nach Abb. 46

Abb. 49. Ausgangsgröße bei Verlauf der Eingangsgröße nach einer Anstiegsfunktion bei einer Anordnung nach Abb. 46

Ein Vergleich der Kurven und Gleichungen dieser Anordnung mit den entsprechenden eines *PD*-Reglers (S. 56 u. 57) zeigt weitgehende Übereinstimmung. Läßt man $\dfrac{R_1}{R_1 + R_2} = \beta$ gegen Null gehen, so erhält man überhaupt den idealen *PD*-Regler. Wir können also die Anordnung als (nicht-idealen) *PD*-Regler bezeichnen.

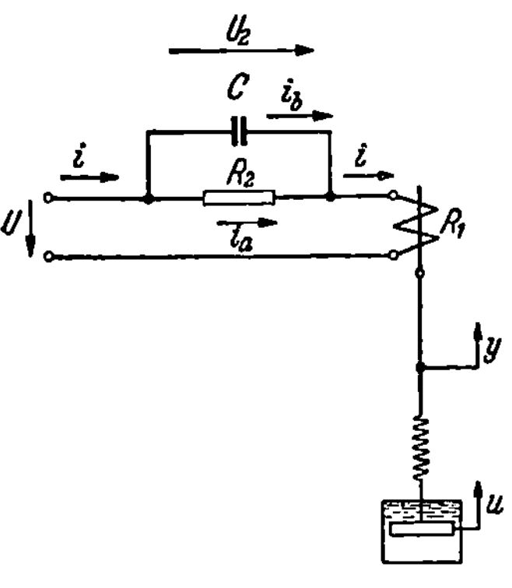

Abb. 50. *PI*-Meßwerk mit Beeinflussung durch den ersten Differentialquotienten

Man kann eine Anordnung nach Abb. 46 mit Vorteil auch einem normalen *PI*-Regler vorschalten, etwa nach Abb. 50 und erhält damit einen Regler, der nicht nur von der Regelgröße, sondern zusätzlich von ihrem Differentialquotienten beeinflußt wird, und damit ähnliches Verhalten zeigt wie der *PID*-Regler.

V. Schaltung von elektronischen Reglern in verschiedenen Kombinationen

Abb. 51 zeigt einen elektronischen *Verstärker* mit einer Elektronenröhre als Verstärkerstufe. Praktisch werden bei elektronischen *Reglern* mehrere Stufen hintereinander geschaltet, so daß eine sehr große Verstärkung erreicht wird. Grundsätzlich aber unterscheidet sich eine solche Anordnung nicht von der in Abb. 51 gezeichneten.

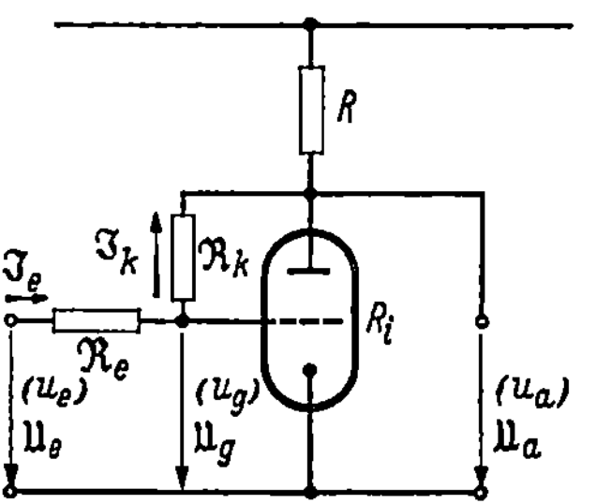

Abb. 51. Elektronischer Verstärker

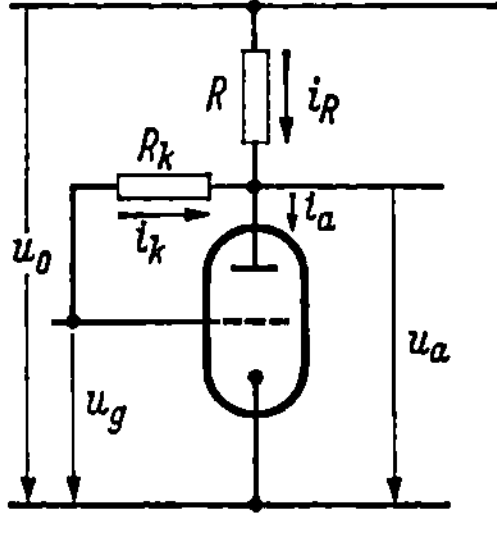

Abb. 52. Elektronischer Verstärker als Regler

Wenn wir nur die Abweichungen der verschiedenen Größen von den stationären Werten betrachten, lassen sich zunächst mit den Bezeichnungen von Abb. 51 folgende Gleichungen anschreiben (S Steilheit, R_i Innenwiderstand der Röhre):

$$i_{a1} = S_0\, u_{g1} + \frac{1}{R_{i0}}\, u_{a1}\,, \tag{125}$$

$$i_{a1} = i_{R1} + i_{k1}\,, \tag{126}$$

$$i_{R1}\, R + u_{a1} = 0\,, \tag{127}$$

$$i_{R1}\, R - i_{k1}\, R_k + u_{g1} = 0 \tag{128}$$

daraus errechnet sich $u_{a1} = f(u_{g1})$:

$$u_{a1} = -u_{g1} \frac{S_0 R_{i0} R \left(1 - \dfrac{R}{R + R_k}\right) - \dfrac{R R_{i0}}{R + R_k}}{R_{i0} + R \left(1 - \dfrac{R}{R + R_k}\right)}. \qquad (129)$$

Machen wir $R_k \gg R$ und $R \approx R_{i0}$, so vereinfacht sich die Gl. (129) zu

$$u_{a1} = -u_{g1} S_0 R_{i0} \frac{R}{R + R_{i0}} = -u_{g1} V. \qquad (130)$$

Beim elektronischen *Regler* wird die Schaltung durch den Vorschaltwiderstand $\mathfrak{R}_e$ vor dem Gitter nach Abb. 52 ergänzt. Wenn wir bei dieser Schaltung die Gl. (130) berücksichtigen und mit Wechselstromgrößen rechnen, so ergibt sich (Gitterstrom gleich Null!):

$$\mathfrak{U}_e - \mathfrak{U}_g - \mathfrak{J}_e \mathfrak{R}_e = 0 , \qquad (131)$$

$$\mathfrak{U}_e - \mathfrak{U}_a - \mathfrak{J}_e \mathfrak{R}_k - \mathfrak{J}_e \mathfrak{R}_e = 0 , \qquad (132)$$

$$\mathfrak{U}_a = -\mathfrak{U}_g V \qquad (133)$$

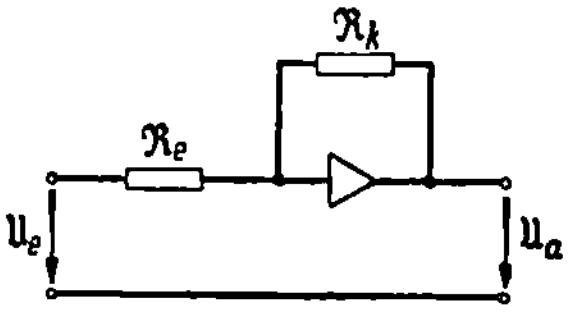

und daraus:

$$\frac{\mathfrak{U}_a}{\mathfrak{U}_e} = -\frac{\mathfrak{R}_k}{\mathfrak{R}_e} \frac{1}{1 + \dfrac{1}{V}\left(1 + \dfrac{\mathfrak{R}_k}{\mathfrak{R}_e}\right)} . \qquad (134)$$

Abb. 53. Symbolische Darstellung eines Verstärkers als Regler

Wenn die Verstärkung V entsprechend groß gemacht wird, so vereinfacht sich die Gl. (134) zu

$$\frac{\mathfrak{U}_a}{\mathfrak{U}_e} = -\frac{\mathfrak{R}_k}{\mathfrak{R}_e} . \qquad (135)$$

Solche Verstärkeranordnungen werden symbolisch wie in Abb. 53 gezeigt, dargestellt. Betrachten wir die Verstärkeranordnung als Regler, so stellt $\dfrac{\mathfrak{U}_a}{\mathfrak{U}_e}$ den Frequenzgang des Reglers dar. Durch entsprechende Wahl von $\dfrac{\mathfrak{R}_k}{\mathfrak{R}_e}$ läßt sich nun verschiedenes Verhalten erreichen. Für die 3 Grundarten des Reglers (P, I, D) ergeben sich z.B. folgende Schaltungen (Abb. 54):

$$P\text{-Regler:} \quad -\mathfrak{F} = -\varkappa = \frac{\mathfrak{R}_k}{\mathfrak{R}_e} = \frac{R_k}{R_e} , \qquad (136)$$

$$I\text{-Regler:} \quad -\mathfrak{F} = -\frac{1}{j \omega T} = \frac{\mathfrak{R}_k}{\mathfrak{R}_e} = \frac{\dfrac{1}{j \omega C_k}}{R_e} , \qquad (137)$$

$$(R_e C_k = T) ,$$

$$D\text{-Regler:} \quad -\mathfrak{F} = -j \omega T = \frac{\mathfrak{R}_k}{\mathfrak{R}_e} = \frac{R_k}{\dfrac{1}{j \omega C_e}} , \qquad (138)$$

$$(R_k C_e = T) .$$

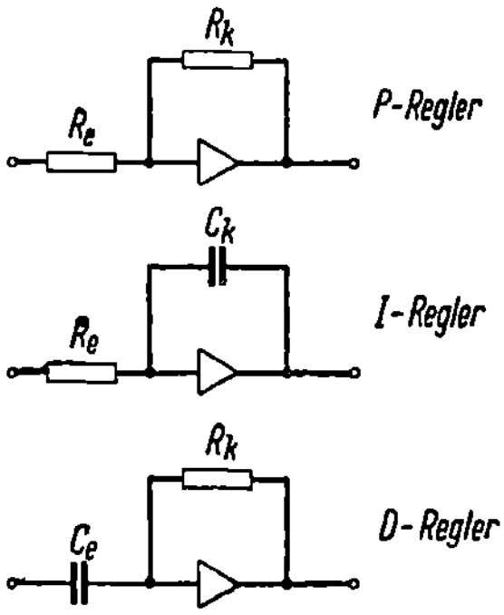

Abb. 54. Schaltungen von P-, I- und D-Reglern

(Beim D-Glied ist zu beachten, daß mit Rücksicht auf hochfrequente selbsterregte Schwingungen und auch mit Rücksicht auf Oberwellen in Reihe zum Kondensator C_e praktisch immer ein kleiner Widerstand R_e eingeschaltet wird ($R_e\, C_e \ll R_k\, C_e$).

Durch Variation von $\mathfrak{R}_k$ und $\mathfrak{R}_e$ und damit $\dfrac{\mathfrak{R}_k}{\mathfrak{R}_e}$ lassen sich die verschiedensten Reglerarten darstellen (z. B. *PI, PID* usw.). Häufig arbeitet man aber mit den drei Grundschaltungen und addiert entsprechend Abb. 34 die Ausgangsspannungen. In diesem Fall können die einzelnen Einflüsse (P-I-D-Anteile) einfacher und unabhängig voneinander geändert werden, wenn auch natürlich der Aufwand größer ist als bei Verwendung nur *einer* Verstärkeranordnung und entsprechender Wahl von $\mathfrak{R}_k$ und $\mathfrak{R}_e$.

VI. Zusammenstellung der Gleichungen und Kurven für Meßwerke bzw. Regler

In der Tab. 6 (s. Anhang) sind die Gleichungen und die Übergangsfunktionen der behandelten Meßwerke bzw. Regler zusammengestellt und noch durch einige weitere, etwas abgewandelte Fälle ergänzt. Vor allem der Verlauf der Übergangsfunktion gibt einen übersichtlichen, klaren Einblick in das Betriebsverhalten des Meßwerkes, weshalb es sich empfiehlt, bei irgendeinem anderen, hier nicht behandelten Meßwerk, das bei einer Regelung auftritt, die Übergangsfunktion entweder zu messen oder sie rechnerisch oder auch nur überlegungsmäßig zu ermitteln und dann eine möglichst entsprechende in der Tabelle zu suchen und damit zu arbeiten. Erfahrungsgemäß wird es praktisch immer möglich sein, unter den in der Tabelle zusammengestellten, ja schon recht mannigfaltigen Spielarten, eine geeignete zu finden, die der Berechnung zugrunde gelegt werden kann.

3. Verhalten von Einzelgliedern (Regelgliedern) des Regelkreises

I. Einteilung der verschiedenen Regelglieder

Wie bereits gesagt, besteht der Regelkreis im allgemeinen aus mehreren Gliedern, von denen die Meßglieder in Abschn. 2 ausführlich behandelt wurden. Die Mannigfaltigkeit in den Ausführungsformen der bei Verstärkern und bei Regelstrecken auftretenden Glieder ist größer als bei den Meßwerken. Wir werden aber trotzdem den weitaus größten Teil von ihnen erfassen, wenn wir folgende Gruppen behandeln:

A. Regelglieder, die nur durch die Eingangsgröße selbst beeinflußt werden.

B. Regelglieder, die außer durch die Eingangsgröße selbst auch noch durch die zeitliche Änderung der Eingangsgröße, also den Differentialquotienten beeinflußt werden, Glieder mit D-Einfluß.

C. Regelglieder, die nur durch eine zeitliche Änderung der Eingangsgröße, also den Differentialquotienten beeinflußt werden, reine D-Glieder.

D. Regelglieder mit *Totzeit*, bei denen die Wirkung der Eingangsgröße auf die Ausgangsgröße erst nach einer festen Laufzeit einsetzt.

Die Art und Wirkungsweise von Regelgliedern der verschiedenen
Gruppen wird am besten bei der rechnerischen Behandlung der einzelnen
Gruppen an Hand von Beispielen erläutert. Weitaus die meisten Regel-
glieder lassen sich in die Gruppe *A* einreihen.

Wie bei den Meßwerken, soll auch jetzt die Differentialgleichung, der
Frequenzgang und die Übergangsfunktion ermittelt werden.

II. Regelglieder mit Beeinflussung nur durch die Stellgröße selbst

a) Allgemeiner Fall (Schwingung). Wenn auch der tatsächliche
Zusammenhang zwischen Ausgangs- und Eingangsgröße oft recht komplizierten, vielfach der Rechnung nur schwer oder überhaupt nicht zu-
gänglichen Gesetzen entspricht, so kann mit einiger Annäherung wenigstens in der Nähe des Betriebspunktes doch
sehr häufig für die Abhängigkeit der beiden
Größen voneinander eine Schwingung angenommen werden.

In Abb. 1 ist ein Regelglied aufgezeichnet,
das in seinem Verhalten diesem allgemeinen
Fall entspricht. Die Drehzahl eines fest-
erregten Gleichstrommotors *M* mit nicht zu
vernachlässigender Induktivität im Ankerkreis *L*, gekuppelt mit einer Arbeitsmaschine
W, wird durch Änderung der angelegten
Ankerspannung beeinflußt. Nach Abb. 1 wird

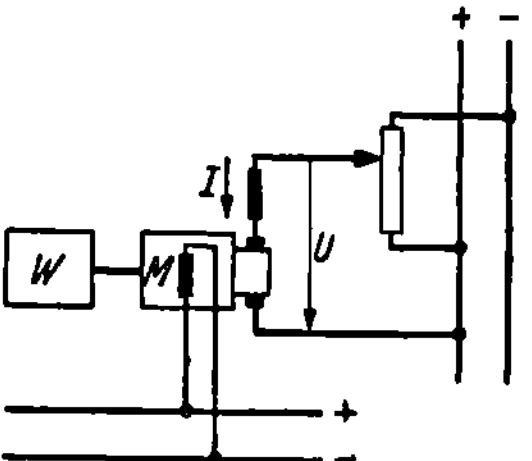

Abb. 1. Verstellglied mit einer
gedämpften Schwingung als Übergangsfunktion. Gleichstrom-
motor mit Ankerinduktivität

die Spannung von einem ohmschen Spannungsteiler abgenommen.
Selbstverständlich läßt sich eine solche Schaltung nur bei ganz kleinen
Gleichstrommotoren durchführen. Bei größeren Maschinen tritt an die
Stelle des Spannungsteilers ein Gleichstromgenerator oder ein Gleich-
richter mit veränderlicher Spannung.

An der Motorwelle sind folgende Momente wirksam:

1. Das Motormoment *M*, das verhältnisgleich ist dem Ankerstrom
(Ankerrückwirkung soll Null, das Feld also konstant sein).

2. Das Widerstandsmoment der Arbeitsmaschine *W*, das abhängig
sein soll von der Drehzahl und

3. das Beschleunigungsmoment.

Es gilt somit die folgende Momentengleichung:

$$M - W - 2\pi\,\Theta\,\frac{dn}{dt} = 0\,. \tag{1}$$

Θ ist dabei das Trägheitsmoment und n die Drehzahl. In Abb. 2 ist das
Widerstandsmoment *W* abhängig von der Drehzahl mit der Ersatzgeraden durch den stationären Betriebspunkt, also linearisiert,
aufgezeichnet, sowie das außer von der Drehzahl auch noch von der

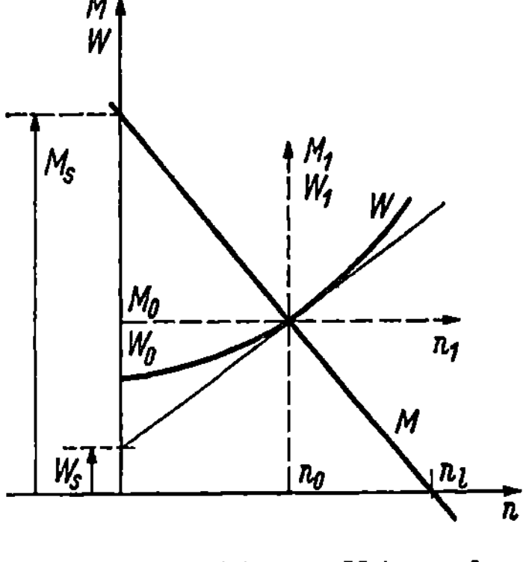

Abb. 2. Kennlinien von Motor- und Widerstandsmoment

angelegten Ankerspannung abhängige Motormoment und zwar gültig für einen bestimmten stationären Wert der Spannung $U = U_0$. W_s bzw. M_s sind die nach den Ersatz-Kennlinien bei Stillstand, also bei $n = 0$ auftretenden Momente.

Nach den Kennlinien und Gl. (1) ergibt sich, wenn mit M_1, W_1, n_1 die Abweichungen der verschiedenen Größen von ihren stationären Werten M_0, W_0, n_0 bezeichnet werden:

$$M_0 + M_1 - W_0 - W_1 - 2\pi\Theta\frac{dn_1}{dt} = 0 \tag{2}$$

oder, da $M_0 = W_0$ und nach Abb. 2 $W_1 = \frac{n_1}{n_0}\lambda\ W_0 = \frac{n_1}{n_0}(M_0 - W_s)$:

$$\frac{M_1}{M_s} - \frac{n_1}{n_0}\lambda\frac{W_0}{M_s} - T_a\frac{d\frac{n_1}{n_0}}{dt} = 0 \ . \tag{3}$$

$T_a = 2\pi\frac{\Theta\ n_0}{M_s}$ ist die sog. Anlaufzeitkonstante des Antriebes. (Anlaufzeit bis n_0 bei konstantem Anlaufmoment gleich M_s.) Da das Motormoment verhältnisgleich ist dem Ankerstrom J, kann für

$$\frac{M_1}{M_s} = \frac{J_1}{J_s} \tag{4}$$

gesetzt werden. (J_s der Ankerstrom bei Ankerspannung U_0 und Stillstand des Motors, M_s das entsprechende Stillstandsmoment.)

Für den Ankerstromkreis gilt folgende Spannungsgleichung:

$$J\ R_a + \frac{dJ}{dt}L_a = U - E \ . \tag{5}$$

E ist die im Anker induzierte, der Drehzahl proportionale (Feld konstant!) Gegenspannung. Im stationären Betrieb wird:

$$J_0\ R_a = U_0 - E_0 \tag{6}$$

und daraus

$$E_0 = U_0 - J_0\ R_a \tag{7}$$

bzw.

$$E_1 = E_0\frac{n_1}{n_0} = U_0\frac{n_1}{n_0} - J_0\ R_a\frac{n_1}{n_0} \ . \tag{8}$$

Gl. (5) wird damit, wenn man nur die Abweichungen der Größen betrachtet

$$\frac{J_1}{J_s} + \frac{d\frac{J_1}{J_s}}{dt}T_b = \frac{U_1}{U_0} - \frac{n_1}{n_0} + \frac{n_1}{n_0}\left(\frac{J_0}{J_s}\right) \tag{9}$$

mit

$$T_b = \frac{L_a}{R_a} \ . \tag{10}$$

T_b ist die elektromagnetische Zeitkonstante des Ankerstromkreises.

Durch Elimination von $\frac{M_1}{M_s}$, $\frac{J_1}{J_s}$ mit Hilfe der Gln. (3), (4) und (9) erhalten wir eine Differentialgleichung zwischen $\frac{U_1}{U_0}$ und $\frac{n_1}{n_0}$:

$\left(\text{Für } \frac{W_0}{M_s} = \frac{M_0}{M_s} = \frac{J_0}{J_s} \text{ ist der Schlupf } s_0 = \frac{n_l - n_0}{n_l} \text{ der Maschine im stationären Betrieb gegen die Leerlaufdrehzahl } n_l \text{ eingesetzt}\right)$

$$\frac{\mathrm{d}^2\frac{n_1}{n_0}}{\mathrm{d}t^2} T_a\,T_b + \frac{\mathrm{d}\frac{n_1}{n_0}}{\mathrm{d}t}(T_a + \lambda\,s_0\,T_b) + \frac{n_1}{n_0}[1 - s_0(1-\lambda)] = \frac{U_1}{U_0}. \qquad (11)$$

Wir dividieren die Gleichung durch $[1 - s_0(1-\lambda)]$ und setzen für $U_0 \cdot [1 - s_0(1-\lambda)] = U_H$. U_H ist die Spannung, die eine stationäre Änderung der Drehzahl um n_0 hervorruft. Wird für $\frac{n_1}{n_0} = \alpha$ (Ausgangsgröße) und für $\frac{U_1}{U_H} = \varepsilon$ (Eingangsgröße) gesetzt, so wird die Gl. (11)

$$\alpha''\,T^2 + \alpha'\,2\,\zeta\,T + \alpha = \varepsilon \qquad (12)$$

mit

$$T = \sqrt{\frac{T_a\,T_b}{1 - s_0(1-\lambda)}} \qquad (13)$$

und

$$2\,\zeta\,T = \frac{T_a + \lambda\,s_0\,T_b}{1 - s_0(1-\lambda)}. \qquad (14)$$

Der Faktor $[1 - s_0(1-\lambda)]$ wird gleich $\frac{M_s - W_s}{M_s}$, der Faktor $\lambda\,s_0$ gleich $\frac{M_0 - W_s}{M_s}$, beide können also einfach der Abb. 2 entnommen werden. Für $\lambda = 0$, also drehzahlunabhängiges Widerstandsmoment wird

$$T = \sqrt{\frac{T_a\,T_b}{1 - s_0}} \qquad \text{und} \qquad 2\,\zeta\,T = \frac{T_a}{1 - s_0}$$

bei Leerlauf ($s_0 = 0$)

$$T = \sqrt{T_a\,T_b} \qquad \text{und} \qquad 2\,\zeta\,T = T_a.$$

Aus der Differentialgleichung (12) läßt sich nach dem bei der Behandlung der Meßwerke angegebenen Verfahren (S. 35) sofort auch der Frequenzgang ableiten. Es wird

$$\mathfrak{F} = \frac{\vec{\alpha}}{\vec{\varepsilon}} = \frac{1}{(j\,\omega)^2\,T^2 + j\,\omega\,2\,\zeta\,T + 1}. \qquad (15)$$

Bei der Untersuchung der Stabilität werden wir unmittelbar mit $\mathfrak{F}$ arbeiten und nicht, wie gelegtl. bei den Meßwerken mit dem reziproken Wert, weshalb auch hier immer der Frequenzgang selbst abhängig von ω aufgezeichnet werden soll. Abb. 3 zeigt den grundsätzlichen Verlauf dieser Kurve nach Gl. (15).

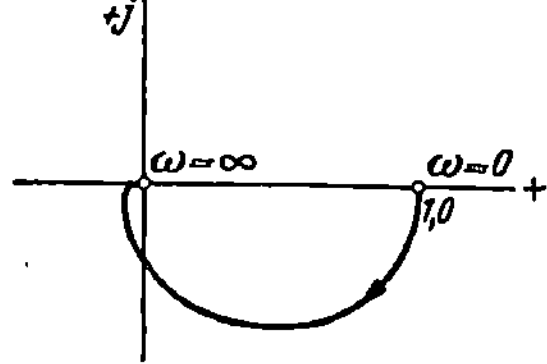

Abb. 3. Frequenzgang eines Regelgliedes nach Abb. 1

Die Differentialgleichung der Übergangsfunktion entspricht Gl. (12), wobei nur auf der rechten Seite an Stelle von ε jetzt ε_8 zu setzen ist.

Die Lösung der Differentialgleichung und damit die Gleichung der Übergangsfunktion wird

$$\alpha = \varepsilon_8 + C_1\, e^{p_1 t} + C_2\, e^{p_2 t} \tag{16}$$

wobei p_1 und p_2 die Wurzeln der charakteristischen Gleichung von Gl. (12) und C_1 und C_2 Integrationskonstanten bedeuten. Je nachdem, ob in Gl. (12) ζ größer oder kleiner als 1,0 ist, bekommen wir einen aperiodischen oder periodischen Vorgang. Die Integrationskonstanten C_1 und C_2 bestimmen sich aus den zwei Bedingungen, daß im Augenblick der sprungartigen Änderung von ε sowohl $(\alpha)_0$ als auch $(\alpha')_0$, also die zeitliche Änderung (Beschleunigung) Null sein muß, da sich weder die Drehzahl noch der Ankerstrom (infolge der Induktivität), also das

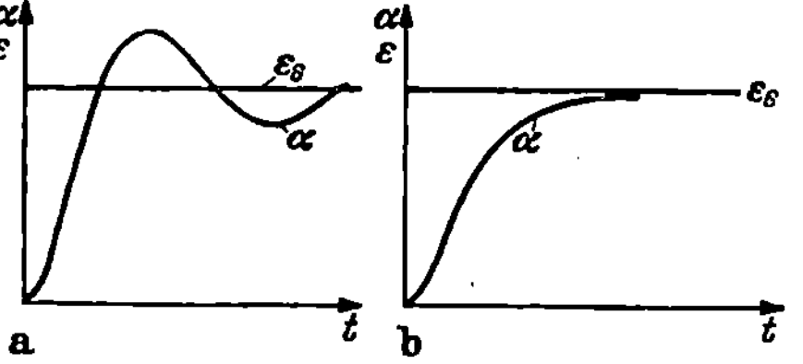

Abb. 4a u. b. Übergangsfunktion eines Regelgliedes nach Abb. 1.
a) schwach gedämpft, b) stark gedämpft

Beschleunigungsmoment und damit die Beschleunigung ruckartig ändern können. In Abb. 4 sind zwei Fälle für die Übergangsfunktion, periodisch und aperiodisch, aufgezeichnet. Der periodische Fall tritt vor allem bei großen Maschinen auf, bei denen $T_b > T_a$ werden kann. Einer sprungartigen Änderung der Eingangsgröße folgt also die Ausgangsgröße erst mit Verzögerung nach, wobei sich der neue Wert unter Umständen erst nach einigen Schwingungen einstellt.

Auch der Fall, daß die Schwingung ungedämpft oder sogar angefacht verläuft, ist an sich möglich. Wenn z. B. bei der Gleichstrommaschine (Abb. 1) noch eine, bei Motorbetrieb feldschwächende, Wirkung des Ankerstromes auftritt (Drehzahlkennlinien $n = \mathrm{f}(M)$ nicht abfallend, sondern ansteigend!), so kann die Dämpfung Null oder sogar negativ werden. Da aber Regelglieder mit solchem Verhalten die Regelung sehr ungünstig beeinflussen, wenn nicht sogar unbrauchbar machen, müssen sie möglichst vermieden werden, bzw. muß irgendwie für eine wirksame Dämpfung gesorgt werden.

Bisher war bei dem untersuchten Glied nach Abb. 1 als Eingangsgröße die Ankerspannung und· als Ausgangsgröße die Drehzahl angenommen. Für das Widerstandsmoment war eine feste, konstante Abhängigkeit von der Drehzahl vorausgesetzt, entsprechend Abb. 2. Nun interessiert aber auch der Drehzahlverlauf, wenn sich bei konstanter Ankerspannung U_0 die angenommene Abhängigkeit des Widerstandsmomentes von der Drehzahl ändert. Eingangsgröße wird damit das Widerstandsmoment anstelle der Spannung.

Für den Fall, daß sich das Widerstandsmoment um einen festen, von der Drehzahl unabhängigen Wert W_1 ändert, der vorher angenommene Zusammenhang zwischen Widerstandsmoment und Drehzahl aber bestehen bleibt, ergibt sich der Frequenzgang [nach Gl. (3), (4) u. (9)] $\left(\text{Eingang: } \dfrac{W_1}{M_s}; \quad \text{Ausgang: } \dfrac{n_1}{n_0}\right)$

$$\mathfrak{F} = \frac{\vec{\alpha}}{\vec{\varepsilon}} = \frac{\left(\dfrac{\vec{n_1}}{n_0}\right)}{\left(\dfrac{\vec{W_1}}{M_s}\right)} = -\frac{1}{1 - s_0\,(1-\lambda)}\;\frac{1 + p\,T_b}{p^2\,T^2 + p\,2\,\zeta\,T + 1} \qquad (17)$$

$\left(M_s\,[1 - s_0\,(1-\lambda)] = W_H\right.$ entspricht einer Drehzahländerung um $\left.(-n_0)\right)$.

In manchen Fällen interessiert auch der Strom bzw. das diesem verhältnisgleiche Moment abhängig von einer Spannungsänderung. Der Frequenzgang wird für diesen Zusammenhang [nach Gl. (3), (4) und (9)] $\left(\text{Eingang } \dfrac{U_1}{U_0}, \quad \text{Ausgang } \dfrac{J_1}{J_s} = \dfrac{M_1}{M_s}\right)$

$$\mathfrak{F} = \frac{\left(\dfrac{\vec{J_1}}{J_s}\right)}{\left(\dfrac{\vec{U_1}}{U_s}\right)} = \frac{1}{1 - s_0\,(1-\lambda)}\;\frac{\lambda\,s_0 + p\,T_a}{p^2\,T^2 + p\,2\,\zeta\,T + 1} \qquad (18)$$

und die Drehzahl abhängig vom Strom $\left(\text{Eingang } \dfrac{J_1}{J_s} = \dfrac{M_1}{M_s}, \quad \text{Ausgang } \dfrac{n_1}{n_0}\right):$

$$\mathfrak{F} = \frac{\left(\dfrac{\vec{n_1}}{n_0}\right)}{\left(\dfrac{\vec{J_1}}{J_s}\right)} = \frac{1}{\lambda\,s_0 + p\,T_a}. \qquad (19)$$

Wie sich zeigen wird, gelten die für Abb. 1 abgeleiteten Beziehungen auch für eine Anordnung nach Abb. 5, obwohl diese zunächst grundverschieden von der Abb. 1 erscheint.

Abb. 5 zeigt schematisch einen Regler mit Hilfsenergie, der mit Vorsteuerung und Rückführung arbeitet.

Bei diesem Regler wird von einem Vorsteuerkolben $VStK$ ein Hauptsteuerkolben $HStK$ und von diesem der eigentliche Arbeitskolben AK gesteuert. Sowohl $HStK$ als auch AK wirken durch entsprechende Gestänge (Rückführungen) auf die Hülse des Vorsteuer-

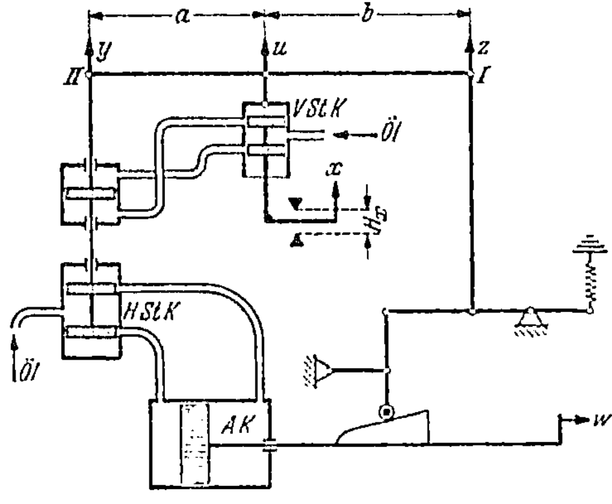

Abb. 5. Öldruckregler mit Vorsteuerung und Rückführung

systems. An Hand der Abbildung läßt sich ohne weiteres erkennen, daß im stationären Zustand der *HStK* immer wieder in seine Mittellage kommt (Drehpunkt *II* hat also nur eine stationäre Ruhelage) und einem bestimmten Weg x des *VStK* ein bestimmter Weg w des Arbeitskolbens bzw. z des Rückführgestänges bei Drehpunkt *I* entsprechen muß.

Durch die Wirkung der Vor- und Hauptsteuerung wird eine vom Meßwerk auf den Vorsteuerkolben ausgeübte Kraft sehr erheblich verstärkt, so daß, von einem sehr empfindlichen Meßwerk aus gesteuert, etwa die Leitschaufeln einer großen Wasserturbine verstellt werden können. Die Verstellung des Vorsteuerkolbens x wird bei einer solchen Anordnung nach Abb. 5 durch eine entsprechende Verstellung des Arbeitskolbens (w) praktisch genau, aber mit einer gewissen Verzögerung kopiert, wobei die dabei erreichbaren Verstellkräfte lediglich von der Bemessung des Arbeitskolbens abhängen.

Bei der rechnerischen Behandlung des Reglers nehmen wir an, daß sich zunächst die ganze Anordnung in Ruhe befindet, halten den Punkt *I* fest und verstellen den Kolben der Vorsteuerung x um ein kleines Stück nach oben. Die untere Öffnung im Vorsteuerzylinder wird damit etwas freigegeben, so daß das Öl aus dem oberen Teil des Hauptsteuerzylinders entweichen kann. Gleichzeitig wird über die obere Öffnung im Vorsteuerzylinder der untere Teil des Hauptsteuerzylinders mit dem Öldruckbehälter in Verbindung gebracht, so daß in diesen unteren Teil Öl zufließt und damit der Hauptsteuerkolben nach oben bewegt wird. Die Geschwindigkeit, mit der sich der Hauptsteuerkolben bewegt, wird abhängig sein von der Öffnung, die der Vorsteuerkolben freigibt, ist also gegeben durch die Lage des Vorsteuerkolbens im Zylinder, die nach Abb. 5 durch $(x - u)$ bestimmt wird. Bezeichnen wir mit x_1 bzw. u_1 die Abweichungen der Stellungen von Kolben und Zylinder von ihren stationären Werten,

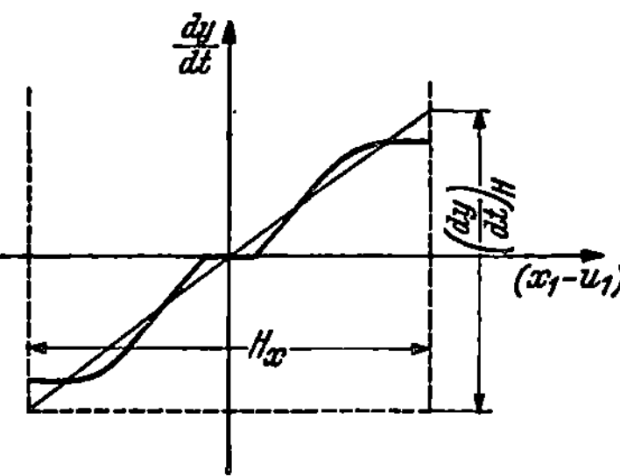

Abb. 6. Verstellgeschwindigkeit des Hauptsteuerkolbens (Abb. 5) abhängig von der Stellung des Vorsteuerkolbens in der Vorsteuerhülse mit Ersatzgerade

bei denen die Steueröffnungen geschlossen sind, so ergibt sich, abhängig von x_1—u_1, etwa eine Verstellgeschwindigkeit des Hauptsteuerkolbens (dy/dt), wie sie in Abb. 6 dargestellt ist. In einem gewissen sehr klein zu haltenden (Unempfindlichkeits-)Bereich bleiben die Steueröffnungen noch geschlossen, dann nimmt die Verstellgeschwindigkeit entsprechend der größer werdenden Steueröffnung allmählich zu, bis schließlich die Öffnung vollkommen freigegeben ist und damit eine Endgeschwindigkeit erreicht ist. Die Kurve (Abb. 6) muß nun für die Rechnung wieder idealisiert werden; wir ersetzen sie daher durch eine Gerade durch Null und berücksichtigen bei den Untersuchungen nur kleine Werte von $(x_1 - u_1)$, so daß wir dann dy/dt proportional mit $(x_1 - u_1)$ ansteigend annehmen können. Nach Abb. 6 können wir setzen:

$$\frac{dy_1}{dt} = \left(\frac{dy_1}{dt}\right)_H \frac{x_1 - u_1}{H_x} , \qquad (20)$$

$(dy_1/dt)_H$ ist dabei die Verstellgeschwindigkeit, die sich bei einer Differenz $(x_1 - u_1) = H_x$ (H_x z. B. der Gesamthub, um den sich nach Abb. 5 x ändern kann) ergeben würde, wenn die Ersatzgerade über den ganzen Bereich Gültigkeit besäße. Bezeichnen wir die Zeit, in der sich bei dieser Geschwindigkeit $(dy_1/dt)_H$ der Hauptsteuerkolben y um den Weg $H_y = H_x (a + b)/b$ bewegt, der bei festgehaltenem Punkt I dem Hub H_x von x bzw. u entspricht, mit T_y, so können wir für Gl. (20) auch schreiben:

$$\frac{dy_1}{dt} = \frac{H_y}{T_y}\frac{x_1 - u_1}{H_x} = \frac{H_x\dfrac{a+b}{b}}{T_y}\frac{x_1 - u_1}{H_x} = \frac{\dfrac{a+b}{b}(x_1 - u_1)}{T_y}. \qquad (21)$$

Da die tatsächliche maximale Geschwindigkeit in einer Richtung nach Abb. 6 nur halb so groß ist wie $(dy_1/dt)_H$, so ist die sogenannte Schlußzeit des Kolbens, d. h. die Zeit, in der er bei maximaler Geschwindigkeit seinen Gesamthub zurücklegt, doppelt so groß wie T_y. T_y entspricht also der halben Schlußzeit.

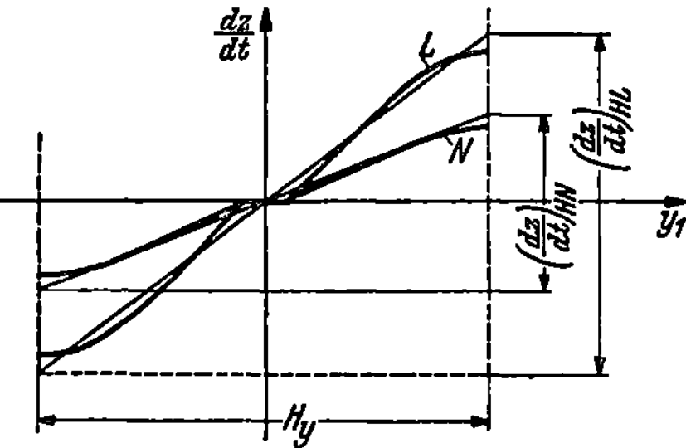

Abb. 7. Verstellgeschwindigkeit des Rückführpunktes I in Abb. 5 abhängig von der Stellung des Hauptsteuerkolbens bei Leerlauf (L) und bei Normalbetrieb (N) mit Ersatzgeraden

Ganz ähnlich wie beim Vorsteuer- mit Hauptsteuersystem liegen die Verhältnisse beim Hauptsteuersystem mit Arbeitskolben. Im stationären Zustand muß sich der Hauptsteuerkolben in seiner Mittellage befinden und damit beide Steueröffnungen für den Arbeitskolben abdecken. Bezeichnen wir die Abweichungen der Stellung von dieser Mittellage mit y_1, so ergibt sich für die Verstellgeschwindigkeit des Arbeitskolbens (dw/dt) abhängig von y_1 ein ganz ähnlicher Verlauf, wie der in Abb. 6 für (dy/dt) abhängig von $(x_1 - u_1)$ aufgezeichnete. Mit dem Arbeitskolben ist über eine Kurvenbahn und ein entsprechendes Gestänge der Drehpunkt I gekuppelt, von dem aus über ein weiteres Gestänge schließlich die Stellung des Vorsteuerzylinders beeinflußt wird. Wenn wir nun weiterhin nicht unmittelbar die Stellung des Arbeitskolbens w sondern die des Punktes I verfolgen, so müssen wir beachten, daß wir je nach der stationären Lage des Arbeitskolbens an verschiedenen Stellen der Kurvenbahn arbeiten, und daß sich dementsprechend die Verstellgeschwindigkeit des Punktes I bei gleichbleibender Geschwindigkeit des Arbeitskolbens verändern wird. Die Kurvenbahn wird z. B. bei Turbinenreglern vielfach so ausgebildet, daß bei Leerlauf, also geringer Beaufschlagung, schon eine geringe Verstellung des Kolbens eine verhältnismäßig große Änderung der Stellung des Drehpunktes I und damit des Vorsteuerzylinders ergibt. Damit werden die sonst ungünstigen Regelbedingungen bei Leerlauf verbessert. Je nach der stationären Lage des Arbeitskolbens werden wir daher verschiedene Kurven für die Verstellgeschwindigkeit des Punktes I, also für dz/dt bekommen. Abb. 7 zeigt zwei solche Kurven, eine für Leerlauf L und eine für Normalbetrieb N. Wir ersetzen die Kurven wieder durch Geraden durch Null, bezeichnen die scheinbare Geschwindigkeit bei $y_1 = H_x\,(a + b)/b = H_y$ mit $(dz/dt)_H$ und können dann bei kleinen Werten von y_1, die wir allein berücksichtigen wollen, setzen:

$$\frac{dz_1}{dt} = \left(\frac{dz_1}{dt}\right)_H \frac{y_1}{H_y} = \left(\frac{dz_1}{dt}\right)_H \frac{y_1}{H_x \dfrac{a + b}{b}} \tag{22}$$

(dabei ist z_1 wieder die Abweichung vom stationären Wert).

Wir führen nun den durch den Hub H_x des Vorsteuerkolbens bestimmten maximalen Hub H_z des Punktes I ein. Da im stationären Betrieb $y_1 = 0$ sein muß, d. h. daß der Punkt II immer die gleiche Lage einnimmt, muß sich entsprechend dem Hub H_x des Vorsteuerkolbens auch der Vorsteuerzylinder um H_x verstellen und damit nach Abb. 5 der Punkt I um $z_{max} = H_z = H_x\,(a + b)/a$. Die Zeit, die der Punkt I zum Durchlaufen dieses Gesamthubes bei der nach Abb. 7 festgelegten Verstellgeschwindigkeit $(dz/dt)_H$ benötigt, bezeichnen wir mit T_z. Gl. (22) wird dann:

$$\frac{dz_1}{dt} = \frac{H_z}{T_z}\frac{y_1}{H_y} = \frac{\dfrac{a + b}{a} H_x y_1}{T_z \dfrac{a + b}{b} \cdot H_x} = \frac{y_1}{T_z}\frac{b}{a} \cdot \tag{23}$$

Berücksichtigen wir noch, daß nach Abb. 5

$$u = z\frac{a}{a + b} + y\frac{b}{a + b}\,, \tag{24}$$

so können wir aus Gln. (21), (23) und (24) u_1 und y_1 eliminieren und bekommen

$$\frac{d^2z_1}{dt^2}\,T_z\,T_y\,\frac{a}{b} + \frac{dz_1}{dt}\,T_z\,\frac{a}{b} + z_1\,\frac{a}{b} = x_1\,\frac{a + b}{b}\,. \tag{25}$$

Dividieren wir die Gl. (25) noch durch $H_x\,(a + b)/b$, berücksichtigen wir weiter, daß

$$\frac{\dfrac{a}{b}}{\dfrac{a + b}{b}H_x} = \frac{a}{(a + b)\,H_x} = \frac{1}{H_z}$$

und führen wir für die auf den Maximalwert H_z bezogene Ausgangsgröße z_1 wieder den Buchstaben α, für die bezogene Eingangsgröße x_1 den Buchstaben ε ein, so wird Gl. (25)

$$\alpha''\,T_z\,T_y + \alpha'\,T_z + \alpha = \varepsilon\,, \tag{26}$$

oder

$$\alpha''\,T^2 + \alpha'\,2\,\zeta\,T + \alpha = \varepsilon \tag{26a}$$

mit

$$T = \sqrt{T_z\,T_y} \quad \text{und} \quad 2\,\zeta = \sqrt{\frac{T_z}{T_y}}$$

und entspricht damit Gl. (12). Eine weitere Behandlung (Frequenzgang, Übergangsfunktion) dieser Anordnung erübrigt sich also, es gilt alles über die Anordnung (Abb. 1) Gesagte. Praktisch wird T_y möglichst klein, die Verstellgeschwindigkeit des Hauptsteuerkolbens also sehr groß gewählt, so daß $\zeta > 1{,}0$ und damit die Übergangsfunktion (Abb. 4) einen aperiodischen Verlauf zeigt.

Bis jetzt ist nur auf die Abhängigkeit der Lage z des Punktes I von der Stellgröße x näher eingegangen worden, während die für die Regelung doch sicher wichtigere Stellung w des Arbeitskolbens, der ja schließlich das weitere Verhalten des Regelsystems bestimmt, nur vorübergehend gestreift worden ist. Wir müssen daher jetzt nachträglich auch noch auf das Verhalten des Arbeitskolbens eingehen. Durch die Kurvenbahn (Abb. 5) liegen Drehpunkt I und Arbeits-kolben in ihrer Lage starr gegeneinander fest, so daß jedem Wert von z nach Abb. 8 ein bestimmter Wert von w zugeordnet ist. Wir ersetzen nun diese Kurve wieder durch die Tangente im Betriebspunkt, was wir übrigens ja auch schon bei der Bestimmung von $(dz/dt)_H$ nach Abb. 7 getan haben und bestimmen den scheinbaren Gesamthub des Kolbens H_w entsprechend dem Gesamtweg von z, also H_z. Für Leerlauf $[(H_w)_L]$ und für Normallast $[(H_w)_N]$ ist die Ermittlung des scheinbaren Gesamthubes in Abb. 8 angedeutet. Die Gl. (22) gilt nun

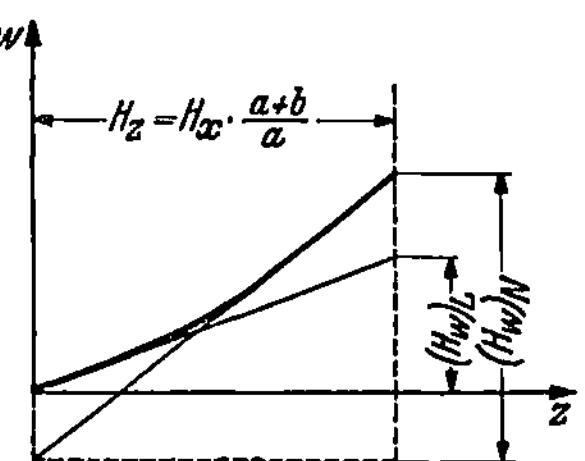

Abb. 8. Zusammenhang zwischen der Stellung des Rückführpunktes (I, Abb. 5) und der des Arbeits-kolbens

genau so für w/H_w wie für z/H_z, wir müssen uns nur darüber klar sein, daß dabei H_w verschieden ist, je nachdem in welchem Bereich der Kurvenbahn wir arbeiten. Bei der Behandlung eines Regelvor-ganges ist selbstverständlich dieser Gesamthub, auf den der Kolben-weg damit bezogen wird, von großer Bedeutung.

Regelglieder, bei denen der Zusammenhang zwischen Ein- und Aus-gangsgröße durch die allgemeine Schwingungsgleichung (12) dargestellt werden muß, wie bei den beiden behandelten Beispielen, treten ver-hältnismäßig selten auf. Meistens liegen die Verhältnisse so, daß sich die allgemeine Gl. (12) durch Wegfall eines oder auch zweier Glieder auf der linken Seite vereinfacht. Die wichtigsten Fälle sollen nun be-sprochen werden.

b) Weg-Geschwindigkeitssteuerung, Regelglieder mit Ausgleich. Wir betrachten zunächst nochmals die beiden Anordnungen (Abb. 1 und 5), vereinfachen sie aber etwas. Bei Abb. 1 vernachlässigen wir die Selbst-induktion im Ankerkreis, was bei kleineren Maschinen meist zulässig ist, so daß die elektromagnetische Zeitkonstante $T_l = 0$ wird. Den mittelbaren Regler (Abb. 5) vereinfachen wir dadurch, daß wir nach Abb. 9 vom Steuerkolben, der vom Meßwerk verstellt wird, unmittelbar den Arbeitskolben steuern. Das gleiche Ersatzschema gilt auch für die Anordnung (Abb. 5), wenn die Verstellgeschwindigkeit des Hauptsteuer-kolbens sehr groß ist, so daß $T_y \ll T_z$ wird. Abb. 10 zeigt ein ent-sprechendes Verstellwerk aber mit Elektro-Steuermotor. In beiden Fällen — Nebenschlußmotor mit vernachlässigbar kleiner Ankerinduktivität, Verstellwerk des indirekten Reglers mit Rückführung nach Abb. 9 und 10 — können wir in der Differentialgleichung (12) $T_b = 0$ setzen, so daß sich die Restgleichung ergibt:

$$\alpha' \, 2\, \zeta \, T + \alpha = \varepsilon$$

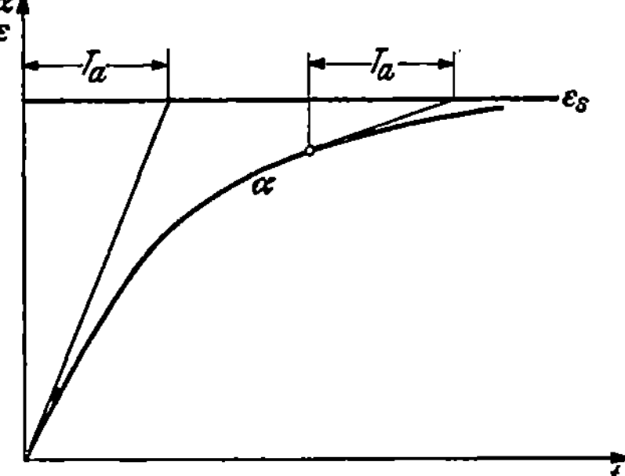

Abb. 9. Mittelbarer Öldruck-Regler als Beispiel eines Regelgliedes mit Weg-Geschwindigkeitssteuerung (Regelglied mit Ausgleich)

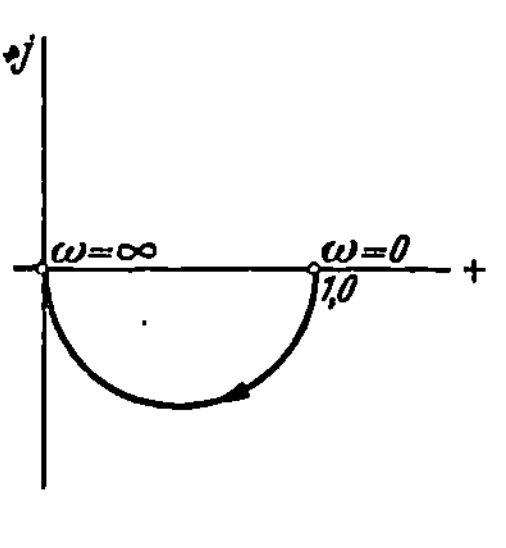

Abb. 10. Regler mit Elektro-Steuermotor

bzw. wenn nach Gl. (14) für $2\,\zeta\, T = \dfrac{T_a}{1 - s_0\,(1 - \lambda)}$ hier einfach T_a gesetzt wird:

$$\alpha' \, T_a + \alpha = \varepsilon \, . \tag{27}$$

Bei der Anordnung nach Abb. 1 ist T_a nach S. 68 eine Anlaufzeitkonstante, bei der nach Abb. 9 entsprechend S. 73 die scheinbare halbe Schlußzeit des Kolbens.

Der Frequenzgang für den jetzt einfacheren Fall wird:

$$\mathfrak{F} = \frac{\vec{\alpha}}{\vec{\varepsilon}} = \frac{1}{j\,\omega\,T_a + 1} \tag{28}$$

mit der Kurve (Abb. 11), einem Halbkreis.

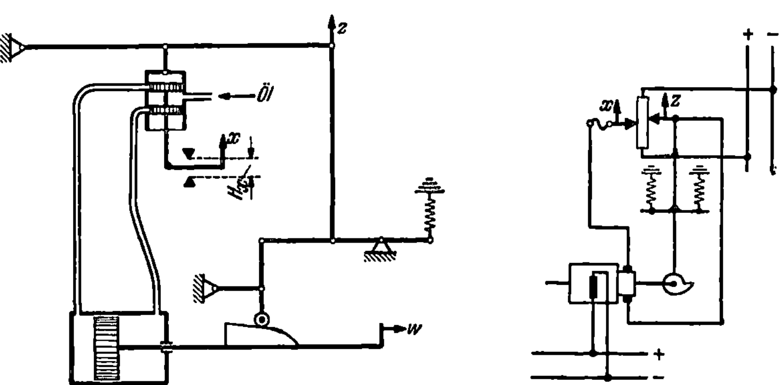

Abb. 11. Frequenzgang eines Verstellgliedes mit Weg-Geschwindigkeitssteuerung

Abb. 12. Übergangsfunktion eines Regelgliedes mit Weg-Geschwindigkeitssteuerung. Proportionalglied mit Verzögerung

Die Differentialgleichung der Übergangsfunktion ergibt sich aus Gl. (27) mit ε_s auf der rechten Seite. Die Lösung und damit die Gleichung der Übergangsfunktion selbst lautet (mit richtig eingesetzter Integrationskonstante):

$$\alpha = \varepsilon_s\left(1 - e^{-\frac{t}{T_a}}\right).$$ (29)

Abb. 12 zeigt diese Übergangsfunktion. Einer sprungartigen Änderung der Eingangsgröße folgt also hier die Ausgangsgröße erst allmählich nach und erreicht asymptotisch nach einer Exponentialfunktion einen neuen Wert. Da bei diesen Regelgliedern durch die Stellgröße ε, wenigstens bei mechanischen Anordnungen, sowohl die Stellung oder der Weg α als auch die Verstellgeschwindigkeit der Ausgangsgröße α' beeinflußt wird, können wir von einer *Weg-Geschwindigkeitssteuerung* sprechen. Man heißt solche Verstellglieder auch Glieder *„mit Ausgleich"* oder *„Proportionalglieder mit Verzögerung"*.

Als *Ausgleichswert* (q) eines Regelgliedes bezeichnet man das Verhältnis von Eingangsgrößenänderung (y) zu der durch sie im Beharrungszustand bewirkten Ausgangsgrößenänderung (x), wobei mit den tatsächlichen Größen, nicht mit den bezogenen zu rechnen ist. Es wird also

$$q = \frac{y}{x}$$ (30)

wobei q eine dimensionsbehaftete Größe darstellt. Der reziproke Wert $\frac{1}{q} = \frac{x}{y} = \eta$ wird *Übertragungs-* oder auch *Verstärkungsfaktor* genannt.

Rechnet man mit bezogenen Größen, wie wir dies bisher getan haben (α und ε sind bezogene Größen!), so wird der Ausgleichswert, der dann als *Ausgleichsgrad* bezeichnet wird, eine dimensionslose Zahl, die abhängig ist von den Größen, auf die bezogen wird. Sehr häufig wird man die Bezugsgrößen so wählen, daß der Ausgleichsgrad gleich 1,0 wird, was bedeutet, daß eine Änderung der Eingangsgröße gleich der Eingangsbezugsgröße eine Änderung der Ausgangsgröße gleich der Ausgangsbezugsgröße ergibt. Bei den vorstehend durchgerechneten Beispielen sind die Bezugsgrößen so gewählt und entsprechend wird auch nach Abb. 12 der Ausgleichsgrad gleich 1,0. Bei einem weiteren Beispiel (Abb. 13) soll noch gezeigt werden, wie sich der Ausgleichsgrad bzw. der Verstärkungsfaktor rechnen läßt, wenn die Bezugsgrößen nach anderen Gesichtspunkten gewählt werden.

Die Zeitkonstante der Exponentialfunktion nach Gl. (29), die wir mit T_a bezeichnet haben, auch einfach „Anlaufzeit" genannt, kann physikalisch ganz verschiedene Bedeutung haben. Bei dem Beispiel nach Abb. 1 entspricht sie, wie bereits dargelegt, der Anlaufzeitkonstanten, bei der Anordnung nach Abb. 5 einer Schlußzeit. Ganz allgemein kann gesagt werden, daß sie der Zeit entspricht, in der sich bei einer sprungartigen Änderung der Eingangsgröße um ihren Bezugswert die Ausgangsgröße um η mal ihren Bezugswert ändern würde, wenn die im ersten Augenblick auftretende Änderungsgeschwindigkeit der Ausgangsgröße konstant bliebe (dabei η der Übertragungsfaktor s. S. 79). Es wird also

$$T_a = \frac{\eta}{(d\alpha/dt)_{max}}.$$ (31)

Selbstverständlich ist dabei eine Linearisierung des Systems vorausgesetzt. Bei den bisher gewählten Bezugsgrößen entsprechend der Abb. 12 wird $\eta = 1$ und damit $T_a = \dfrac{1}{(d\alpha/dt)_{max}}$. Arbeitet man nicht mit bezogenen Größen, so tritt an die Stelle der Anlaufzeit, die die Dimension einer Zeit aufweist, der sog. *Anlaufwert*:

$$A = \frac{1}{(dX/dt)_{max}}, \tag{32}$$

wobei X die tatsächliche, also nicht bezogene Ausgangsgröße darstellt und angenommen ist, daß die Eingangsgröße um ihren vollen Bereich geändert wird. A hat die Dimension Zeit dividiert durch Dimension der Ausgangsgröße, also z. B. sek/Volt oder h/°C usw.

Außer den beiden ausführlich behandelten Regelgliedern gibt es nun in der Technik sehr viele Anordnungen, die das gleiche Verhalten zeigen. Auf einige besonders häufig vorkommende Beispiele sei noch hingewiesen.

Bei der Steuerung der Drehzahl einer Kraftmaschine mit drehzahlabhängigem Moment, entsprechend den Drehzahlkennlinien der Gleichstrommaschine (Abb. 2), liegen die Verhältnisse praktisch genau so wie bei der Gleichstrommaschine, es gelten also auch die abgeleiteten Beziehungen.

Der Strom in der Erregerwicklung irgendeiner elektrischen Maschine folgt nach dem Gesetz Gl. (27) der Spannung, solange keine Sättigung auftritt bzw. solange nur geringe Stromänderungen berücksichtigt werden und damit die Magnetisierungskennlinie im betrachteten Gebiet durch

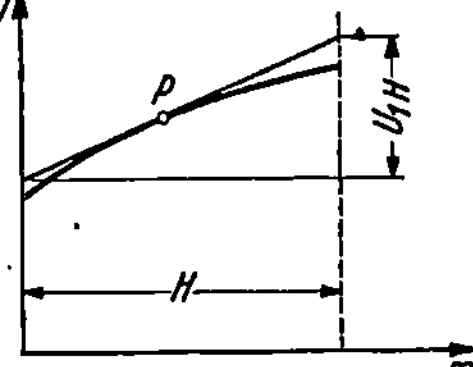

Abb. 13. Generator als Regelglied mit Weg-Geschwindigkeitssteuerung

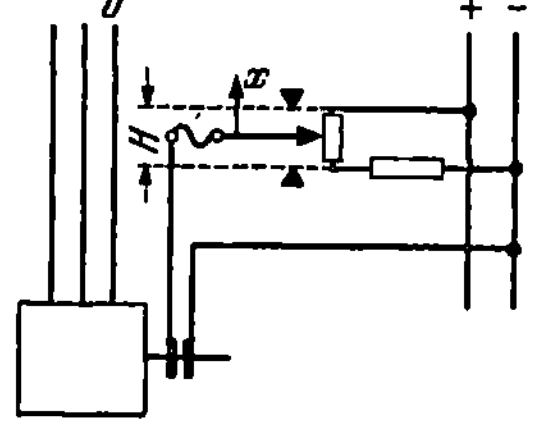

Abb. 14. Ersatz der Kennlinie $U = f(x)$ nach Abb. 13 durch Ersatzgerade im Betriebspunkt

eine Gerade ersetzt werden kann. Wird nach Abb. 13 der Erregerstrom einer mit konstanter Drehzahl laufenden Synchronmaschine gesteuert, so kann als Ausgangsgröße die bei bestimmter Belastung nur vom Erregerstrom abhängige Spannung U aufgefaßt werden. U_{1H}, d. h. die beim Durchlaufen des ganzen Hubes H am Spannungsteiler auftretende (scheinbare) Spannungsänderung, auf die die Ausgangsgröße U_1 bezogen werden kann, ist abhängig von der Belastung und den Sättigungsverhältnissen und muß von Fall zu Fall entsprechend Abb. 14 ermittelt werden. Auch die wirksame magnetische Zeitkonstante [T_a in Gl. (27)] ist abhängig von Belastung und Sättigung (bei Gleichstrommaschinen nur von Sättigung) und kann im allgemeinen nur für verhältnismäßig kleine Spannungsänderungen als konstant angenommen werden [20].

Bezieht man, wie oben, die Ausgangsgröße, also die Spannungsänderung auf die Änderung U_{1H}, die dem Weg H entspricht, auf den x_1 bezogen wird, so wird der Ausgleichsgrad und auch der Übertragungsfaktor gleich 1,0 und es gelten dann einfach die Gln. (27), (28) und (29). Bezieht man aber z. B. die Spannungsänderung etwa auf die stationäre Spannung U_0, die auch der Sollspannung entsprechen kann, so wird der Ausgleichsgrad irgend einen Wert annehmen. Nehmen wir an, daß sich bei einer Änderung der Eingangsgröße x_1 um den Wert H, also bei einer Änderung von $\varepsilon = \dfrac{x_1}{H}$ um den Wert 1,0, die Ausgangsgröße U_1 um $2,5 \cdot U_0$ (allgemein $\eta\, U_0$) ändert und U_1 auf U_0 bezogen wird $\left(\alpha = \dfrac{U_1}{U_0}\right)$, so wird der Ausgleichsgrad $q = \dfrac{1}{2,5} = 0{,}4 \left(q = \dfrac{1}{\eta}\right)$ und der Übertragungsfaktor $\eta = 2{,}5$. In den Gln. (27), (28) und (29) erscheint in diesem Fall auf der rechten Seite noch der Faktor η. Man sieht also, daß der Übertragungsfaktor beim Rechnen mit bezogenen Größen nur durch die Bezugsgrößen bestimmt wird.

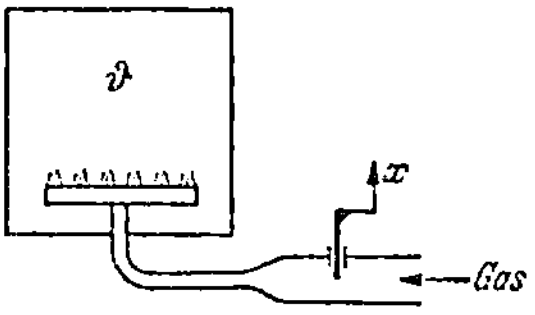

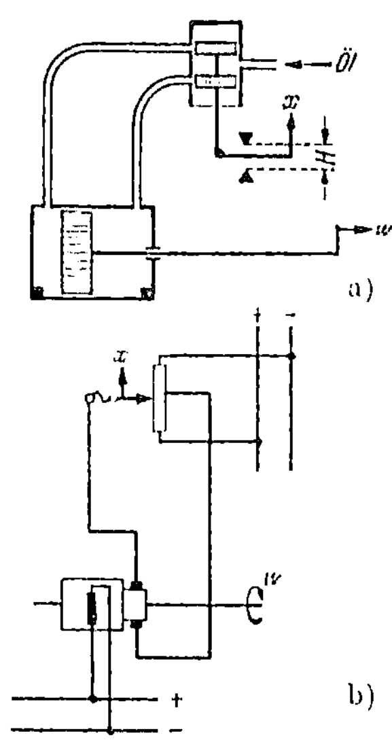

Abb. 15. Gasraumheizung, Regelglied mit Weg-Geschwindigkeitssteuerung

Wird irgend ein Körper oder auch Raum geheizt (Abb. 15 zeigt eine Gasraumheizung), so folgt die Temperatur ϑ im Körper bzw. Raum der Heizleistung (Gaszufuhr entsprechend der Schieberstellung x) ebenfalls nach dem Gesetz entsprechend Gl. (27), wie sich am einfachsten rein überlegungsmäßig an Hand der Übergangsfunktion feststellen läßt. Die wirksame Zeitkonstante T_a ist hier die Zeitkonstante der Erwärmung, die in der Größenordnung von Stunden liegen kann, im Gegensatz zu den bisher behandelten Beispielen mit Zeitkonstanten in der Größenordnung von Sekunden. Die (scheinbare) maximale Temperaturänderung muß auch hier, so wie bei der Spannungsregelung (Abb. 14) gezeigt, ermittelt werden.

c) Reine Geschwindigkeitssteuerung. Wenn wir die Anordnung nach Abb. 9 noch weiter vereinfachen, und zwar so, daß wir das Rückführgestänge weglassen und die Steuerhülse fest annehmen, so bekommen wir das Verstellwerk eines indirekten Reglers ohne Rückführung, wie es in Abb. 16a aufgezeichnet ist. Abb. 16b zeigt wieder ein entsprechendes Verstellwerk aber mit Elektrohilfsmotor. Wenn bei dieser Anordnung der Steuerkolben aus seiner Mittellage herausgebracht wird, so bewegt sich der Arbeitskolben mit einer festen Geschwindigkeit so lange, bis

Abb. 16. Regelglieder mit reiner Geschwindigkeitssteuerung.
a) Öldruckregler, b) Motorregler

er schließlich an einer Seite an seiner Begrenzung anliegt. Die Verstellgeschwindigkeit wird wieder abhängig sein von der Steueröffnung am Steuersystem, also von der Stellung x des Steuerkolbens entsprechend Abb. 6. Wir können also bei nicht zu großen Abweichungen des Steuerkolbens von der Mittellage für die Verstellgeschwindigkeit des Arbeitskolbens

$$\frac{dw_1}{dt} = \left(\frac{dw_1}{dt}\right)_H \frac{x_1}{H} \tag{33}$$

setzen, wobei wir im Gegensatz zu Abb. 7 hier nur mit *einer* (scheinbaren) Maximalgeschwindigkeit $(dw/dt)_H$ zu rechnen haben. Führen wir wieder die (scheinbare, entsprechend Abb. 6) Gesamtverstellzeit T_w bei der Geschwindigkeit $(dw/dt)_H$ für den Weg H_w, also die halbe Schlußzeit (S. 73) ein, so bekommen wir

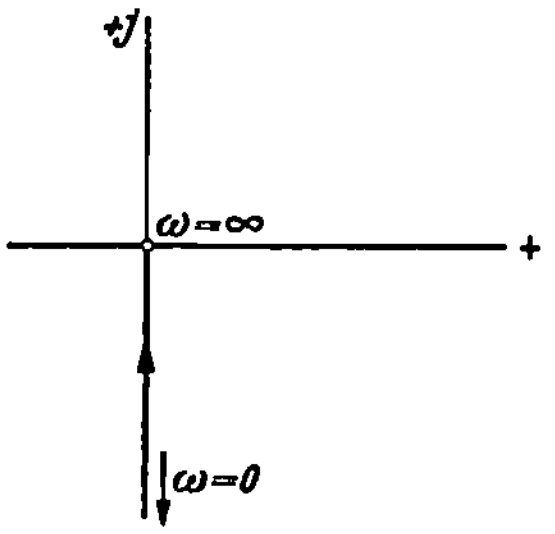

$$\frac{d\,\frac{w_1}{H_w}}{dt} = \frac{1}{T_w}\frac{x_1}{H} \tag{34}$$

oder wenn für $w_1/H_w = \alpha$ und $x_1/H = \varepsilon$ und für $T_w = T_a$ gesetzt wird:

$$\alpha' \, T_a = \varepsilon . \tag{35}$$

Die Gl. (27) hat sich also noch weiter vereinfacht.

Der Frequenzgang wird jetzt:

$$\mathfrak{F} = \frac{\vec{\alpha}}{\vec{\varepsilon}} = \frac{1}{j\,\omega\,T_a} \tag{36}$$

Abb. 17. Frequenzgang eines Verstellgliedes mit Geschwindigkeitssteuerung

mit der imaginären Achse als Ortskurve nach Abb. 17.

Die Übergangsfunktion [in Gl. (35) auf der rechten Seite ε_s eingesetzt] entspricht der Gleichung:

$$\alpha = \varepsilon_s \frac{t}{T_a} \tag{37}$$

mit dem Verlauf nach Abb. 18. Nach Gl. (37) würde allerdings α, d. h. der auf den Gesamthub bezogene Weg des Arbeitskolbens dauernd gleichmäßig weitersteigen. Da aber der Hub des Arbeitskolbens begrenzt ist, kann im äußersten Fall, wenn von einer Grenzlage des Kolbens ausgegangen wird, gerade der ganze Hub zurückgelegt werden, so daß $(\alpha)_{max} = w_{max}/H_w = H_w/H_w = 1{,}0$ wird, wie in Abb. 18 eingezeichnet. Wenn bei der Regelung der Kolben nicht gegen einen Anschlag zu liegen kommt, was der Fall sein muß, wenn von Vorgang rechnerisch zusammenhängend behandelt werden soll, so kann bei der Rechnung diese Begrenzung von α auf 1,0 unberücksichtigt bleiben.

Da durch das Steuersystem im vorliegenden Fall lediglich die Verstellgeschwindigkeit gesteuert wird, bezeichnet man solche Glieder als Verstellglieder mit reiner *Geschwindigkeitssteuerung* oder auch als Integralglieder. [Nach Gl. (35) α proportional $\int \varepsilon \, dt$.]

Eine solche Geschwindigkeitssteuerung liegt z. B. auch vor bei der Änderung der Beaufschlagung einer Kraftmaschine mit drehzahlunabhängigem Eigen- und Widerstandsmoment, also etwa einer leerlaufenden Dampfmaschine nach Abb. 19 in einem gewissen Drehzahlbereich. Ist bei einer bestimmten Stellung x_0 des Dampfschiebers und einer entsprechenden Dampfzufuhr das Maschinenmoment gerade gleich dem Leerlaufmoment, so läuft die Maschine mit der gerade vorhandenen Drehzahl stationär weiter. Wird nun aber die Dampfschieberstellung verändert, und damit z. B. die Dampfzufuhr vergrößert, so überwiegt das Maschinenmoment gegenüber dem Leerlauf-Widerstandsmoment und dieses Differenzmoment gibt eine konstante Beschleunigung, also eine bestimmte Drehzahländerung. Durch den Dampfschieber wird also hier nicht die Drehzahl (n) selbst, sondern nur ihre zeitliche Änderung (dn/dt), also gewissermaßen ihre Verstellgeschwindigkeit gesteuert. Im Gegensatz zum Verstellglied (Abb. 16) ist allerdings im vorliegenden Fall keine Begrenzung

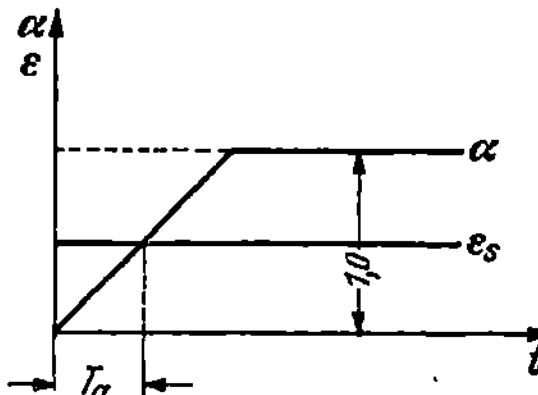

Abb. 18. Übergangsfunktion bei reiner Geschwindigkeitssteuerung, mechanisch begrenzt (Anschlag)

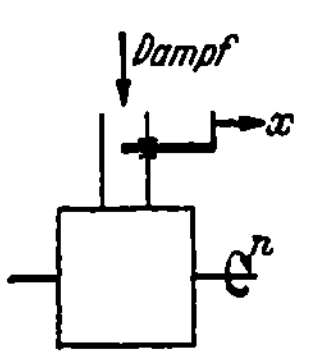

Abb. 19. Dampfkraftmaschine als Verstellglied mit reiner Geschwindigkeitssteuerung

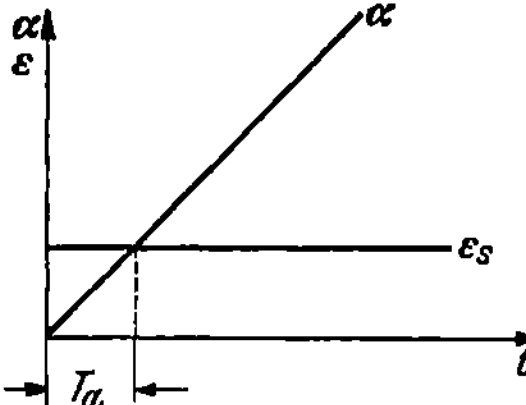

Abb. 20. Übergangsfunktion bei Geschwindigkeitssteuerung ohne Begrenzung

vorhanden; bei zu großer Dampfmenge geht die Drehzahl gleichmäßig, theoretisch unbegrenzt, hoch, so daß die Übergangsfunktion der Abb. 20 entspricht. Gln. (35), (36) und (37) gelten selbstverständlich auch hier, nur ist jetzt nicht mehr sofort klar, auf welchen Wert die Ausgangsgröße (n_1) bezogen werden soll, da ihr Maximalwert jetzt ∞ groß ist. Von Fall zu Fall muß also ein bestimmter Bezugswert festgelegt werden. Bei der Drehzahlregelung der Kraftmaschine nach Abb. 19 wird hierfür zweckmäßigerweise die Normal- oder Solldrehzahl gewählt.

Während bei Regelgliedern mit Weg-Geschwindigkeitssteuerung die Anlaufzeit T_a eine feste, von den Bezugsgrößen unabhängige Zeit darstellt [in Gl. (31) sind η *und* α umgekehrt proportional der Bezugsgröße], ist hier T_a verschieden, je nach dem, welcher Bezugswert für die Ausgangsgröße gewählt wird. Bezeichnet man mit X die Ausgangsgröße, mit X_K ihren Bezugswert, so wird zunächst der Anlaufwert [Gl. (32)], der eine feste Größe darstellt,

$$A = \frac{1}{(dX/dt)_{max}},$$

während die Anlaufzeit

$$T_a = A\,X_K = \frac{X_K}{(dX/dt)_{max}}$$

von der Bezugsgröße X_K abhängig ist.

Da bei Regelgliedern mit der Übergangsfunktion nach Abb. 20 der Verstell- oder Regelbereich (wenigstens theoretisch) unendlich groß ist, werden solche Glieder auch als Regelglieder mit unendlich großem Regelbereich bezeichnet, im Gegensatz zu den Regelgliedern mit endlichem Regelbereich mit Übergangsfunktionen nach Abb. 4 oder 12.

d) Reine Wegsteuerung. Kuppeln wir nach Abb. 21 die Schieber in der Dampfzuleitung für eine Kraftmaschine unmittelbar mit der Muffe eines Fliehkraftreglers, dessen Stellung x dann die Stellgröße für unser Verstellwerk bildet, so wird die Ausgangsgröße w jeder Bewegung der Stellgröße x unmittelbar folgen, d. h. es wird

$$w = \frac{a + b}{a} \cdot x \qquad (38)$$

bzw., da $H_x (a + b)/a = H_w$, $\alpha = w_1/H_w$ und $\varepsilon = x_1/H_x$ sein soll:

$$\alpha = \varepsilon \cdot \qquad (39)$$

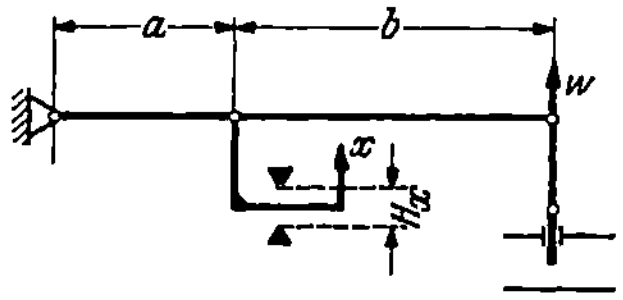

Abb. 21. Mechanische Hebelanordnung als Regelglied mit reiner Wegsteuerung

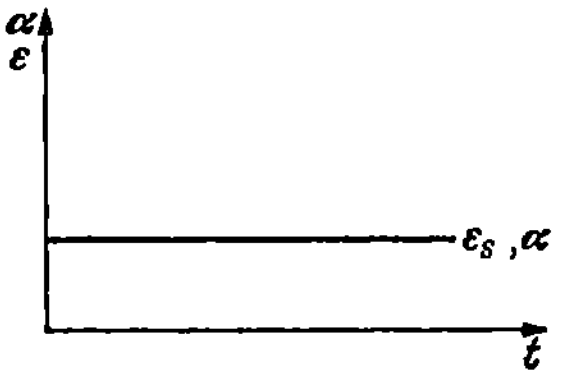

Abb. 22. Übergangsfunktion bei reiner Wegsteuerung

Der Frequenzgang wird in diesem Fall einfach

$$\mathfrak{F} = \frac{\vec{\alpha}}{\vec{\varepsilon}} = 1{,}0 \qquad (40)$$

und die Übergangsfunktion

$$\alpha = \varepsilon_s \, . \qquad (41)$$

Die Steuerung kann als reine *Wegsteuerung* bezeichnet werden, da einer bestimmten Verstellung von x unabhängig von der Zeit immer ein ganz bestimmter Weg des Dampfschiebers w entspricht (Abb. 22). Das entsprechende Glied ist also ein reines *Proportionalglied*. Bei mechanischen Anordnungen wird eine reine Wegsteuerung immer durch eine einfache Hebelübersetzung erzielt, die nur den Stellbereich der Stellgröße verändert (von H_x auf $H_x (a + b)/a$ in Abb. 21 vergrößert), sonst aber die Regelung nicht beeinflußt. Wir brauchen uns also um solche Regelglieder weiter nicht zu kümmern und müssen nur bei dem nachfolgenden Regelglied die Veränderung des Stellbereiches beachten.

Elektronen-Verstärkerröhren zeigen das gleiche Verhalten, wie schon bei der Behandlung solcher Röhren als Meßwerke bzw. Regler nachgewiesen wurde (S. 65), sie bedeuten also nur eine Vergrößerung des Gesamtregelbereiches, brauchen aber sonst bei der Rechnung nicht berücksichtigt zu werden.

e) Beschleunigungs-Geschwindigkeitssteuerung. Wir können die Anordnung nach Abb. 5 auch noch in anderer Weise vereinfachen, und zwar so, daß wir den Drehpunkt I als fest annehmen, also die Rückführung vom Arbeitskolben her weglassen. Es entsteht dann die Abb. 23. Die Stellung u der Vorsteuerhülse ist in diesem Fall nur abhängig von der des Drehpunktes II (y), so daß an Stelle von Gl. (24) jetzt

$$u_1 = y_1 \frac{b}{a+b} \qquad (42)$$

gesetzt werden muß. Für Gl. (23) bekommen wir, wenn wir unmittelbar den Weg des Arbeitskolbens betrachten:

$$\frac{dw_1}{dt} = \frac{H_w}{T_w} \frac{y_1}{H_y} = \frac{H_w}{T_w} \frac{y_1}{H_x \dfrac{a+b}{b}} \cdot \qquad (43)$$

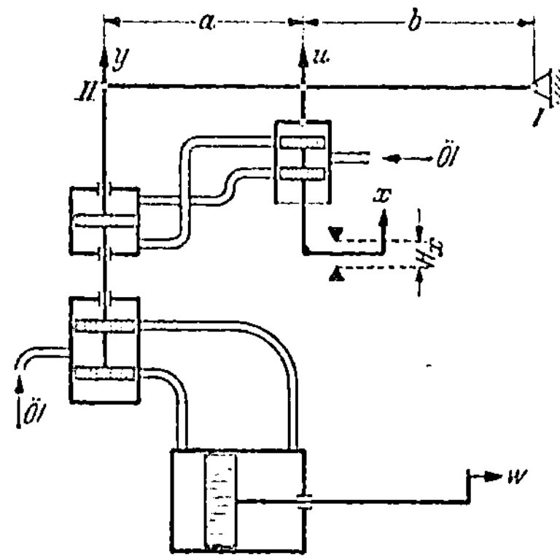

Aus diesen Gln. (42) und (43), zusammen mit Gl. (21), bekommen wir nach Elimination von u_1 und y_1 die Differentialgleichung:

Abb. 23. Mittelbarer Regler mit Vorsteuerung als Beispiel eines Regelgliedes mit Beschleunigungs-Geschwindigkeitssteuerung (aus Abb. 5 durch Weglassen der zweiten Rückführung entstanden)

$$T_w T_y \frac{d^2 \dfrac{w_1}{H_w}}{dt^2} + T_w \frac{d \dfrac{w_1}{H_w}}{dt} = \frac{x_1}{H_x} \qquad (44)$$

oder mit $w_1/H_w = \alpha$ und $x_1/H_x = \varepsilon$:

$$\alpha'' \, T_w \, T_y + \alpha' \, T_w = \varepsilon \qquad (45)$$

oder für $T_w = T_a$ und für $T_y = T_b$ gesetzt:

$$\alpha'' \, T_a \, T_b + \alpha' \, T_a = \varepsilon \, . \qquad (46)$$

Der Frequenzgang wird nach Gl. (46):

$$\mathfrak{F} = \frac{\vec{\alpha}}{\vec{\varepsilon}} = \frac{1}{(j\,\omega)^2 \, T_a \, T_b + j\,\omega \, T_a} \qquad (47)$$

mit der Ortskurve (Abb. 24).

Die Übergangsfunktion als Lösung der Differentialgleichung (46) mit ε_s auf der rechten Seite wird:

$$\alpha = \frac{\varepsilon_s}{T_a} \left[t - T_b \left(1 - e^{-\frac{t}{T_b}} \right) \right], \qquad (48)$$

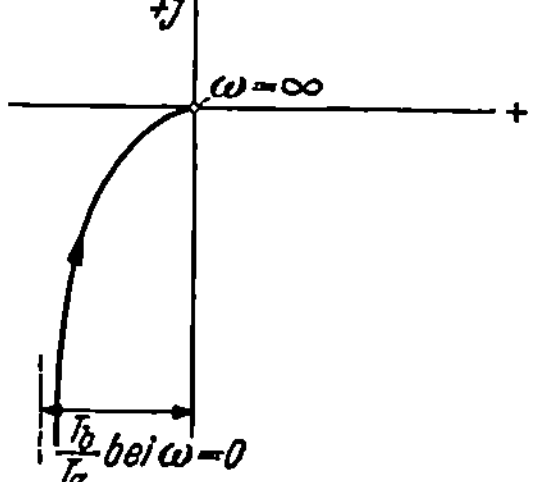

Abb. 24. Frequenzgang bei Beschleunigungs-Geschwindigkeitssteuerung

wobei die Integrationskonstanten aus der Bedingung, daß im Augenblick des Sprunges sowohl $(\alpha)_0$ als auch $(\alpha')_0$ gleich Null sein müssen, bestimmt sind. Den Verlauf der Übergangsfunktion zeigt Abb. 25. Die Kurve hat ähnlichen Verlauf, wie die in Abb. 18, nur stellt sich die von ε_s, also der ruckartigen Änderung der Stellgröße, abhängige Verstellgeschwindigkeit des Arbeitskolbens w hier infolge der Verzögerung, mit der der Haupt-

6*

steuerkolben y dem Vorsteuerkolben x folgt, erst allmählich ein. Man wird allerdings immer bestrebt sein, die Verstellgeschwindigkeit des Hauptsteuerkolbens möglichst groß zu machen, so daß er dem Vorsteuerkolben praktisch augenblicklich folgt und damit $T_b \approx 0$ wird. Die Gl. (48) geht dann in Gl. (37) und Abb. 25 in Abb. 18 über.

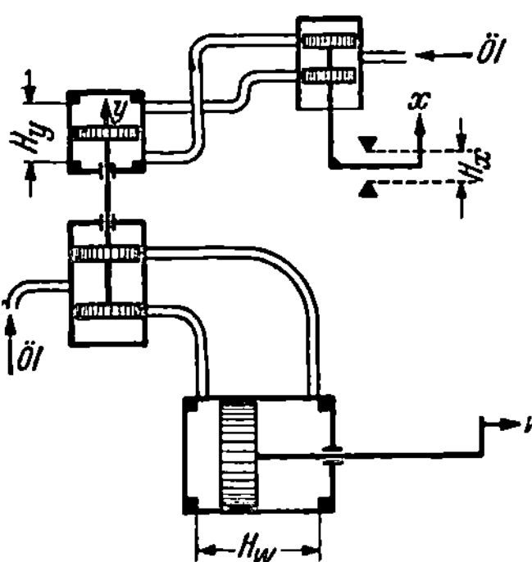

Abb. 25. Übergangsfunktion bei Beschleunigungs-Geschwindigkeitssteuerung

Ähnliche Verhältnisse bekommen wir auch, wenn bei dem Verstellwerk mit Elektromotor nach Abb. 16b die Schwungmasse des Motors so groß ist, daß die Drehzahl nur mit merklicher Zeitverzögerung den Spannungsänderungen am Spannungsteiler folgen kann. Wir bekommen in diesem Fall für die Drehzahl des Motors entsprechend Gl. (27):

$$T_a \frac{n_1'}{n_H} + \frac{n_1}{n_H} = \frac{x_1}{H_x} . \qquad (49)$$

n_H ist dabei der Gesamtdrehzahlbereich des Verstellmotors beim Durchlaufen des ganzen Hubes (H_x) am Spannungsteiler und T_a ist die nach Gl. (3) definierte Anlaufzeitkonstante. Der Verstellwinkel (hinter dem im allgemeinen noch vorhandenen Getriebe), also hier der Weg als Ausgangsgröße, ändert sich proportional mit der Drehzahl des Hilfsmotors, so daß wir setzen können

$$\frac{dw_1}{dt} = \frac{H_w}{T_w} \frac{n_1}{n_H} . \qquad (50)$$

T_w ist dabei wieder die halbe Schlußzeit S. 73. Aus Gln. (49) und (50) ergibt sich dann sofort die Gl. (46), wenn $x_1/H_x = \varepsilon$, $w_1/w_H = \alpha$ und für $T_a \rightarrow T_b$ und für $T_w \rightarrow T_a$ gesetzt wird.

f) Reine Beschleunigungssteuerung. Wenn das Verstellwerk eines mittelbaren Reglers nach Abb. 23 durch Weglassen des Rückführgestänges zwischen Haupt- und Vorsteuersystem, entsprechend Abb. 26, weiter vereinfacht wird, so bekommen wir eine reine Beschleunigungssteuerung des Arbeitskolbenweges w durch die Stellung des Hilfssteuerkolbens x.

Es wird in diesem Fall entsprechend Gl. (21) ($u_1 = 0$)

$$\frac{dy_1}{dt} = \frac{H_y}{T_y} \frac{x_1}{H_x} \qquad (51)$$

und

$$\frac{dw_1}{dt} = \frac{H_w}{T_w} \frac{y_1}{H_y} \qquad (52)$$

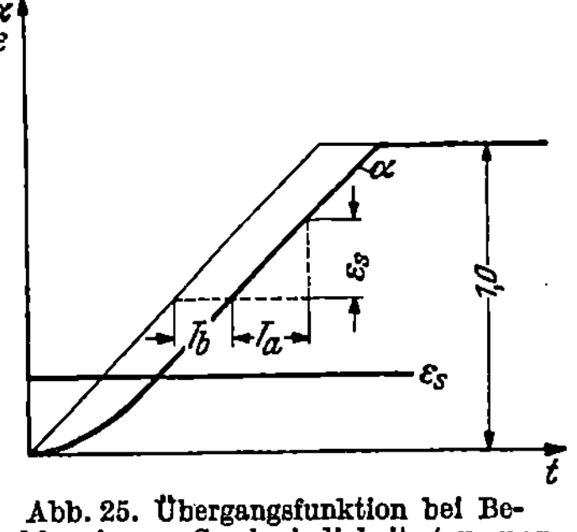

Abb. 26. Mittelbarer Regler mit Vorsteuerung als Beispiel eines Regelgliedes mit reiner Beschleunigungssteuerung (aus Abb. 23 durch Weglassen der Rückführung zwischen Vor- und Hauptsteuerung entstanden)

und daraus

$$T_y\, T_w \frac{d^2 \frac{w_1}{H_w}}{dt^2} = \frac{x_1}{H_x} \tag{53}$$

oder

$$\alpha'' \, T_y \, T_w = \varepsilon \tag{54}$$

bzw. mit den Bezeichnungen T_a für T_w und T_b für T_y:

$$\alpha'' \, T_a \, T_b = \varepsilon \,. \tag{55}$$

Wir sehen also, daß lediglich der zweite Differentialquotient, also die Beschleunigung der Ausgangsgröße w von der Eingangsgröße x beeinflußt wird.

Der Frequenzgang wird nach Gl. (55):

$$\mathfrak{F} = \frac{\vec{\alpha}}{\vec{\varepsilon}} = \frac{1}{(j\,\omega)^2 \, T_a \, T_b} \tag{56}$$

mit der negativen reellen Achse als Ortskurve nach Abb. 27.

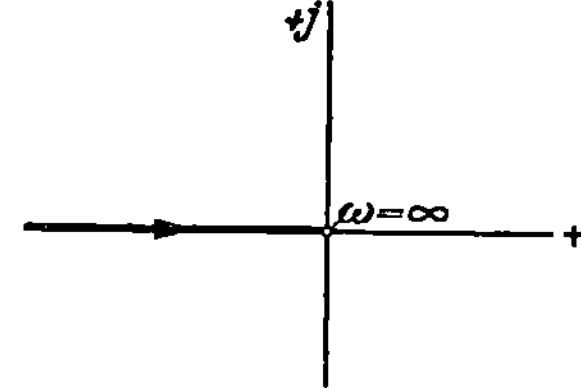

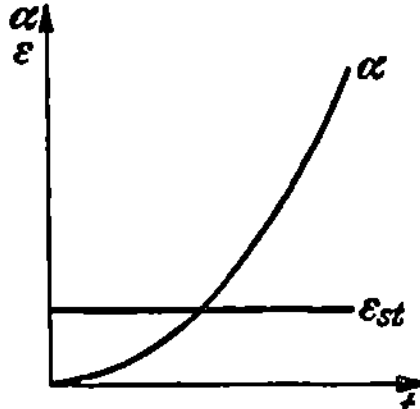

<table>
<tr><td align="center">Abb. 27. Frequenzgang bei
Beschleunigungssteuerung</td><td align="center">Abb. 28. Übergangsfunktion bei
Beschleunigungssteuerung</td></tr>
</table>

Die Übergangsfunktion, als Lösung der Differentialgleichung (54) mit ε_s auf der rechten Seite, wird

$$\alpha = \varepsilon_s \frac{t^2}{2\, T_a \, T_b} \,. \tag{57}$$

Abb. 28 zeigt den Verlauf, solange weder der Hauptsteuerkolben (y) noch auch der Arbeitskolben (w) an ihrem Begrenzungsanschlag anliegen und die Verstellgeschwindigkeit noch verhältnisgleich der Stellung des Steuerkolbens gesetzt werden kann.

Mit einiger Annäherung kann auch bei der Kursregelung von Schiffen oder Flugzeugen von einer Beschleunigungssteuerung gesprochen werden. Bei einem bestimmten Ausschlag des Ruders tritt eine, bei verhältnismäßig kleiner Kursänderung als konstant anzunehmende Drehbeschleunigung $d^2\gamma/dt^2$ auf, so daß für die Ausgangsgröße, also den Kurswinkel (γ) abhängig von der Eingangsgröße, also der Ruderstellung die Gln. (55), (56) und (57) gelten. Während aber beim Beispiel des Verstellwerkes eines indirekten Reglers nach Abb. 26 die beiden Zeitkonstanten T_y und T_w bzw. T_a und T_b einfach mit Hilfe des Hubes des Hauptsteuer- und Arbeitskolbens festgelegt werden können, ist dies jetzt nicht mehr der Fall, so daß andere Bezugswerte für die Festlegung von T_a und T_b gefunden werden müssen. Wir gehen zu diesem Zweck z. B. von einer

Endstellung des Ruders aus, die dann bei unseren vereinfachten Annahmen eine bestimmte Drehbeschleunigung des Schiffes zur Folge hat. Die Zeit, in der bei dieser Beschleunigung eine bestimmte, angenommene Drehgeschwindigkeit erreicht ist, bezeichnen wir mit T_a und die Zeit, in der bei dieser Drehgeschwindigkeit eine bestimmte, wieder irgendwie angenommene Kurswinkelabweichung γ_0 erzielt ist mit T_b. Wir brauchen dann nur noch in den Gln. (55), (56) und (57) die Ausgangsgröße α auf diese Kurswinkelabweichung γ_0 und die Eingangsgröße (ε) auf den (ein seitigen) Hub des Ruders zu beziehen.

III. Regelglieder mit Beeinflussung durch die Stellgröße selbst und durch ihre Änderung, Glieder mit D-Einfluß

Regelglieder dieser Art sind viel seltener als die in Abschn. II behandelte Gruppe. An Hand von einigen wichtigeren, bekannten Beispielen soll die Wirkungsweise solcher Regelglieder behandelt und die Ableitung des Zusammenhanges zwischen Ausgangs- und Eingangsgröße gezeigt werden.

a) Drehstromgenerator. Nach Abb. 29 soll die Spannung eines konstant erregten Drehstromgenerators durch Änderung des Blindstromes J_B beeinflußt werden. Wie diese Blindstromänderung vorgenommen wird, soll nicht weiter interessieren, wir können uns vorstellen, daß etwa ein induktiver Belastungswiderstand verstellt wird.

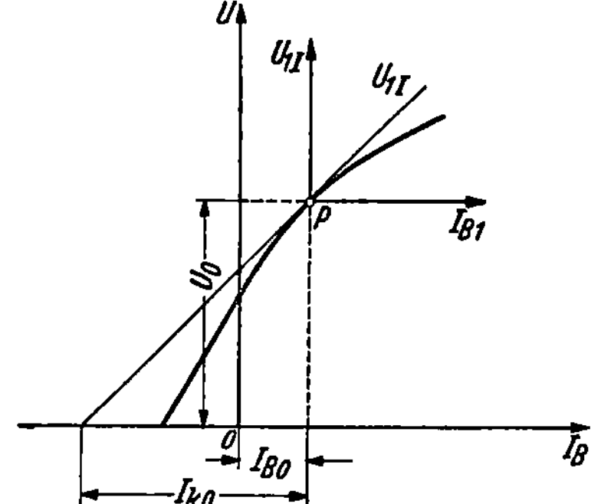

Abb. 29. Drehstromgenerator mit Spannungsregelung durch Änderung der Blindstrombelastung (Verstellglied mit Beeinflussung durch Stellgröße und ihre Änderung, D-Einfluß)

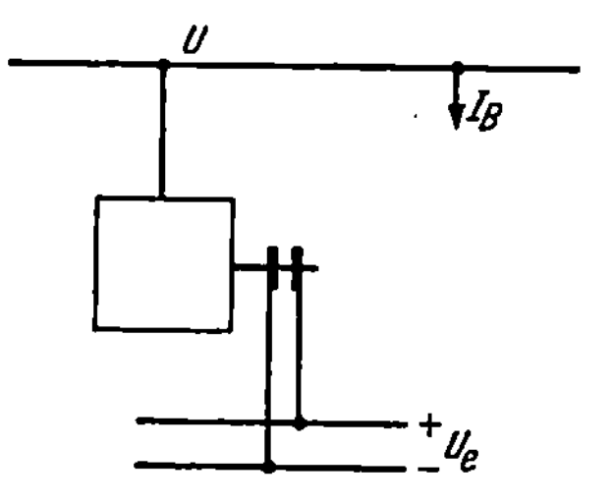

Abb. 30. Spannung eines Generators nach Abb. 29 abhängig vom Blindstrom. Ersatzgerade

Abb. 30 zeigt die Abhängigkeit des Blindstromes einer Synchronmaschine (bei Aufnahme aus dem Netz positiv gerechnet!) von der Klemmenspannung bei reiner Blindlast und eine entsprechende Ersatzgerade durch den Betriebspunkt P. (Bei einer bestimmten, festen Wirkbelastung haben die Kurven ähnlichen Verlauf.) Gehen wir nun vom Betriebspunkt P aus (in Abb. 30 ist P so angenommen, daß die Maschine Blindstrom aufnimmt), so wird sich, wenigstens für den stationären Betrieb, bei einer kleinen Blindstromänderung J_{B1} die Spannung um den kleinen Betrag U_{1I} ändern. Da mit der Spannungsänderung aber auch eine Feldänderung in der Maschine verbunden ist, wird in der Erregerwicklung eine Spannung induziert, so daß sich der Erregerstrom, der sonst fest eingestellt sein soll, ändern muß und damit vorübergehend die stationäre Kennlinie nicht mehr gilt. Wir müssen daher in unsere Betrachtungen auch noch den Erregerstromkreis mit einbeziehen.

Bezeichnen wir die (stationäre) Änderung des Blindstromes, die sich bei einer Spannungsänderung um U_0 ergibt, mit J_{k0}, so können wir setzen

$$U_{1I} = U_0 \frac{J_{B1}}{J_{k0}} . \tag{58}$$

(J_{k0} ist der Kurzschlußstrom der Synchronmaschine bei Leerlauferregung und geradliniger Magnetisierungskennlinie). Zusätzlich tritt nun noch eine Spannungsänderung U_{1II} durch die Erregerstromabweichung (i_1) vom stationären Wert auf, die wir

$$U_{1II} = c \cdot i_1 \approx \frac{U_0}{J_{k0}} \frac{J_{k0}}{i_k} i_1 \tag{59}$$

setzen können, wobei i_k den Erregerstrom bei einem Kurzschlußstrom des Generators gleich J_{k0} bedeutet, also dem Leerlauferregerstrom entspricht. Die Gesamtspannungsänderung $U_1 = U_{1I} + U_{1II}$ wird also:

$$U_1 = U_0 \frac{J_{B1}}{J_{k0}} + U_0 \frac{i_1}{i_k} . \tag{60}$$

Für den Läuferstromkreis kann unter Weglassung des stationären Stroms $i_0 = U_e/R$ die folgende Spannungsgleichung angesetzt werden

$$L_2 \frac{di_1}{dt} + L_{12} \frac{dJ_{B1}}{dt} + R\, i_1 = 0 . \tag{61}$$

$L_2\, di_1/dt$ ist die durch die Läuferstrom-, $L_{12}\, dJ_{B1}/dt$ die durch die Ständerstromänderung hervorgerufene und $R\, i_1$ die OHMsche Spannung. Für L_{12} kann angenähert gesetzt werden

$$L_{12} \approx L_2 \cdot \frac{i_k}{J_{k0}} \frac{1}{1 + \sigma} , \tag{62}$$

wobei σ den Gesamtstreuungskoeffizienten bedeutet. Führt man außerdem für $L_2/R = T_e$ die wirksame Erregerfeldzeitkonstante ein (T_e ist abhängig von der Grundbelastung und der Magnetisierungskennlinie [20]), so wird Gl. (61)

$$T_e \frac{di_1}{dt} + \frac{T_e}{1 + \sigma} \frac{i_k}{J_{k0}} \frac{dJ_{B1}}{dt} + i_1 = 0 . \tag{63}$$

Rechnen wir noch aus Gl. (60) i_1 und di_1/dt und setzen diese Werte in Gl. (63) ein, so ergibt sich die Differentialgleichung, die die Abhängigkeit der Ausgangsgröße U_1 von der Eingangsgröße J_{B1} zeigt:

$$T_e \frac{d\frac{U_1}{U_0}}{dt} + \frac{U_1}{U_0} = T_e \beta \frac{d\frac{J_{B1}}{J_{k0}}}{dt} + \frac{J_{B1}}{J_{k0}} . \tag{64}$$

Dabei ist für $\sigma/(1 + \sigma) = \beta$ gesetzt. β entspricht dem Verhältnis von Streuspannungsabfall zum Gesamtspannungsabfall durch Streuung und Ankerrückwirkung verursacht.

Führen wir für $U_1/U_0 = \alpha$ und für $J_{B1}/J_{k0} = \varepsilon$ ein, so wird Gl. (64) (J_{k0} entspricht dem für eine Änderung der Spannung um U_0 erforderlichen Blindstrom)

$$\alpha' \, T_e + \alpha = \varepsilon' \, T_e \beta + \varepsilon \, . \tag{65}$$

Wir sehen, daß hier die Ausgangsgröße U_1 sowohl von der Eingangsgröße selbst, J_{B1}, als auch von ihrer ersten Ableitung dJ_{B1}/dt beeinflußt wird.

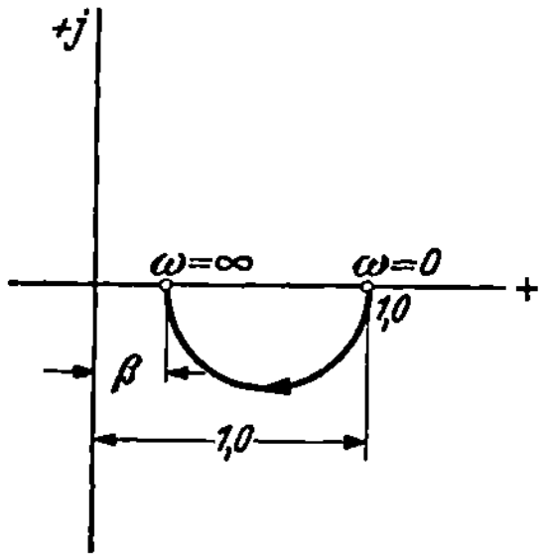

Der Frequenzgang ergibt sich nach Gl. (65) zu

$$\mathfrak{F} = \frac{\vec{\alpha}}{\vec{\varepsilon}} = \frac{1 + j \, \omega \, \beta \, T_e}{1 + j \, \omega \, T_e} \tag{66}$$

mit einem Halbkreis als Ortskurve (Abb. 31).

Die Differentialgleichung der Übergangsfunktion ergibt sich nach Gl. (65) zu

$$\alpha' \, T_e + \alpha = \varepsilon_s \tag{67}$$

mit der Lösung

$$\alpha = \varepsilon_s + C \, e^{-\frac{t}{T_e}} \, . \tag{68}$$

Abb. 31. Frequenzgang bei Generator nach Abb. 29 als Regelglied

Die Integrationskonstante C errechnet sich bei unserem Beispiel nach folgender Überlegung: Wird der Blindstrom sprungartig um den Wert J_{B1s} verändert, so bleibt zunächst das Hauptfeld in der Maschine noch konstant (Ständerstrom wird durch einen sprungartig ansteigenden Läuferstrom kompensiert), es tritt aber sofort eine Spannungsänderung, verursacht durch das Streufeld im Ständer, auf. Diese Anfangsänderung wird

$$U_{10} = \beta \, U_0 \frac{J_{B1s}}{J_{k0}} \, , \tag{69}$$

wobei $\beta \, U_0$ den Streuspannungsabfall bei J_{k0} bedeutet. Es wird also im Augenblick des Stoßes

$$\left(\frac{U_1}{U_0}\right)_0 = \beta \frac{J_{B1s}}{J_{k0}} = \frac{J_{B1s}}{J_{k0}} + C \tag{70}$$

und daraus

$$C = -\frac{J_{B1s}}{J_{k0}} (1 - \beta) \, . \tag{71}$$

Die Übergangsfunktion wird also nach den Gln. (68) und (71)

$$\frac{U_1}{U_0} = \frac{J_{B1s}}{J_{k0}} \left[1 - (1 - \beta) \, e^{-\frac{t}{T_e}} \right] \tag{72}$$

oder

$$\alpha = \varepsilon_s \left[1 - (1 - \beta) \, e^{-\frac{t}{T_e}} \right] . \tag{73}$$

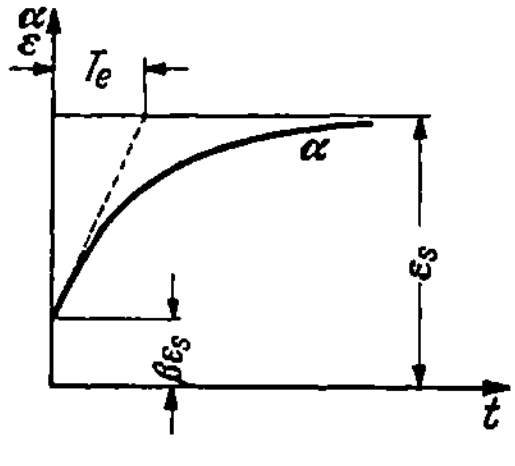

Abb. 32. Übergangsfunktion bei Generator nach Abb. 29 als Regelglied

Abb. 32 zeigt den Verlauf. Wir können die zwei Spannungsänderungen, die erste, sprungartige, durch die Streuung verursachte, und die zweite, allmählich mit der Änderung des Hauptfeldes in der Maschine auftretende, unterscheiden.

b) Kraftmaschine für Fahrzeugantrieb mit elektrischer Übertragung.
Nach Abb. 33 soll eine Kraftmaschine, z.B. ein Dieselmotor, einen Gleichstromgenerator antreiben, der einen (oder auch mehrere) Motoren zum
Antrieb eines Fahrzeuges, etwa eines Schnelltriebwagens, speist. Die
Drehzahl des Diesels soll durch Änderung der Kraftstoffzufuhr geregelt
werden. Es interessiert der Zusammenhang zwischen der Kraftstoffzufuhr und der Dieseldrehzahl.

Das Dieselmoment M_D kann, wenigstens
in einem kleinen Abschnitt, verhältnisgleich
der Füllung, also verhältnisgleich der Schie-
ber- bzw. Ventilstellung y (Abb. 33) gesetzt werden; an Stelle von y führen wir
daher gleich das entsprechende Moment M_D
ein.

Das Dieselmoment wird zum Aufbringen
des Verlustmomentes M_v des Dieselmaschi-
nensatzes, des elektrischen Generator-
momentes M_g und des Beschleunigungs-
momentes für die Beschleunigung der
Schwungmasse Θ_D verbraucht. Wir können
daher die Gleichung ansetzen:

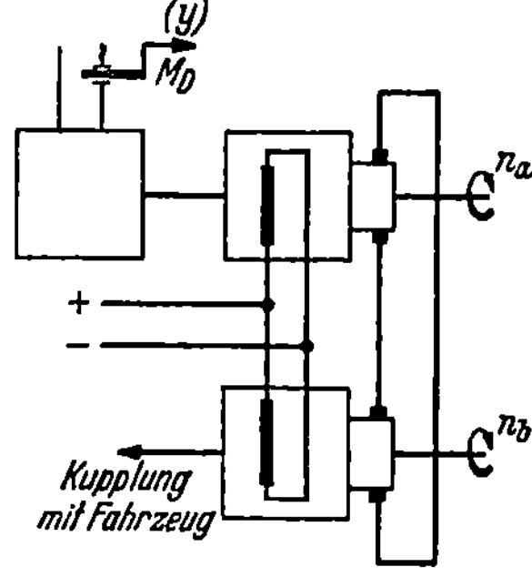

Abb. 33. Kraftmaschine für Fahrzeugantrieb mit elektrischer Übertragung
(Verstellglied mit Beeinflussung durch
die Stellgröße und ihre Änderung,
D-Einfluß)

$$M_D - M_v - M_g - 2\,\pi\,\Theta_D \frac{dn_a}{dt} = 0 \qquad (74)$$

(n_a ist die Drehzahl des Dieselsatzes, n_b die des Motors). Das Ver-
lustmoment soll in dem Drehzahlbereich, der bei der Regelung in
Frage kommt, als konstant angenommen werden. Das elektrische
Generatormoment ist, wenn wir die Generatorerregung konstant lassen,
verhältnisgleich dem Ankerstrom. Gehen wir von der Leerlaufdrehzahl
des Dieselaggregates aus und bezeichnen wir diese Drehzahl mit n_{al},
so wird dieser Drehzahl bei Leerlauf, wenn also kein Belastungsstrom
zwischen Generator und Motor fließt, eine bestimmte Drehzahl n_{bl} des
Gleichstrom-Motors entsprechen. Die inneren Spannungen der beiden
Maschinen sind, da das Feld konstant bleibt, proportional der Drehzahl.
Wir können also setzen, wenn E_l die Spannung bei den Drehzahlen n_{al}
bzw. n_{bl} bedeutet:

$$E_a = E_l \cdot \frac{n_a}{n_{al}} \qquad (75)$$

$$E_b = E_l \cdot \frac{n_b}{n_{bl}} \cdot \qquad (76)$$

Der Strom ist proportional der Differenzspannung und umgekehrt
proportional dem OHMschen Widerstand im Ankerkreis (R). Es wird also

$$J = \frac{E_a - E_b}{R} = \frac{E_l}{R}\left(\frac{n_a}{n_{al}} - \frac{n_b}{n_{bl}}\right) = J_s\left(\frac{n_a - n_b \dfrac{n_{al}}{n_{bl}}}{n_{al}}\right) = J_s \frac{n_a - \ddot{u}\, n_b}{n_{al}} \qquad (77)$$

J_s ist der Strom, der bei der Drehzahl n_{al} des Generators und Stillstand des Motors fließen würde und $\ddot{u} = n_{al}/n_{bl}$ ist das durch die elek-

trische Übertragung eingeschaltete Übersetzungsverhältnis zwischen Diesel- und Fahrzeugmotor. Da das elektrische Moment proportional dem Strom ist, bekommen wir für das Generatormoment M_g

$$M_g = M_s \frac{n_a - \ddot{u}\, n_b}{n_{a1}} \tag{78}$$

wobei M_s das dem Strom J_s entsprechende Moment bedeutet. Gl. (74) wird damit

$$M_D - M_v - M_s \frac{n_a - \ddot{u}\, n_b}{n_{a1}} - 2\pi\,\Theta_D \frac{dn_a}{dt} = 0 . \tag{79}$$

Das elektrische Motormoment entspricht, wenn wir gewisse Verluste vernachlässigen, dem Generatormoment. Es wird unter Berücksichtigung des Übersetzungsverhältnisses:

$$M_m = M_g\,\ddot{u} = \ddot{u}\, M_s \frac{n_a - \ddot{u}\, n_b}{n_{a1}} . \tag{80}$$

Dieses Motormoment dient nun einmal zum Aufbringen des gesamten Widerstandsmomentes W von Fahrzeug mit Antrieb, das abhängig von der Drehzahl etwa den in Abb. 34 gezeichneten Verlauf aufweisen wird. Wir gehen wieder aus von einem Betriebspunkt P, in dessen Nähe wir die Anordnung untersuchen wollen und ersetzen die Kurve durch die Tangente in diesem Punkt. Für das Widerstandsmoment können wir dann nach Abb. 34 setzen:

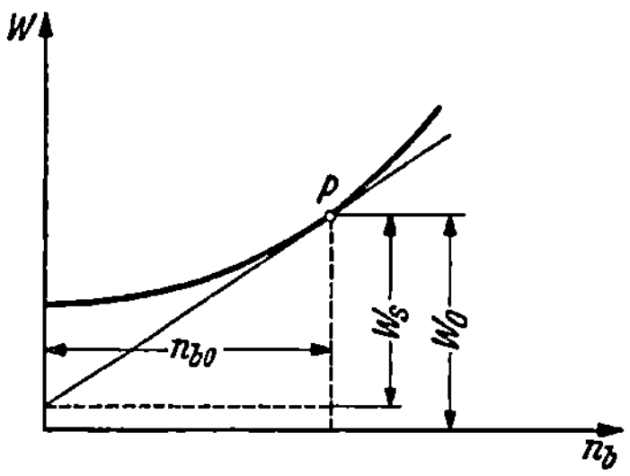

Abb. 34. Widerstandsmoment des Fahrzeuges bei der Anordnung nach Abb. 33. Ersatzgerade

$$W = W_0 + W_s \frac{n_b - n_{b0}}{n_{b0}} . \tag{81}$$

Außerdem dient das Motormoment noch zum Beschleunigen der gesamten Massen, die mit dem Motor gekuppelt sind, also auch der geradlinig bewegten Fahrzeugmassen (einschließlich Anhängern). Wir ersetzen die Wirkung all dieser Massen durch eine Ersatzschwungmasse Θ_F, die wir uns unmittelbar mit dem Motor gekuppelt denken. Die Momentengleichung für den Gleichstrom-Motor lautet also demnach:

$$\ddot{u}\, M_s \frac{n_a - \ddot{u}\, n_b}{n_{a1}} - W_0 - W_s \frac{n_b - n_{b0}}{n_{b0}} - 2\pi\,\Theta_F \frac{dn_b}{dt} = 0 . \tag{82}$$

Betrachten wir nun weiter nur die Abweichungen (Index 1) der verschiedenen Größen vom Sollwert (Index 0), so bekommen wir für Gl. (79) ($M_v = M_{v0} = $ const):

$$M_{D1} - M_s \frac{n_{a1} - \ddot{u}\, n_{b1}}{n_{a1}} - 2\pi\,\Theta_D \frac{dn_{a1}}{dt} = 0 \tag{83}$$

und für Gl. (82)

$$\ddot{u}\, M_s \frac{n_{a1} - \ddot{u}\, n_{b1}}{n_{a1}} - W_{st} \frac{n_{b1}}{n_{b0}} - 2\pi\,\Theta_F \frac{dn_{b1}}{dt} = 0 . \tag{84}$$

Rechnen wir n_{b1} aus Gl. (83) und setzen diesen Wert in Gl. (84) ein, so bekommen wir:

$$T_1\, T_2 \left(\frac{n_{a1}}{n_{a\,l}}\right)'' + (T_1 + T_3)\left(\frac{n_{a1}}{n_{a\,l}}\right)' + \frac{n_{a1}}{n_{a\,l}} = T_4\left(\frac{M_{D1}}{M_{D\,l}}\right)' + \frac{M_{D1}}{M_{D\,l}} \qquad (85)$$

bzw. wenn wir wieder α und ε einführen

$$\alpha'' \, T_1\, T_2 + \alpha'\,(T_1 + T_3) + \alpha = \varepsilon'\, T_4 + \varepsilon \,. \qquad (86)$$

Dabei haben die verschiedenen Zeitkonstanten folgende Bedeutung:

$$T_1 = 2\,\pi \frac{\Theta_D \cdot n_{a\,l}}{M_s}\,, \qquad (87)$$

die Anlaufzeitkonstante des Dieselaggregates von der Gleichstromseite her.

$$T_2 = 2\,\pi \frac{\Theta_F \cdot n_{b0}}{W_s}\,, \qquad (88)$$

die Anlaufzeitkonstante des Fahrzeuges bezogen auf W_{st}.

$$T_3 = 2\,\pi \frac{(\Theta_D \cdot \ddot{u}^2 + \Theta_F)\, n_{b0}}{W_s}\,, \qquad (89)$$

die Anlaufzeitkonstante des Fahrzeuges unter Berücksichtigung des Dieselschwungmomentes.

$$T_4 = T_2 \cdot \frac{W_s}{W_s + \dfrac{n_{b0}\,\ddot{u}^2}{n_{a\,l}}\, M_s} \,. \qquad (90)$$

Die Drehzahl ist auf die Drehzahl $n_{a\,l}$, das Moment auf das für eine Drehzahländerung $n_{a\,l}$ am Diesel erforderliche Moment $M_{D\,l}$ bezogen. Es wird

$$M_{D\,l} = \frac{M_s}{1 + \dfrac{\ddot{u}\,n_{b0}}{n_{a\,l}} \cdot \dfrac{\ddot{u}\,M_s}{W_s}} \,. \qquad (91)$$

Der Frequenzgang wird nach Gl. (86)

$$\mathfrak{F} = \frac{\vec{\alpha}}{\vec{\varepsilon}} = \frac{1 + j\,\omega\,T_4}{(j\,\omega)^2\,T_1\,T_2 + j\,\omega\,(T_1 + T_3) + 1}. \qquad (92)$$

Abb. 35 zeigt die entsprechende Ortskurve.

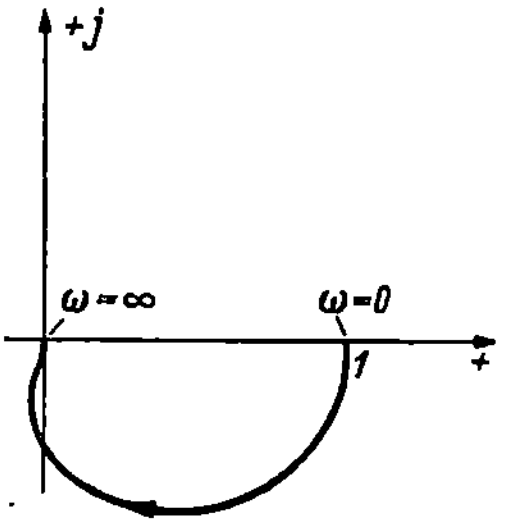

Die Gleichung der Übergangsfunktion nach Gl. (86) wird:

$$\alpha'' \, T_1\, T_2 + \alpha'\,(T_1 + T_3) + \alpha = \varepsilon_s \,. \qquad (93)$$

Abb. 35. Frequenzgang bei einer Anordnung nach Abb. 33 als Regelglied

Die Lösung lautet:

$$\alpha = \varepsilon_s\,(1 + C_1\,e^{p_1 t} + C_2\,e^{p_2 t}) \qquad (94)$$

[p_1 und p_2 die Wurzeln der ch. Gl. von (86)]. C_1 und C_2 bestimmen sich aus den Anfangsbedingungen:

$$(\alpha)_0 = 0; \qquad (\alpha')_0 = \frac{\varepsilon_1}{T_1\left(1 + \ddot{u}^2 \dfrac{n_{b0}}{n_{a\,l}} \dfrac{M_s}{W_s}\right)} = \varepsilon_s \frac{T_4}{T_1\,T_2}$$

und die Übergangsfunktion hat die in Abb. 36 aufgezeichnete Form.

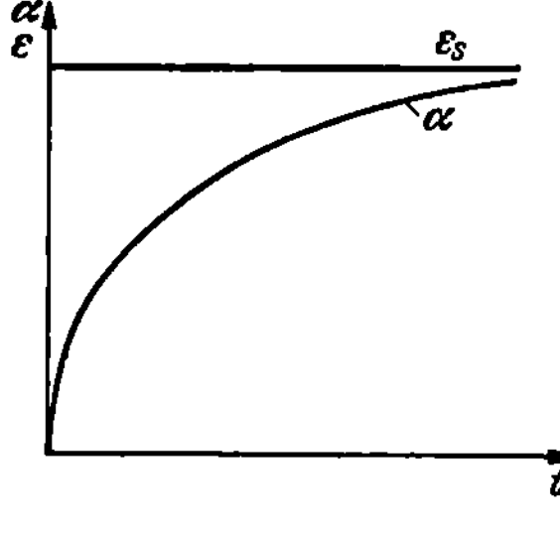

Abb. 36. Übergangsfunktion bei einer Anordnung nach Abb. 33 als Regelglied

Ist die Anlaufzeitkonstante des Diesel-aggregats (T_1) klein gegen die Anlaufzeitkon-stante T_2 des Fahrzeuges, so daß sie gegen diese vernachlässigt werden kann, was wohl meist der Fall sein dürfte, so vereinfacht sich die Gl. (86) zu

$$\alpha' \, T_3 + \alpha = \varepsilon' \, T_4 + \varepsilon \qquad (95)$$

bekommt also dieselbe Form, wie die Gl. (65) beim Drehstromgenerator. Auch die Über-gangsfunktion nimmt dann den Verlauf von Abb. 32 an Stelle von Abb. 36 an.

c) Verstellwerk eines mittelbaren Reglers mit nachgiebiger Rück-führung. Bei der Anordnung nach Abb. 9 entspricht im stationären Betrieb jeder Stellung des Arbeitskolbens w eine ganz bestimmte Stel-lung des Steuerkolbens x. Ist nun der Steuerkolben mit einem statischen Meßwerk (P-Regler) verbunden, so daß auch jeder Stellung x ein be-stimmter Wert der Regelgröße zugeordnet ist, so muß sich bei einer Veränderung der Stellung des Arbeitskolbens die Regelgröße ändern, d. h. die Regelung wird statisch, wir bekommen eine P-Regelung. Je nach der erforderlichen Lage des Arbeitskolbens, der z. B. die Leit-schaufeln einer Wasserturbine verstellt, wird sich eine andere Regel-größe einstellen. Durch eine einfache Maßnahme, wie sie in Abb. 37 eingezeichnet ist, gelingt es nun diese Statik wieder zu beseitigen, so daß sie nur vorübergehend wirkt, dabei aber trotzdem, wie wir später sehen werden, die Regelverhältnisse außerordentlich verbessert. Die Rückführung vom Arbeitskolben auf die Steuerhülse ist nicht *starr*, wie bei Abb. 9, sondern durch Zwischenschaltung einer Ölbremse *nach-giebig* gemacht. Bei schnellen Bewegungen des Arbeitskolbens wirkt allerdings die Rückführung wie eine starre, da der Kolben der Ölbremse relativ zum Zylinder keine ruckartigen Bewegungen machen kann, im stationären Zustand wird aber durch Verschieben des Bremskolbens mit Hilfe der Federn bei I dafür gesorgt, daß sich der Drehpunkt I und damit auch die Steuerhülse in ihrer Mittellage befindet.

Unter der früheren Annahme einer linearen Abhängigkeit der Ver-stellgeschwindigkeit des Arbeitskolbens von der Steueröffnung des Steuersystems, also von $(x - u)$ nach Abb. 37, wird entsprechend Gl. (23):

$$\frac{dz_1}{dt} = \frac{H_z}{T_z} \frac{x_1 - u_1}{H_x} = \frac{\dfrac{a+b}{a}}{T_z} (x_1 - u_1) \, . \qquad (96)$$

Die Relativgeschwindigkeit des Kolbens der Ölbremse gegenüber dem Zylinder ist proportional der Federkraft, die in der Mittellage des Punktes I Null und verhältnisgleich mit der Auslenkung von I je nach der Richtung der Auslenkung im einen oder andern Sinn ansteigen soll. Es wird also, wenn c_f die Feder- und c_k die Bremskonstante bedeuten:

$$\left(\frac{dv_1}{dt} - \frac{dz_1}{dt}\right) c_k = - c_f \, v_1 \qquad (97)$$

oder daraus

$$\frac{dv_1}{dt} = -\frac{c_f}{c_k}\, v_1 + \frac{dz_1}{dt}\,. \tag{98}$$

Bei einer Auslenkung $H_v = H_x\,(a+b)/a$ soll die Federkraft so groß sein, daß sich bei festgehaltenem Zylinder (z) und konstant bleibender Federkraft der Bremskolben in der Zeit T_n, die als *Nachstellzeit* oder *Nachstellzeitkonstante* bezeichnet wird, um den Hub H_v bewegen würde. Wir können dann setzen

$$\left(\frac{dv_1}{dt}\right)_{max} = -\frac{H_x\dfrac{a+b}{a}}{T_n} = -\frac{c_f}{c_k}\, H_x\,\frac{a+b}{a} \tag{99}$$

und erhalten daraus

$$\frac{c_f}{c_k} = \frac{1}{T_n} \tag{100}$$

so daß aus Gl. (98) wird

$$\frac{dv_1}{dt} = -\frac{v_1}{T_n} + \frac{dz_1}{dt}\,. \tag{101}$$

Da

$$u_1 = v_1 \cdot a/(a+b) \tag{102}$$

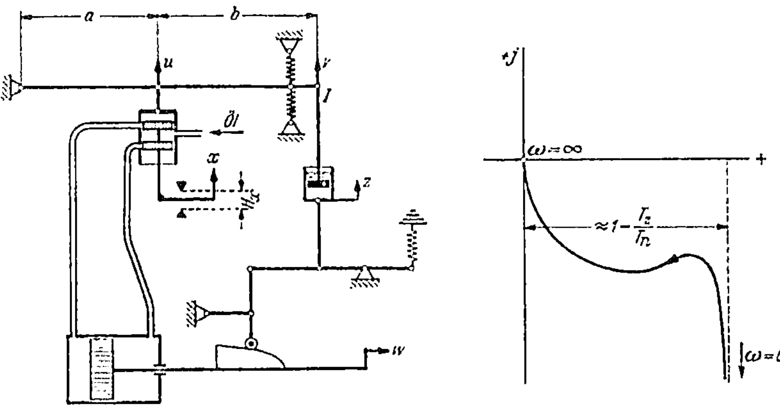

Abb. 37. Indirekter Regler mit nachgiebiger Rückführung (Verstellglied mit Beeinflussung durch die Stellgröße und ihre Änderung, D-Einfluß)

Abb. 38. Frequenzgang bei mittelbarem Regler nach Abb. 37 als Regelglied

nach Abb. 37, kann jetzt aus Gln. (96), (101) und (102) u_1 und v_1 eliminiert werden und es ergibt sich damit die Abhängigkeit der Ausgangsgröße z von der Eingangsgröße x zu:

$$T_z\, T_n\,\frac{d^2 z_1}{dt^2} + (T_z + T_n)\,\frac{dz_1}{dt} = T_n\,\frac{a+b}{a}\,\frac{dx_1}{dt} + \frac{a+b}{a}\,x_1\,. \tag{103}$$

Dividieren wir Gl. (103) noch durch

$$(a+b)/a \cdot H_x = H_z$$

und bezeichnen wieder z_1/H_z mit α und x_1/H_x mit ε, so bekommen wir die endgültige Differentialgleichung:

$$\alpha'' \, T_z \, T_n + \alpha' \, (T_z + T_n) = \varepsilon' \, T_n + \varepsilon \,. \tag{104}$$

Wir sehen, daß auch hier sowohl die Stellgröße selbst (ε) als auch ihre erste Ableitung (ε') die Ausgangsgröße (α) beeinflussen.

Der Frequenzgang wird nach Gl. (104):

$$\mathfrak{F} = \frac{\vec{\alpha}}{\vec{\varepsilon}} = \frac{1 + j\,\omega\,T_n}{j\,\omega\,(T_z + T_n) + (j\,\omega)^2\,T_z\,T_n} = \frac{1 + j\,\omega\,T_n}{j\,\omega\,(T_z + T_n)\left(1 + j\,\omega\,\dfrac{T_z\,T_n}{T_z + T_n}\right)} \tag{105}$$

mit der Ortskurve nach Abb. 38. Meistens wird $T_n \gg T_z$ sein, so daß sich die Gl. (105) noch vereinfacht zu

$$\mathfrak{F} \approx \frac{1 + j\,\omega\,T_n}{j\,\omega\,T_n\,(1 + j\,\omega\,T_z)} \,. \tag{106}$$

Die Differentialgleichung der Übergangsfunktion wird nach Gl. (104)

$$\alpha'' \, T_z \, T_n + \alpha' \, (T_z + T_n) = \varepsilon_s \,. \tag{107}$$

Die Lösung dieser Differentialgleichung lautet mit richtig eingesetzten Integrationskonstanten $[(\alpha)_0 = 0;\ (\alpha')_0 = \varepsilon_s/T_z]$:

$$\alpha = \frac{\varepsilon_s}{T_z + T_n}\left[t + \frac{T_n^2}{T_n + T_z}\left(1 - e^{-\dfrac{t\,(T_z + T_n)}{T_z\,T_n}}\right)\right]. \tag{108}$$

Abb. 39 zeigt den Verlauf der Übergangsfunktion nach Gl. (108). Die Gln. (104), (105) und (108) gehen in die für Verstellwerke ohne Rückführung gefundenen Gln. (35), (36) und (37) über, wenn wir $T_n = 0$ setzen, d. h. wenn die Bremse so schwach eingestellt wird, daß praktisch keine Bremswirkung auftritt. Wird andererseits die Bremse sehr fest eingestellt, so daß sie als starre Verbindung wirkt und damit $T_n = \infty$ wird, so gehen die Gl. (104), (105) und (108) in die für Verstellwerke mit starrer Rückführung [Gln. (27), (28) und (29)] über. Praktisch wird, wie bereits gesagt, häufig der Fall auftreten, daß $T_n \gg T_z$, d. h., daß die Verstellzeit des Arbeitskolbens klein ist gegenüber der Rückführzeitkonstanten der Bremse. In diesem Fall kann an Stelle von Gl. (107) einfach

$$\alpha' \, T_n = \varepsilon_s \tag{109}$$

gesetzt werden, so daß die Gleichung der Übergangsfunktion jetzt lautet:

$$\alpha = \frac{\varepsilon_s}{T_n}\,t + C \,. \tag{110}$$

Die Integrationskonstante C bestimmt sich hier aus der Tatsache, daß nach der ruckartigen Bewegung des Steuerkolbens auch der Arbeitskolben eine ruckartige Bewegung macht, wenn seine Verstellzeit vernachlässigt ist. Es wird $(\alpha)_0 = \varepsilon_s$ und somit $C = \varepsilon_s$ und die Gleichung der Übergangsfunktion lautet:

$$\alpha = \varepsilon_s\left(1 + \frac{t}{T_n}\right) \tag{111}$$

mit dem Verlauf nach Abb. 40, der dem der Übergangsfunktion eines Meßwerkes mit vorübergehender Statik ohne Masse entspricht.

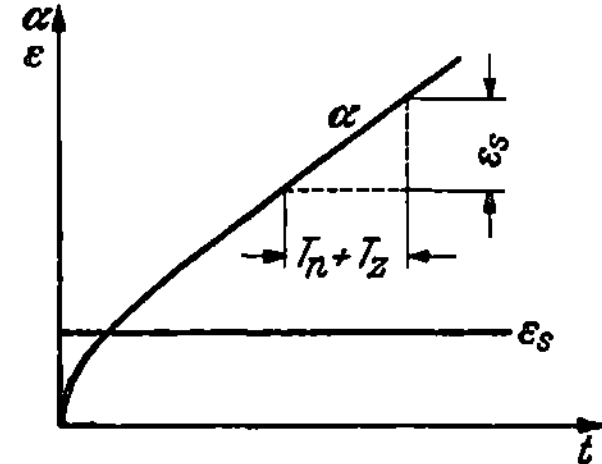

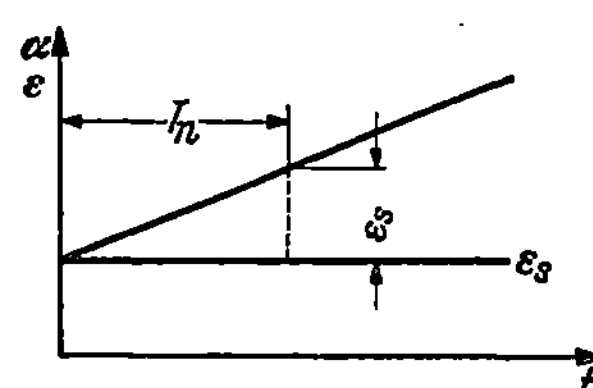

Abb. 39. Übergangsfunktion bei indirektem Regler nach Abb. 37 als Verstellglied

Abb. 40. Übergangsfunktion wie bei Abb. 39, dabei die Verstellzeit des Arbeitskolbens klein gegen die Verstellzeit der Rückführbremse

Da der Zylinder der Bremse über die Kurvenbahn starr mit dem Arbeitskolben gekuppelt ist, kann die Stellung des Arbeitskolbens w, wie an Hand von Abb. 9 gezeigt, aus der Zylinderstellung einfach ermittelt bzw. der dem Zylinderhub (H_z) entsprechende Hub des Arbeitskolbens (H_w), auf den dann w bezogen wird, gefunden werden.

IV. Regelglieder mit Beeinflussung nur durch die zeitliche Änderung der Stellgröße, reine D-Glieder

a) Allgemeines. Da bei Regelgliedern dieser Art die Ausgangsgröße nur bei einer zeitlichen Änderung der Eingangsgröße beeinflußt wird, stellt sich im stationären Zustand, wenn die Eingangsgröße einen bestimmten, festen aber beliebigen Wert angenommen hat, und sich nicht mehr ändert, die Ausgangsgröße immer wieder auf den ursprünglichen Ausgangswert ein. Im stationären Betrieb kann also die Ausgangsgröße überhaupt nicht beeinflußt werden, welchen Wert auch die Eingangsgröße annimmt. Das heißt aber, daß der stationäre Verstellbereich (Regelbereich) Null ist. Wir können daher solche Glieder als Verstellglieder mit dem Regelbereich Null bezeichnen.

b) Kraftmaschine mit Synchrongenerator, der auf ein starres Netz arbeitet. Nach Abb. 41 soll (durch einen Drehzahlregler) die Drehzahl einer Kraftmaschine, die einen auf ein starres Netz arbeitenden Generator antreibt, durch Änderung der Kraftstoffzufuhr x beeinflußt werden. Das Netz soll dann als starr bezeichnet werden, wenn seine Frequenz unabhängig von Leistungsänderungen des Generators praktisch konstant bleibt.

Bei einer bestimmten Änderung der Kraftstoffzufuhr wird sich auch das von der Kraftmaschine abgegebene Moment M um einen ganz bestimmten, entsprechenden Betrag verändern. Die Abhängigkeit dieses Momentes von der Stellung x des Kraftstoffventils kann z. B. nach der Kurve Abb. 42 gegeben sein.

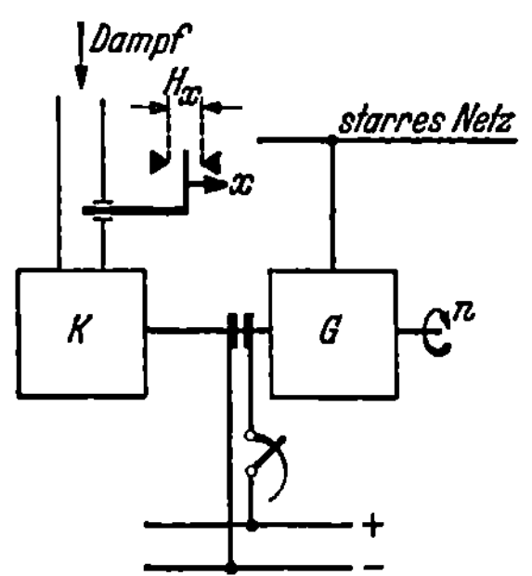

Abb. 41. Kraftmaschine mit Generator, der auf starres Netz arbeitet (Verstellglied mit Beeinflussung nur durch die Änderung der Stellgröße, reines D-Glied)

Wir ersetzen diese Kurve wieder durch die Tangente im Betriebspunkt P und betrachten nur kleine Abweichungen des Momentes (M_1) und der Ventilstellung (x_1) von ihren, dem Punkt P entsprechenden stationären Werten. Wir können dann nach Abb. 42 für M_1 setzen:

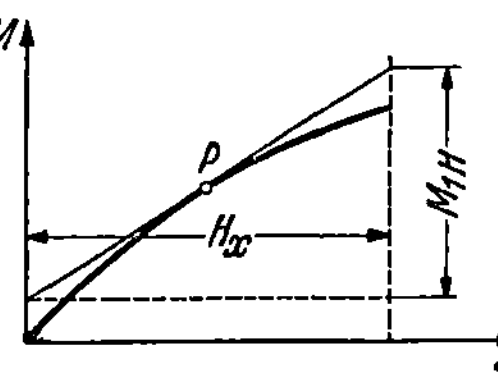

Abb.42. Moment der Kraftmaschine nach Abb. 41 abhängig von der Stellung des Kraftstoffschiebers. Ersatzgerade

$$M_1 = M_{1H} \frac{x_1}{H_x} \, . \qquad (112)$$

Diesem Zusatzmoment wirken nun folgende Momente des Maschinensatzes entgegen (nur die Abweichungen der verschiedenen Größen von den stationären Werten berücksichtigt!).

1. Das Beschleunigungsmoment:

$$2 \, \pi \, \Theta \cdot \frac{dn_1}{dt} \, .$$

(Θ das Trägheitsmoment des Maschinensatzes, n seine Drehzahl),

2. $D \cdot \frac{d\beta_1}{dt}$, das von der zeitlichen Änderung des Polradwinkels (β) gegenüber dem Netzspannungsvektor abhängige Dämpfungsmoment, verursacht durch Ströme, die bei der Änderung des Winkels in der Erregerwicklung und in einer evtl. vorhandenen Dämpferwicklung induziert werden.

3. $S \cdot \beta_1$, das vom Winkel (β) zwischen dem Vektor der Polradspannung und dem der Netzspannung abhängige synchrone Moment des Generators, wobei S das von der stationären Last abhängige synchronisierende Moment bedeutet.

Wird mit p die Polpaarzahl der Maschine bezeichnet, so wird die Drehzahl des Maschinensatzes

$$n = n_0 + \frac{d\beta_1}{dt} \frac{1}{2 \, \pi \, p} \, , \qquad (113)$$

wobei n_0 die stationäre, synchrone Drehzahl bedeutet. Aus Gl. (113) ergibt sich für

$$\frac{dn_1}{dt} = \frac{d^2\beta_1}{dt^2} \frac{1}{2 \, \pi \, p} \, , \qquad (114)$$

so daß nun folgende Momentengleichung für den Maschinensatz angeschrieben werden kann:

$$M_{1H} \frac{x_1}{H_x} - \frac{\Theta}{p} \frac{d^2\beta_1}{dt^2} - D \frac{d\beta_1}{dt} - S \beta_1 = 0 \, . \qquad (115)$$

Differentiieren wir diese Gleichung einmal und setzen entspr. Gl. (113) für $d\beta_1/dt = 2 \, \pi \, p \, n_1$, so bekommen wir die gewünschte Abhängigkeit der Ausgangsgröße (Drehzahl n_1) von der Eingangsgröße (Ventilstellung x_1):

$$2 \, \pi \left(\Theta \frac{d^2 n_1}{dt^2} + p \, D \frac{dn_1}{dt} + p \, S \, n_1 \right) = M_{1H} \frac{\frac{dx_1}{H_x}}{dt} \, . \qquad (116)$$

Wir führen noch ein:

Die Anlaufzeitkonstante T_a, die der Anlaufzeit des Maschinensatzes bei konstantem Moment $M = M_{1H}$ auf die synchrone Drehzahl n_0 entspricht

$$T_a = 2\,\pi\,\frac{\Theta\,n_0}{M_{1H}}\,.$$ (117)

Den Schlupf s_H des Generators gegenüber der synchronen Drehzahl (n_0), bei dem er als reine Asynchronmaschine, also gewissermaßen nur durch Dämpfung, das Moment M_{1H} abgibt, so daß also

$$2\,\pi\,n_0\,s_H\,p\,D = M_{1H}$$ (118)

bzw.

$$2\,\pi\,\frac{p\,D\,n_0}{M_{1H}} = \frac{1}{s_H}$$ (119)

wird. Die Eigenfrequenz ω_e der Synchronmaschine (ohne Dämpfung!), die [nach Gl. (115)]

$$\omega_e = \sqrt{\frac{S\,p}{\Theta}}$$ (120)

wird, so daß

$$2\,\pi\,\frac{S\,p\,n_0}{M_{1H}} = 2\,\pi\,\omega_e^2\,\frac{\Theta\,n_0}{M_{1H}} = \omega_e^2\,T_a$$ (121)

wird.

Gl. (116) wird nun mit diesen Größen, die sich durch Rechnung oder Versuch einfach feststellen lassen:

$$T_a\,\frac{\mathrm{d}^2\,\frac{n_1}{n_0}}{\mathrm{d}t^2} + \frac{1}{s_H}\,\frac{\mathrm{d}\,\frac{n_1}{n_0}}{\mathrm{d}t} + \omega_e^2\,T_a\,\frac{n_1}{n_0} = \frac{\mathrm{d}\,\frac{x_1}{H_x}}{\mathrm{d}t}$$ (122)

oder mit $n_1/n_0 = \alpha$ und $x_1/H_x = \varepsilon$:

$$\alpha''\,T_a + \alpha'\,\frac{1}{s_H} + \alpha\,\omega_e^2\,T_a = \varepsilon'\,.$$ (123)

Wir sehen, daß die Ausgangsgröße (α) hier lediglich durch die zeitliche Änderung der Eingangsgröße (ε) beeinflußt wird.

Der Frequenzgang wird nach Gl. (123):

$$\mathfrak{F} = \frac{\vec{\alpha}}{\vec{\varepsilon}} = \frac{j\,\omega}{(j\,\omega)^2\,T_a + j\,\omega\,\dfrac{1}{s_H} + \omega_e^2\,T_a}\,.$$ (124)

Abb. 43 zeigt den Verlauf der Ortskurve, einen Kreis durch den Nullpunkt, symmetrisch zur reellen Achse mit dem Durchmesser s_H. Wird $s_H = \infty$, d.h. die Dämpfung Null, so artet der Kreis in die imaginäre Achse aus.

Die Differentialgleichung der Übergangsfunktion entspricht der Gl. (123) mit Null auf der rechten Seite. (Die Stellgröße ändert sich sprungartig, bleibt dann aber konstant, so daß unmittelbar nach dem Stoß $\varepsilon_s' = 0$ wird.) Die Lösung dieser Gleichung ergibt im allgemeinen einen periodischen Vorgang (gedämpfte Schwingung) von der Form

$$\alpha = \frac{\varepsilon_s}{T_a}\,\frac{1}{\omega_p}\,e^{-\frac{t}{T_d}}\,\sin\omega_p\,t \tag{125}$$

wobei $(-1/T_d \pm j\,\omega_p)$ die zwei Wurzeln der charakteristischen Gleichung von Gl. (123) darstellen. Abb. 44 zeigt den Verlauf der Übergangsfunktion. Wir sehen, daß die sprungartige Änderung der Stellgröße nur vorübergehend eine Änderung der Ausgangsgröße hervorruft, daß sich aber im Endzustand wieder der alte Wert einstellt, in unserem Fall eben die durch die Netzfrequenz vorgeschriebene synchrone Drehzahl. Allerdings wird die Leistung, auf die hier nicht eingegangen worden ist, eine andere als vorher.

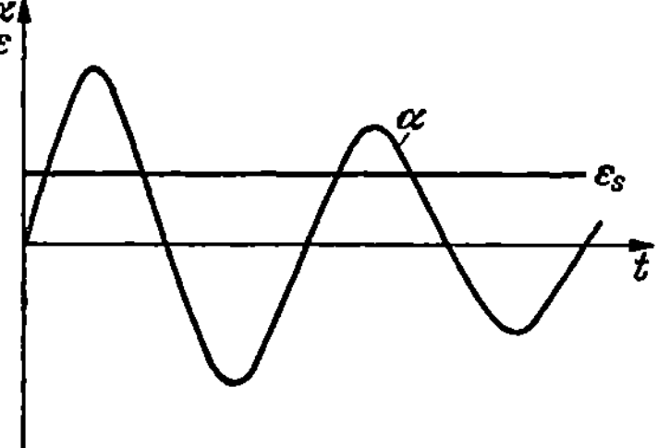

Abb. 43. Frequenzgang bei einer Anordnung nach Abb. 41 als Regelglied

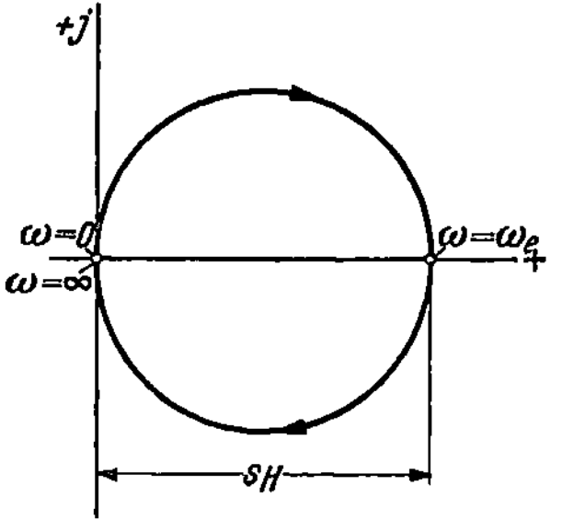

Abb. 44. Übergangsfunktion bei einer Anordnung nach Abb. 41 als Regelglied

c) Die Steuerung des Momentes bei Motoren. Nach Abb. 45 soll das Moment eines Gleichstromnebenschlußmotors, belastet auf ein Widerstandsmoment W, durch Änderung der Ankerspannung beeinflußt werden. Beim Anfahren eines elektrischen Zuges soll z. B. die Zugkraft, also das Motormoment konstant gehalten werden. Der Einfachheit halber ist im Bild angenommen, daß die Motorspannung an einem Spannungsteiler abgegriffen wird, wie bei Abb. 1. In Wirklichkeit wird man, wenigstens größere Motoren, in Leonardschaltung von einem besonderen Generator oder Stromrichter speisen, dessen Spannung verändert wird.

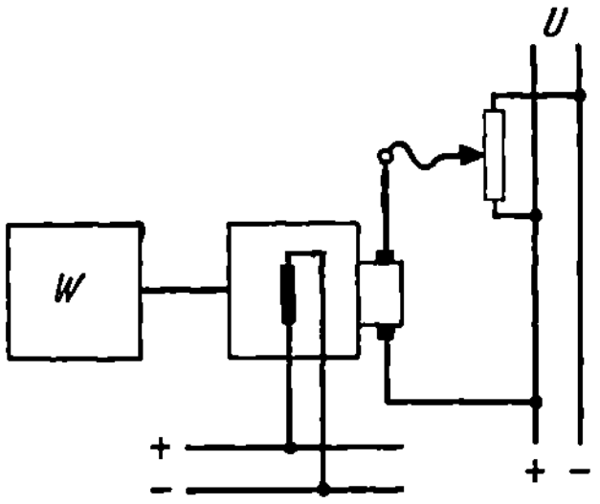

Das Motormoment ist bei der Schaltung als reine Nebenschlußmaschine verhältnisgleich dem Ankerstrom. Wir können für das Motormoment setzen

$$M = M_H\,\frac{J}{J_H} \tag{126}$$

Abb. 45. Momentsteuerung eines Nebenschlußmotors (Regelglied mit Beeinflussung nur durch die Änderung der Stellgröße, reines D-Glied)

mit M_H und J_H den maximalen, der möglichen Spannungsänderung entsprechenden Werten für Moment und Ankerstrom. Vernachlässigen wir die Zeitkonstante des Ankerkreises, so wird entsprechend Gl. (9)

$$\frac{J}{J_H} = \frac{U}{U_H} - \frac{n}{n_{Hl}}\,. \tag{127}$$

$[(n_{Hl}$ die der Spannung U_H entsprechende Leerlaufdrehzahl)$]$.

Berücksichtigen wir nun noch die Momentengleichung (1) $(M - W -2\pi\Theta\cdot dn/dt = 0)$ und nehmen wir an, daß das Widerstandsmoment $W = $ const $= W_0$ ist, so bekommen wir, wenn wir $\dfrac{n}{n_{Hl}}$ aus Gl. (127) rechnen:

$$\frac{M}{M_H} - \frac{W_0}{M_H} + 2\pi \frac{\Theta\, n_{Hl}}{M_H} \frac{\mathrm{d}\frac{M}{M_H}}{\mathrm{d}t} = 2\pi \frac{\Theta\, n_{Hl}}{M_H} \frac{\mathrm{d}\frac{U}{U_H}}{\mathrm{d}t}. \tag{128}$$

Das Überschußmoment, das dann nur beschleunigend wirkt, $(M - W_0)/M_H = M_1/M_H$ gesetzt, wird mit $2\pi\Theta\, n_{Hl}/M_H = T_a$ nach S. 68

$$T_a \frac{\mathrm{d}\frac{M_1}{M_H}}{\mathrm{d}t} + \frac{M_1}{M_H} = T_a \frac{\mathrm{d}\frac{U_1}{U_H}}{\mathrm{d}t} \tag{129}$$

oder für $M_1/M_H = \alpha$, und für $U_1/U_H = \varepsilon$ gesetzt:

$$\alpha' T_a + \alpha = \varepsilon' T_a. \tag{130}$$

Die Ausgangsgröße ist also auch hier nur von der zeitlichen Änderung der Stellgröße abhängig.

Der Frequenzgang wird nach Gl. (130):

$$\mathfrak{F} = \frac{\vec{\alpha}}{\vec{\varepsilon}} = \frac{j\,\omega\,T_a}{j\,\omega\,T_a + 1} \tag{131}$$

mit einem Halbkreis als Ortskurve nach Abb. 46. Die Differentialgleichung der Übergangsfunktion entspricht der Gl. (130) mit Null auf der rechten Seite, also

$$\alpha' T_a + \alpha = 0 \tag{132}$$

mit der Lösung

$$\alpha = C\,\mathrm{e}^{-\frac{t}{T_a}}. \tag{133}$$

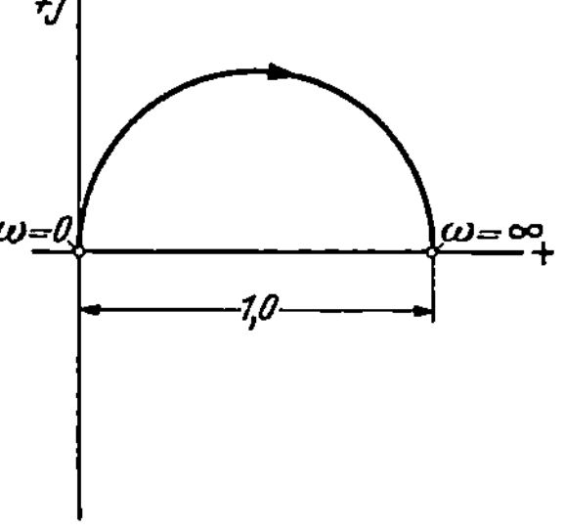

Abb. 46. Frequenzgang bei einer Anordnung nach Abb. 45 als Regelglied

Wird die Ankerspannung des Motors nach Abb. 45 sprungartig geändert, so ergibt sich, da die Zeitkonstante des Ankerkreises vernachlässigt ist, eine ruckartige Änderung des Ankerstromes, und damit auch des Momentes. Es wird

$$(\alpha)_0 = \varepsilon_s = C \tag{134}$$

und damit Gl. (133)

$$\alpha = \varepsilon_s\,\mathrm{e}^{-\frac{t}{T_a}}. \tag{135}$$

Abb. 47 zeigt den Verlauf der Übergangsfunktion. Auch hier ruft also die ruckartige Änderung der Stellgröße (Ankerspannung) nur eine vorübergehende Änderung der Ausgangsgröße (Moment) hervor, da der stationäre Wert des Momentes immer dem Widerstandsmoment W_0 entsprechen muß, wobei sich aber selbstverständlich die Drehzahl des Motors ändert.

7*

Wird nicht eine Gleichstrom-Nebenschlußmaschine, sondern nach Abb. 48 ein Reihenschlußmotor verwendet, etwa ein Einphasenmotor, der ein Fahrzeug antreibt [3], so können die abgeleiteten Beziehungen ebenfalls verwendet werden, wenn nach Abb. 49 die Reihenschlußkennlinien für verschiedene Spannungen in dem in Frage kommenden, entsprechend kleinen Bereich durch ihre Tangenten ersetzt werden und die Maschine dann einfach wie eine Nebenschlußmaschine behandelt wird.

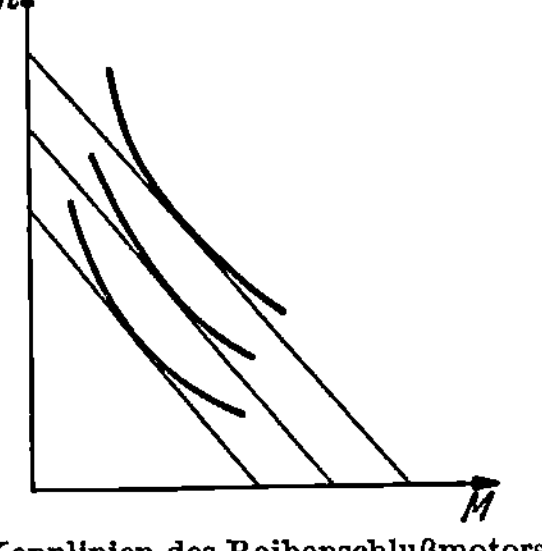

Abb. 47. Übergangsfunktion bei einer Anordnung nach Abb. 45 als Regelglied

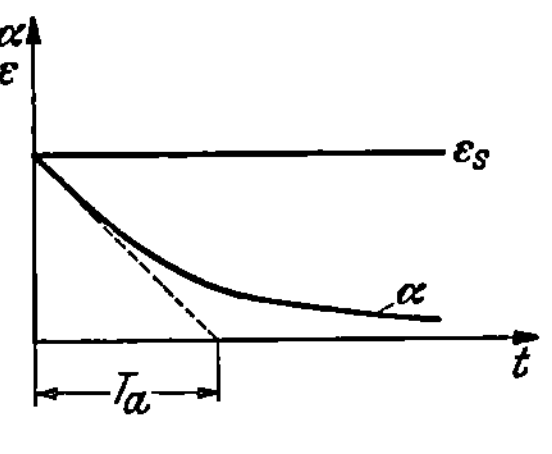

Abb. 48. Momentsteuerung eines Einphasenreihen-schlußmotors (Regelglied mit Beeinflussung nur durch die Änderung der Stellgröße)

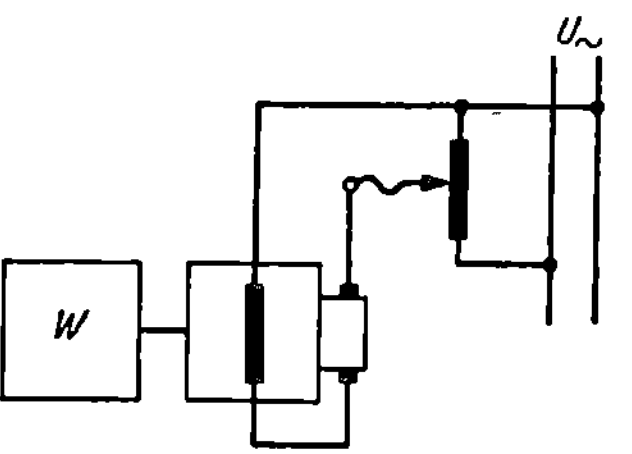

Abb. 49. Kennlinien des Reihenschlußmotors nach Abb. 48 bei verschiedenen Spannungen. Ersatzgeraden

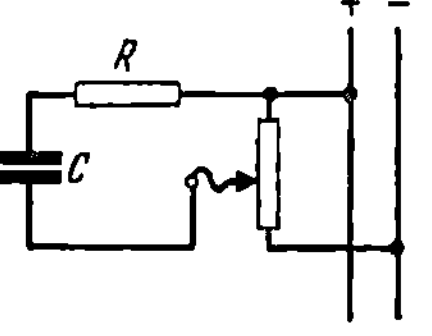

Abb. 50. Kondensator-Widerstandsanordnung (Regelglied mit Beeinflussung nur durch die Änderung der Stellgröße, reines D-Glied)

Wie sich sehr einfach übersehen läßt, liegen die gleichen Verhältnisse mit den gleichen abgeleiteten Beziehungen vor, wenn nach Abb. 50 der Ladestrom eines Kondensators durch Änderung der Spannung beeinflußt wird. An die Stelle der Anlaufzeitkonstante tritt in diesem Fall die Ladezeitkonstante des Kondensator-Widerstandskreises $T_a = R\,C$.

V. Regelglieder mit Totzeit

a) Grundsätzliches Verhalten. Bei den bisher behandelten Regelgliedern setzt die Wirkung der Eingangsgröße auf die Ausgangsgröße sofort ohne Zeitverzögerung ein, sobald sich die Eingangsgröße ändert. Allerdings ist es bei manchen Gliedern so, daß die Eingangsgröße die Ausgangsgröße nicht unmittelbar sondern nur deren zeitliche Änderung, ihren ersten oder auch erst zweiten Differentialquotienten beeinflußt. Aber diese Beeinflussung tritt ohne jeden Zeitverzug sofort auf. Nun kommen aber in der Technik auch Systeme vor, bei denen die Beeinflussung der Ausgangsgröße durch die Eingangsgröße erst nach einer festen Laufzeit, *Totzeit* genannt, wirksam wird. Praktisch ist es bei solchen Gliedern immer so, daß ein am Eingang des Systems gegebener Regelbefehl mit endlicher Geschwindigkeit durch das System läuft und deshalb auch erst nach einer endlichen, festen Zeit am Ausgang ankommt und dort wirksam wird. Einige Beispiele für solche Regelglieder mit Totzeit sollen dieses Verhalten etwas erläutern.

Erhöht man bei einer Warmluftheizung an der Heizstelle sprunghaft die Temperatur der durchströmenden Luft, so wird sich diese Temperaturerhöhung im Raum selbst erst bemerkbar machen, wenn die wärmere Luft die Rohrleitung zwischen Erhitzer und Raum durchlaufen hat.

Wird ein Förderband am Einlauf stärker beaufschlagt, so wird dies am Auslauf erst nach einiger Zeit, die der Laufzeit des Förderbandes von Anfang bis Ende entspricht, festzustellen sein.

Werden zwei fließende Medien an einer Stelle gemischt, so wird sich eine Änderung des Mischverhältnisses an einer in einem gewissen Abstand angebrachten Meßstelle erst nach einer Zeit, die durch die Geschwindigkeit der Medien und den Abstand gegeben ist, bemerkbar machen. Man vermischt z.B. Alkalien mit Säuren, Salzlösungen mit Wasser zum Verdünnen, setzt Wasser bestimmten Flüssigkeiten zu, um unerwünschte Beimengen auszufällen und dergleichen.

Wird auf eine lange elektrische Freileitung, die entsprechend abgeschlossen sein soll (mit Wellenwiderstand), am Anfang eine Spannung geschaltet, so wird diese am Ende erst nach einiger Zeit auftreten. In diesem Fall wird allerdings diese Zeit, die Totzeit, entsprechend der Fortpflanzungsgeschwindigkeit elektromagnetischer Wellen in Luft, die der Lichtgeschwindigkeit entspricht, sehr klein.

Vielfach ist es auch so, daß ein am Anfang gegebener Regelbefehl nicht einfach durch das System läuft und am Ende zwar verzögert aber vollkommen unverändert ankommt, wie das bei den vorstehend angeführten Beispielen zutrifft, sondern, daß der Regelbefehl unterwegs gewissermaßen verfälscht wird. Als Beispiel hierfür sei ein Dampfüberhitzer angeführt, dessen Dampf-Ausgangstemperatur durch Einspritzen von Wasser am Eingang beeinflußt wird. Wird z.B. die Dampftemperatur am Eingang sprunghaft verändert, so tritt nicht etwa am Ausgang der gleiche Temperatursprung, nur mit einer, der Totzeit entsprechenden Verspätung auf, sondern durch die beim Durchströmen des Systems vom Dampf an die Rohrwände abgegebene und dort aufgespeicherte Wärmemenge hat sich die Dampftemperatur am Ausgang geändert, so daß also der Eingangssprung, wenigstens zunächst, verkleinert erscheint. Erst wenn sich die Rohrwände in ihrer Temperatur den neuen Verhältnissen angeglichen haben, wird schließlich auch am Ende der volle Temperatursprung zur Wirkung kommen.

b) Berechnung. Die Berechnung solcher Glieder mit Totzeit führt immer zu partiellen Differentialgleichungen, da die Wirkung der Beeinflussung der Glieder sowohl zeit- als auch ortsabhängig ist. Die direkte Lösung dieser Gleichungen, die in manchen Fällen einfach ist, in vielen Fällen aber zu Schwierigkeiten führt, soll übergangen werden. Dafür wird aber gezeigt, wie aus den Gleichungen verhältnismäßig einfach der Frequenzgang gefunden werden kann. Mit Hilfe des Frequenzganges kann dann, wie sich später ergeben wird, auch ohne weiteres der Regelvorgang bei Systemen mit solchen Totzeit-Gliedern ermittelt werden.

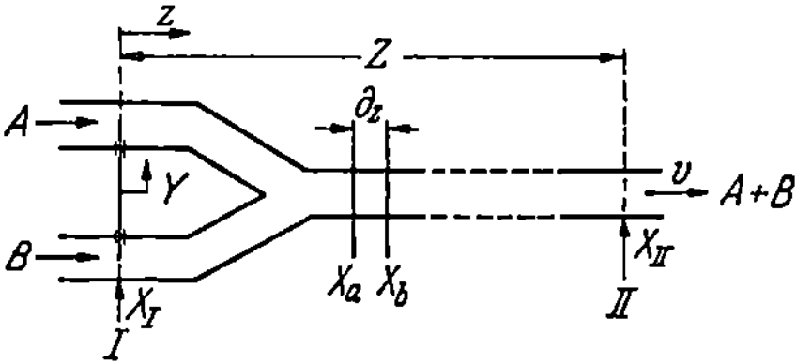

Abb. 51. Mischsystem als Beispiel eines Regelgliedes mit Totzeit

Zunächst sei ein einfaches Glied entsprechend Abb. 51 betrachtet. Zwei zufließende Flüssigkeiten A und B werden an der Stelle I gemischt, wobei das Mischungsverhältnis durch Verstellen eines Schiebers (Y) geändert werden kann. Die gemischte Flüssigkeit durchfließt mit konstanter Geschwindigkeit $v = \dfrac{dz}{dt}$ eine Rohrleitung von der Länge Z und an der Stelle II wird das Mischverhältnis, das mit X bezeichnet werden soll, gemessen. Es interessiert nun der Zusammenhang zwischen Schieberstellung Y an der Stelle I und Mischverhältnis an der Meßstelle II.

Für die Berechnung sei angenommen, daß das Mischverhältnis an der Stelle I linear abhängig sei von der Schieberstellung Y. Trifft diese Annahme praktisch nicht zu, so muß wieder eine Linearisierung durchgeführt werden und die Untersuchungen gelten dann nur für einen gewissen Bereich.

Um auf die Differentialgleichung zu kommen, betrachten wir nach Abb. 51 ein sehr kleines Stück der Rohrleitung von der Länge ∂z, das in der kleinen Zeit ∂t durchflossen wird und untersuchen die Änderung des Mischverhältnisses ∂X in diesem Stück also $X_b - X_a$. Es wird

$$\partial X = -\frac{\partial X}{\partial t} \cdot \partial t \, . \tag{136}$$

Nun ist die Zeit ∂t, in der das Rohrleitungsstück durchflossen wird

$$\partial t = \frac{\partial z}{v} = \partial z \cdot \frac{T_t}{Z} \, , \tag{137}$$

wobei v die Durchflußgeschwindigkeit, Z die ganze Rohrleitungslänge und T_t die gesamte Durchflußzeit bedeuten. Somit wird mit Gln. (136) und (137)

$$\frac{\partial X}{\partial z} = -\frac{\partial X}{\partial t} \cdot \frac{T_t}{Z} \, . \tag{138}$$

Wir nehmen nun an, daß das Mischverhältnis am Anfang, also X_I, sinusförmig mit der Zeit verändert wird. Nach einiger Zeit wird sich dann auch überall auf der Strecke das Mischverhältnis sinusförmig ändern, so daß wir setzen können

$$X = X_m \cdot \sin(\omega t + \varphi) \tag{139}$$

dargestellt durch den Zeiger $\mathfrak{X}$ und

$$\frac{\partial X}{\partial t} = \omega\, X_m \cdot \cos\left(\omega\, t + \varphi\right) \tag{140}$$

oder dafür der Zeiger

$$j\,\omega\,\mathfrak{X} = p \cdot \mathfrak{X}\,.$$

Die Zeit ist damit aus Gl. (138) gewissermaßen eliminiert und wir erhalten die einfache Differentialgleichung

$$\frac{\mathrm{d}\mathfrak{X}}{\mathrm{d}z} = -\,p \cdot \mathfrak{X}\,\frac{T_t}{Z} \tag{141}$$

mit der charakteristischen Gleichung

$$w = -\,p \cdot \frac{T_t}{Z} \tag{142}$$

und der Lösung für die durch den Zeiger $\mathfrak{X}$ dargestellten Sinusfunktion des Mischverhältnisses an irgend einer Stelle der Rohrleitung (z)

$$\mathfrak{X} = C \cdot \mathrm{e}^{-p\frac{T_t}{Z}\cdot z}\,. \tag{143}$$

Die Integrationskonstante C bestimmt sich aus der Anfangsbedingung für $z = 0$, wo $\mathfrak{X} = \mathfrak{X}_I$ sein soll, so daß $C = \mathfrak{X}_I$ wird und damit $\mathfrak{X}$ an der Stelle II, also $\mathfrak{X}_{II}$

$$\mathfrak{X}_{II} = \mathfrak{X}_I \cdot \mathrm{e}^{-p\,T_t} \tag{144}$$

bzw. der Frequenzgang

$$\mathfrak{F} = \frac{\mathfrak{X}_{II}}{\mathfrak{X}_I} = \mathrm{e}^{-p\,T_t}\,. \tag{145}$$

Das Mischverhältnis am Ende der Leitung schwingt also mit gleicher Amplitude wie am Anfang, aber mit einer durch die Laufzeit (Totzeit) T_t bestimmten Phasenverschiebung. Gl. (145) abhängig von ω $(p = j\,\omega)$ stellt einen Kreis dar, wie er in Abb. 52 aufgezeichnet ist. Abb. 53 zeigt noch die Übergangsfunktion, die hier rein überlegungsmäßig sofort angegeben werden kann.

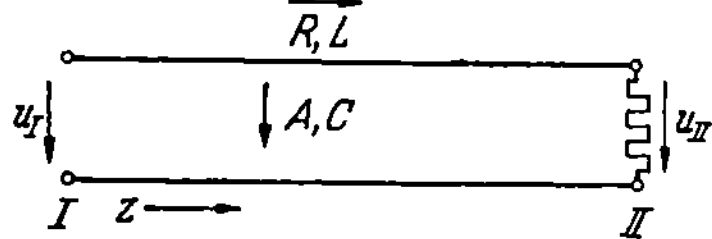

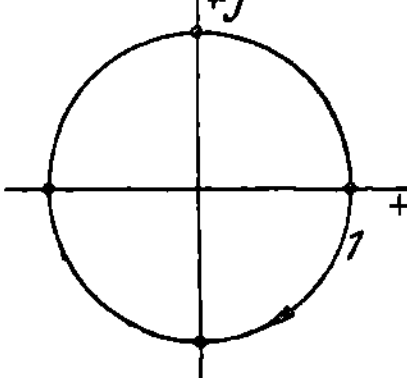

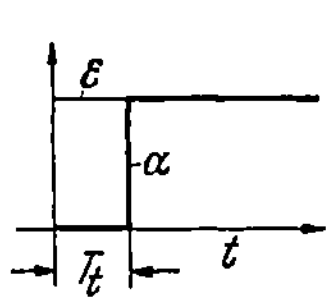

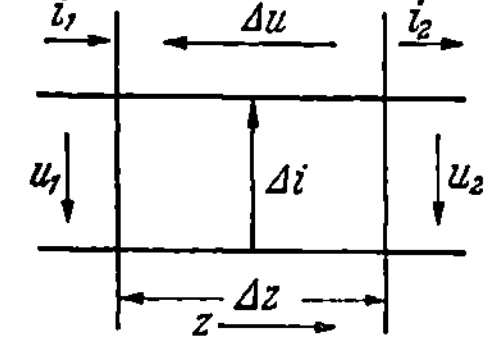

Abb. 52. Frequenzgang eines einfachen Regelgliedes mit Totzeit entsprechend Abb. 51

Abb. 53. Übergangsfunktion eines Regelgliedes mit Totzeit entsprechend Abb. 51

Abb. 54. Verzerrungsfreie Leitung als Regelglied mit Totzeit

Abb. 54 zeigt ein anderes Beispiel für ein Regelglied mit Totzeit. Einer verzerrungsfreien Leitung wird an der Stelle I eine Spannung aufgedrückt und es interessiert die Spannung an der Stelle II, also am Ende der Leitung, wo diese durch den Wellenwiderstand abgeschlossen sein soll. Die Leitung weist Längswiderstände (ohmsch und induktiv) und Querleitwerte (ohmsch und kapazitiv) auf. Betrachtet man ein kleines Stück der Leitung (Δz), wie es in Abb. 54 noch besonders herausgezeichnet ist, so können mit den in Abb. 54 angegebenen Bezeichnungen folgende Gleichungen angesetzt werden:

$$i_2 = i_1 + \Delta i \,, \tag{146}$$

$$u_2 = u_1 + \Delta u \,, \tag{147}$$

$$\Delta i = - A\,\Delta z\,\frac{u_1 + u_2}{2} - C\,\Delta z\,\frac{\Delta\left(\dfrac{u_1 + u_2}{2}\right)}{\Delta t} \,, \tag{148}$$

$$\Delta u = - R\,\Delta z\,\frac{i_1 + i_2}{2} - L\,\Delta z\,\frac{\Delta\left(\dfrac{i_1 + i_2}{2}\right)}{\Delta t} \,. \tag{149}$$

Dabei bedeuten:

R den ohmschen Widerstand, $\quad$ A den Parallelleitwert (Ableitung)
L die wirksame Selbstinduktion, $\quad$ C die Parallelkapazität,
jeweils je Längeneinheit.

Läßt man Δz gegen Null gehen, so gehen die Gln. (148) und (149) in folgende partielle Differentialgleichungen über:

$$\frac{\partial i}{\partial z} = - A\,u - C\,\frac{\partial u}{\partial t} \,, \tag{150}$$

$$\frac{\partial u}{\partial z} = - R\,i - L\,\frac{\partial i}{\partial t} \,. \tag{151}$$

Aus diesen beiden Gleichungen kann i eliminiert werden und man erhält eine Gleichung für u:

$$\frac{\partial^2 u}{\partial z^2} = A\,R\,u + (C\,R + A\,L)\,\frac{\partial u}{\partial t} + C\,L\,\frac{\partial^2 u}{\partial t^2} \,. \tag{152}$$

Wir nehmen nun wieder für u eine Sinusschwingung an und setzen dafür den Zeiger $\mathfrak{U}$. Die Gl. (152) wird damit

$$\frac{d^2 \mathfrak{U}}{dz^2} = A\,R\,\mathfrak{U} + (C\,R + A\,L)\,p\,\mathfrak{U} + C\,L\,p^2\,\mathfrak{U} \,. \tag{153}$$

Aus der charakteristischen Gleichung ergeben sich die zwei Wurzeln:

$$w_{1,2} = \pm\sqrt{A\,R} \cdot \sqrt{1 + \left(\frac{C}{A} + \frac{L}{R}\right)p + \frac{CL}{AR}\,p^2} \,. \tag{154}$$

Bei der verzerrungsfreien Leitung wird $\dfrac{C}{A} = \dfrac{L}{R}$ und damit, wenn für $\dfrac{C}{A}$ bzw. $\dfrac{L}{R} = \varrho$ gesetzt wird:

$$w_{1,2} = \pm\sqrt{A\,R} \cdot (1 + p\,\varrho) \,. \tag{155}$$

Für die Spannung ergibt sich also:

$$\mathfrak{U} = K_1\,e^{+\sqrt{A\,R}\,(1 + p\,\varrho)z} + K_2\,e^{-\sqrt{A\,R}\,(1 + p\,\varrho)z} \,. \tag{156}$$

Die Integrationskonstanten lassen sich aus den Anfangsbedingungen ermitteln ($K_1 = 0$, $K_2 = \mathfrak{U}_I$) und es wird

$$\mathfrak{U} = \mathfrak{U}_I \cdot e^{-\sqrt{ARz}} \cdot e^{-\sqrt{\frac{A}{R}} L p z} \tag{157}$$

bzw. der Frequenzgang mit $\sqrt{\dfrac{A}{R}} L Z = T_t$ ($\mathfrak{U}_{II}$ für $z = Z$)

$$\mathfrak{F} = \frac{\mathfrak{U}_{II}}{\mathfrak{U}_I} = e^{-\sqrt{ARZ}} \cdot e^{-p T_t} \ . \tag{158}$$

Frequenzgang und auch Übergangsfunktion entsprechen ohne Berücksichtigung des Faktors $e^{-\sqrt{ARZ}}$, um den die Ausgangsgröße kleiner als die Eingangsgröße wird, den Abb. 52 u. 53.

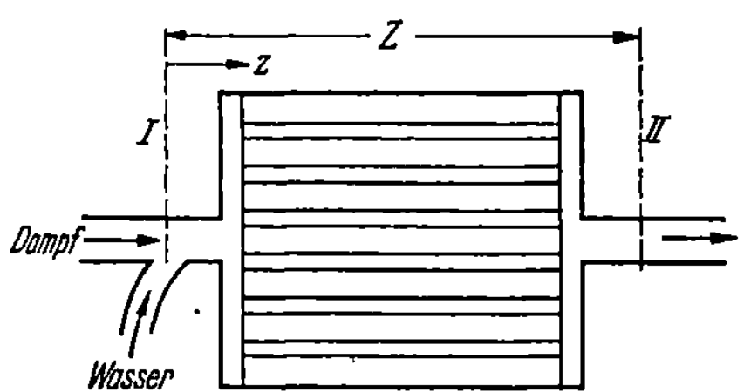

Abb. 55. Überhitzer mit Beeinflussung der Ausgangstemperatur durch Einspritzen von Wasser am Eingang

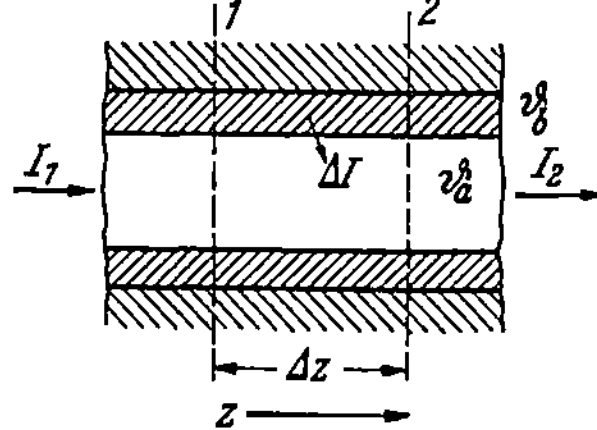

Abb. 56. Kurzes Stück der dem Überhitzer
Abb. 55 äquivalenten Rohrleitung

Als drittes Regelglied mit Totzeit soll nun noch ein wesentlich komplizierteres Gebilde als die bisher behandelten, nämlich ein Überhitzer nach Abb. 55 untersucht werden, [51], [75], [76], [77]. Durch den aus zahlreichen parallel geschalteten Rohrleitungen bestehenden Überhitzer strömt der zu überhitzende Dampf. Die Austrittstemperatur des Dampfes wird durch Einspritzen von Wasser in den Dampfstrom am Eingang des Überhitzers geregelt. Es interessiert die Abhängigkeit der Ausgangstemperatur von der Eingangstemperatur, die durch Verändern der eingespritzten Wassermenge beeinflußt wird.

Bei der Untersuchung sollen folgende Voraussetzungen bzw. Vernachlässigungen gemacht werden: Der Überhitzer wird für die Untersuchung als nach außen hin vollkommen wärmeisoliert betrachtet. Dies bedeutet, daß angenommen wird, daß sich die zwei Vorgänge — Erwärmung des Dampfes durch Wärmezufuhr von außen durch die Rohrwände und Temperaturregelung durch Wassereinspritzen — einfach überlagern, sich also gegenseitig nicht beeinflussen. Zu der errechneten Temperaturdifferenz zwischen Ausgang und Eingang ist also immer noch die durch die Heizung von außen verursachte Temperaturerhöhung zu addieren, was aber für die weiteren Untersuchungen nicht interessiert.

Die Dicke der Rohrwände soll so gering sein, daß in einer Ebene senkrecht zur Strömungsrichtung die Temperatur über die ganze Dicke als konstant angenommen werden kann. Andererseits soll aber die Wärmekapazität der Rohrwände nicht vernachlässigt werden. Die Wärmeleitung in den Rohrwänden in Richtung der Strömung soll vernachlässigt werden. Man kann dann den ganzen Überhitzer durch eine äquivalente einfache Rohrleitung darstellen, von der in Abb. 56 ein kurzes Stück herausgezeichnet ist.

An Hand von Abb. 56 können, wenn man Δz gegen 0 gehen läßt, folgende partielle Differentialgleichungen angesetzt werden (abfließende Wärmemenge gleich der zufließenden, verringert um die in dem kurzen Stück aufgespeicherten):

$$\frac{\partial \vartheta_b}{\partial t}\, C_a = -\,\frac{\partial I}{\partial z} \tag{159}$$

$$\frac{\partial I}{\partial z} = \frac{\vartheta_b - \vartheta_a}{R} \tag{160}$$

$$\frac{\partial \vartheta_a}{\partial z} = -\,\frac{\partial \vartheta_a}{\partial t}\,\frac{1}{v} + \frac{\partial I}{\partial z}\,\frac{1}{C_a\, v}\,. \tag{161}$$

Es bedeuten:

I der Wärmestrom (Wärmemenge vom Dampf in z-Richtung je Zeiteinheit transportiert).

v Dampfgeschwindigkeit.

R Wärmeübergangswiderstand zwischen Dampf und Rohrwand je Längeneinheit.

ϑ Temperatur (ϑ_a von Dampf, ϑ_b von Rohrwand).

C Wärmekapazität (C_a von Dampf, C_b von Rohrwand) je Längeneinheit.

Durch Elimination von I und ϑ_b aus den drei Gleichungen erhält man die partielle Differentialgleichung, die die Dampftemperatur ϑ_a abhängig von Ort und Zeit beschreibt. Sie lautet, wenn für ϑ_a von jetzt ab nur noch ϑ gesetzt wird:

$$\frac{\partial^2 \vartheta}{\partial z\,\partial t}\, v\,R\,C_a + \frac{\partial^2 \vartheta}{\partial t^2}\,R\,C_a + \frac{\partial \vartheta}{\partial t} + \frac{\partial \vartheta}{\partial z}\,v\,\frac{R\,C_a}{R\,C_b} + \frac{\partial \vartheta}{\partial t}\,\frac{R\,C_a}{R\,C_b} = 0\,. \tag{162}$$

Es seien nun noch folgende Bezeichnungen eingeführt:

$T_a' = R\,C_a = \dfrac{T_b}{\varrho}$ Erwärmungszeitkonstante des Dampfes bei Erwärmung durch die Rohrwand.

$T_a = R\,C_b$ Erwärmungszeitkonstante des Dampfes bei Erwärmung durch den Dampf.

$T_b = \dfrac{Z}{v}$ Durchflußzeit des Dampfes durch den Überhitzer.

$\varrho = \dfrac{T_b}{T_a'}$ Verhältnis von Durchflußzeit zu Erwärmungszeitkonstante des Dampfes.

Mit diesen Bezeichnungen wird Gl. (162):

$$\frac{\partial^2 \vartheta}{\partial z\,\partial t}\, Z\,T_a + \frac{\partial^2 \vartheta}{\partial t^2}\,T_a\,T_b + \frac{\partial \vartheta}{\partial t}\,\varrho\,T_a + \frac{\partial \vartheta}{\partial z}\,Z + \frac{\partial \vartheta}{\partial t}\,T_b = 0\,. \tag{163}$$

Wir nehmen nun wieder an, daß sich die Temperatur des Dampfes an irgend einer Stelle sinusförmig mit der Zeit ändert, damit aber auch über die ganze Länge, wobei aber Amplitude und Phase von Ort zu Ort verschieden sein werden. Wir führen für die Temperatur an irgend einer Stelle den Zeiger Θ ein und erhalten $\left(\frac{\partial}{\partial t} \rightarrow p\right)$ damit die einfache Differentialgleichung:

$$\frac{d\Theta}{dz} Z\, p\, T_a + \Theta\, p^2\, T_a\, T_b + \Theta\, \varrho\, p\, T_a + \frac{d\Theta}{dz} Z + \Theta\, p\, T_b = 0 \qquad (164)$$

mit der charakteristischen Gleichung:

$$w\, Z\, (p\, T_a + 1) + p^2\, T_a\, T_b + p\, \varrho\, T_a + p\, T_b = 0\, . \qquad (165)$$

Daraus die Wurzel:

$$w = -\frac{p\, T_b}{Z} - \frac{p\, \varrho\, T_a}{Z\, (p\, T_a + 1)} \qquad (166)$$

und somit die Lösung der Differentialgleichung:

$$\Theta = K\, e^{-\frac{z}{Z}\left(p\, T_b + \frac{p\, \varrho\, T_a}{p\, T_a + 1}\right)}\, . \qquad (167)$$

Nimmt man die Temperaturschwingung am Anfang (I) des Überhitzers als gegeben gleich Θ_I an, so wird die Integrationskonstante $K = \Theta_I$ und damit die Temperatur am Ende (II) mit $z = Z$:

$$\Theta_{II} = \Theta_I\, e^{-\left(p\, T_b + \frac{p\, \varrho\, T_a}{p\, T_a + 1}\right)} \qquad (168)$$

bzw. der Frequenzgang:

$$\mathfrak{F} = \frac{\Theta_{II}}{\Theta_I} = e^{-\left(p\, T_b + \frac{p\, \varrho\, T_a}{p\, T_a + 1}\right)} = e^{-\frac{(\omega\, T_a)^2\, \varrho}{1 + (\omega\, T_a)^2}} \cdot e^{-j\,\omega\, T_a\left(\frac{T_b}{T_a} + \frac{\varrho}{1 + (\omega\, T_a)^2}\right)}$$

$$(169)$$

oder

$$\mathfrak{F} = e^{-p\, T_b\left(1 + \frac{\frac{T_a}{T_a'}}{p\, T_a + 1}\right)}\, . \qquad (170)$$

Der Verlauf der Frequenzgangkurve als auch der der Übergangsfunktion hängt stark von den einzelnen Zeitkonstanten bzw. ihrem Verhältnis $\left(\frac{T_b}{T_a'} = \varrho\right)$ ab. Für folgende Konstanten sind in Abb. 57 der Frequenzgang und in Abb. 58 die Übergangsfunktion aufgezeichnet:

$$T_a = 17{,}7 \text{ sek}\, ,$$

$$\frac{T_b}{T_a} = \frac{1}{2}\, ,$$

$$\varrho = \frac{T_b}{T_a'} = \frac{1}{2}\, .$$

Die Übergangsfunktion ist nach einem Näherungsverfahren [78] ermittelt. Man sieht, daß auch hier eine Totzeit auftritt, daß sich aber außerdem nach Ablauf der Totzeit erst noch ein Ausgleichsvorgang abspielt, bis schließlich der stationäre Endwert erreicht ist.

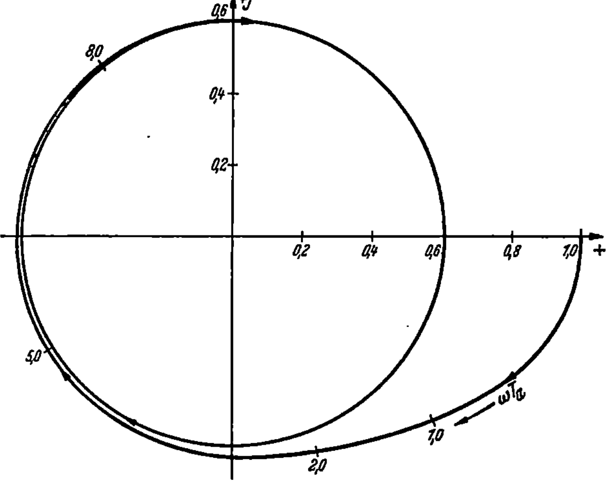

Abb. 57. Frequenzgang eines Überhitzers nach Abb. 55

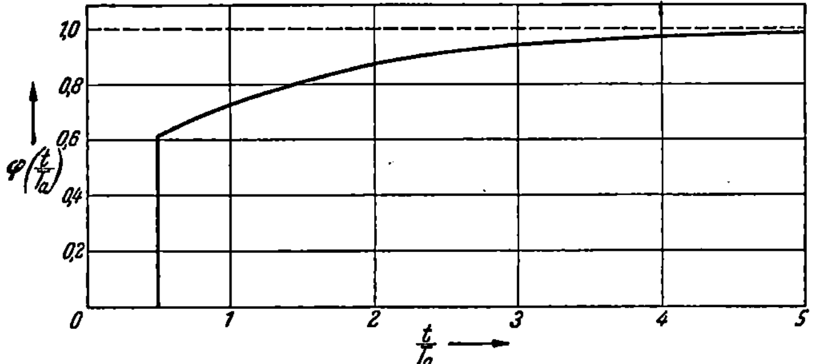

Abb. 58. Übergangsfunktion eines Überhitzers nach Abb. 55

VI. Zusammenstellung der Gleichungen und Kurven für Regelglieder

In der Tabelle 7 (s. Anhang) sind wieder die Gleichungen, die Ortskurve des Frequenzganges und die Übergangsfunktion der behandelten Regelglieder zusammengestellt. Auch hier gibt, wie bei den verschiedenen Meßsystemen bereits gesagt (Tabelle 6), der Verlauf der Übergangsfunktion den klarsten Einblick in das Betriebsverhalten der Einzelglieder. Auch hier ist es daher zweckmäßig, zunächst die Übergangsfunktion bei einem Glied zu ermitteln, und dann eine entsprechende Kurve in der Tabelle zu suchen.

4. Versuchstechnische Feststellung des Verhaltens von Einzelgliedern des Regelkreises

Die rein rechnerische Klärung des Verhaltens von Einzelgliedern des Regelkreises wird vielfach, insbesondere wenn es sich um nichtelektrische Glieder, etwa Öldruckservomotoren oder dergleichen handelt, schwierig bzw. unsicher. In diesen Fällen muß dann das Experiment die Rechnung ergänzen bzw. ersetzen. Im allgemeinen wird es zweckmäßig sein, auch experimentell, so weit möglich, die Übergangsfunktion aufzunehmen und die so ermittelte Kurve angenähert durch eine rechnerisch erfaßbare zu

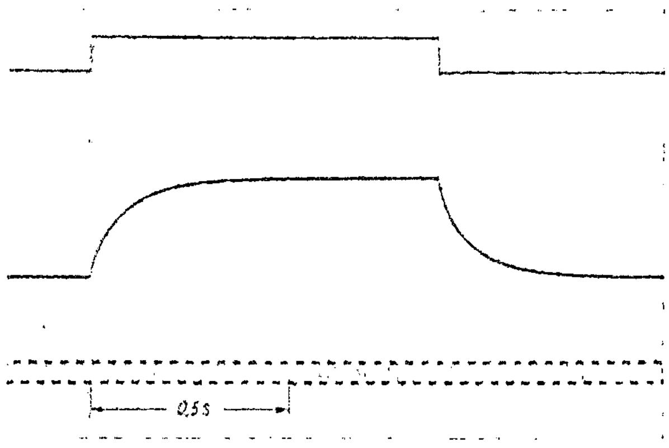

Abb. 1. Übergangsfunktion an einem Generator aufgenommen
(Klemmenspannung nach sprungartiger Änderung der Erregerspannung)

ersetzen. Dabei wird als Ersatzkurve mit Vorteil auch eine der in Tab. 6 oder 7 zusammengestellten gewählt, was wohl in den meisten Fällen möglich sein wird. Zur Festlegung der Konstanten für die Ersatzkurve gibt es keine allgemeine, mit erträglichem Aufwand arbeitende exakte Methode, so daß man in der Hauptsache auf Probieren angewiesen ist. Erfahrungsgemäß gelingt aber die rechnerische Erfassung der Ersatzkurve doch verhältnismäßig schnell. Abb. 1 zeigt z. B. die bei einem elektrischen Generator aufgenommene Übergangsfunktion. Die Erregerspannung (Eingangsgröße) wird sprungartig geändert, die Generatorspannung (Ausgangsgröße) ändert sich in diesem Fall praktisch nach einer reinen Exponentialfunktion (Generator arbeitet noch ohne Sättigung!), so daß der Fall 3 in Tabelle 7 hier in Frage kommt. Die Zeitkonstante T kann z. B. durch Anlegen der Tangente an die Kurve in verschiedenen Punkten und Ermittlung der entsprechenden Subtangente (Abb. 1) (Mittelwert) gefunden werden oder man zeichnet den ln des reziproken Differenzwertes also $\ln U_{1max}/(U_{1max} - U_1)$ abhängig von der Zeit auf und erhält dann eine Kurve, die bei einer reinen Exponentialfunktion für $U_1/U_{1max} = f(t)$ eine Gerade wird, bzw. bei Abweichungen von der Exponentialfunktion mit einer gewissen Annäherung durch eine Gerade ersetzt werden kann. Die Zeitkonstante T entspricht (Abb. 2) der Zeit, bei der $U_{1max}/(U_{1max} - U_1)$ den Wert von 2,71 (e!) erreicht hat, also ln $U_{1max}/(U_{1max} - U_1) = 1$ wird. Bei Verwendung von halblogarithmischem Papier für das Aufzeichnen von $U_{1max}/(U_{1max} - U_1)$ kann die Zeitkonstante ohne Rechnung als die Zeit gefunden werden, bei der $U_{1max}/(U_{1max} - U_1) = 2{,}71$ wird (Abb. 3).

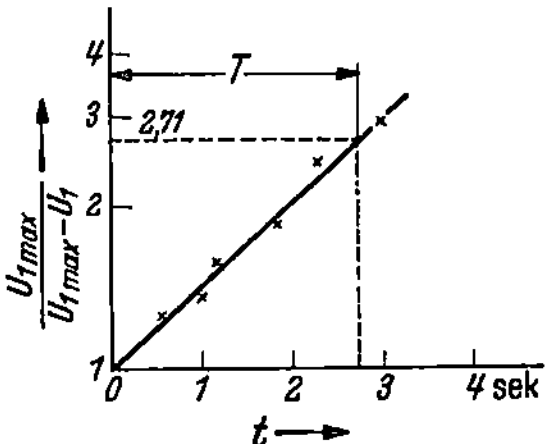

Abb. 2. Ermittlung der Zeitkonstante bei einer experimentell aufgenommenen Kurve

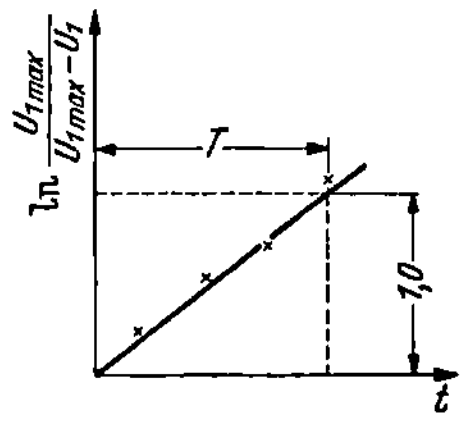

Abb. 3. Ermittlung der Zeitkonstante bei einer experimentell aufgenommenen Kurve in halblogarithmischem Papier

Abb. 4 zeigt eine Übergangsfunktion, aufgenommen bei einem Askania-Strahlrohrregler [37] mit starrer Rückführung. Der Regler entspricht etwa dem Schema Abb. 3/5. Durch Probieren ist die gestrichelt mit eingezeichnete Ersatzkurve, eine gedämpfte Schwingung entsprechend Gl. (3/16), gefunden worden mit den auf Abb. 4 mitvermerkten Konstanten. Die charakteristische Gleichung von Gl. (3/12) hat also die zwei Wurzeln:

$$p_{1,2} = (\pm j\, 1{,}3 - 0{,}65)\,\frac{1}{\text{sek}} = \pm\, j\,\frac{1}{T}\sqrt{1 - \zeta^2} - \frac{\zeta}{T}.$$

Aus dieser (Doppel-)Gleichung können nun die Zeitkonstante T und der Dämpfungsfaktor ζ gerechnet werden. Es wird $T = 0{,}7$ sek; $\zeta = 0{,}45$.

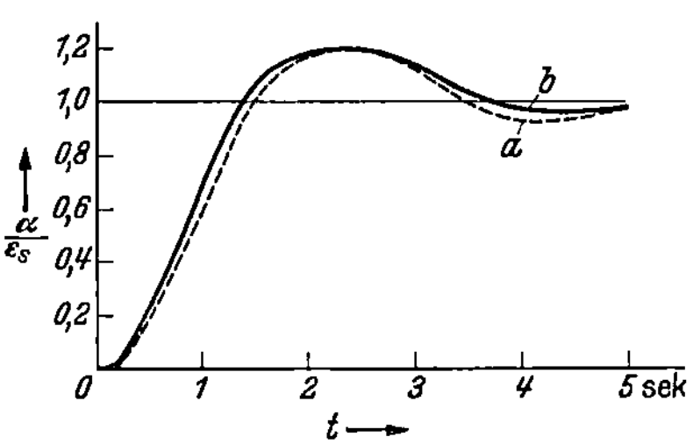

Abb. 4. Experimentell an einem mittelbaren Regler aufgenommene Übergangsfunktion (a) und Ersatzfunktion (b). $p_{1,2} = (\pm j\, 1{,}3 - 0{,}65)\,\frac{1}{\text{sek}}$

In Abb. 5 sind mehrere Kurven aufgezeichnet, die bei verschiedengroßen, sprungartigen Änderungen der Stellgröße — sprungartige Verstellung des Strahlrohres — aufgenommen sind. Wir sehen, daß die Kurven sehr stark voneinander abweichen, was daher kommt, daß die Verstellgeschwindigkeit des Hauptkolbens nur in einem kleinen Bereich verhältnisgleich ist der Abweichung der Stellgröße vom Sollwert, bei größeren aber einen konstanten, gleichbleibenden Wert annimmt. Die scheinbare Schlußzeit [T_z, Gl. (3/23)] wird mit größer werdender Abweichung größer und damit auch die Dämpfung der Schwingung entsprechend Gl. (3/26). Um brauchbare Rechenergebnisse zu bekommen, wird man sich also auf entsprechend kleine Abweichungen der Stellgröße vom Sollwert beschränken müssen.

Abb. 6 zeigt eine bei einem Öldruckregler mit Vorsteuerung (N- und K-Regler [20]) aufgenommene Übergangskurve. Die Ersatzkurve setzt sich hier entsprechend Gl. (3/16) mit zwei reellen Wurzeln als Summe von zwei Exponentialkurven zusammen. Bei dieser Zusammensetzung der

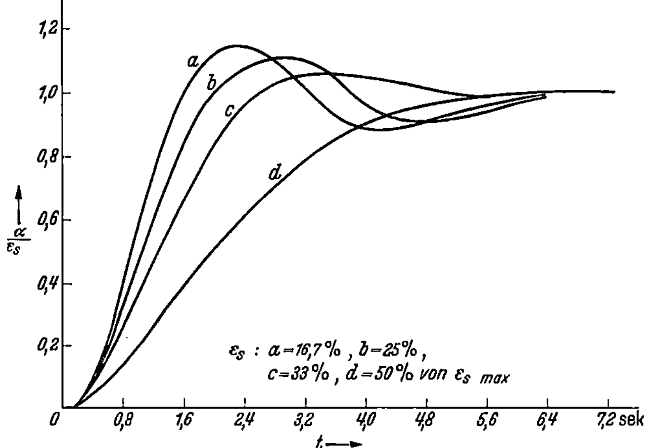

Abb. 5. Experimentell an einem mittelbaren Regler aufgenommene Übergangsfunktionen bei verschieden großer Änderung der Stellgröße (Verstellgeschwindigkeit des Hauptkolbens nicht verhältnisgleich der Stellung des Steuerkolbens)

Übergangsfunktion kann für die Ermittlung der entsprechenden Zeitkonstanten ein Näherungsverfahren verwendet werden, das verhältnismäßig schnell zum Ziel führt [33]. Die Tangentenrichtung an die aufgenommene Kurve bei etwa 90% des Endwertes entspricht der Tangentenrichtung der Exponentialkurve mit der größeren Zeitkonstante. Aus der Subtangente läßt sich also diese eine Zeitkonstante ermitteln (Abb. 7). Außerdem kann die zweite Zeitkonstante aus dem Abstand der Kurve bei 70% des Endwertes von der Or-

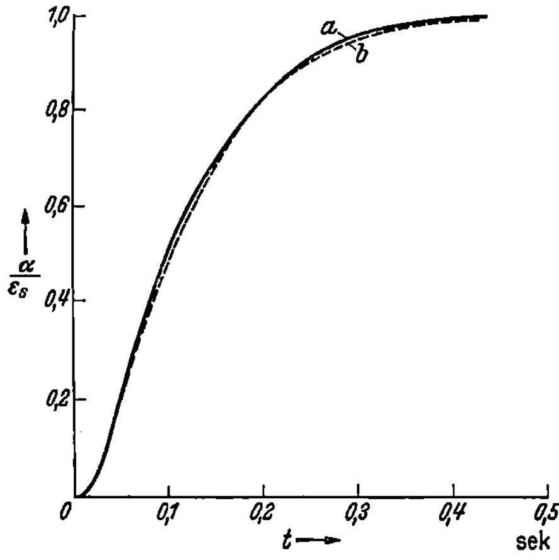

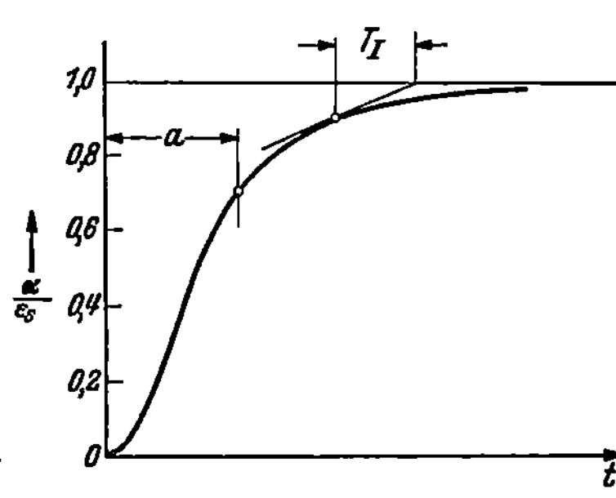

Abb. 6. Experimentell an einem mittelbaren Regler mit Vorsteuerung aufgenommene Übergangsfunktion (a) mit Ersatzkurve (b)

Abb. 7. Ermittlung der Zeitkonstanten bei einer experimentell aufgenommenen Übergangsfunktion, die sich als Summe zweier Exponentialkurven darstellen läßt

dinate (Abb. 7), der mit a bezeichnet ist, zu

$$T_{II} = \frac{a}{1,2} - T_I \tag{1}$$

ermittelt werden. Die Gleichung der Kurve lautet dann

$$\frac{\alpha}{\varepsilon} = 1 - \left(\frac{1}{1 - \frac{T_{II}}{T_I}} e^{-\frac{t}{T_I}} + \frac{1}{1 - \frac{T_I}{T_{II}}} e^{-\frac{t}{T_{II}}} \right), \tag{2}$$

wobei

$$T_I + T_{II} = 2 \zeta T \tag{3}$$

und

$$\frac{T_I\, T_{II}}{T_I + T_{II}} = \frac{T}{2\zeta}, \tag{4}$$

wenn T und ζ die bei der Ableitung von Gl. (3/12) gefundenen Zeitkonstanten bedeuten. Dabei muß allerdings $\zeta > 1$ sein, damit die Wurzeln reell werden. Die Übergangsfunktion nach Gl. (2) ergibt sich auch bei einer Reihenschaltung von zwei Regelgliedern mit Ausgleich (Weg-Geschwindigkeitssteuerung) entsprechend Abb. 3/12 und Gl. (3/29). Da in manchen Fällen die Trennung zweier solcher Verstellglieder schwierig ist, kann also auch die Übergangsfunktion der Glieder in Reihe aufgenommen und aus der Übergangsfunktion dann der Wert der Konstanten ermittelt werden.

Bei der Aufnahme der Übergangsfunktion von komplizierteren Gliedern empfiehlt es sich, wenn möglich, den Apparat erst etwas zu vereinfachen und damit zunächst nur einen Teil der Konstanten zu ermitteln. Bei einer Anordnung nach Abb. 3/37 wird zweckmäßigerweise erst die Rückführung starr gemacht, d.h. die Ölbremse durch ein starres Zwischenglied ersetzt. Man bekommt dann als Übergangsfunktion die des Gliedes mit Ausgleich Gl. (3/29) Abb. 3/12 und kann daraus die Zeitkonstante T_z ermitteln. Bei einem zweiten Versuch kann dann die Bremse richtig, so wie sie im Normalbetrieb etwa verwendet wird, eingestellt werden. Man bekommt dann aus dem Anstieg der Kurve nach einiger Zeit entsprechend Abb. 3/39 und Gl. (3/108), wenn das zweite Glied der Klammer bereits verschwunden ist, die Summe von $T_z + T_n$ und hat damit alle Werte der Gl. (3/108) gefunden. Vielfach wird es überhaupt so sein, daß nur die Zeitkonstante T_z, die eigentliche Reglerzeitkonstante interessiert, da die Bremszeitkonstante ohnedies je nach der Anordnung, für die der Regler verwendet wird, verschieden eingestellt wird. Im allgemeinen wird hier lediglich interessieren, zwischen welchen Grenzen diese Einstellung möglich ist.

Ist eine sprungartige Änderung der Stellgröße eines Regelgliedes nicht durchzuführen, so etwa bei einer Drehzahl als Stellglied, so kann man sich vielfach dadurch helfen, daß die Änderung lediglich vorgetäuscht wird. Wird z.B. die Drehzahl über eine Tourendynamo gemessen, die ein elektromagnetisches Meßwerk speist, so kann durch Zu- oder Abschalten eines Vorwiderstandes die Wirkung einer sprungartigen Änderung der Drehzahl erreicht werden.

Die experimentelle Aufnahme der Übergangsfunktion wird in vielen Fällen genügend genaue Unterlagen für die weitere rechnerische Behandlung liefern. Wie schon die theoretische Behandlung gezeigt hat, sind aber bei den *Meßwerken* unter Berücksichtigung aller Einflüsse teilweise recht komplizierte Übergangsfunktionen zu erwarten, so daß es häufig schwierig sein wird, die verschiedenen Konstanten aus einer gemessenen Übergangsfunktion abzuleiten. Insbesondere wird der Einfluß der Massenwirkung (wegen der Kleinheit von T_f) im allgemeinen kaum so deutlich in der gemessenen Übergangsfunktion zum Ausdruck kommen, daß die Massenwirkung auch nur abgeschätzt werden könnte. Man wird daher bei Meßwerken zweckmäßiger die verschiedenen Konstanten durch Einzelmessungen bestimmen, wobei die jeweils vorzunehmenden Messungen ohne weiteres aus der im theoretischen Teil gegebenen Definition der einzelnen Konstanten hervorgehen.

Um die Messung der Übergangsfunktion an der Regelstrecke selbst, die oft schwierig oder sogar unmöglich ist, zu vermeiden, baut man auch Modell-Regelstrecken und nimmt die Übergangsfunktion am Modell auf [75, 78] bzw. untersucht das Verhalten eines Reglers im Zusammenarbeiten mit dieser Modell-Regelstrecke.

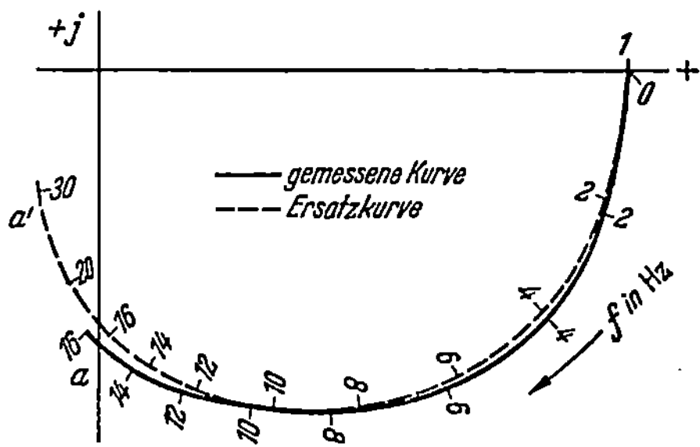

Abb. 8. Frequenzgang einer Verstärkermaschine

In manchen Fällen, z. B. dann, wenn eine sprunghafte Änderung der Eingangsgröße nicht möglich oder schwierig durchzuführen ist, kann es zweckmäßig sein, an Stelle der Übergangsfunktion den Frequenzgang aufzunehmen. Die Ableitung einer der experimentell aufgenommenen Kurve entsprechenden Gleichung für den Frequenzgang ist allerdings meist schwieriger als bei der Übergangsfunktion, läßt sich aber doch in vielen Fällen mit genügender Annäherung durchführen.

Abb. 8 zeigt den experimentell aufgenommenen Frequenzgang einer Verstärkermaschine (Amplidyne, Ankerspannung zu Erregerspannung, zwei Glieder mit Ausgleich in Reihe [52]) sowie die Ersatzkurve, die als günstigste Annäherung gefunden wurde. In Abb. 9 ist ebenfalls eine experimentell ermittelte Frequenzgangkurve und zwar für einen zweistufigen Magnetverstärker aufgezeichnet [53].

Die Ersatzkurve, die hier praktisch mit der aufgenommenen zusammenfällt, wurde so gefunden, daß für den Frequenzgang der Ansatz:

$$\mathfrak{F} = \frac{1}{1 + a_1\,p + a_2\,p^2 + a_3\,p^3}$$

gemacht wurde (Kurve überstreicht drei Quadranten!) und aus den Schnittpunkten mit den Achsen die Konstanten a_1, a_2, a_3 ermittelt wurden.

Bei den Aufnahmen der Kurven nach Abb. 8 und 9 wurde als Steuerspannungsquelle ein einfacher aber doch recht brauchbarer Niederfrequenzgeber [52] verwendet, der im wesentlichen aus einer dicht mit Widerstanddraht bewickelten Preßstoffplatte besteht, auf der zwei

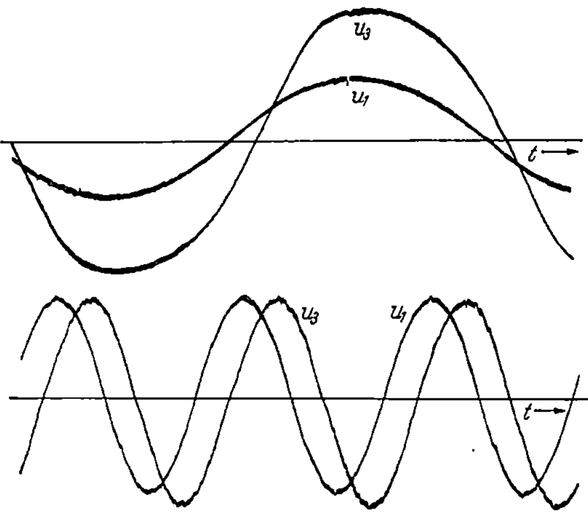

Abb. 9. Frequenzgang eines zweistufigen Magnetverstärkers

Abb. 10. Niederfrequenzgeber

gegeneinander isolierte Kohlebürsten gegenüberliegend auf einer blanken, kreisförmigen Bahn schleifen (Abb. 10). Wird der Widerstanddraht vom Gleichstrom I durchflossen, dann entsteht auf der Fläche, wenn man von den Drahtsprüngen absieht, ein gleichmäßiges Potentialgefälle in der x-Richtung, dem sich ein wesentlich geringeres in der y-Richtung

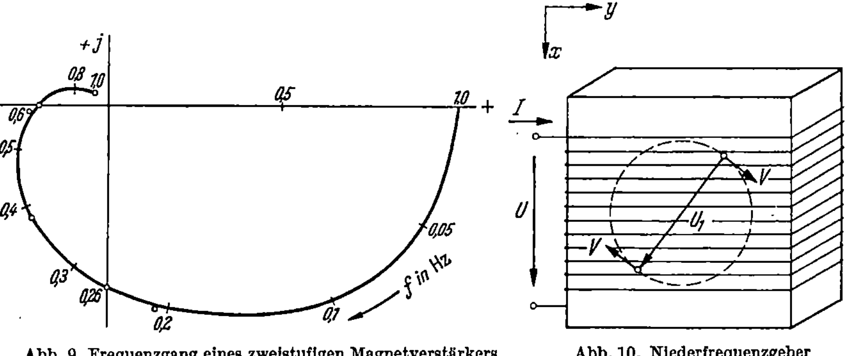

Abb. 11. Eingangs- (U_1) und Ausgangsspannung (U_3) bei Aufnahme des Frequenzganges nach Abb. 8 bei zwei verschiedenen Frequenzen

überlagert. Schleifen daher die Bürsten mit irgendeiner Drehzahl auf den Drähten, so tritt zwischen beiden eine praktisch sinusförmige Wechselspannung auf, deren Frequenz von 0 aus geregelt werden kann. Selbstverständlich muß der Geber so bemessen sein, daß der Belastungsstrom über die Bürsten klein bleibt gegenüber dem Drahtstrom. Abb. 11 zeigt für zwei Punkte der Frequenzgangkurve nach Abb. 8 Eingangs- und Ausgangsspannung der Verstärkermaschine, wobei die Eingangsspannung mit Hilfe des oben beschriebenen Niederfrequenzgebers erzeugt wurde.

Um Unterlagen über das Verhalten von praktisch vorliegenden Anlagen zu erhalten, sind die verschiedensten Einrichtungen geschaffen worden, die es ermöglichen, den Frequenzgang von Regelstrecke oder Regler aufzunehmen [57; 91; 108; 109; 110; 111].

B. Ermittlung des Regelvorganges

5. Klassisches Verfahren zur Ermittlung des Regelvorganges mit Hilfe der Differentialgleichung

I. Allgemeines über das Verfahren

Das sogenannte klassische Verfahren zur Ermittlung des Regelvorganges arbeitet nur mit den Differentialgleichungen des Systems. Aus den verschiedenen, gleichzeitig gültigen simultanen Differentialgleichungen — im allgemeinen die Gleichungen des Meßwerkes und die n-Gleichungen der übrigen n-Regelglieder — lassen sich alle Unbekannten bis auf eine, z.B. die meist besonders interessierende Regelgröße, eliminieren und man erhält damit die Differentialgleichung des Regelvorganges.

Meist wird der, abgesehen von periodischer Störung, ungünstigste Fall angenommen, daß eine Störung des Regelkreises sprungartig einsetzt, dann aber konstant bleibt. Die Regelung hat dann die Aufgabe den Einfluß dieser Störung wieder zu beseitigen. Bei der Berechnung des Regelvorganges wird vom stationären Zustand ausgegangen, der sich bei stabiler Regelung *nach Ablauf* des Vorganges, also einige Zeit (theoretisch erst nach unendlich langer Zeit) nachdem die Störung aufgetreten ist, einstellt. Die verschiedenen Größen im Regelkreis werden teilweise im Augenblick des Einsetzens der Störung einen vom neuen, durch die Störung bedingten, stationären Zustand abweichenden Wert besitzen. Wir betrachten lediglich diese Abweichungen der Größen vom stationären Endwert, bezogen auf irgendeinen Wert, und bezeichnen diese Abweichungen wieder mit kleinen griechischen Buchstaben. Wie groß bei der eingetretenen Störung diese Abweichungen tatsächlich sind, interessiert erst später bei der Bestimmung der Integrationskonstanten nach Lösung der Regelgleichung.

Nach dem Schema eines Regelkreises (Abb. 1/6) wird, wenn von Rückführleitungen vorläufig abgesehen wird, das Meßwerk von der Regelgröße ($\varphi = \varepsilon_M$), das erste zusätzliche Regelglied, in Zukunft mit Verstellglied bezeichnet, von der Ausgangsgröße des Meßwerkes ($\alpha_M = \varepsilon_I$), das zweite Verstellglied von der Ausgangsgröße des ersten ($\alpha_I = \varepsilon_{II}$), das dritte vom zweiten ($\alpha_{II} = \varepsilon_{III}$) usw. beeinflußt. Die Steuergröße des letzten (n-ten) Verstellgliedes ist wieder die Regelgröße ($\alpha_n = \varphi$). Wir bekommen nun, wenn wir die Differentialgleichungen aller Einzelglieder anschreiben, folgendes Schema:

$$
\begin{array}{lll}
\text{I:} & f_M(\varepsilon_M) + g_M(\alpha_M) = f_M(\varphi) + g_M(\varepsilon_I) = 0 & (\text{Meßwerk}) \\
\text{II:} & f_I(\varepsilon_I) + g_I(\varepsilon_{II}) = 0 & (1.\ \text{Verstellglied}) \\
\text{III:} & f_{II}(\varepsilon_{II}) + g_{II}(\varepsilon_{III}) = 0 & (2.\ \text{Verstellglied}) \\
& \qquad\vdots \qquad\qquad \vdots \qquad\qquad \vdots \\
(n+1): & f_n(\varepsilon_n) + g_n(\alpha_n) = f_n(\varepsilon_n) + g_n(\varphi) = 0 & (n.\ \text{Verstellglied})
\end{array}
\tag{1}
$$

$$[f(\varepsilon) \text{ bzw. } g(\varepsilon) \text{ bedeuten Funktionen von } \varepsilon,\ \varepsilon',\ \varepsilon''\ \text{usw.}].$$

Wir haben also bei n-Verstellgliedern $(n+1)$ Unbekannte ($\varepsilon_I,\ \varepsilon_{II}$, $\varepsilon_{III} \ldots \varepsilon_n,\ \alpha_n = \varepsilon_M = \varphi$) und ebenso $(n+1)$ Gleichungen, aus denen

8*

n-Unbekannte eliminiert werden können, so daß nur noch *eine* Gleichung mit *einer* Unbekannten, im allgemeinen der Regelgröße φ, übrigbleibt.

Die so gewonnene Regelgleichung wird, soweit die bei der Behandlung der Einzelglieder gefundenen Beziehungen verwendet werden und damit also nur kleine Abweichungen der verschiedenen Größen vom Sollwert berücksichtigt werden (linearer Zusammenhang aller Größen voneinander), eine lineare, homogene Differentialgleichung mit konstanten Koeffizienten von der Form:

$$a_m \, \varphi^{(m)} + a_{(m-1)} \, \varphi^{(m+1)} + \cdots + a_1 \, \varphi' + a_0 \, \varphi = 0 \, . \qquad (2)$$

Für die Lösung dieser Differentialgleichung [48] ist es erforderlich, die Wurzeln $(p_1, p_2, \ldots, p_m)$ der algebraischen charakteristischen Gleichung (auch Hauptgleichung oder Stammgleichung genannt)

$$a_m \, p^m + a_{m-1} \, p^{m-1} + \cdots + a_1 \, p + a_0 = 0 \qquad (3)$$

zu finden, die sich aus Gl. (2) ergibt. Die Lösung der Differentialgleichung (2) lautet dann, wenn alle Wurzeln voneinander verschieden sind:

$$\varphi = C_1 \, e^{p_1 t} + C_2 \, e^{p_2 t} + \cdots + C_{m-1} \, e^{p_{(m-1)} t} + C_m \, e^{p_m t} \qquad (4)$$

wobei C_1, $C_2 \ldots C_m$ Integrationskonstanten bedeuten, die aus den Anfangsbedingungen noch bestimmt werden müssen. Befinden sich unter den Wurzeln konjugiert komplexe, so daß z.B. $p_1 = \beta + j\,v$; $p_2 = \beta - j\,v$ wird, so ergibt sich für

$$C_1 \, e^{(\beta + j\,v) t} + C_2 \, e^{(\beta - j\,v) t} = e^{\beta t} [(C_1 + C_2) \cos v\,t + j\,(C_1 - C_2) \sin v\,t] \atop = e^{\beta t} (C' \cos v\,t + C'' \sin v\,t) \, . \left. \right\} \qquad (5)$$

Treten gleiche Wurzeln auf, etwa so, daß $p_1 = p_2 \ldots = p_\lambda$, so tritt in Gl. (4) an Stelle von

$$C_1 \, e^{p_1 t} + C_2 \, e^{p_2 t} + \cdots C_\lambda \, e^{p_\lambda t}$$

jetzt

$$(C_1 + C_2 \, t + C_3 \, t^3 + \cdots + C_\lambda \, t^\lambda) \, e^{p_\lambda t} \, .$$

Die Bestimmung der Integrationskonstanten aus den Anfangsbedingungen wird bei den anschließend zu behandelnden Beispielen näher erläutert werden. In den Abschn. 6 und 8 wird noch gezeigt, wie mit Hilfe der LAPLACEtransformation bzw. bei Arbeiten mit dem Frequenzgang unter bestimmten Voraussetzungen die Bestimmung der Integrationskonstanten umgangen werden kann.

Bei einer größeren Zahl von Regelgliedern erfordert die Elimination der verschiedenen Unbekannten in der Gl. (1), um auf Gl. (2) zu kommen, viel Rechenarbeit. Deshalb sei noch auf ein Verfahren hingewiesen, mit Hilfe dessen es gelingt, die charakteristische Gl. (3) aus Gl. (1) schneller zu bekommen

Für die Regelgröße φ ergibt sich die Lösung nach Gl. (4). Wir greifen nun eine Teillösung heraus und setzen allgemein:

$$\varphi = A \cdot e^{p t} \, . \qquad (6)$$

Wegen der Linearität unseres Systems und der konstanten Koeffizienten haben dann alle Größen in Gl. (1) entsprechende Lösungen mit
gleicher Exponentialfunktion aber verschiedenen Konstanten. Wir
können daher schreiben:

$$\left.\begin{aligned}
\varphi = \varepsilon_M &= A\, e^{pt}\\
\varepsilon_I &= B\, e^{pt}\\
\varepsilon_{II} &= C\, e^{pt}\\
&\ \vdots\\
\varepsilon_n &= N\, e^{pt}\\
\varphi = \alpha_n &= A\, e^{pt}\cdot
\end{aligned}\right\} \tag{7}$$

Setzt man diese Werte in Gl. (1) ein, so bekommt man folgende
Gleichungen (e^{pt} tritt bei allen Größen und ihren Ableitungen auf, kann
daher weggelassen werden; die Konstanten A, B, C usw. treten jeweils
bei der Größe selbst und bei allen Ableitungen auf und können daher
vorgesetzt werden.)

$$\left.\begin{aligned}
\text{I:} \quad & A\cdot F_M(p) + B\cdot G_M(p) = 0\\
\text{II:} \quad & B\cdot F_I(p)\ \ + C\cdot G_I(p)\ \ = 0\\
\text{III:} \quad & C\cdot F_{II}(p) + D\cdot G_{II}(p) = 0\\
&\qquad\ \vdots\\
n+1: \quad & N\cdot F_n(p)\ + A\cdot G_n(p)\ \ = 0
\end{aligned}\right\} \tag{8}$$

$F(p)$ und $G(p)$ sind dabei Funktionen von p.

Diese Gleichungen können nur dann nebeneinander bestehen, wenn
ihre Koeffizientendeterminante gleich Null ist, also:

$$\begin{vmatrix}
F_M(p) & G_M(p) & 0 & 0\cdots\cdots\cdots 0\\
0 & F_I(p) & G_I(p) & 0\cdots\cdots\cdots 0\\
0 & 0 & F_{II}(p) & G_{II}(p)\cdots\cdots 0\\
\vdots & \vdots & \vdots & \vdots\\
G_n(p) & 0 & 0 & 0\ \cdots\cdots\cdots F_n(p)
\end{vmatrix} = 0 \tag{9}$$

Die Gl. (9) entspricht der charakteristischen Gl. (3), aus der dann die
Wurzeln p_1, p_2, ... zu ermitteln sind. Wir können Gl. (9) direkt nach
Gl. (1) anschreiben, da sich die Funktionen $F(p)$ und $G(p)$ unmittelbar
aus $f(\varepsilon)$ und $g(\varepsilon)$ ergeben, wenn für $\varepsilon \to 1$, $\varepsilon' \to p$, $\varepsilon'' \to p^2$ usw. gesetzt
wird.

II. Beispiele

a) Spannungsregelung eines Gleichstromgenerators. Nach Abb. 1 soll
die Spannung eines Gleichstromgenerators durch einen elektromagnetischen Spannungsregler (P-Regler) konstant gehalten werden. Der
Generator wird über einen starren Spannungsteiler aus einem fremden
Hilfsnetz erregt. Diese Erregungsart ist mit Rücksicht auf die Leistungs-
verhältnisse nur bei kleinen Maschinen möglich. Bei größeren kann z.B.
zwischen Spannungsteiler und Erregerwicklung noch ein Verstärker,
etwa in Form einer besonderen Erregermaschine, geschaltet sein. Verglichen mit der in der Erregerwicklung des Generators wirksamen Zeit-

verzögerung soll aber dieser Verstärker so schnell arbeiten, daß die durch ihn bedingte Verzögerung vernachlässigt werden kann.

An diesem Beispiel soll besonders gezeigt werden, wie die Linearisierung der Anordnung und die Normierung der verschiedenen Größen zweckmäßig durchgeführt wird und wie sich die Anordnung stationär verhält, also nach Abklingen von Ausgleichsvorgängen.

Nach Abb. 1 ergeben sich folgende Zusammenhänge zwischen den einzelnen Größen:

1. $U = \mathrm{f}(i)$ nach der magnetischen Kennlinie der Maschine bei bestimmtem für die Untersuchung angenommenen Belastungsfall.

2. $i\,r + L\dfrac{\mathrm{d}i}{\mathrm{d}t} = u$ Spannungsgleichung des Erregerkreises

3. $u = \mathrm{f}(y)$ Abhängigkeit der Erregerspannung von der Stellung des Reglers.

4. $y = \mathrm{f}(U)$ Abhängigkeit der Reglerstellung von der Generatorspannung.

Diese Abhängigkeiten werden nun näher untersucht.

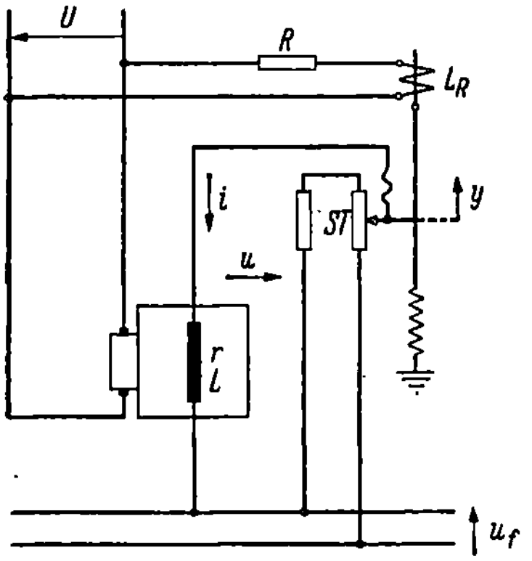

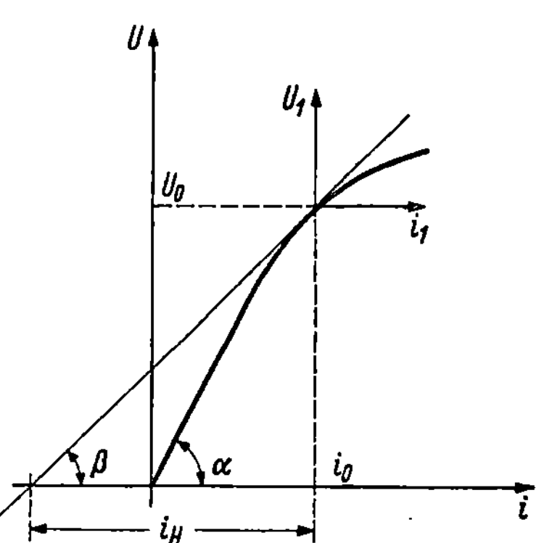

Abb. 1. Spannungsregelung eines Gleichstromgenerators

Abb. 2. Spannungscharakteristik eines Gleichstromgenerators bei bestimmter Belastung (Linearisierung)

Zu 1. Abb. 2. zeigt die Kennlinie des Generators. Im stationären Zustand, also nach Abklingen von irgendwelchen durch Störung verursachten Ausgleichsvorgängen, stellen sich die Werte i_0 und U_0 ein. Wir betrachten weiterhin nur die Abweichungen gegenüber diesen Werten und erhalten mit den Bezugsgrößen U_0 und i_H die Beziehung

$$\frac{i_1}{i_H} = \frac{U_1}{U_0}. \tag{10}$$

i_H ist nach Abb. 2 die scheinbar (nach der Linearisierung) erforderliche Änderung des Erregerstromes, wenn sich die Generatorspannung um U_0 ändern soll.

Zu 2. Die Spannungsgleichung des Erregerkreises wird mit Aufteilung der Größen in stationäre und verschwindende

$$i_0\,r + i_1\,r + L\frac{\mathrm{d}i_0}{\mathrm{d}t} + L\frac{\mathrm{d}i_1}{\mathrm{d}t} = u_0 + u_1. \tag{11}$$

Berücksichtigt man, daß $i_0\,r = u_0$ und $\dfrac{di_0}{dt} = 0$, dividiert man außerdem die Gleichung durch r, so ergibt sich mit $\dfrac{L}{r} = T_m$

$$i_1 + T_m\frac{di_1}{dt} = \frac{u_1}{r}\,. \tag{12}$$

Führt man weiter die bereits gewonnene Bezugsgröße i_H und die daraus abgeleitete Bezugsgröße $u_H = i_H \cdot r$ ein, so wird die Gl. (12)

$$\frac{i_1}{i_H} + T_m\frac{d\dfrac{i_1}{i_H}}{dt} = \frac{u_1}{u_H}\,. \tag{13}$$

Zu beachten ist hierbei noch, daß die Selbstinduktion L der Erregerwicklung und damit die Zeitkonstante ebenfalls abhängig sind vom Betriebspunkt. Ist die Selbstinduktion im geradlinigen Teil der Kennlinie nach Abb. 2 bekannt (L_g), so wird nach Abb. 2

$$L = L_g\frac{\operatorname{tg}\beta}{\operatorname{tg}\alpha}\,. \tag{14}$$

Zu 3. Man wird den Spannungsteiler S T im allgemeinen so gestalten, daß ein linearer Zusammenhang zwischen u und y gegeben ist. Trifft dies nicht zu, so muß auch hier linearisiert werden entsprechend Abb. 3. Man erhält dann

$$\frac{u_1}{u_H} = -\,\frac{y_1}{y_H}\,. \tag{15}$$

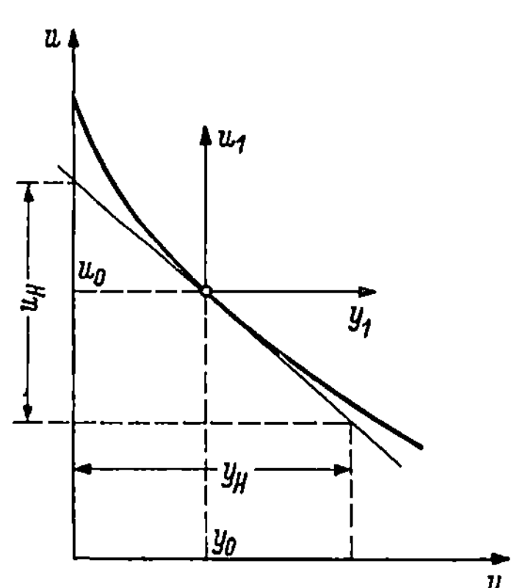

Abb. 3. Erregerspannung (u) abhängig von Reglerstellung (y) bei einer Regelung nach Abb. 1 (Linearisierung)

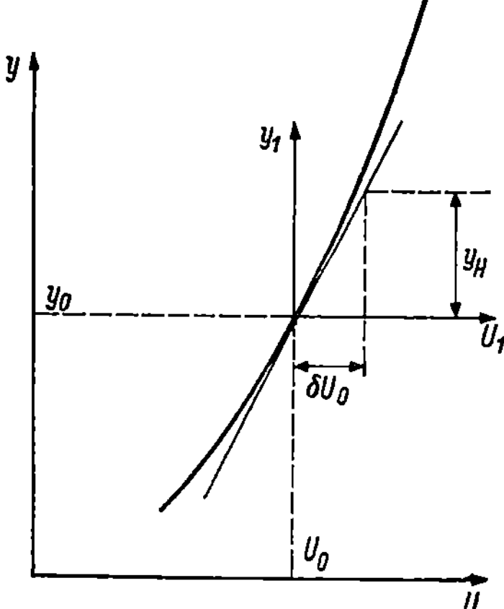

Abb. 4. Reglerstellung (y) abhängig von der Generatorspannung (U) bei einer Regelung nach Abb. 1 (Linearisierung)

Der Bezugswert y_H entspricht dann einer Stellungsänderung des Reglers, die über $u_H \to i_H$ letzten Endes eine Spannungsänderung U_0 hervorruft.

Zu 4. Wenn die elektromagnetische Zeitkonstante im Erregerkreis des Reglers $T_R = \dfrac{L_R}{R}$ vernachlässigt werden kann, was im allgemeinen zutrifft, so folgen der Strom i_R und damit die Magnetkraft des Reglers momentan der Spannung U. Nach Gl. (2/1) wird dann bei Vernachlässigung der Masse. des Meßwerkes

$$\frac{y_1}{y_H} = \frac{1}{\delta}\frac{U_1}{U_0} , \tag{16}$$

wobei δ aus dem Zusammenhang zwischen U und y entsprechend Abb. 4 durch Linearisierung gewonnen werden muß (y_H aus Abb. 3).

Mit den Gln. (10,) (13), (15) und (16) ergibt sich durch Elimation der verschiedenen Zwischengrößen

$$\frac{d\frac{U_1}{U_0}}{dt} T_m + \frac{U_1}{U_0}\left(1 + \frac{1}{\delta}\right) = 0 . \tag{17}$$

Wir führen nun allgemein für die bezogene Abweichung der Regelgröße also im vorliegenden für $\frac{U_1}{U_0}$ den Buchstaben φ ein. Gl. (17) wird damit:

$$\varphi' T_m + \varphi\left(1 + \frac{1}{\delta}\right) = 0 , \tag{18}$$

mit der Lösung

$$\varphi = C\,e^{-\frac{t\left(1 + \frac{1}{\delta}\right)}{T_m}} . \tag{19}$$

Eine irgendwie entstandene Abweichung der Regelgröße vom Endwert U_0 verschwindet demnach exponentiell mit der Zeitkonstante

$$\frac{T_m}{1 + \frac{1}{\delta}} .$$

Wenn wir nun von einem stationären Anfangswert, er sei mit U_{00} bezeichnet, ausgehen, so müssen wir zunächst den infolge irgendeiner an_ genommenen Störung geänderten Endwert U_0 ermitteln.

Abb. 5 zeigt zunächst das Regelschema der Anordnung mit den eingezeichneten Übergangsfunktionen, die aus den gefundenen Differentialgleichungen entsprechend Abschn. 2 und 3 abgeleitet bzw. den Tab. 6 und 7 entnommen werden können. Als Ausgangsgröße des Meßwerkes kann die Erregerspannung u betrachtet werden, die die Eingangsgröße für den Erregerkreis mit der Ausgangsgröße i darstellt.

Die Spannung U ist abhängig vom Erregerstrom i und außerdem, und dies ist für die Ermittlung von U_0 aus U_{00} besonders zu beachten, von der Störung, die als bezogene Größe mit σ eingeführt ist. Die Störung wird zweckmäßigerweise auf *den* Wert bezogen, der — ohne Regelung — eine Änderung der Spannung um den Sollwert verursachen würde. Kommt im vorliegenden Fall die Störung durch eine Änderung des Belastungsstromes zustande, so wäre die

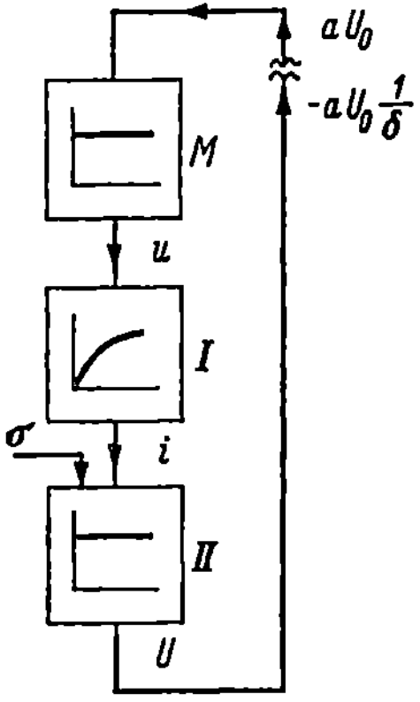

Abb. 5. Regelschema für eine Regelung nach Abb. 1

Stromänderung auf den Kurzschlußstrom $\left(I_k = \dfrac{U_0}{R_a}\right.$; R_a dabei den Ankerwiderstand des Generators$\Big)$ zu beziehen.

Betrachtet man nun die *stationären* Verhältnisse nach Abklingen der Ausgleichsvorgänge, so ergibt sich mit den Gln. (10), (13), (15) und (16) folgender Zusammenhang zwischen U_{00} und U_0, wobei mit

$$\varDelta U = (U_0 - U_{00}) \tag{20}$$

die bleibende Abweichung bezeichnet wird: i_{10}, u_{10} usw.) Abweichungen bei $t = 0$ gegen stationäre Endwerte)

$$\frac{\varDelta U}{U_0} = \frac{i_{10}}{i_H} + \sigma = \frac{u_{10}}{u_H} + \sigma = -\frac{y_{10}}{y_H} + \sigma = -\frac{1}{\delta}\frac{\varDelta U}{U_0} + \sigma. \tag{21}$$

Somit wird

$$\frac{\varDelta U}{U_0} = \frac{\sigma}{1 + \dfrac{1}{\delta}} = \frac{\sigma}{1 + \varkappa}. \tag{22}$$

Dabei ist für $\dfrac{1}{\delta} \equiv \varkappa$ gesetzt. $\varkappa$ ist der sogenannte Kreisverstärkungsfaktor oder auch einfach die Kreisverstärkung. Bei der gewählten Normierung für die Zwischengrößen tritt die Verstärkung hier nur am Meßwerk in Erscheinung.

Wir denken uns vorübergehend den Regelkreis an der in Abb. 5 angedeuteten Stelle aufgeschnitten. Eine Änderung am Eingang des Meßwerkes um $a\,U_0$ bringt am Ausgang eine Änderung um $\left(-a\,u_H\dfrac{1}{\delta}\right)$ und damit letzten Endes eine Änderung der Generatorspannung um $\left(-a\,U_0\dfrac{1}{\delta} = -a\,U_0\,\varkappa\right)$. Es handelt sich also tatsächlich um eine (negative) Verstärkung.

Ganz allgemein gilt das Gesetz, daß entsprechend Gl. (22) bei einer Proportionalregelung mit bleibender Abweichung die ohne Regelung auftretende Änderung der Regelgröße auf den $\dfrac{1}{1 + \varkappa}$ fachen Wert herabgedrückt wird.

Tritt in unserem Beispiel bei Belastung des Generators mit Nennlast ein Spannungsfall von 10% gegen Leerlauf auf ($\sigma = 0{,}1$) und soll dieser Spannungsabfall durch die Regelung auf 1% verringert werden, so muß nach Gl. (22)

$$1 + \varkappa = \frac{0{,}1}{0{,}01} = 10$$

also $\varkappa = \dfrac{1}{\delta} = 9$ bzw. $\delta = 0{,}11$ gewählt werden. (Bei $0{,}11\,U_0$ ändert sich u um u_H.)

Eine Betrachtung soll noch kurz angestellt werden über die Grenzen der Gültigkeit für die abgeleiteten Beziehungen. Zunächst muß festgestellt werden, ob auch bei den Regelvorgängen in Bereichen der verschiedenen Kennlinien gearbeitet wird, in denen diese mit ausreichender Annäherung noch als geradlinig angesehen werden können. Dann muß aber auch untersucht werden, ob nicht bei Regelvorgängen der tatsächliche Regel- bzw. Steuerbereich, der z. B. durch Regleranschläge begrenzt sein kann, überschritten wird. Man wird im allgemeinen bestrebt sein, diesen Steuerbereich so groß zu wählen, daß er bei den zu erwartenden Störungen auch während des Regelvorganges ausreicht.

b) Drehzahlregelung eines Dieselmotors. Nach Abb. 6 soll die Drehzahl eines Dieselmotors zum Antrieb eines Gleichstromgenerators (Notstromaggregat) durch einen Fliehkraftregler direkt ohne Zwischenschaltung eines Hilfsmotors (Regler ohne Hilfsenergie) geregelt werden.

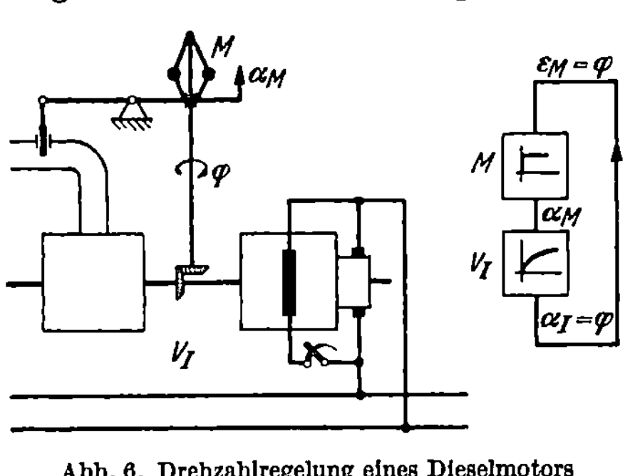

Abb. 6. Drehzahlregelung eines Dieselmotors
(mit Regelschema)

Das Fliehkraftpendel soll statisch arbeiten, so daß also in einem gewissen Bereich jeder Drehzahl eine bestimmte Stellung des Pendels und damit des Kraftstoffventils zugeordnet ist. Sein Verhalten entspricht also der Kurve Abb. 2/1 bzw. 2/3 mit der Gl. (2/1), wenn wir vorläufig die Wirkung der Masse vernachlässigen:

$$\alpha_M = \varphi \frac{1}{\delta} \, . \qquad (23)$$

Das Fliehkraftpendel steuert den Dieselmotor mit gekuppelter Gleichstrommaschine, die Regelstrecke unserer Anordnung. Nehmen wir zunächst für unseren Generator *Leerlauf* an und vernachlässigen wir außerdem die Änderung der Verluste des ganzen Aggregates bei Änderung der Drehzahl, so bekommen wir einen zeitlichen Zusammenhang zwischen Drehzahl (Ausgangsgröße) und Ventilstellung (Stellgröße), der Abb. 3/20 entspricht, d. h. eine Änderung der Kraftstoffzufuhr ergibt eine gleichmäßig mit der Zeit ansteigende bzw. abfallende Drehzahl. Damit gilt die Gl. (3/35):

$$\alpha_I' \, T_{al} = - \, \varepsilon_I = - \, \alpha_M \, , \qquad (24)$$

wobei noch auf das Vorzeichen zu achten ist (ε_I pos. bedeutet Drehzahlabfall also neg. α_I', entsprechend Abb. 6; der Index l bei T_{al} soll andeuten, daß sich die Zeitkonstante auf Leerlauf bezieht).

Nun ist im vorliegenden Fall die Ausgangsgröße

$$\alpha_I = \varphi \qquad (25)$$

also gleich der Regelgröße. Unter Berücksichtigung von Gl. (23) ergibt sich daher:

$$\varphi' \, \delta \, T_{al} + \varphi = 0 \, . \qquad (26)$$

Die Lösung dieser einfachen Differentialgleichung lautet

$$\varphi = C_1 \cdot e^{-\frac{t}{\delta \, T_{al}}} \, , \qquad (27)$$

eine irgendwie einmal vorhandene Abweichung der Drehzahl vom stationären Endwert wird also nach einer Exponentialfunktion mit der

Zeitkonstante $\delta\,T_{al}$ verschwinden. Die Integrationskonstante C_1 wird einfach gleich der zur Zeit des Regeleinsatzes ($t = 0$) vorhandenen Drehzahlabweichung $(\varphi)_0$, so daß also endgültig die Regelgleichung lautet

$$\varphi = (\varphi)_0\,e^{-\dfrac{t}{\delta\,T_{al}}}. \tag{28}$$

Wird die Statik (der bezogene Proportionalbereich) zu 6% gewählt und wird die Zeitkonstante $T_{al} = 2$ sek ($T_{al} = \Theta\,n_0/M_{DH}$), d. h. ändert sich bei einer Abweichung der Kraftstoffzufuhr um den dem Hub des Pendels entsprechenden Wert (also im allgemeinen bei einer Abweichung gleich der vollen Beaufschlagung) die Drehzahl in 2 sek um ihren Nennwert, so bekommen wir

$$\varphi = \varphi_0\,e^{-\dfrac{t}{0,12\text{ sek}}},$$

die Abweichung verschwindet also entsprechend Abb. 7 sehr schnell.

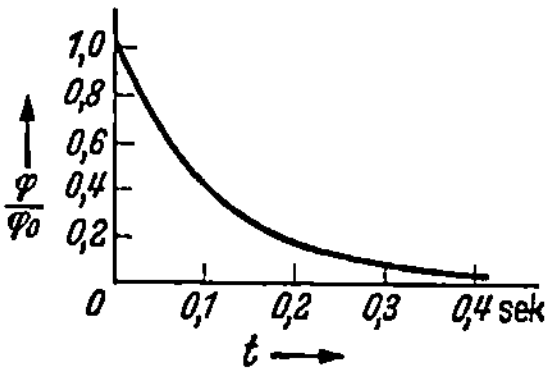

Abb. 7. Regelkurve bei einer Anordnung nach Abb. 6 bei Vernachlässigung der Masse des Meßwerkes (Leerlauf)

Berücksichtigen wir nun noch die Masse des Pendels, so gilt die Differentialgleichung (2/13)

$$\alpha_M''\,T_f^2 + \alpha_M\,\delta = \varphi\,. \tag{29}$$

Mit dieser Gleichung zusammen mit Gl. (24) und (25) bekommen wir dann die Differentialgleichung unseres Regelvorganges [aus Gl. (24) α_M, durch Differention α_M' und diese Werte in Gl. (29) eingesetzt]:

$$\varphi'''\,T_{al}\,T_f^2 + \varphi'\,\delta\,T_{al} + \varphi = 0\,. \tag{30}$$

Da in der Gleichung das Glied mit φ'' fehlt, ist, wie in dem späteren Abschnitt über Stabilitätsuntersuchungen noch gezeigt wird, die Regelung labil, d. h. unbrauchbar. Wir bekommen durch die Wirkung der Masse eine Masseschwingung, die ungedämpft bzw. angefacht verläuft. Da der Hauptregelvorgang durch diese Schwingung praktisch nicht beeinflußt wird, muß die charakteristische Gl. von (30) praktisch ohne Rest teilbar sein durch die charakteristische Gl. von (26), also

$$\left.\begin{aligned}
&(T_{al}\,T_f^2\,p^3 + \delta\,T_{al}\,p + 1) : (\delta\,T_{al}\,p + 1) = \frac{T_f^2}{\delta}\,p^2 - \frac{T_f^2}{\delta^2\,T_{al}}\,p + 1 \\[2mm]
&+\,T_{al}\,T_f^2\,p^3 + \frac{T_f^2}{\delta}\,p^2 \\[2mm]
&\rule{6cm}{0.4pt} \\[1mm]
&\qquad -\frac{T_f^2}{\delta}\,p^2 + \delta\,T_{al}\,p + 1 \\[2mm]
&\qquad -\frac{T_f^2}{\delta}\,p^2 - \frac{T_f^2}{\delta^2\,T_{al}}\,p \\[2mm]
&\rule{6cm}{0.4pt} \\[1mm]
&\qquad\qquad \left(\delta\,T_{al} + \frac{T_f^2}{\delta^2\,T_{al}}\right)p + 1
\end{aligned}\;\right\} \tag{31}$$

wobei $\delta\,T_{al} + T_f^2/\delta^2\,T_{al} \approx \delta\,T_{al}$ gesetzt ist.

Um zu sehen, ob dabei nicht ein zu großer Fehler gemacht worden ist, soll für T_f^2 noch ein bei solchen Fliehkraftpendeln üblicher Wert eingesetzt werden. Nehmen wir an, daß $T_f' = 0{,}0173$ sek [*31*], so wird $T_f^2 = T_f'^2/2\lambda = 0{,}000075$ sek^2 ($\lambda = 2{,}0$, weil die Fliehkraft quadratisch mit der Drehzahl ansteigt, siehe S. 31). Wir bekommen damit mit den Zahlenwerten unseres Beispieles

für

$$\delta\,T_{al} + \frac{T_f^2}{\delta^2\,T_{al}} = \delta\,T_{al}\left(1 + \frac{T_f^2}{\delta^3\,T_{al}^2}\right) = \delta\,T_{al}\left(1 + \frac{0{,}000075}{0{,}000215\cdot 4}\right)$$
$$= \delta\,T_{al}\,(1 + 0{,}087)\,.$$

Wir sehen also, daß $\delta\,T_{al} + T_f^2/\delta^2\,T_{al}$ in unserem Fall um etwa 9% größer ist als $\delta\,T_{al}$, so daß also die bei genauer Rechnung tatsächlich sich ergebenden Wurzeln etwas verschieden sein werden von denen, die wir mit unserer Näherung finden.

Da der Hauptvorgang (charakteristische Gleichung: $p\,\delta\,T_{al} + 1 = 0$) übereinstimmt mit dem früher (ohne Masse) gefundenen, brauchen wir uns nur noch mit der Masseschwingung zu beschäftigen, deren charakteristische Gleichung wir der Rechnung Gl. (31) entnehmen können:

$$p^2\,\frac{T_f^2}{\delta} - p\,\frac{T_f^2}{\delta^2\,T_{al}} + 1 = 0\,. \tag{32}$$

Die Lösung dieser quadratischen Gleichung ergibt die zwei konjugiert kompl. Wurzeln:

$$p_1 = \frac{1}{2\,\delta\,T_{al}} + j\sqrt{\frac{\delta}{T_f^2} - \frac{1}{4}\,\frac{1}{\delta^2\,T_{al}^2}}$$
$$p_2 = \frac{1}{2\,\delta\,T_{al}} - j\sqrt{\frac{\delta}{T_f^2} - \frac{1}{4}\,\frac{1}{\delta^2\,T_{al}^2}}\,.$$

Wir bekommen damit für die Masseschwingung die Lösung:

$$\varphi_m = e^{\frac{t}{2\,\delta\,T_{al}}}\left(C'\cos\sqrt{\frac{\delta}{T_f^2} - \frac{1}{4}\,\frac{1}{\delta^2\,T_{al}^2}}\,t + C''\sin\sqrt{\frac{\delta}{T_f^2} - \frac{1}{4}\,\frac{1}{\delta^2\,T_{al}^2}}\,t\right), \tag{33}$$

also eine Schwingung mit wachsenden Amplituden (Realteil der Wurzeln positiv, daher Exponent von e positiv!). Da die Regelung in dieser Form natürlich unbrauchbar ist, soll die Ermittlung der Integrationskonstanten nicht mehr durchgeführt werden, sondern es soll untersucht werden, wie sich die Anordnung verbessern läßt.

Am zweckmäßigsten wird das Fliehkraftpendel mit einer Bremse versehen entsprechend Abb. 2/12. Wir bekommen dann für das Meßwerk, unser Fliehkraftpendel die Gl. (2/35)

$$\alpha_M''\,T_f^2 + \alpha_M'\,T_y + \alpha_M\,\delta = \varphi\,, \tag{34}$$

die zusammen mit Gl. (24) und (25) die Differentialgleichung der Regelung ergibt:

$$\varphi'''\,T_{al}\,T_f^2 + \varphi''\,T_{al}\,T_y + \varphi'\,\delta\,T_{al} + \varphi = 0\,. \tag{35}$$

Dividieren wir die zugehörige charakteristische Gleichung durch die entsprechende von Gl. (26), was sich praktisch ohne Rest durchführen läßt, so lange T_y klein bleibt, so zeigt sich, daß die Masseschwingung jetzt gerade ungedämpft verläuft, wenn $T_y = T_J^2/\delta\, T_{al}$ gewählt wird, daß sie aber bei größerer Bremszeitkonstante abklingt. Wird sie wesentlich größer gemacht, so wird allerdings dann auch der Hauptvorgang beeinflußt, die Division der beiden Gleichungen läßt sich dann nicht mehr durchführen und die 3 Wurzeln der charakteristischen Gleichung von (35) müssen auf andere Weise gefunden werden [5].

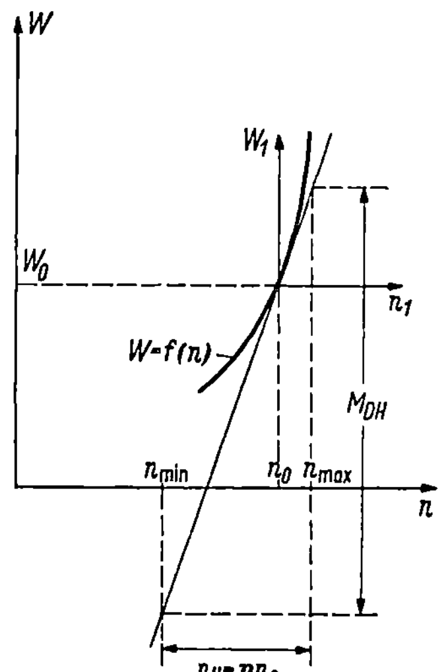

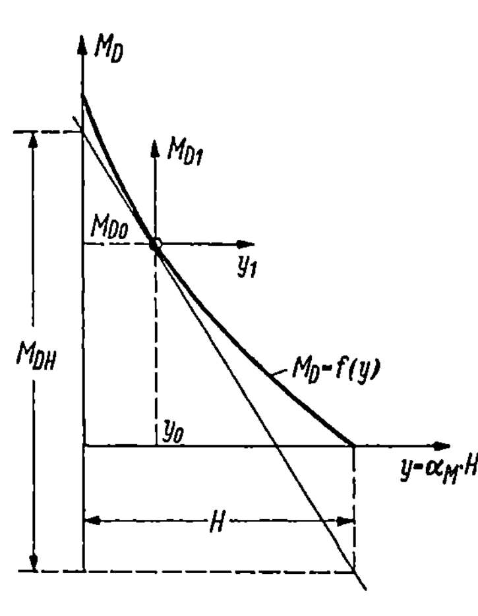

Abb. 8. Belastungskennlinie des Gleichstromgenerators nach Abb. 6. Ersatzgerade

Abb. 9. Dieselmoment abhängig von der Muffenstellung bei einer Anordnung nach Abb. 6. Ersatzgerade

Die Regelverhältnisse sollen nun auch noch bei *Belastung* untersucht werden. Als Belastung des Gleichstromgenerators nehmen wir eine Glühlampenbelastung an, wie dies bei Notstromaggregaten häufig der Fall sein wird. Außerdem soll die Generator*spannung* nur von Hand geregelt werden bzw. wenn ein Regler vorhanden ist, soll er so langsam arbeiten, daß er, wenigstens zunächst, bei plötzlichen Belastungsstößen die Drehzahlregelung nicht beeinflussen kann. Wir bekommen dann für das Widerstandsmoment des Dieselmotors, gegeben durch das Belastungsmoment des Gleichstromgenerators, abhängig von der Drehzahl, für einen bestimmten Belastungszustand eine Kennlinie, wie sie in Abb. 8 aufgezeichnet ist. Wir ersetzen diese Kurve, wie im Bild gezeigt, wieder durch die Tangente im Betriebspunkt. Bekannt muß außerdem die Abhängigkeit des Dieselmomentes von der Stellung der Muffe des Fliehkraftpendels sein, sie soll der Kurve Abb. 9 entsprechen, die ebenfalls durch die Tangente im Betriebspunkt ersetzt wird. (Im untersuchten Drehzahlgebiet soll das Dieselmoment unabhängig von der Drehzahl sein.)

Die Momentengleichung für das Aggregat lautet:

$$M - W - 2\,\pi\,\Theta\,\frac{dn}{dt} = 0 \,. \tag{36}$$

Nun ist nach der Linearisierung entspr. Abb. 8 und 9:

$$M = M_{D0} - M_{DH}\frac{y_1}{H}\,; \qquad W = W_0 + M_{DH}\frac{n_1}{n_H}\,.$$

Betrachtet man nur die Abweichungen, so wird aus Gl. (36)

$$\frac{n_1}{n_H} + \frac{d\,\frac{n_1}{n_H}}{dt}\,T_a = -\frac{y_1}{H} \tag{37}$$

oder mit $\dfrac{n_1}{n_H} = \alpha_I$ und $\dfrac{y_1}{H} = \alpha_M$:

$$\alpha_I'\,T_a + \alpha_I = -\,\alpha_M \,. \tag{38}$$

$$T_a = 2\,\pi\,\frac{\Theta\,n_H}{M_{DH}} \tag{39}$$

ist die Anlaufzeit bei größter Kraftstoffzufuhr auf die Drehzahl $n_H = \eta\,n_0$.

Die Gl. (38) entspricht der Gl. (3/27) mit der Übergangsfunktion nach Abb. 3/12, wobei aber das Vorzeichen zu beachten ist.

Der Dieselmotor verhält sich wesentlich anders als bei Leerlauf. Wenn die Kraftstoffzufuhr vom stationären Zustand aus vergrößert wird, so steigt die Drehzahl nicht unbegrenzt an, sondern nach einer Exponentialfunktion auf einen neuen Wert, bei dem das Generatormoment W entsprechend gestiegen ist. Nach Abb. 8 würde sich (nach der Linearisierung) bei geschlossener Kraftstoffzufuhr die Drehzahl n_{min}, bei voll geöffneter die Drehzahl n_{max} einstellen.

Der Ausgangsgröße α_I in Gl. (38) entspricht in unserem Fall wieder die Regelgröße. Dabei ist aber noch folgendes zu beachten: Die Ausgangsgröße ist auf den Maximalwert bei größtem Wert der Stellgröße bezogen, also auf n_H bzw. $\eta\,n_0$. Da aber die Regelgröße auf den Sollwert, also n_0 bezogen werden soll, setzen wir

$$\varphi = \alpha_I\,\eta \,. \tag{40}$$

Nehmen wir nun wieder rein statisches Meßwerk zunächst ohne Berücksichtigung der Masse an, so ergibt sich zusammen mit Gl. (23) die Differentialgleichung unseres Regelvorganges zu

$$\varphi'\,T_a + \varphi\left(1 + \frac{\eta}{\delta}\right) = 0 \tag{41}$$

oder

$$\varphi'\,T_a + \varphi\,(1 + \varkappa) = 0 \tag{42}$$

mit der Lösung

$$\varphi = C_1 \cdot e^{-\frac{t}{\delta\,T_a}} = C_1\,e^{-\frac{t(1+\varkappa)}{T_a}} \,. \tag{43}$$

Ein Vergleich dieser Lösung mit der bei Leerlauf Gl. (27) ergibt, daß der Regelvorgang sich auch jetzt ganz ähnlich abspielen wird wie dort.

Da [unter Berücksichtigung von Gl. (24) und (39)] $T_a = \eta \, T_{al}$, der Wert von η im allgemeinen bei 1,0, der von δ aber bei 0,1 liegen wird, sind die beiden Abklingzeitkonstanten $\delta \, T_{al}$ und $\delta \, T_a/(\delta + \eta)$ nur wenig voneinander verschieden.

Nach den gleichen Überlegungen, die S. 121 für das Beispiel nach Abb. 1 angestellt wurden, ergibt sich für die bleibende Abweichung bei einer Störung σ

$$\frac{\Delta n}{n_0} = \frac{n_0 - n_{00}}{n_0} = \frac{\sigma}{1 + \varkappa} \, . \tag{44}$$

Da sich die Drehzahl nicht sprungartig ändern kann, ist bei einer sprungartig einsetzenden Störung σ noch die ursprüngliche Drehzahl n_{00} vorhanden. Es wird daher $(\varphi)_0 =$

$$(\varphi)_0 = \frac{(n)_0 - n_0}{n_0} = \frac{n_{00} - n_0}{n_0} = - \frac{\sigma}{1 + \varkappa} \, , \tag{45}$$

so daß damit auch die Integrationskonstante in Gl. (43) festliegt.

Die Berücksichtigung der Masse führt hier zu ganz ähnlichen Ergebnissen wie bei den Leerlaufuntersuchungen. Wie dort gezeigt, muß für eine gewisse Dämpfung der Masseschwingung durch Anbringung einer Dämpfungspumpe am Meßwerk gesorgt werden.

Selbstverständlich gilt die vorstehende Untersuchung auch, wenn der Dieselmotor nicht mit einem Generator nach Abb. 6, sondern mit irgendeiner Arbeitsmaschine belastet ist. Es ändert sich in diesem Fall nur im allgemeinen die Abhängigkeit des Widerstandsmomentes von der Drehzahl, also die Kennlinie Abb. 8, sonst bleibt alles bestehen.

Ganz kurz soll auch noch der Fall integraler Regelung für unser Beispiel behandelt werden. Das Fliehkraftpendel soll also astatisch (integral) arbeiten, aber mit einer Ölbremse versehen sein.

Mit Rücksicht auf die Ölbremse kann die Massewirkung vernachlässigt werden und damit gilt die Differentialgleichung (2/51)

$$\alpha'_M \, T_y = \varepsilon_M = \varphi \, . \tag{46}$$

Berücksichtigen wir noch Gl. (24) für Leerlauf bzw. Gl. (38) für Belastung, so bekommen wir folgende zwei Differentialgleichungen:

Leerlauf: $\qquad \varphi'' \, T_{al} \, T_y + \varphi = 0 \, . \tag{47}$

Belastung: $\qquad \varphi'' \, T_a \, T_y + \varphi' \, T_y + \varphi \, \eta = 0 \, . \tag{48}$

Während sich bei Leerlauf eine *ungedämpfte* Schwingung ergibt, die Regelung also jetzt unbrauchbar ist, stellt sich bei Belastung eine gedämpfte Schwingung ein, wobei die Dämpfungszeitkonstante gleich $2 \, T_a$ wird, somit also nur durch die Eigenschaften des Dieselmotors mit Belastung, also der Regelstecke gegeben ist.

Ganz allgemein kann gesagt werden, daß sich bei Verwendung eines Reglgliedes mit Ausgleich (Übergangsfunktion Abb. 3/12) praktisch immer bessere Regelbedingungen ergeben als bei einem solchen mit reiner Geschwindigkeitssteuerung (Übergangsfunktion Abb. 3/20).

Wird im vorliegenden Fall Integralregelung verlangt, so muß astatische Regelung mit vorübergehender Statik also eine *PI*-Regelung vorgesehen werden, um auch bei Leerlauf brauchbare Betriebsverhältnisse zu bekommen. Für das Meßwerk gilt dann (bei Vernachlässigung der Masse) die Gl. (2/71), die zusammen mit der Gleichung des Verstellgliedes, nun in beiden Fällen zu der Differentialgleichung einer gedämpften Schwingung als Regelgleichung führt. Ganz allgemein gilt auch, daß die vorübergehende Statik (PI-Wirkung) die Regelverhältnisse günstig beeinflußt.

c) Drehzahlregelung einer Kraftmaschine mit mittelbarem Regler. (Regler mit Hilfsenergie.) Nach Abb. 10 soll die Drehzahl einer Kraftmaschine, die einen Drehstromgenerator antreibt, durch einen mittelbaren Regler mit nachgiebiger Rückführung geregelt werden, so daß

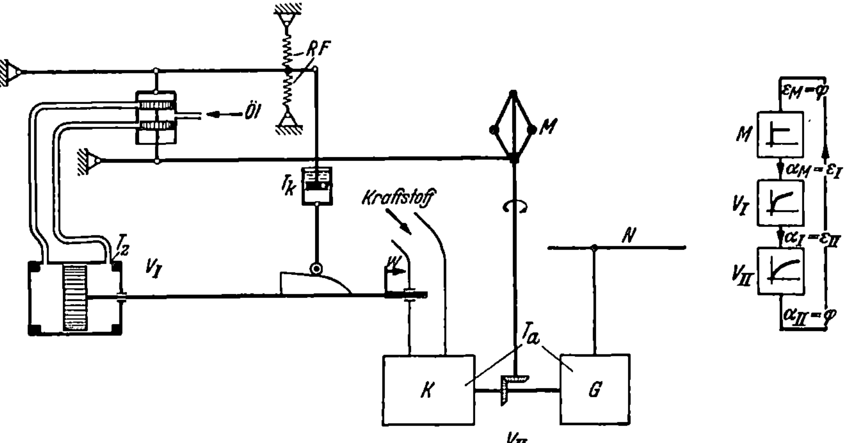

Abb. 10. Drehzahlregelung einer Kraftmaschine durch mittelbaren Regler mit Rückführung. Regelschema

wir eine Proportional-Integral-Regelung erhalten. Das Regelsystem besteht hier außer dem Meßwerk noch aus 2 Gliedern: 1. der mittelbare Regler und 2. die Kraftmaschine mit Generator und Netz.

Das Fliehkraftpendel soll rein statisch arbeiten. Die Masseschwingung soll durch eine Dämpfungspumpe unterdrückt sein, die dadurch bedingte Verzögerung der Pendelbewegung soll aber so klein sein, daß sie den Regelvorgang praktisch nicht beeinflußt und deshalb vernachlässigt werden kann. Wir können also mit der Gl. (2/1) rechnen. (Ausgangsgröße des Meßwerkes ist Eingangsgröße von Verstellglied I!)

$$\varepsilon_I = \varepsilon_M \frac{1}{\delta} = \varphi \frac{1}{\delta} . \tag{49}$$

Das Schema des indirekten Reglers entspricht der Abb. 3/37 mit der Übergangsfunktion Abb. 3/39 und der Differentialgleichung (3/104)

$$\alpha_I'' T_z T_y + \alpha_I'(T_z + T_y) = \varepsilon_I' T_y + \varepsilon_I . \tag{50}$$

Die verschiedenen Zeitkonstanten sind so, wie in Abschn. 3 gezeigt, zu ermitteln. Die Kraftmaschine soll eine Wasserkraftmaschine sein, deren

Moment-Drehzahlkennlinien (ohne Regelung!) bei verschiedener Füllung etwa den in Abb. 11 gezeichneten Verlauf aufweisen werden. Das Widerstandsmoment des Generators abhängig von der Drehzahl wird je nach der Belastung den ebenfalls in Abb. 11 eingezeichneten Kennlinien entsprechen. Dabei ist angenommen, daß der Generator auf ein selbständiges Netz arbeitet, auf das sonst keine oder nur wesentlich kleinere Generatoren arbeiten. Die Übergangsfunktion der Kraftmaschine wird nun bei den Kennlinien Abb. 11 der Abb. 3/12 entsprechen, d. h. bei einer plötzlichen Änderung der Beaufschlagung wird sich nach einiger Zeit, etwa nach einer Exponentialfunktion, eine neue stationäre Drehzahl einstellen. Wir können daher für die Kraftmaschine als 2. Regelglied mit der Gl. (3/27) rechnen (Vorzeichen beachten! Drehzahl nimmt ab, wenn w zunimmt, Abb. 12):

$$\alpha'_{II}\, T_a + \alpha_{II} = -\,\varepsilon_{II} = -\,\alpha_I\,. \tag{51}$$

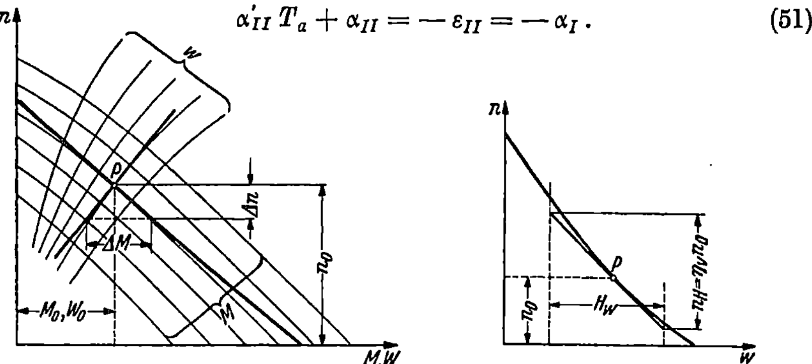

Abb. 11. Kraftmaschinen- und Widerstandsmoment abhängig von der Drehzahl bei einer Anordnung nach Abb. 10

Abb. 12. Drehzahl (n) abhängig von der Turbinenöffnung (w) bei einer Anordnung nach Abb. 10. Ersatzgerade

Die Anlaufzeitkonstante T_a bekommen wir nach Abb. 11 entsprechend Abb. 3/2 zu

$$T_a = 2\,\pi\,\frac{\Theta\,\Delta n}{\Delta M}\,, \tag{52}$$

wobei als Trägheitsmoment Θ das von Kraftmaschine $+$ Generator einzusetzen ist.

Bei der Belastung, die der Untersuchung zugrunde gelegt wird, ergibt sich die Drehzahl abhängig von w, also der Ventilstellung (Turbinenöffnung) nach Abb. 12, die aus der Kurve 11 und dem Zusammenhang zwischen Ventilstellung w und Kraftmaschinenmoment zu ermitteln ist. Es ist nun ε_{II} auf den nach Abb. 3/8 zu bestimmenden scheinbaren Hub (H_w), der über die Rückführung dem Hub H des Meßwerkes entspricht, bezogen, α_{II} auf die diesem Hub entsprechende Drehzahländerung n_H, die dem scheinbaren, allerdings hier nur vorübergehenden Regelbereich entspricht. n_H wird, auf die Solldrehzahl bezogen, $\eta_v\,n_0$ gesetzt. Der tatsächliche Regelbereich (η), entsprechend dem Gesamthub des Regelventils, ist im allgemeinen größer, da die Übersetzung der Rückführung so gewählt wird, daß schon bei einer Bewegung, die nur einem Teil des Gesamthubes des Regelventils entspricht, über die Rückführung der Steuerzylinder um den vollen Hub des Meßwerkes gehoben wird. Würde die Rückführung starr sein, so könnte das Regelventil überhaupt nur diesen Teilweg zurücklegen, der Regelbereich wäre also entsprechend kleiner (η_v). Da aber bei der nachgiebigen Rückführung nach Abb. 10 unter der Wirkung der Federn der Steuerzylinder immer wieder in seine Mittellage zurückkehrt, kann auch das Regelventil durch den Arbeitskolben wieder weiterbewegt werden, so daß der kleinere Regelbereich eben nur vorübergehend wirksam ist. α_{II} entspricht in unserem Fall der Regelgröße, die wir auf den Sollwert bezogen mit φ bezeichnen. Es wird daher auch hier entsprechend Gl. (40)

$$\varphi = \alpha_{II}\,\eta_v \,. \tag{53}$$

Aus den Gln. (49), (50), (51) und (53) können wir nun alle Unbekannten bis auf die Regelgröße φ eliminieren und bekommen so die Differentialgleichung des Regelvorganges. Für diese Elimination verwenden wir das S. 117 beschriebene Verfahren. Wir setzen zunächst die Gln. (49), (50) und (51) unter Berücksichtigung von (53) nochmals an:

$$\text{I} \qquad \varphi\,\frac{1}{\delta} - \varepsilon_I = 0 \,. \tag{49}$$

$$\text{II} \qquad \varepsilon_I'\,T_y + \varepsilon_I - \alpha_I''\,T_z\,T_y - \alpha_I'(T_z + T_y) = 0 \,. \tag{50}$$

$$\text{III} \qquad \alpha_I + \varphi'\,\frac{1}{\eta_v}\,T_a + \varphi\,\frac{1}{\eta_v} = 0 \,. \tag{51}$$

Wir erhalten daraus die Koeffizientendeterminante, die gleich Null sein muß

$$\begin{vmatrix} \dfrac{1}{\delta} & -1 & 0 \\[2mm] 0 & p\,T_y + 1 & -p^2\,T_z\,T_y - p(T_z + T_y) \\[2mm] p\,\dfrac{1}{\eta_v}\,T_a + \dfrac{1}{\eta_v} & 0 & 1 \end{vmatrix} = 0 \,. \tag{54}$$

Die Ausrechnung der Determinante (54) ergibt:

$$\frac{1}{\delta}\,(T_y p + 1) + (-1)\,[-T_z T_y p^2 - (T_z + T_y)\,p]\left[\frac{1}{\eta_v}\,T_a\,p + \frac{1}{\eta_v}\right] = 0 \,, \tag{55}$$

oder nach Exponenten von p geordnet:

$$p^3\,T_z\,T_y\,T_a + p^2\,[T_z\,T_y + T_y\,T_a + T_z\,T_a]$$
$$+ p\left[T_z + T_y\left(1 + \frac{\eta_v}{\delta}\right)\right] + \frac{\eta_v}{\delta} = 0 \,. \tag{56}$$

Wir bekommen also hier eine charakteristische Gleichung 3. Grades bzw. eine Differentialgleichung 3. Ordnung. Die allgemeine Lösung der charakteristischen Gleichung 3. Grades ist praktisch nicht möglich, sie muß von Fall zu Fall mit eingesetzten Zahlenwerten durchgeführt werden. Nehmen wir aber an, daß die Rückführbremse sehr stark bremsend eingestellt ist, so daß die Rückführzeitkonstante T_y wesentlich größer wird als die Anlaufzeitkonstante T_a und die Verstellzeit T_z, die Rückführung also praktisch starr geworden ist, so können wir in Gl. (56) die Glieder ohne T_y vernachlässigen und bekommen dann nach Division durch p die Restgleichung:

$$p^2\, T_z\, T_a + p(T_z + T_a) + (1 + \varkappa) = 0\,, \qquad (57)$$

$$\left(\text{für } \frac{\eta}{\delta} = \varkappa \text{ gesetzt}\right),$$

die der charakteristischen Gleichung der rein statischen Regelung mit starrer Rückführung in Abb. 10, einer Proportional-Regelung, entspricht. Der bei nachgiebiger Rückführung vorübergehende Regelbereich wird hier der tatsächliche (η). Während mit nachgiebiger Bremse im stationären Endzustand die Stellung des Steuerzylinders, damit des Steuerkolbens und damit also auch des Fliehkraftpendels immer die gleiche sein muß, der sich einstellende Wert der Regelgröße also konstant bleibt, unabhängig von der Stellung des Arbeitskolbens, ist dies bei fester Bremse nicht mehr der Fall. Jeder Stellung des Arbeitskolbens entspricht jetzt eine andere Stellung des Steuerzylinders, Steuerkolbens und damit auch des Fliehkraftpendels, also auch eine andere Drehzahl. Die Regelung ist also statisch geworden. Die Lösung von Gl. (57) führt zu einer Regelgleichung, die einer gedämpften Schwingung entspricht. Die Frequenz der Schwingung wird

$$\omega_p = \sqrt{\frac{1 + \varkappa}{T_z\, T_a} - \frac{1}{4}\left(\frac{T_z + T_a}{T_z\, T_a}\right)^2} \qquad (58)$$

[oder mit den Zahlen des nachstehend behandelten Beispiels

$$\omega_p = \sqrt{\frac{21}{2 \cdot 2} - \frac{1}{4}\left(\frac{2 + 2}{2 \cdot 2}\right)^2}\, \frac{1}{\text{sek}} = 2{,}22\, \frac{1}{\text{sek}}]\,.$$

Die Dämpfungszeitkonstante

$$T_d = \frac{2\, T_z\, T_a}{T_z + T_a} \qquad (59)$$

[mit den Zahlen des Beispiels $T_d = 2 \cdot 2 \cdot 2/(2 + 2)$ sek $= 2$ sek].

Die Integrationskonstanten bestimmen sich aus den 2 Anfangsbedingungen für $(\varphi)_0$ und $(\varphi')_0$. Nehmen wir z. B. an, daß sich die Belastung des Generators plötzlich ändert, so daß sich bei gleichbleibender Füllung der Kraftmaschine eine bezogene Drehzahlabweichung σ ergeben würde, so wird durch die Regelung diese Abweichung auf $\frac{\sigma}{1 + \varkappa}$ (S. 121) zurückgehen und die Anfangsabweichung vom stationären Endwert beträgt damit

$$(\varphi)_0 = -\frac{\sigma}{1 + \dfrac{\eta}{\delta}}\,. \qquad (60)$$

Da im ersten Augenblick die Regelung noch nicht eingreift, verhält sich die Kraftmaschine zunächst noch so, wie wenn keine Regelung vorhanden wäre, die Drehzahl würde daher, entsprechend der Übergangsfunktion Abb. 3/12, auf die Abweichung σ gehen. Wir bekommen daher

$$(\varphi')_0 = \frac{\sigma}{T_a} \cdot \tag{61}$$

Aus den Bedingungen (60) und (61) können nun die Integrationskonstanten bestimmt werden.

Für die *astatische* Regelung mit vorübergehender Statik, also für die *PI*-Regelung nach Gl. (56) soll ein Beispiel durchgerechnet werden. Wir nehmen an:

$$T_z = 2 \text{ sek} \qquad \eta_v = 0,8$$
$$T_y = 5 \text{ sek} \qquad \delta = 0,04$$
$$T_a = 2 \text{ sek}$$

Damit wird Gl. (56):

$$p^3\, 20 \text{ sek}^3 + p^2\, 24 \text{ sek}^2 + p\, 107 \text{ sek} + 20 = 0\,.$$

Die 3 Lösungen dieser Gleichung werden:

$$p_1 = (-\,0,195)\; 1/\text{sek}$$
$$p_2 = (-\,0,5 + j\,2,21)\; 1/\text{sek}$$
$$p_3 = (-\,0,5 - j\,2,21)\; 1/\text{sek}\,.$$

[Hat man nur gelegentlich eine Gleichung 3. Grades zu lösen, so kommt man am schnellsten zum Ziel, wenn man zunächst durch Probieren die eine, immer vorhandene reelle Wurzel sucht. Zu diesem Zweck nimmt man verschiedene Werte an, setzt sie in die Gleichung ein und rechnet den damit sich ergebenden Wert. Zeichnet man diese Werte auf, so bekommt man schnell durch Extrapolation den Wert von p, für den die Gleichung Null wird. Hat man öfter solche Gleichungen zu lösen, so empfiehlt es sich, auf besondere Hilfsverfahren [5] zurückzugreifen.]

Die Lösung der Differentialgleichung (56) für unser Beispiel lautet damit

$$\varphi = C_1\, e^{-0,195\,\frac{t}{\text{sek}}} + e^{-0,5\,\frac{t}{\text{sek}}} \left(C' \cos 2,21\, \frac{t}{\text{sek}} + C'' \sin 2,21\, \frac{t}{\text{sek}} \right). \tag{62}$$

Die Integrationskonstanten sind noch zu bestimmen. Wir betrachten zu diesem Zweck die Übergangsfunktionen unserer verschiedenen Regelglieder und nehmen an, daß der angetriebene Generator einen plötzlich einsetzenden Laststoß bekommt. Die Ausgangsgröße des Meßwerkes folgt unmittelbar der Stellgröße, also der Regelgröße. Bei einer ruckartigen Änderung der Stellgröße der beiden Verstellglieder (Abb. 3/12 und 3/39) folgt die Ausgangsgröße mit Verzögerung, und zwar in beiden Fällen so, daß im ersten Augenblick die Ausgangsgröße noch den Wert Null besitzt, dann aber mit einem endlichen Wert des 1. Differentialquotienten ansteigt. Das bedeutet, daß im ersten Augenblick nicht die Größe selbst, sondern lediglich der 1. Differentialquotient der Größe beeinflußt wird. Nun haben wir im vorliegenden Fall zwar eine ruckartige Änderung der Belastung angenommen, mit Rücksicht auf die zu beschleunigenden Schwungmassen kann sich aber die Drehzahl nicht ruckartig ändern. Infolgedessen hat auch die Stellgröße des 1. Verstellgliedes (Stellung des Steuerkolbens Abb. 10) zunächst noch den Wert Null, kann daher den 1. Differentialquotienten der Ausgangsgröße (Stellung des Kraftstoffventils Abb. 10) nicht beeinflussen, sondern erst den 2. Differentialquotienten. Entsprechend kann dann die Stellung des Kraftstoffventils als Stellgröße des 2. Verstellgliedes (Kraftmaschine) erst den 3. Differentialquotienten der Ausgangsgröße dieses Verstellgliedes, also der Drehzahl als Regelgröße beeinflussen. Das heißt, der Wert der Regelgröße selbst, sowie ihr 1. und 2. Differentialquotient werden durch die Regelung im ersten Augenblick nicht beeinflußt, sie behalten die Werte bei, die sich auch ohne Regelung ergeben würden. Ohne Regelung wird aber die Drehzahl nach einer Exponentialfunktion mit der Anlaufzeitkonstante auf den dem Belastungsstoß entsprechenden Wert gehen (Abb. 3/12); die Auswirkung der Störung auf die Regelgröße entspricht also ohne Regelung der Gleichung:

$$\varphi = \sigma\left(1 - e^{-\frac{t}{T_a}}\right). \tag{63}$$

Damit bekommen wir

$$\left.\begin{aligned} (\varphi)_0 &= 0\,. \\ (\varphi')_0 &= \frac{\sigma}{T_a}\,. \\ (\varphi'')_0 &= -\frac{\sigma}{T_a^2}\,. \end{aligned}\right\} \tag{64}$$

In unserem Beispiel bekommen wir dann [Gl. (62), einmal, zweimal differenziert und $t = 0$ gesetzt]:

$$(\varphi)_0 = C_1 + C' = 0 \tag{65}$$

$$(\varphi')_0 = (-0{,}195\,C_1 - 0{,}5\,C' + 2{,}21\,C'')\ 1/\text{sek} = \frac{\sigma}{T_a} = \frac{\sigma}{2}\ 1/\text{sek} \tag{66}$$

$$(\varphi'')_0 = (0{,}038\,C_1 + 0{,}25\,C' - 4{,}9\,C' - 2{,}21\,C'')\ 1/\text{sek}^2$$
$$= -\frac{\sigma}{T_a^2} = -\frac{\sigma}{4}\ 1/\text{sek}^2 \tag{67}$$

und daraus die 3 Integrationskonstanten:

$$\begin{aligned} C_1 &= +0{,}05\,\sigma\,, \\ C' &= -0{,}05\,\sigma\,, \\ C'' &= +0{,}218\,\sigma\,. \end{aligned}$$

Die Gleichung des Regelvorganges mit diesen Integrationskonstanten lautet nun:

$$\frac{\varphi}{\sigma} = 0{,}05\,e^{-0{,}195\frac{t}{\text{sek}}} + e^{-0{,}5\frac{t}{\text{sek}}}\left(0{,}218 \sin 2{,}21\,\frac{t}{\text{sek}} - 0{,}05 \cos 2{,}21\,\frac{t}{\text{sek}}\right).$$

In Abb. 13 ist die entsprechende Kurve aufgezeichnet (I). Gleichzeitig ist in der Abb. 13 noch die Kurve (II) eingetragen, die sich bei rein statischer Regelung (P-Regelung), also bei festgestellter Bremse mit

Gl. (57) und dann die Kurve *III*, die sich bei rein astatischer Regelung (*I*-Regelung), also ohne Rückfüh.ung bzw. ganz lose eingestellter Rückführbremse ergibt. Dabei ist auch bei der *P*-Regelung die Abweichung gegen den Anfangswert aufgezeichnet. Die Gleichung für die rein astatische Regelung mit der Übergangsfunktion Abb. 3/20 für den Regler als 1. Verstellglied ergibt mit $T_y = 0$ in Gl. (61)

$$p^2 \, T_a \, T_z + p \, T_z + \frac{\eta}{\delta} = 0 \, . \tag{68}$$

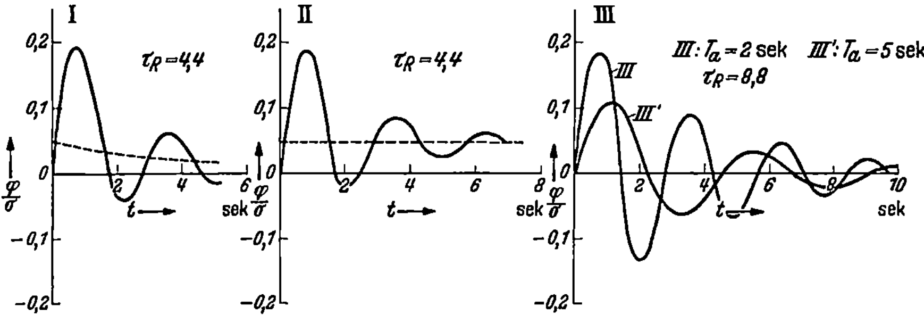

Abb. 13. Regelkurven bei einer Anordnung nach Abb. 10 mit einer Kraftmaschine mit Ausgleich. *I* astatisch, vorübergehend statisch (*PI*-Regelung), *II* statisch (*P*-Regelung), *III* rein astatisch (*I*-Regelung), *III'* wie *III* aber mit größerer Anlaufzeitkonstante der Kraftmaschine

(Für η_v kann hier auch η, also der tatsächliche Gesamtregelbereich und für T_z dann die dem Gesamthub des Arbeitskolbens entsprechende halbe Schlußzeit eingesetzt werden. Das Verhältnis η/T_z bleibt dabei das gleiche.) Wir bekommen in diesem Fall ebenfalls eine gedämpfte Schwingung mit der Frequenz

$$\omega_p = \sqrt{\frac{\varkappa}{T_z \, T_a} - \frac{1}{4} \frac{1}{T_a^2}}$$

$$= \sqrt{5 - \frac{1}{16}} \, 1/\text{sek} = 2{,}22 \, 1/\text{sek} \tag{69}$$

und einer Dämpfungszeitkonstante von

$$T_d = 2 \, T_a$$

$$= 2 \cdot 2 \, \text{sek} = 4 \, \text{sek} \, . \tag{70}$$

Die Integrationskonstanten der Regelgleichung

$$\varphi = \mathrm{e}^{-\frac{1}{4} \frac{t}{\text{sek}}} \left(C' \cos 2{,}22 \, \frac{t}{\text{sek}} + C'' \sin 2{,}22 \, \frac{t}{\text{sek}} \right) \tag{71}$$

bestimmen sich aus den Bedingungen

$$(\varphi)_0 = C' = 0 \, ,$$
$$(\varphi')_0 = \sigma/T_a = (-0{,}25 \, C' + 2{,}22 \, C'') \, 1/\text{sek} \, ,$$
$$C'' = \sigma/(T_a \cdot 2{,}22 \, 1/\text{sek}) = 0{,}225 \, \sigma \, .$$

Wenn wir die 3 Kurven der Abb. 13 vergleichen, so können wir folgende, allgemein gültige Feststellungen treffen: Der Übergang von statischer (II) zu rein astatischer Regelung (III) (also von P- zu I-Regelung) verschlechtert die Regelbedingungen immer. Die bezogene Regelzeit τ_R nach Gl. 1/4 geht von 4,4 auf 8,8. Die Verhältnisse können wieder wesentlich verbessert werden, wenn eine vorübergehende Statik eingeführt wird (Übergang zur PI-Regelung) (I gegen III), die bezogene Regelzeit τ_R für die Hauptregelschwingung geht wieder auf 4,4 zurück. Wird die Rückführzeitkonstante entsprechend groß gewählt, so wird der Regelablauf, der sich bei statischer Regelung ergibt, praktisch überhaupt nicht beeinflußt, nur die bei statischer Regelung dauernd bestehenbleibende Abweichung verschwindet hier allmählich. Um den Einfluß der Anlaufzeitkonstante T_a der Kraftmaschine zu zeigen, ist in Abb. 13 für den Fall der I-Regelung noch eine Kurve mit einer wesentlich größeren Anlaufzeitkonstante, und zwar für $T_a = 5$ sek an Stelle von $T_a = 2$ sek als Kurve III' aufgezeichnet. Wir sehen, daß sich die Frequenz stark verringert hat, so daß die maximale Drehzahlabweichung wesentlich geringer geworden ist. Aus diesem Grund wird vielfach, insbesondere bei Wasserkraftmaschinen, eine bestimmte Anlaufzeitkonstante, also ein bestimmtes Θ bzw. $G\,D^2$ vorgeschrieben.

Untersucht soll nun noch werden, wie sich die Verhältnisse ändern, wenn eine Kraftmaschine verwendet wird, deren Moment bei bestimmter Beaufschlagung unabhängig von der Drehzahl konstant ist. Außerdem soll für den Generator Leerlauf angenommen werden, so daß also auch von der Generatorseite keine Momentänderung bei Drehzahländerung auftritt. Als Übergangsfunktion für das 2. Verstellglied bekommen wir also dann die in Abb. 3/20 gezeichnete Gerade. Wenn wir nun nach Abb. 11, Gl. (52) die Anlaufzeitkonstante T_a rechnen, so bekommen wir, da $\Delta M = 0$, für $T_a = \infty$. Gleichzeitig wird aber auch η, nach Abb. 12 ermittelt, ∞. Berücksichtigen wir aber, daß nach Abb. 11 $\Delta n/\Delta M = \eta\,n_0/M_H$ ist und bilden

$$\frac{T_a}{\eta} = 2\,\pi\,\frac{\Theta\,\eta\,n_0}{M_H\,\eta} = 2\,\pi\,\frac{\Theta\,n_0}{M_H} = T_{as}\,, \tag{72}$$

so sehen wir, daß diese neue Zeitkonstante einen durchaus endlichen Wert annimmt. Sie entspricht der Anlaufzeit auf volle Drehzahl bei konstant bleibendem, voller Beaufschlagung entsprechendem Moment.

Für die 3 Fälle: I. Regler mit nachgiebiger Rückführung (PI-Regler), II. Regler mit starrer Rückführung (P-Regler), III. Regler ohne Rückführung (I-Regler) bekommen wir, wenn wir die 3 Gln. (56), (57) und (68) durch η dividieren und für $T_a/\eta = T_{as}$ setzen, wobei zu beachten ist, daß $\eta = \infty$:

$$p^3\,T_z\,T_y\,T_{as} + p^2(T_y\,T_{as} + T_z\,T_{as}) + p\,T_y\,\frac{1}{\delta} + \frac{1}{\delta} = 0\,. \tag{73}$$

$$p^2\,T_z\,T_{as} + p\,T_{as} + \frac{1}{\delta} = 0\,. \tag{74}$$

$$p^2\,T_{as}\,T_z + \frac{1}{\delta} = 0\,. \tag{75}$$

Für $T_{as} = 2$ sek sind die den 3 Gleichungen entsprechenden Regelkurven in Abb. 14 aufgezeichnet. $\varDelta$ bedeutet nicht wie σ die Abweichung der Drehzahl, die sich ohne Regelung ergeben würde — sie würde hier unendlich groß —, sondern die Drehzahlabweichung, die sich bei der angenommenen Störung ohne Regelung nach einer Zeit gleich T_{as} ergeben würde. Wir sehen, daß die Regelverhältnisse wesentlich schlechter geworden sind. Im Fall III, in dem wir jetzt 2 Verstellglieder ohne Ausgleich, also mit reiner Geschwindigkeitssteuerung, in Reihe geschaltet haben, verläuft die Regelschwingung überhaupt ungedämpft, die Regelung ist also in dieser Form unbrauchbar. Allgemein kann wieder gesagt werden, daß bei Verwendung eines Verstellgliedes ohne Ausgleich

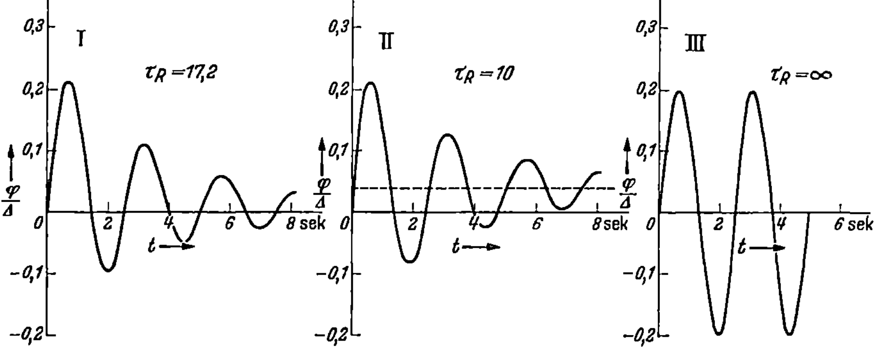

Abb. 14. Regelkurven bei einer Anordnung nach Abb. 10 mit einer Kraftmaschine ohne Ausgleich.
I *PI*-Regler, II *P*-Regler, III *I*-Regler

(Abb. 3/20) statt eines solchen mit Ausgleich (Abb. 3/12) die Regelverhältnisse immer schlechter werden. Wenn möglich, sollen daher solche Verstellglieder ohne Ausgleich vermieden werden.

Diese ungünstigen Stabilitätsverhältnisse erschweren die Einstellung einer bestimmten Drehzahl bei Leerlauf und damit die Synchronisierung des von der Kraftmaschine angetriebenen Generators. Vielfach sieht man daher bei starrer Rückführung, die eine Statik von etwa $4 \div 6\%$ zur Folge hat, noch eine zusätzliche nachgiebige Rückführung vor, die eine vorübergehende Statik von 10—20% erzeugt. Die Stabilitätsverhältnisse werden damit wesentlich günstiger.

d) Druckregelung. Abb. 15 zeigt eine Gasdruckregelung. Durch entsprechende Einstellung einer Drosselklappe soll der Gasdruck vor einer Gas-Austrittsstelle veränderlichen Querschnitts — etwa verschiedene Gasbrenner — durch einen indirekten (Strahlrohr-)Regler konstant gehalten werden. Wir haben 2 Verstellglieder: 1. der indirekte Regler und 2. die Gasrohrstrecke mit der Drosselklappe am Anfang und der Austrittsöffnung am Ende. Der indirekte Regler ist in Abb. 15 ohne Rückführung gezeichnet, seine Übergangsfunktion, d. h. der zeitliche Verlauf der Drosselklappenstellung w nach einer ruckartigen Änderung der Strahlrohrstellung x (Abb. 21) wird daher dem Verlauf der Geraden nach Abb. 3/20 mit der Gl. (3/35) entsprechen:

$$\alpha_I' \, T_s = \varepsilon_I \, .$$

(76)

(T_s ist dabei die halbe Schlußzeit des Reglers bei maximaler Verstell-geschwindigkeit. Gleichung (76) gilt nur bei kleinen Strahlrohraus-schlägen, solange die Verstellgeschwindigkeit proportional ist der Strahl-rohrablenkung). Über die Gasrohrstrecke kann zunächst rein über-legungsmäßig folgendes gesagt werden: Im stationären Betrieb wird genau so viel Gas bei der Drosselklappe zuströmen, wie bei der Austritts-öffnung ausströmt. Wird vom stationären Betriebszustand aus die Aus-flußöffnung zunächst konstant gelassen, die Stellung der Zufluß-Drossel-klappe aber sprungartig verändert, z. B. vergrößert, so wird sofort entsprechend dem größeren Querschnitt die Zuflußmenge von Gas zu-nehmen. Der Druck im Rohrstück, insbesondere an der Meßstelle am

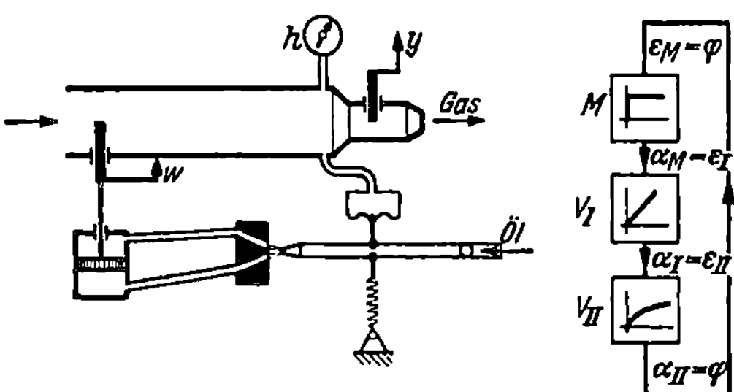

Abb. 15. Druckregelung durch Strahlrohrregler. Regelschema

Ende, kann sich aber nicht ruckartig ändern, da eine Druckänderung bei konstanter Temperatur, wie wir sie annehmen wollen, nur bei einer entsprechenden Vergrößerung der Gasmenge, die aber nicht plötzlich erfolgen kann, möglich ist. Da die Austrittsmenge nun zunächst, solange sich der Druck noch nicht geändert hat, die ursprüngliche geblieben ist, die Zuflußmenge aber größer geworden ist, wird dieser Überschuß das Rohrstück auffüllen. Damit wird aber der Druck größer, was dann eine Vergrößerung der Austrittsmenge, aber eine Verringerung der Eintritts-menge zur Folge hat, bis schließlich der Druck so weit gestiegen ist, daß Austritts- und Eintrittsmenge wieder übereinstimmen und damit der Druck konstant bleibt. Der Verlauf der Übergangsfunktion wird also sicher ein ähnlicher sein, wie der in Abb. 3/12 dargestellte. Die Verhält-nisse sollen nun mit Rücksicht auf die Festlegung der verschiedenen Konstanten noch etwas genauer untersucht werden.

In Abb. 16 ist die experimentell oder rechnerisch zu ermittelnde Abhängigkeit der (sekundlichen) Zu- und Abflußmenge (q_z und q_a) vom Druck h im Rohrstück aufgezeichnet, und zwar einmal bei geringer und dann bei großer Abflußöffnung und entsprechend eingestellter Zufluß-öffnung. Dabei soll bei der Ermittlung der Zuflußmenge ein in der Zuflußleitung bis zur Stelle festen Druckes — etwa in einem Gasometer, der weit entfernt sein kann — auftretender Strömungswiderstand mit berücksichtigt sein. (Bei Flüssigkeiten immer und bei Gasen, solange die Druckdifferenz an der Durchströmstelle klein ist, steigt die Durchfluß-menge mit der Wurzel aus der Druckdifferenz an.) Abb. 17 zeigt die ebenfalls experimentell oder rechnerisch gefundene Abhängigkeit der

Zuflußmenge q_z von der Drosselklappenstellung w beim Sollwert des Druckes h_0. Ersetzen wir diese Kurve durch ihre Tangente im Betriebspunkt, so können wir entsprechend Abb. 17 setzen:

$$q_{z1} = - q_{zH} \cdot \frac{w_1}{H_w} . \tag{77}$$

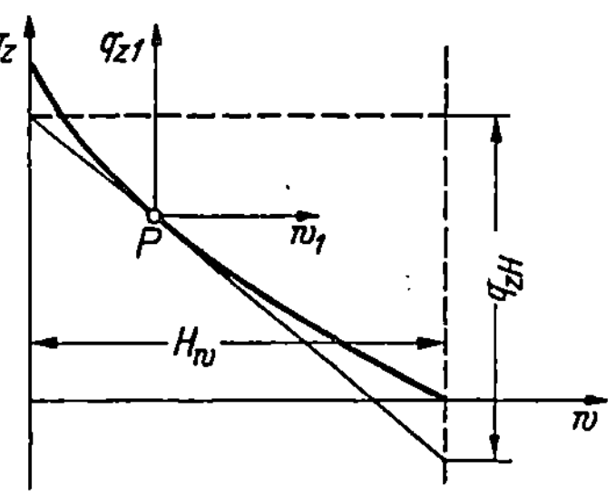

Abb. 16. Zu- und Abströmmenge abhängig vom Druck bei einer Anordnung nach Abb. 15

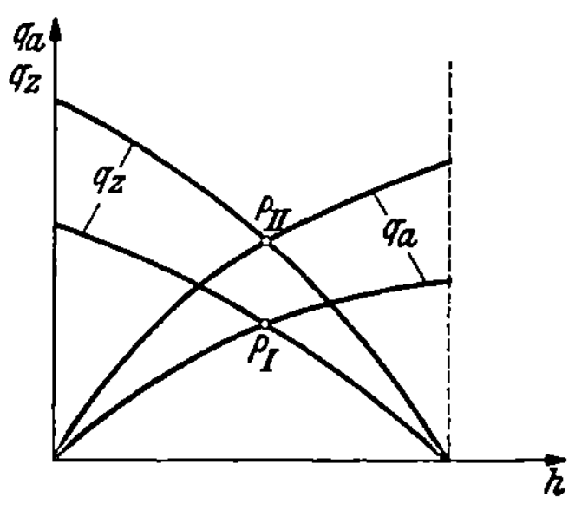

Abb. 17. Zustrommenge abhängig von der Stellung der Drosselklappe. Ersatzgerade

In Abb. 18 sind für einen bestimmten Betriebsfall nochmals die beiden Kurven für q_z und q_a nach Abb. 16 aufgezeichnet. Wir ersetzen nun auch diese Kurven durch ihre Tangenten und können dann bei $w = w_0$ für die Differenz von Zu- und Abfluß ($q_z - q_a$), die gleich ist der Zunahme des Gasinhaltes q_i nach Abb. 18 setzen:

$$q_{i\,I} = q_{z1} - q_{a1} = - q_{zH} \frac{h_1}{\eta\, h_0} . \tag{78}$$

q_{zH} ist der Abb. 17 zu entnehmen. $\eta\, h_0$ entspricht dem scheinbaren Regelbereich. Würde nämlich die Abflußöffnung bleiben, die Zufluß-öffnung aber um den vollen Hub H_w vergrößert werden, so würde sich der Betriebspunkt P' einstellen, d. h. der Druck hätte sich um $\eta\, h_0$ vergrößert. Ist nun auch noch eine Abweichung der Drosselklappenstellung w_1 vorhanden, so bekommen wir außerdem noch eine Zunahme des Zuflusses und damit des Inhaltes nach Gl. (77):

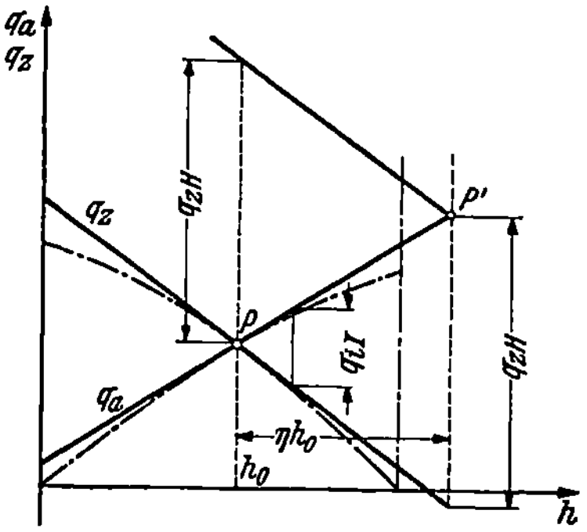

$$q_{i\,II} = - q_{zH} \frac{w_1}{H_w} \tag{79}$$

und damit wird die Gesamtzunahme

$$q_i = q_{i\,I} + q_{i\,II} = - q_{zH} \left(\frac{h_1}{\eta\, h_0} + \frac{w_1}{H_w} \right) . \tag{80}$$

Abb. 18. Ersatzgeraden für die Kurven nach Abb. 16 für bestimmte Stellungen der Drosselklappen (w und y). Bestimmung der maximalen Zuflußmenge

Dieser Zunahme des Inhaltes entspricht eine Druckänderung. Es wird

$$\frac{q_i}{q_{zH}} = - \frac{h_1}{\eta\, h_0} - \frac{w_1}{H\,w} = \frac{Q_{10}}{h_0\, q_{zH}}\, \frac{dh_1}{dt} = T_a\, \frac{d\,\dfrac{h_1}{h_0}}{dt} . \tag{81}$$

Dabei ist Q_{10} der Gasinhalt beim Solldruck h_0 und $T_a = Q_{10}/q_{zH}$ die Zeit, in der bei der maximalen Zuflußmenge q_{zH} (nach Abb. 18 bei h_0 gerechnet!) gerade der Gasinhalt Q_{10} in das Zwischenrohrstück einströmt; wir nennen T_a die Auffüllzeitkonstante. Setzen wir für $h_1/h_0 = \alpha_{II} = \varphi$ und für $w_1/H_w = \varepsilon_{II}$ (Stellgröße des 2. Verstellgliedes!), so wird Gl. (81):

$$\varphi' \, T_a + \varphi \, \frac{1}{\eta} = - \, \varepsilon_{II} \, . \tag{82}$$

Die Änderung der Regelgröße bei einer plötzlichen Änderung der Zuflußöffnung entspricht also einer Exponentialfunktion entsprechend Gl.(3/12).

Das Meßwerk — Membrane mit Feder —, durch das das Strahlrohr verstellt wird, soll rein statisch arbeiten, so daß also bei Vernachlässigung der Masse die Gl. (2/1) gilt:

$$\alpha_M = \varepsilon_I = \varepsilon_M \frac{1}{\delta} = \varphi \, \frac{1}{\delta} \, . \tag{83}$$

Berücksichtigen wir noch, daß die Ausgangsgröße des Verstellgliedes α_I die Eingangsgröße des zweiten (ε_{II}) darstellt, daß also $\alpha_I = \varepsilon_{II}$, so haben wir mit Gln. (76), (82), (83) folgende drei Gleichungen:

$$\varphi \, \frac{1}{\delta} - \varepsilon_I = 0 \, . \tag{84}$$

$$\varepsilon_I - \varepsilon_{II}' \, T_s = 0 \, . \tag{85}$$

$$\varphi' \, T_a + \varphi \, \frac{1}{\eta} + \varepsilon_{II} = 0 \, . \tag{86}$$

Aus diesen drei Gleichungen ergibt sich nach Elimination von ε_I und ε_{II}:

$$p^2 \, T_s \, T_a + p \, \frac{T_s}{\eta} + \frac{1}{\delta} = 0 \, . \tag{87}$$

Der Regelvorgang entspricht also einer Schwingung von der Form

$$\varphi = e^{-\frac{t}{T_d}} (C' \cos \omega_p t + C'' \sin \omega_p t) \tag{88}$$

mit der Dämpfungszeitkonstante

$$T_d = 2 \, \eta \, T_a \tag{89}$$

und der Schwingungsfrequenz

$$\omega_p = \sqrt{\frac{1}{\delta T_s \, T_a} - \frac{1}{4 \, (\eta \, T_a)^2}} \, . \tag{90}$$

Die Integrationskonstanten müssen wieder nach den Anfangsbedingungen bestimmt werden. Nehmen wir z. B. an, daß die Störung durch eine Vergrößerung der Abflußöffnung, also eine Erhöhung der Belastung erfolgt, so ergeben sich folgende Bedingungen: Im ersten Augenblick nach der Störung wird in der Rohrleitung vor der Öffnung noch der Solldruck vorhanden sein, weil sich der Gasinhalt noch nicht geändert hat. Es wird also

$$(\varphi)_0 = 0 \, . \tag{91}$$

Würde keine Regelung vorhanden sein, so würde infolge des größeren Ausflusses der Druck zurückgehen, und zwar ebenso, wie bei der ruckartigen Änderung der Zuflußöffnung gezeigt, nämlich entsprechend Gl. (82) nach einer Exponentialfunktion auf einen neuen, tieferen Wert. Würde also die Abweichung ohne Regelung im Endzustand Δ sein, so würde sich dieser Wert nach der Gleichung:

$$\varphi = \Delta\left(1 - e^{-\frac{t}{\eta\,T_a}}\right) \qquad (92)$$

einstellen, d. h. im ersten Augenblick wird

$$(\varphi')_0 = \frac{\Delta}{\eta\,T_a}. \qquad (93)$$

Mit Gln. (91), (93) sind also die für die Bestimmung von C' und C'' erforderlichen Bedingungen festgelegt.

Wir sehen, daß die Dämpfungszeitkonstante [Gl. (89)] direkt proportional mit η, also mit dem Regelbereich, ansteigt und damit der Regelvorgang entsprechend langsamer abklingt. Aus Abbn. 16 u. 19 ist aber zu erkennen, daß bei geringer Belastung (P_I), also geringen Zu- bzw. Abflußmengen der Regelbereich wesentlich größer wird als bei großer (P_{II}), was nach obigem bedeutet, daß bei geringer Last die Dämpfung wesentlich geringer wird als bei hoher Last.

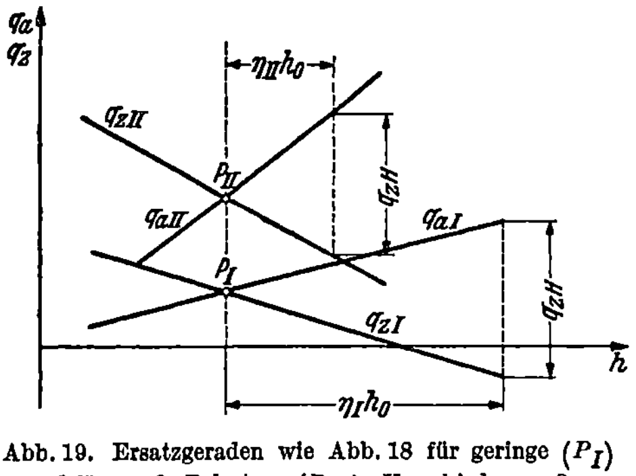

Ist bei einer Regelung ein rein aperiodischer Vorgang gewünscht, so wird man zweckmäßigerweise, um doch noch eine schnelle Regelung zu erzielen, möglichst den aperiodischen Grenzfall einstellen, so daß ω_p nach Gl. (90) gerade Null wird, was bedeutet, daß die Schlußzeit des Reglers

$$T_s = \frac{4\,T_a\,\eta^2}{\delta} \qquad (94)$$

Abb. 19. Ersatzgeraden wie Abb. 18 für geringe (P_I) und für große Belastung (P_{II}). Verschieden großer Regelbereich

wird. Wie oben bereits gesagt, ändert sich nun aber der Regelbereich η, so daß sich damit auch bei fester Übersetzung zwischen Reglerkolben und Drosselklappe der Regelvorgang je nach den Belastungsverhältnissen verschieden abspielen wird. Um diese Abhängigkeit von der Belastung auszugleichen und auch aus verschiedenen anderen Gründen, wie z. B. wegen des größeren Kraftbedarfes bei kleiner Zuflußöffnung, verwendet man nach Abb. 20 einen Kurbeltrieb, mit dem sich bei konstanter Kolbengeschwindigkeit bei geringer Last eine geringe, bei großer Last eine große Verstellgeschwindigkeit der Drosselklappe ergibt, was bedeutet, daß die scheinbare Schlußzeit (T_s) groß ist bei kleiner Last (großes η!) und klein bei großer Last (kleines η!) [37].

Um möglichst unabhängig von der Belastung eine genügend große Dämpfung bei großer Regelgeschwindigkeit zu bekommen, kann man auch hier eine starre (mit P-Regelung) oder nachgiebige Rückführung (mit PI-Regelung) verwenden. Abb. 21 zeigt die Ausführung eines Strahlrohrreglers mit nachgiebiger Rückführung, die hier teils hydraulisch, teils mechanisch erfolgt. Hydraulisch in Reihe geschaltet mit dem Arbeitskolben A ist ein Rückführkolben R, der damit zwangsläufig, wenigstens vorübergehend, die Bewegungen des Arbeitskolbens mitmacht. Da auf den Rückführkolben aber noch die Federn F_3 wirken, die versuchen, ihn in seine Mittellage zu drücken, und außerdem ein einstellbarer Ölumlauf U vorgesehen ist, wird im stationären Zustand der Rückführkolben immer wieder in seine Mittellage zurückkehren. In Abb. 21 ist außerdem noch ein Ersatzmodell mit rein mechanischer, aber sonst gleichwertiger Rückführung aufgezeichnet. Die durch die Kurvenbahn angedeutete Übersetzung zwischen

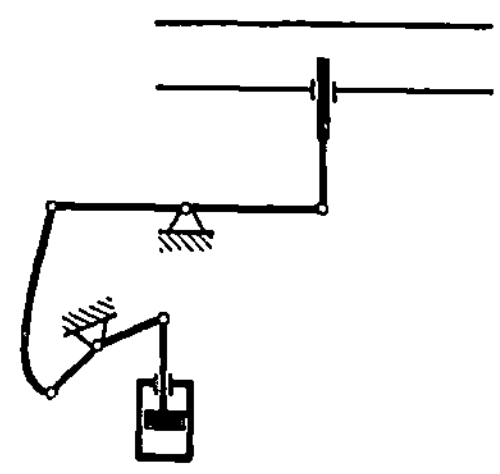

Abb. 20. Antrieb der Drosselklappe nach Abb. 16 über Kurbeltrieb zum Ausgleich des verschieden großen Regelbereiches und Kraftbedarfs

w und z entspricht einer Übersetzung zwischen Arbeits- und Rückführkolbenweg entsprechend den beiden Kolbendurchmessern.

Die Federn F_3 sind wesentlich stärker als die beiden F_1 und F_2. Durch die im allgemeinen nicht vorhandene Feder F_1 soll die natürliche Statik des Meßwerkes berücksichtigt werden.

Auf das Meßwerk wirkt entsprechend dem in Abb. 21 ebenfalls aufgezeichneten Schema im vorliegenden Fall nicht nur die Regelgröße, sondern über die Rückführeinrichtung auch die Stellung der Drosselklappe bzw. die Ausgangsgröße des 1. Verstellgliedes. Nehmen wir zunächst an, daß der Rückführkolben in der Mittellage festgehalten werde ($y = 0$), so gilt für das Meßwerk die Gl. (2/1):

$$\alpha_M = \varepsilon_I = \frac{\varepsilon_M}{\delta_1 + \delta_2} = \frac{\varphi}{\delta_1 + \delta_2} = \frac{\varphi}{\delta}. \tag{95}$$

Dabei ist die Gesamtstatik δ des Meßwerks aufgeteilt in zwei Anteile von der Feder 1 (δ_1) und der Feder 2 (δ_2) herrührend. Wird der Rückführkolben aus seiner Mittellage ($y = 0$) herausgebracht, so wird die Federkraft von F_2 nicht mehr allein von der Stellung des Strahlrohres x_1, sondern von ($x_1 - y_1$) abhängig sein. Entsprechend tritt in Gl. (95) noch ein Glied mit y_1 auf, so daß sie jetzt lautet:

$$\varepsilon_I(\delta_1 + \delta_2) = \varphi + \delta_2 \frac{y_1}{H_y}, \tag{96}$$

wobei H_y wieder der Gesamthub des Strahlrohres sein soll. Für die Abhängigkeit der Stellung des Rückführkolbens y von der Stellung des Arbeitskolbens w bzw. im Ersatzmodell von der Stellung des Rückführzylinders z können wir die Gl. (3/101) verwenden, da die dort behandelte Anordnung (Abb. 3/37) auch der vorliegenden entspricht. Wir setzen nun für $v_1 \rightarrow y_1$, dividieren durch H_y und bekommen dann:

$$T_n \frac{\mathrm{d}\frac{z_1}{H_y}}{\mathrm{d}t} = \frac{y_1}{H_y} + T_n \frac{\mathrm{d}\frac{y_1}{H_y}}{\mathrm{d}t} \tag{97}$$

oder, da

$$\frac{z_1}{H_y} = c_r \frac{w_1}{H_w} = c_r \alpha_I = c_r \varepsilon_{II}:$$

$$T_n c_r \varepsilon'_{II} = \frac{y_1}{H_y} + T_n \frac{\mathrm{d}\frac{y_1}{H_y}}{\mathrm{d}t}. \tag{98}$$

Dabei ist allerdings angenommen, daß die Federn F_1 und F_2 so schwach sind gegenüber den Federn F_3, daß sie auf die Rückführung des Rückführkolbens in der Mittellage keinen Einfluß ausüben, was aber wohl immer der Fall sein wird.

Eliminiert man nun aus Gln. (96) und (98) y_1/H_y, so bekommt man die Abhängigkeit der Ausgangsgröße des Meßwerkes ($\alpha_M = \varepsilon_I$) von der Regelgröße (φ) und der Ausgangsgröße des 1. Verstellgliedes bzw. der Eingangsgröße des 2. Verstellgliedes ($\alpha_I = \varepsilon_{II}$):

$$\varepsilon'_I T_n + \varepsilon_I = \varphi \frac{1}{\delta_1 + \delta_2} + \varphi' \frac{1}{\delta_1 + \delta_2} T_n - \varepsilon'_{II} \varrho \frac{\delta_2}{\delta_1 + \delta_2} T_n. \tag{99}$$

Dabei ist für $c_r = -\varrho$ gesetzt. $\varrho\,\delta_2$ entspricht der vorübergehenden Statik der Regelung. Zu dem Ergebnis der Gl. (99) hätte man schneller auch über die Übergangsfunktionen kommen können. Die Ausgangsgröße des Meßwerkes, nur von der Regelgröße beeinflußt, entspricht der Gl. (2/1):

$$\varepsilon_{Ia} = \varphi \frac{1}{\delta_1 + \delta_2} \quad \text{und damit} \quad \varepsilon'_{Ia} = \varphi' \frac{1}{\delta_1 + \delta_2}.$$

Die Ausgangsgröße bei Beeinflussung nur durch die Rückführgröße entspricht, wie nach Abb. 21 sofort zu übersehen, der Abb. 3/47 und der Gl. (3/130), die mit den Bezeichnungen des vorliegenden Beispiels und unter Berücksichtigung des Vorzeichens lautet:

$$\varepsilon'_{Ib} T_n + \varepsilon_{Ib} = -\varepsilon'_{II} \varrho T_n \delta_2/(\delta_1 + \delta_2)$$

[der Weg von x gegen den von y verhält sich wie die Federkraft von F_2 zur Federkraft von F_1 und F_2 herrührend, also $x/y = \delta_2/(\delta_1 + \delta_2)$]. Bei der Beeinflussung durch beide Größen ergibt sich dann ohne weiteres durch Addition die Gl. (99).

Zusammen mit Gln. (85) und (86) haben wir also folgende drei Differentialgleichungen:

$$\text{I} \quad \varphi \frac{1}{\delta_1 + \delta_2} + \varphi' \frac{1}{\delta_1 + \delta_2} T_n - \varepsilon'_I T_n - \varepsilon_I - \varepsilon'_{II} T_n \varrho \frac{\delta_2}{\delta_1 + \delta_2} = 0. \tag{100}$$

$$\text{II} \quad \varepsilon_I - \varepsilon'_{II} T_s = 0. \tag{101}$$

$$\text{III} \quad \varphi' T_a + \varphi \frac{1}{\eta} + \varepsilon_{II} = 0. \tag{102}$$

Daraus ergibt sich die charakteristische Gleichung der Differentialgleichung des Regelvorganges:

$$p^3 \eta\, T_a\, T_n\, T_s + p^2 \left(T_s\, T_n + \eta\, T_a\, T_s + \eta\, T_a\, T_n \varrho \frac{\delta_2}{\delta_1 + \delta_2} \right)$$
$$+ p \left[T_s + T_n \frac{1}{\delta_1 + \delta_2} (\eta + \varrho\,\delta_2) \right] + \frac{\eta}{\delta_1 + \delta_2} = 0. \tag{103}$$

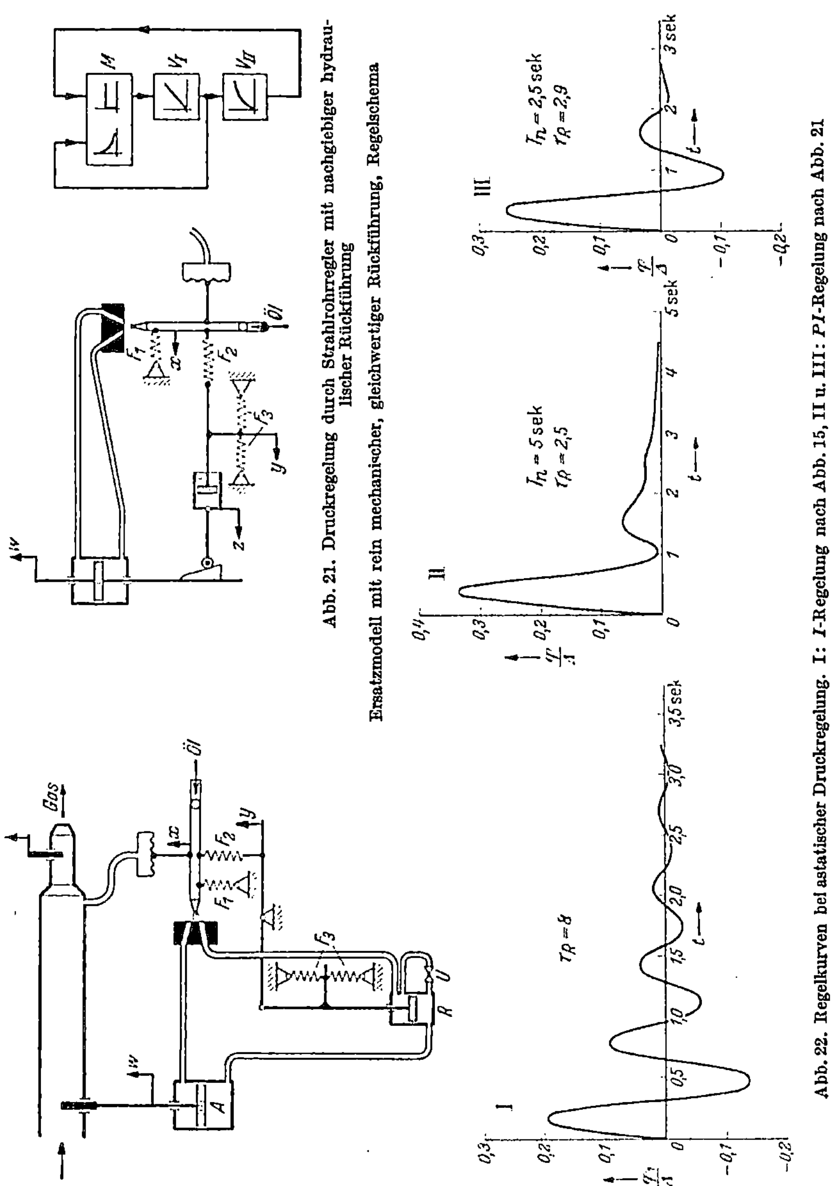

Abb. 21. Druckregelung durch Strahlrohrregler mit nachgiebiger hydraulischer Rückführung

Ersatzmodell mit rein mechanischer, gleichwertiger Rückführung, Regelschema

Abb. 22. Regelkurven bei astatischer Druckregelung. I: I-Regelung nach Abb. 15, II u. III: PI-Regelung nach Abb. 21

In Abb. 22 sind für die zwei Fälle astatischer Regelung einmal nach der Anordnung (Abb. 15) (rein astatisch mit indirektem Regler ohne Rückführung, I-Regelung) (I) und dann nach Abb. 21 (astatisch vorübergehend statisch mit indirektem Regler mit nachgiebiger Rückführung, PI-Regelung) (II und III) für ein bestimmtes Beispiel die Regelkurven aufgezeichnet. Dabei sind folgende Konstanten zugrunde gelegt:

$$
\begin{aligned}
\text{Auffüllkonstante} &\quad T_a = 0,1 \text{ sek} \\
\text{Halbe Schlußzeit des Reglers} &\quad T_s = 1,0 \text{ sek} \\
\text{Rückführkonstante} &\quad T_n = 5 \text{ bzw. } 2,5 \text{ sek} \\
\text{Scheinbarer Regelbereich} &\quad \eta = 4,0 \\
\text{Teilstatik 1} &\quad \delta_1 = 0,05 \\
\text{Teilstatik 2} &\quad \delta_2 = 0,05 \\
\text{Rückführkonstante} &\quad \varrho = 4,0 \\
\text{Vorübergehende Statik der Regelung} &\quad \varrho\,\delta_2 = 4 \cdot 0,05 = 0,2.
\end{aligned}
$$

Wir sehen aus den Kurven wieder, daß durch den Übergang von I-Regelung zu PI-Regelung die Verhältnisse wesentlich verbessert werden.

e) Temperaturregelung bei einer Dampf-Warmwasserheizung.

Nach Abb. 23 soll die Temperatur in einem Gebäude, das mit einer Dampf-Warmwasserheizung ausgerüstet ist, durch eine selbsttätige Regelung

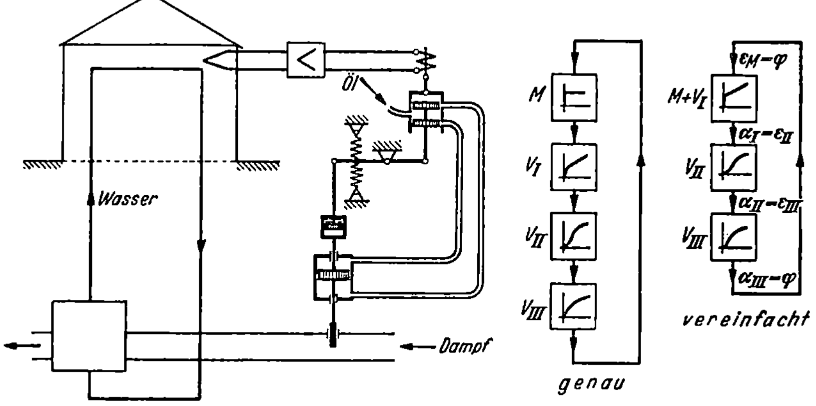

Abb. 23. Temperaturregelung bei einer Dampf-Warmwasserheizung. Regelschema (genau und vereinfacht)

konstant gehalten werden. Dem Meßwerk wird eine der mittleren Temperatur verhältnisgleiche Größe — z. B. über einen Verstärker die Spannung eines Thermoelementes — zugeführt. Das Meßwerk steuert durch Verstellen einer Steuerhülse einen Ölhilfsmotor, der einen Dampfdrosselschieber verstellt. Das in den Heizkörpern umlaufende Warmwasser wird im Wassererhitzer je nach der durchströmenden Dampfmenge mehr oder weniger stark erwärmt. Das Warmwasser heizt dann schließlich das Gebäude. Wir haben hier drei Verstellglieder vor uns. Das erste Verstellglied ist der Verstellmotor des indirekten Reglers, das zweite das Warmwassersystem und das dritte das Gebäude selbst. Die Schlußzeit des Reglers soll aber gegenüber den großen thermischen Zeitkonstanten in den beiden anderen Verstellgliedern klein sein, was praktisch immer der Fall sein wird, so daß sie vernachlässigt werden kann. (Die thermischen Zeitkonstanten liegen in der Größenordnung von Stunden oder mindestens von vielen Minuten, die Schlußzeit des Reglers beträgt dagegen nur Sekunden.)

Das Meßwerk muß statisch arbeiten, seine Masse soll vernachlässigt werden, es gilt also die Differentialgleichung (2/1):

$$\alpha_M = \varepsilon_I = \varphi \frac{1}{\delta} \, . \tag{104}$$

Für den indirekten Regler mit der Rückführung nach Abb. 23 können wir die Gl. (3/104) verwenden, die bei Vernachlässigung der Schlußzeit (T_z) lautet:

$$- \alpha_I' \, T_n = \varepsilon_I' \, T_n + \varepsilon_I \tag{105}$$

(— Zeichen, weil nach Abb. 23 eine Aufwärtsbewegung der Steuerhülse eine Abwärtsbewegung des Schiebers bedingt.) Die Übergangsfunktion entspricht dabei der Abb. 3/40. Setzen wir für ε_I den Wert aus Gl. (104) ein und beachten wir, daß α_I die Eingangsgröße des 2. Verstellgliedes, des Dampf-Warmwassersystems darstellt, also $\alpha_I = \varepsilon_{II}$ wird, so bekommen wir für das Meßwerk mit indirektem Regler die Gleichung:

$$- \varepsilon_{II}' \, T_n = \varphi' \frac{T_n}{\delta} + \varphi \frac{1}{\delta} \, . \tag{106}$$

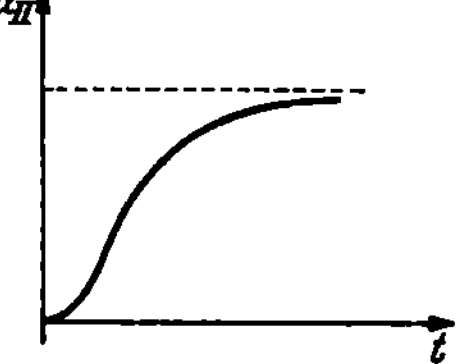

Abb. 24. Übergangsfunktion des Warmwassersystems als zweites Verstellglied bei der Anordnung nach Abb. 23

Das Verhalten des 2. Verstellgliedes, des Warmwassersystems, ist nicht so ohne weiteres zu übersehen. Die Übergangsfunktion, d.h. der Temperaturverlauf des Wassers in den Heizkörpern des Gebäudes nach einer sprungartigen Verstellung des Dampfdrosselschiebers wird aber gundsätzlich der in Abb. 24 gezeichneten Kurve entsprechen. Wir wollen annehmen, daß diese Kurve gemessen, und daß nach dem S. 112 beschriebenen Verfahren eine Ersatzkurve gefunden sei, die mit genügend großer Annäherung die gemessene Kurve darstellt. Wir können für unser 2. Verstellglied dann die Gl. (3/12) verwenden ($\alpha_{II} = \varepsilon_{III}$!):

$$\varepsilon_{III}'' \, T_{II}^2 + \varepsilon_{III}' \, 2\, \zeta \, T_{II} + \varepsilon_{III} = \varepsilon_{II} \tag{107}$$

oder mit

$$T_{IIa} \cdot T_{IIb} = T_{II}^2 \qquad \text{und} \qquad 2\, \zeta \, T_{II} = T_{IIa} \, .$$

$$\varepsilon_{III}'' \, T_{IIa} \, T_{IIb} + \varepsilon_{III}' \, T_{IIa} + \varepsilon_{III} = \varepsilon_{II} \, . \tag{108}$$

Die Übergangsfunktion des zu heizenden Raumes, d.h. der Temperaturverlauf nach einer ruckartigen Änderung der Temperatur des Wassers in den Heizkörpern wird sicher mit großer Annäherung einer Exponentialfunktion, einer „Erwärmungskurve" entsprechen mit der Gl. (3/27) (für $T_a = T_{III}$ gesetzt!)

$$\alpha_{III}' \, T_{III} + \alpha_{III} = \varepsilon_{III} \, . \tag{109}$$

$\alpha_I = \varepsilon_{II}$ wird zweckmäßigerweise auf den Teilhub des Drosselschiebers bezogen, der bei festgehaltener Rückführbremse dem Hub des Meßwerkes entspricht. Auf die Temperaturänderung des Warmwassers, die diesem Hub entspricht, wird $\alpha_{II} = \varepsilon_{III}$ bezogen, und auf die dadurch im Endzustand verursachte Raumtemperatur ist dann schließlich α_{III} zu beziehen. Würde die Rückführbremse starr sein, so würde diese Änderung der Raumtemperatur dem tatsächlichen Regelbereich (η) entsprechen. Da aber die Rückführbremse nachgeben, damit der Hub des Dampfschiebers und schließlich auch die Änderung der Raumtemperatur größer werden kann, ist dieser Regelbereich nur vorübergehend wirksam (η_v). α_{III} ist also auf die Temperatur $\eta_v\,\vartheta_0$ bezogen, φ aber auf ϑ_0, d.h. es wird

$$\alpha_{III} = \frac{\varphi}{\eta_v} \qquad (110)$$

und damit Gl. (109):

$$\varphi'\,T_{III} + \varphi = \varepsilon_{III}\,\eta_v \,. \qquad (111)$$

Mit Gln. (106), (108) und (111) können wir nun die charakteristische Gleichung der Differentialgleichung des Regelvorganges ermitteln. Es wird:

$$p^4\,T_n\,T_{IIa}\,T_{IIb}\,T_{III} + p^3\,T_n(T_{IIa}\,T_{III} + T_{IIa}\,T_{IIb})$$
$$+ p^2\,T_n(T_{IIa} + T_{III}) + p\,T_n\left(1 + \frac{\eta_v}{\delta}\right) + \frac{\eta_v}{\delta} = 0 \,. \qquad (112)$$

Wir kommen also hier auf eine charakteristische Gleichung 4. Grades. Für ein praktisches Beispiel soll der Regelvorgang untersucht bzw. etwas über die zweckmäßige Festlegung der verschiedenen Konstanten gesagt werden.

Zunächst liegen durch die Warmwasserheizungsanlage selbst die Zeitkonstanten T_{IIa}, T_{IIb} und T_{III} fest, wir müssen sie also unserer Berechnung auf jeden Fall zugrunde legen. Es sei ermittelt:

$$T_{IIa} = 0{,}25\,h\,; \qquad T_{IIb} = 0{,}08\,h\,; \qquad T_{III} = 2\,h \,.$$

Außerdem ist der Gesamtregelbereich, d.h. die höchste und tiefste Temperatur, durch die, je nach der Außentemperatur und der Zahl der geheizten Räume verschiedenen, Heizungsverhältnisse bestimmt. Gewählt können noch werden: Der vorübergehende Regelbereich (η_v), der sich durch die Rückführung beeinflussen läßt, die Statik oder der relative Proportionalbereich (δ) des Meßwerkes bzw. das Verhältnis (η_v/δ), das allein in Gl. (112) vorkommt und die Rückführzeitkonstante T_n.

Die Lösung einer Gleichung 4. Grades ist auch bei eingesetzten Zahlenwerten langwierig und zeitraubend. Es ist daher unzweckmäßig, etwa so vorzugehen, daß man zunächst die Konstanten (η_v/δ) und T_n beliebig annimmt, die Gl. (112) löst, die Integrationskonstanten bestimmt und schließlich die Regelung hinsichtlich ihrer Brauchbarkeit an Hand der Regelkurve beurteilt. Man wird dann im allgemeinen wohl gezwungen sein, andere Konstanten zu wählen, die Rechnung nochmals durchzuführen, bis man schließlich, unter Umständen erst nach mehreren Versuchen, zu einer brauchbaren Regelung kommt. In einem späteren Abschnitt wird auf die zweckmäßige Bestimmung der Konstanten ganz allgemein ausführlich eingegangen. Es soll aber auch hier schon ein Weg gezeigt werden, der verhältnismäßig schnell zu wenigstens einigermaßen brauchbaren Ergebnissen führt.

Zunächst sei angenommen, daß die Rückführzeitkonstante T_n auf einen großen Wert eingestellt sei, so daß die Rückführung praktisch als starr angenommen werden kann und die Regelung statisch, also proportional wirkend wird. Die Gl. (112) vereinfacht sich dann mit $T_n = \infty$ zu einer Gleichung 3. Grades. Die Gleichung 3. Grades ist schon wesentlich schneller zu lösen, wir wollen aber noch weiter vereinfachen und die Übergangsfunktion des Warmwassersystems (Abb. 24) durch eine einfache Exponentialfunktion ersetzen, also für $T_{IIb} = 0$ annehmen. Die Gl. (112) lautet mit diesen Annahmen bzw. Vereinfachungen:

$$p^2\, T_{IIa}\, T_{III} + p(T_{IIa} + T_{III}) + \left(1 + \frac{\eta_v}{\delta}\right) = 0\,. \tag{113}$$

Wir bekommen also jetzt eine einfache Schwingung, die sich in ihrem Verlauf sehr gut übersehen läßt und mit Hilfe deren wir nun η_v/δ bestimmen wollen. η_v/δ stellt übrigens bei starrer Rückführung den sogenannten Verstärkungsfaktor der Regelanordnung dar, da bei aufgetrenntem Regelkreis eine Änderung δ der Meßwerkstellgröße als Folge eine Änderung η_v der Regelgröße ergeben würde. Wir setzen für $(\eta_v/\delta) = \varkappa$.

Bei der Bestimmung von $\varkappa$ müssen wir zunächst berücksichtigen, daß wir die Zeitkonstante T_{IIb}, die eine gewisse Verzögerung im Regelkreis bedeutet und damit eine Verschlechterung des Regelvorganges verursacht, vernachlässigt haben. Bestimmen wir daher $\varkappa$ so, daß mit $T_{IIb} = 0$ der Vorgang gerade aperiodisch verläuft, so wird sich unter der Wirkung der weiteren Verzögerung $(T_{IIb} \neq 0)$ eine Schwingung einstellen, die aber wohl noch genügend gut gedämpft verläuft, nachdem $T_{IIb} < T_{IIa}$. Stellt sich heraus, daß die Dämpfung nicht genügt, so muß $\varkappa$ entsprechend kleiner gewählt werden. Bei unserem Beispiel mit der Gl. (113) mit eingesetzten Zahlenwerten wird die Schwingungsfrequenz, die gerade Null werden soll:

$$\omega_p = \sqrt{\frac{1+\varkappa}{T_{IIa}\, T_{III}} - \frac{1}{4}\left(\frac{T_{IIa} + T_{III}}{T_{IIa}\, T_{III}}\right)^2} = \sqrt{\frac{1+\varkappa}{0,5} - 5,05}\,\frac{1}{h} = 0$$

und daraus errechnet sich $\varkappa = \eta_v/\delta = 1{,}53$. Nehmen wir ein Meßwerk an mit $\delta = 0{,}2$, d. h. ein Meßwerk, das bei einer Änderung der Eingangsgröße um 20% seinen ganzen Hub durchläuft, so wäre damit der vorübergehende Regelbereich zu $1{,}53 \cdot 0{,}2 = 0{,}31$ zu wählen. Die Übersetzung der Rückführung zwischen Drosselschieber und Meßwerk liegt damit fest.

Abb. 25 I zeigt die entsprechende Regelkurve, wobei angenommen ist, daß im Augenblick, in dem die Regelung beginnt, eine Abweichung $\varDelta_1$ vorhanden sei, die sich nach einer Exponentialkurve mit der Zeitkonstante T_{III} um $\varDelta_2$ auf einen Wert $(\varDelta_1 + \varDelta_2)$ (entsprechend Abb. 3/32) vergrößern würde. Dabei ist $\varDelta_1 = \varDelta_2$ angenommen.

Nachdem nun η_v/δ festliegt, soll T_{IIb} wieder berücksichtigt und der Regelvorgang jetzt ermittelt werden, vorläufig aber noch bei starrer Rückführung also mit $T_n = \infty$. Die Gl. (112) wird für diesen Fall:

$$p^3\, T_{IIa}\, T_{IIb}\, T_{III} + p^2(T_{IIa}\, T_{III} + T_{IIa}\, T_{IIb})$$
$$+ p(T_{IIa} + T_{III}) + \left(1 + \frac{\eta_v}{\delta}\right) = 0 \tag{114}$$

oder mit den Zahlenwerten des Beispiels:

$$p^3 + 13\frac{1}{h}p^2 + 56\frac{1}{h^2}p + 63{,}2\frac{1}{h^3} = 0 \, ,$$

daraus die drei Wurzeln:

$$p_1 = -\,1{,}72\,\frac{1}{h} \, ,$$

$$p_{2,3} = (-\,5{,}64 \pm j\,2{,}26)\,\frac{1}{h} \, .$$

Abb. 25 *II* zeigt die Regelkurve mit den gleichen Anfangsbedingungen wie bei Abb. 25 *I*. (Durch die Regelung wird erst der 3. Differentialquotient beeinflußt, die Integrationskonstanten können daher aus dem

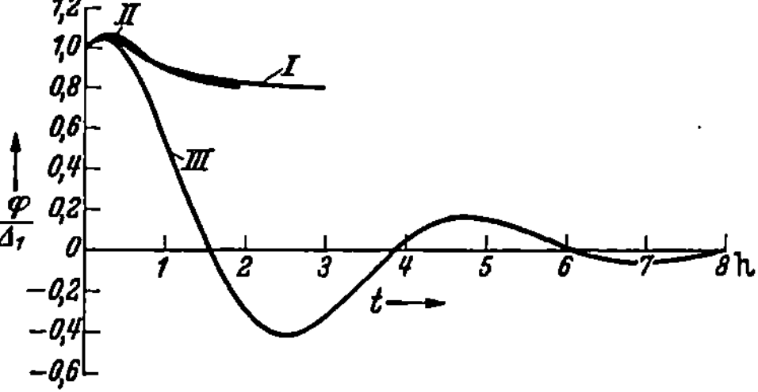

Abb. 25. Regelkurven bei einer Anordnung nach Abb. 23.

I statische Regelung $(T_n = \infty)$, Übergangsfunktion des Warmwassersystems durch einfache Exponentialfunktion ersetzt;

II statische Regelung $(T_n = \infty)$, Übergangsfunktion des Warmwassersystems entsprechend Abb. 24;

III astatische Regelung, vorübergehend statisch $(T_n \neq \infty)$ nach Abb. 23

Temperaturverlauf ohne Regelung gerechnet werden, weil für ihre Berechnung außer dem Wert der Abweichung zur Zeit $t = 0$ nur der 1. und 2. Differentialquotient benötigt werden.) Wir sehen, daß der Regelvorgang auch jetzt noch sehr gut gedämpft verläuft, nach etwa 1 Std. ist praktisch der neue, durch die Statik bedingte Sollwert

$$\left(\frac{\Delta_1 + \Delta_2}{1 + \varkappa} = \frac{2\,\Delta_1}{2{,}53} = 0{,}79\,\Delta_1\right)$$

erreicht.

Würden wir nun T_n wesentlich größer als 1 Std. wählen, so würde bestimmt der Vorgang nur sehr wenig anders verlaufen; lediglich die dauernde Abweichung würde eben nach Abklingen des Hauptregelvorganges auch noch langsam verschwinden. Wählen wir T_n kleiner, so wird die Dämpfung des Regelvorganges ungünstig beeinflußt und bei zu kleiner Rückführzeitkonstante treten dann schließlich Pendelungen ein. Somit haben wir also jetzt wenigstens einen Anhaltspunkt für die Wahl von T_n gefunden. Da ja nach Abb. 25 *II* die Dämpfung noch sehr stark wirksam ist, können wir eine gewisse Verschlechterung ohne weiteres zulassen und wählen daher $T_n = 0{,}4$ Std.

Abb. 25 *III* zeigt die endgültige Regelkurve, die als einigermaßen brauchbar anzusprechen ist. Die Lösung der Gleichung 4. Grades ergibt:

$$p_{1,2} = (-0,415 \pm j\, 1,4)\ 1/h$$

$$p_{3,4} = (-6,1 \pm j\, 2,66)\ 1/h$$

und die Lösung der Differentialgleichung (112) für unser Beispiel lautet dann:

$$\varphi = e^{-0,415\, t/h}(C_1' \cos 1,4\, t/h + C_1'' \sin 1,4\, t/h)$$

$$+ e^{-6,1\, t/h}(C_2' \cos 2,66\, t/h + C_2'' \sin 2,66\, t/h)\ .$$

Bei der Bestimmung der Integrationskonstanten ist zu berücksichtigen, daß hier auch der 3. Differentialquotient benötigt wird, der bereits durch die Regelung beeinflußt wird. Es wird:

$$(\varphi)_0 = \varDelta_1 \tag{115}$$

(Regelung ist jetzt astatisch, integral wirkend!)

$$(\varphi')_0 = \frac{\varDelta_2}{T_{III}} \tag{116}$$

$$(\varphi'')_0 = -\frac{\varDelta_2}{T_{III}^2} \tag{117}$$

[Gln. (116) und (117) nach der Annahme für die Störung nach Abb. 3/32.]

$$(\varphi''')_0 = (\varphi''')_{0S} + (\varphi''')_{0R}\ . \tag{118}$$

Der 3. Differentialquotient wird durch die Störung $(\varphi''')_{0S}$, aber auch durch die Regelung $(\varphi''')_{0R}$ beeinflußt. Nach der Annahme für die Störung wird:

$$(\varphi''')_{0S} = \frac{\varDelta_2}{T_{III}^3}\ . \tag{119}$$

Die Beeinflussung durch die Regelung bekommen wir nach folgender Überlegung: Wir wollen annehmen, daß im Augenblick, in dem die Störung einsetzt, die Rückführfeder (Abb. 23) entspannt sei. Sofort nach Beginn der Störung wird sich nun entsprechend der Abweichung $\varDelta_1$ der Drosselschieber (ruckartig, weil wir seine Schlußzeit vernachlässigt haben) um

$$-\frac{\varDelta_1}{\delta} = (\varepsilon_{II})_0 \tag{120}$$

bewegen. Damit wird nach Gl. (108), da sowohl $(\varepsilon_{III})_0$ als auch $(\varepsilon_{III}')_0$ Null sind (Übergangsfunktion, Abb. 24, $\alpha_{II} = \varepsilon_{III}$):

$$(\varepsilon_{III}'')_0 = (\varepsilon_{II})_0 \frac{1}{T_{IIa}\,T_{IIb}} = -\frac{\varDelta_1}{\delta}\,\frac{1}{T_{IIa}\,T_{IIb}}\ . \tag{121}$$

Nach Gl. (109) wird aber, wenn wir berücksichtigen, daß entsprechend der Übergangsfunktion des 3. Verstellgliedes (Abb. 3/12) $(\alpha_{III})_0 = 0$

$$(\alpha_{III}''')_0 = (\varepsilon_{III}'')_0 \frac{1}{T_{III}} = -\frac{\varDelta_1}{\delta}\,\frac{1}{T_{IIa}\,T_{IIb}\,T_{III}}\ . \tag{122}$$

Die Ausgangsgröße des 3. Verstellgliedes entspricht aber der Regelgröße φ. Nach Gl. (110) ist $\alpha_{III} = \varphi/\eta_v$ und damit bekommen wir den Anteil am 3. Differentialquotienten von der Regelung herrührend:

$$(\varphi''')_{0R} = -\, \Delta_1 \frac{\eta_v}{\delta}\, \frac{1}{T_{IIa}\, T_{IIb}\, T_{III}} \tag{123}$$

und somit

$$(\varphi''')_0 = (\varphi''')_{0S} + (\varphi''')_{0R} = \frac{\Delta_2}{T_{III}^3} - \Delta_1 \frac{\eta_v}{\delta}\, \frac{1}{T_{IIa}\, T_{IIb}\, T_{III}}. \tag{124}$$

Mit den Gln. (115), (116), (117) und (124) lassen sich nun die Integrationskonstanten bestimmen. Es wird:

$$C_1' = 1{,}0$$
$$C_1'' = 0{,}653$$
$$C_2' \approx 0$$
$$C_2'' \approx 0 .$$

In Abb. 26 sind noch zwei Regelkurven aufgezeichnet, einmal (I) mit $T_n = 0{,}2$ statt 0,4 Std. und $\eta_v/\delta = 1{,}53$ wie bisher und dann (II) mit $T_n = 0{,}2$ Std. und $\eta_v/\delta = 0{,}765$. Wir sehen, daß die Kurve I mit dem halben Wert der

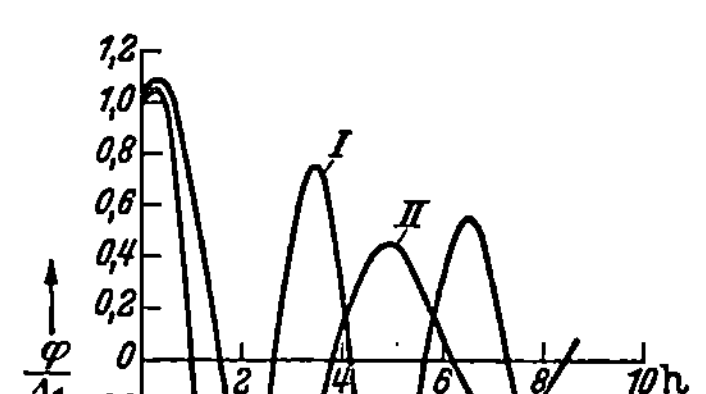

Abb. 26. Regelkurven bei einer Anordnung nach Abb. 23 entsprechend Abb. 25 III, aber andere Konstanten angenommen

Rückführzeitkonstante gegenüber der Annahme bei Abb. 25 III unbrauchbare Verhältnisse ergibt. Durch Verkleinerung des Verstärkungsfaktors (η_v/δ) auf den ebenfalls halben Wert gegen Abb. 25 III wird die Regelung nach Kurve II zwar verbessert, befriedigt aber doch noch keineswegs. Wichtig ist also hier, daß die Rückführzeitkonstante auf genügend große Werte eingestellt werden kann, was bei den in Frage kommenden großen Zeiten bis zu ½ Std. und mehr, bei solchen Temperaturregelungen vielfach zu konstruktiven Schwierigkeiten führt.

f) Beschleunigungsregelung bei elektrischen Fahrzeugen. Nach Abb.27 soll die Anfahrbeschleunigung eines elektrischen Fahrzeuges, das mit $16^2/_3$ Hz Wechselstrom gespeist und mit Einphasenreihenschlußmotorenbetrieben wird, durch eine selbsttätige Regelung des Motorstromes konstant gehalten werden. Das Meßwerk ist als elektromagnetisches System ausgeführt und wird mit Gleichstrom erregt. Um verschiedene Beschleunigung einstellen zu können, sind zwei Erregerwicklungen vorgesehen. Die eine Wicklung wird von einem in seiner Größe einstellbaren Strom (dem Sollwert entsprechend) erregt, die zweite über Stromwandler und Gleichrichter vom Motorstrom, dem Istwert. Das Meßwerk soll astatisch sein; nur bei einer bestimmten Gesamtdurchflutung durch die beiden Erregerwicklungen wird es sich daher im Gleichgewicht befinden. Die Anordnung kann so getroffen sein, daß sich die beiden Wicklungen im Normalbetrieb unterstützen oder daß sie gegeneinander arbeiten; wir wollen den 2. Fall annehmen. Bei bestimmter Erregung der festen

Gleichstromwicklung befindet sich das Meßwerk gerade im Gleichgewicht, ohne daß in der 2. Wicklung Strom fließt. Wird nun diese Erregung durch Verstellen des Einstellhebels vergrößert, so bewegt sich das
Meßwerk nach oben, damit wird über den Spannungsteiler ein kleiner
Hilfsmotor eingeschaltet, der die Spannung des Fahrmotors an einem
feinstufigen Stufentransformator vergrößert, und zwar so lange, bis der
Fahrmotorstrom, der ja der 2. Wicklung des Meßwerkes zugeführt wird,
so groß geworden ist, daß er die erhöhte Erregung der 1. Wicklung gerade
kompensiert und damit wieder Gleichgewicht am Meßwerk vorhanden

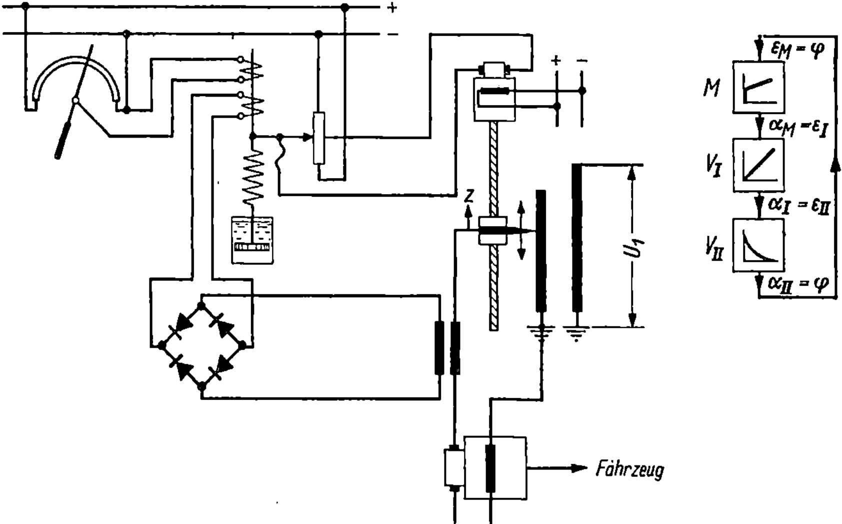

Abb. 27. Beschleunigungsregelung bei elektrischem Fahrzeug. Regelschema

ist. Praktisch wird man allerdings den Motor nicht unmittelbar vom
Meßwerk steuern, sondern noch einen Verstärker zwischenschalten, so
daß dann das Meßwerk nur eine geringe Leistung zu steuern hat. Die
im Vergleich zu den sonst bei der Regelung eine Rolle spielenden Ver-
zögerungen kleine Zeitkonstante des Verstärkers soll ebenso, wie die
sicher kleine Anlaufzeitkonstante des Verstellmotors vernachlässigt
werden.

Die Regelstrecke weist wieder zwei Verstellglieder auf, nämlich das
Verstellsystem mit dem kleinen Verstellmotor und dann den Fahrmotor,
mit dem das ganze Fahrzeug gekuppelt ist. Da zwischen Verstellmotor
und Meßwerk keinerlei Rückführung vorgesehen ist, weist das 1. Verstellglied reine Geschwindigkeitssteuerung auf mit der Übergangsfunktion
nach Abb. 3/18 und der Differentialgleichung (3/35) (für T_a hier T_s
gesetzt!).

$$\alpha'_I \, T_s = \varepsilon'_{II} \, T_s = \varepsilon_I \,. \tag{125}$$

T_s ist dabei die halbe Schlußzeit, d.h. die Zeit, in der bei maximaler
Geschwindigkeit in der einen oder anderen Richtung der halbe Gesamt-

spannungsbereich (U_H) am Stufentransformator durchlaufen wird. Wird die Stufung nicht linear, sondern ungleichmäßig etwa nach Abb. 28 gewählt, so sind je nach der Spannung, die gerade vorhanden ist, verschiedene Werte für T_s einzusetzen. Ist die tatsächliche halbe Schlußzeit T_{sg}, so ist zu rechnen mit einem Wert T_s, der sich nach Abb. 28 zu

$$T_s = T_{sg} \frac{H_0}{H} \tag{126}$$

ergibt.

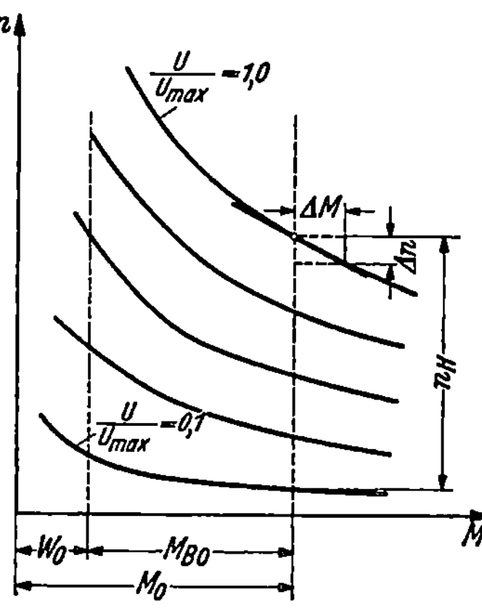

Abb. 28. Spannung am Regeltransformator abhängig von der Stellung des Stufenschalters bei der Anordnung nach Abb. 27. Ersatzgerade

Beim 2. Verstellglied wird, wenn wir die Abhängigkeit des Fahrzeugwiderstandes von der Geschwindigkeit vernachlässigen, die Übergangsfunktion der Abb. 3/47 entsprechen. Wird die Spannung am Stufentransformator z.B. plötzlich vergrößert, so wird der Motor auch ruckartig zunächst einen größeren Strom aufnehmen; dadurch wird aber das Fahrzeug beschleunigt, der Strom nimmt ab bis er schließlich wieder seinen alten, dem Fahrwiderstand entsprechenden Wert erreicht hat. Die Differentialgleichung entspricht also der Gl. (3/130):

$$\alpha'_{II} T_a + \alpha_{II} = \varepsilon'_{II} T_a . \tag{127}$$

α_{II} entspricht der Regelgröße φ. Auf die Ermittlung der Zeitkonstante T_a und den Zusammenhang zwischen α_{II} und φ muß noch näher eingegangen werden. In Abb. 29 sind Kennlinien von Einphasenreihenschlußmotoren für verschiedene Spannungen aufgezeichnet. Die unterste Kennlinie soll einer Spannung von 10%, die oberste einer solchen von 100% des maximal am Stufentransformator einstellbaren Wertes entsprechen. Wir nehmen nun an, daß der Motor bei der Anfahrt mit einem Gesamtmoment $M_0 = $ const arbeiten soll, so daß also das Beschleunigungsmoment $M_{B0} = M_0 - W_0 = $ const bleibt. Während des Regelvorganges sollen nur verhältnismäßig kleine Abweichungen vom Sollwert auftreten, wir können daher die Kurven wieder ersetzen durch ihre Tangenten im Betriebspunkt, der sich allerdings hier dauernd ändert, da ja während der

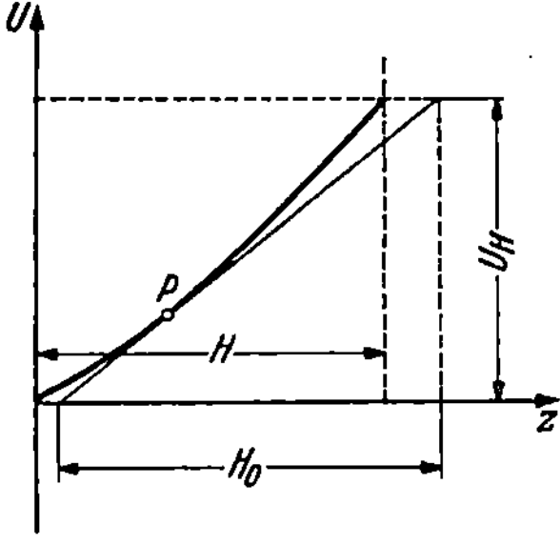

Abb. 29. Drehzahl-Momentkennlinien des Reihenschlußmotors nach Abb. 27

Anfahrt von der untersten Kurve allmählich bis auf die oberste hochgegangen wird. Wir müssen uns daher klar darüber sein, daß die Konstanten unserer Regelgleichung, die wir finden, immer nur in einem kleinen Drehzahlbereich gelten.

Die Anlaufzeitkonstante T_a ergibt sich entsprechend Abb. 3/2 zu

$$T_a = 2\,\pi\,\frac{\Theta\,\Delta n}{\Delta M}\,. \tag{128}$$

Dabei ist zu beachten, daß bei der Bestimmung des Trägheitsmomentes Θ auch die gesamten geradlinig bewegten Massen des Fahrzeuges mit zu berücksichtigen sind. Ändern wir die Spannung ruckartig, so daß wir beim Sollwert des Momentes auf eine Drehzahl kommen, die z.B. um Δn niedriger liegt als die ursprüngliche, so wird zunächst das Moment ruckartig um ΔM abfallen. Ändern wir (natürlich nur theoretisch möglich!) die Spannung ruckartig um ihren Maximalbetrag U_H, so bekommen wir (scheinbar!) eine Momentänderung, die gewissermaßen dem scheinbaren Regelbereich der Anordnung entspricht:

$$M_H = \eta\,M_0 = \frac{\Delta M}{\Delta n}\,n_H \tag{129}$$

oder

$$\eta = \frac{n_H}{M_0}\frac{\Delta M}{\Delta n}\,. \tag{130}$$

Wir sehen aus Gl. (130) und Abb. 29, daß sich auch der scheinbare Regelbereich ändert je nach der augenblicklichen Drehzahl, mit der gerade gearbeitet wird, weil sich die Neigung der Kennlinien dauernd ändert. Wird z.B. zwischen 10 und 100% der maximalen Drehzahl geregelt, so ändert sich die Neigung $\Delta M/\Delta n$ im Verhältnis von 10:1, entsprechend also auch η. Da α_{II} auf M_H, φ aber auf M_0 bezogen ist, so wird wieder

$$\varphi = \alpha_{II}\,\eta \tag{131}$$

und damit Gl. (127):

$$\varphi'\,T_a + \varphi = \varepsilon'_{II}\,\eta\,T_a\,. \tag{132}$$

Bezeichnen wir mit

$$T_{a_0} = 2\,\pi\,\frac{\Theta\,n_H}{M_0} \tag{133}$$

die Zeit, in der das Fahrzeug, beschleunigt mit dem Sollmoment M_0, um die Drehzahl n_H hochläuft, so wird

$$T_a = 2\,\pi\,\Theta\,\frac{\Delta n}{\Delta M} = T_{a_0}\frac{M_0}{n_H}\frac{\Delta n}{\Delta M} = T_{a_0}\frac{1}{\eta} \tag{134}$$

und wir können für Gl. (132) setzen:

$$\varphi'\,T_{a_0} + \varphi\,\eta = \varepsilon'_{II}\,T_{a_0}\,\eta\,. \tag{135}$$

In dieser Gleichung ist nun nur noch η veränderlich je nach der Drehzahl, mit der gerade gearbeitet wird.

Das Meßwerk arbeitet astatisch mit vorübergehender Statik mit der Gl. (2/71), wobei aber zu beachten ist, daß bei positiven Werten für $\varepsilon_M = \varphi$ hier das Meßwerk nach unten gezogen wird (Abb. 27), $\alpha'_M = \varepsilon'_I$, also negativ wird:

$$\varphi'\,T_n + \varphi = -\,\varepsilon'_I\,\delta_v\,T_n\,. \tag{136}$$

Die drei Gleichungen unserer drei Regelglieder (Meßwerk und zwei Verstellglieder) lauten also Gln. (136), (125), (135)

$$\varphi' \, T_n + \varphi + \varepsilon'_I \, \delta_v \, T_n = 0 \, . \tag{137}$$

$$\varepsilon_I - \varepsilon'_{II} \, T_s = 0 \, . \tag{138}$$

$$\varphi' \, T_{a_o} + \varphi \, \eta - \varepsilon'_{II} \, T_{a_o} \, \eta = 0 \, . \tag{139}$$

Daraus nach S. 116 die charakteristische Gleichung des Regelvorganges:

$$p^2 \, \delta_v \, T_n \frac{T_s}{\eta} + p \, T_n \left(1 + \frac{\delta_v \, T_s}{T_{a_o}}\right) + 1 = 0 \, . \tag{140}$$

Die Lösung der entsprechenden Differentialgleichung lautet:

$$\varphi = C_1 \, e^{p_1 t} + C_2 \, e^{p_2 t} \tag{141}$$

wobei:

$$p_{1,2} = \pm \sqrt{\frac{1}{4}\left(\frac{1 + \dfrac{\delta_v \, T_s}{T_{a_0}}}{\delta_v \dfrac{T_s}{\eta}}\right)^2 - \frac{1}{\delta_v \, T_n \dfrac{T_s}{\eta}} } - \frac{1}{2} \frac{1 + \dfrac{\delta_v \, T_s}{T_{a_0}}}{\delta_v \dfrac{T_s}{\eta}} \, . \tag{142}$$

Man wird bei einer Regelung nach Abb. 27 zunächst einmal verlangen, daß sich die verlangte Anfahrbeschleunigung möglichst schnell einstellt, man wird aber außerdem wohl zweckmäßigerweise die Bedingung stellen, daß sich der Sollwert der Beschleunigung aperiodisch, also ohne Überregeln einstellt, weil sich Beschleunigungsschwankungen unter Umständen unangenehm bemerkbar machen. Der aperiodische Grenzfall, der dann mit Rücksicht auf schnelle Regelung anzustreben ist, tritt auf, wenn in Gl. (142) der Ausdruck unter der Wurzel Null wird, wenn also

$$\left(\frac{1}{T_s} + \frac{\delta_v}{T_{a_0}}\right)^2 \frac{\eta}{\delta_v} = \frac{4}{T_n \, T_s} \, . \tag{143}$$

Wir haben damit einen Anhaltspunkt für die zweckmäßige Wahl der verschiedenen in Gl. (140) auftretenden Konstanten, soweit sie überhaupt frei wählbar sind.

$T_{a\,0}$ liegt mit dem Anfahrmoment M_0 und dem Drehzahlbereich, über den angefahren werden soll, fest. Beträgt z. B. die Anfahrbeschleunigung 0,5 m/sek² und soll das Fahrzeug bis zu einer Geschwindigkeit von 100 km/Std. entsprechend 28 m/sek mit dieser Beschleunigung hochgefahren werden, so wird die entsprechende Anfahrzeit $\dfrac{28 \text{ m/sek}}{0,5 \text{ m/sek}^2} = 56 \text{ sek}$. Da aber beim Anfahren auch die als konstant angenommenen Fahrwiderstände (W_0) zu überwinden sind — wir nehmen an, daß sie 25% von M_0 betragen —, so entspricht den 56 sek Anfahrzeit ein Beschleunigungsmoment von $M_{B0} = M_0 \cdot (1 - 0{,}25) = M_0 \cdot 0{,}75$ und damit wird die Anlaufzeitkonstante, die ja auf M_0 als reines Beschleunigungsmoment bezogen ist: $T_{a_o} = 56 \cdot 0{,}75 \text{ sek} = 42 \text{ sek}$. Da die Kurven der Fahrmotoren (Abb. 29) gegeben sind, liegt nach Gl. (130) auch η fest. Nimmt man an, daß das Moment etwa umgekehrt proportional mit der 1,5ten Potenz der Drehzahl zu- und abnimmt, so wird bei der höchsten Drehzahl $\Delta_M/\Delta n \approx 1{,}5 \, M_0/n_H$ und damit nach Gl. (130) $\eta \approx 1{,}5$. Bei der niedrigsten wird der Kurvenverlauf etwa im Verhältnis von 0,1/1,0 flacher, d.h. η wird 10mal so groß, also $\eta \approx 15$. Die Schlußzeit $2\,T_s$ wird möglichst klein gewählt, sie muß auf jeden Fall kleiner sein, als die verlangte Anfahrzeit von 56 sek. Aus konstruktiven Gründen wird man aber auch nicht zu weit gehen können, wir wollen eine Schlußzeit von 12 sek, also $T_s = 0,5 \cdot 12$ sek $= 6$ sek annehmen. Die Statik des Meßwerkes δ_v sei so gewählt, daß bei einer Abweichung des Momentes um 10% nach oben oder unten, bei festgehaltener Bremse die Maximalgeschwindigkeit des Verstellmotors eingestellt wird. δ_v wird damit 0,2 (20% Momentänderung sind erforderlich, um das Meßwerk um den Gesamthub H zu verstellen!). Wenn wir nun verlangen, daß sich gerade der aperiodische Grenzfall bei der Regelung einstellt [Gl. (143)], so liegt damit die letzte

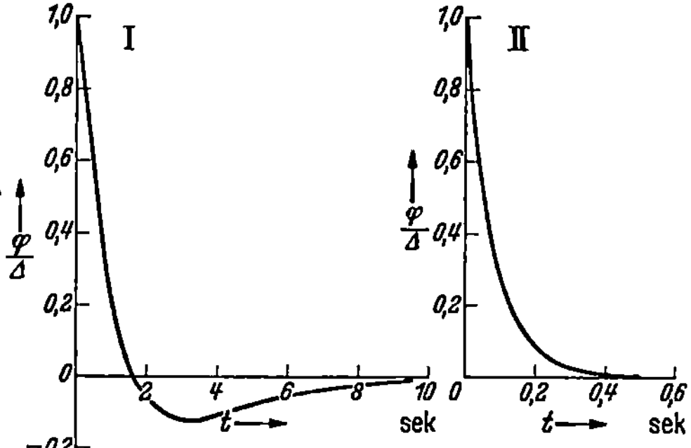

Abb. 30. Regelkurven bei einer Anordnung nach Abb. 27.
I bei höchster Drehzahl, II bei niedrigster Drehzahl

Konstante in Gl. (143) $T_n = T_{y_1}/\delta_v$ fest, d.h. wir müssen die Bremse am Meßwerk auf einen ganz bestimmten Bremswert einstellen. Nach Gl. (143) wird bei der höchsten Drehzahl mit $\eta = 1,5$

$$T_n = 4\,\frac{\delta_v}{\eta}\,\frac{T_s}{\left(1 + \dfrac{\delta_v\,T_s}{T_{a_0}}\right)^2} = 4\,\frac{0,2}{1,5}\,\frac{6}{\left(1 + \dfrac{0,2 \cdot 6}{42}\right)^2}\ \text{sek} = 3\ \text{sek}.$$

Bei der niedrigsten Drehzahl ($\eta = 15$) müßte T_n wesentlich kleiner gewählt werden, wenn der aperiodische Grenzfall erreicht werden soll. Wird $T_n = 3,0$ sek eingestellt, so wird auf jeden Fall im ganzen Drehzahlbereich der Vorgang aperiodisch verlaufen. Abb. 30 zeigt zwei Regelvorgänge einmal bei höchster (I) und dann bei tiefster (II) Drehzahl. Dabei ist bei der Bestimmung der Integrationskonstanten C_1 und C_2 angenommen worden, daß der Hebel zum Einstellen der Anfahrbeschleunigung (Abb. 27) ruckartig verstellt worden ist und damit zunächst eine Abweichung $\varDelta$ vom neuen Sollwert vorhanden war, also $(\varphi)_0 = \varDelta$. Das Meßwerk wird sich ruckartig verstellen, und zwar um $H \cdot \varDelta/\delta_v$ und damit eine Verstellgeschwindigkeit für die Drehzahl einstellen von

$$-\,\frac{n_H}{T_s}\,\frac{H\dfrac{\varDelta}{\delta_v}}{H} = \frac{n_H}{T_s}\,\frac{\varDelta}{\delta_v}\,.$$

n_H entspricht aber einer Momentänderung um $\eta\, M_0$, so daß die auf M_0 bezogene Momentänderung

$$(\varphi')_0 = -\frac{\varDelta}{T_s}\frac{\eta}{\delta_v}$$

wird.

Wir sehen übrigens aus unserem Zahlenbeispiel — und praktisch wird dies bei solchen Fahrzeugsteuerungen immer der Fall sein —, daß der Faktor $(1 + \delta_v\, T_s/T_{a_0})$ von Gl. (140) sehr nahe bei 1,0 liegt, d.h. daß wir praktisch den gleichen Vorgang bekommen, wenn wir $T_{a_0} = \infty$ setzen, also eine unendlich große Schwungmasse annehmen bzw. die Änderung der Drehzahl während des Regelvorganges überhaupt vernachlässigen.

6. Die Ermittlung des Regelvorganges mit Hilfe der Laplace-Transformation

I. Kurze Einführung

Die Lösung von Differentialgleichungen kann durch das mathematische Hilfsmittel der Laplace-Transformation erleichtert werden. Diese Methode, die wir nur insoweit betrachten wollen, als sie für die Lösung von Regelproblemen Verwendung findet, hat gegenüber der im Abschn. 5 behandelten klassischen Methode vor allem den Vorteil, daß die Lösung der Differentialgleichung durch die Transformation auf die Lösung einer algebraischen Gleichung zurückgeführt wird, mit der sich einfacher rechnen läßt, und daß außerdem die Anfangsbedingungen schon beim Gleichungsansatz berücksichtigt werden können, die meist recht mühselige Bestimmung der Integrationskonstanten also entfällt. Allerdings können dafür bei der Rücktransformation Schwierigkeiten auftreten. Erfahrungsgemäß lassen sich diese aber bei den in der Regelungstechnik auftretenden Problemen ohne allzu großen Rechenaufwand überwinden.

Durch die Laplace-Transformation wird die Zeit t als unabhängige Variable eliminiert und dafür eine neue Variable s eingeführt. s ist im allgemeinen eine komplexe Größe mit positivem Realteil und hat die Dimension von $1/t$. Sie kann aber in manchen Fällen auch rein imaginär sein, wie sich zeigen wird.

Liegt eine Zeitfunktion $f(t)$ vor, so entspricht die Laplace-Transformation der Rechenvorschrift

$$f(s) = \int_0^\infty e^{-st}\, f(t)\, dt = \mathfrak{L}\, f(t)\,, \tag{1a}$$

$$f(t) = \mathfrak{L}^{-1} f(s)\,. \tag{1b}$$

Das Zeichen $\mathfrak{L}$ bedeutet also, daß die Funktion $f(t)$ transformiert ist und zwar, wie man sich ausdrückt, von einem Originalbereich (auch Oberbereich), entsprechend der Zeitfunktion $f(t)$ in einen Bildbereich (auch Unterbereich), entsprechend der Funktion $f(s)$. Das Zeichen $\mathfrak{L}^{-1}$ entspricht der Rücktransformation.

Wie bereits gesagt, ist s im allgemeinen komplex mit positivem Realteil, hat also die Form $s = c + j\, q$. Das Integral nach Gl. (1a) konvergiert nun für jede Funktion $f(t)$ mit wachsendem t gegen Null, wenn nur der Realteil von s, also c, entsprechend gewählt wird. Die Konvergenz gegen Null ist aber auch bei Realteil gleich Null gesichert, wenn die Funktion $f(t)$ für sich schon gegen Null konvergiert. Dieser Fall tritt in der Regelungstechnik sehr häufig auf.

II. Die Transformation

Für einige Funktionen $f(t)$ soll nun gezeigt werden, wie sich das Integral nach Gl. (1) berechnen, also die Transformation durchführen läßt.

$$\text{a)} \quad f(t) = 1{,}0; \qquad \mathcal{L}\,f(t) = \int_0^\infty e^{-st}\,dt = \left[-\frac{1}{s}\,e^{-st}\right]_0^\infty = \frac{1}{s} \tag{2}$$

$$\text{b)} \quad f(t) = t; \qquad \mathcal{L}\,f(t) = \int_0^\infty e^{-st}\,t\,dt = \left[-\frac{1}{s}\,e^{-st}\,t\right]_0^\infty$$

$$+ \int_0^\infty \frac{1}{s}\,e^{-st}\,dt = \left[-\frac{1}{s}\,e^{-st}\,t - \frac{1}{s^2}\,e^{-st}\right]_0^\infty = \frac{1}{s^2} \tag{3}$$

$$\text{c)} \quad f(t) = t^n; \qquad \mathcal{L}\,f(t) = \int_0^\infty e^{-st}\,t^n\,dt = \frac{n!}{s^{n+1}} \tag{4}$$

(entsprechend b)

$$\text{d)} \quad f(t) = e^{\alpha t}; \quad \mathcal{L}\,f(t) = \int_0^\infty e^{-st}\,e^{\alpha t}\,dt = \int_0^\infty e^{-(s-\alpha)t}\,dt = \frac{1}{s-\alpha} \tag{5}$$

$$\text{e)} \quad f(t) = \sin \alpha t; \quad \mathcal{L}\,f(t) = \int_0^\infty e^{-st}\,\sin \alpha t\,dt$$

$$= \int_0^\infty e^{-st}\,\frac{1}{2j}\,(e^{j\alpha t} - e^{-j\alpha t})\,dt = \frac{\alpha}{\alpha^2 + s^2} \tag{6}$$

(nach d berechnet)

$$\text{f)} \quad f(t) = \cos \alpha t; \quad \mathcal{L}\,f(t) = \frac{s}{\alpha^2 + s^2} \tag{7}$$

(nach d und e berechnet)

$$\text{g)} \quad \begin{array}{l} f(t) = 0 \mid t < T_t \\ f(t) = 1 \mid t \geq T_t \end{array}; \quad \int_0^{T_t} 0\,e^{-st}\,dt + \int_{T_t}^\infty 1\,e^{-st}\,dt = \frac{e^{-sT_t}}{s}. \tag{8}$$

Praktisch ist die Berechnung des Integrals nach Gl. (1a) meistens nicht erforderlich, weil für die wichtigsten Funktionen dieses Integral, also die LAPLACE-Transformation der Funktion, in Tabellenform vorliegt (z. B. [35]). Anhand dieser wenigen Beispiele sollte nur gezeigt werden, daß es sich bei der Transformation nur um eine rein mathematische, im allgemeinen nicht schwierige Arbeit handelt. Im übrigen kann auch den Tabellen 6 und 7 am Schluß dieses Buches für viele Funktionen („Gleichung") die transformierte Funktion entnommen werden. Der „Frequenzgang" entspricht nämlich, worauf in Abschn. 8 noch eingegangen wird, der LAPLACE-Transformation für die Übergangsfunktion, wenn man für p die Variable s einsetzt und außerdem noch durch s dividiert.

Nun soll noch gezeigt werden, wie sich eine Differentiation im Originalbereich auf den Bildbereich auswirkt. Ist $f(s)$ die transformierte Funktion von $f(t)$, also $\mathfrak{L}\, f(t) = f(s)$, so ist gesucht die transformierte Funktion von $f'(t)$, also $\mathfrak{L}\, f'(t)$. Es wird ($\int u\, dv = u\, v - \int v\, du$)

$$\mathfrak{L}\, f'(t) = \int\limits_0^\infty e^{-st}\, \frac{df(t)}{dt}\, dt = [e^{-st}\, f(t)]_0^\infty + \int\limits_0^\infty s\, e^{-st}\, f(t)\, dt$$

$$= s\, \mathfrak{L}\, f(t) - f(0)\, . \tag{9}$$

Dabei bedeutet $f(0)$ die Funktion $f(t)$ zur Zeit Null.

Entsprechend errechnet sich

$$\mathfrak{L}\, f^n(t) = s^n\, \mathfrak{L}\, f(t) - [f^{(n-1)}\,(0) + s\, f^{(n-2)}\,(0) + \cdots + s^{(n-2)}\, f'(0)$$
$$+ s^{(n-1)}\, f(0)]\, . \tag{10}$$

$f^k(0)$ ist dabei der k-te Differentialquotient der Funktion $f(t)$ zur Zeit Null. n-maliges Differenzieren im Originalbereich entspricht also einer Multiplikation mit s^n im Bildbereich, wobei noch additiv ein Polynom vom $(n-1)$ten Grad in s auftritt, dessen Koeffizienten den $(n-1)$ten Ableitungen der Originalfunktion zur Zeit $t = 0$ entsprechen.

Ähnlich läßt sich die Auswirkung einer Integration im Originalbereich auf den Bildbereich ermitteln. Es wird

$$\mathfrak{L} \int\limits_0^t f(t)\, dt = \frac{\mathfrak{L}\, f(t)}{s}\, . \tag{11}$$

Praktisch werden wir von dieser Transformation bei unseren Regelproblemen keinen Gebrauch zu machen haben.

III. Die Rücktransformation

a) Allgemeines. Die Rücktransformation vom Bildbereich in den Originalbereich entspricht der Lösung folgenden Integrals [35]

$$f(t) = \mathfrak{L}^{-1}\, f(s) = \frac{1}{2\,\pi\, j} \int\limits_{c-j\infty}^{c+j\infty} e^{st} f(s)\, ds\, . \tag{12}$$

(Auch hier kann $c = 0$ gesetzt werden, wenn $f(s)$ mit wachsendem Wert von $s = c + j\, q$ für $c = 0$ gegen Null konvergiert. Hat $f(s)$ einen Pol

bei Null, so muß bei der Integration der Nullpunkt durch einen kleinen
Kreis rechts um Null herum umgangen werden. Man spricht dann von
einem Hakenintegral.) Die direkte Lösung des Integrals Gl. (12) läßt
sich im allgemeinen nur sehr schwer durchführen, so daß die Rücktransformation auf andere Weise erfolgen muß.

Bei einfacheren Funktionen wird man die Rücktransformation sehr
schnell mit Hilfe der bereits erwähnten Tabellen [35] mit den sich entsprechenden Original- und Bildfunktionen durchführen können. Schwieriger wird die Rücktransformation bei verwickelteren Funktionen. In
der Regelungstechnik haben sich zwei rechnerische Methoden als zweckmäßig erwiesen, einmal die Partialbruchzerlegung und dann die Anwendung des HEAVISIDEschen Entwicklungssatzes, der im übrigen auf
die Partialbruchzerlegung zurückgeführt werden kann. Während diese
zwei Methoden hier behandelt werden sollen, wird auf ein graphisches
Näherungsverfahren in Abschn. 8 eingegangen. Vorher sei aber noch
(ohne Ableitung [35]) auf folgende Zusammenhänge zwischen den Funktionen $f(t)$ und $f(s)$ hingewiesen. Bei gegebener Funktion $f(s)$ läßt sich
sofort, ohne Ermittlung der gesamten Funktion, der Grenzwert von $f(t)$
für $t = 0$ immer, der für $t = \infty$ unter bestimmten Voraussetzungen angeben. Es wird

$$\lim_{t \to 0} f(t) = \lim_{s \to \infty} s\, f(s) \tag{13}$$

und

$$\lim_{t \to \infty} f(t) = \lim_{s \to 0} s\, f(s) \, . \tag{14}$$

Gl. (14) gilt nur dann, wenn $f(s)$ keine Pole rechts der imaginären Achse,
$G(s) = 0$ nach Gl. (15) also nur Wurzeln mit negativem Realteil aufweist.

b) Rücktransformation mit Hilfe der Partialbruchzerlegung. Die
Funktion $f(s)$, die sich etwa bei der Beschreibung eines Regelvorganges
ergibt, hat im allgemeinen, z.B. bei Sprungstörung, die Form einer gebrochenen rationalen Funktion

$$f(s) = \frac{F(s)}{s\, G(s)} \, , \tag{15}$$

wobei im allgemeinen $G(s)$ von höherem Grade ist als $F(s)$.

Für eine Partialbruchzerlegung bringt man die Funktion zunächst
auf die Form

$$f(s) = \frac{F(s)}{K_0\,(s - s_1)\,(s - s_2)\cdots(s - s_n)} \, , \tag{16}$$

wobei $s_1, s_2 \ldots s_n$ die Wurzeln der Gleichung $s\, G(s) = 0$ bedeuten, die
ermittelt werden müssen. K_0 ist der Koeffizient des Gliedes mit s^n in
$G(s)$. Der Ausdruck nach Gl. (16) läßt sich nun in bekannter Weise in
einzelne Partialbrüche zerlegen und man erhält, wenn zunächst angenommen wird, daß alle Wurzeln $s_1 \ldots s_n$ voneinander verschieden sind,

$$f(s) = \frac{K_1}{s - s_1} + \frac{K_2}{s - s_2} + \cdots + \frac{K_n}{s - s_n} \, . \tag{17}$$

$K_1 \ldots K_n$ sind Konstante, die durch Vergleich der Gln. (16) und (17) gefunden werden können. Am einfachsten geht man bei der Berechnung der Konstanten folgendermaßen vor: Man multipliziert Gl. (17) zunächst mit $(s - s_1)$ und erhält

$$K_1 + \frac{K_2\,(s - s_1)}{s - s_2} + \cdots + \frac{K_n\,(s - s_1)}{s - s_n} = (s - s_1)\,f(s)$$

$$= \frac{F(s)}{K_0\,(s - s_2)\,(s - s_3)\cdots(s - s_n)} \; . \tag{18}$$

Setzt man nun in Gl. (18) für $s = s_1$ ein, so erhält man

$$K_1 = \frac{F(s_1)}{K_0\,(s_1 - s_2)\,(s_1 - s_3)\cdots(s_1 - s_n)} = (s - s_1)\,f(s)\,\big|_{s \to s_1} \; . \tag{19}$$

Entsprechend erhält man allgemein

$$K_k = \frac{F(s_k)}{K_0\,(s_k - s_1)\,(s_k - s_2)\cdots(s_k - s_{k-1})\,(s_k - s_{k+1})\cdots(s_k - s_n)}$$

$$= (s - s_k)\,f(s)\,\big|_{s \to s_k} = \frac{F(s)}{\dfrac{s\,G(s)}{s - s_k}}\Bigg|_{s \to s_k} \; . \tag{20}$$

Für die Einzelglieder von Gl. (17) kann nun die entsprechende Originalfunktion nach Gl. (5), eine Exponentialfunktion, angegeben werden. Nach Gl. (17) ergibt sich für die vollständige Originalfunktion:

$$f(t) = f_1(t) + f_2(t) + \cdots + f_n(t) \; . \tag{21}$$

Will man sich mit einer Teillösung, z.B. $f_1(t) + f_2(t)$, begnügen — häufig wird in der Regelungstechnik ein an sich komplizierter Vorgang im wesentlichen doch nur durch eine Grundschwingung bestimmt — so kann K_1 bzw. K_2 allein ermittelt werden, wobei dann nur die entsprechenden zwei Wurzeln der Gleichung $G(s) = 0$ aufzusuchen sind. Besonders wichtig wird diese Möglichkeit, wenn $G(s) = 0$ eine transzendente Gleichung mit unendlich vielen Wurzeln darstellt. Man *muß* sich in diesem Fall mit Teillösungen begnügen.

Etwas mühselig ist allerdings die Berechnung der Konstanten K_k nach Gl. (20), wenn es sich bei $G(s)$ um ein Polynom höheren Grades handelt. Es empfiehlt sich für solche Fälle ein graphisches Verfahren, auf das noch kurz eingegangen werden soll.

Das Nennerpolynom von Gl. (20) läßt sich graphisch folgendermaßen ermitteln: Man zeichnet in der komplexen Ebene die Nullstellen s_1, $s_2 \ldots s_n$, die also bei diesem Verfahren *alle* bekannt sein müssen, ein, mißt Betrag und Winkel der Zeiger $(s_k - s_1)$, $(s_k - s_2)$ usw., multipliziert die Beträge, addiert die Winkel und erhält so, wenn man noch mit K_0 multipliziert, den Nenner von Gl. (20), in der Form eines Zeigers.

$$N_k = r_{N k}\,e^{j\,\alpha_k} \tag{22}$$

wobei

$$r_{N k} = K_0 |(s_k - s_1)| \cdot |(s_k - s_2)| \cdots |(s_k - s_n)|$$

und

$$\alpha_k = \alpha_{1 k} + \alpha_{2 k} + \cdots + \alpha_{n k}$$

[$\alpha_{1 k}$ der Winkel des Zeigers $(s_k - s_1)$ gegen positive reelle Achse].

Für das Zählerpolynom läßt sich ebenso graphisch ein Zeiger

$$Z_k = r_{Zk}\, e^{j\gamma_k} \tag{23}$$

ermitteln und so erhält man für K_k

$$K_k = \frac{r_{zk}}{r_{Nk}}\, e^{j(\gamma_k - \alpha_k)} = |K_k|\, e^{j\delta_k} \tag{24}$$

und entsprechend Gln. (5), (17) und (21)

$$f_k(t) = |K_k|\, e^{j\delta_k}\, e^{s_k t}\, . \tag{25}$$

Dabei ist noch zu beachten, daß bei einer rein reellen Wurzel s_k der Winkel $\alpha_k = 0$ wird und damit

$$f_k(t)_{reell} = K_k\, e^{s_k t}\, . \tag{26}$$

Die zwei konjugiert komplexen Wurzeln entsprechenden Teilvorgänge $f_k(t) + f_l(t)$ können folgendermaßen zusammengefaßt werden, wenn man berücksichtigt, daß

$$|K_k| = |K_l| \quad \text{und dafür einfach } K_k \text{ gesetzt wird,}$$

$$\delta_k = -\delta_l,$$

$$s_k = -\beta + j\nu; \; s_l = -\beta - j\nu:$$

$$f_{k,l}(t) = e^{-\beta t}\,(2\,K_k \cos \delta_k \cos \nu t - 2\,K_k \sin \delta_k \sin \nu t)\,. \tag{27}$$

An Hand eines einfachen Beispiels soll die Rücktransformation nach diesem graphischen Verfahren noch erläutert werden. Gegeben sei die Funktion

$$f(s) = \frac{(1 + s\,\beta\,T_{II})\,(1 + s\,T_I)\,s\,T_n}{s\,[s^3\,T_I\,T_{II}\,T_n + s^2 T_n\,(T_I + T_{II}) + s\,T_n\,(1 + \varkappa) + \varkappa]} = \frac{F(s)}{s\,G(s)} \tag{28}$$

die, wie in Abschn. V gezeigt wird, der transformierten Zeitfunktion eines Regelvorganges entspricht. Mit den Konstanten

$$\beta = 0{,}25; \quad T_I = 0{,}5 \text{ sek}; \quad T_{II} = 3 \text{ sek}; \quad T_n = 1{,}5 \text{ sek}; \quad \varkappa = 20$$

wird Gl. (28)

$$f(s) = \frac{(1 + s\,0{,}75 \text{ sek})\,(1 + s\,0{,}5 \text{ sek})\,1{,}5 \text{ sek}}{2{,}25 \text{ sek}^3 \left(s^3 + s^2\,2{,}32\,\dfrac{1}{\text{sek}} + s\,14\,\dfrac{1}{\text{sek}^2} + 8{,}9\,\dfrac{1}{\text{sek}^3}\right)}\,. \tag{28a}$$

Für Gl. (28a) kann somit geschrieben werden:

$$f(s) = \frac{(1 + s\,0{,}75 \text{ sek})\,(1 + s\,0{,}5 \text{ sek})}{1{,}5 \text{ sek}^2\,(s - s_1)\,(s - s_2)\,(s - s_3)}\,. \tag{28b}$$

Die Wurzeln von $G(s) = 0$ werden

$$s_1 = -0{,}69\,\frac{1}{\text{sek}}$$

$$s_{2,3} = (-0{,}82 \pm j\,3{,}5)\,\frac{1}{\text{sek}}\cdot$$

K_0 ist nach Gl. (28b) gleich $1{,}5$ sek^2.

Abb. 1 zeigt, wie K_2 aus den verschiedenen Zeigern gefunden werden kann. Es wird der Nenner (Gl. 22)

$$N_2 = r_{N2}\, e^{j\,\alpha_2}$$

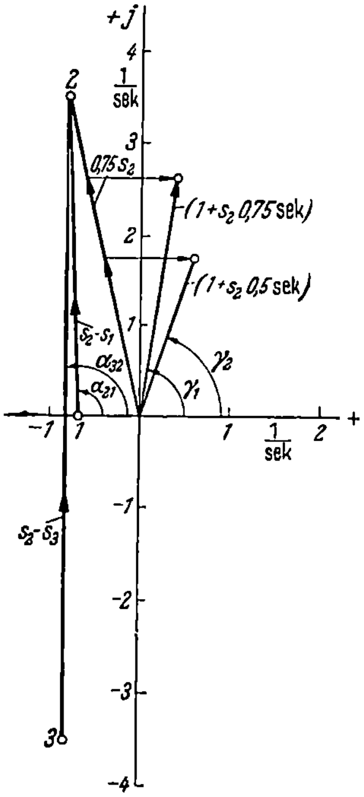

mit

$$r_{N2} = K_0\, |(s_2 - s_1)| \cdot |(s_2 - s_3)|$$
$$= 1{,}5\ \text{sek}^2 \cdot 3{,}5\,\frac{1}{\text{sek}} \cdot 7\,\frac{1}{\text{sek}} = 36{,}5$$

$$\alpha_2 = \alpha_{12} + \alpha_{32} = 92° + 90° = 182°\,,$$

damit also

$$N_2 = 36{,}5\, e^{j\,182°}.$$

Der Zähler wird (aus Abb. 1 entnommen):

$$Z_2 =$$
$$|(1 + s_2 \cdot 0{,}75\ \text{sek})| \cdot |(1 + s_2\, 0{,}5\ \text{sek})|\ e^{j(\gamma_1 + \gamma_2)}$$
$$= 2{,}65 \cdot 1{,}9\ e^{j(80 + 70)°} = 5 \cdot e^{j\,150°}$$

und damit

$$K_2 = \frac{Z_2}{N_2} = \frac{5}{36{,}5}\, e^{j\,(150 - 182)°} = 0{,}137\, e^{-j\,32°}$$
$$= |K_2|\, e^{j\,\delta_2}.$$

Nach Gl. (27) ergibt sich somit ($\cos \delta_2 = 0{,}85$; $\sin \delta_2 = -0{,}53$)

$$f_{2,3}(t) = e^{-0,82\ t/\text{sek}} (2 \cdot 0{,}137 \cdot 0{,}85 \cos 3{,}5\, t/\text{sek}$$
$$+ 2 \cdot 0{,}137 \cdot 0{,}53 \sin 3{,}5\, t/\text{sek})\,.$$

Berücksichtigt man noch den Teilvorgang der Wurzel s_1 entsprechend, der ebenso graphisch gefunden werden kann, so ergibt sich der Gesamtvorgang (mit der der graph. Ermittlung entsprechenden Genauigkeit)

$$f(t) = 0{,}017\, e^{-0,69\ t/\text{sek}} + e^{-0,82\ t/\text{sek}} (0{,}23 \cos 3{,}5\, t/\text{sek}$$
$$+ 0{,}146 \sin 3{,}5\, t/\text{sek})\,.$$

Bisher war angenommen worden, daß sämtliche Nullstellen des Nennerpolynomes von Gl. (15) voneinander verschieden sind. Treten m gleiche (s_m) und n ungleiche Nullstellen auf, so kann die Funktion $F(s)$ folgendermaßen zerlegt werden:

$$f(s) = \frac{C_1}{(s - s_m)} + \frac{C_2}{(s - s_m)^2} + \cdots + \frac{C_m}{(s - s_m)^m} + \frac{K_1}{s - s_1} + \cdots + \frac{K_n}{s - s_n}\,. \tag{29}$$

Die Konstanten K, die ungleichen Wurzeln entsprechen, können wie bisher berechnet werden. Für die Konstanten C ergibt sich, wobei auf den an und für sich einfachen Beweis hier verzichtet werden soll [57],

$$\left.\begin{aligned}
C_m &= (s - s_m)^m\, f(s)\big|_{s \to s_m} \\
C_{m-1} &= \frac{1}{1!}\frac{d}{ds}\,[(s - s_m)^m\, f(s)]\big|_{s \to s_m} \\
&\ \vdots \\
C_1 &= \frac{1}{(m-1)!}\frac{d^{m-1}}{ds^{m-1}}\,[(s - s_m)^m\, f(s)]\big|_{s \to s_m}.
\end{aligned}\right\} \tag{30}$$

Abb. 1. Graphische Ermittlung der Konstanten K_2

c) Rücktransformation mit Hilfe des Heavisideschen Entwicklungssatzes. Der Heavisidesche Entwicklungssatz kann nur angewandt werden für einfache Nullstellen des Nennerpolynomes $G(s) = 0$ von $f(s) = \dfrac{F(s)}{s\,G(s)}$ und außerdem nur dann, wenn die Funktion $f(s)$ bestimmte mathematische Bedingungen erfüllt, was aber bei Regelproblemen meist zutrifft. (Z. B. darf $\dfrac{F(0)}{G(0)}$ nicht unendlich werden.) Der Entwicklungssatz lautet

$$f(t) = \mathfrak{L}^{-1}\,f(s) = \mathfrak{L}^{-1}\frac{F(s)}{s\,G(s)} = \frac{F(0)}{G(0)} + \sum \frac{F(s_\nu)}{s_\nu\,G'(s_\nu)}\,\mathrm{e}_s^{\nu\,t}. \qquad (31)$$

In Gl. (31) bedeuten: $F(0)$, $G(0)$ die entsprechenden Funktionen bei $s = 0$; $G'(s_\nu) = \left[\dfrac{\mathrm{d}G(s)}{\mathrm{d}s}\right]_{s \to s_\nu}$; s_ν die Wurzeln der Gleichung $G(s) = 0$. [Der Entwicklungssatz läßt sich aus der Partialbruchzerlegung ableiten, wenn man berücksichtigt, daß

$$\left(\frac{G(s)}{s - s_\nu}\right)_{s_\nu} = G'(s_\nu)$$

und $\dfrac{F(0)}{G(0)}$ der Konstanten K_k für die Wurzel $s = 0$ in Gl. (20) entspricht.]

Bei der Auswertung der Gl. (31) ist noch folgendes zu beachten: treten zwei konjugiert komplexe Wurzeln auf, also z.B. $\beta \pm j\,\nu$, so ergeben sich zwei Summenglieder mit ebenfalls konjugiert komplexen Koeffizienten, also

$$f_1(t) + f_2(t) = (A + j\,B)\,\mathrm{e}^{(\beta + j\nu)t} + (A - j\,B)\,\mathrm{e}^{(\beta - j\nu)t}\,,$$

die zusammengefaßt werden können zu

$$f_{1,2}(t) = \mathrm{e}^{\beta t}\,(2\,A\cos\nu\,t - 2\,B\sin\nu\,t)\,. \qquad (32)$$

Bei gleichen Wurzeln wird am zweckmäßigsten auf Gl. (30) zurückgegriffen. Auch hier können für Näherungslösungen Teilvorgänge abgespaltet werden.

IV. Die Anwendung der Laplace-Transformation auf Regelprobleme

Wie in Abschn. 5 gezeigt, führt die Berechnung eines Regelvorganges zunächst zu einer Anzahl simultaner Differentialgleichungen (Gl. 5/1), aus denen durch Elimination aller Zwischengrößen die Differentialgleichung der Regelgröße gewonnen wird. Bei Anwendung der LAPLACE-Transformation transformiert man nun am zweckmäßigsten bereits die Einzelgleichungen, und führt anschließend wieder die Elimination der Zwischengrößen durch. Da bei der Transformation der Einzelgleichungen bereits die Anfangsbedingungen mit eingehen, sind diese auch in der Endgleichung enthalten. Die recht mühselige Bestimmung der Integrationskonstanten fällt also weg. Es ist lediglich die Rücktransformation nach einer der unter III behandelten Methoden erforderlich. In Abschn. 8 wird noch auf den engen Zusammenhang zwischen LAPLACE-Transformation und Frequenzgang einzugehen sein. An Hand eines Beispieles soll die Anwendung der Methode näher erläutert werden.

V. Beispiel

Spannungsregelung eines Drehstromgenerators mit Erregermaschine·
Nach Abb. 2 wird die Spannung eines Generators (V_{II}) über eine Erregermaschine (V_I) und einen Regler ohne Hilfsenergie (M) geregelt. Entsprechend den drei Regelgliedern erhalten wir folgende drei Differentialgleichungen:

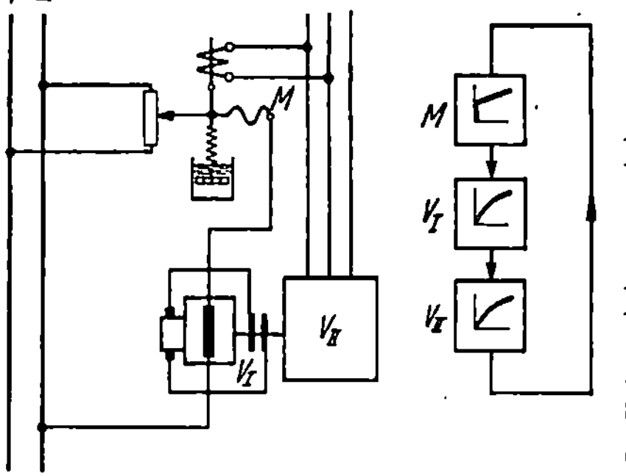

Abb. 2. Spannungsregelung eines
Drehstromgenerators

I $\quad \varepsilon_I' \, \delta_v \, T_n = - \varphi' \, T_n - \varphi$ (33)

II $\quad \varepsilon_{II}' \, T_I + \varepsilon_{II} = \varepsilon_I$ (34)

III $\quad \varphi' \, T_{II} + \varphi = \eta \, \varepsilon_{II}$ (35)

I $\quad$ entsprechend Gl. (2/71)

II $\quad$ entsprechend Gl. (3/27);

III $\quad$ entsprechend Gl. (3/27);

[Erregerspannung von Erregerma-
schine und Generator (ε_I und ε_{II})
sind auf den Reglerhub· bezogen.
Ändert sich die Generatorspannung
sprunghaft um $\delta_v \, U_0$, so legt der
Regler ebenfalls sprunghaft seinen
ganzen Hub zurück, die Erregerspannung steigt auf den bezogenen
Wert (— 1) an und verursacht eine Spannungsänderung (— 1 · η).]

Transformiert man die Gln. (33) bis (35) so ergibt sich nach Gl. (9)
(Querstrich über der Größe bedeutet, daß sie transformiert ist)

I $\quad \delta_v \, T_n \, [\bar{\varepsilon}_I \, s - \varepsilon_I(0)] = - T_n \, [\bar{\varphi} \, s - \varphi(0)] - \bar{\varphi}$ (36)

II $\quad T_I \, [\bar{\varepsilon}_{II} \, s - \varepsilon_{II}(0)] + \bar{\varepsilon}_{II} = \bar{\varepsilon}_I$ (37)

III $\quad T_{II} \, [\bar{\varphi} \, s - \varphi(0)] + \bar{\varphi} = \eta \, \bar{\varepsilon}_{II} \, .$ (38)

Eliminiert man aus den Gln. (36) bis (38) $\bar{\varepsilon}_I$ und $\bar{\varepsilon}_{II}$, so erhält man

$$\bar{\varphi} = \frac{\varphi(0)\left(T_I \, T_{II} \, T_n \, s^2 + T_{II} \, T_n \, s + \frac{\eta}{\delta_v} \, T_n\right) + \varepsilon_I(0) \, \eta \, T_n + \varepsilon_{II}(0) \, \eta \, T_I \, T_n \, s}{s^3 \, T_I \, T_{II} \, T_n + s^2 \, T_n \, (T_I + T_{II}) + s \, T_n\left(1 + \frac{\eta}{\delta_v}\right) + \frac{\eta}{\delta_v}}$$

$$= f(s) = \frac{F(s)/s}{G(s)} \, . \tag{39}$$

Bevor die Rücktransformation durchgeführt wird, müssen nun be-
stimmte Annahmen über die Anfangswerte von φ, ε_I und ε_{II} gemacht
werden. Theoretisch können diese beliebig angenommen werden, prak-
tisch werden aber immer nur physikalisch oder technisch wichtige Annahmen interessieren. Betrachtet man z. B. eine unstetige Regelung,
etwa eine Zweipunkt-Regelung, so muß der Regelvorgang abschnitts-
weise berechnet werden, und bei Beginn eines neuen Abschnittes liegen
die Anfangswerte der verschiedenen Größen als Endwerte des vorgehen-
den Abschnittes fest. Interessiert der Regelvorgang bei einer sprunghaft einsetzenden Störung bei vorher ruhigem Betrieb, d. h. wenn vorher

alle Größen im Regelkreis stationäre Werte angenommen haben, so sind für die Bestimmung der Anfangswerte auch hier erst gewisse Überlegungen anzustellen, ähnlich, wie wir sie bei der Bestimmung der Integrationskonstanten im Abschn. 5 kennengelernt haben. Bei unserem Beispiel soll nun die Bestimmung der Anfangswerte unter dieser Voraussetzung — sprunghafte Störung — durchgeführt werden.

Wir nehmen eine sprunghaft einsetzende induktive Belastung des Generators an mit einem Spannungsverlauf ohne Regelung nach Abb. 3/32. Wir bezeichnen die Gesamtspannungsänderung ohne Regelung bezogen auf die Sollspannung mit Δ, die im ersten Augenblick auftretende mit Δ_1. Damit erhalten wir (Abweichungen auf den stationären Endwert bezogen!).

$$\varphi(0) = \Delta\left(\frac{\Delta_1}{\Delta}\right) = \Delta\beta$$

$$\varepsilon_I(0) = \Delta\left(\frac{1}{\eta} - \frac{\Delta_1}{\Delta}\frac{1}{\delta_v}\right) = \Delta\left(\frac{1}{\eta} - \frac{\beta}{\delta_v}\right)$$

$$\varepsilon_{II}(0) = \Delta\frac{1}{\eta}.$$

Diese Gleichungen kommen wie folgt zustande:

Wäre der Regler ausgeschaltet, so würde die Erregerspannung der Erregermaschine (Abb. 2) (ε_I) um $\Delta\frac{1}{\eta}$ vom Endwert abweichen. Durch die Δ_1 entsprechende Spannungsänderung ändert sich die Erregerspannung sprunghaft um den Wert $\left(-\frac{\Delta_1}{\delta_v}\right)$. Auf die Erregerspannung des Generators (ε_{II}) wirkt sich die Änderung der Reglerstellung noch nicht aus, sie weicht daher einfach um den der Gesamtspannungsänderung ohne Regler Δ entsprechenden Wert $\Delta\frac{1}{\eta}$ vom Endwert ab.

Gl. (39) wird damit

$$\frac{\overline{\varphi}}{\Delta} = \frac{\beta\left(T_I\,T_{II}\,T_n\,s^2 + T_{II}\,T_n\,s + \frac{\eta}{\delta_v}\,T_n\right) + T_n - T_n\frac{\eta\,\beta}{\delta_v} + T_I\,T_n\,s}{G(s)}$$

$$= \frac{(1 + s\,\beta\,T_{II})\,(1 + s\,T_I)\,T_n}{s^3\,T_I\,T_{II}\,T_n + s^2\,T_n\,(T_I + T_{II}) + s\,T_n\,(1 + \varkappa) + \varkappa} = \frac{F(s)/s}{G(s)}. \tag{40}$$

Dieses Ergebnis entspricht der Gl. (28) mit $\frac{\eta}{\delta_v} = \varkappa$, deren Rücktransformation oben ausführlich behandelt worden ist.

Für den in unserem Beispiel angenommenen Fall einer Sprung-Störung kommt man einfacher, ohne Überlegungen, über die Anfangswerte der verschiedenen Größen zum Ziel, wenn man die in Abschnitt 8 behandelte Methode (Frequenzgang) anwendet. Es empfiehlt sich daher mit der LAPLACE-Transformation nur dann zu arbeiten, wenn irgendwelche, beliebige Anfangsbedingungen gegeben sind, etwa bei abschnittsweiser Behandlung von Regelkreisen mit unstetigen Gliedern.

7. Ermittlung der charakteristischen Gleichung des Regelvorganges mit Hilfe des Frequenzganges

I. Der Frequenzgang des Regelkreises

Die Regelung als Selbsterregungsproblem

Erfahrungsgemäß stellt sich bei Regelvorgängen nach einer Störung des Gleichgewichts der neue stationäre Zustand erst nach einiger Zeit meist in Form von mehr oder weniger stark gedämpften Schwingungen ein. Auch der unangenehme Fall kann auftreten, daß die Schwingungen nicht gedämpft, sondern angefacht verlaufen, daß die Amplituden also immer größer werden, bis schließlich entweder durch Anschläge am Regler oder sonstwie eine Begrenzung auftritt. Selbstverständlich ist im letzteren Fall die Regelung unbrauchbar.

Da diese Schwingungen auftreten, ohne daß sie von außen her, etwa durch eine periodische Störung, erregt werden, kann es sich nur um selbsterregte Schwingungen handeln. Wir können daher das ganze Regelproblem auch als ein Selbsterregungsproblem auffassen und entsprechend behandeln.

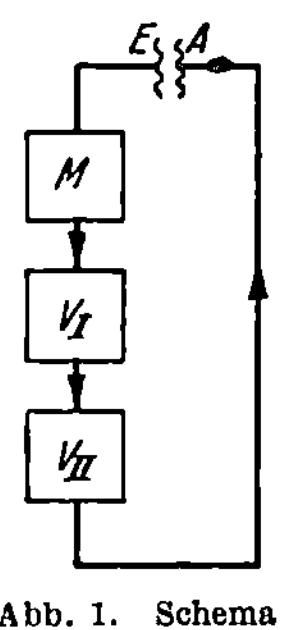

Abb. 1. Schema eines Regelkreises, aufgeschnitten zwischen letztem Verstellglied und Meßwerk

Um die Selbsterregungsverhältnisse zu studieren, machen wir folgendes: Wir schneiden — wenigstens in Gedanken — einen Regelkreis, wie er in Abb. 1 aufgezeichnet ist, an irgendeiner Stelle, z. B. zwischen letztem Verstellglied und Meßwerk auf. Dann führen wir auf der Eingangsseite E der Schnittstelle anstatt der eigentlichen Eingangsgröße an dieser Stelle zunächst einmal eine dem stationären Zustand entsprechende konstante und außerdem eine mit der Zeit nach einer Sinusfunktion veränderliche Größe zu, die natürlich von der gleichen Art sein muß wie die ursprüngliche Eingangsgröße, also z. B. eine Spannung oder eine Drehzahl oder dergleichen. Die zusätzliche periodisch veränderliche Eingangsgröße des Meßwerkes wird auch eine periodischveränderliche Ausgangsgröße des Meßwerkes und damit der Eingangsgröße des 1. Verstellgliedes zur Folge haben usw., schließlich wird auch die auf der Ausgangsseite A der Schnittstelle ankommende Größe periodisch veränderlich sein. Wenn wir annehmen, daß die Stellgröße bei E nach einer reinen Sinusfunktion schwingt und ein rein linearer Zusammenhang zwischen allen voneinander abhängigen Größen im Regelkreis besteht, so wird auch die Ausgangsgröße bei A nach einer reinen Sinusfunktion schwingen. Zeigt z. B. die Eingangsgröße, die wir als bezogene Größe (dimensionslos!) wieder mit ε bezeichnen wollen, abhängig von der Zeit, den in Abb. 2 aufgezeichneten Verlauf, so kann sich bei bestimmter Frequenz für die Ausgangsgröße α der in Abb. 2 ebenfalls aufgezeichnete Verlauf ergeben. Dabei ist angenommen, daß die Ausgangsgröße α erst einige Zeit, nach dem die Eingangsgröße ε eingeführt worden ist, beobachtet wird, so daß die Einschwingvorgänge bereits abgeklungen sind, und somit nur der eingeschwungene Zustand betrachtet wird. Die Schwingung von α unterscheidet sich im allgemeinen sowohl nach Größe als auch nach Phasenlage von der Schwingung der Größe ε. In Zeigerdarstellung würde sich das ebenfalls in Abb. 2 eingezeichnete Bild ergeben, wir können dafür schreiben:

$$\vec{\alpha} = A\,\vec{\varepsilon}\,e^{j\gamma}\,, \tag{1}$$

was bedeutet, daß das Amplitudenverhältnis $\dfrac{\hat{\alpha}}{\hat{\varepsilon}} = A$ wird, und daß $\vec{\alpha}$ um den Winkel γ gegen $\vec{\varepsilon}$ voreilt. Für $e^{j\gamma}$ können wir auch setzen

$$e^{j\gamma} = \cos\gamma + j\sin\gamma\,, \tag{2}$$

so daß für Gl. (1) auch geschrieben werden kann:

$$\frac{\vec{\alpha}}{\vec{\varepsilon}} = A\cos\gamma + j\,A\sin\gamma\,. \tag{3}$$

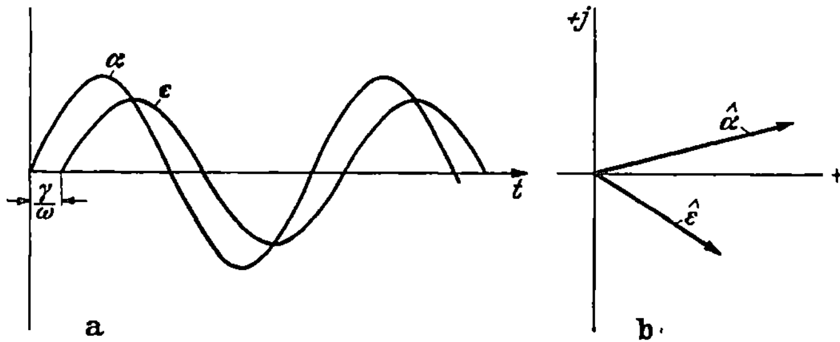

Abb. 2. Schwingung der Größe α an der Schnittstelle nach Abb. 1 bei einer Sinusschwingung der Größe ε mit Zeigerdarstellung

Ändern wir nun die Frequenz, so wird sich im allgemeinen sowohl das Amplitudenverhältnis (A) als auch der Winkel (γ) ändern, reeller und imaginärer Teil in Gl. (2) sind also abhängig von der Frequenz. Allgemein können wir für Gl. (3) setzen:

$$\frac{\vec{\alpha}}{\vec{\varepsilon}} = f_1(\omega) + j\,f_2(\omega) = f(\omega) = \mathfrak{F}_R\,. \tag{4}$$

Dieses Vektorenverhältnis des offenen Regelkreises bei veränderlicher Frequenz nennen wir *Frequenzgang des Regelkreises*, ebenso, wie wir früher (S. 28) das entsprechende Vektorenverhältnis eines einzelnen Regelgliedes als Frequenzgang dieses Regelgliedes bezeichnet haben.

Nun ist ohne weiteres der Fall denkbar, daß bei einer ganz bestimmten Frequenz die Schwingung der Ausgangsgröße ($\vec{\alpha}$) nach Amplitude und Phasenlage vollkommen übereinstimmt mit der Schwingung der Eingangsgröße ($\vec{\varepsilon}$), daß also der Frequenzgang $\mathfrak{F}_R$ nach Gl. (4) gerade gleich 1,0 wird. In diesem Fall kann ohne weiteres der Regelkreis geschlossen und die fremd zugeführte Eingangsgröße bei (E) Abb. 1 weggelassen werden, ohne daß sich am bestehenden Zustand der Schwingung irgend etwas ändert. Wir haben also damit eine selbsterregte Schwingung im Regelkreis. Die Bedingung für eine Selbsterregung lautet demnach

$$\mathfrak{F}_R = \frac{\vec{\alpha}}{\vec{\varepsilon}} = f(\omega) = 1,0\,. \tag{5}$$

Kennen wir den Frequenzgang eines Regelkreises, so können wir mit Hilfe der Gl. (5) die Selbsterregungsfrequenz errechnen, d. h. also die Frequenz, die sich bei geschlossenem Regelkreis einstellt. Die Gl. (5) für ω ist nun praktisch immer eine Gleichung höheren Grades, so daß wir mehrere Werte für ω bekommen, was bedeutet, daß sich mehrere Schwingungen überlagern. Außerdem sind die verschiedenen so errechneten Frequenzen im allgemeinen nicht reell, sondern komplex, nehmen also die Form an

$$\omega = \nu - j\,\beta$$

oder [ω kommt in Gl. (5) immer in Verbindung mit j vor]:

$$j\,\omega = j\,\nu + \beta \;.$$

Wir müssen uns nun darüber klar werden, was eine solche komplexe Selbsterregungsfrequenz bedeutet.

Einen Zeiger $\mathfrak{G} = G\,e^{j(\omega t + \psi)}$ können wir, solange $\omega = \nu$ rein reell ist, auffassen als einen Radiusvektor in der komplexen Zahlenebene, der sich bei konstant bleibender Größe um 0 mit der Winkelgeschwindigkeit ω dreht und zur Zeit Null den Winkel ψ gegen die reelle Achse einnimmt. Die Projektion dieses Vektors auf die reelle oder imaginäre Achse gibt dann die cos- bzw. sin-Funktion, die durch den Vektor dargestellt werden soll. Die Projektion auf die reelle Achse, die wir weiterhin allein betrachten wollen, wird also

$$g = G \cos (\nu t + \psi) \;. \tag{6}$$

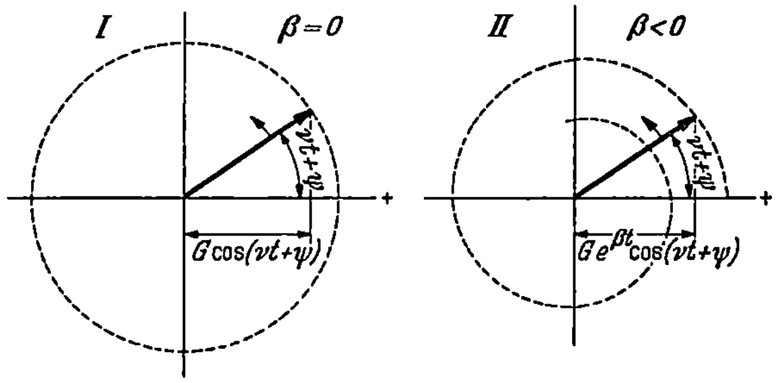

Abb. 3. Darstellung von ungedämpfter (*I*) und gedämpfter (*II*) Sinusschwingung durch Radiusvektor

Abb. 3 I gibt die Verhältnisse für diesen Fall wieder, in dem durch den Vektor eine ungedämpfte Sinusschwingung dargestellt wird. Wird $\omega = \nu - j\,\beta$, also komplex, so bedeutet dies, daß der drehende Radiusvektor abhängig von der Zeit auch seine Größe ändert und zwar nach eine Exponentialfunktion, wie für $\beta < 0$ in Abb. 3 II gezeigt. Es wird in diesem Fall

$$g = G\,e^{\beta t} \cos (\nu t + \psi) \;. \tag{7}$$

Der Vektor stellt also jetzt eine gedämpfte ($\beta < 0$) oder angefachte ($\beta > 0$) Schwingung dar. Bei rein imaginärer Frequenz, also $\omega = -j\,\beta$, fällt die Drehung des Radiusvektors weg, und es wird dann

$$g = G\,e^{\beta t} \cos \psi \;, \tag{8}$$

also ein aperiodischer Vorgang dargestellt.

Wir können zusammenfassend folgendes feststellen: Errechnet sich aus der Gl. (5) eine komplexe Frequenz, so daß $j\,\omega = j\,\nu + \beta$ wird, so stellt sich ein, wenn

$\beta = 0 \quad \nu \lessgtr 0 \quad$ eine harmonische, ungedämpfte Schwingung,

$\beta < 0 \quad \nu \lessgtr 0 \quad$ eine gedämpfte Schwingung,

$\beta > 0 \quad \nu \lessgtr 0 \quad$ eine Schwingung mit ansteigenden Amplituden,

$\beta < 0 \quad \nu = 0 \quad$ ein aperiodisch abklingender,

$\beta > 0 \quad \nu = 0 \quad$ ein aperiodisch ansteigender Vorgang.

Setzen wir in Gl. (5) für $j\,\omega$ den Operator p, so entspricht die Gleichung einfach der charakteristischen Gleichung der Differentialgleichung des Regelvorganges, die im Abschn. 5 auf andere Weise mit Hilfe der Differentialgleichung der Einzelglieder gefunden wurde. Die weitere Behandlung dieser charakteristischen Gleichung — Aufsuchen der Wurzeln, Bestimmung der Integrationskonstanten — kann genau so erfolgen, wie dort ausführlich gezeigt wurde.

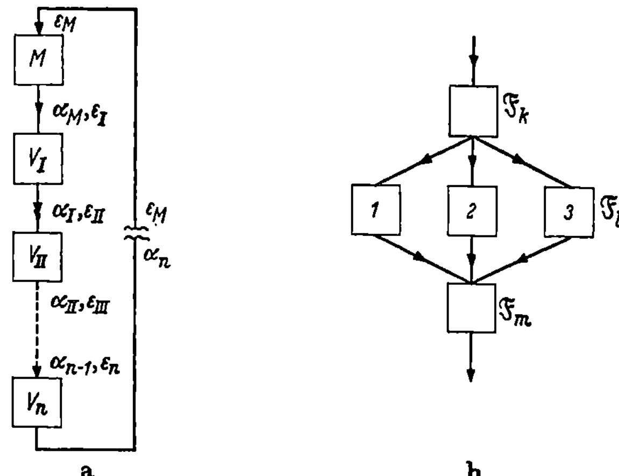

Abb. 4. Ermittlung des Frequenzganges eines Regelkreises ohne Rückführung aus den Teilfrequenzgängen der Einzelglieder. a Reihenschaltung, b Parallelschaltung

Unsere nächste Aufgabe wird sein, den Frequenzgang des Regelkreises zu ermitteln. Der einfachste Fall liegt dann vor, wenn nach Abb. 4 alle Regelglieder in Reihe geschaltet sind ohne irgendwelche Rückführungen. Wir bekommen hier den Gesamtfrequenzgang als Produkt aller Einzelfrequenzgänge, nämlich:

$$\mathfrak{F}_R = \frac{\vec{\alpha}_n}{\vec{\varepsilon}_M} = \frac{\vec{\varepsilon}_I}{\vec{\varepsilon}_M} \cdot \frac{\vec{\varepsilon}_{II}}{\vec{\varepsilon}_I} \cdot \frac{\vec{\varepsilon}_{III}}{\vec{\varepsilon}_{II}} \cdots \cdots \frac{\vec{\varepsilon}_n}{\vec{\varepsilon}_{(n-1)}} \cdot \frac{\vec{\alpha}_n}{\vec{\varepsilon}_n} \left.\right\}$$
$$= \mathfrak{F}_M\,\mathfrak{F}_I\,\mathfrak{F}_{II}\,\mathfrak{F}_{III} \cdots \cdot \mathfrak{F}_n = \mathrm{f}(p)\,. \tag{9}$$

Dabei muß allerdings beachtet werden, daß $\vec{\alpha}_n$ und $\vec{\varepsilon}_M$ auf den gleichen Wert zu beziehen sind, im allgemeinen auf den Sollwert der Regelgröße. Sind mehrere Glieder nach Abb. 4a z. B. 3, parallel geschaltet, so gilt für die Frequenz F_l

$$\mathfrak{F}_l = \mathfrak{F}_{l1} + \mathfrak{F}_{l2} + \mathfrak{F}_{l3}$$

und für den Teilfrequenzgang

$$\mathfrak{F}_{km} = \mathfrak{F}_k \cdot (\mathfrak{F}_{l1} + \mathfrak{F}_{l2} + \mathfrak{F}_{l3}) \cdot \mathfrak{F}_m \cdot$$

Die Einzelfrequenzgänge der verschiedenen Regelglieder $\mathfrak{F}_k$ sind in Abschn. 2 und 3 eingehend behandelt worden und in den Tabellen 6 und 7 zusammengestellt.

Die Gleichung für ω bzw. $j\,\omega = p$ nimmt die Form an:

$$a_m\,p^m + a_{m-1}\,p^{m-1} + \cdots + a_1\,p + a_0 = 0\,, \tag{10}$$

sie entspricht, wie bereits gesagt, der charakteristischen Gleichung der den Regelvorgang beschreibenden Differentialgleichung (5/3).

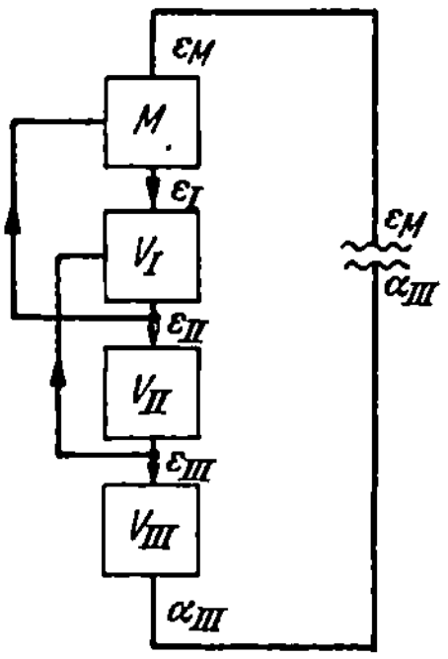

Etwas schwieriger wird die Berechnung des Gesamtfrequenzganges, wenn Rückführungen vorgesehen werden, etwa nach dem Schema Abb. 5. In diesem Fall wird:

$$\vec{\alpha}_M = \vec{\varepsilon}_I = \mathfrak{F}_M\,\vec{\varepsilon}_M + \mathfrak{F}_{Mr}\vec{\varepsilon}_{II} \tag{11}$$

$$\vec{\alpha}_I = \vec{\varepsilon}_{II} = \mathfrak{F}_I\,\vec{\varepsilon}_I + \mathfrak{F}_{Ir}\,\vec{\varepsilon}_{III} \tag{12}$$

$$\vec{\alpha}_{II} = \vec{\varepsilon}_{III} = \mathfrak{F}_{II}\,\vec{\varepsilon}_{II} \tag{13}$$

$$\vec{\alpha}_{III} = \mathfrak{F}_{III}\,\vec{\varepsilon}_{III} \cdot \tag{14}$$

Dabei ist $\mathfrak{F}_{Mr} = \dfrac{\vec{\alpha}_{Mr}}{\vec{\varepsilon}_{II}}$ (15)

Abb. 5. Ermittlung des Frequenzganges eines Regelkreises mit Rückführungen

das Verhältnis von Ausgangsgröße des Meßwerkes zur zugeführten Rückführgröße, nach Abb. 5 also der Größe ε_{II}, wenn nur die Rückführgröße allein auf das Meßwerk einwirkt (Rückführfrequenzgang). Entsprechend ist

$$\mathfrak{F}_{Ir} = \frac{\vec{\alpha}_{Ir}}{\vec{\varepsilon}_{III}} \cdot \tag{16}$$

Aus Gln. (11) bis (14) läßt sich nun auch hier der Gesamtfrequenzgang des Kreises $\mathfrak{F}_R = \dfrac{\vec{\alpha}_{III}}{\vec{\varepsilon}_M}$ rechnen, er wird bei dem Schema nach Abb. 5

$$\mathfrak{F}_R = \frac{\vec{\alpha}_{III}}{\vec{\varepsilon}_M} = \frac{\mathfrak{F}_M\,\mathfrak{F}_I\,\mathfrak{F}_{II}\,\mathfrak{F}_{III}}{1 - \mathfrak{F}_{Mr}\,\mathfrak{F}_I - \mathfrak{F}_{Ir}\,\mathfrak{F}_{II}} \cdot \tag{17}$$

Für $\mathfrak{F}_{Mr} = \mathfrak{F}_{Ir} = 0$, also für Betrieb ohne Rückführung geht die Gl. (17) wieder in die Gl. (9) über.

II. Beispiele

Zunächst sei ein Beispiel, das schon nach der klassischen Methode behandelt worden ist, nach dieser Methode untersucht.

a) Drehzahlregelung einer Kraftmaschine mit indirektem Regler nach Abb. 5/10. Der Frequenzgang des indirekten Reglers mit Rückführung nach Abb. 5/10 mit der Übergangsfunktion Abb. 3/39 hat den Frequenzgang Gl. (3/105):

$$\mathfrak{F}_I = \frac{\vec{\alpha}_I}{\vec{\varepsilon}_I} = \frac{1 + p\,T_y}{p\,(T_z + T_y)\left(1 + p\,\dfrac{T_z\,T_y}{T_z + T_y}\right)} \cdot \tag{18}$$

Für die Kraftmaschine mit Kennlinien nach Abb. 5/11 und der Übergangsfunktion Abb. 3/12 wird der Frequenzgang ($\mathfrak{F}'_{II}$ auf Maximalwert bezogen) entsprechend Gl. (3/28) unter Berücksichtigung des richtigen Vorzeichens (siehe S. 129)

$$\mathfrak{F}'_{II} = \frac{\vec{\alpha}_{II}}{\vec{\varepsilon}_{II}} = -\frac{1}{1 + p\,T_a} \tag{19}$$

bzw. die Ausgangsgröße, hier gleichzeitig die Regelgröße, auf den Sollwert der Regelgröße bezogen, wobei wieder entsprechend Gl. (5/53)

$$\vec{\alpha}_{II} = \frac{1}{\eta_v}\,\varphi :$$

$$\mathfrak{F}_{II} = \frac{\vec{\varphi}}{\vec{\varepsilon}_{II}} = \eta_v\,\mathfrak{F}'_{II} = -\frac{\eta_v}{1 + p\,T_a} \cdot \tag{20}$$

Die Anlaufzeitkonstante T_a kann aus den Kennlinien Abb. 5/11 und dem Schwungmoment ermittelt werden.

Der Frequenzgang des einfachen, rein statischen Meßwerkes wird bei Vernachlässigung der Masse Gl. (2/3):

$$\mathfrak{F}_M = \frac{\vec{\alpha}_M}{\vec{\alpha}_{II}} = \frac{\vec{\varepsilon}_I}{\vec{\varphi}} = \frac{1}{\delta} \cdot \tag{21}$$

Damit wird nach Gl. (9) unter Berücksichtigung von Gln. (18), (20) und (21) der Frequenzgang des offenen Regelkreises:

$$\mathfrak{F}_R = \mathfrak{F}_M\,\mathfrak{F}_I\,\mathfrak{F}_{II} = -\frac{1}{\delta} \cdot \frac{1 + p\,T_y}{p\,(T_z + T_y)\left(1 + p\,\dfrac{T_z\,T_y}{T_z + T_y}\right)} \cdot \frac{\eta_v}{1 + p\,T_a} \cdot \tag{22}$$

Da nach Gl. (5) $\mathfrak{F}_R = 1{,}0$ sein muß, wird:

$$p^3\,T_z\,T_y\,T_a + p^2\,(T_z\,T_y + T_y\,T_a + T_z\,T_a) + p\left[T_z + T_y\left(1 + \frac{\eta_v}{\delta}\right)\right] + \frac{\eta_v}{\delta} = 0 \,. \tag{23}$$

Die Gleichung stimmt überein mit Gl. (5/56), die mit Hilfe der Differentialgleichungen gefunden ist. Vergleicht man den Rechnungsgang bei beiden Methoden, so wird man erkennen, daß das Frequenzgangverfahren wesentlich schneller zum Ziel führt als das klassische. Die weitere Behandlung des Problems kann nun so erfolgen, wie S. 131 gezeigt, kann also hier übergangen werden.

b) Spannungsregelung eines Drehstromgenerators mit Erregermaschine durch einen Röhrenfeinregler mit Stromtor-Endstufe. Nach Abb. 6 wird ein Drehstromgenerator V_{II} von einer mechanisch mit ihm gekuppelten

Erregermaschine V_I erregt. Die Erregerwicklung dieser Erregermaschine wird von den Klemmen des Generators über 2 Stromtore *Str. T.* gespeist, wobei ein Tor mit Hilfe eines Gitters gesteuert wird. Zwischen Gitter und Kathode liegt einmal über den parallel zum Widerstand W_1 liegenden Transformator eine Wechselspannung, und dann über eine Brückenanordnung eine Gleichspannung. Die Brücke wird ebenfalls von der Wechselstromseite her über Gleichrichter an 2 Diagonalpunkten gespeist. In 3 Zweigen der Brücke liegen Widerstände (W_2, W_3, W_4), im

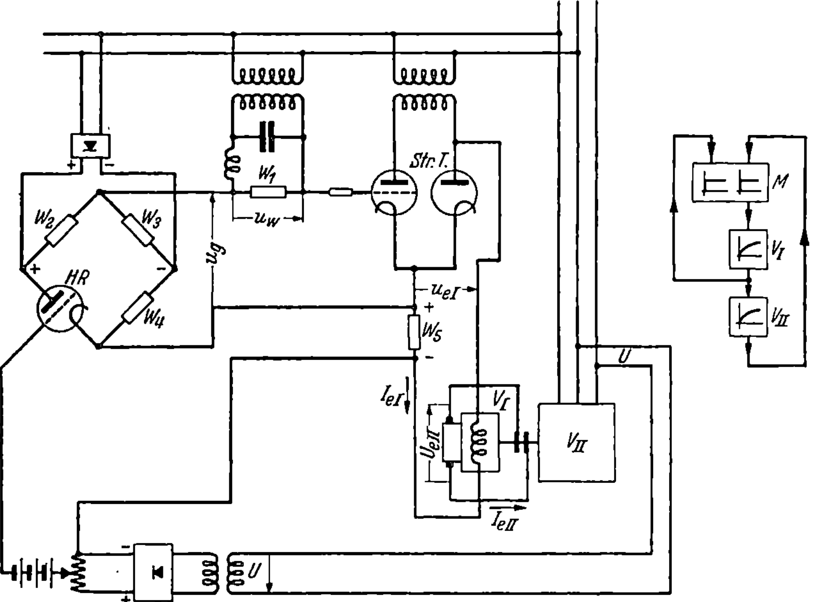

Abb. 6. Spannungsregelung eines Drehstromgenerators mit Erregermaschine durch einen Röhrenfeinregler mit Stromtorendstufe. Regelschema

4. Zweig liegt eine Hochvakuumröhre HR, deren Gitter durch die Differenz zwischen (gleichgerichteter) Generatorspannung und einer Normalspannung (z. B. Normalelement oder Glimm-Stabilisator), sowie von einer dem Erregerstrom der Erregermaschine proportionalen, am Widerstand W_5 abgegriffenen Spannung beeinflußt wird. Bei steigender Generatorspannung wird das Gitter der Elektronenröhre stärker positiv beaufschlagt, der innere Widerstand der Röhre verkleinert und damit die Brücke so verstimmt, daß im Gitterkreis des gesteuerten Stromtores eine größere negative Spannung wirksam wird. Umgekehrt wird bei fallender Netzspannung die Gitterspannung des Stromtores (negativ) kleiner, schließlich positiv, erreicht ein Maximum, wenn die Röhre HR vollkommen gesperrt ist und geht dann mit weiter fallender Generatorspannung schließlich auf Null zurück. Den ungefähren Verlauf der Gitterspannung des Stromtores abhängig von der Generatorspannung zeigt Abb. 7, wobei zunächst angenommen ist, daß die Spannung am Widerstand W_5 gleich Null ist.

Der oben behandelten Gleichspannung im Gitterkreis des Stromtores überlagert sich nun noch die Wechselspannung am Widerstand W_1. Um günstige Steuerverhältnisse zu bekommen, wird durch ein entsprechendes nichtlineares Netzwerk in diesem Stromkreis dafür gesorgt, daß die Wechselspannung den in Abb. 8 und 9 gezeichneten dreieckförmigen Verlauf annimmt. Bei bestimmter Generatorspannung und entsprechender Gleichspannung im Gitterkreis ergeben sich die in Abb. 8 gezeichneten Verhältnisse. u_g ist die hier negative Spannung von der Brücke her, zu der sich die Wechselspannung am Widerstand W_1 addiert, so daß sich die Summe $u_g + u_w$ ergibt. Etwa bei Nulldurchgang dieser resultierenden Spannung zündet das gesteuerte Rohr mit der Anodenspannung u_a, so daß die wirksame Erregerspannung u_{eI} der Erreger-

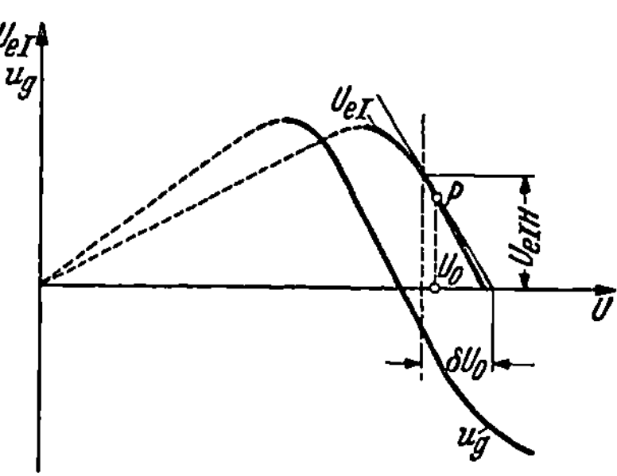

Abb. 7. Gitterspannung des gesteuerten Stromtores nach Abb. 6 abhängig von der Generatorspannung

maschine der stark ausgezogenen Kurve mit dem Gleichstrommittelwert U_{eI} entspricht. Bei niedrigerer Generatorspannung werden sich die in Abb. 9 gezeichneten Verhältnisse mit positiver Gitterspannung und wesentlich größerer mittlerer Erregerspannung U_{eI} ergeben. Abhängig von der Generatorspannung wird also die wirksame Erregergleichspannung U_{eI} der Erregermaschine den in Abb. 7 mit eingezeichneten Verlauf zeigen. Mit fallender Generatorspannung steigt die Erregerspannung entsprechend der größeren Aussteuerung des Strom-

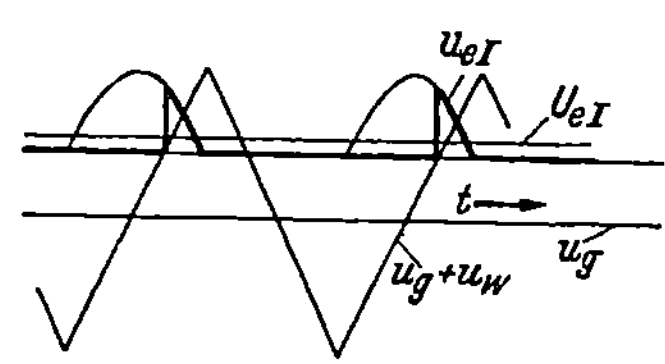

Abb. 8. Wirksame Erregerspannung (u_{eI}) bei hoher Generatorspannung bei der Schaltung Abb. 6

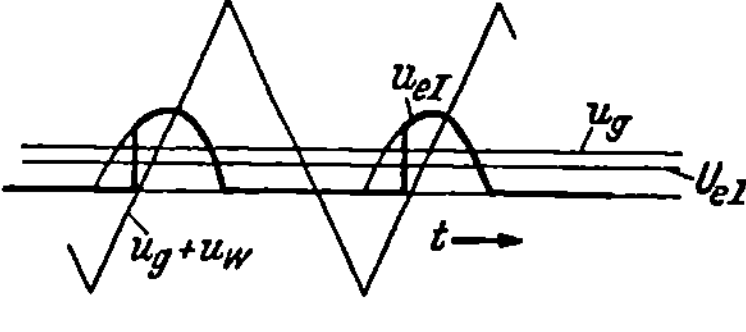

Abb. 9. Wirksame Erregerspannung (u_{eI}) bei niedriger Generatorspannung bei der Schaltung nach Abb. 6

tores bis schließlich das Tor voll ausgesteuert ist und dann die Erregerspannung proportional mit der Generatorspannung wieder zurückgeht. Für die Regelung kommt selbstverständlich nur der (ausgezogene) steigende Ast der Kurve in Frage. Wir ersetzen die Kurve wieder durch ihre Tangente im Betriebspunkt, und bezeichnen die für eine Änderung U_{eIH} erforderliche Änderung der Generatorspannung mit δU_0. U_{eIH} wird zweckmäßigerweise so gewählt, daß einer Änderung von U_{eI} um U_{eIH} eine Änderung der Generatorspannung um den Sollwert U_0 entspricht.

Die gesamte, bisher behandelte Anordnung mit Brückenschaltung und Stromtoren kann im vorliegenden Fall als Meßsystem aufgefaßt werden, dem die Regelgröße (Spannung U) als Eingangsgröße zugeführt wird und das als Ausgangsgröße die von der Eingangsgröße abhängige Erregerspannung U_{eI} abgibt. Wir haben also, da die Röhren-Stromtoranordnung praktisch ohne Verzögerung arbeitet, einen idealen statischen (Proportional-)Regler vor uns mit dem Frequenzgang nach Gl. (2/3)

$$\mathfrak{F}_M = \frac{1}{\delta} \cdot \tag{24}$$

Nach Abb. 6 wird nun über den Widerstand W_5 in den Gitterkreis der Röhre HR noch eine dem Erregerstrom der Erregermaschine verhältnisgleiche Spannung eingeführt, und zwar in dem Sinne, daß eine Vergrößerung des Erregerstromes eine Vergrößerung der Erregerspannung verursacht, die Anordnung also selbsterregend wirkt. Zweck dieser Zusatzspannung ist, den durch die Anordnung sonst gegebenen Proportionalbereich zu verringern. Halten wir die Generatorspannung irgendwie, z. B. durch eine fremde Erregung fest und verändern den Erregerstrom der Erregermaschine, so werden wir etwa die in Abb. 10

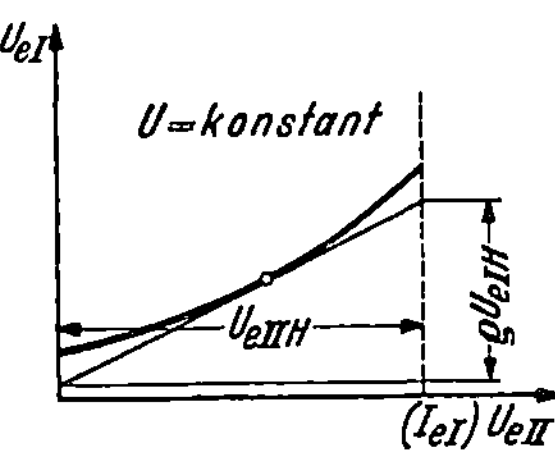

Abb. 10. Ermittlung der Rückführkonstante

dargestellte Abhängigkeit der Erregerspannung U_{eI} vom Erregerstrom J_{eI} bzw. von der Erregerspannung U_{eII}, der Ausgangsgröße des 1. Verstellgliedes, die ja nach der Spannungskennlinie vom Erregerstrom J_{eI} abhängt, bekommen. Bei einer Erregerspannungsänderung U_{eIIH}, die bei der im untersuchten Bereich als geradlinig angenommenen Magnetisierungskennlinie der oben definierten Erregerspannung U_{eIH} entspricht, wird durch die Rückführung über den Widerstand W_5 und die Röhrenanordnung die wirksame Erregerspannung U_{eI} um $\varrho \, U_{eIH}$ verändert. Wir bekommen also für den Rückführfrequenzgang

$$\mathfrak{F}_{Mr} = \frac{\overset{\rightarrow}{\varepsilon_{Ir}}}{\overset{\rightarrow}{\alpha_I}} = \varrho \cdot \tag{25}$$

Für die beiden Maschinen — Erregermaschine und Drehstromgenerator — als Verstellglieder I und II gilt bei verhältnismäßig kleinen Spannungsänderungen, wenn die magnetische Kennlinie durch eine Gerade ersetzt werden kann, die Übergangsfunktion Abb. 3/12 mit dem Frequenzgang Gl. (3/28)

$$\mathfrak{F}_I = \frac{1}{1 + p\,T_I} \tag{26}$$

und bei der oben empfohlenen Wahl von U_{eIH}:

$$\mathfrak{F}_{II} = \frac{1}{1 + p\,T_{II}} \cdot \tag{27}$$

Mit den Gln. (24) bis (27) wird nach dem Schema Abb. 6 mit der Bedingung Gl. (5):

$$\mathfrak{F}_R = \frac{\mathfrak{F}_M \, \mathfrak{F}_I \, \mathfrak{F}_{II}}{1 - \mathfrak{F}_I \, \mathfrak{F}_{Mr}} = \frac{\dfrac{1}{\delta}\dfrac{1}{1 + p\,T_I}\dfrac{1}{1 + p\,T_{II}}}{1 - \dfrac{\varrho}{1 + p\,T_I}} = 1{,}0 \tag{28}$$

und daraus:

$$p^2\, T_I\, T_{II} + p\,[T_I + T_{II}(1-\varrho)] + (1-\varrho) + \frac{1}{\delta} = 0\,. \qquad (29)$$

Der Faktor $1/\delta$ kann als Verstärkungsfaktor bezeichnet werden, er gibt bei $\varrho = 0$, also ohne Rückführung, das Verhältnis von Ausgangsgröße zu Eingangsgröße bei offenem Regelkreis und Frequenz Null an, also

$$\frac{1}{\delta} = \varkappa = -\mathfrak{F}_R(0) \qquad (30)$$

wie aus Gl. (28) ohne weiteres zu sehen ist. Die Anordnung arbeitet statisch; mit $\varrho = 0$ wird eine ohne Regelung sich einstellende Spannungsabweichung $\varDelta$ nach den Überlegungen S. 121 durch die Regelung auf eine Restabweichung von $\dfrac{\varDelta}{1+\varkappa}$ verringert. Durch die Rückführung wird bei gleicher Abweichung der Generatorspannung die Erregerspannung U_{eI} im Verhältnis von $\dfrac{1}{1-\varrho}$ größer als ohne Rückführung. Die Restabweichung (φ_r) der Spannung wird daher

$$\varphi_r = \frac{\varDelta}{1 + \dfrac{\varkappa}{1-\varrho}} = \varDelta\,\frac{1-\varrho}{1-\varrho+\varkappa}\,. \qquad (31)$$

Wir sehen, daß für $\varrho = 1$ die Restabweichung Null wird, die Regelung also dann astatisch als Integralregelung arbeitet. $\varrho = 1$ bedeutet, daß durch den Erregerstrom J_{eI} über die Röhren-Stromschaltung gerade die Erregerspannung erzeugt wird, die dem OHMschen Spannungsabfall dieses Stromes im Erregerkreis der Erregermaschine entspricht. Durch die verzögerungsfrei arbeitende Rückführung wird also gewissermaßen der OHMsche Widerstand ausgeschaltet, und wirksam bleibt nur noch die Selbstinduktion. Wird nun zusätzlich eine feste Spannung U_{eI} eingeführt, so bedeutet das, daß der Erregerstrom einfach proportional der Zeit ansteigt, d. h. wir bekommen für das Meßsystem + Erregermaschine eine Übergangsfunktion entsprechend Abb. 2/21, also die gleichen Verhältnisse, wie wenn wir den Generator unmittelbar mit einem astatischen Regler mit direkter Bremse (I-Regler) entsprechend Abb. 11 erregen würden. Die Gl. (29) wird für diesen Fall ($\varrho = 1$)

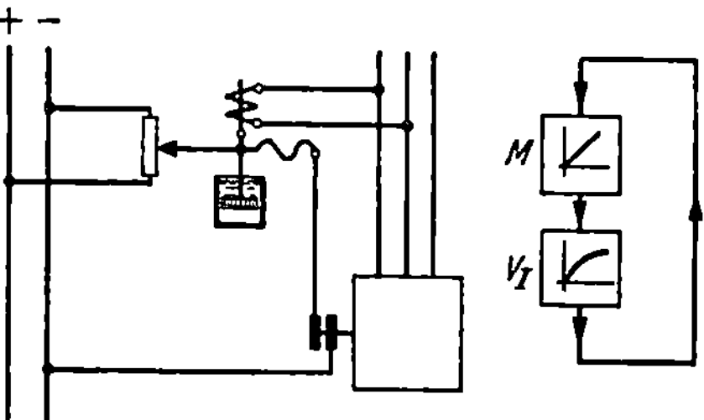

Abb. 11. Spannungsregelung eines Drehstromgenerators durch einen direkten astatischen (I-)Regler mit Bremse. (Gleiche Regelbedingungen wie bei der Anordnung nach Abb. 6 bei astatischer Regelung $\varrho = 1{,}0$)

$$p^2\,\delta\, T_I\, T_{II} + p\,\delta\, T_I + 1 = 0\,. \qquad (32)$$

$\delta\, T_I$ entspricht bei Abb. 11 der Bremszeitkonstante T_y Gl. (2/34).

Der Regelvorgang nach Gl. (29) ergibt eine Schwingung

$$\frac{\varphi}{\Delta} = e^{-\frac{t}{T_d}}(C' \cos \omega_p t + C'' \sin \omega_p t) \tag{33}$$

mit der Frequenz

$$\omega_p = \sqrt{\frac{1-\varrho+\varkappa}{T_I\,T_{II}} - \left(\frac{T_I + T_{II}(1-\varrho)}{2\,T_I\,T_{II}}\right)^2} \tag{34}$$

und der Dämpfungszeitkonstante

$$T_d = \frac{2\,T_I\,T_{II}}{T_I + T_{II}(1-\varrho)} \,. \tag{35}$$

Wir sehen, daß für $\varrho = 1$, also astatischer Regelung (reiner I-Regelung), die Dämpfungszeitkonstante T_d einfach der doppelten Erregerzeit-

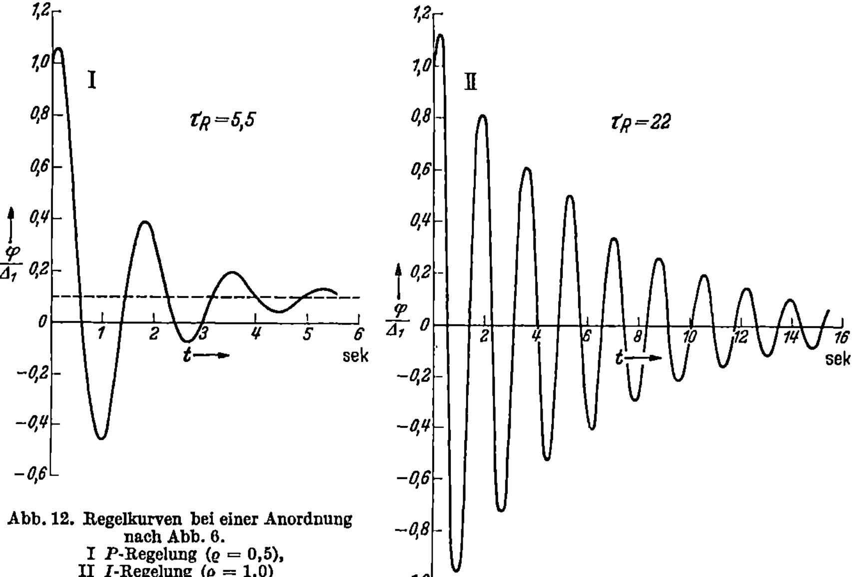

Abb. 12. Regelkurven bei einer Anordnung
nach Abb. 6.
I P-Regelung ($\varrho = 0{,}5$),
II I-Regelung ($\varrho = 1{,}0$)

konstanten des Generators entspricht, die bei großen Generatoren sehr groß werden kann, so daß dann trotz der praktisch ohne Verzögerung arbeitenden Röhren-Stromtoranordnung die Regelung doch recht träge arbeitet.

Abb. 12 zeigt Regelkurven für folgendes Beispiel:

$$T_I = 0{,}5 \text{ sek}; \quad T_{II} = 3 \text{ sek}; \quad \varkappa = 20; \quad \varrho = 0{,}5 \text{ (Kurve } I)$$
$$\varrho = 1{,}0 \text{ (Kurve } II) \,.$$

Dabei ist ein Blindlaststoß angenommen, der ohne Regelung die Spannungsabweichung $\Delta = \Delta_1 + \Delta_2 = 4\,\Delta_1$ (Abb. 3/32) ergeben würde. Die Integrationskonstanten bestimmen sich aus den Anfangsbedingungen:

$$\varphi_0 = \Delta_1 - \frac{(\Delta_1 + \Delta_2)\,(1-\varrho)}{1-\varrho+\varkappa} \,, \qquad \varphi_0' = \frac{\Delta_2}{T_{II}} \,.$$

Wir sehen, daß die rein astatische (reine I-)Regelung Abb. 12 II praktisch unbrauchbar ist, da die Regelschwingung sehr schlecht gedämpft verläuft. Wesentlich besser werden die Verhältnisse bei der statischen (P-)Regelung Abb. 12 I.

Vergleicht man damit die in Abschn. 6 behandelte Spannungsregelung eines Drehstromgenerators mit Erregermaschine durch einen elektromagnetischen Spannungsregler (PI-Regler) nach Abb. 6/2 und Gl. (6/28) mit dem Ergebnis S. 162, so sieht man, daß dort wesentlich bessere Ergebnisse erzielt werden können. Die relative Regeldauer wird trotz der I-Regelung nur $\tau_R = 3{,}5\,\dfrac{1}{\text{sek}}\cdot\dfrac{1}{0{,}82}\ \text{sek} = 4{,}25$ gegenüber hier $\tau_R = 22$.

8. Ermittlung des Regelvorganges mit Hilfe des Frequenzganges

I. Der Frequenzgang der Regelung

Die Regelung als Fremderregungsproblem

Bei den beiden bisher behandelten Verfahren zur Ermittlung des Regelvorganges macht bei der Untersuchung von Anordnungen, die zu einer Differentialgleichung höher als 2. Ordnung führen, die Bestimmung der Integrationskonstanten bzw. bei Anwendung der LAPLACE-Transformation nach Abschn. 6 die Festlegung der Anfangswerte der verschiedenen Größen gewisse Schwierigkeiten. Wie aus der Behandlung der verschiedenen Beispiele hervorgeht, können für einen bestimmten Störungsfall die Anfangsbedingungen, aus denen dann die Integrationskonstanten bestimmt werden, erst durch eingehende Überlegungen, bzw. auch Berechnungen festgelegt werden, und erfahrungsgemäß werden dabei auch am leichtesten Fehler gemacht. Ausgehend von der in Abschn. 7 behandelten Methode soll daher ein weiteres Verfahren entwickelt werden, bei dem die Integrationskonstanten, wenigstens für wichtige Störungsfälle, gewissermaßen von selbst anfallen.

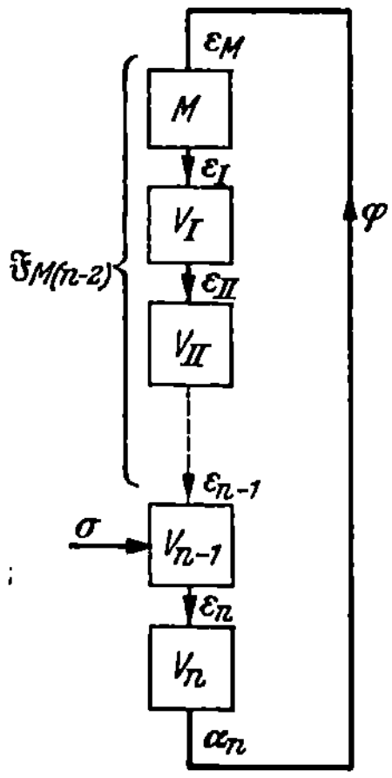

Während wir im Abschn. 7 bei der Betrachtung der Regelung als Selbsterregungsproblem angenommen haben, daß das System nach einer Störung sich vollkommen selbst überlassen bleibt ohne weiteren Einfluß von außen, wollen wir jetzt entsprechend dem Schema Abb. 1 zunächst eine dauernd vorhandene, periodisch nach einer Sinusfunktion veränderliche Störung des Systems annehmen. Nach der Abb. 1 wird z. B. das $(n-1)$te Verstellglied jetzt nicht nur vom vorherigen Regelglied, sondern zusätzlich noch von der Störgröße σ beeinflußt. Wenn wir von den Einschwingvorgängen absehen, das System also erst einige Zeit, nachdem die periodische Störgröße wirksam geworden ist, betrachten, so können wir feststellen, daß sich alle Größen im

Abb. 1. Schema eines vollständigen Regelkreises mit Störung

ganzen Regelkreis ebenfalls periodisch, und zwar bei einem linearen System ebenfalls nach Sinusfunktionen ändern, selbstverständlich mit der gleichen Frequenz wie die Störgröße. Wir können also von einer *Fremderregung* des Systems sprechen.

Vielfach kann angenommen werden, daß die Störgröße nicht zurück, sondern nur nach vorn wirkt in der eigentlichen Wirkrichtung des ganzen Kreises, wie sie in Abb. 1 durch Pfeile angedeutet ist. Für diesen Fall können wir aber sofort folgende Vektorgleichungen anschreiben

$$\vec{\varepsilon}_n = \vec{\varepsilon}_{(n-1)}\, \mathfrak{F}_{(n-1)} + \vec{\sigma}\, \mathfrak{F}_{\sigma(n-1)} \cdot \tag{1}$$

$\mathfrak{F}_{(n-1)}$ ist der Frequenzgang des $(n-1)$ten Verstellgliedes für die vom $(n-2)$ten Glied herkommende Stellgröße, $\mathfrak{F}_{\sigma(n-1)}$ ist der Frequenzgang des gleichen Gliedes aber für die irgendwie angreifende Störgröße, also das Verhältnis von (bezogener) Ausgangsgröße dieses Gliedes, allein von der Störgröße herrührend, zur (bezogenen) Störgröße. Weiter wird nach Abb. 1

$$\vec{\alpha}_n = \vec{\varepsilon}_n\, \mathfrak{F}_n = \vec{\varepsilon}_{(n-1)}\, \mathfrak{F}_{(n-1)}\, \mathfrak{F}_n + \vec{\sigma}\, \mathfrak{F}_{\sigma(n-1)}\, \mathfrak{F}_n \tag{2}$$

oder, da

$$\vec{\varepsilon}_{(n-1)} = \mathfrak{F}_{M(n-2)}\, \vec{\varepsilon}_M \quad \text{und} \quad \mathfrak{F}_{M(n-2)}\, \mathfrak{F}_{(n-1)}\, \mathfrak{F}_n = \mathfrak{F}_R\,,$$

wobei $\mathfrak{F}_{M(n-2)}$ dem Frequenzgang vom Meßwerk bis nach dem $(n-2)$ten Verstellglied und $\mathfrak{F}_R$ wieder dem Gesamtfrequenzgang des ganzen Regelkreises entspricht [Gl. (7/9)], wird:

$$\vec{\alpha}_n = \vec{\varepsilon}_M\, \mathfrak{F}_R + \vec{\sigma}\, \mathfrak{F}_{\sigma(n-1)}\, \mathfrak{F}_n = \vec{\varepsilon}_M\, \mathfrak{F}_R + \vec{\sigma}\, \mathfrak{F}_\sigma \cdot \tag{3}$$

Für $\mathfrak{F}_{\sigma(n-1)} \cdot \mathfrak{F}_n$ ist $\mathfrak{F}_\sigma$ gesetzt. $\mathfrak{F}_\sigma$ entspricht ganz allgemein dem Verhältnis von (bezogener) Ausgangsgröße des letzten Verstellgliedes, also der Regelgröße, *nur von der Störgröße herrührend* zur (bezogenen) Störgröße. $\mathfrak{F}_\sigma$ sei als *Störfrequenzgang* bezeichnet.

Bei Anordnungen mit Rückführungen müssen unter Umständen auch noch weiter zurückliegende Glieder bei der Berechnung von $\mathfrak{F}_\sigma$ berücksichtigt werden, etwa bei einer Regelung mit dem Schema nach Abb. 2. Außerdem kann die Störgröße auch erst über fremde Glieder angreifen, die nicht im Regelkreis liegen nach dem Schema Abb. 3.

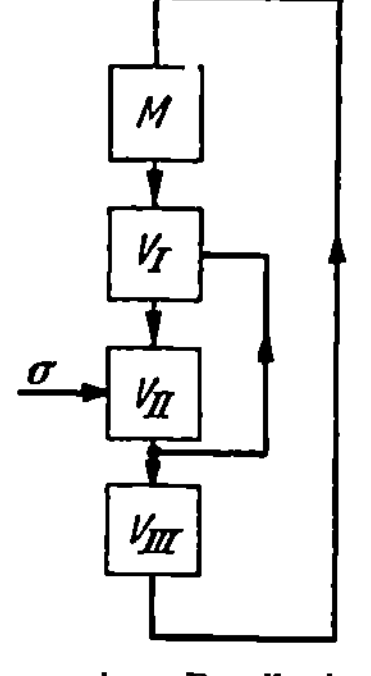

Abb. 2. Schema eines Regelkreises mit Rückwirkung der Störgröße auf weiter zurückliegende Verstellglieder

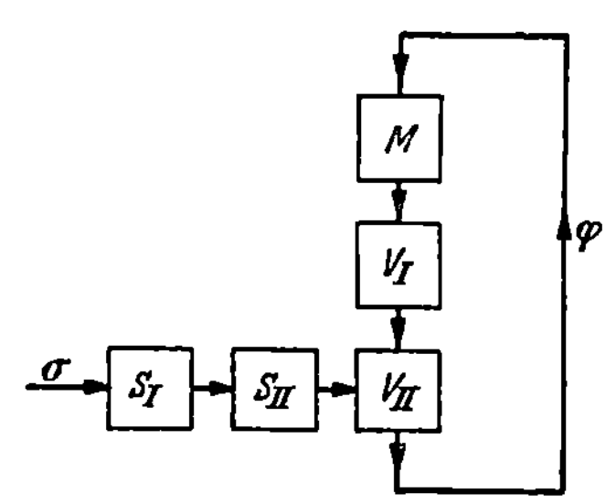

Abb. 3. Schema eines Regelkreises mit Angriff der Störgröße über fremde Glieder

Da

$$\vec{\alpha}_n = \vec{\varepsilon}_M = \vec{\varphi} \, ,$$

ergibt sich mit Gl. (3):

$$\frac{\vec{\varphi}}{\vec{\sigma}} = \frac{\mathfrak{F}_\sigma}{1 - \mathfrak{F}_R} = \mathfrak{F} = A(\omega)\, e^{j\gamma(\omega)} \, . \tag{4}$$

$\mathfrak{F}$ bezeichnen wir als den *Frequenzgang der Regelung*.

Bei einer Folgeregelung kann die Führungsgröße als Störgröße aufgefaßt werden, die dann am Eingang des Meßwerkes parallel mit der Regelgröße φ auftritt. Der Störfrequenzgang $\mathfrak{F}_\sigma$ wird in diesem Fall negativ gleich dem Frequenzgang des Regelkreises $\mathfrak{F}_R$.

Nach Gl. (4) kann also die Regelgröße φ nach Größe [$A(\omega)$] und Phase [$\gamma(\omega)$] berechnet werden bei einer Beeinflussung des Regelkreises durch eine periodische Störgröße σ, wobei die Frequenzgänge $\mathfrak{F}_\sigma$ und $\mathfrak{F}_R$, die ja abhängig sind von der Frequenz, für die bestimmte Frequenz der Störgröße zu berechnen sind. An und für sich interessiert in manchen Fällen schon unmittelbar dieses Verhalten, da nicht selten Regelkreise mit periodischer Störung tatsächlich in der Technik auftreten. Auf den Antrieb von oder durch Kolbenmaschinen sei nur z. B. hingewiesen. Bei einer Folgeregelung mit stark veränderlicher Führungsgröße läßt sich aus dem Frequenzgang der Regelung ableiten, bis zu welcher Grenzfrequenz die Regelgröße noch genügend genau der Führungsgröße folgt, so daß damit die Brauchbarkeit der Regelung bei gegebenen Anforderungen beurteilt werden kann. Im allgemeinen wird

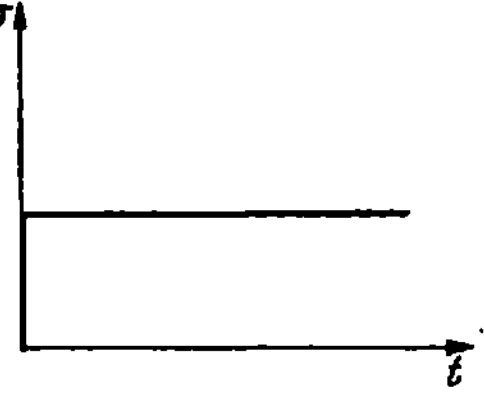

Abb. 4
Störgröße als Sprungfunktion

aber doch meist der Regelvorgang bei einer sprungartig einsetzenden und dann konstant bleibenden Störung, also z. B. bei einer plötzlichen Belastungsänderung interessieren, also die *Übergangsfunktion der Regelung*. Wie sich zeigen wird, kann ausgehend von der Gl. (4) auch dieser Fall erfaßt werden.

Der Regelvorgang soll nun für diesen Fall untersucht werden also bei einer Störung des Regelkreises aus einem *Anfangsbeharrungszustand* mit einem sprungartigen Anstieg der Störgröße, nach einer sogenannten Sprungfunktion entsprechend Abb. 4. Zu prüfen ist, ob und wie sich ein Übergang von der periodischen auf die sprungartige Störung ermöglichen läßt.

Für die Einzelglieder haben wir bereits solche Übergänge vorliegen, nämlich Frequenzgang und Übergangsfunktion. Der Frequenzgang entspricht dem Verhältnis von Ausgangs- zu Eingangsgröße bei *periodischer Beeinflussung* des Gliedes, die Übergangsfunktion gibt nach Division durch ε_s das Verhältnis der beiden Größen zueinander abhängig von der Zeit bei *sprungartiger Beeinflussung* an. Da jedem Frequenzgang eine ganz bestimmte Übergangsfunktion entspricht, so muß auch dem Frequenzgang der Regelung $\mathfrak{F}$ eine ganz bestimmte Übergangsfunktion, die dann den Regelvorgang darstellt, entsprechen. In einfachen Fällen, wenn der Frequenzgang $\mathfrak{F}$ mit einem der in den Tabellen (6 und 7) aufgezeich-

12*

neten Beispielen übereinstimmt, kann aus der Tabelle auch sofort die zugehörige Übergangsfunktion als Regelfunktion entnommen werden. Meist hat aber $\mathfrak{F}$ eine wesentlich kompliziertere Form als die Frequenzgänge der Einzelglieder, so daß dann anders vorgegangen werden muß, wie nun gezeigt werden soll.

Wir werden zwei Methoden kennenlernen und zwar zuerst ein Näherungsverfahren, das immer, auch bei verwickelten Vorgängen, etwa bei Regelkreisen mit Totzeit-Gliedern, zum Ziel führt, und dann ein zweites rechnerisches, das sich aus dem engen Zusammenhang zwischen Frequenzgang und Übergangsfunktion ergibt.

II. Graphisches Näherungsverfahren für die Ermittlung des Regelvorganges (Übergangsfunktion) aus dem Frequenzgang

Zunächst betrachten wir den Fall einer *Rechteckschwingung* für die Stör- bzw. Führungsgröße entsprechend Abb. 5. Diese Rechteckschwingung kann nach FOURIER in einzelne Teilschwingungen zerlegt werden:

$$\sigma(t) = \sigma_0 \left[\frac{1}{2} + \frac{2}{\pi} \left(\sin \omega_1 t + \frac{1}{3} \sin \omega_3 t + \frac{1}{5} \sin \omega_5 t + \cdots \right) \right]. \quad (5)$$

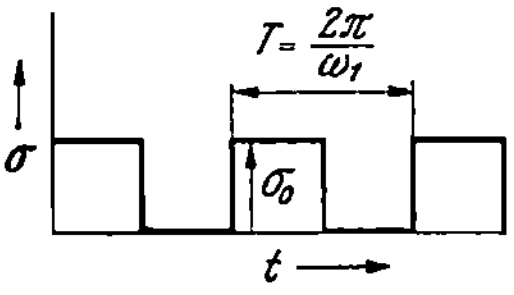

Dabei ist:

$$\omega_1 = \frac{2\pi}{T} \quad \text{nach Abb. 5;}$$

$$\omega_3 = 3\,\omega_1; \qquad \omega_5 = 5\,\omega_1 \text{ usw.}$$

Abb. 5. Rechteckschwingung der Stör- bzw. Führungsgröße

Für jede Teilfrequenz gilt die Gl. (4) und wir bekommen für die Regelgröße:

$$\frac{\varphi(t)}{\sigma_0} = \frac{1}{2} A(0) +$$

$$+ \frac{2}{\pi} \left\{ A(\omega_1) \sin [\omega_1 t + \gamma(\omega_1)] + \frac{A(\omega_3)}{3} \sin [\omega_3 t + \gamma(\omega_3)] + \cdots \right\}. \quad (6)$$

Der Verlauf der Regelgröße ergibt sich also als eine Summe von einzelnen Sinusschwingungen, die ohne Schwierigkeit berechnet werden können, wenn der Frequenzgang nach Gl. (4) bekannt ist.

An Hand eines einfachen Beispieles sei diese Rechnung erläutert. Gegeben sei der Frequenzgang der Regelung:

$$\mathfrak{F} = \frac{1 + 2 \text{ sek } (j\,\omega)}{10 \text{ sek}^2 (j\,\omega)^2 + 7 \text{ sek } (j\,\omega) + 9}. \quad (7)$$

Nimmt man für T nach Abb. 5 den Wert von

$$T = 12{,}6 \text{ sek,} \quad \text{also für } \omega_1 = \frac{2\pi}{T} = 0{,}5 \text{ 1/sek an}$$

und rechnet nach Gl. (6) die Regelgröße, so ergibt sich der Verlauf von $\frac{\varphi(t)}{\sigma_0}$ entsprechend Abb. (6). Wir sehen, daß die höheren Harmonischen bei der Regelgröße stark abgedämpft erscheinen. Harmonische höherer als 7. Ordnung spielen praktisch keine Rolle mehr. Anders werden die Verhältnisse, wenn die Grundfrequenz bei dem Beispiel nach Gl. (7) mit

$\omega_1 = 0{,}1$ 1/sek gewählt wird. Abb. 7 zeigt den Verlauf von $\dfrac{\varphi(t)}{\sigma_0}$ für diesen Fall. Bevor die Störgröße wieder Null wird, hat sich praktisch ein stationärer Wert von φ eingespielt, der bei $\dfrac{1}{9}$ liegt entsprechend $\mathfrak{F}(0)$ nach Gl. (7). Die im Bild noch auftretenden Schwankungen rühren im wesentlichen davon her, daß natürlich nicht alle Oberwellen bei der Berechnung berücksichtigt werden konnten. Die Rechnung ist nach der

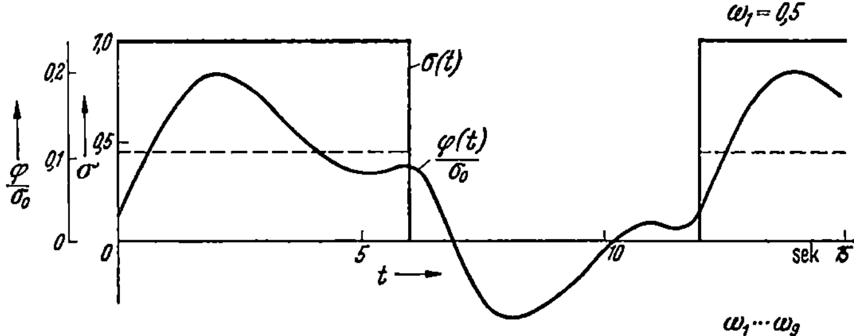

Abb. 6. Regelgröße bei Rechteckschwingung der Störgröße. Frequenzgang nach Gl. (7), $\omega_1 = 0{,}5\ \dfrac{1}{\text{sek}}$

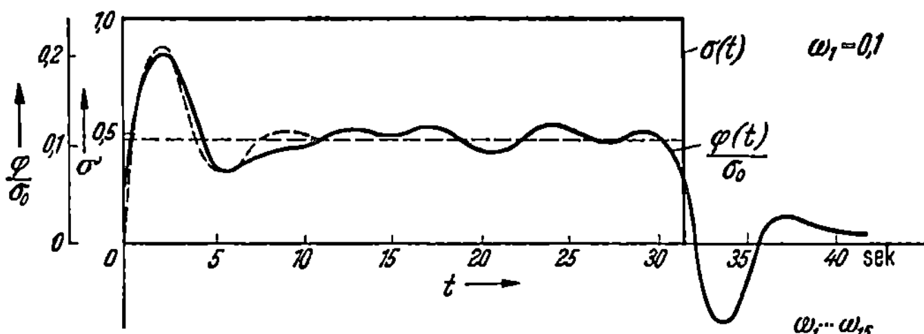

Abb. 7. Regelgröße bei Rechteckschwingung der Störgröße. Frequenzgang nach Gl. (7), $\omega_1 = 0{,}1\ \dfrac{1}{\text{sek}}$

15. Oberwelle abgebrochen. In das Bild ist (- - -) auch der Verlauf der Regelgröße eingezeichnet, wenn die Störgröße nach dem Sprung überhaupt ihren Wert beibehält, also nicht mehr auf 0 geht. Wie wir später sehen werden, läßt sich dieser Verlauf, wenigstens im vorliegenden Fall, verhältnismäßig einfach errechnen. Vernachlässigt man die bereits erwähnten Schwankungen etwa nach 15 sek im Bild, so kann der Verlauf der beiden Kurven als etwa übereinstimmend angesehen werden. Wir haben also damit schon eine Methode gefunden, mit Hilfe der wir einen Regelvorgang bei einer Sprungstörung berechnen können. Allerdings müssen wir die zu wählende Grundfrequenz genügend niedrig ansetzen (wie niedrig, hängt von den wirksamen Zeitverzögerungen im Regelkreis ab) und außerdem ist der Rechenaufwand recht erheblich, da wir im allgemeinen einen großen Bereich der Oberwellen berücksichtigen müssen. Man wird also im allgemeinen nach dieser Methode — Annahme von Rechteckschwingungen — einen Regelvorgang nicht berechnen. Sie wurde nur deshalb ausführlich behandelt, weil sie den Übergang zu der sprungartigen Änderung der Störgröße, mit der wir uns jetzt beschäftigen wollen, erleichtert. [Bei der Nachbildung von Regelvor-

gängen mit Hilfe von Analogrechnern (Abschn. 13, IX) gibt man vielfach für die Störgröße Rechteckschwingungen entsprechend Abb. 7 vor und kann damit bei sehr schnellen Vorgängen, wenn ein schreibendes Gerät nicht mehr mitkommt, die Regelgröße als stehendes Bild auf den Schirm eines Elektronenstrahloszillographen bekommen.]

Wir setzen für die Rechteckkurve nach Gl. (5):

$$\sigma(t) = \sigma_0 \left[\frac{1}{2} + \frac{2}{\pi} \sum_{\nu=0}^{\nu=\infty} \frac{\sin (2\,\nu + 1)\,\omega_1\,t}{2\,\nu + 1} \right] \tag{8}$$

und wenn wir für $(2\,\nu + 1)\,\omega_1 = \omega$ setzen:

$$\sigma(t) = \sigma_0 \left[\frac{1}{2} + \frac{1}{\pi} \sum_{\frac{\omega}{\omega_1}=1,3,5,\ldots}^{\infty} \frac{\sin \omega t}{\omega} 2\,\omega_1 \right] . \tag{9}$$

Diese Gleichung stellt eine FOURIER*reihe* dar, die ein ganz festes Frequenzspektrum mit ganz bestimmt auftretenden Frequenzen aufweist. Lassen wir nun T nach Abb. 5 gegen ∞ und damit $2\,\omega_1$ gegen 0 gehen, so bekommen wir den Sprung und damit das FOURIER*integral*:

$$\sigma_s(t) = \sigma_0 \left(\frac{1}{2} + \frac{1}{\pi} \int_{\omega=0}^{\infty} \frac{\sin \omega t}{\omega} \, d\omega \right), \tag{10}$$

das jetzt alle Frequenzen zwischen 0 und ∞ enthält.

Selbstverständlich gilt auch jetzt wieder für jede Teilfrequenz die Gl. (4) und für die Regelgröße ergibt sich daher als Folge einer sprungartigen Störgröße:

$$\frac{\varphi(t)}{\sigma_0} = \frac{1}{2} \cdot A(0) + \frac{1}{\pi} \int_0^{\infty} A(\omega) \frac{\sin [t\,\omega + \gamma(\omega)]}{\omega} \, d\omega . \tag{11}$$

Im allgemeinen kann diese Gleichung rechnerisch nicht gelöst werden. Sie gibt aber eine erste Möglichkeit für eine graphische Auswertung. Setzen wir für $d\omega \to \Delta\omega$, nehmen wir also kleine, aber endliche Frequenzintervalle an und nehmen wir außerdem an, daß $A(\omega)$ für $\omega_i > \omega > \omega_k$ vernachlässigbar klein wird, so kann das Integral in Gl. (11) durch eine endliche Summe ersetzt werden. Es wird also:

$$\int_0^{\infty} A(\omega) \frac{\sin [t\,\omega + \gamma(\omega)]}{\omega} \, d\omega \approx \sum_{\omega_i}^{\omega_k} A(\omega_\nu) \frac{\sin [t\,\omega_\nu + \gamma(\omega_\nu)]}{\omega_\nu} \Delta\omega . \tag{12}$$

$\Delta\omega$ muß so gewählt werden, daß in einem Bereich $\Delta\omega$ sowohl das Amplitudenverhältnis $A(\omega_\nu)$ als auch der Winkel $\gamma(\omega_\nu)$ als etwa konstant angenommen werden können. Abb. 8 zeigt Kurven $A(\omega)$ und $\gamma(\omega)$ mit der für die graphische Auswertung zu verwendenden Ersatztreppenkurve. Wird z. B. die ω-Achse zwischen ω_i und ω_k in n gleiche Abschnitte $\left(\Delta\omega = \frac{\omega_k - \omega_i}{n} \right)$ eingeteilt, so muß bei der Berechnung der Kurve $\varphi(t)$ für jeden Punkt $\varphi(t_\nu)$ die Summe aus n Summanden nach

Gl. (12) gebildet werden. Um eine genügend gute Annäherung zu erzielen, wird man im allgemeinen n groß wählen müssen, was dann einen recht erheblichen Zeitaufwand für die Auswertung bedeutet.

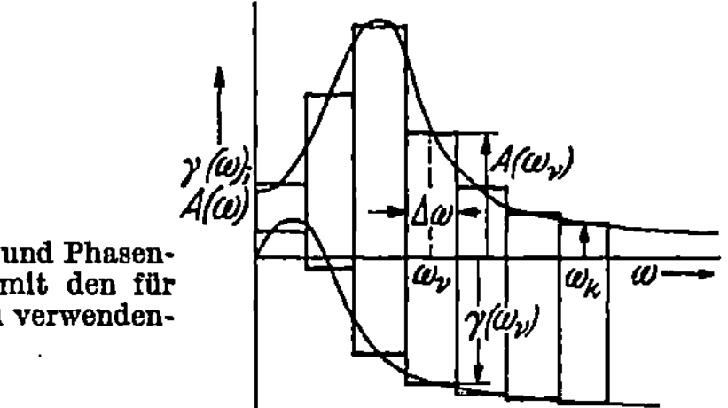

Abb. 8. Amplitudenverhältnis und Phasenwinkel eines Frequenzganges mit den für eine graphische Auswertung zu verwendenden Treppenkurven

Schneller kommt man zum Ziel, wenn man die Gl. (11) für die graphische Auswertung etwas umformt. Es wird:

$$\frac{\varphi(t)}{\sigma_0} = \frac{1}{2}\,A(0) + \frac{1}{\pi}\int_0^\infty \frac{A(\omega)\cos\gamma(\omega)}{\omega}\sin t\,\omega\,d\omega$$

$$+ \frac{1}{\pi}\int_0^\infty \frac{A(\omega)\sin\gamma(\omega)}{\omega}\cos t\,\omega\,d\omega$$

$$= \frac{1}{2}\,A(0) + \frac{1}{\pi}\int_0^\infty \frac{Re\,\mathfrak{F}(j\,\omega)}{\omega}\sin t\,\omega\,d\omega$$

$$+ \frac{1}{\pi}\int_0^\infty \frac{Im\,\mathfrak{F}(j\,\omega)}{\omega}\cos t\,\omega\,d\omega\,. \tag{13}$$

Wie bereits gesagt, sollen unsere Betrachtungen gelten für eine zur Zeit $t = 0$ aus dem Beharrungszustand einsetzende Sprungstörung. Damit wird also, da wir ja nur die Änderungen der Größen gegenüber diesem Beharrungszustand untersuchen, für $t < 0$, $\varphi = 0$. Setzen wir in Gl. (13) für $t = (-\,t_i)$, wobei $t_i > 0$ sein soll, so ergibt sich

$$0 = \frac{1}{2}\,A(0) - \frac{1}{\pi}\int_0^\infty \frac{Re\,\mathfrak{F}(j\,\omega)}{\omega}\sin t_i\,\omega\,d\omega$$

$$+ \frac{1}{\pi}\int_0^\infty \frac{Im\,\mathfrak{F}(j\,\omega)}{\omega}\cos t_i\,\omega\,d\omega\,. \tag{14}$$

Da nun t_i jeden beliebigen, aber positiven Wert annehmen kann, können wir für t_i wieder allgemein t setzen und damit aus Gl. (14) folgende zwei Gleichungen ableiten:

$$\frac{1}{\pi}\int_0^\infty \frac{Im\,\mathfrak{F}(j\,\omega)}{\omega}\cos t\,\omega\,d\omega = \frac{1}{\pi}\int_0^\infty \frac{Re\,\mathfrak{F}(j\,\omega)}{\omega}\sin t\,\omega\,d\omega - \frac{1}{2}\,A(0)\,, \tag{15}$$

$$\frac{1}{\pi}\int_0^\infty \frac{Re\,\mathfrak{F}(j\,\omega)}{\omega}\sin t\,\omega\,d\omega = \frac{1}{\pi}\int_0^\infty \frac{Im\,\mathfrak{F}(j\,\omega)}{\omega}\cos t\,\omega\,d\omega + \frac{1}{2}\,A(0)\,. \tag{16}$$

Setzen wir diese Werte für die Integrale in Gl. (13) ein, so erhalten wir:

$$\frac{\varphi(t)}{\sigma_0} = \frac{2}{\pi} \int_0^\infty \frac{Re\,\mathfrak{F}(j\,\omega)}{\omega} \sin t\,\omega\,d\omega \tag{17}$$

oder

$$\frac{\varphi(t)}{\sigma_0} = A(0) + \frac{2}{\pi} \int_0^\infty \frac{Im\,\mathfrak{F}(j\,\omega)}{\omega} \cos t\,\omega\,d\omega \; . \tag{18}$$

Man braucht also bei der Auswertung entweder nur den Realteil oder nur den Imaginärteil von $\mathfrak{F}(j\,\omega)$ zu berücksichtigen. Die beiden Ausdrücke nach Gln. (17) und (18) sind für eine graphische Auswertung wesentlich bequemer als Gl. (11). Man wird entweder Realteil oder Imaginärteil verwenden, je nachdem, welcher von beiden mit steigendem ω schneller gegen 0 geht. Berücksichtigt werden muß noch, daß bei einer Proportionalregelung für $\omega = 0$ der Realteil nicht 0 wird, so daß sich nach Gl. (17) bei $\omega = 0$ für $\dfrac{Re\,\mathfrak{F}(j\,\omega)}{\omega}$ der Wert ∞ ergeben würde. Wollte man also mit dem Realteil arbeiten, so wäre noch zu berücksichtigen, daß auch gilt:

$$\frac{\varphi(t)}{\sigma_0} = A(0) + \frac{2}{\pi} \int_0^\infty \frac{Re\,\mathfrak{F}(j\,\omega) - A(0)}{\omega} \sin t\,\omega\,d\omega \; . \tag{19}$$

Man müßte also bei der Auswertung mit dem Ausdruck $\dfrac{Re\,\mathfrak{F}(j\,\omega) - A(0)}{\omega}$ arbeiten, der bei $\omega = 0$ nun nicht mehr ∞ wird. Da aber $\dfrac{A(0)}{\omega}$ langsam gegen Null geht [$A(0)$ ist ein fester Wert], wird bei der graphischen Auswertung einer P-Regelung im allgemeinen zweckmäßiger der Imaginärteil verwendet. Weiterhin wird daher bei Verwendung des Realteiles I-Regelung angenommen, so daß $A(0) = 0$.

Die Auswertung der Gln. (17) und (18) kann auf verschiedene Weise erfolgen [112, 113]. Z. B. kann, wie nach Abb. 8 eine Ersatzstufenkurve eingeführt werden. Dabei wird jetzt die Summenbildung insofern einfacher, als der Winkel γ nicht mehr auftritt. Oder man kann mit einem harmonischen Analysator arbeiten und erhält dann im allgemeinen mit etwas größerer Genauigkeit die verschiedenen Punkte der Kurve $\varphi(t)$ [10]. Praktisch führt aber wohl die nachstehend beschriebene graphische Auswertung in den meisten Fällen am schnellsten zum Ziel.

In Abb. 9 ist gezeigt, wie ein Stück der Kurve z. B. $\dfrac{Im\,\mathfrak{F}(j\,\omega)}{\omega}$ zwischen den Frequenzen ω_l und ω_m durch eine Gerade ersetzt werden kann. Zwischen den Grenzen ω_l und ω_m wird damit das Integral:

$$\int_{\omega_l}^{\omega_m} \frac{Im\,\mathfrak{F}(j\,\omega)}{\omega} \cos t\,\omega\,d\omega \approx \int_{\omega_l}^{\omega_m} \left[(a-b) + 2\,b\,\frac{\omega - \omega_l}{\omega_m - \omega_l}\right] \cos t\,\omega\,d\omega \; , \tag{20}$$

das sich ohne weiteres lösen läßt. Es wird

$$\frac{2}{\pi} \int\limits_{\omega_l}^{\omega_m} \left[(a - b) + 2\,b\,\frac{\omega - \omega_l}{\omega_m - \omega_l} \right] \cos t\,\omega\; d\omega$$

$$= \frac{2}{\pi} \left[\frac{\sin t\,\omega_m}{t}\,(a + b) - \frac{\sin t\,\omega_l}{t}\,(a - b) + \frac{2\,b}{(\omega_m - \omega_l)\,t^2}\,(\cos t\,\omega_m - \cos t\,\omega_l) \right]$$

$$(21)$$

und entsprechend

$$\frac{2}{\pi} \int\limits_{\omega_l}^{\omega_m} \left[(a - b) + 2\,b\,\frac{\omega - \omega_l}{\omega_m - \omega_l} \right] \sin t\,\omega\; d\omega$$

$$= \frac{2}{\pi} \left[\frac{\cos t\,\omega_l}{t}\,(a - b) - \frac{\cos t\,\omega_m}{t}\,(a + b) + \frac{2\,b}{(\omega_m - \omega_l)\,t^2}\,(\sin t\,\omega_m - \sin t\,\omega_l) \right].$$

$$(22)$$

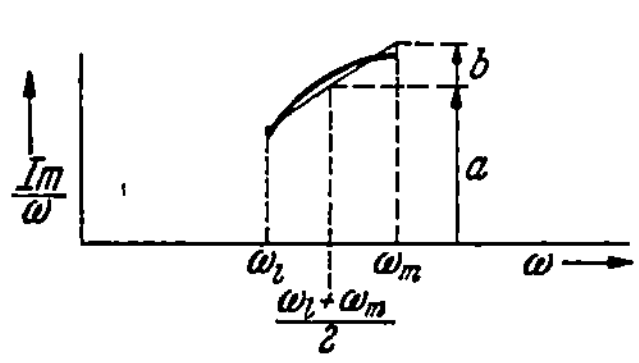

Abb. 9. Ersatz der Kurve $\dfrac{Im\,\mathfrak{F}(j\,\omega)}{\omega}$ im Bereich von $\omega_l < \omega < \omega_m$ durch eine Gerade

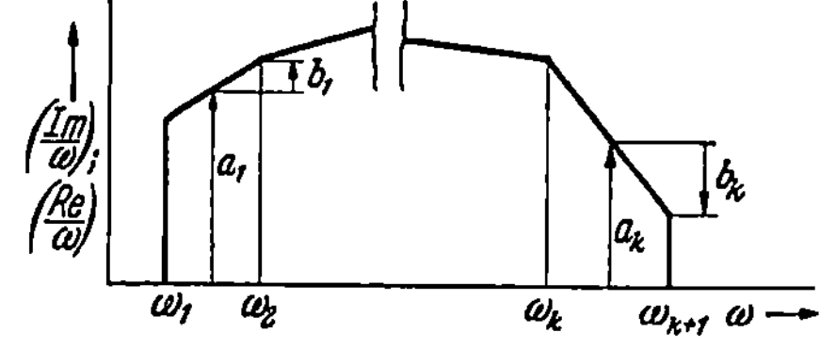

Abb. 10. Annäherung der Kurven $\dfrac{Re\,F(j\,\omega)}{\omega}$ oder $\dfrac{Im\,\mathfrak{F}(j\,\omega)}{\omega}$ durch Gerade

Ersetzt man, wie in Abb. 10 gezeigt, die ganze Kurve:

$$\frac{Im\,\mathfrak{F}(j\,\omega)}{\omega} \qquad \text{oder} \qquad \frac{Re\,\mathfrak{F}(j\,\omega)}{\omega}$$

durch k gerade Stücke, wobei sprunghafte Änderungen höchstens am Anfang und Ende, also bei $\omega = \omega_1$ oder $\omega = \omega_{k+1}$ auftreten sollen, so ergibt sich bei Verwendung des Realteiles:

$$\frac{\varphi(t)}{\sigma_0} = \frac{2}{\pi}\,\frac{1}{t}\,[(a_1 - b_1)\cos t\,\omega_1 - (a_k + b_k)\cos t\,\omega_{k+1}]$$

$$+ \frac{2}{\pi}\,\frac{1}{t^2}\,[-N_1 \sin t\,\omega_1 + (N_1 - N_2)\sin t\,\omega_2 + \cdots$$

$$+ (N_{k-1} - N_k)\sin t\,\omega_k + N_k \sin t\,\omega_{k+1}],$$

$$(23)$$

dabei Grenzwert für $t = 0$:

$$\frac{\varphi(0)}{\sigma_0} = 0\,;$$

$$(24)$$

bei Verwendung des Imaginärteils:

$$\frac{\varphi(t)}{\sigma_0} = A(0) + \frac{2}{\pi}\frac{1}{t}\left[-(a_1 - b_1)\sin t\,\omega_1 + (a_k + b_k)\sin t\,\omega_{k+1}\right]$$

$$+ \frac{2}{\pi}\frac{1}{t^2}\left[-N_1 \cos t\,\omega_1 + (N_1 - N_2)\cos t\,\omega_2 + \cdots\right.$$

$$\left.+ (N_{k-1} - N_k)\cos t\,\omega_k + N_k \cos t\,\omega_{k+1}\right] \tag{25}$$

dabei Grenzwert für $t = 0$:

$$\frac{\varphi(0)}{\sigma_0} = A(0) + \frac{2}{\pi}\left[a_1(\omega_2 - \omega_1) + a_2(\omega_3 - \omega_2) + \cdots + a_k(\omega_{k+1} - \omega_k)\right]. \tag{26}$$

Dabei ist angenommen, daß $\dfrac{Re\,\mathfrak{F}(j\,\omega)}{\omega}$ bzw. $\dfrac{Im\,\mathfrak{F}(j\,\omega)}{\omega}$ vernachlässigbar klein ist für $\omega_1 > \omega > \omega_{k+1}$.

N_n in den Gleichungen bedeutet:

$$N_n = \frac{2\,b_n}{\omega_{n+1} - \omega_n}\,.$$

Zusammenfassend können wir folgende Vorteile des behandelten Näherungsverfahrens gegenüber den rechnerischen Methoden anführen:

1. Die Integrationskonstanten fallen automatisch an, ihre im allgemeinen schwierige und mühselige Ermittlung fällt also fort.

2. Die charakteristische Gleichung braucht nicht gelöst zu werden, was bei allen rechnerischen Methoden erforderlich ist. Dies ist besonders wichtig bei transzendenten Gleichungen, wie sie sich bei Gliedern mit Totzeit ergeben.

3. Auch experimentell aufgenommene Frequenzgänge können bei der Auswertung verwendet werden.

Zu beachten ist allerdings, worauf noch besonders hingewiesen werden soll, daß dieses Verfahren nur angewandt werden darf, wenn die Regelung stabil ist, wenn also alle Ausgleichsvorgänge mit der Zeit verschwinden. Im Zweifelsfalle wird man daher vorher noch eine Stabilitätskontrolle nach einer in den späteren Abschnitten behandelten Methoden durchführen müssen.

III. Rechnerisches Verfahren für die Ermittlung des Regelvorganges (Übergangsfunktion) aus dem Frequenzgang

Zusammenhang zwischen Frequenzgang und Laplace-Transformation

Bei der rechnerischen Ermittlung des Regelvorganges nach einer Sprungstörung, also der *Übergangsfunktion der Regelung*, kann von dem Seite (179) über den allgemeinen Zusammenhang zwischen Übergangsfunktion und Frequenzgang Gesagten ausgegangen werden. Der Frequenzgang der Regelung wird mit Hilfe einer Partialbruchzerlegung in einfache Einzelglieder aufgespalten, für die dann die entsprechende Übergangsfunktionen angegeben werden können.

Bei der klassischen Methode (Abschn. 5) hat sich gezeigt, daß der Regelvorgang in der Form

$$\varphi f(t) = K_1\, e^{p_1 t} + K_2\, e^{p_2 t} + \cdots + K_n\, e^{p_n t} \tag{27}$$

dargestellt werden kann, wenn nur einfache Wurzeln p_ν der charakteristischen Gleichung auftreten.

Nun entspricht diese Summe von Übergangsfunktionen einer Summe von Frequenzgängen (s. z.B. Tab. 7 Nr. 21)

$$\mathfrak{F} = f(p) = \sum K_k\, \frac{p\, T_k}{1 + p\, T_k} = \sum \frac{K_k\, p}{p - p_k} \tag{28}$$

$\left(p_k = -\dfrac{1}{T_k} \text{ die Wurzel der Gleichung } 1 + p\, T_k = 0 \right)$. Gelingt es also den Frequenzgang $\mathfrak{F} = f(p)$ entsprechend aufzuspalten, also

$$\mathfrak{F} = f(p) = \frac{K_1\, p}{p - p_1} + \frac{K_2\, p}{p - p_2} + \cdots + \frac{K_n\, p}{p - p_n}, \tag{29}$$

so hat man die gesuchte Übergangsfunktion entsprechend Gl. (27) gefunden.

Der Frequenzgang hat im allgemeinen die Form einer gebrochenen rationalen Funktion

$$f(p) = \frac{F(p)}{G(p)} \cdot \tag{30}$$

Multiplizieren wir Zähler und Nenner mit p so wird

$$f(p) = \frac{F(p)\, p}{p\, G(p)} \cdot \tag{31}$$

Durch Partialbruchzerlegung ergibt sich hieraus, wie in Abschn. 6, III b gezeigt, sofort die Form von Gl. (28) und damit ist $\varphi(t)$ nach Gl. (27) gefunden. Die einzelnen Konstante K_k lassen sich wie Abschn. 6 gezeigt berechnen, sie werden

$$K_k = \left. \frac{\dfrac{F(p)}{p\, G(p)}}{p - p_k} \right|_{p \to p_k} \tag{32}$$

wobei p_k die Wurzeln der Gleichung $p\, G(p) = 0$ darstellen.

Selbstverständlich läßt sich (bei Einfachwurzeln) auch die in Abschn. 6 III b behandelte graphische Methode und der HEAVISIDEsche Entwicklungssatz (Abschn. 6 III c) anwenden, also

$$\varphi(t) = \frac{F(0)}{G(0)} + \sum_{\nu} \frac{F(p_\nu)}{p_\nu\, G'(p_\nu)}\, e^{p_\nu t} \tag{33}$$

$(p_\nu$ die Wurzeln der Gl. $G(p) = 0\,!)$.

Wie wir sehen, besteht ein gewisser Zusammenhang zwischen Frequenzgang und LAPLACE-Transformation. Das Verhältnis der nach LAPLACE transformierten Aus- und Eingangsgrößen α und ε zueinander, also $\dfrac{\bar{\alpha}}{\bar{\varepsilon}} = f(s)$, wird *Übertragungsfunktion* genannt, wenn alle Anfangswerte gleich Null gesetzt werden. Diese Übertragungsfunktion ergibt sich aus der Differentialgleichung sehr einfach durch Einsetzen von s für $\frac{d}{dt}$, $s^2 = \frac{d^2}{dt^2}$ usw. (Abschnitt 6II) ebenso, wie sich der Frequenzgang $\frac{\bar{\alpha}}{\bar{\varepsilon}} = f(p)$ aus der Differentialgleichung durch Einsetzen von p für $\frac{d}{dt}$, $p^2 = \frac{d^2}{dt^2}$ usw. ableitet. Übertragungsfunktion und Frequenzgang sind also identisch gleich, wenn auch für s ebenso wie für p ein rein imaginärer Wert, also z.B. $j\,\omega$ eingesetzt wird. Da s in der allgemeinen Form eine imaginäre und eine reelle, positive Komponente aufweist, stellt der Frequenzgang einen Sonderfall der Übertragungsfunktion dar. Praktisch kann man ganz allgemein auch bei der LAPLACE-Transformation mit Realteil Null arbeiten, wenn man sich nur auf Funktionen, die mit der Zeit verschwinden, also in unserem Fall auf stabile Regelvorgänge beschränkt (Abschn. 6I).

Aus $\frac{\bar{\alpha}}{\bar{\varepsilon}}$ errechnet sich bei der LAPLACE-Transformation die Übergangsunktion zunächst noch transformiert

$$\frac{\bar{\alpha}}{\varepsilon_s} = \frac{F(s)}{s\,G(s)} \tag{34}$$

$\Big[\varepsilon$ ändert sich dabei sprungartig um $\varepsilon_s \cdot 1$ also transformiert (6/IIa) um $\frac{\varepsilon_s}{s}\Big]$ und daraus

$$\frac{\alpha(t)}{\varepsilon_s} = \mathfrak{L}^{-1}\,\frac{F(s)}{s\,G(s)} \tag{35}$$

oder auch, wenn $s = j\,\omega = p$, also rein imaginär angenommen wird:

$$\frac{\alpha(t)}{\varepsilon_s} = \mathfrak{L}^{-1}\,\frac{F(p)}{p\,G(p)} \cdot \tag{36}$$

Die Frequenzgangmethode kann also auf die LAPLACE-Transformation zurückgeführt werden und umgekehrt.

Die vorstehenden Überlegungen gelten nur, wenn sich das untersuchte System vor Beginn einer Störung im stationären Gleichgewicht befunden hat, und dann eine sprungartig einsetzende Störung auftritt. Will man irgendwelche, beliebige Anfangsbedingungen berücksichtigen, so wird man auf die eigentliche LAPLACE-Transformation Abschn. 6 zurückgreifen müssen.

IV. Zeitlicher Verlauf der Regelgröße bei beliebigem zeitlichen Verlauf der Störgröße

Wie in Abschn. 8, I an Hand von Abb. 3 gezeigt, kann die Störgröße auch über fremde, nicht im Regelkreis liegende Glieder auf das Regelsystem einwirken. Berücksichtigt man in diesem Fall bei der Berechnung des Störfrequenzganges diese Glieder, so ergibt sich ohne weiteres auch hier der Frequenzgang der Regelung. Durch diese Glieder wird aber die Sprungfunktion der Störgröße umgeformt in irgendeine Zeitfunktion, die die Übergangsfunktion der Fremdglieder darstellt. Das Regelsystem unmittelbar wird also in diesem Fall nicht mehr durch die Sprung-Störung sondern durch die durch die Fremdglieder bestimmte Übergangsfunktion beeinflußt. Nun ergibt sich selbstverständlich der gleiche Regelvorgang, wenn nicht erst über solche Fremd- oder Zusatzglieder die Sprungfunktion in die neue Zeitfunktion umgeformt wird, sondern schon

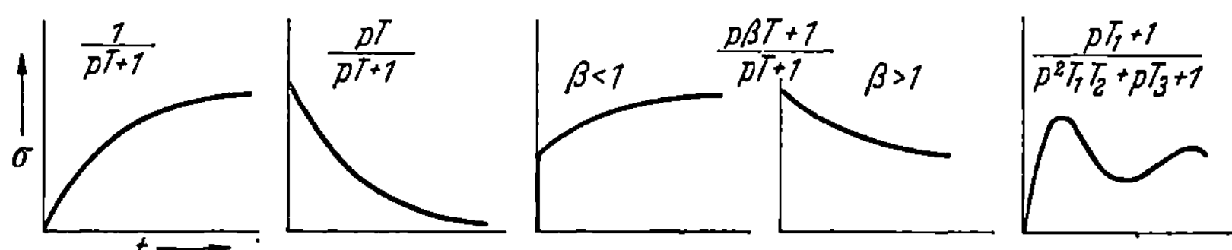

Abb. 11. Zeitlicher Verlauf der Stör- oder Führungsgröße, entstanden gedacht durch Umbildung der Sprungfunktion in einem Zusatzglied

eine unmittelbar angreifende Störgröße diesen zeitlichen Verlauf aufweist. Betrachten wir nun diese Zeitfunktion als Übergangsfunktion eines Fremdgliedes, so benötigen wir nur noch den entsprechenden Frequenzgang und können dann den Störfrequenzgang so rechnen, wie wenn dieses Fremdglied tatsächlich vorhanden wäre. In Abb. 11 sind einige Fälle für den Verlauf der Störgröße unmittelbar am Angriff des Regelkreises aufgezeichnet, für die an Hand der Tab. 6 oder 7 am Schluß des Buches unschwer die entsprechnden Frequenzgänge gefunden werden können. Selbstverständlich muß, damit durch die Regelung der

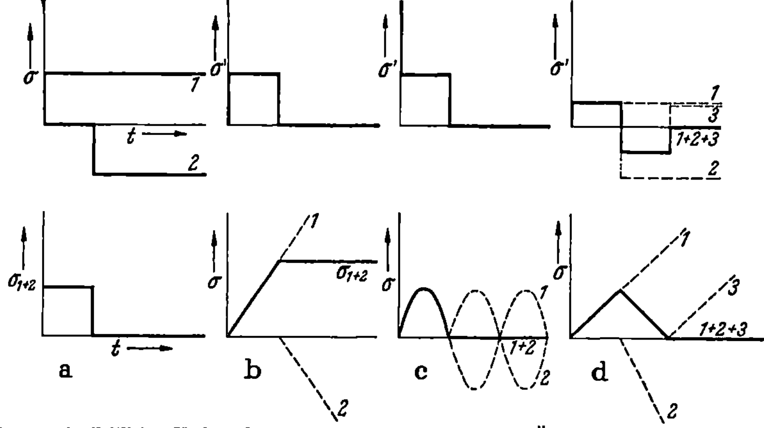

Abb. 12a—d. Zeitlicher Verlauf der Störgröße (σ) gewonnen durch Überlagerung von verschiedenen Sprungfunktionen (σ' vor einem gedachten Zusatzglied; $\dfrac{\sigma}{\sigma'} = \mathfrak{F}_{\sigma z}$ der Frequenzgang des Zusatzgliedes)

Einfluß der Störung überhaupt beseitigt werden kann, die Störgröße sich einem Endwert nähern, der schließlich dann bestehen bleibt, dabei aber auch Null sein kann.

Wiederholt ist in diesem Abschnitt darauf hingewiesen worden, daß die Untersuchungen immer ausgehen müssen von einem stationären Zustand des Systems, und daß nur die Abweichungen der Größen von diesem Anfangszustand betrachtet werden sollen. Liegt dieser Ausgangszustand aber einmal fest, so können von jetzt ab beliebig viele sprunghafte Änderungen der Stör- oder Führungsgröße auftreten, und wir bekommen entsprechende Zeitfunktionen für die Regelgröße, die wir einfach überlagern können. Diese Einzelfunktionen sind alle einander ähnlich und unterscheiden sich nur in ihrer Größe entsprechend der Höhe des zugehörigen Sprunges, lassen sich also schnell ermitteln, wenn einmal *eine* Kurve gerechnet ist. Wir können also damit auch einen Verlauf der Störgröße entsprechend den in Abb. 12 gezeigten Beispielen zulassen.

V. Näherungsverfahren

Wenn wir die Gl. (27) betrachten, so sehen wir, daß sich der Regelvorgang als eine Summe von Teilvorgängen auffassen läßt, die vollkommen unabhängig voneinander bestehen. Weiß man nun, daß durch einen bestimmten Teilvorgang die Verhältnisse praktisch genügend genau bestimmt werden, so kann man sich mit dieser Teillösung begnügen und braucht dann nur die entsprechenden Wurzeln — im allgemeinen wird es sich um einen Schwingungsvorgang mit zwei konjugiert komplexen Wurzeln handeln — zu suchen. Da, wie schon gesagt, die Teillösungen sich gegenseitig nicht beeinflussen, braucht man sich also um die weiteren Lösungen nicht mehr zu kümmern, die Anfangsbedingungen sind bereits automatisch entsprechend berücksichtigt. Bei einer solchen näherungsweisen Behandlung des Regelvorganges kann von einem Näherungsverfahren für die Lösung der charakteristischen Gleichung höheren Grades $G(p) = 0$ in Gl. (32) Gebrauch gemacht werden, auf das noch eingegangen werden soll.

Die Gl. $G(p) = 0$, aus der die Wurzeln (p_v) bestimmt werden, entspricht, wie bereits gesagt, der charakteristischen Gleichung der Differentialgleichung, hat also die Form

$$a_m\, p^m + a_{m-1}\, p^{m-1} + \cdots + a_1\, p + a_0 = G(p) \,. \tag{37}$$

Setzen wir nun für $p = j\, v + \beta$ und tragen $G(p)$ für verschiedene Werte von p, vorläufig bei $\beta = 0$ auf, so ergibt sich eine Kurve, wie sie z.B. für

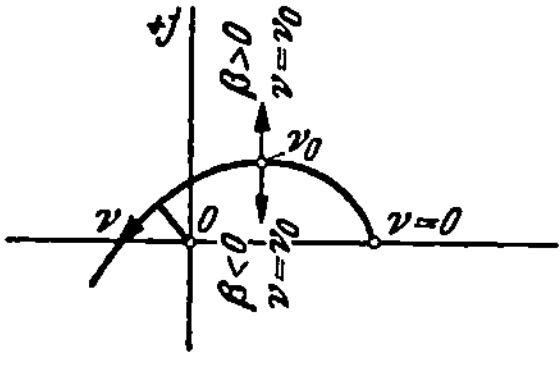

Abb. 13. Näherungsverfahren für die Ermittlung von Wurzeln bei Gleichungen höheren Grades

einen bestimmten Fall in Abb. 13 aufgezeichnet ist. Würde diese Kurve durch Null gehen, wäre also $G(p) = 0$ bei bestimmtem Wert von $j\,v$, so würde das bedeuten, daß eine imaginäre Wurzel vorhanden ist, also eine ungedämpfte Schwingung auftritt, natürlich im allgemeinen, wenn $G(p)$ von höherem Grade ist, neben anderen Vorgängen, die den weiteren Wurzeln entsprechen und sich überlagern. Meistens, vor allem bei einer brauchbaren Regelung, wird aber die Kurve (Abb. 13) nicht durch Null gehen, d.h. es werden eben keine rein imaginären Wurzeln und damit keine ungedämpfte Schwingungen, sondern komplexe Wurzeln und entsprechende gedämpfte oder aber auch angefachte Schwingungen auftreten. Geht man von einem bestimmten Punkt der Kurve für festen

Wert von ν etwa ν_0 aus und untersucht die Verschiebung des Punktes, wenn man nun β von Null aus langsam wachsen läßt, so zeigt sich, daß sich der Punkt senkrecht zur Kurve für $\beta = 0$ verschiebt. Außerdem gilt für β in der Nähe des Punktes auf der Kurve $\nu = \text{const} = \nu_0$ der gleiche Maßstab, wie für ν auf der Kurve $\beta = 0$ ebenfalls in der Nähe von $\nu = \nu_0$. Dies ergibt sich ohne weiteres, wenn man berücksichtigt, daß die Ortskurve $G(j\,\nu + \beta)$ eine Abbildung der Geraden $(j\,\nu + \beta)$ bei veränderlichem ν und jeweils konstantem β darstellt, läßt sich aber in einfacher Weise auch folgendermaßen nachweisen:

Mit $p = j\,\nu + \beta$ wird $G(p)$:

$$G(p) = a_m\,(j\,\nu + \beta)^m + a_{m-1}\,(j\,\nu + \beta)^{m-1} + \cdots + a_1\,(j\,\nu + \beta) + a_0. \quad (38)$$

$G(p)$ nach ν differentiert ergibt für $\beta = 0,\ \nu = \nu_0$:

$$\left(\frac{dG(p)}{d\nu}\right)_{\substack{\beta=0 \\ \nu=\nu_0}} = j\,a_m\,m(j\,\nu_0)^{m-1} + j\,a_{m-1}\,(m-1)\,(j\,\nu_0)^{m-2} + \cdots + j\,a_1 \quad (39)$$

und nach β differentiert:

$$\left.\begin{aligned} \left(\frac{dG(p)}{d\beta}\right)_{\substack{\beta=0 \\ \nu=\nu_0}} &= a_m\,m(j\,\nu_0)^{m-1} + a_{m-1}\,(m-1)\,(j\,\nu_0)^{m-2} + \cdots + a_1 \\[2mm] &= -j\left(\frac{dG(p)}{d\nu}\right)_{\substack{\beta=0 \\ \nu=\nu_0}} \end{aligned}\right\} \quad (40)$$

Aus Gln. (39) und (40) sehen wir, daß eine Vergrößerung von β ein Weiterschreiten senkrecht (nacheilend) gegenüber der Kurve $\beta = 0$ bedeutet, und daß außerdem gleiche (kleine) Werte $\Delta\beta$ und $\Delta\nu$ gleichen Strecken auf den Kurven entsprechen, daß also der Maßstab für β und ν gleich ist.

Geht nun die Kurve $G(p)_{p=j\nu}$ (Abb. 13) in der Nähe von Null vorbei, so können wir zunächst durch Fällen der Senkrechten von Null auf die Kurve den angenäherten Wert von ν und aus dem entsprechenden kürzesten Abstand der Kurve vom Nullpunkt den angenäherten Wert von β ermitteln, wobei der Maßstab für β aus der Kurve für $\beta = 0$ und verschiedener Werte von ν geschätzt werden kann.

Die Frequenz des Hauptregelvorganges läßt sich meist abschätzen, kann auch vielfach durch Vernachlässigung und eine entsprechende Reduzierung der charakteristischen Gleichung auf eine solche niedrigeren Grades angenähert ermittelt werden. Es genügt dann, einige Punkte der Kurve $[G(j\,\nu)]$ für Werte von ν, die in der Nähe des geschätzten Wertes liegen, zu rechnen und bekommt dann, vor allem bei schlecht gedämpften Regelvorgängen, mit guter Annäherung die Werte ν und β.

Bei gut gedämpfter Regelung verläuft die Kurve $G(j\,\nu)$ in ziemlich großer Entfernung vom Nullpunkt und es ist dann nach dem obigen Verfahren schwierig, brauchbare Näherungswerte für ν und β zu finden. Man ist daher meistens gezwungen, durch Probieren allmählich die richtigen Werte zu finden, indem man erst zwei Werte ν und β schätzt, in die Gl. (37) einsetzt und den entsprechenden Punkt in Abb. 13 einträgt. Aus der Lage des Punktes zum Nullpunkt kann dann ersehen werden, in welcher Richtung die Werte zu verbessern sind. Zweckmäßig ist auch unter Umständen die Anwendung des NEWTONschen Verfahrens, um vom ungefähren Wert einer Wurzel einen verbesserten Wert zu bekommen. [Ist z_1 eine angenäherte Wurzel einer Funktion $f(z)$, so ist $z_2 = z_1 - \dfrac{f(z_1)}{f'(z_1)}$ ein verbesserter Wert.]

Bei der ersten Schätzung von v und β wird zweckmäßigerweise folgendes beachtet: Es wird

$$\left(\frac{d^2G(p)}{d\beta^2}\right)_{\substack{\beta=0 \\ v=v_0}} = -\left(\frac{d^2G(p)}{dv^2}\right)_{\substack{\beta=0 \\ v=v_0}}, \tag{41}$$

wie sich durch nochmalige Differentiation von Gln. (39) u. (40) sofort ergibt. Das bedeutet aber, daß sich die Kurve $v = $ const $= v_0$ bei Entfernung vom Punkt $\beta = 0$, mit größer werdenden Werten von β nach der entgegengesetzten Seite krümmt als die Kurve $\beta = 0$ mit größer werdendem v, wie in Abb. 14 dargestellt. Bei einer Kurve mit einem Verlauf nach Abb. 14 wird man also von vornherein den Wert von v größer wählen, als sich aus dem kleinsten Abstand von Null gegen die Kurve ergeben würde.

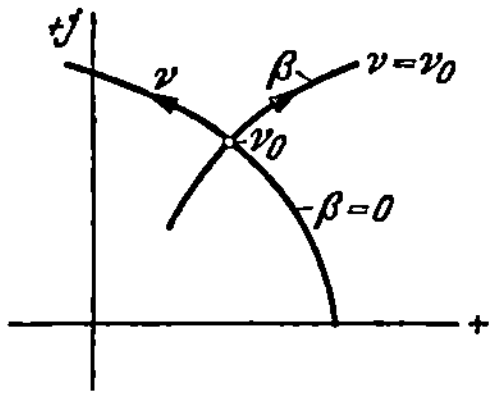

Abb. 14. Verlauf der beiden Kurven $\beta = 0$ und $v = v_0$ in der Nähe ihres Schnittpunktes

Begnügt man sich nun mit dem Hauptregelvorgang, so brauchen nur die so gefundenen komplexen Wurzeln berücksichtigt zu werden. Durch Division von $G(p)$ durch $(p - p_\mu)$ $(p - p_v)$, wobei p_μ und p_v die beiden gefundenen komplexen Wurzeln bedeuten sollen, läßt sich aber die Gleichung auf eine solche um 2 Grad niedrigere reduzieren, deren Lösung im allgemeinen keine Schwierigkeit mehr macht. Auch der genauere Verlauf des Regelvorganges kann dann leicht ermittelt werden.

VI. Mehrfachregelung [22]

Bisher ist immer angenommen worden, daß in einem System nur *eine* Größe geregelt wird. In der Technik tritt aber auch öfters der Fall auf, daß mehrere Betriebs- oder Zustandsgrößen eines Systems gleichzeitig geregelt werden. Dabei ist es meist unvermeidlich, daß die Regeleinrichtungen sich gegenseitig beeinflussen, d.h. daß sie nicht nur auf die der Einrichtung jeweils zugehörige Betriebsgröße einwirken, sondern auch auf fremde. An folgende bekannte Beispiele aus der Elektrotechnik sei erinnert:

Zur Kupplung von Drehstrom- mit Einphasenbahnnetzen werden im allgemeinen Umformer verwendet, bestehend aus Drehstromasynchron- und Einphasensynchronmaschinen. Um unabhängig von Frequenzschwankungen die Leistung beliebig einstellen zu können, wird die Asynchronmaschine im Läuferkreis mit Regelmaschinen ausgerüstet, deren Spannung meist selbsttätig durch Wirk- und Blindlastregeleinrichtungen geregelt wird. Infolge der vom Schlupf abhängigen Wirkung der Induktivität im Läuferstromkreis wird nun durch die Wirklastregelung auch die Blindlast, durch die Blindlastregelung auch die Wirklast beeinflußt, und zwar verschieden je nach dem gerade vorhandenen Schlupf.

Bei der Spannungs- und Frequenzregelung in Drehstromnetzen, die durch Wechselrichter gespeist werden, wird die Spannung durch Änderung der Erregung leer mitlaufender Phasenschieber, die Frequenz durch Änderung der Übersetzung des Wechselrichters geregelt. Durch die Erregungsänderung wird aber außer der Spannung auch die Frequenz und durch die Änderung der Übersetzung außer der Frequenz noch die Spannung beeinflußt.

Bei der Kupplung mehrerer Drehstromnetze wird vielfach in *einem* Netz die Frequenz und in den anderen die Übergabeleistung zu einem Nachbarnetz, unter Umständen noch abhängig von der Frequenz geregelt. Es ist sofort zu erkennen, daß sich auch hier die verschiedenen Regeleinrichtungen gegenseitig beeinflussen, da sie ja alle schließlich auf die Beaufschlagung der Kraftmaschinen einwirken müssen und dadurch immer sowohl Frequenz als auch gleichzeitig die verschiedenen Übergabeleistungen verändern. Bei diesem letzten Beispiel kann es unter der Annahme eines Großverbundbetriebs vorkommen, daß entsprechend der Zahl der gekuppelten Netze viele voneinander abhängige Regelsysteme vorhanden sind.

Daß das Verhalten solcher gekuppelter Regelsysteme vielfach schon rein qualitativ nicht mehr übersehen werden kann, und daß die genauere quantitative Untersuchung zu wesentlich verwickelteren Beziehungen führen muß als bei normaler Einfachregelung, ist ohne weiteres klar. Früher hat man sich daher auch meist gescheut, solche Systeme überhaupt rechnerisch zu behandeln und sich mehr auf die Auswertung von versuchstechnischen Ergebnissen für die Beurteilung der Systeme beschränkt.

Wie sich nun aber zeigen wird, kann mit Hilfe des Frequenzganges auch das Verhalten solcher Systeme mit Mehrfachregelung bei einem verhältnismäßig geringen Aufwand an Rechen- und Denkarbeit untersucht werden.

Nach Abb. 15 sollen mehrere (allgemein n) Betriebsgrößen eines Systems geregelt werden; das System muß also von all diesen Betriebsgrößen über Regler beeinflußt werden. Außerdem sei eine bestimmte Störung über die Störgröße σ angenommen.

Wenn wir auch hier zunächst eine periodische Störung, und zwar eine sinusförmig mit der Zeit veränderliche Störgröße annehmen, so werden alle Größen, soweit sie durch die Störung unmittelbar, oder auch über eine der Regeleinrichtungen mittelbar beeinflußt werden, ebenfalls Schwingungen gleicher Frequenz ausführen. Denken wir zunächst alle Regel-

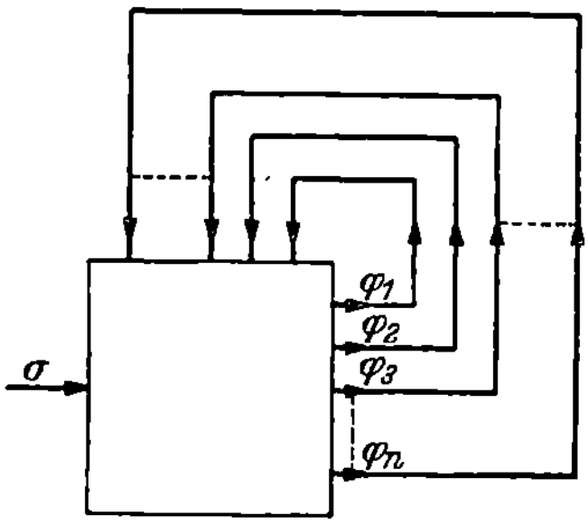

Abb. 15. Schema einer Mehrfachregelung

systeme ausgeschaltet, so erhalten wir für die verschiedenen Regelgrößen durch die unmittelbare Beeinflussung:

$$\left.\begin{aligned}
\frac{\vec{\varphi}_{\sigma 1}}{\vec{\sigma}} &= \mathfrak{F}_{\sigma 1} \\[1mm]
\frac{\vec{\varphi}_{\sigma 2}}{\vec{\sigma}} &= \mathfrak{F}_{\sigma 2} \\[1mm]
&\;\vdots \\[1mm]
\frac{\vec{\varphi}_{\sigma n}}{\vec{\sigma}} &= \mathfrak{F}_{\sigma n}
\end{aligned}\right\} \tag{42}$$

Ersetzen wir, vom Gleichgewicht ausgehend — wie bei der Einfachregelung gezeigt — die Regelgröße φ_1, dann $\varphi_2 \ldots \varphi_n$ durch eine fremde, periodisch veränderliche Größe $\varphi_{1F}, \varphi_{2F} \ldots \varphi_{nF}$, wobei wieder alle Regelkreise geöffnet sind, so wird

$$\left.\begin{aligned}
\frac{\vec{\varphi}_{11}}{\vec{\varphi}_{1F}} = \mathfrak{F}_{11}; \quad & \frac{\vec{\varphi}_{21}}{\vec{\varphi}_{2F}} = \mathfrak{F}_{21}; \quad \ldots; \quad \frac{\vec{\varphi}_{n1}}{\vec{\varphi}_{nF}} = \mathfrak{F}_{n1} \\[1mm]
\frac{\vec{\varphi}_{12}}{\vec{\varphi}_{1F}} = \mathfrak{F}_{12}; \quad & \frac{\vec{\varphi}_{22}}{\vec{\varphi}_{2F}} = \mathfrak{F}_{22}; \quad \ldots; \quad \frac{\vec{\varphi}_{n2}}{\vec{\varphi}_{nF}} = \mathfrak{F}_{n2} \\[1mm]
& \qquad\qquad\quad \vdots \\[1mm]
\frac{\vec{\varphi}_{1n}}{\vec{\varphi}_{1F}} = \mathfrak{F}_{1n}; \quad & \frac{\vec{\varphi}_{2n}}{\vec{\varphi}_{2F}} = \mathfrak{F}_{2n}; \quad \ldots; \quad \frac{\vec{\varphi}_{nn}}{\vec{\varphi}_{nF}} = \mathfrak{F}_{nn}
\end{aligned}\right\} \tag{43}$$

(φ_{ik} bedeutet die Abweichung der Regelgröße φ_k, entstanden infolge der Beeinflussung durch die Regelgröße φ_i).

Berücksichtigen wir nun, daß im Normalbetrieb, bei geschlossenen Regelkreisen

$$\varphi_{1F} = \varphi_1 , \; \varphi_{2F} := \varphi_2 \ldots \varphi_{nF} = \varphi_n$$

und daß gleichzeitig sowohl die Störgröße als auch alle Regelgrößen über die Regeleinrichtungen auf das System einwirken, so erhalten wir folgendes Gleichungssystem:

$$\left.\begin{aligned}
\vec{\varphi}_1 &= \vec{\sigma}\,\mathfrak{F}_{\sigma 1} + \vec{\varphi}_1 \mathfrak{F}_{11} + \vec{\varphi}_2 \mathfrak{F}_{21} + \vec{\varphi}_3 \mathfrak{F}_{31} + \cdots + \vec{\varphi}_n \mathfrak{F}_{n1} \\
\vec{\varphi}_2 &= \vec{\sigma}\,\mathfrak{F}_{\sigma 2} + \vec{\varphi}_1 \mathfrak{F}_{12} + \vec{\varphi}_2 \mathfrak{F}_{22} + \vec{\varphi}_3 \mathfrak{F}_{32} + \cdots + \vec{\varphi}_n \mathfrak{F}_{n2} \\
&\;\;\vdots \\
\vec{\varphi}_n &= \sigma\,\mathfrak{F}_{\sigma n} + \vec{\varphi}_1 \mathfrak{F}_{1n} + \vec{\varphi}_2 \mathfrak{F}_{2n} + \vec{\varphi}_3 \mathfrak{F}_{3n} + \cdots + \vec{\varphi}_n \mathfrak{F}_{nn}.
\end{aligned}\right\} \tag{44}$$

Aus diesen n Gleichungen für die n Regelgrößen lassen sich nun alle bis auf eine eliminieren und wir können somit den Zusammenhang zwischen Störgröße und jeder beliebigen Regelgröße finden. Das Verhältnis der $k$ten Regelgröße zur Störgröße, also

$$\frac{\vec{\varphi}_k}{\vec{\sigma}} = \mathfrak{F}_k \tag{45}$$

bezeichnen wir als Frequenzgang der $k$ten Regelung. Der Übergang von der periodischen zur sprungartigen Beeinflussung kann wieder nach einer der in den Abschn. 8/II und 8/III behandelten Methoden durchgeführt werden. Im allgemeinsten Fall enthält der Ausdruck für $\mathfrak{F}_k$ alle in Gln. (42) und (43) vorkommenden Teilfrequenzgänge, die aber verhältnismäßig einfach ermittelt werden können. Um z.B. $\mathfrak{F}_{ik}$ zu finden, ist folgendermaßen vorzugehen: Die Regelgröße φ_i ist ersetzt zu denken durch eine fremde φ_{iF}, und die unmittelbare Abhängigkeit der $k$ten Regelgröße von der Größe φ_{iF} ohne Berücksichtigung der weiteren Regel- oder Störgrößen ist zu suchen.

Für den Fall der Zweifachregelung wird das Gleichungssystem (44):

$$\vec{\varphi}_1 = \vec{\sigma}\,\mathfrak{F}_{\sigma 1} + \vec{\varphi}_1\,\mathfrak{F}_{11} + \vec{\varphi}_2\,\mathfrak{F}_{21} \qquad (46)$$

$$\vec{\varphi}_2 = \vec{\sigma}\,\mathfrak{F}_{\sigma 2} + \vec{\varphi}_1\,\mathfrak{F}_{12} + \vec{\varphi}_2\,\mathfrak{F}_{22} \qquad (47)$$

und daraus errechnet sich

$$\frac{\vec{\varphi}_1}{\vec{\sigma}} = \mathfrak{F}_1 = \frac{\mathfrak{F}_{\sigma 1} - \mathfrak{F}_{\sigma 1}\,\mathfrak{F}_{22} + \mathfrak{F}_{\sigma 2}\,\mathfrak{F}_{21}}{1 - \mathfrak{F}_{11} - \mathfrak{F}_{22} + \mathfrak{F}_{11}\,\mathfrak{F}_{22} - \mathfrak{F}_{12}\,\mathfrak{F}_{21}} \qquad (48)$$

$$\frac{\vec{\varphi}_2}{\vec{\sigma}} = \mathfrak{F}_2 = \frac{\mathfrak{F}_{\sigma 2} - \mathfrak{F}_{\sigma 2}\,\mathfrak{F}_{11} + \mathfrak{F}_{\sigma 1}\,\mathfrak{F}_{12}}{1 - \mathfrak{F}_{11} - \mathfrak{F}_{22} + \mathfrak{F}_{11}\,\mathfrak{F}_{22} - \mathfrak{F}_{12}\,\mathfrak{F}_{21}} \cdot \qquad (49)$$

In manchen Fällen ist die gegenseitige Beeinflussung bei Mehrfachregelung unerwünscht. Man versucht dann, die Koppelung der verschiedenen Regelsysteme untereinander ganz oder auch nur teilweise aufzuheben, man *entkoppelt* die Systeme, was im wesentlichen darauf hinausläuft, das ganze System so auf- oder umzubauen, daß die Frequenzgänge $\mathfrak{F}_{ik}$ gleich Null werden. (S. Beispiel S. 206.)

VII. Beispiele

Zuerst sollen die zwei in den Abschn. 5 und 7 bereits behandelten Beispiele — Drehzahlregelung einer Kraftmaschine, Spannungsregelung eines Drehstromgenerators — jetzt nach der Frequenzgangmethode untersucht werden.

a) Drehzahlregelung einer Kraftmaschine mit indirektem Regler nach Abb. 5/10. Das Schema der Regelung entspricht der Abb. 16. Als Störung ist dabei ein Belastungssprung angenommen, der auf die Kraftmaschine kommt und damit ihre Drehzahl beeinflußt.

Wenn wir zunächst die Wirkung des Belastungssprunges allein, ohne Regelung betrachten und die Drehzahl-Momentkennlinien nach Abb. 5/11 für die Anordnung zugrunde legen, so ergibt sich für die Regelgröße bei einer sprungartig einsetzenden Belastungsänderung ein zeitlicher Verlauf, der der Übergangsfunktion Abb. 3/12 entspricht. Der Störfrequenzgang wird damit nach Gl. (3/28)

$$\mathfrak{F}_\sigma = \frac{\vec{\varphi}}{\vec{\sigma}} = \frac{1}{1 + p\,T_a} \cdot \qquad (50)$$

σ ist dabei auf das Belastungsmoment bezogen, das nach Abb. 5/11 eine Änderung der Drehzahl um ihren Sollwert verursacht.

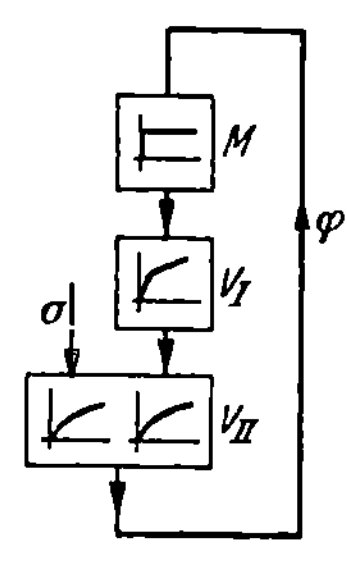

Abb. 16. Schema der Drehzahlregelung einer Kraftmaschine mit indirektem Regler entsprechend Abb. 5/10

13*

Der Frequenzgang des offenen Regelkreises $\mathfrak{F}_R$ ist bereits ermittelt, Gl. (7/22), wir können somit sofort den Frequenzgang der Regelung bei einem Belastungsstoß σ_s nach Gl. (4) anschreiben. Es wird:

$$\mathfrak{F} = \frac{\mathfrak{F}_\sigma}{1 - \mathfrak{F}_R} = \frac{\dfrac{1}{1 + p\,T_a}}{1 + \dfrac{1}{\delta}\,\dfrac{1 + p\,T_y}{p\,(T_z + T_y)\left(1 + p\,\dfrac{T_z\,T_y}{T_z + T_y}\right)} \cdot \dfrac{\eta_v}{1 + p\,T_a}}$$

$$= \frac{p^2\,T_z\,T_y + p\,(T_z + T_y)}{p^3\,T_z\,T_y\,T_a + p^2\,(T_z\,T_y + T_y\,T_a + T_z\,T_a) + p\left[T_z + T_y\left(1 + \dfrac{\eta_v}{\delta}\right)\right] + \dfrac{\eta_v}{\delta}}$$

$$= \frac{F(p)}{G(p)} \,. \tag{51}$$

Nach Gl. (33) wird dann, wenn man den HEAVISIDEschen Entwicklungssatz anwendet:

$$\frac{\varphi(t)}{\sigma_s} = \frac{F(0)}{G(0)} + \sum_{\nu}' \frac{F(p_\nu)}{p_\nu\,G'(p_\nu)}\,e^{p_\nu\,t} \,. \tag{52}$$

Im vorliegenden Fall der astatischen, also integral wirkenden Regelung wird $\dfrac{F(0)}{G(0)} = 0$, da $F(0) = 0$ und $G(0) \neq 0$.

$$G'(p) = \frac{dG(p)}{dp} = 3\,p^2\,T_z\,T_y\,T_a + 2\,p\,(T_z\,T_y + T_y\,T_a + T_z\,T_a)$$
$$+ \left[T_z + T_y\left(1 + \frac{\eta_v}{\delta}\right)\right] \,.$$

Die Wurzeln p_ν müssen aus $G(p) = 0$, der charakteristischen Gleichung der Differentialgleichung des Regelvorganges, gefunden werden. Für die Weiterrechnung sei das S. 132 behandelte Zahlenbeispiel zugrunde gelegt. ($T_z = 2$ sek; $T_y = 5$ sek; $T_a = 2$ sek; $\eta_v = 0{,}8$, $\delta = 0{,}04$). Es wird damit

$$G(p) = p^3\,20\ \text{sek}^3 + p^2\,24\ \text{sek}^2 + p\,107\ \text{sek} + 20$$
$$F(p) = p^2\,10\ \text{sek}^2 + p\,7\ \text{sek}$$

und aus $G(p) = 0$ die 3 Wurzeln (s. S. 132):

$$p_1 = (-\,0{,}195)\ 1/\text{sek}$$
$$p_{23,} = (-\,0{,}5 \pm j\,2{,}21)\ 1/\text{sek}$$
$$G'(p) = p^2\,60\ \text{sek}^3 + p\,48\ \text{sek}^2 + 107\ \text{sek} \,.$$

Wir erhalten nun nach Gl. (52) die endgültige Lösung, bei der schon die Anfangsbedingungen — sprungartig auftretende Störung bei vorher im Gleichgewicht befindlichem System — berücksichtigt sind. Es wird

$$\frac{\varphi(t)}{\sigma_s} = \left(\frac{\varphi(t)}{\sigma_s}\right)_1 + \left(\frac{\varphi(t)}{\sigma_s}\right)_2 + \left(\frac{\varphi(t)}{\sigma_s}\right)_3$$

entsprechend den 3 Wurzeln p_ν.

$$\left(\frac{\varphi(t)}{\sigma_s}\right)_1 = \frac{0{,}38 - 1{,}36}{-\,19{,}52}\,e^{-\,0{,}195\,t/\text{sek}} = 0{,}05\,e^{-\,0{,}195\,t/\text{sek}}$$

$$\left(\frac{\varphi(t)}{\sigma_s}\right)_{2,3} = e^{-\,0{,}5\,t/\text{sek}}\,(2\,A\,\cos 2{,}21\,t/\text{sek} -\,2\,B\,\sin 2{,}21\,t/\text{sek})$$

[nach Gl. (6/32)], wobei sich A und B aus Gl. (52) mit $p_2 = -0,5 + j\,2,21$ errechnen. Es wird

$$\frac{F(p_2)}{p_2\,G'(p_2)} = \frac{p_2\,10\ \text{sek}^2 + 7\ \text{sek}}{p_2^3\,60\ \text{sek}^3 + p_2\,48\ \text{sek}^2 + 107\ \text{sek}}$$

$$= \frac{(-0,5 + j\,2,21)\,10 + 7}{(-0,5 + j\,2,21)^2\,60 + (-0,5 + j\,2,21)\,48 + 107}$$

$$= -0,025 - j\,0,109 = A + j\,B\;;$$

damit wird

$$\left(\frac{\varphi(t)}{\sigma_s}\right)_{2,3} = e^{-0,5\,t/\text{sek}}\,(-0,05\cos 2,21\,t/\text{sek} + 0,218\sin 2,21\,t/\text{sek})\,.$$

Der Gesamtverlauf der Regelgröße ergibt sich also zu

$$\frac{\varphi}{\sigma_s} = 0,05\,e^{-0,195\,t/\text{sek}} + e^{-0,5\,t/\text{sek}}(-0,05\cos 2,21\,t/\text{sek}$$

$$+ 0,218\sin 2,21\,t/\text{sek})\,,$$

also selbstverständlich genau so, wie nach der klassischen Methode gefunden. Der Rechenaufwand ist gegenüber dieser Methode sicher nicht größer, die für die Bestimmung der Integrationskonstanten erforderlichen Überlegungen fallen aber weg, was unbedingt als großer Vorteil dieses Verfahrens angesehen werden muß.

b) Spannungsregelung eines Drehstromgenerators mit Erregermaschine durch einen elektromagnetischen Spannungsregler (Abb. 6/2). Abb. 17 zeigt das Regelschema mit dem Angriff der Störgröße. Wir nehmen einen Blindlaststoß an, der ohne Regelung einen Spannungsverlauf entsprechend der Übergangsfunktion Abb. 3/32 ergeben würde. Der Störfrequenzgang wird nach Gl. (3/66)

$$\mathfrak{F}_\sigma = \frac{1 + p\,T_{II}\,\beta}{1 + p\,T_{II}}\,. \tag{53}$$

Der Frequenzgang des Meßwerkes (M) [Gl. (2/72)]

$$\mathfrak{F}_M = -\frac{1 + p\,T_n}{p\,\delta_v\,T_n}\,, \tag{54}$$

der der Erregermaschine (V_I) [Gl. (3/28)]

$$\mathfrak{F}_I = \frac{1}{1 + p\,T_I} \tag{55}$$

und der des Generators (V_{II}) [Gl. (3/28) unter Berücksichtigung des Regelbereiches η]

$$\mathfrak{F}_{II} = \frac{\eta}{1 + p\,T_{II}}\,. \tag{56}$$

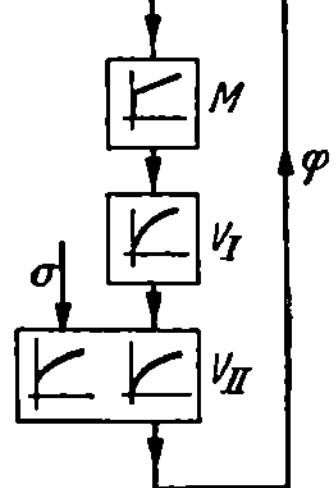

Abb. 17. Schema der Spannungsregelung eines Drehstromgenerators entsprechend Abb. 6/2

Somit wird der Frequenzgang des Regelkreises

$$\mathfrak{F}_R = \mathfrak{F}_M\,\mathfrak{F}_I\,\mathfrak{F}_{II} = -\frac{(1 + p\,T_n)\,\eta}{p\,\delta_v\,T_n\,(1 + p\,T_I)\,(1 + p\,T_{II})} \tag{57}$$

und der Frequenzgang der Regelung

$$\mathfrak{F} = \frac{\mathfrak{F}_\sigma}{1 - \mathfrak{F}_R} = \frac{\dfrac{1 + p\,T_{II}\,\beta}{1 + p\,T_{II}}}{1 + \dfrac{\dfrac{\eta}{\delta_v}(1 + p\,T_n)}{p\,T_n\,(1 + p\,T_I)\,(1 + p\,T_{II})}}$$

$$= \frac{(1 + p\,T_{II}\,\beta)\,(1 + p\,T_I)\,p\,T_n}{p^3\,T_n\,T_I\,T_{II} + p^2\,T_n\,(T_I + T_{II}) + p\,T_n\left(1 + \dfrac{\eta}{\delta_v}\right) + \dfrac{\eta}{\delta_v}} = \frac{F(p)}{G(p)} \cdot \tag{58}$$

Setzen wir in der Gl. (58) für $p \to s$ und dividieren noch durch s, so entspricht sie der in Abschn. 6 — Ermittlung des Regelvorganges mit Hilfe der LAPLACE-Transformation — gefundenen Gl. (6/40) mit der dort gezeigten Lösung. Während aber die Aufstellung der Gl. (6/40) erst nach eingehenden Überlegungen hinsichtlich der Anfangswerte der verschiedenen Größen möglich war, hat die jetzt angewandte Methode sehr schnell und ganz automatisch zum Ziel geführt.

c) **Spannungsregelung mit Angriff der Störgröße über ein fremdes, außerhalb des Regelkreises liegendes Glied.** Nach Abb. 18 soll ein Generator im Hauptstromkreis geregelt werden und es sei angenommen, daß die Störung durch eine Änderung im Erregerkreis der Erregermaschine,

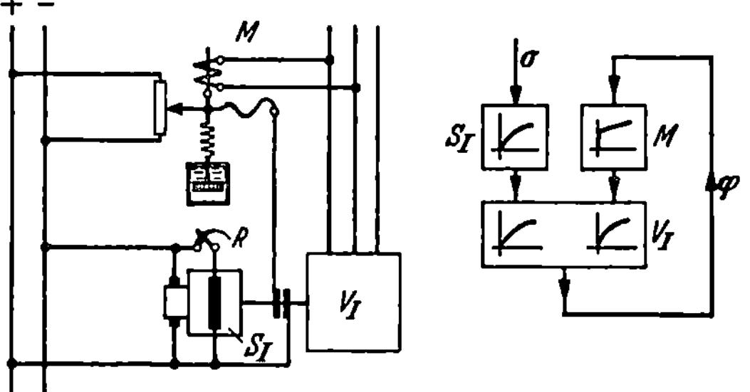

Abb. 18. Spannungsregelung eines Drehstromgenerators mit Störung durch eine Änderung im Erregerkreis der Erregermaschine. Regelschema

also etwa durch eine sprungartige Verstellung des Regelwiderstandes R, erfolge. Wirksam ist dann das in Abb. 18 mit aufgezeichnete Regelschema. Der Störfrequenzgang $\mathfrak{F}_\sigma$ wird in diesem Fall entsprechend den zwei in Reihe geschalteten Maschinen mit Übergangsfunktionen nach Abb. 3/12 und Einzelfrequenzgängen nach Gl. (3/28) und den Bezeichnungen nach Schema Abb. 18:

$$\mathfrak{F}_\sigma = \frac{\vec{\varphi}}{\sigma} = \frac{1}{(1 + p\,T_I)\,(1 + p\,T_{II})} \cdot \tag{59}$$

Der Frequenzgang des Regelkreises vereinfacht sich gegenüber der Regelung nach Abb. 17 mit der Gl. (57) und kann durch Nullsetzen von T_I

aus dieser entnommen werden. Damit wird nach Gl. (4), wobei die Bezeichnungen nach Abb. 18 zu beachten sind:

$$\mathfrak{F} = \frac{\mathfrak{F}_\sigma}{1 - \mathfrak{F}_R} = \frac{\dfrac{1}{(1 + p\,T_I)(1 + p\,T_{II})}}{1 + \dfrac{\dfrac{\eta}{\delta_v}(1 + p\,T_n)}{p\,T_n(1 + p\,T_{II})}}$$

$$= \frac{p\,T_n}{(1 + p\,T_I)\left[p^2\,T_n\,T_{II} + p\,T_n\left(1 + \dfrac{\eta}{\delta_v}\right) + \dfrac{\eta}{\delta_v}\right]} = \frac{F(p)}{G(p)}\ . \tag{60}$$

Wir sehen, daß sich in diesem Fall der Störung durch das vorgeschaltete Störglied S_I aus $G(p) = 0$ eine Wurzel mehr ergibt als ohne dieses, daß sich diese Wurzel aber sofort angeben läßt, sie wird

$$p_3 = -\frac{1}{T_I}\ .$$

Mit $T_I = 0,5$ sek; $T_{II} = 2,0$ sek; $T_n = 0,25$ sek; $\eta/\delta_v = 20$ wird bei Anwendung des HEAVISIDEschen Entwicklungssatzes

$$F(p) = p\,0,25\ \text{sek}$$

$$p_{1,2} = (\pm\,j\,3,53 - 5,25)\,\frac{1}{\text{sek}}$$

$$p_3 = (-2,0)\,\frac{1}{\text{sek}}$$

$$G'(p) = p^2\,0,75\ \text{sek}^3 + p\,6,25\ \text{sek}^2 + 15,25\ \text{sek}$$

und nach Gl. (33):

$$\frac{\varphi(t)}{\sigma_s} = 0,044^{-2\,t/\text{sek}} + \mathrm{e}^{-5,25\,t/\text{sek}}\,(-0,044\cos 3,53\ t/\text{sek}$$

$$-0,039\sin 3,53\ t/\text{sek})\ .$$

Abb. 19 zeigt den Verlauf des Regelvorganges.

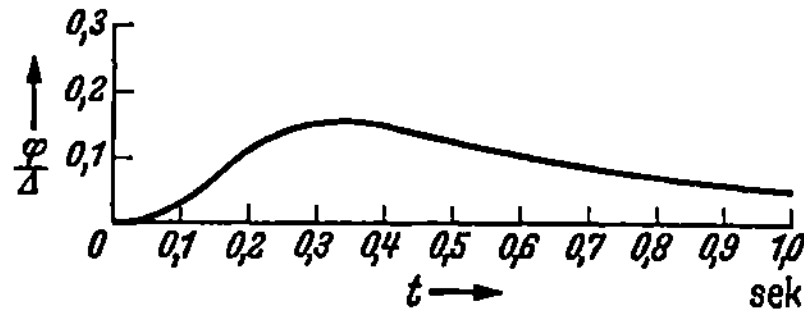

Abb. 19. Regelvorgang bei einer Regelung nach Abb. 18

d) Drehzahlregelung eines Dieselmotors mit Gleichstromgenerator mit Angriff der Störgröße über ein fremdes, außerhalb des Regelkreises liegendes Glied. Nach Abb. 20 wird die Drehzahl eines Dieselmotors (D) durch einen direkten, statischen, also P-Regler geregelt. Der Motor treibt einen Generator G an, der einen Motor M speist. Durch einen schnell wirkenden Spannungsregler soll die Spannung im Gleichstromkreis praktisch konstant gehalten werden. Bei konstantem Widerstandsmoment W des Gleichstrommotors bleibt bei dieser Annahme auch das Widerstandsmoment des Dieselmotors in erster Annäherung konstant. Als Übergangsfunktion für die Drehzahl bei einer sprungartigen Änderung der Kraftstoffzufuhr bekommen wir daher eine Übergangsfunktion der Abb. 3/20 entsprechend mit dem Frequenzgang Gl. (3/36)

$$\mathfrak{F}_I = \frac{1}{p\,T} \cdot \qquad (61)$$

(T ist die scheinbare Anfahrzeit auf Solldrehzahl bei voller Beaufschlagung.) Das Meßwerk soll rein statisch sein, so daß sich bei

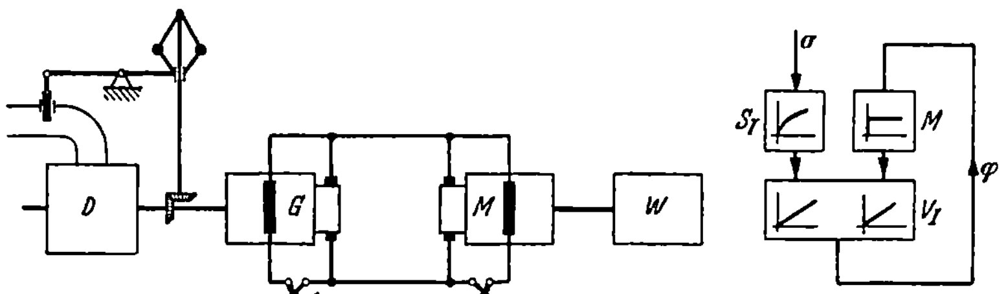

Abb. 20. Drehzahlregelung eines Dieselmotors für Generatorantrieb mit Störung durch Änderung der Belastung eines angeschlossenen Gleichstrommotors. Regelschema

Vernachlässigung der Masse unter Berücksichtigung des richtigen Vorzeichens der Frequenzgang nach Gl. (2/3)

$$\mathfrak{F}_M = - \frac{1}{\delta} \qquad (62)$$

ergibt. Der Frequenzgang des Regelkreises wird dann:

$$\mathfrak{F}_R = \mathfrak{F}_M\,\mathfrak{F}_I = - \frac{1}{p\,\delta\,T} \cdot \qquad (63)$$

Als Störung nehmen wir eine sprungartige Änderung der Belastung W des Gleichstrommotors M an. Da sich das Moment des reinen Nebenschlußmotors nur ändern kann, wenn die Drehzahl größer bzw. kleiner wird und der Motor mit Arbeitsmaschine ein gewisses Schwungmoment aufweist, wird sich das Belastungsmoment des Motors, damit des Generators und damit auch des Dieselmotors erst allmählich auf den neuen Wert einstellen, d.h. wir bekommen eine Übergangsfunktion für die Belastung des Dieselmotors bei einer sprungartigen Änderung der Belastung des Gleichstrommotors entsprechend der Abb. 3/12 mit dem Frequenzgang Gl. (3/28)

$$\mathfrak{F}_{SI} = \frac{1}{1 + p\,T_s} \qquad (64)$$

Abb. 21. Regelvorgang bei einer Regelung nach Abb. 20

(T_s ist dabei die scheinbare Anlaufzeit des Gleichstrommotors bei voller Spannung mit konstantem Moment gleich dem Stillstandsmoment, S.68.)

Der Störfrequenzgang wird mit Gl. (61) und (64)

$$\mathfrak{F}_\sigma = \mathfrak{F}_{SI}\,\mathfrak{F}_I = \frac{1}{p\,T\,(1 + p\,T_s)} \qquad (65)$$

und schließlich nach Gl. (4)

$$\mathfrak{F} = \frac{\mathfrak{F}_\sigma}{1 - \mathfrak{F}_R} = \frac{\dfrac{1}{p\,T\,(1 + p\,T_s)}}{1 + \dfrac{1}{p\,\delta\,T}} = \frac{1}{(1 + p\,T_s)\left(\dfrac{1}{\delta} + p\,T\right)} = \frac{F(p)}{G(p)} \,. \qquad (66)$$

Nach Gl. (66) wird nun bei Anwendung des HEAVISIDEschen Entwicklungssatzes Gl. (33)

$$\frac{\varphi(t)}{\sigma_s} = \delta\left[1 - \left(\frac{1}{1 - \dfrac{\delta\,T}{T_s}}\,\mathrm{e}^{-\frac{t}{T_s}} + \frac{1}{1 - \dfrac{T_s}{\delta\,T}}\,\mathrm{e}^{-\frac{t}{\delta\,T}}\right)\right]. \qquad (67)$$

Dabei ist σ_s (Belastung des Gleichstrommotors) auf das Moment des Dieselmotors (M_H) bezogen, das voller Beaufschlagung entspricht. Mit $\delta = 0{,}1$; $T = T_s = 2$ sek wird

$$\frac{\varphi(t)}{\sigma_s} = 0{,}1 + (-\,0{,}11)\,\mathrm{e}^{-\,0{,}5\,t/\mathrm{sek}} + (0{,}01)\,\mathrm{e}^{-\,5\,t/\mathrm{sek}} \,.$$

Abb. 21 zeigt den entsprechenden Regelvorgang.

e) Näherungsverfahren bei einer Temperaturregelung. Wir betrachten wieder die nach der klassischen Methode bereits ausführlich behandelte Regelanordnung nach Abb. 5/23, die zu einer Differentialgleichung 4. Ordnung geführt hat, wollen aber jetzt eine Störung vom Gleichgewichtszustand aus annehmen, so daß wir in einfacher Weise unsere für diesen Fall abgeleiteten Beziehungen verwenden können.

Der Frequenzgang des Meßwerkes einschließlich indirektem Regler, dessen Verstellzeit wieder klein sein soll gegenüber den anderen, thermischen Zeitkonstanten des Regelkreises wird entsprechend Gl. (5/106) bzw. Gl. (2/63) (bei Vernachlässigung der Masse, also $T_f = 0$):

$$\mathfrak{F}_{MI} = -\,\frac{1 + p\,T_n}{p\,\delta_v\,T_n} \,. \qquad (68)$$

Der Frequenzgang des 2. Verstellgliedes, des Warmwassersystems, wird entsprechend dem Verhalten Abb. 5/24, der Gl. (5/108)

$$\mathfrak{F}_{II} = \frac{1}{1 + p\,T_{IIa} + p^2\,T_{IIa}\,T_{IIb}} \,. \qquad (69)$$

Der Frequenzgang des 3. Verstellgliedes entspricht Abb. 3/12 und Gl. (3/28) unter Berücksichtigung des Regelbereiches Gl. (5/110):

$$\mathfrak{F}_{III} = \frac{\eta_v}{1 + p\,T_{III}} \,. \qquad (70)$$

Aus Gln. (68) bis (70) erhalten wir den Gesamtfrequenzgang des Regelkreises

$$\mathfrak{F}_R = \mathfrak{F}_{MI}\mathfrak{F}_{II}\mathfrak{F}_{III} = -\,\frac{1 + p\,T_n}{p\,\delta_v\,T_n}\cdot\frac{1}{1 + p\,T_{IIa} + p^2\,T_{IIa}\,T_{IIb}}\cdot\frac{\eta_v}{1 + p\,T_{III}} \,. \qquad (71)$$

Als Störung soll ein Temperatursturz, also eine praktisch sprungartige Änderung der Außentemperatur angenommen werden, so daß sich damit bei gleichbleibender Heizung die Raumtemperatur im Gebäude nach einer Exponentialkurve (entsprechend der Übergangsfunktion des 3. Verstellgliedes!) schließlich um die auf Sollwert bezogene Temperatur σ_s ändern würde. Wir bekommen damit als Störfrequenzgang

$$\mathfrak{F}_\sigma = \frac{\vec{\varphi}}{\vec{\sigma}_s} = \frac{1}{1 + p\,T_{III}} \cdot \tag{72}$$

Nach Gl. (4) erhalten wir nun mit Gl. (71) und (72):

$$\mathfrak{F} = \frac{\mathfrak{F}_\sigma}{1 - \mathfrak{F}_R} = \cfrac{p^3\,T_n\,T_{IIa}\,T_{IIb} +}{\left[\begin{array}{l} p^4\,T_n\,T_{IIa}\,T_{IIb}\,T_{III} + p^3\,T_n(T_{IIa}\,T_{III} + T_{IIa}\,T_{IIb}) + \\[4pt] + p^2\,T_n\,T_{IIa} + p\,T_n \\[6pt] \hline \\[-4pt] + p^2\,T_n(T_{IIa} + T_{III}) + p\,T_n\left(1 + \dfrac{\eta v}{\delta}\right) + \dfrac{\eta v}{\delta} \end{array}\right]} \cdot \tag{73}$$

Mit

$$T_n = 0,2\,h; \; \eta_v/\delta = 1,53; \; T_{IIa} = 0,25\,h; \; T_{IIb} = 0,08\,h; \; T_{III} = 2\,h$$

entsprechend dem früher durchgerechneten Beispiel wird unter Anwendung des HEAVISIDEschen Entwicklungssatzes Gl. (33):

$$\frac{F(0)}{G(0)} = 0$$

$$\frac{F(p)}{p\,G'(p)} = \frac{p^2\,0{,}004\,h^3 + p\,0{,}05\,h^2 + 0{,}2\,h}{p^3\,0{,}032\,h^4 + p^2\,0{,}312\,h^3 + p\,0{,}9\,h^2 + 0{,}51\,h} \cdot$$

Die Wurzeln aus $G(p) = 0$ ergeben sich aus der Gleichung:

$$[G(p) \text{ durch } T_n\,T_{IIa}\,T_{IIb}\,T_{III} = 0{,}008\,h^4 \text{ dividiert.}]$$

$$H(p) = p^4 + p^3\,13\,\frac{1}{h} + p^2\,56\,\frac{1}{h^2} + p\,63\,\frac{1}{h^3} + 192\,\frac{1}{h^4} = 0 \, .$$

Wir benutzen nun zur Lösung dieser Gleichung das auf S. 190 beschriebene Näherungsverfahren. Setzen wir für $p = j\,v$ und lassen vorübergehend die Dimension weg, so wird

$$v^4 - 56\,v^2 + 192 + j\,(-13\,v^3 + 63\,v) = H(j\,v) \, .$$

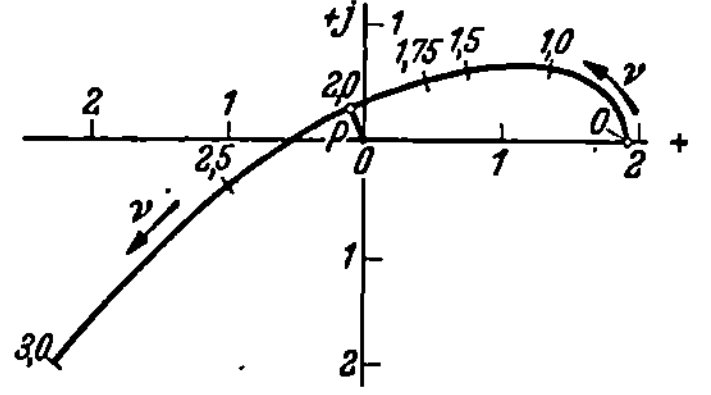

Abb. 22. Näherungslösung einer Gleichung 4. Grades für das Beispiel einer Temperaturregelung nach Abb. 5/23

Wir berechnen nun $H(j\,v)$ für $v = 0$; $v = 1,0$; $v = 2,0$ und $v = 3,0$ und bekommen die in Abb. 22 aufgezeichnete Kurve. Fällt man von Null aus auf die Kurve die Senkrechte, so erhält man zunächst auf der Kurve den angenäherten Wert von v für $H(p) = 0$. Da sich der Maßstab für v auf der Kurve stetig ändert, können die Punkte für $v = 1,5$; $v = 1,75$; $v = 2,25$ und $v = 2,5$ geschätzt werden und man erhält damit den Maßstab für v. Im vorliegenden Fall erhalten wir für v etwa den Wert 2,0 (Punkt P). β wird entsprechend dem Abstand des Punktes P von Null bei gleichem Maßstab wie für v etwa $(-\,0,1)$, so daß sich die beiden konjugiert komplexen Wurzeln

$$p_{1,2} = \pm\,j\,2,0 - 0,1$$

ergeben. Selbstverständlich kann durch Probieren, d. h. Einsetzen in die Gl. $H(p) = 0$ die Näherung noch beliebig verbessert werden. Die genaue Lösung ergibt unter Berücksichtigung der Dimension

$$p_{1,2} = (\pm j\, 2{,}0 - 0{,}12)\frac{1}{\mathrm{h}} \,,$$

weicht also wenig von Näherungswert ab.

Wenn wir nur diese zwei Wurzeln berücksichtigen, ergibt sich der Regelvorgang angenähert nach Gl. (27) bzw. (33):

$$\frac{\varphi(t)}{\sigma_s} \approx \mathrm{e}^{-0{,}12\, t/\mathrm{h}} \left(- 0{,}011 \cos 2\, t/\mathrm{h} + 0{,}25 \sin t/\mathrm{h}\right).$$

Er stimmt praktisch überein mit dem genauen Ergebnis, das sich mit den gleichen Anfangsbedingungen und den vier Wurzeln

$$p_{1,2} = \pm (j\, 2{,}01 - 0{,}12)\frac{1}{\mathrm{h}}$$

$$p_{3,4} = \pm (j\, 2{,}9 - 6{,}38)\frac{1}{\mathrm{h}}$$

ergibt.

f) Drehzahlregelung eines Dieselmotors bei zunächst linear ansteigender und dann konstant bleibender Belastung. Nach Abb. 23 wird die Drehzahl eines Dieselmotors durch einen statischen, unmittelbaren, also

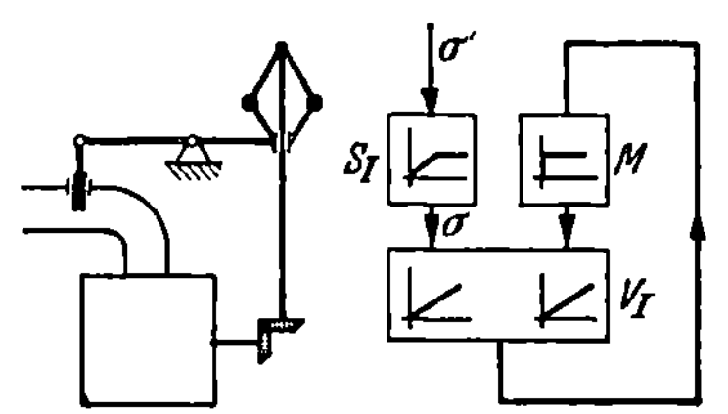

Abb. 23. Drehzahlregelung eines Dieselmotors bei zunächst linear ansteigender und dann konstanter Belastung mit Regelschema

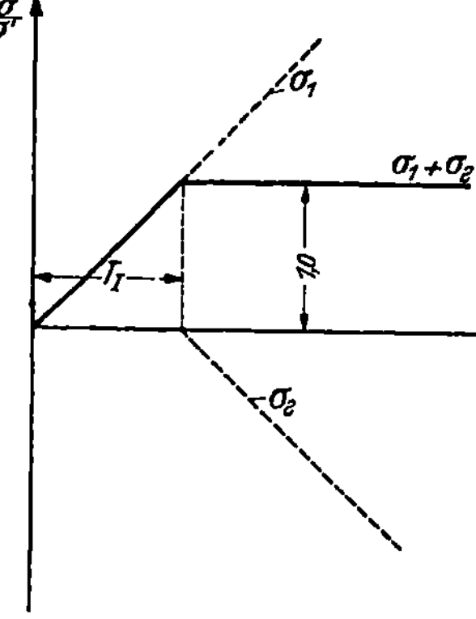

Abb. 24. Verlauf der Belastung (Störgröße) bei einer Regelung nach Abb. 23

P-Regler (Fliehkraftpendel) geregelt. Der Regelvorgang bei einem Verlauf des Widerstandsmomentes nach Abb. 24 soll untersucht werden. Wir können annehmen, daß dieser Momentenverlauf durch ein vorgeschaltetes Störglied zustandekommt, so daß sich dann das in Abb. 23 mit eingezeichnete Regelschema ergibt. Der Frequenzgang eines Regelgliedes mit der Übergangsfunktion nach Abb. 24, die aus zwei Geraden (gestrichelt) entstanden zu denken ist, wird entsprechend Abb. 12 und 24 [Gl. (3/145]

$$\mathfrak{F}_{\sigma I} = \frac{\vec{\sigma}}{\vec{\sigma}^r} = \frac{1}{p\, T_I} - \frac{e^{-p\, T_I}}{p\, T_I} \,. \tag{74}$$

Der Dieselmotor soll ohne Ausgleich arbeiten mit der Übergangsfunktion nach Abb. 3/20 und dem Frequenzgang [Gl. (3/36)]:

$$\mathfrak{F}_I = \frac{1}{p\,T_{II}} \cdot \tag{75}$$

Der Störfrequenzgang wird damit

$$\mathfrak{F}_\sigma = \mathfrak{F}_{\sigma I}\,\mathfrak{F}_I = \frac{1}{p^2\,T_I\,T_{II}} - \frac{e^{-p\,T_I}}{p^2\,T_I\,T_{II}} \cdot \tag{76}$$

Das statische Meßwerk, dessen Masse vernachlässigt werden soll, hat den Frequenzgang Gl. (2/3):

$$\mathfrak{F}_M = -\frac{1}{\delta}\,, \tag{77}$$

der Frequenzgang des Regelkreises wird also

$$\mathfrak{F}_R = \mathfrak{F}_M\,\mathfrak{F}_I = -\frac{1}{p\,\delta\,T_{II}} \tag{78}$$

und mit Gln. (76) u. (77) der Frequenzgang der Regelung:

$$\mathfrak{F} = \frac{\overline{\varphi}}{\overline{\sigma}'} = \frac{\mathfrak{F}_\sigma}{1-\mathfrak{F}_R} = \frac{1}{p\,T_I\left(p\,T_{II}+\dfrac{1}{\delta}\right)} - \frac{e^{-p\,T_I}}{p\,T_I\left(p\,T_{II}+\dfrac{1}{\delta}\right)} = \mathfrak{F}_a + \mathfrak{F}_b \cdot \tag{79}$$

Bei der Rücktransformation vom Frequenz- in den Zeitbereich kann der HEAVISIDEsche Entwicklungssatz hier nicht angewandt werden, weil für $p \to 0$ $\mathfrak{F} = \infty$ wird (S. 163).

Eine Partialbruchzerlegung nach Abschn. 6 [Gln. (6/16 u. (6/20)] ergibt für $\mathfrak{F}_a$ nach Gl. (79):

$$\mathfrak{F}_a = \frac{1}{p\,T_I\left(p\,T_{II}+\dfrac{1}{\delta}\right)} = \frac{\dfrac{1}{T_I\,T_{II}}}{(p-p_1)\,(p-p_2)} = \frac{K_1}{p-p_1} + \frac{K_2}{p-p_2} \cdot \tag{80}$$

Mit $p_1 = 0$ und $p_2 = -\dfrac{1}{\delta\,T_{II}}$ wird nach Gl. (6/20) $K_1 = \dfrac{\delta}{T_I}$ und $K_2 = -\dfrac{\delta}{T_I}$ und damit wird

$$\mathfrak{F}_a = \frac{\delta}{p\,T_I} - \frac{\delta}{T_I}\,\frac{1}{p+\dfrac{1}{\delta\,T_{II}}} = \frac{\delta}{p\,T_I} - \frac{\delta^2\,T_{II}}{T_I}\,\frac{1}{p\,\delta\,T_{II}+1} \cdot \tag{81}$$

Daraus (z.B. nach Tab. 7 Nr. 3 u. 4)

$$\frac{[\varphi(t)]_a}{\sigma'_s} = \delta\,\frac{t}{T_I} - \frac{\delta^2\,T_{II}}{T_I}\left(1 - e^{-\frac{t}{\delta\,T_{II}}}\right) \cdot \tag{82}$$

Für den zweiten Summanden von Gl. (79) ergibt sich entsprechend, wenn man die gleiche Zeitrechnung beibehält,

$$\frac{[\varphi(t)]_b}{\sigma'_s} = -\delta\,\frac{t-T_I}{T_I} + \frac{\delta^2\,T_{II}}{T_I}\left(1 - e^{-\frac{t-T_I}{\delta\,T_{II}}}\right) \tag{83}$$

wobei zu berücksichtigen ist, daß diese Gleichung erst von $t = T_I$ ab gilt. Der Regelvorgang setzt sich also aus zwei Vorgängen zusammen, die sich einfach überlagern, wobei der zweite negativ gleich ist dem ersten, aber erst zur Zeit $t = T_I$ einsetzt.

In Abb. 25 ist der Gesamt-regelvorgang

$$\frac{\varphi(t)}{\sigma_s'} = \frac{[\varphi(t)]_a}{\sigma_s'} + \frac{[\varphi(t)]_b}{\sigma_s'}$$

für folgende Konstanten auf-gezeichnet:

$$\delta = 0{,}1 \; ; \quad T_I = 1 \text{ sek} \; ;$$

$$T_{II} = 2 \text{ sek} \, .$$

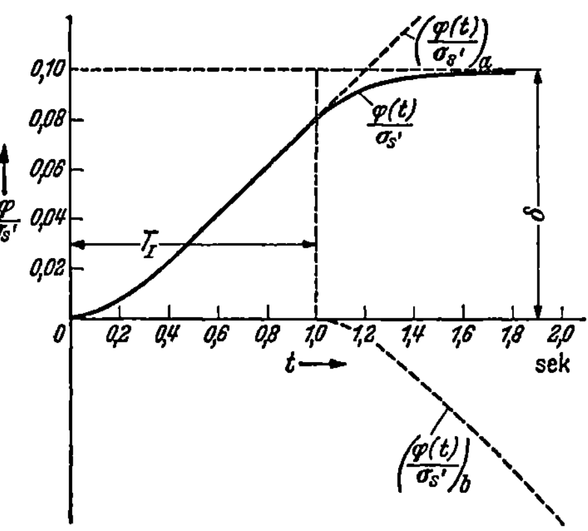

Abb. 25. Regelvorgang bei einer statischen (P-)Regelung nach Abb. 23

σ_s' entspricht einer Störung, die unmittelbar an der Regel-strecke, also hier unmittelbar am Dieselmotor angreifend, bei sprungartig einsetzendem und dann konstant bleibendem Wert einen gleichmäßig ansteigen-den Drehzahlverlauf des Motors ergeben würde, so daß sich nach einer Zeit $\dfrac{T_{II}}{\sigma_s'}$ die Regelgröße um ihren Sollwert geändert hätte.

Wird das Meßwerk astatisch mit vorübergehender Statik ausgeführt, so daß es als PI-Regler wirkt, mit der Übergangsfunktion nach Abb. 2/26 und dem Frequenzgang (ohne Masse) nach Gl. (2/72):

$$\mathfrak{F}_M = - \frac{p \, T_n + 1}{p \, \delta_v \, T_n} \, , \tag{84}$$

so wird

$$\mathfrak{F} = \frac{\mathfrak{F}_\sigma}{1 - \mathfrak{F}_R} = \frac{\dfrac{T_n}{T_I}}{p^2 \, T_n \, T_{II} + \dfrac{p \, T_n}{\delta_v} + \dfrac{1}{\delta_v}} \cdot \left(1 - e^{-p \, T_I}\right) \tag{85}$$

und daraus

$$\frac{\varphi(t)}{\sigma_s'} = \left(\frac{\varphi(t)}{\sigma_s'}\right)_a + \left(\frac{\varphi(t)}{\sigma_s'}\right)_b \cdot \tag{86}$$

$\left(\dfrac{\varphi(t)}{\sigma_s'}\right)_a$ ergibt sich mit $T_n = 0{,}2$ sek; $T_I = 0{,}4$ sek; $T_{II} = 5$ sek; $\delta_v = 0{,}4$; nach Gl. (33) zu

$$\left(\frac{\varphi(t)}{\sigma_s'}\right)_a = 0{,}2 + e^{-0{,}25 \, t/\text{sek}} \, (- 0{,}2 \cos 1{,}56 \, t/\text{sek} - 0{,}032 \sin 1{,}56 \, t/\text{sek}).$$

$\left(\dfrac{\varphi(t)}{\sigma_s'}\right)_b$ ist dann negativ gleich $\left(\dfrac{\varphi(t)}{\sigma_s'}\right)_a$ und um T_I verschoben. Abb. 26/I zeigt den aus den beiden Teilkurven gewonnenen Gesamtverlauf von $\dfrac{\varphi(t)}{\sigma_s'}$.

Zum Vergleich ist in Abb. 26/II auch noch der Drehzahlverlauf aufgezeichnet bei einer sprungartig ansteigenden Belastung, wobei die vorübergehende Abweichung vom Sollwert selbstverständlich etwas größer wird, wenn der Endwert der Belastung nach Abb. 24 dem Sprungwert entspricht. Die Gleichung des Regelvorganges lautet in diesem Fall:

$$\frac{\varphi(t)}{\sigma'_s} = e^{-0,25\, t/\mathrm{sek}}\, 0{,}32 \sin 1{,}56\, t/\mathrm{sek}\ .$$

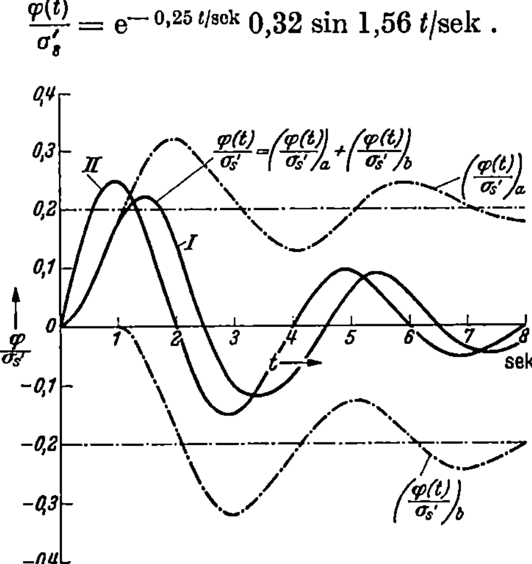

Abb. 26. Regelvorgang bei einer astatischen Regelung, vorübergehend statisch (PI-Regelung) nach Abb. 23.

I allmählich ansteigende Belastung nach Abb. 24,   II sprungartig ansteigende Belastung

g) Netzregelung als Beispiel einer Zweifachregelung [22]. Zwei etwa gleich große Netze arbeiten nach Abb. 27 im Verbundbetrieb zusammen. Durch entsprechende Regeleinrichtungen sorgt Netz I für die richtige Frequenz, die Regelgröße φ_1, Netz II für die richtige vertraglich festgelegte Übergabeleistung N_{12}, die Regelgröße φ_2. Die Leistung N_{12} sei positiv gerechnet, wenn sie von I nach II fließt. Abb. 28 zeigt schematisch die Regeleinrichtungen für eine Kraftmaschine oder auch für eine Kraftmaschinengruppe im Netz I oder II. Die Kraftmaschinen sind mit statisch arbeitenden Drehzahlreglern (P-Reglern) aus-

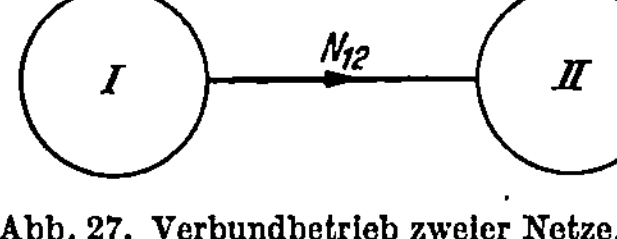

Abb. 27. Verbundbetrieb zweier Netze. Zweifachregelung

gerüstet, die so arbeiten, daß, bei fester Einstellung zwischen Leerlauf und Vollast der Maschine ein Drehzahlabfall von einigen Prozent auftritt. Durch kleine Verstellmotoren können nun die entsprechenden Drehzahl-Lastkennlinien gehoben oder gesenkt (Drehpunkt P_I verschiebt sich nach unten oder oben) und somit im normalen Einzelbetrieb eine beliebige Lastverteilung eingestellt werden. Im vorliegenden Fall werden die Verstellmotoren von je einer Regelgröße gesteuert, der in Netz I von φ_1, der in Netz II von φ_2. Nach der in Abb. 28 vorgesehenen Schaltung wirken die Regelgrößen auf elektromagnetische Meßwerke, die den Abweichungen proportionale Steuerspannungen auf die Verstellmotoren geben, so daß deren Verstellgeschwindigkeit proportional den Abweichungen wird.

Die Wirkungsweise der beiden Regeleinrichtungen ist die folgende: Ist die Frequenz z.B. zu niedrig, so wird der Verstellmotor in Netz I so gesteuert, daß er die Drehzahl-Lastkennlinie der frequenzhaltenden Kraftmaschine hebt, diese bei gleicher Frequenz höhere Leistung abgibt und damit die Frequenz im Netzverband gehoben wird. Die Leistungssteigerung der frequenzhaltenden Maschine bedingt aber bei gleichbleibender Netzlast eine Leistungsverringerung aller parallel arbeitenden

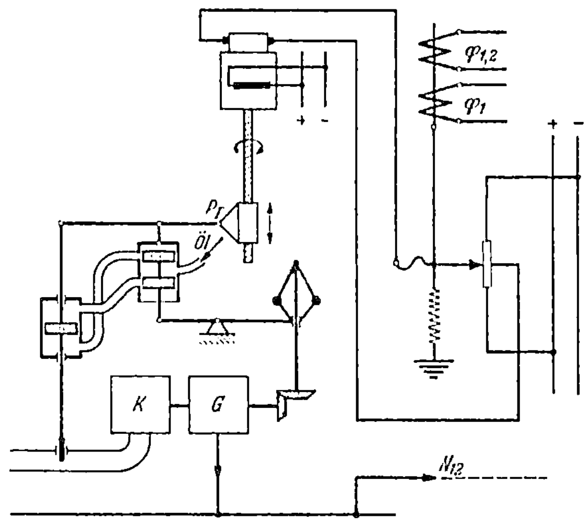

Abb. 28. Regelung einer Kraftmaschine bei Verbundbetrieb nach Abb. 27

Kraftmaschinen, also auch der in Netz II, so daß damit der Leistungsfluß von I nach II zunehmen muß. Durch die Frequenzregelung wird also unmittelbar auch die Übergabeleistung beeinflußt.

Weicht die Übergabeleistung von ihrem Sollwert ab, ist sie beispielsweise zu niedrig, so muß die Regeleinrichtung in Netz II eingreifen. Der Verstellmotor in II wird so gesteuert, daß er die Drehzahl-Lastkennlinien der leistungshaltenden Kraftmaschine senkt, so daß sie bei gleicher Frequenz geringere Leistung abgibt und somit alle anderen Kraftmaschinen im Netzverband größere Leistung abgeben müssen, also auch die im Netz I und somit der Leistungsfluß von I nach II steigt. Außerdem wird aber infolge der Leistungsverringerung der leistungshaltenden Kraftmaschine die Frequenz im Netzverband absinken, so daß also durch die Leistungsregelung auch unmittelbar die Frequenz beeinflußt wird.

Für die Ermittlung des Regelvorganges sind zunächst die verschiedenen in Gl. (48) und (49) vorkommenden Frequenzgänge zu ermitteln. Nehmen wir einen Entlastungssprung im Netz I an, so wird ohne *Netzregelung* (also ohne Arbeiten der Regeleinrichtungen für φ_1 und φ_2) die Frequenz ansteigen, und zwar bei gut gedämpft arbeitenden Kraftmaschinenreglern aperiodisch, etwa nach einer Exponentialfunktion, einem neuenWert zustreben, entsprechend Abb.3/12 mit der Übergangsfunktion Gl. (3/28)

$$\frac{\vec{\varphi}_{\sigma 1}}{\vec{\sigma}} = \mathfrak{F}_{\sigma 1} = \frac{\mu}{p\,\mu\,T_a + 1} \cdot \tag{87}$$

μ ist dabei die bezogene Frequenzänderung, die nach der Gesamt-Drehzahl-Lastkennlinie des Netzverbandes einer Änderung der Belastung um ihren maximalen (N_g), also einer Änderung der Beaufschlagung um ihren vollen Wert entspricht. T_a ist die Anlaufzeitkonstante des Netzes, sie gibt die Zeit an, in der bei voller Beaufschlagung der Maschinen, aber Leerlauf des Netzes, also bei konstanter Beschleunigung die Frequenz sich um ihren Sollwert ändert. Dabei ist zu berücksichtigen, daß alle Kraftmaschinen mit Generatoren, aber auch alle Motoren des Netzes beschleunigt werden müssen. φ_1 ist auf den Sollwert der Frequenz, φ_2 auf die oben definierte maximale Belastung bezogen.

Der Belastungssprung verteilt sich nun zunächst nach dem Widerstand (in der Hauptsache Reaktanz) zwischen Belastungspunkt und einzelnen Maschinen, während eines Übergangszustandes nach den Eigenschaften der verschiedenen Kraftmaschinenregler, beeinflußt durch die Schwungmomente der Maschinen, und schließlich im Endzustand nach der Neigung der Drehzahl-Lastkennlinien auf die verschiedenen Kraftmaschinen. Es sei angenommen, daß die Verbindungsleitung zwischen den beiden Netzen kurz sei, so daß die Widerstände zwischen den Generatoren in Netz I und Netz II und dem Belastungspunkt im Mittel etwa gleich, daß außerdem gleichartige Kraftmaschinen in beiden Netzen und auch ähnliche Drehzahlregler vorhanden seien. In diesem Fall verteilt sich der Belastungssprung von Anfang an auf alle Kraftmaschinen im Netzverband gleichmäßig, ihrer Normalleistung entsprechend. Wird das Verhältnis der Kraftmaschinenleistung von Netz II zur Gesamtleistung des Verbandes N_g mit ϱ_{II} bezeichnet, das von Netz I mit ϱ_I, so wird in diesem Fall einfach der ϱ_{II}fache Teil des Entlastungsstoßes in I auf II treffen, die Übergabeleistung (φ_2) steigt an, es wird also

$$\frac{\vec{\varphi}_{\sigma 2}}{\vec{\sigma}} = \mathfrak{F}_{\sigma 2} = \pm\,\varrho \tag{88}$$

($+\ \varrho_{II}$ bei Entlastung in I, $-\ \varrho_I$ bei Entlastung in II!)

Wird das Meßwerk des Regelsystems I von einer fremden Größe, deren Wert zunächst dem Sollwert der Regelgröße entspricht, gespeist und diese Größe sprungartig verändert, so wird sich auch das Meßwerk, dessen Masse vernachlässigt werden soll, ruckartig verstellen, der Verstellmotor erhält eine dem Stoß verhältnisgleiche Spannung und läuft mit konstanter Verstellgeschwindigkeit. Ist diese Geschwindigkeit klein gegenüber der Verstellgeschwindigkeit des Ölhilfsmotors (Abb. 28), so kann angenommen werden, daß der Ölhilfsmotor praktisch ohne Verzögerung folgt und die Beaufschlagung entsprechend verstellt. Betrachten

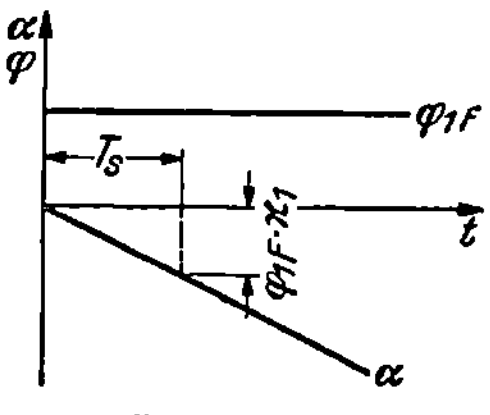

Abb. 29. Übergangsfunktion der Kraftmaschine nach Abb. 28

wir nun zunächst die Belastung der frequenzregelnden Kraftmaschine als Ausgangsgröße (α), so wird sie bei einer sprungartigen Änderung der Fremdregelgröße φ_{1F} den in Abb. 29 gezeigten Verlauf aufweisen. Der Teilfrequenzgang wird also nach Gl. (3/36) (unter Berücksichtigung des Vorzeichens):

$$\mathfrak{F}_{11a} = \frac{\vec{\alpha}}{\vec{\varphi}_{1F}} = -\frac{\varkappa_1}{p\,T_{s1}}.\tag{89}$$

Dabei ist $\varkappa_1 = \frac{\eta_1}{\delta_1}$. η_1 entspricht dem Verhältnis von Volleistung der frequenzregelnden Kraftmaschine in Netz I zur Volleistung des Netzverbandes (N_g). δ_1 ist die Statik des Meßwerkes, T_{s1} ist die halbe Schlußzeit des Verstellmotors.

Für die Frequenz abhängig von der Belastung der Kraftmaschine gilt das bei der Ermittlung des Störfrequenzganges Gesagte. Die stärkere Beaufschlagung entspricht einer Entlastung des Netzes. Der Teilfrequenzgang wird also

$$\mathfrak{F}_{11b} = \frac{\vec{\varphi}_{11}}{\vec{\alpha}} = \frac{\mu}{p\,\mu\,T_a + 1}\tag{90}$$

und aus Gl. (89) und (90) der Frequenzgang $\mathfrak{F}_{11}$:

$$\mathfrak{F}_{11} = -\frac{\mu\,\varkappa_1}{p\,T_{s1}\,(p\,\mu\,T_a + 1)}.\tag{91}$$

Die Einwirkung des Regelsystems I auf die Regelgröße φ_2 läßt sich nun sofort nach Gl. (89), die gewissermaßen die Entlastung des Netzes und Gl. (88), die die entsprechende Änderung der Übergabeleistung angibt, ermitteln. Der Frequenzgang $\mathfrak{F}_{12}$ wird:

$$\mathfrak{F}_{12} = \mathfrak{F}_{11a}\,\mathfrak{F}_{\sigma 2} = -\frac{\varkappa_1\,\varrho_{II}}{p\,T_{s1}}.\tag{92}$$

Nach ganz ähnlichen Überlegungen findet man

$$\mathfrak{F}_{22} = -\frac{\varkappa_2\,\varrho_I}{p\,T_{s2}}\tag{93}$$

$$\mathfrak{F}_{21} = \frac{\varkappa_2\,\mu}{p\,T_{s2}\,(p\,\mu\,T_a + 1)}.\tag{94}$$

Mit Gln. (87), (88) und (91) bis (94) wird nun nach Gl. (48) bei Stoß in I:

$$\mathfrak{F}_1 = \mu\,\frac{p^2\,T_{s1}\,T_{s2} + p\,\varkappa_2\,T_{s1}\,(\varrho_I + \varrho_{II})}{p^3\,T_{s1}\,T_{s2}\,\mu\,T_a + p^2\,(T_{s1}\,T_{s2} + \varkappa_2\,\varrho_I\,T_{s1}\,\mu\,T_a) + p\,(T_{s2}\,\mu\,\varkappa_1 + T_{s1}\,\varrho_I\,\varkappa_2) + \mu\,\varkappa_1\,\varkappa_2\,(\varrho_I + \varrho_{II})} = \frac{F_1(p)}{G(p)}\tag{95}$$

und nach Gl. (49):

$$\mathfrak{F}_2 = \varrho_{II}\,\frac{p^3\,T_{s1}\,T_{s2}\,\mu\,T_a + p^2\,T_{s1}\,T_{s2}}{p^3\,T_{s1}\,T_{s2}\,\mu\,T_a + p^2\,(T_{s1}\,T_{s2} + \varkappa_2\,\varrho_I\,T_{s1}\,\mu\,T_a) + p\,(T_{s2}\,\mu\,\varkappa_1 + T_{s1}\,\varrho_I\,\varkappa_2) + \mu\,\varkappa_1\,\varkappa_2\,(\varrho_I + \varrho_{II})} = \frac{F_2(p)}{G(p)}.\tag{96}$$

Für unser Beispiel seien nun folgende Konstanten angenommen:
$\mu = 0,08$ (100% Laständerung entspricht 8% Frequenzänderung).

$$\varkappa_1 = \varkappa_2 = \frac{\eta_1}{\delta_1} = \frac{\eta_2}{\delta_2} = \frac{0,2}{0,1} = 2,0 \text{ (Volleistung der beiden regelnden Kraft-}$$

maschinen entspricht je 20% der Gesamtleistung des Netzes; Statik der beiden Meßwerke 10%). $\varrho_I = \varrho_{II} = 0,5$.

$T_a = 12,5$ sek   (Netzanlaufzeitkonstante).

$T_{s1} = T_{s2} = 2$ sek   (Schlußzeit der beiden Verstellmotoren bei maximaler Geschwindigkeit 4 sek).

Damit wird

$$\mathfrak{F}_1 = 0,08 \frac{p^2 \, 4 \text{ sek}^2 + 4 \, p \text{ sek}}{p^3 \, 4 \text{ sek}^3 + p^2 \, 6 \text{ sek}^2 + p \, 2,32 \text{ sek} + 0,32} = \frac{F_1(p)}{G(p)}$$

und bei Anwendung des HEAVISIDEschen Entwicklungssatzes Gl. (33)

$$\frac{F_1(0)}{G(0)} = 0; \quad \frac{F_1(p)}{p \, G'(p)} = 0,08 \frac{p \, 4 \text{ sek}^2 + 4 \text{ sek}}{p^2 \, 12 \text{ sek}^3 + p \, 12 \text{ sek}^2 + 2,32 \text{ sek}} \cdot$$

$$G(p) = p^3 \, 4 \text{ sek}^3 + p^2 \, 6 \text{ sek}^2 + p \, 2,32 \text{ sek} + 0,32 = 0$$

ergibt die drei Wurzeln:

$$p_1 = (-1) \, 1/\text{sek} \qquad p_{2,3} = (\pm j \, 0,133 - 0,25) \, 1/\text{sek} \,.$$

Es wird nun

$$\frac{F_1(p_1)}{p_1 \, G'(p_1)} \, e^{-p_1 t} = 0 \,, \quad \frac{F_1(p_2)}{p_2 \, G'(p_2)} = (0 - j \, 0,302) = A + j \, B \,.$$

Damit wird φ_1 nach Gln. (6/31) und (6/32):

$$\frac{\varphi_1(t)}{\sigma_s} = e^{-0,25 \, t/\text{sek}} \, 0,604 \sin 0,133 \, t/\text{sek} \,.$$

Entsprechend erhält man für die Regelgröße φ_2, also die Übergabeleistung

$$\frac{\varphi_2(t)}{\sigma_s} = e^{-0,25 \, t/\text{sek}} \, (0,5 \cos 0,133 \, t/\text{sek} - 0,95 \sin 0,133 \, t/\text{sek}) \,.$$

In Abb. 30 sind die Kurven für die beiden Regelgrößen einmal bei einem Entlastungsstoß im Netz I und dann im Netz II aufgezeichnet. Man sieht, daß die Verhältnisse bei dem Stoß in I wesentlich ungünstiger werden als beim Stoß in II. Das liegt daran, daß im ersten Fall der Übergaberegler bei der Entlastung zur Wiederherstellung der Übergabeleistung zunächst die Beaufschlagung vergrößert und damit zusätzlich die Frequenz im gleichen Sinn beeinflußt wie der Entlastungsstoß selbst, im zweiten Fall aber die Beaufschlagung verkleinert also der Frequenzänderung entgegenwirkt. Günstigere Regelverhältnisse ergeben sich, wenn man an Stelle der behandelten Frequenz-Leistungs-Regelung das sogenannte Netzkennlinienverfahren anwendet [9]. Nach Abb. 31 werden die Aufgaben — Frequenzregelung, Leistungsregelung — nicht getrennt auf die beiden Netze verteilt, sondern beide Netze sorgen gemeinsam für beide Größen. Regelgröße ist nun nicht mehr Frequenz oder Leistung, sondern für beide jetzt (Frequenzabweichung + Lei-

stungsabweichung). Im stationären Betrieb stellt sich immer die richtige
Frequenz f_0 und die richtige Übergabeleistung N_{120} ein.

Bei einer solchen Kennlinienregelung verhält sich die Anordnung bei
einem Belastungssprung immer gleich (günstig), unabhängig davon ob

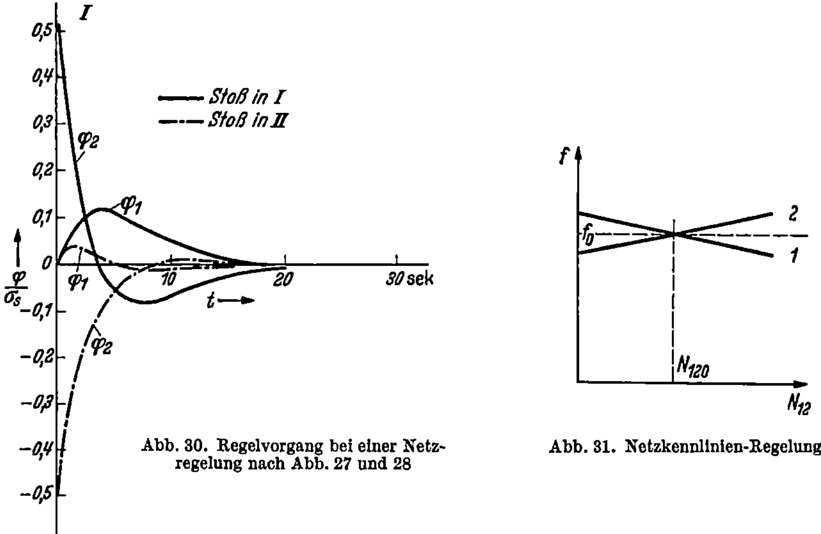

Abb. 30. Regelvorgang bei einer Netzregelung nach Abb. 27 und 28

Abb. 31. Netzkennlinien-Regelung

der Sprung in Netz 1 oder 2 auftritt. Bei einem positiven Sprung in 1
z. B., der bei der Anordnung nach Abb. 27 ungünstig war, steigt die
Frequenz und nimmt außerdem die Übergabeleistung zu. Bei richtig
gewählter Neigung der Kennlinie entspricht dies einem Punkt auf der
Kennlinie 2, was bedeutet, daß in 2 die Regelvorschrift nach der Kennlinie erfüllt ist, der Netzregler also hier nicht eingreift. Nicht erfüllt ist
aber die Regelvorschrift von Netz 1, dort greift daher der Regler ein
und sorgt durch Leistungsverminderung der Kraftmaschinen in 1 schließlich wieder für richtige Frequenz und Übergabeleistung.

Zunächst sieht es also so aus, als ob durch dieses Verfahren eine
Entkoppelung der beiden Regelsysteme erreicht wäre. Eine genauere
Betrachtung zeigt aber, daß dies nicht der Fall ist, wenn auch eine
wesentliche Verbesserung gegenüber dem einfacheren Verfahren gewonnen ist.

Die Entkoppelung ist deshalb noch nicht vollständig, weil noch dynamische Vorgänge zu berücksichtigen sind, die bei obiger Überlegung
vernachlässigt sind. Die Anordnung ist gewissermaßen nur statisch entkoppelt. Während sich nämlich bei einer Entlastung in 1 oder 2 auch
die Übergabeleistung sprungartig ändert, kann sich die Frequenz, die
ja durch die Drehzahlen aller parallellaufenden Maschinen bestimmt ist,
nur mit zeitlicher Verzögerung ändern. Bei einem Entlastungssprung
in 1, wie oben geschildert, wird also nicht sofort die Regelkennlinie von
2 erreicht, sondern die Frequenz hat zunächst noch den alten Wert,
die Übergabeleistung ist aber sofort größer, so daß also die Regel-

14*

vorschrift auch in 2 nicht erfüllt ist und der Regler in 2 ebenfalls eingreift. Die nachfolgende Rechnung zeigt, wie das System auch dynamisch entkoppelt werden kann.

Wir führen als Regelgröße φ_1 ein:

$$\vec{\varphi}_1 = \nu_1 \left(\frac{\vec{\Delta f}}{f_0}\right) + \lambda_1 \left(\frac{\vec{\Delta N}}{N_g}\right), \tag{97}$$

die Regelgröße für den Netzregler in 1. ΔN ist positiv bei Lieferung von Netz 1, ν_1 und λ_1 sind Faktoren, deren Größe noch zu bestimmen ist und N_g ist wieder die Gesamtleistung des Netzverbandes.

Und entsprechend:

$$\vec{\varphi}_2 = \nu_2 \left(\frac{\vec{\Delta f}}{f_0}\right) + \lambda_2 \left(\frac{\vec{\Delta N}}{N_g}\right), \tag{98}$$

die Regelgröße für den Netzregler in 2. Für ΔN, ν_2, λ_2 gilt das entsprechende wie bei φ_1.

Nach den gleichen Überlegungen, wie sie bei der einfachen Regelung durchgeführt wurden, ergeben sich folgende Frequenzgänge:

(für $\mu\, T_a = T$ gesetzt, ϱ_I und ϱ_{II} wie S. 208)

$$\mathfrak{F}_{\sigma 1} = \frac{\vec{\varphi}_{\sigma 1}}{\vec{\sigma}} = \nu_1 \frac{\mu}{p\,T + 1} \pm \varrho\,\lambda_1 \tag{99}$$

($+ \varrho_{II}$ bei Entlastung in I, $- \varrho_I$ bei Entlastung in II)

$$\mathfrak{F}_{\sigma 2} = \frac{\vec{\varphi}_{\sigma 2}}{\vec{\sigma}} = \nu_2 \frac{\mu}{p\,T + 1} \pm \varrho\,\lambda_2 \tag{100}$$

($- \varrho_{II}$ bei Entlastung in I, $+ \varrho_I$ bei Entlastung in II).

$$\mathfrak{F}_{11} = -\,\nu_1 \frac{\varkappa_1\,\mu}{(p\,T + 1)\,p\,T_{s1}} - \lambda_1 \frac{\varrho_{II}\,\varkappa_1}{p\,T_{s1}}, \tag{101}$$

$$\mathfrak{F}_{22} = -\,\nu_2 \frac{\varkappa_2\,\mu}{(p\,T + 1)\,p\,T_{s2}} - \lambda_2 \frac{\varrho_I\,\varkappa_2}{p\,T_{s2}}, \tag{102}$$

$$\mathfrak{F}_{21} = -\,\nu_1 \frac{\varkappa_2\,\mu}{(p\,T + 1)\,p\,T_{s2}} + \lambda_1 \frac{\varrho_I\,\varkappa_2}{p\,T_{s2}}, \tag{103}$$

$$\mathfrak{F}_{12} = -\,\nu_2 \frac{\varkappa_1\,\mu}{(p\,T + 1)\,p\,T_{s1}} + \lambda_2 \frac{\varrho_{II}\,\varkappa_1}{p\,T_{s1}}. \tag{104}$$

Wir sehen nun, daß für

$$\frac{\lambda_1}{\nu_1} = \frac{\mu}{\varrho_I} \frac{1}{p\,T + 1} \tag{105}$$

und

$$\frac{\lambda_2}{\nu_2} = \frac{\mu}{\varrho_{II}} \frac{1}{p\,T + 1} \tag{106}$$

$$\mathfrak{F}_{21} = \mathfrak{F}_{12} = 0$$

wird, die beiden Systeme also entkoppelt sind. Das komplexe Verhältnis $\frac{\lambda}{\nu}$ läßt sich dadurch erreichen, daß entweder die Meßgröße für Δf über ein Vorhaltglied oder die Meßgröße für ΔN über ein Verzögerungsglied geführt wird. Da der zweite Weg der einfachere ist, wählen wir $\nu = 1{,}0$ und

$$\lambda_1 = \frac{\mu}{\varrho_I} \frac{1}{p\,T + 1}\,, \tag{107}$$

$$\lambda_2 = \frac{\mu}{\varrho_{II}} \frac{1}{p\,T + 1}\,. \tag{108}$$

Wir haben also damit die Vorschrift für die Beeinflussung der Regler durch die Leistung gefunden. $\frac{\mu}{\varrho}$ gibt die Neigung der Kennlinien an und der Faktor $\frac{1}{p\,T + 1}$ bedeutet die Vorschrift, daß zwischen Meßglied für die Leistung und Regler noch ein Verzögerungsglied geschaltet werden muß, das die gleiche Verzögerung hervorruft wie sie bei der Frequenz von Natur aus schon vorhanden ist.

Werden λ_1 und λ_2 so gewählt, so wird außerdem nach Gl. (99)

$$\mathfrak{F}\,\sigma_1 = 0 \quad \text{bei Laständerung in II}$$

und nach Gl. (100)

$$\mathfrak{F}\,\sigma_2 = 0 \quad \text{bei Laständerung in I}\,.$$

Laständerungen wirken sich also jeweils nur auf den Netzregler des eigenen Netzes, nicht aber auf den des fremden aus. Die Entkoppelung ist nunmehr vollkommen.

Es wird nach Gl. (48) mit $\mathfrak{F}_{12} = \mathfrak{F}_{21} = 0$

$$\mathfrak{F}_1 = \frac{\mathfrak{F}_{\sigma 1}\,(1 - \mathfrak{F}_{22})}{(1 - \mathfrak{F}_{11})\,(1 - \mathfrak{F}_{22})} = \frac{\mathfrak{F}_{\sigma 1}}{1 - \mathfrak{F}_{11}} \quad \text{bei Störung in I} \tag{109}$$

$$\mathfrak{F}_2 = \frac{\mathfrak{F}_{\sigma 2}}{1 - \mathfrak{F}_{22}} \quad \text{bei Störung in II}\,. \tag{110}$$

In Abb. 32 ist der Verlauf von $\frac{\Delta f}{f_0}$ und $\frac{\Delta N_{12}}{N\,g}$, also φ_1 und φ_2 nach Abb. 30 bei Stoß in I aufgezeichnet und zwar (a), mit den gleichen Verstellzeiten wie bei Abb. 30 angenommen und dann (b), bei geringeren Verstellzeiten so, daß der Vorgang gerade aperiodisch wird. Bei Stoß in II ändert sich am Verlauf von φ_1 nichts, der Verlauf von φ_2 wird symmetrisch zur Zeit-Achse.

Da bei vollkommener Entkoppelung keine Gefahr mehr für Pendelungen besteht (char. Gleichung quadratisch, ohne Entkoppelung Gleichung 3. Grades), können die Verstellzeiten der Regler noch weiter verringert werden.

Geht man nun von der behandelten Kupplung von 2 Netzen

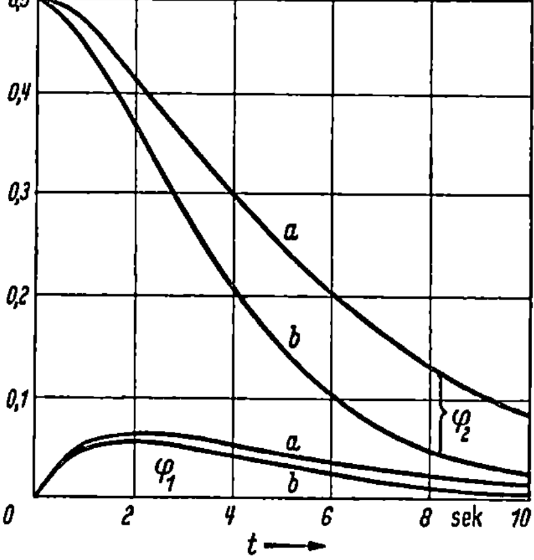

Abb. 32. Regelvorgang bei einer Netzregelung nach Abb. 27 und 31 mit entkoppelten Systemen
a) Verstellzeiten wie bei Abb. 30
b) Verstellzeiten so, daß Vorgang gerade aperiodisch

auf die Kupplung beliebig vieler über, so bleiben alle Regelsysteme entkoppelt, wenn bei jedem Netzregler die obigen Bedingungen für λ erfüllt werden. Dabei kann ein Netz mehrere Übergabestellen an fremde Netze haben, maßgebend ist immer nur die gesamte aus- oder eingeführte Leistung.

Nach den obigen Überlegungen liegt nun zwar die Neigung der verschiedenen Kennlinien fest (Abb. 31), nicht aber ihre absolute Höhe. Diese muß von Fall zu Fall so festgelegt werden, daß bei der richtigen Frequenz auch die richtige, verlangte Übergabeleistung vorhanden ist. Selbstverständlich muß im ganzen Netzverband die Summe aller Austauschleistungen (für jedes Netz positiv gerechnet bei Ausfuhr), bei richtiger Frequenz gleich Null sein.

h) Näherungsverfahren bei einer Temperaturregelung mit Totzeit im Regelkreis. In Abb. 33 ist schematisch eine Warmluft-Raumheizung dargestellt. Ein Ventilator V bläst Warmluft, die im Erhitzer E erwärmt wird, in den zu heizenden (kleinen) Raum R. Durch ein Regelventil RV wird die Heizleistung zum Erhitzer E abhängig von der Temperatur in R geregelt. Die hierfür erforderliche Regeleinrichtung ist nicht mit aufgezeichnet; angenommen sei ein astatischer Regler, vorübergehend statisch, also ein PI-Regler, der die Heizleistung abhängig von der Raumtemperatur einstellt.

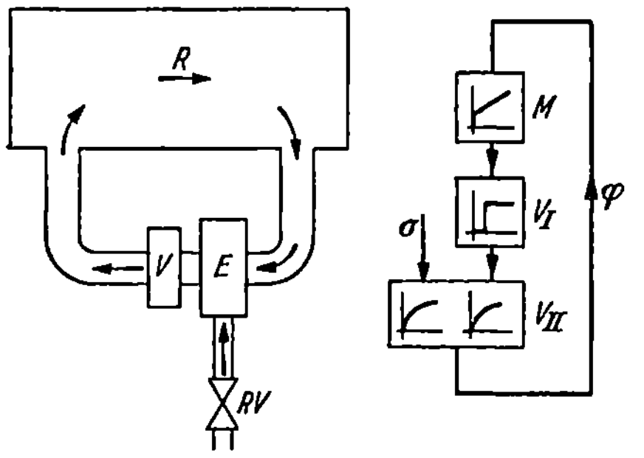

Für den Raum R als Verstellglied II kann eine normale Erwärmungskurve als Übergangsfunktion angenommen werden, entsprechend Abb. 3/12 mit dem Frequenzgang nach Gl. (3/28):

$$\mathfrak{F}_{II} = \frac{1}{1 + p\,T_{II}} \, . \qquad (111)$$

Abb. 33. Temperaturregelung mit fester Verzögerungszeit (Totzeit)

Als 1. Verstellglied können wir das Warmluftsystem mit Erhitzer, Ventilator und Rohrleitungen auffassen. Um das Verhalten dieses Gliedes zu studieren, gehen wir zunächst wieder von der Übergangsfunktion aus, d. h. wir betrachten die Temperatur der in den Raum R einströmenden Luft bei einer sprungartigen Änderung der Heizleistung. Wenn wir die Zeitverzögerung im Erhitzer selbst vernachlässigen, so wird die Temperatur des Luftstromes unmittelbar hinter dem Erhitzer auch sprungartig einer Leistungserhöhung folgen. Mit Rücksicht auf die Rohrleitung zwischen Erhitzer E und Raum R und die durch den Ventilator V bestimmte Luftgeschwindigkeit wird aber die wärmere Luft erst nach einiger Zeit, also nach einer festen Verzögerungszeit, die wir in Abschn. 3/V als *Totzeit* bezeichnet haben zum Raum R gelangen. Die Übergangsfunktion des 1. Verstellgliedes wird also den in Abb. 3/53 gezeichneten Verlauf zeigen.

Der Frequenzgang wird nach Gl. (3/145):

$$\mathfrak{F}_I = \frac{\vec{\alpha}_I}{\vec{\varepsilon}_I} = \frac{1}{e^{j\,\omega\,T_{It}}} = \frac{1}{e^{p\,T_{It}}}\,. \tag{112}$$

Da ein PI-Regler angenommen war, wird nach Gl. (2/72) der Frequenzgang des Meßwerkes unter Berücksichtigung des Vorzeichens (Regelung muß im richtigen Sinn wirken; $\frac{1}{\delta_v}\,T_y = T_n$)

$$\mathfrak{F}_M = -\frac{1 + \frac{1}{\delta_v}\,p\,T_y}{p\,T_y} \tag{113}$$

und damit wird der Gesamtfrequenzgang des Regelkreises:

$$\mathfrak{F}_R = \mathfrak{F}_M\,\mathfrak{F}_I\,\mathfrak{F}_{II} = -\frac{1 + \varkappa\,p\,T_y}{p\,T_y\,e^{p\,T_{It}}\,(1 + p\,T_{II})}\,. \tag{114}$$

Für $\frac{1}{\delta_v}$ ist $\varkappa$ gesetzt. $\varkappa$ entspricht bei einer Proportionalregelung, also bei $T_y = \infty$ dem Verstärkungsfaktor des Regelkreises. Ändert man (bei $T_y = \infty$) die Eingangsgröße des Reglers, also die bezogene Temperatur um einen bestimmten Betrag φ_c und hält diesen Wert fest, so wird durch den Regler die Heizung so verstellt, daß sich schließlich die bezogene Temperatur im Raum um $(-\varkappa\,\varphi_c)$ ändert.

Für die Störung sei angenommen, daß sie derart auf den Heizraum einwirkt, daß sich seine Temperatur ohne Eingriff der Regelung nach einer Exponentialkurve ändern würde. Auch für den Störfrequenzgang gilt dann entsprechend Gl. (111)

$$\mathfrak{F}_\sigma = \frac{1}{1 + p\,T_{II}}\,. \tag{115}$$

Nach Gl. (4) ergibt sich dann:

$$\mathfrak{F} = \frac{\mathfrak{F}_\sigma}{1 - \mathfrak{F}_R} = \frac{e^{p\,T_{It}}\,p\,T_y}{p^2\,T_y\,T_{II}\,e^{p\,T_{It}} + p\,T_y\,e^{p\,T_{It}} + \varkappa\,p\,T_y + 1} = \frac{F(p)}{G(p)}\,. \tag{116}$$

Wollte man aus der Gl. (116) den ganzen Regelvorgang berechnen, so müßten die unendlich vielen Wurzeln der transzendenten Gleichung:

$$G(p) = p^2\,T_y\,T_{II}\,e^{p\,T_{It}} + p\,T_y\,e^{p\,T_{It}} + \varkappa\,p\,T_y + 1 = 0 \tag{117}$$

gefunden werden. Im allgemeinen kann nun aber der Regelvorgang auch schon genügend genau dargestellt werden, wenn nur ein oder zwei (im allgemeinen konjugiert komplexe) Wurzelpaare, der Grundwelle und ersten Oberwelle entsprechend, berücksichtigt werden. Wir wollen aber diese Rechnung hier nicht durchführen, sondern von dem im Abschn. 8/II behandelten graphischen Näherungsverfahren Gebrauch machen.

Vorher soll aber gezeigt werden, wie man im vorliegenden Fall den Regler zweckmäßig bemißt. Auf die Bestimmung der frei wählbaren Reglerkonstanten wird zwar in einem späteren Abschnitt noch ausführlich eingegangen, eine der verschiedenen Möglichkeiten für die Wahl der Konstanten soll aber für unser Beispiel hier schon vorweggenommen werden.

Praktisch wird bei einem Regelproblem nach Abb. 33 die Anordnung mit dem Raum R, dem Erhitzer E, dem Ventilator V und den zugehörigen Rohrleitungen festliegen und dem Regeltechniker wird die Aufgabe gestellt, den zugehörigen Regler zu bauen und zwar so, daß die Temperaturregelung möglichst gut arbeitet. Während also die Konstanten T_{It} und T_{II} in Gl. (116) festliegen, sind die Konstanten $\varkappa$ und T_y durch den Regeltechniker zu bestimmen. Man kann an diese Aufgabe folgendermaßen herangehen: Man wählt $\varkappa$ und T_y so, daß die Grundwelle für den Regelvorgang eine bestimmte, zweckmäßig erscheinende relative Dämpfung $\frac{1}{\tau_R} = \varrho$ aufweist. τ_R ist dabei nach Abschn. 1, Gl. (4) die bezogene Regelzeit, ϱ entspricht dem Verhältnis von Realteil zu Imaginärteil des zur Grundschwingung gehörigen konjugiert komplexen Wurzelpaares der charakteristischen Gl. (117), $G(p) = 0$. Wir setzen daher in diese Gleichung für $p = j\,v + \beta = v\,(j - \varrho)$, wählen ϱ und bestimmen zunächst $\varkappa$ und T_y abhängig von v.

Am schnellsten läßt sich diese Rechnung durchführen, wenn man $\varrho = 0$ setzt, was ungedämpfter Schwingung entspricht. Man erhält so zunächst Grenzwerte für $\varkappa$ und T_y, die nicht über- bzw. unterschritten werden dürfen.

Nehmen wir $T_{It} = 2\,\text{sek}$ und $T_{II} = 10\,\text{sek}$ als gegeben an und setzen in Gl. (117) für $p = j\,v$, so erhalten wir

$$-v^2\,T_y\,10\,\text{sek}\,[\cos(v\,2\,\text{sek}) + j\sin(v\,2\,\text{sek})] + j\,v\,T_y\,[\cos(v\,2\,\text{sek})$$
$$+ j\sin(v\,2\,\text{sek})] + \varkappa\,j\,v\,T_y + 1 = 0\,. \tag{117a}$$

Da Realteil und Imaginärteil für sich Null werden müssen, erhalten wir die zwei Gleichungen:

$$\text{I: } -v^2\,T_y\,10\,\text{sek}\,\cos(v\,2\,\text{sek}) - v\,T_y\sin(v\,2\,\text{sek}) + 1 = 0\,.$$

$$\text{II: } -v\,10\,\text{sek}\,\sin(v\,2\,\text{sek}) + \cos(v\,2\,\text{sek}) + \varkappa = 0\,.$$

Rechnen wir nun nach Gl. I: $T_y = f_1(v)$ und nach Gl. II: $\varkappa = f_2(v)$, so erhalten wir die in Abb. 34 dargestellten Kurven, aus denen sich zusammengehörige Werte von $\varkappa$ und T_y (für gleichen Wert von v!) ermitteln lassen, die in Abb. 36 ($\varrho = 0$) aufgetragen sind. Wählen wir also z.B. $\varkappa = 2$, so wird mit $T_y = 0{,}5\,\text{sek}$ gerade eine ungedämpfte Schwingung auftreten. Ein größerer Wert für T_y bei gleichem Wert von $\varkappa$ bedeutet gedämpfte Schwingung. Bleiben wir also bei der Wahl unserer Konstante auf der schraffierten Seite der Kurve ($\varrho = 0$), so erhalten wir gedämpfte Schwingungen. Häufig wird man sich mit dieser Feststellung begnügen und die Konstanten so wählen, daß ein gewisser Respektabstand gegen die Grenzkurve verbleibt.

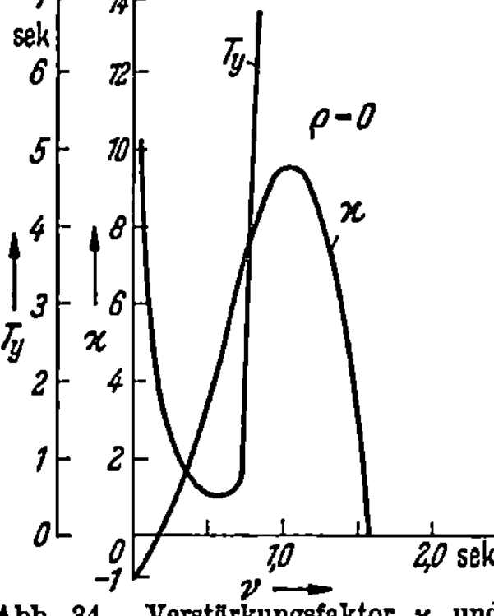

Abb. 34. Verstärkungsfaktor $\varkappa$ und Stellzeit T_y abhängig von der Frequenz der Grundschwingung bei ungedämpften Schwingungen entsprechend $\varrho = 0$

Will man sicherer gehen und eine bestimmte relative Dämpfung etwa $\varrho = 0{,}414 \left(= \operatorname{tg}\dfrac{\pi}{8}\right)$ vorschreiben, so muß in Gl. (117) für $p = v\,(j - \varrho)$ $= v\,(j - 0{,}414)$ eingesetzt werden. Wir erhalten dann:

$$v^2\,(\varrho^2 - 1)\,T_y\,10\ \text{sek}\ e^{-v\varrho\,2\,\text{sek}}\,[\cos\,(v\,2\ \text{sek}) + j\sin\,(v\,2\ \text{sek})]$$
$$-\,v^2\,2\,j\,\varrho\,T_y\,10\ \text{sek}\ e^{-v\varrho\,2\,\text{sek}}\,[\cos\,(v\,2\ \text{sek}) + j\sin\,(v\,2\ \text{sek})]$$
$$+\,j\,v\,T_y\,e^{-v\varrho\,2\,\text{sek}}\,[\cos\,(v\,2\ \text{sek}) + j\sin\,(v\,2\ \text{sek})]$$
$$-\,\varrho\,v\,T_y\,e^{-v\varrho\,2\,\text{sek}}\,[\cos\,(v\,2\ \text{sek}) + j\sin\,(v\,2\ \text{sek})]$$
$$+\,\varkappa\,j\,v\,T_y - v\,\varrho\,\varkappa\,T_y + 1 = 0\,.$$

Auch hieraus erhält man zwei Gleichungen ($Re = 0$; $Im = 0$), aus denen sich $\varkappa$ und T_y abhängig von v berechnen lassen. Die Rechnung ist aller-

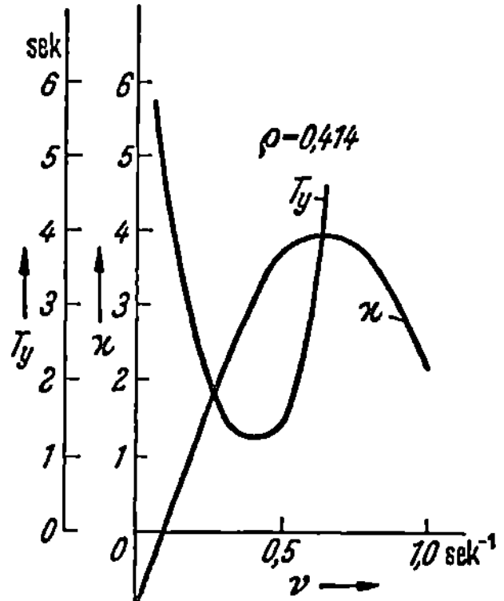

Abb. 35. Verstärkungsfaktor $\varkappa$ und Stellzeit T_y abhängig von der Frequenz der Grundschwingung mit einer Dämpfung entsprechend $\varrho = 0{,}414$

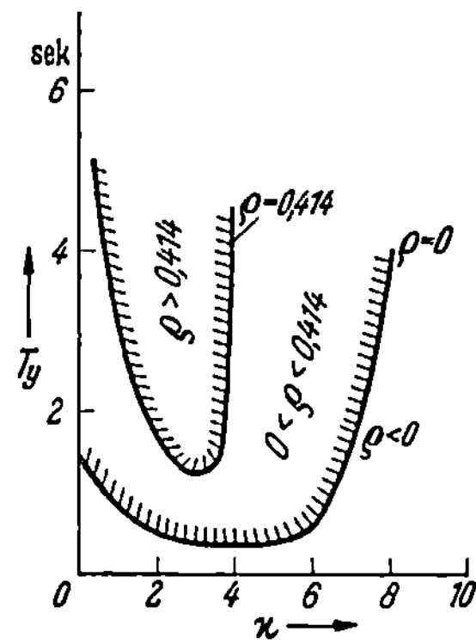

Abb. 36. Zusammenhang zwischen Verstärkungsfaktor $\varkappa$ und Stellzeit T_y bei verschiedener Dämpfung

dings hier schon wesentlich mühseliger als bei $\varrho = 0$. Abb. 35 zeigt das Ergebnis. Entnimmt man den Kurven wieder zusammengehörige Werte für $\varkappa$ und T_y, so erhält man die in Abb. 36 mit eingetragene Kurve ($\varrho = 0{,}414$). Wir können nach Abb. 36 drei Zonen unterscheiden: 1. $\varrho \leqq 0$ (labil); 2. $0 < \varrho < 0{,}414$; 3. $0{,}414 < \varrho$, und sind damit in der Lage, die Konstanten, unseren Wünschen über den Regelverlauf entsprechend, schon recht gut zweckmäßig zu wählen.

Wir wollen $\varrho = 0{,}414$ vorschreiben und wählen: $\varkappa = 3{,}7$ $T_y = 1{,}5$ sek. (Verstärkungsfaktor möglichst groß, Stellzeit möglichst klein bedeutet schnelle Regelung!)

In Gl. (116) liegen nun alle Konstanten fest und wir können den

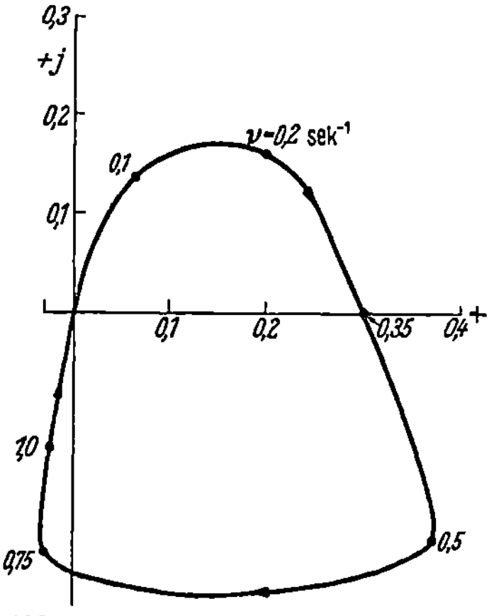

Abb. 37. Frequenzgang der Regelung nach Abb. 33

Frequenzgang berechnen. Abb. 37 zeigt den Verlauf der entsprechenden Ortskurve. Wir bilden $\dfrac{Re\ \mathfrak{F}(j\ \omega)}{\omega}$ und $\dfrac{Im\ \mathfrak{F}(j\ \omega)}{\omega}$ und erhalten die beiden in Abb. 38 aufgezeichneten Kurven. Da die Kurve für den Realteil mit wachsendem ω schneller gegen Null geht als die für den Imaginärteil,

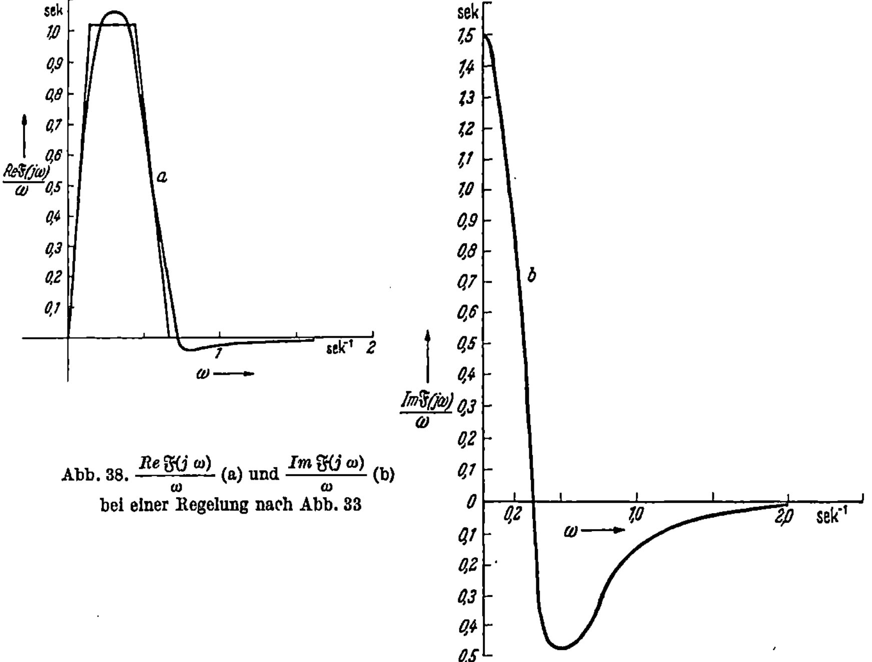

Abb. 38. $\dfrac{Re\ \mathfrak{F}(j\ \omega)}{\omega}$ (a) und $\dfrac{Im\ \mathfrak{F}(j\ \omega)}{\omega}$ (b) bei einer Regelung nach Abb. 33

wählen wir für die Auswertung den Realteil. Bei Ersatz der Kurve durch die in Abb. 38 mit eingetragenen Geraden werden die Werte nach Gl. (8/23):

$$\omega_1 = 0 \qquad a_1 = 0{,}51 \text{ sek } \quad b_1 = +\ 0{,}51 \text{ sek } \quad N_1 = 7{,}4 \text{ sek}^2$$

$$\omega_{k-1} = \omega_2 = 0{,}14 \text{ 1/sek } \quad a_2 = 1{,}02 \text{ sek } \quad b_2 = 0 \qquad N_2 = 0$$

$$\omega_k \quad = \omega_3 = 0{,}44 \text{ 1/sek } \quad a_3 = 0{,}51 \text{ sek } \quad b_3 = -\ 0{,}51 \text{ sek } \quad N_3 = -\ 4{,}8 \text{ sek}^2$$

$$\omega_{k+1} = \omega_4 = 0{,}66 \text{ 1/sek } .$$

Der Regelverlauf $\dfrac{\varphi(t)}{\sigma_s}$ läßt sich nun punktweise mit Hilfe von Gl. (8/23) verhältnismäßig schnell rechnen, er ist in Abb. 39 dargestellt. Da während der Zeit $0 < t < T_{It}$ noch kein Einfluß des Reglers auf die Regelgröße vorhanden sein kann — auch wenn der Regler momentan eingreift und die Lufterhitzung z. B. erhöht, kommt diese Temperaturerhöhung im Raum R erst zur Wirkung, wenn die stärker erhitzte Luft die Rohrleitung durchströmt hat, wozu sie die Zeit T_{It} benötigt — muß sich die Regelgröße, also die Temperatur für $0 < t < T_{It}$ genau so verhalten, wie ohne Regelung. Damit ergibt sich eine einfache Kontrolle der ermittelten Regelkurve in diesem Zeitbereich. Bei der angenommenen Störung würde hier die bezogene Temperatur (φ) nach einer Exponentialkurve mit der Zeitkonstante $T_{II} = 10$ sek auf den Wert $1,0$ ansteigen. Dieser Verlauf entspricht mit großer Annäherung auch der ermittelten Regelkurve nach Abb. 39.

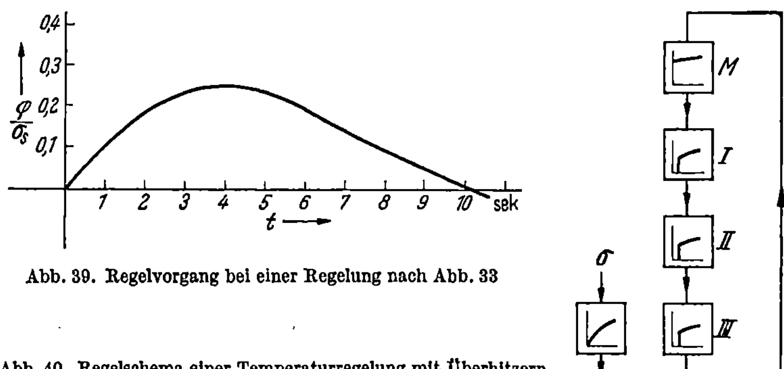

Abb. 39. Regelvorgang bei einer Regelung nach Abb. 33

Abb. 40. Regelschema einer Temperaturregelung mit Überhitzern

i) Näherungsverfahren bei einer Temperaturregelung mit mehreren Totzeit-Gliedern. Abb. 40 zeigt ein Regelschema, wie es sich etwa bei einer Regelung der Dampftemperatur am Ausgang von drei in Reihe geschalteten Überhitzern durch Einspritzen von Wasser am Eingang ergibt. In Abschn. 3/V ist gezeigt, wie sich solche Überhitzer berechnen lassen.

Der Frequenzgang ergibt sich nach Gl. (3/169) für die Glieder 1 bis 3:

$$\mathfrak{F}_1 = e^{-p\,T_{1b}} \cdot e^{-\varrho_1 \frac{p\,T_{1a}}{1+p\,T_{1a}}}, \tag{118}$$

$$\mathfrak{F}_2 = e^{-p\,T_{2b}} \cdot e^{-\varrho_2 \frac{p\,T_{2a}}{1+p\,T_{2a}}}, \tag{119}$$

$$\mathfrak{F}_3 = e^{-p\,T_{3b}} \cdot e^{-\varrho_3 \frac{p\,T_{3a}}{1+p\,T_{3a}}}. \tag{120}$$

Der Regler (Meßwerk M) soll ein PI-Regler sein mit dem Frequenzgang nach Gl. (2/73) $\left(\text{für } \frac{1}{\delta_v} = \varkappa \text{ gesetzt}\right)$:

$$\mathfrak{F}_M = -\frac{1 + \varkappa\,p\,T_y}{p\,T_y}. \tag{121}$$

Nimmt man an, daß sich eine Störung so auswirkt, daß sich die Ausgangstemperatur ohne Regelung nach einer Exponentialkurve mit der Zeitkonstanten T_σ ändern würde, so wird der Störfrequenzgang:

$$\mathfrak{F}_\sigma = \frac{1}{1 + p\,T_\sigma} \tag{122}$$

und nach Gl. (4) ergibt sich für den Frequenzgang der Regelung:

$$\mathfrak{F} = \frac{\mathfrak{F}_\sigma}{1 - \mathfrak{F}_R} = \frac{\mathfrak{F}_\sigma}{1 - \mathfrak{F}_M\,\mathfrak{F}_1\,\mathfrak{F}_2\,\mathfrak{F}_3}$$

$$= \frac{\dfrac{1}{1 + p\,T_\sigma}}{1 + \dfrac{1 + \varkappa\,p\,T_y}{p\,T_y}\displaystyle\prod_{i=1}^{3}\mathrm{e}^{-p\,T_{ib}}\,\mathrm{e}^{-\varrho_i\frac{p\,T_{ia}}{1+p\,T_{ia}}}} = \frac{F(p)}{G(p)} \,. \qquad (123)$$

Gegeben seien die Konstanten der Regelstrecke:

$T_{1a} = 16$ sek	$T_{1b} = 0{,}66$ sek	$\varrho_1 = 0{,}37$
$T_{2a} = 8{,}4$ sek	$T_{2b} = 5$ sek	$\varrho_2 = 9{,}5$
$T_{3a} = 17{,}7$ sek	$T_{3b} = 0{,}5$ sek	$\varrho_3 = 0{,}5$
$T_\sigma\ = 50$ sek		

Frei wählbar sind der Verstärkungsfaktor $\varkappa$ (Definition von $\varkappa$ s. S. 215) und die Stellzeit des Reglers T_y. Die Festlegung dieser Werte kann hier nach folgenden Gesichtspunkten erfolgen:

Man nimmt zunächst eine Proportionalregelung an, setzt also $T_y = \infty$. Dann setzt man in das Nennerpolynom von Gl. (123) für $p = j\nu$ und errechnet aus $G(p) = 0$ den Wert von $\varkappa_0$. Man erhält mit $T_y = \infty$

$$G(p) = 1 + \varkappa_0 \prod_{i=1}^{3} \mathrm{e}^{-p\,T_{ib}}\,\mathrm{e}^{-\varrho_i\frac{p\,T_{ia}}{1+p\,T_{ia}}} = 0\,,$$

mit $p = j\,\nu$ ergibt sich also die Form:

$$\varkappa_0\,\mathrm{e}^{-b(\nu)}\,\mathrm{e}^{-j\beta(\nu)} = -1\,.$$

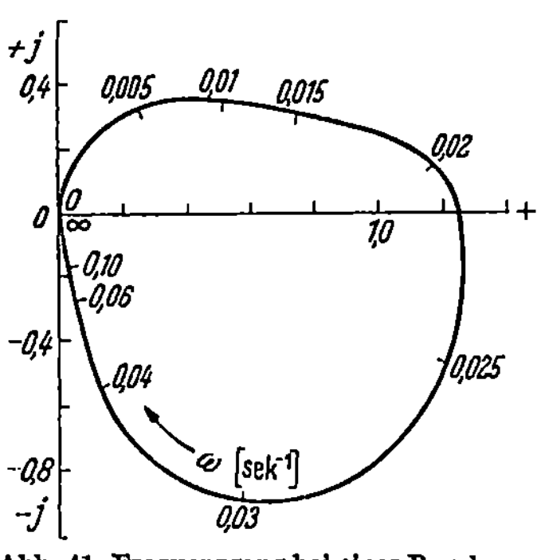

Abb. 41. Frequenzgang bei einer Regelung nach Abb. 40

Nur für $\beta(\nu) = \pi$ oder 3π, 5π usw. kann diese Gleichung erfüllt sein. Praktisch interessiert nur der Fall, daß $\beta(\nu) = \pi$ wird, da bei höheren Frequenzen die Stabilitätsverhältnisse günstiger werden. Im vorliegenden Fall wird $\beta(\nu) = \pi$ für $\nu = 0{,}0345$ 1/sek und mit diesem Wert errechnet sich $\varkappa_0 = 2{,}5$. Würde man also $\varkappa_0 = 2{,}5$ wählen, so würde man bei Proportionalregelung gerade ungedämpfte Schwingungen bekommen. $\varkappa$ muß also kleiner werden und zwar wesentlich kleiner, wenn man zur PI-Regelung übergeht, also für T_y einen endlichen Wert einsetzt. Für $\varkappa = 1{,}0$ und $T_y = 100$ sek soll nun noch der Regelvorgang nach dem Näherungsverfahren Abschn. 8/II ermittelt werden.

Rechnet man nach Gl. (123), in der jetzt alle Konstanten festliegen, den Frequenzgang, so ergibt sich die in Abb. 41 aufgezeichnete Ortskurve $\mathfrak{F}(j\omega)$. Abb. 42 zeigt $\dfrac{Re\,\mathfrak{F}(j\,\omega)}{\omega}$ und $\dfrac{Im\,\mathfrak{F}(j\,\omega)}{\omega}$ abhängig von ω. Da der Realteil schneller gegen Null geht als der Imaginärteil, wird für die

Auswertung der Realteil gewählt. Nähert man diese Kurve durch das in Abb. 42 mit eingezeichnete Rechteck an, so erhält man sehr schnell den Regelvorgang nach Gl. (23) zu

$$\frac{\varphi(t)}{\sigma_s} = \frac{2}{\pi} \frac{51\ \text{sek}}{t} \left[\cos\left(t\, 0{,}002\, \frac{1}{\text{sek}} \right) - \cos\left(t\, 0{,}03\, \frac{1}{\text{sek}} \right) \right]$$

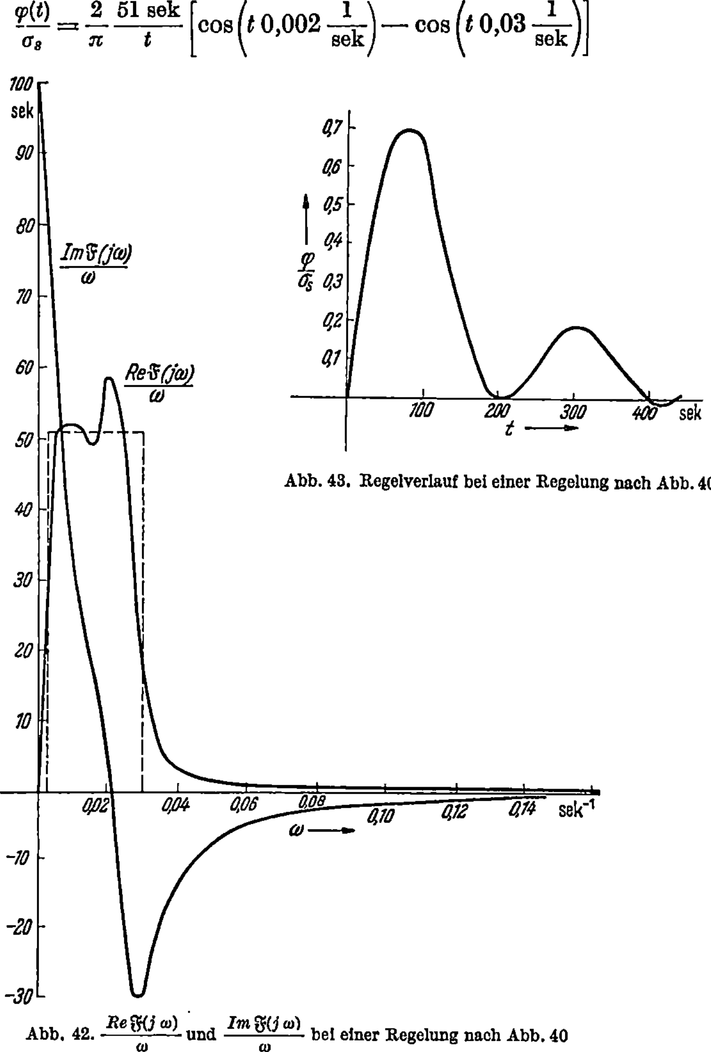

Abb. 43. Regelverlauf bei einer Regelung nach Abb. 40

Abb. 42. $\dfrac{Re\,\mathfrak{F}(j\,\omega)}{\omega}$ und $\dfrac{Im\,\mathfrak{F}(j\,\omega)}{\omega}$ bei einer Regelung nach Abb. 40

wie er in Abb. 43 aufgezeichnet ist. [Wie durch eine Kontrolle mit besserer Annäherung der Kurve (Abb. 42) durch Geraden festgestellt werden kann, entspricht die ermittelte Kurve mit genügender Genauigkeit dem tatsächlichen Verlauf.]

Auch bei einem solch komplizierten Regelkreis, wie ihn die Abb. 40 darstellt, läßt sich also der Regelvorgang noch mit erträglichem Aufwand nach dieser Näherungsmethode ermitteln.

k) Folgeregelung. In Abb. 44 ist schematisch eine Folgeregelung aufgezeichnet. Die Stellung eines Zeigers A, der z.B. von Hand verstellt wird, soll von einem motorisch angetriebenen Zeiger B möglichst genau und mit möglichst geringer Zeitverzögerung kopiert werden. Der Zeiger A kann z.B. mit einem Fernrohr gekuppelt sein, das auf einen bewegten Gegenstand gerichtet wird und mit dem Zeiger B ist ein Scheinwerfer gekuppelt, der den bewegten Gegenstand anstrahlt. Oder A kann mit einem Steuerrad verbunden sein, während B mit dem Ruder eines Schiffes

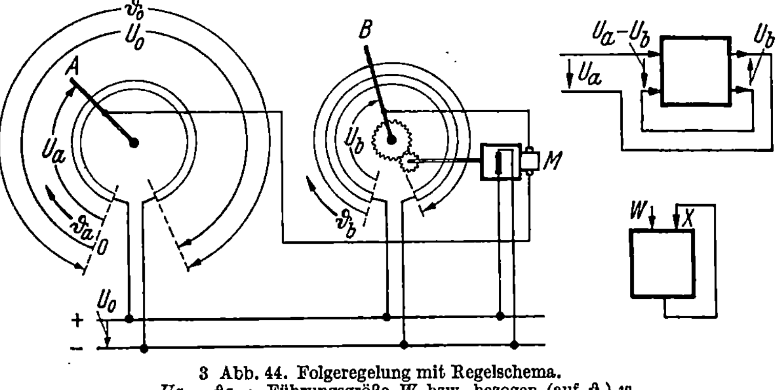

3 Abb. 44. Folgeregelung mit Regelschema.
$Ua \sim \vartheta a \rightarrow$ Führungsgröße W bzw. bezogen (auf ϑ_0) w
$Ub \sim \vartheta b \rightarrow$ Regelgröße X bzw. bezogen (auf ϑ_0) x

gekuppelt ist, das den Bewegungen des Steuerrades folgen soll. Oder die Stellung von A entspricht der Stellung eines Fühlers auf einem Modell und B der Stellung eines Fräsers, der durch den Fühler gesteuert werden soll.

Obwohl die in Abb. 44 aufgezeichnete elektrische Regelung wohl in den seltensten Fällen den Ansprüchen an eine Folgeregelung entsprechen wird, sei doch zunächst diese einfache Anordnung betrachtet. Hinterher wird dann zu untersuchen sein, wie sie für praktische Zwecke verbessert werden kann. Selbstverständlich kann man über Potentiometer entsprechend Abb. 44 nur ganz kleine Motoren direkt steuern. In Wirklichkeit wird daher zwischen Potentiometern und Motor immer ein Verstärker, z.B. ein Gleichstromgenerator, geschaltet sein. Dessen Zeitverzögerung, sowie auch die Verluste des Verstellmotors und außerdem das mechanische Widerstandsmoment des mit dem Zeiger B verbundenen Systems seien vernachlässigt. Das bedeutet, daß wir annehmen können, daß die Verstellgeschwindigkeit im stationären Betrieb des Motors proportional wird der an seinen Klemmen liegenden Spannung.

Wir nehmen nun an, daß sich die Führungsgröße w (Winkel ϑ_a) sinusförmig mit der Zeit ändert und damit auch die Regelgröße x (Winkel ϑ_b) und erhalten entsprechend Gl. (4):

$$\mathfrak{F} = \frac{\vec{x}}{\vec{w}} = \frac{\mathfrak{F}_\sigma}{1 - \mathfrak{F}_R} \, . \tag{124}$$

$\mathfrak{F}_\sigma$ ist im vorliegenden Fall der Frequenzgang der Führung. Um diesen Frequenzgang zu erhalten, setzen wir zunächst die Spannung U_b, die von der Regelgröße (ϑ_b) herkommt, gleich Null. Entsprechend Abschn. 3 gilt für den Motor die Momentengleichung:

$$M - W - 2\pi\,\Theta\,\frac{\mathrm{d}n}{\mathrm{d}t} = 0 \tag{125}$$

und mit

$$W = 0; \quad M = M_{st}\left(\frac{U_a}{U_0} - \frac{n}{n_0}\right) = M_{st}\left(w - \frac{n}{n_0}\right);$$

$$\frac{n}{n_0} = \frac{\mathrm{d}\frac{\vartheta_b}{\vartheta_0}}{\mathrm{d}t}\cdot\frac{\vartheta_0}{2\pi\,n_0} = \frac{\mathrm{d}x}{\mathrm{d}t}\,T_0; \quad T_a = 2\pi\,\frac{\Theta\,n_0}{M_{st}}$$

(n_0 Leerlaufdrehzahl des Motors bei Speisung mit U_0, T_0 die Verstellzeit für ϑ_0 bei dieser Drehzahl) ergibt sich:

$$\frac{\mathrm{d}x}{\mathrm{d}t}\,T_0 + \frac{\mathrm{d}^2x}{\mathrm{d}t^2}\,T_0\,T_a = w \tag{126}$$

und daraus der Frequenzgang $\mathfrak{F}_\sigma$:

$$\mathfrak{F}_\sigma = \frac{\vec{x}}{\vec{w}} = \frac{1}{p\,T_0 + p^2\,T_0\,T_a}. \tag{127}$$

Um den Frequenzgang des Regelkreises $\mathfrak{F}_R$ zu erhalten, setzen wir $U_a = 0$, $U_b \neq 0$ und nach der gleichen Rechnung wie oben erhalten wir

$$\mathfrak{F}_R = -\frac{1}{p\,T_0 + p^2\,T_0\,T_a} = -\mathfrak{F}_\sigma. \tag{128}$$

Wir können ganz allgemein eine Folgeregelung auch als normale Regelung mit *Sollwertstörung* auffassen, wobei dann $\mathfrak{F}_\sigma = -\mathfrak{F}_R$ wird.

Mit den Gln. (124), (127), (128) ergibt sich

$$\mathfrak{F} = \frac{\vec{x}}{\vec{w}} = \frac{\mathfrak{F}_\sigma}{1 - \mathfrak{F}_R} = \frac{1}{1 + p\,T_0 + p^2\,T_0\,T_a}. \tag{129}$$

Da x möglichst unabhängig von der Frequenz, mit der sich w ändert, gleich w sein soll, muß angestrebt werden, daß $\mathfrak{F}$ möglichst gleich 1,0 wird. Wir nehmen für die vorliegende Anordnung folgende Werte für T_0 und T_a an, wie sie einem praktischen Beispiel entsprechen können:

$$T_0 = 4 \text{ sek };$$
$$T_a = 0,1 \text{ sek }.$$

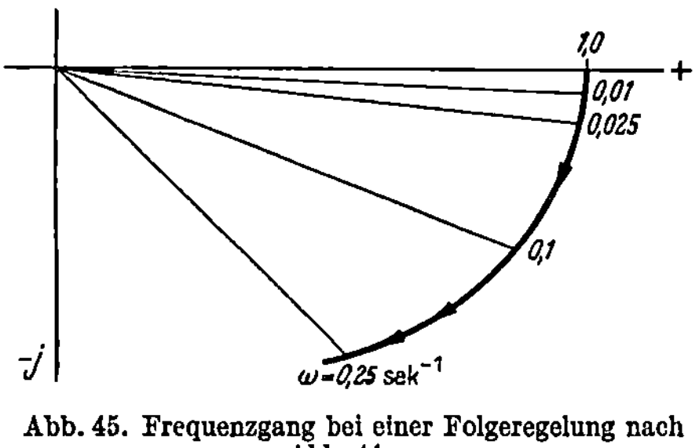

Abb. 45. Frequenzgang bei einer Folgeregelung nach Abb. 44

Der sich damit ergebende Frequenzgang ist in Abb. 45 aufgezeichnet. Wir sehen, daß bei $\omega = 0,01\,\frac{1}{\text{sek}}$ entsprechend 0,0016 Hz oder bei *einer* Schwingung der Führungsgröße in 630 sek, schon ein Phasenfehler von 3° auftritt, während das Amplitudenverhältnis noch praktisch 1,0 bleibt. Die Winkelausschläge des Zeigers B sind also noch gleich groß wie die von Zeiger A, aber folgen zeitlich etwas verspätet und zwar um $t = \frac{3°}{180°}\cdot\frac{\pi}{\omega} = 5,3$ sek.)

Die Anordnung im einfachen Aufbau nach Abb. 44 ist also nur für sehr langsame Vorgänge, etwa für das oben genannte Beispiel der Steuerung eines Fräsers durch einen Fühler geeignet.

Untersucht soll nun die Frage werden, wie die Anordnung verbessert werden kann. Der Phasenfehler kommt vor allem durch die Verstellzeit T_0, die mit 4 sek angenommen war, zustande. Um eine beachtlicheVerbesserung zu erzielen, müßte diese um eine oder zwei Größenordnungen verkleinert werden. Verlangt man z.B., daß der Phasen-Fehler von 3° bei einer Schwingungsdauer von 6,3 sek (anstatt 630 sek) entsprechend $\omega = 1\frac{1}{\text{sek}}$ auftreten soll, so bedeutet dies, daß T_0 auf 0,04 sek verringert werden muß. Eine solch geringe Verstellzeit würde

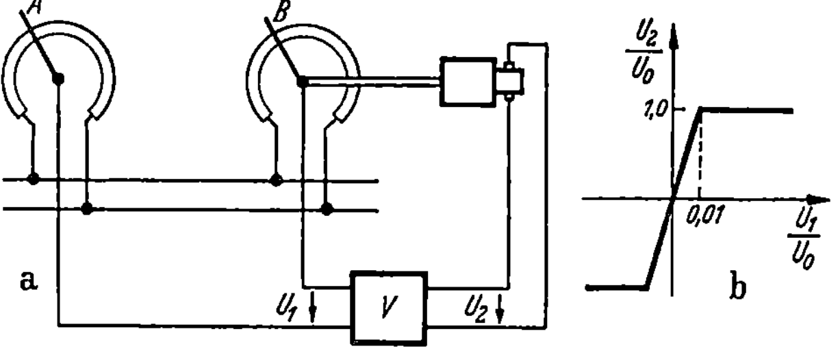

Abb. 46. Anordnung nach Abb. 44 mit Verstärker für die Differenzspannung (a) mit der zugehörigen Kennlinie (b)

aber einen sehr großen Verstellmotor bedeuten — das Widerstandsmoment ist ja in Wirklichkeit nicht, wie für die Rechnung angenommen, gleich Null — und außerdem würden sich Schwierigkeiten ergeben, wenn der Motor gegen die in den Grenzlagen erforderlichen Anschläge anläuft.

Durch die Zwischenschaltung eines Verstärkers nach Abb. 46, der die Differenzspannung $(U_a - U_b)$ z.B. im Verhältnis $1:100$ heraufsetzt, mit Begrenzung auf einen maximalen Wert, der etwa wieder einer Verstellzeit von 4 sek entspricht, läßt sich die obige Forderung erfüllen. Wir können z. B. die ganze Anordnung folgendermaßen auslegen:

$U_0 = 220$ Volt; $T_0 = 4$ sek d.h. bei 220 Volt Klemmenspannung verstellt der Motor in 4 sek den ganzen Bereich; Verstärker mit linearer Verstärkung bis $(U_a - U_b) = 2,2$ Volt Eingang, dabei Ausgangsspannung 220 Volt. Bei $(U_a - U_b) > 2,2$ Volt bleibt die Ausgangsspannung 220 Volt. Solange daher die Differenz $\frac{U_a - U_b}{U_0}$ und damit $(w - x)$ nicht größer als 1 % wird (Amplitude von ϑ_a und ϑ_b bei $\omega = 1,0\,\frac{1}{\text{sek}}$ ca. 0,2 ϑ_0), arbeitet die Anordnung mit einer scheinbaren Verstellzeit von 0,04 sek, ist also bei der oben angegebenen Forderung (Phasenwinkel $\leqq 3°$) noch bis zu $\omega = \frac{1}{\text{sek}}$ brauchbar. Außerdem würde in diesem Fall ein durch das bisher vernachlässigte mechanische Widerstandsmomentbedingter Unempfindlichkeitsbereich praktisch wirkungslos.

9. Ermittlung des Regelvorganges bei nichtlinearen Regelgliedern

I. Allgemeines über die Zweckmäßigkeit rechnerischer und graphischer Methoden

Im allgemeinen kommt man bei der Lösung von irgendwelchen Problemen in der Technik mit rein rechnerischen Methoden schneller zum Ziel als mit graphischen. Wenn nicht eine besondere persönliche Vorliebe zu graphischen Verfahren vorhanden ist, wird man daher zweckmäßigerweise zunächst immer erst versuchen, ein vorliegendes Problem rechnerisch zu zu lösen und erst dann, wenn die rechnerische Lösung versagt, zur graphischen übergehen. Dies gilt selbstverständlich auch für die Regelungstechnik. Für einige praktische Beispiele, bei denen die rein rechnerische Behandlung mit Rücksicht auf nichtlineare Glieder im Regelkreis nicht möglich ist, sollen nun entsprechende graphische Methoden behandelt werden, die praktisch auf eine schrittweise Integration der Differentialgleichung des Regelvorganges hinauslaufen.

II. Indirekter Regler mit konstanter Verstellgeschwindigkeit („Dreipunktregelung")

Bisher war bei den Anordnungen mit indirektem Regler immer angenommen worden, daß, wenigstens mit einiger Annäherung, die Verstellgeschwindigkeit des Hilfsmotors (zeitliche Änderung der Ausgangsgröße, also $d\alpha/dt$ verhältnisgleich der Stellgröße (Eingangsgröße ε) gesetzt werden kann entsprechend der Geraden I in Abb. 1. Häufig arbeiten aber indirekte Regler nach dem gebrochenen Linienzug II in Abb. 1, d.h. in einem gewissen *Unempfindlichkeitsbereich* ($2\,\varepsilon_u$) bleibt der Regler in Ruhe, hat also die Änderung der Eingangsgröße keinen Einfluß auf sein Verhalten. Bei Überschreiten dieses Bereiches nach der einen oder anderen Seite arbeitet dann aber der Regler mit voller, konstanter Geschwindigkeit und verstellt je nach der Abweichung im einen oder anderen Sinn. Eine weitere Vergrößerung der Abweichung ändert nichts mehr, der Regler behält seine Verstellgeschwindigkeit bei.

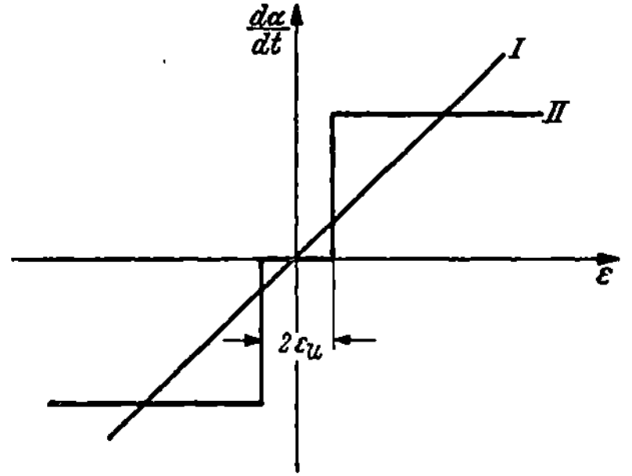

Abb. 1. Verstellgeschwindigkeit des Hilfsmotors eines indirekten Reglers abhängig von der Stellgröße, I angenähert durch Gerade, II tatsächlicher Verlauf

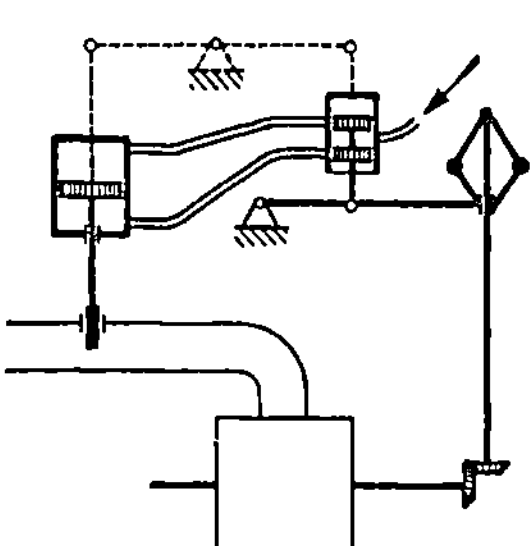

Abb. 2. Drehzahlregelung einer Kraftmaschine

Es ist sofort klar, daß bei einer derartigen Reglerkennlinie mit den verschiedenen Unstetigkeitsstellen der Regelvorgang nicht mehr zusammenhängend rechnerisch ermittelt werden kann. Er muß in diesem Fall durch Aneinanderfügen von Teilvorgängen, die rechnerisch oder graphisch bestimmt werden, aufgebaut werden.

Nach Abb. 2 soll die Drehzahl einer Kraftmaschine durch einen indirekten Regler mit einer Kennlinie nach Abb. 1/II konstant gehalten werden. Wir nehmen zunächst an, daß die Kraftmaschine ohne Ausgleich arbeitet, also eine Übergangsfunktion nach Abb. 3/20 aufweist und untersuchen den Regelvorgang nach einer sprungartig einsetzenden Belastungsänderung $\sigma_{st} = -0{,}1$, bezogen auf das maximale Moment der Kraftmaschine bei voller Beaufschlagung. Das Meßwerk (Pendel) soll rein statisch arbeiten, die Masse sei vernachlässigt. Der Unempfindlichkeitsbereich des Reglers (ε_u) soll $\pm 1\%$, insgesamt somit 2% betragen.

Das bedeutet also, daß von der Solldrehzahl aus eine Abweichung von $\pm 1\%$ auftreten kann, ohne daß der Regler anspricht.

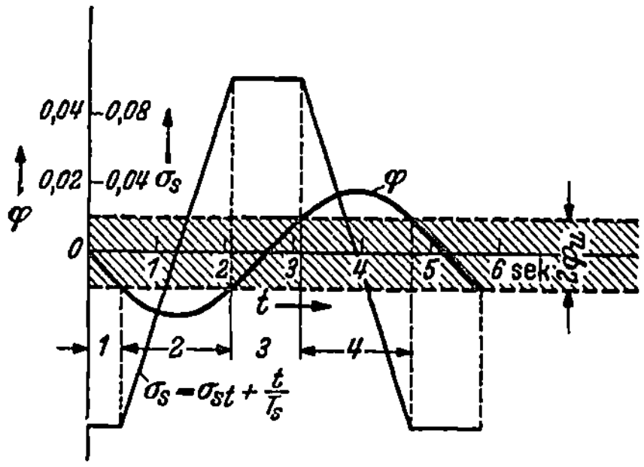

Die Ermittlung des Regelvorganges soll an Hand von Abb. 3 erläutert werden. Die Anlaufzeit der Kraftmaschine ist mit $T_a = 5$ sek, die Schlußzeit des Reglers mit $T_s = 8$ sek angenommen ($T_a = 5$ sek bedeutet, daß sich bei Änderung der Beaufschlagung um einen dem Nennmoment entsprechenden Betrag die Drehzahl in 5 sek um einen dem

Abb. 3. Graphische Ermittlung des Regelvorganges einer Anordnung nach Abb. 2 bei konstanter Verstellgeschwindigkeit (Abb. 1). Astatische (I-)Regelung. Kraftmaschine ohne Ausgleich (labil)

Sollwert entsprechenden Betrag ändert). Bei Eintritt des Belastungssprunges soll gerade die Solldrehzahl vorhanden, φ also Null sein.

Zunächst wird sich im Abschn. 1 durch die Momentänderung eine konstante Verzögerung der Drehzahl ergeben, die

$$\varphi' = \frac{1}{T_a}\sigma_{st} = -\frac{0{,}1}{5\ (\text{sek})} = -0{,}02\ (1/\text{sek}) \tag{1}$$

wird. Die Regelgröße selbst wird also:

$$\varphi = \frac{1}{T_a}\sigma_{st}\, t = -0{,}02\ (1/\text{sek})\, t \,. \tag{2}$$

Sobald die Unempfindlichkeitsgrenze überschritten wird, was nach $\dfrac{0{,}01}{0{,}02\ 1/\text{sek}} = 0{,}5$ sek der Fall ist, fängt der Regler an, die Kraftstoffzufuhr mit konstanter Geschwindigkeit zu vergrößern. Das durch die Belastungserhöhung zunächst fehlende Kraftmaschinenmoment wird damit allmählich kompensiert, das anfänglich fehlende Moment σ_{st} verkleinert sich also, es wird

$$\sigma_s = \sigma_{st} \pm \frac{1}{T_s}t = -0{,}1 + \frac{1}{8\ (\text{sek})}t \tag{3}$$

$+$ Zeichen, wenn $\sigma_{st} < 0$, $-$ Zeichen, wenn $\sigma_{st} > 0$).

Entsprechend Gl. (1) ergibt sich daraus

$$\varphi' = \frac{1}{T_a}\,\sigma_{st} \pm \frac{1}{T_s\,T_a}\,t \tag{4}$$

und damit wird in diesem Abschn. 2

$$\varphi = \varphi_0 + \frac{1}{T_a}\,\sigma_{st}\,t \pm \frac{1}{T_s\,T_a}\,\frac{t^2}{2} = -\,0{,}01 - 0{,}2\,(1/\text{sek})\,t + \frac{1}{80\,(\text{sek}^2)}\,t^2\;. \tag{5}$$

Die Drehzahlabweichung nimmt zunächst noch zu, geht aber dann zurück und nach $t_s = \pm\,\sigma_{st}\,2\,T_s = 0{,}1\cdot16\,(\text{sek}) = 1{,}6\,\text{sek}$ ist der Unempfindlichkeitsbereich wieder erreicht, der Regler bleibt stehen. Die Maximalabweichung tritt nach $\frac{t_s}{2} = 0{,}8\,\text{sek}$ auf, sie wird nach Gl. (5)

$$\varphi_{max\,2} = \varphi_0 + \frac{1}{T_a}\sigma_{st}\frac{t_s}{2} \pm \frac{1}{T_s\,T_a}\frac{t_s^2}{8} =$$

$$= -\,0{,}01 - 0{,}016 + 0{,}008 = -\,0{,}018\;. \tag{6}$$

Um den weiteren Verlauf der Drehzahl nach Erreichen des Unempfindlichkeitsbereiches ermitteln zu können, muß nun erst festgestellt werden, wie weit der Regler inzwischen gelaufen ist, bzw. welche Kraftstoffzufuhr er eingestellt hat. Nach Gl. (3) ist entsprechend Abschn. 2 das fehlende Moment

$$\sigma_s = \sigma_{st} \pm \frac{1}{T_s}\,t_s = \sigma_{st} \pm \frac{1}{T_s}\,(\mp)\,\sigma_{st}\,2\,T_s = -\,\sigma_{st}\;. \tag{7}$$

Die Drehzahl wird sich daher im Abschn. 3 genau so erhöhen, wie sie sich im Abschn. 1 verringert hat. Ebenso entspricht dann der Abschn. 4 dem Abschn. 2 usw. Wir sehen, daß die Anlage nicht zur Ruhe kommt, daß sie pendelt, also in der vorliegenden Form unbrauchbar ist. Bei der gleichen Anordnung nach Abb. 2 aber mit einer Reglerkennlinie nach Abb. 1/I ist früher schon (S. 136) ebenfalls festgestellt worden, daß die Regelung nicht stabil arbeitet.

Zur Stabilisierung soll nun der Regler mit einer starren Rückführung ausgerüstet werden, wie sie in Abb. 2 gestrichelt eingezeichnet ist. Mit der Verstellung des Hilfsmotors wird dann auch die Steuerhülse mitverstellt und je nach der Lage des Hilfsmotors wird damit der Sollwert der Drehzahl, bei dem der Regler in Ruhe bleibt, verschieden. Die Regelung arbeitet also statisch. Wir nehmen eine Statik von 5% an, was bedeutet, daß sich die Drehzahl stationär um 5% ändert, wenn von Leerlauf (geringste Beaufschlagung) auf Vollast (volle Beaufschlagung) übergegangen wird. An Hand von Abb. 4 soll nun gezeigt werden, wie In diesem Fall der Regelvorgang ermittelt werden kann, wobei ein Belastungsstoß $\sigma_{st} = -\,0{,}3$ angenommen ist.

Der Abschn. 1 bleibt der gleiche wie bei Abb. 3 ohne Rückführung.

Im Abschn. 2 arbeitet der Regler, verstellt die Kraftstoffzufuhr mit konstanter Geschwindigkeit ebenso, wie bei Betrieb ohne Rückführung. Der Verlauf der Regelgröße kann also zunächst auch noch nach Gl. (5) ermittelt werden. Nun muß aber berücksichtigt werden, daß über die Rückführung auch der Sollwert der Drehzahl bzw. der ganze Unempfindlichkeitsbereich verschoben wird und zwar bei Belastung, also Vergröße-

15*

rung der Kraftstoffzufuhr, nach unten. Die Gesamtänderung des Sollwertes um $\delta = 0{,}05$ entspricht dem Gesamthub des Hilfsmotors, der in $T_s = 8$ sek durchlaufen wird. Der Sollwert der Regelgröße φ_s wird damit, wennn der Hilfsmotor arbeitet

$$\varphi_s = \pm\, \delta\, \frac{t}{T_s} = \frac{0{,}05}{8 \text{ (sek)}}\, t \; . \tag{8}$$

Wir sehen, daß jetzt die untere Empfindlichkeitsgrenze von der Regelgröße früher erreicht wird, als ohne die Rückführung, der Regler also

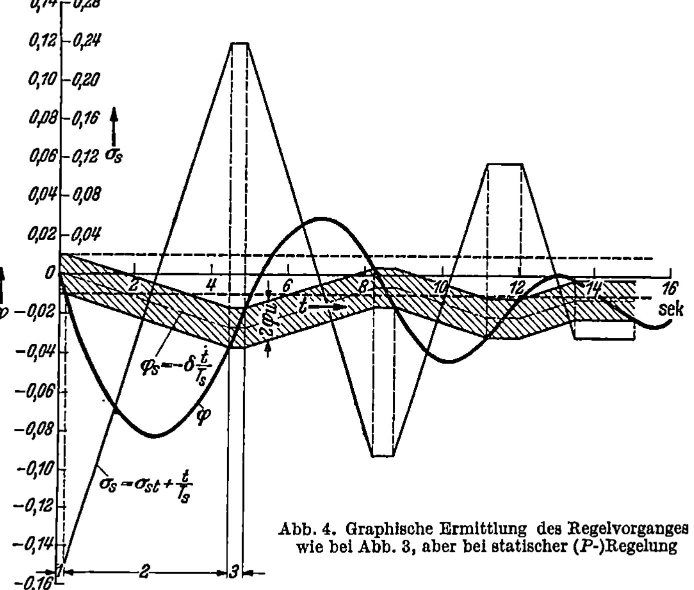

Abb. 4. Graphische Ermittlung des Regelvorganges wie bei Abb. 3, aber bei statischer (P-)Regelung

früher zum Stehen kommt. Der Schnittpunkt von φ mit φ_s kann gerechnet werden, wird aber im allgemeinen wohl schneller graphisch bestimmt. Um den weiteren Verlauf der Drehzahl zu bekommen, muß nun festgestellt werden, welche Kraftstoffzufuhr der Regler inzwischen eingestellt hat, bzw. wie groß jetzt das Differenzmoment ist. In Abb. 4 ist dieses (bezogene) Moment σ_s mit eingezeichnet, es kann nach Gl. (3) gerechnet werden. Nach Beendigung des zweiten Abschnittes hat σ_s den Wert von $+\ 0{,}24$.

Entsprechend dem Abschn. 1 kann nun mit Hilfe von Gl. (2) der Verlauf der Regelgröße im Abschn. 3 gerechnet werden. Abschn. 4 entspricht wieder Abschn. 2 usw.

Wir sehen, daß jetzt mit Rückführung die Regelung gut gedämpft verläuft, die Anordnung schnell zur Ruhe kommt. Den gleichen günstigen Einfluß der Rückführung haben wir auch früher bei Betrieb mit einer Reglerkennlinie nach Abb. 1/I festgestellt. Allgemein kann gesagt werden, daß sich der Regelvorgang in beiden Fällen ähnlich abspielt, und daß der Fehler im allgemeinen nicht sehr groß ist, wenn veränderliche

Verstellgeschwindigkeit angenommen und dann rechnerisch vorgegangen wird.

Untersucht soll nun auch der Fall werden, daß der Regler ohne Rückführung, dafür aber die Kraftmaschine mit Ausgleich, also mit einer Übergangsfunktion nach Abb. 3/12 arbeitet. Abb. 5 zeigt bei dieser Annahme den Regelvorgang, wieder bei den gleichen Annahmen wie vorher, also nach einem Belastungsstoß.

Im ersten Abschnitt, solange der Regler noch nicht anspricht, gilt einfach die Gleichung der Übergangsfunktion Gl. (3/27)

$$\varphi'\, T_a + \varphi = \sigma_{st}\,, \tag{9}$$

dabei ist σ_{st} die stationäre auf den Sollwert bezogene Drehzahlabweichung, die sich ohne Regelung durch den Belastungsstoß ergibt. Für die Regelgröße φ ergibt sich aus Gl. (9) für diesen ersten Abschnitt mit den gleichen Konstanten, mit denen bisher gerechnet wurde:

$$\varphi = \sigma_{st}\left(1 - e^{-\frac{t}{T_a}}\right) = -\,0{,}1\left(1 - e^{-\frac{t}{5\,(\text{sek})}}\right). \tag{10}$$

Wenn die stationäre Endabweichung der Drehzahl groß ist gegenüber dem Unempfindlichkeitsbereich, wenn also der Belastungsstoß entsprechend groß ist, kann die Kurve nach Gl. (10) ersetzt werden durch die Gerade nach Gl. (1).

Sobald die Unempfindlichkeitsgrenze überschritten wird, fängt im 2. Abschn. der Regler an, mit konstanter Geschwindigkeit die Kraft-

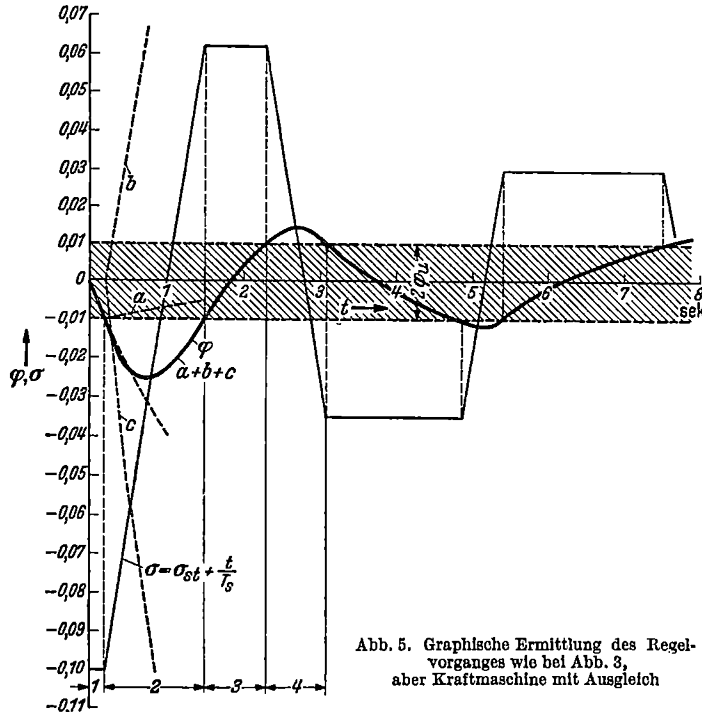

Abb. 5. Graphische Ermittlung des Regelvorganges wie bei Abb. 3, aber Kraftmaschine mit Ausgleich

stoffzufuhr zu verstellen und es gilt dann für das Differenzmoment die Gl. (3) bzw. für die veränderliche stationäre Drehzahl, auf die die Maschine in jedem Augenblick zustrebt:

$$\sigma_s = \sigma_{st} \pm \frac{1}{T_s} t = -0{,}1 + \frac{1}{8 \text{ (sek)}} t \tag{11}$$

($+$Zeichen wieder, wenn $\sigma_{st} < 0$, —Zeichen, wenn $\sigma_{st} > 0$). An Stelle von Gl. (9) erhalten wir daher jetzt:

$$\varphi' \, T_a + \varphi = \sigma_{st} \pm \frac{1}{T_s} t = -0{,}1 + \frac{t}{8 \text{ (sek)}} \; . \tag{12}$$

Die Lösung dieser Differentialgleichung ergibt unter Berücksichtigung der Anfangsbedingung für Abschn. 2:

$$(\varphi)_0 = \varphi_u: \tag{13}$$

$$\left.\begin{aligned} \varphi &= \varphi_u \, e^{-\frac{t}{T_a}} \pm \frac{t}{T_s} + \left(\sigma_{st} \pm \frac{T_a}{T_s}\right)\left(1 - e^{-\frac{t}{T_a}}\right) \\ &= -0{,}01 \, e^{-\frac{t}{5 \text{ (sek)}}} + \frac{t}{8 \text{ (sek)}} + \left(-0{,}3 - \frac{5}{8}\right)\left(1 - e^{-\frac{t}{5 \text{ (sek)}}}\right) \\ (&= \quad a \quad + \; b \; + \quad c) \; \text{(s. Abb. 5)} \end{aligned}\right\} \tag{14}$$

(oberes Vorzeichen gilt für $\sigma_{st} < 0$, unteres für $\sigma_{st} > 0$).

Die Abweichung φ steigt in diesem Abschn. 2 zunächst noch an, geht aber dann unter der Wirkung der Kraftstoffverstellung zurück, bis schließlich wieder die Unempfindlichkeitsgrenze erreicht ist und der Regler stehenbleibt.

Um den Drehzahlverlauf im 3. Abschn. zu bekommen, muß zunächst festgestellt werden, welchen Wert inzwischen die stationäre Drehzahl angenommen hat, auf die die Maschine zustrebt, sie kann nach Gl. (11) gerechnet werden und ist in Abb. 5 mit eingezeichnet. Die Regelgröße strebt nun, solange sie innerhalb des Unempfindlichkeitsbereiches bleibt, wieder nach der Exponentialkurve Gl. (10) auf den stationären Endwert zu.

Ist die obere Empfindlichkeitsgrenze erreicht, so fängt der Regler wieder an zu laufen und zwar in entgegengesetzter Richtung, es gilt daher in diesem Abschn. 4 sinngemäß (umgekehrte Vorzeichen) wieder die Gl. (14) und der Verlauf kann ebenso. wie im Ahschn. 2 berechnet bzw. konstruiert werden.

Die reine Konstruktion empfiehlt sich dann, wenn T_s groß ist gegen T_a. In diesem Fall ist es zweckmäßig, von vornherein ein Kurvenlineal entsprechend der Exponentialkurve mit der Zeitkonstante T_a, die in jedem Abschnitt vorkommt, auszuschneiden Die Aufzeichnung der Regelkurve kann dann in verhältnismäßig kurzer Zeit durchgeführt werden.

Wir sehen aus dem Verlauf der Regelgröße nach Abb. 5, daß auch durch den Ausgleich der Kraftmaschine die Regelung stabilisiert wird.

III. Temperaturregelung eines Warmwasserbehälters
(„Zweipunktregelung")

Nach Abb. 6 soll das Wasser eines Warmwasserbehälters durch eine Heizung — elektrisch oder durch Dampf — auf konstanter Temperatur gehalten werden. Die Wassermenge soll auch bei Entnahme von Warmwasser durch Nachfüllen von Kaltwasser die gleiche bleiben.

Die Regelstrecke, dargestellt durch den Warmwasserbehälter, arbeitet mit Anlaufzeit. Da möglichst wenig Wärme vom Behälter, außer durch das abfließende Verbrauchswasser, nach außen abgegeben werden soll, wird man den Behälter sehr gut wärme-isolieren. Da die Zeitkonstante der Erwärmung gegeben ist durch das Verhältnis

$$\frac{\text{Wärmekapazität}}{\text{Wärmeabgabefähigkeit}} = \frac{C}{A} = T$$

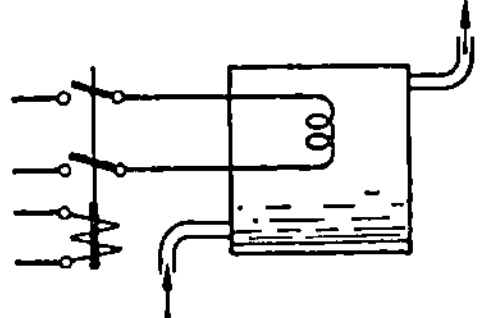

Abb. 6. Temperaturregelung eines Warmwasserbehälters

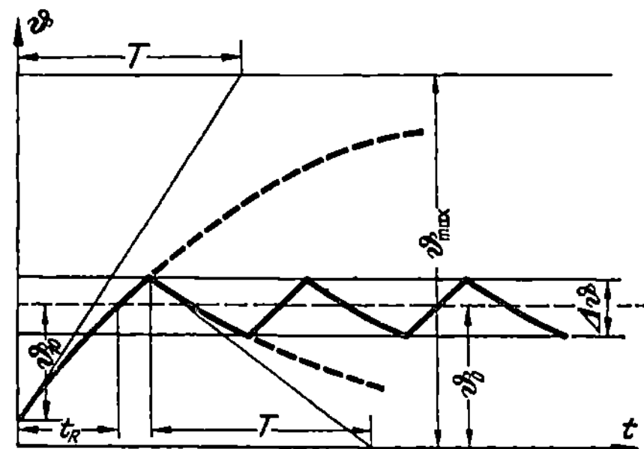

Abb. 7. Temperaturverlauf bei „Zweipunkt-Regelung" der Wassertemperatur des Warmwasserbehälters nach Abb. 6

und die Wärmeabgabefähigkeit wegen der guten Isolierung sehr klein ist, wird T sehr groß, u. U. viele Stunden. Es hat in solchen Fällen keinen Sinn zu versuchen, durch einen Regler den Heizstrom oder die Heizdampfmenge so zu regeln, daß auch im stationären Betrieb, wenn kein Wasser entnommen wird, gerade die Verlustwärme wieder zugeführt und damit die Temperatur konstant gehalten wird. Man verwendet hier zweckmäßigerweise eine „Zweipunktregelung". Man steuert über ein temperaturabhängig geschaltetes Relais den Schalter für den Heizstrom bei elektrischer Regelung oder das Dampfventil für den Heizdampf bei Dampfheizung so, daß bei Unterschreiten einer bestimmten Temperatur eingeschaltet, bei Überschreiten ausgeschaltet wird. Da das Relais immer eine gewisse Unempfindlichkeit besitzen wird [Zweipunktregler mit Hysterese (s. S.287/6)], spielt sich der Regelvorgang so ab, wie er in Abb. 7 dargestellt ist. Dabei ist angenommen, daß zur Zeit $t = 0$ eine bestimmte Abweichung der Temperatur vom Sollwert vorliegt, daß also z.B. kurz vorher eine gewisse Warmwassermenge entnommen worden ist. ϑ ist die Übertemperatur des Wassers über die Umgebung, ϑ_0 die verlangte und ϑ_{max} die Übertemperatur, die sich bei dauernd eingeschalteter Heizung einstellen würde. $\varDelta\vartheta$ entspricht der Unempfindlichkeit des Relais. Die Temperatur schwankt innerhalb der Unempfindlichkeitsgrenzen auf und ab. Je geringer die Unempfindlichkeit gemacht wird, je genauer also geregelt wird, desto größer wird, bei konstant gehaltener Endtemperatur ϑ_{max}, die Zahl der Ein- und Ausschaltungen bzw. der Auf- und Zubewegungen des Dampfventils. Wir sehen auch, daß eine Abweichung vom Sollwert ϑ_{10} um so schneller ausgeregelt wird, je größer ϑ_{max} gewählt wird. Die Regelzeit wird

$$t_R \approx T \frac{\vartheta_{10}}{\vartheta_{max} - (\vartheta_0 - \vartheta_{10})},$$

wenn $\vartheta_{max} \gg \vartheta_0$. Ist $(\vartheta_{max} - \vartheta_0) \gg \vartheta_0$, so ist die Zeit eines Spieles praktisch nur noch gegeben durch das Absinken der Temperatur um $\varDelta\vartheta$ bei ausgeschalteter Heizung.

IV. Temperaturregelung bei Warmwasserheizung

Nicht so einfach wird der Regelvorgang bei einer Regelung wie sie schematisch in Abb. 8 dargestellt ist.

Das Wasser einer Warmwasserheizung, das sich ständig durch die Rohrleitungen und Heizkörper des zu heizenden Gebäudes im Umlauf befindet, wird durch einen Dampfstrom erwärmt. Die Heizdampfmenge soll durch eine Zweipunkt-Regelung so geregelt werden, daß die mittlere Temperatur in den verschiedenen Räumen einen bestimmten Wert annimmt und beibehält. Wie diese Temperatur ermittelt wird, sei nicht weiter untersucht, man kann z.B. eine Stelle des Gebäudes gewissermaßen als Normal-meßstelle herausgreifen und die Temperatur dort konstant halten, oder man kann die Werte von verschiedenen Meßstellen im Gebäude addieren und die Summe auf die Regelung einwirken lassen.

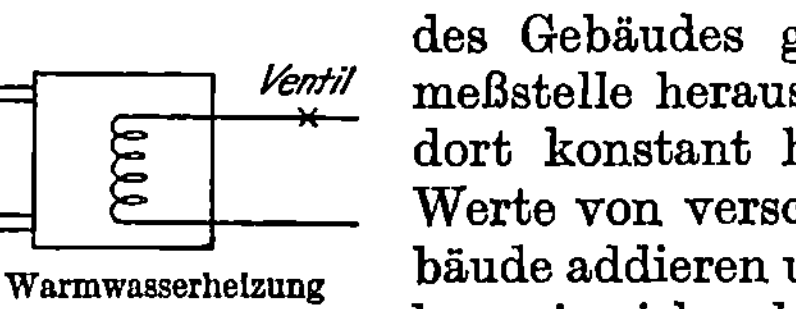

Abb. 8. Warmwasserheizung

Um die Anordnung mit einfachen Mitteln untersuchen zu können, sei von einer allerdings nicht vollkommen zutreffenden Annahme ausgegangen. Die Durchflußgeschwindigkeit des Warmwassers hängt sicher von der Temperaturdifferenz des abfließenden Warmwassers und des zurückfließenden abgekühlten Wassers ab. Wenn die zugeführte Dampfmenge vergrößert wird, steigt die Wassergeschwindigkeit und umgekehrt. Wir wollen nun aber annehmen, daß die Geschwindigkeit konstant sei, was sich z.B. durch Einbau einer Pumpe in den Wasserkreislauf ohne weiteres verwirklichen ließe. Bei Erhöhung des Dampfstromes steigt praktisch sofort auch die Temperatur des aus dem Dampfheizkörper abfließenden Wassers. Es vergeht dann aber erst eine gewisse Zeit, wir nennen sie Totzeit T_{It}, bis das Wasser mit der höheren Temperatur in die Heizkörper in den verschiedenen Räumen des Gebäudes gelangt ist. Erst nach dieser Zeit beginnt in den Räumen ein Temperaturanstieg. Diese Zeit ist selbstverständlich verschieden für die verschiedenen Räume, wir nehmen wieder einen mittleren Wert an. Der Temperaturanstieg im Raum soll bei konstanter Warmwassertemperatur nach einer normalen Erwärmungskurve (Exponentialkurve mit der Zeitkonstante T_{II}) erfolgen.

Die Verhältnisse liegen in Wirklichkeit etwas schwieriger, aber ein ungefähres Bild über die Vorgänge bekommen wir bei diesen Annahmen doch sicher.

Wir versuchen nun an Hand eines Zahlenbeispiels, ob wir auch hier mit einer „Zweipunkt-Regelung" auskommen. Die Totzeit T_{It} sei mit 0,25 h, die Erwärmungszeitkonstante der Räume T_{II} mit 1,5 h gegeben. Die maximale Temperatur, die sich bei dauernd voll geöffneter Dampfleitung einstellen würde, soll 30 °C, die minimale bei vollständiger Abstellung der Dampfheizung 5 °C, die Solltemperatur 18 °C betragen. Die Unempfindlichkeit unseres Temperaturrelais soll Null sein. Zur Zeit $t = 0$ soll eine Temperaturabweichung vom Sollwert von (—8 °C)

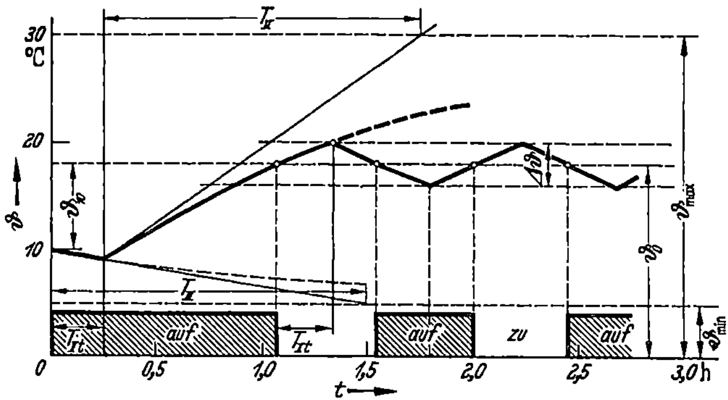

Abb. 9. Temperaturverlauf bei Warmwasserheizung mit „Zweipunkt-Regelung"

vorhanden sein und das Dampfventil gerade öffnen. In Abb. 9 ist der Temperaturverlauf bei „Zweipunkt-Regelung" aufgezeichnet. Die Konstruktion der Kurve geht ohne weiteres aus dem Bild hervor. (ϑ ist hier für die tatsächliche Temperatur in °C gesetzt.)

Wenn wir in dem in Betracht kommenden Bereich die Erwärmungskurven geradlinig annehmen, betragen hier die dauernden Temperaturschwankungen

$$\Delta\vartheta = (\vartheta_{max} - \vartheta_{min})\frac{T_{It}}{T_{II}} = 25\ °\mathrm{C}\cdot\frac{0,25}{1,5} = 4,2\ °\mathrm{C}$$

oder $\pm\,2,1$ °C, obwohl wir für unser Temperaturrelais die Unempfindlichkeit 0 angenommen haben. Nach der Kurve Abb. 9 ergeben sich $\pm\,2,0$ °C.

Die Raumtemperatur würde also dauernd zwischen 16 °C und 20 °C schwanken. Eine solche Regelung könnte kaum als brauchbar bezeichnet werden, besonders, wenn man berücksichtigt, daß die Schwankung mit Rücksicht auf die nicht zu vermeidende Unempfindlichkeit des Regelrelais noch größer wird. Wir sehen somit, daß bei Regelstrecken mit mehr als *einem* verzögerungsbehafteten Regelglied die Zweipunkt-Regelung nur in beschränktem Maße Verwendung finden kann.

In Abschn. 2, S. 52 ist gezeigt, wie durch Zusatzeinrichtungen in solchen Fällen die Zweipunkt-Regelung gewissermaßen in eine stetige Regelung umgewandelt werden kann, wobei dann im stationären Betrieb praktisch mit konstanter Temperatur gerechnet werden kann.

V. Schrittweise Ermittlung des Regelvorganges bei Totzeitglied im Regelkreis mit Hilfe des Frequenzganges

Nach dem in Abb. 10 aufgezeichneten Schema wird die Regelstrecke $R.St.$ mit dem Frequenzgang $\mathfrak{F}_a$ durch den stetigen Regler R mit dem Frequenzgang $\mathfrak{F}_b$ unter Zwischenschaltung eines Totzeitgliedes $T.G.$ mit der Totzeit T_t geregelt. Die Regelstrecke wird durch die Störgröße σ gestört. Wir ermitteln den Regelvorgang schrittweise in Zeitabschnitten von der Länge der Totzeit T_t. Zur Zeit $t = 0$ soll die Störung, die wir zunächst sinusförmig veränderlich mit der Zeit annehmen wollen, einsetzen.

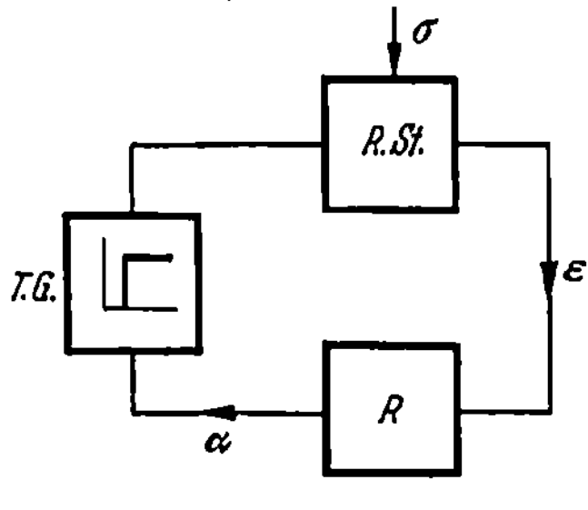

Abb. 10. Regelkreis mit Totzeit-Glied

Im ersten Zeitabschnitt $0 < t < T_t$ wirkt nur die Störung, da auch bei sofortigem Ansprechen des Reglers das Totzeitglied eine Einwirkung des Reglers auf die Regelstrecke verhindert. Im ersten Abschnitt gilt also für die Eingangs- und Ausgangsgröße des Reglers.

$$
1. \qquad \begin{aligned}
\vec{\varepsilon}_1 &= \vec{\sigma}\,\mathfrak{F}_\sigma\;; \\
\vec{\alpha}_1 &= \vec{\varepsilon}_1\,\mathfrak{F}_b = \vec{\sigma}\,\mathfrak{F}_\sigma\,\mathfrak{F}_b\,.
\end{aligned} \qquad\qquad (15)
$$

Im zweiten Abschnitt wirkt auf die Regelstrecke außer der Störung jetzt auch noch die Ausgangsgröße des Reglers, wie sie im ersten Abschnitt ermittelt wurde. Es gilt also

$$
2. \quad \begin{aligned}
\vec{\varepsilon}_2 &= \vec{\sigma}\,\mathfrak{F}_\sigma + \vec{\alpha}_1\,\mathfrak{F}_a = \vec{\sigma}\,\mathfrak{F}_\sigma + \vec{\sigma}\,\mathfrak{F}_\sigma\,\mathfrak{F}_b\,\mathfrak{F}_a = \vec{\sigma}\,\mathfrak{F}_\sigma\,(1 + \mathfrak{F}_a\,\mathfrak{F}_b)\;; \\
\vec{\alpha}_2 &= \vec{\varepsilon}_2\,\mathfrak{F}_b = \vec{\sigma}\,\mathfrak{F}_\sigma\,\mathfrak{F}_b + \vec{\sigma}\,\mathfrak{F}_\sigma\,\mathfrak{F}_b^2\,\mathfrak{F}_a\,.
\end{aligned} \quad (16)
$$

Entsprechend wird im dritten Abschnitt

$$
3. \quad \begin{aligned}
\vec{\varepsilon}_3 &= \vec{\sigma}\,\mathfrak{F}_\sigma + \vec{\alpha}_2\,\mathfrak{F}_a = \vec{\sigma}\,\mathfrak{F}_\sigma\,(1 + \mathfrak{F}_a\,\mathfrak{F}_b + \mathfrak{F}_a^2\,\mathfrak{F}_b^2) \\
\vec{\alpha}_3 &= \vec{\varepsilon}_3\,\mathfrak{F}_b = \vec{\sigma}\,\mathfrak{F}_\sigma\,(\mathfrak{F}_b + \mathfrak{F}_a\,\mathfrak{F}_b^2 + \mathfrak{F}_a^2\,\mathfrak{F}_b^3)
\end{aligned} \quad (17)
$$

und schließlich allgemein im n-ten Abschnitt, wenn für $\mathfrak{F}_a\,\mathfrak{F}_b = \mathfrak{F}_R$ (Frequenzgang des Regelkreises ohne Totzeit) gesetzt wird:

$$
n. \qquad \vec{\varepsilon}_n = \vec{\sigma}\,\mathfrak{F}_\sigma\,(1 + \mathfrak{F}_R + \mathfrak{F}_R^2 + \mathfrak{F}_R^3 + \cdots + \mathfrak{F}_R^{n-1})\,. \qquad (18)
$$

Dabei ist zu beachten, daß die Wirkung der einzelnen Glieder zu verschiedenen Zeiten einsetzt. Allgemein beginnt das Glied $\mathfrak{F}_R^k$ im Abschnitt $(k + 1)$ also bei $t = k\,T_t$ wirksam zu werden.

Beim Übergang von der Sinus-Störung zur Sprung-Störung kann genau so vorgegangen werden, wie in Abschn. 8 gezeigt (Tabellen oder Partialbruchzerlegung), wobei allerdings dieser Übergang in jedem Zeitabschnitt und zwar für die verschiedenen wirksamen Glieder durchgeführt werden muß. An Hand eines einfachen, jedoch wichtigen Beispieles sei die Durchführung der Rechnung bzw. Konstruktion noch näher erläutert.

Es sei angenommen, daß die Regelstrecke keine Energiespeicher aufweist und damit ohne Verzögerung sowohl der Störung als auch der Beeinflussung vom Regler her (nach dem Totzeitglied!) folgt. Eine solche Anordnung wird allgemein als schwer regelbar angesehen. Der Regler sei ein *PI*-Regler (astatisch, vorübergehend statisch). Abb. 11 zeigt das Regelschema. Es wird in diesem Fall

$$\mathfrak{F}_a = 1{,}0 \; ; \; \mathfrak{F}_\sigma = 1{,}0 \; ;$$

$$\mathfrak{F}_b = -\frac{1 + \varkappa\, p\, T_y}{p\, T_y}$$

[nach Gl. (2/73) mit $T_n = \dfrac{T_y}{\delta_v}$ und $\dfrac{1}{\delta_v} = \varkappa$].

Außerdem sei $\varkappa = 0{,}35$; $\dfrac{T_y}{T_t} = 1{,}06$; $\varkappa\dfrac{T_y}{T_t} = 0{,}37$.

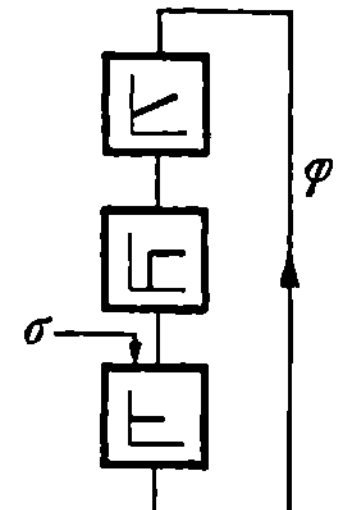

Abb. 11. Regelschema einer Regelung an einer Regelstrecke mit Totzeit ohne Energiespeicher

Die Konstanten $\varkappa$ und T_y bzw. $\dfrac{T_y}{T_t}$ sind so gewählt, daß die Grundschwingung für den Regelvorgang mit einer relativen Dämpfung von $\varrho = 0{,}414$ arbeitet. Wie diese Konstanten bestimmt werden, ist bei dem S. 214 behandelten Beispiel einer Temperaturregelung gezeigt worden.

Wir betrachten nun die einzelnen Abschnitte und bekommen nach den Gln. (15), (16) und (17), wenn wir für $\varepsilon \to \varphi$ setzen:

1.$\qquad \dfrac{\vec{\varphi_1}}{\vec{\mathstrut\sigma}} = \mathfrak{F}_\sigma = 1{,}0 \; ;$

daraus $\quad \dfrac{\varphi_1(t)}{\sigma_s} = 1{,}0$

2.$\qquad \dfrac{\vec{\varphi_2}}{\vec{\sigma}} = 1{,}0 \left(1 - \dfrac{1 + \varkappa\, p\, T_y}{p\, T_y}\right) = 1{,}0 \left(1 - \dfrac{1}{p\, T_y} - \varkappa\right);$

daraus (s. z. B. Tabelle 7, Nr. 4)

$$\frac{\varphi_2(t)}{\sigma_s} = 1 - \frac{(t - T_t)}{1{,}06\, T_t} - 0{,}35$$

3.$\qquad \dfrac{\vec{\varphi_3}}{\vec{\sigma}} = 1{,}0 \left[1 - \dfrac{1 + \varkappa\, p\, T_y}{p\, T_y} + \left(\dfrac{1 + \varkappa\, p\, T_y}{p\, T_y}\right)^2\right]$

$\qquad\qquad = 1{,}0 \left[1 - \dfrac{1 + p\, 0{,}37\, T_t}{p\, 1{,}06\, T_t} + \left(\dfrac{1 + p\, 0{,}37\, T_t}{p\, 1{,}06\, T_t}\right)^2\right]$

$\qquad\qquad = 1{,}0 \left[1 - \dfrac{1}{p\, 1{,}06\, T_t} - 0{,}35 + \left(\dfrac{1}{(p\, 1{,}06\, T_t)^2} + \dfrac{2 \cdot 0{,}37}{p\, 1{,}12\, T_t} + 0{,}35^2\right)\right];$

daraus (nach Tabellen oder Partialbruchzerlegung siehe Abschn. 6 und 8)

$$\frac{\varphi_3(t)}{\sigma_s} = \left[1 - \frac{(t - 2\, T_t)}{1{,}06\, T_t} - 0{,}35 + 0{,}35^2 + \frac{(t - 2\, T_t) \cdot 2 \cdot 0{,}37}{1{,}12\, T_t} + \frac{1}{2}\frac{(t - 2\, T_t)^2}{(1{,}06\, T_t)^2}\right].$$

Entsprechend lassen sich die weiteren Abschnitte berechnen, wobei aber mit steigender Ordnungszahl der Übergang von Frequenzgang zur Übergangsfunktion immer mühseliger wird. Nun klingen aber die Oberwellen verhältnismäßig schnell ab und praktisch wirksam bleibt nur noch die Grundwelle. Man kann daher diese schrittweise Ermittlung des Regelvorganges auf die ersten Abschnitte beschränken und dann den Vorgang nur noch unter Berücksichtigung der Grundwelle nach Abschn. 8 berechnen oder graphisch angenähert ermitteln (Abschn. 8/II). Der Vorteil der hier behandelten Methode liegt vor allem darin, daß gerade zu Beginn des Regelvorganges in einem Gebiet, in dem mit allen anderen Verfahren meist wenig genaue Ergebnisse erzielt werden können, der exakte Verlauf der Regelkurve einfach gefunden werden kann.

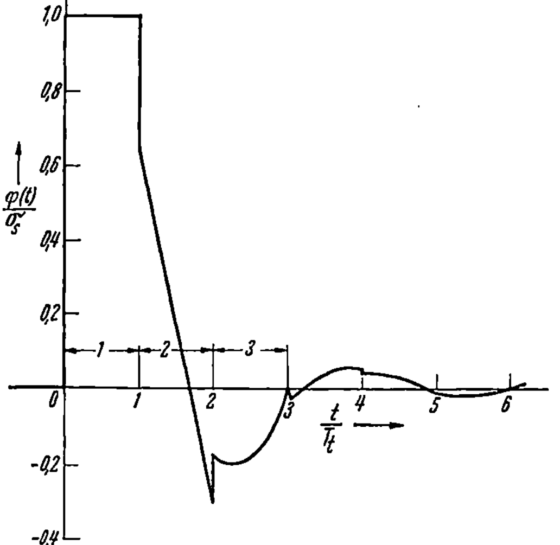

Abb. 12. Schrittweise Ermittlung des Regelvorganges bei einer Regelung nach Abb. 11

Abb. 12 zeigt das Ergebnis dieser schrittweisen Ermittlung des Regelvorganges. Man sieht, daß die Regelung durchaus befriedigend arbeitet. Nach einer Zeit von ca. 5 bis $6 \cdot T_t$ ist die Störung beseitigt. Würde man eine reine P-Regelung vorsehen, so müßte $\varkappa < 1{,}0$ gewählt werden, um stabile Regelung zu erzielen, wobei dann eine bleibende Abweichung

$$\frac{\varphi_\infty}{\sigma_s} = \frac{1}{1 + \varkappa} > \frac{1}{1 + 1} = \frac{1}{2}$$ auftreten würde [15]. Erst durch Anwendung einer PI-Regelung lassen sich also im vorliegenden Fall befriedigende Regelbedingungen erzielen.

VI. Regelung mit Schrittregler

a) Allgemeines über Schrittregler. Besonders bei Regelstrecken mit großer wirksamer Zeitverzögerung zwischen Ausgangs- und Eingangsgröße, wie z. B. bei der Temperaturregelung, werden vielfach sog. Schrittregler, oft auch als Fallbügelregler, entsprechend den Fallbügelschreibern ausgeführt, verwendet. Bei dieser Bauart von Reglern wird die Eingangsgröße der Regelstrecke nicht kontinuierlich, sondern absatzweise, im allgemeinen nach bestimmten, festen Zeitabschnitten, verstellt. Man kann auf diese Weise sehr einfach große mittlere Stellzeiten, also kleine

Verstellgeschwindigkeiten erreichen, wie dies bei Regelstrecken mit großer Zeitverzögerung mit Rücksicht auf Stabilität erforderlich ist. Abb. 13 zeigt schematisch den Aufbau eines solchen Reglers. Der Zeiger *1* wird durch ein von der Regelgröße gespeistes Meßsystem *2* beeinflußt und befindet sich bei Regelabweichung Null in der gezeichneten Stellung. Bei einer Abweichung geht er je nach ihrer Richtung nach rechts oder links. Durch die Nockenscheibe *3*, die angetrieben wird durch einen Federtrieb oder einen kleinen Synchronmotor *4*, wird der Zeiger *1* über den Druckbügel *5* periodisch gehoben und damit der Wert der Regelgröße abgetastet. In der gezeichneten Stellung des Zeigers, also beim Sollwert der Regelgröße, kann dieser frei nach oben gehen, nicht aber bei einer Verschiebung nach rechts oder links, also bei Vorhandensein einer Regelabweichung. In diesem letzteren Fall stößt der Zeiger gegen eine der Wippen, *6a* oder *6b*, verdreht diese und betätigt damit Quecksilberschalter *7*, die auf den Wippen angebracht sind.

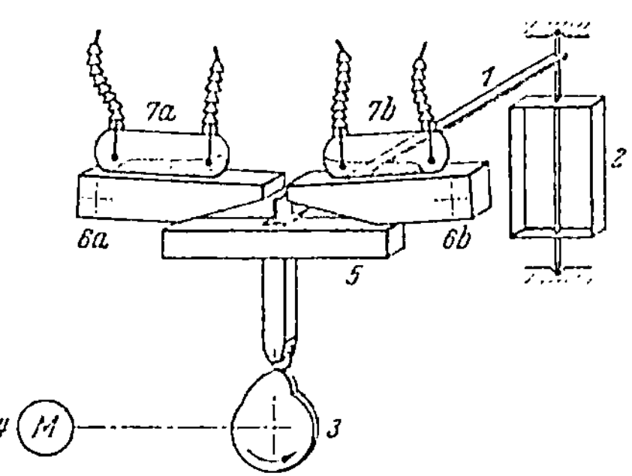

Abb. 13. Grundsätzlicher Aufbau eines Schrittreglers

Durch diese Schalter wird ein Verstellmotor eingeschaltet, der die Eingangsgröße der Regelstrecke im korrigierenden Sinn verstellt. Durch entsprechende Ausbildung der Nockenscheibe *3* und der unteren Schräge der Wippen *6* läßt sich erreichen, daß die Zeit, während der die Schalter *7* bei einer Umdrehung der Nockenscheibe eingeschaltet sind, in einem gewissen Bereich etwa proportional der Regelabweichung wird.

Ist bei dauernd eingeschaltetem Motor und bei einer Eingangsgröße der Regelstrecke, welche im Endzustand eine Änderung der Regelgröße um den Sollwert ergibt, die Verstellzeit T'_s, so ist jetzt eine wesentlich vergrößerte, von der Regelabweichung φ abhängige mittlere Verstellzeit, wirksam. Der Verstellmotor, einmal eingeschaltet, läuft mit konstanter Drehzahl und verstellt die Steuergröße in jeder Schaltperiode um einen der Einschaltzeit entsprechenden Betrag.

Man führt solche Regler immer so aus, daß auch bei großen Regelabweichungen die Zeit, während der der Verstellmotor eingeschaltet ist, die Tastzeit, klein bleibt gegenüber der Gesamtzeit einer Schaltperiode, die einer Umdrehung der Nocke *3* entspricht. Für unsere weiteren Überlegungen können wir daher annehmen, daß in den durch die Drehzahl der Nockenscheibe gegebenen Zeitabschnitten T_c die Steuergröße momentan („Tastmoment") um einen der Regelabweichung entsprechenden Betrag verstellt wird. Abb. 14 zeigt den Verlauf der bezogenen Steuergröße μ abhängig von der Zeit bei zwei verschiedenen Regelabweichungen.

Ist die Zeit T_c klein gegenüber der Verzögerungszeit in der Regelstrecke, was als zweckmäßig anzustreben ist, und was sich meist auch erreichen läßt, so kann einfach mit der mittleren Verstellgeschwindigkeit gerechnet werden und wir haben dann einen normalen astatischen oder Integral-Regler vor uns, dessen Konstanten folgendermaßen festgelegt werden können:

Wir beziehen die Steuergröße μ auf den Wert, der einer Änderung der Regelgröße um ihren Sollwert ($\varphi = 1{,}0$) entspricht und setzen die jeweilige, der Regelabweichung verhältnisgleiche Treppenhöhe nach Abb. 14, die mit Rücksicht auf richtigen Regelsinn das umgekehrte Vorzeichen wie φ haben muß,

$$\Delta\mu = -\varkappa\varphi . \tag{19}$$

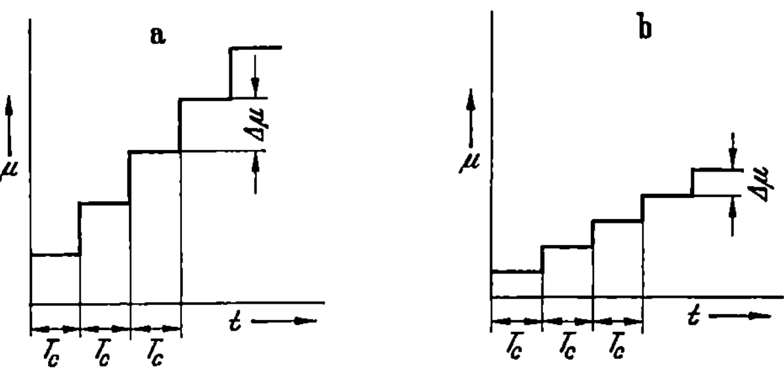

Abb. 14a u. b. Zeitlicher Verlauf der Ausgangsgröße bei konstanter Eingangsgröße

Die mittlere Verstellgeschwindigkeit wird damit

$$\left(\frac{d\mu}{dt}\right)_m = \frac{\Delta\mu}{T_c} = -\frac{\varkappa\varphi}{T_c} \tag{20}$$

und somit die wirksame Verstellzeit T_s (Verstellzeit, in der bei $\varphi = 1$ der Bereich $\mu = 1$ durchlaufen wird):

$$T_s = \frac{T_c}{\varkappa} \tag{21}$$

(S. 45. Für T_y hier T_s gesetzt.)

Schwieriger werden die Verhältnisse aber dann, wenn die Schrittzeit T_c aus irgendwelchen Gründen so gewählt werden muß, daß sie nicht mehr sehr klein ist gegen die Verzögerung in der Regelstrecke. Der Regler verliert dann seine Eigenschaft als stetiger Regler und der Regelvorgang kann nur noch schrittweise für die einzelnen Zeitintervalle (T_c) ermittelt werden. Für zwei Regelstrecken — Strecke mit einem und Strecke mit zwei Verzögerungsgliedern — soll nachstehend diese schrittweise Ermittlung erläutert werden.

b) Regelstrecke mit einem Verzögerungsglied. Nach dem Regelschema Abb. 15 soll durch den Schrittregler M die Ausgangsgröße der aus dem Regelglied V_I bestehenden Regelstrecke geregelt werden. Das Glied V_I soll ein Glied mit Weg-Geschwindigkeitssteuerung (Regelglied mit Ausgleich) sein. Die Differentialgleichung dieses Gliedes lautet demnach, wenn seine bezogene Eingangsgröße, also die Ausgangsgröße des Reglers mit φ bezeichnet wird (Gl. 3/27).

$$\varphi' T_1 + \varphi = \mu . \tag{22}$$

Da während einer Schrittzeit, z. B. der n-ten, entsprechend Abb. 14 $\mu = \text{const} = \mu_n$ ist, ergibt sich für die Regelgröße während dieser Zeit die Gleichung

$$\varphi_n' \, T_1 + \varphi_n = \mu_n \tag{23}$$

mit der Lösung

$$\varphi_n = \mu_n + (\varphi_{n0} - \mu_n)\, e^{-\frac{t}{T_1}} \tag{24}$$

und damit

$$\varphi_{(n+1)0} = \mu_n + (\varphi_{n0} - \mu_n)\, e^{-\frac{T_c}{T_1}} = \mu_n\,(1 - D_1) + \varphi_{n0}\, D_1 . \tag{25}$$

Dabei ist φ_{n0} die Regelgröße zu Beginn der Schrittzeit n $(t = 0)$ und $\varphi_{(n+1)0}$ am Ende, also am Anfang der Schrittzeit $n + 1$. Für $e^{-\frac{T_c}{T_1}}$ ist D_1 gesetzt.

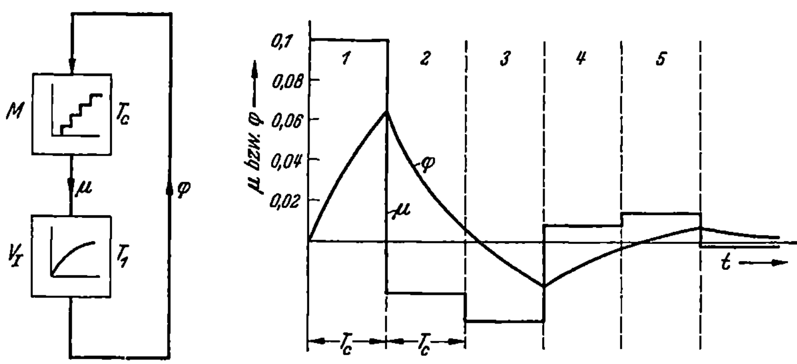

Abb. 15. Regelschema bei Regelung einer Regelstrecke mit einem Verzögerungsglied durch einen Schrittregler

Abb. 16. Regelvorgang bei einer Regelung nach Schema entsprechend Abb. 15

Da nach Gl. (19) auch der Zusammenhang zwischen $\mu_{(n+1)0}$ und μ_n bekannt ist, nämlich

$$\mu_{(n+1)} = \mu_n - \varkappa\, \varphi_{(n+1)0} \tag{26}$$

kann die Integration schrittweise durchgeführt werden entsprechend Abb. 16.

$$\left.\begin{aligned}
\varphi_{20} &= \mu_1\,(1 - D_1) + \varphi_{10}\, D_1 \\
\mu_2 &= \mu_1 - \varkappa\, \varphi_{20} \\
\varphi_{30} &= \mu_2\,(1 - D_1) + \varphi_{20}\, D_1 \\
\mu_3 &= \mu_2 - \varkappa\, \varphi_{30} \\
&\ \cdot \quad \cdot \quad \cdot \quad \cdot \\
&\ \cdot \quad \cdot \quad \cdot \quad \cdot \\
&\ \cdot \quad \cdot \quad \cdot \quad \cdot \\
\varphi_{n0} &= \mu_{(n-1)}\,(1 - D_1) + \varphi_{(n-1)0}\, D_1 \\
\mu_n &= \mu_{n-1} - \varkappa\, \varphi_{n0} .
\end{aligned}\right\} \tag{27}$$

Bei der Abb. 16 ist für $\dfrac{T_c}{T_1} = 1,0$ und für $\varkappa = 2$ angenommen, so daß $D_1 = e^{-\frac{T_c}{T_1}} = e^{-1} = 0,37$ wird. Bei Beginn des Vorganges soll eine

Störung aufgetreten sein, die einer Abweichung der bezogenen Steuergröße $\mu_1 = 0{,}1$ entspricht. Der Bezugswert für μ ist so gewählt, wie oben angegeben ($\mu = 1$ gibt letztlich auch $\varphi = 1$).

Der Abb. 16 ist zu entnehmen, daß bei dem angenommenen Wert für $\varkappa$ bzw. für die bezogene wirksame Verstellzeit (Gl. 21) $\dfrac{T_s}{T_1} = \dfrac{T_c}{\varkappa\,T_1}$ $= \dfrac{1}{2} = 0{,}5$ der Regelvorgang gut gedämpft verläuft. Während aber bei einer Regelung nach Schema Abb. 15 und Verwendung eines *stetigen*

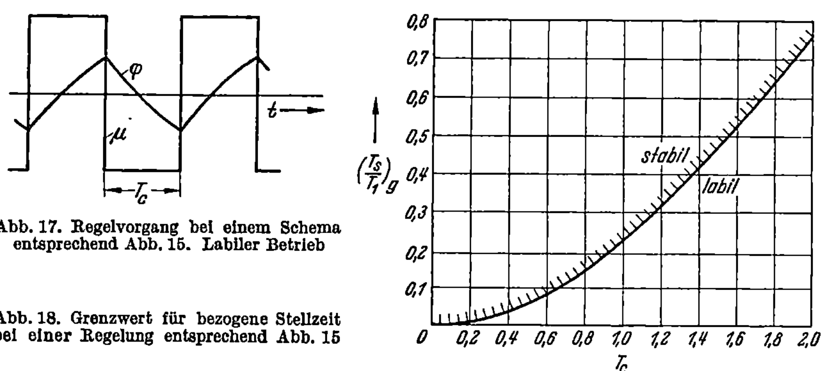

Abb. 17. Regelvorgang bei einem Schema entsprechend Abb. 15. Labiler Betrieb

Abb. 18. Grenzwert für bezogene Stellzeit bei einer Regelung entsprechend Abb. 15

Reglers die Regelschwingung unabhängig von der gewählten Verstellzeit immer gedämpft verläuft, besteht jetzt mit Schrittregler bei zu kleiner Verstellzeit, also zu großem Wert für $\varkappa$ die Gefahr von Pendelungen, also von Labilität. Die Grenze der Stabilität ist dann erreicht, wenn entsprechend Abb. 17 Regelgröße φ und Steuergröße μ bei jedem Schritt ihr Vorzeichen wechseln, ihre Größe aber beibehalten. In diesem Fall wird

$$\varphi_{(n+1)0} = -\,\varphi_{n0} \quad \text{und} \quad \mu_{n+1} = -\,\mu_n\,.$$

Da aber nach Gl. (27)

$$\mu_{n+1} = \mu_n - \varkappa\,\varphi_{n+1}$$

und

$$\varphi_{(n+1)\,0} = \mu_n\,(1 - D_1) + \varphi_{n0}\,D_1$$

läßt sich der Grenzwert von $\varkappa$, bei dem die Pendelung entsprechend Abb. 17 auftritt, einfach errechnen. Es wird

$$\varkappa_g = 2\,\frac{1 + D_1}{1 - D_1}\,^1 \tag{28}$$

bzw.

$$\left(\frac{T_s}{T_1}\right) = \frac{T_c}{\varkappa_g\,T_1} = \frac{T_c}{T_1}\,\frac{1 - D_1}{2\,(1 + D_1)} = \frac{T_c}{T_1}\,\frac{1 - e^{-\frac{T_c}{T_1}}}{2\left(1 + e^{-\frac{T_c}{T_1}}\right)}\,. \tag{29}$$

---

[1] Dieses Ergebnis kann auch mit Hilfe der Differenzenrechnung [*39*] (dabei Anwendung der diskreten LAPLACE-Transformation [*89*]) auf die aber nicht eingegangen werden soll, gefunden werden.

Abb. 18 zeigt die Grenzwerte von $\left(\dfrac{T_s}{T_1}\right)_g$, die nicht unterschritten werden dürfen, abhängig von $\dfrac{T_c}{T_1}$.

Schrittregler werden häufig so ausgeführt, daß die Schritthöhe nicht stetig mit der Regelabweichung wächst, sondern in Stufen. Die Schräge der Wippen *6* in Abb. 13 ist in diesem Fall durch mehrere Stufen ersetzt, so daß die Schritthöhe für verschiedene Abweichungsbereiche konstant bleibt. Damit bleiben aber $\varkappa$ und T_s nicht konstant, sondern verlaufen abhängig von der Regelabweichung z. B. entsprechend Abb. 19. Damit die Regelung auch bei dieser Ausführung des Reglers stabil arbeitet, muß auch hier überall, d. h. bei jedem Wert von φ die wirksame Verstellzeit T_s über den in Abb. 18 aufgezeichneten Werten liegen. Bei der graphischen Ermittlung des Regelvorganges kann

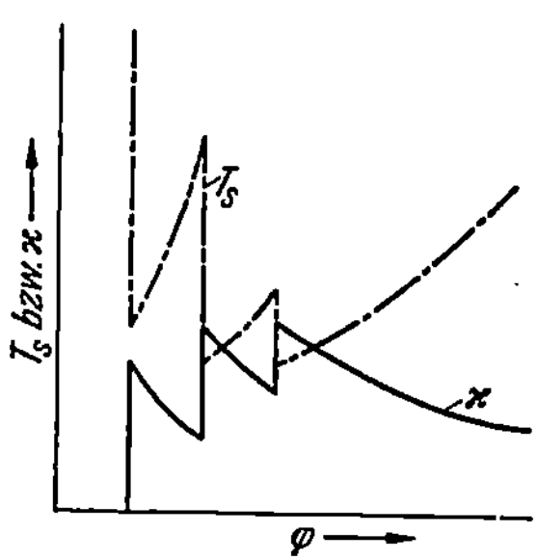

Abb. 19. Verstärkungsfaktor $\varkappa$ und wirksame Stellzeit bei einem Schrittregler mit mehreren Stufen

im übrigen der Ersatz der stetig veränderlichen durch die stufenweise Schritthöhe ohne Schwierigkeiten berücksichtigt werden.

c) Regelstrecke mit 2 Verzögerungsgliedern. Nach dem Regelschema Abb. 20 wird durch den Schrittregler M die aus den beiden Regelgliedern V_I und V_{II} bestehende Regelstrecke geregelt. Beide Regelglieder weisen Weg-Geschwindigkeitssteuerung (Glieder mit Ausgleich) auf. Die Einzel-Differentialgleichungen der 2 Glieder V_I und V_{II} entsprechen der Gl. (22). Aus diesen zwei Gleichungen läßt sich die Eingangsgröße des zweiten Gliedes eliminieren und wir erhalten den Zusammenhang zwischen φ und μ:

$$\varphi'' \, T_1 \, T_2 + \varphi' \, (T_1 + T_2) + \varphi = \mu \, . \tag{30}$$

Da auch hier während einer Schrittzeit die Steuergröße konstant, für den n-ten Abschnitt z. B. gleich μ_n ist, ergibt sich für diesen Abschnitt $[p_1 = -\dfrac{1}{T_1}$ und $p_2 = -\dfrac{1}{T_2}$ die Wurzeln der charakteristischen Gleichung von (30)]:

$$\varphi_n = \mu_n + C_{1n} \, e^{-\frac{t}{T_1}} + C_{2n} \, e^{-\frac{t}{T_2}} \, . \tag{31}$$

Die Integrationskonstanten C errechnen sich aus den Anfangswerten φ_{n0} und φ'_{n0}. Es wird

$$C_{1n} = \frac{\varphi_{n0} + \varphi'_{n0} \, T_2 - \mu_n}{1 - \dfrac{T_2}{T_1}} \tag{32}$$

$$C_{2n} = \frac{\varphi_{n0} + \varphi'_{n0} \, T_1 - \mu_n}{1 - \dfrac{T_1}{T_2}} \, . \tag{33}$$

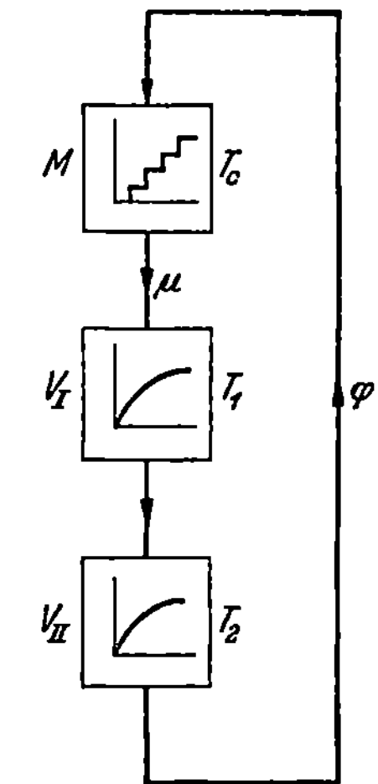

Abb. 20. Regelschema bei Regelung einer Regelstrecke mit 2 Verzögerungsgliedern durch einen Schrittregler

Nach Gl. (31) wird, wenn für $e^{-\frac{T_c}{T_1}} \equiv D_1$ und für $e^{-\frac{T_c}{T_2}} \equiv D_2$ gesetzt wird,

$$\varphi_{(n+1)0} = \mu_n + C_{1n} D_1 + C_{2n} D_2 \tag{34}$$

und

$$T_1 \varphi'_{(n+1)0} = - D_1 C_{1n} - \frac{T_1}{T_2} D_2 C_{2n} . \tag{35}$$

Da außerdem auch hier

$$\mu_n = \mu_{n-1} - \varkappa \varphi_{n0} , \tag{36}$$

kann die schrittweise Berechnung durchgeführt werden, wenn mit bestimmten Ausgangswerten φ und φ' begonnen wird.

Für das unter b mit *einem* Verzögerungsglied behandelte Beispiel ist diese Rechnung mit $\varkappa = 2{,}0; \frac{T_c}{T_1} = 1{,}0; \frac{T_1}{T_2} = 2{,}0;$ also $D_1 = 0{,}37;$

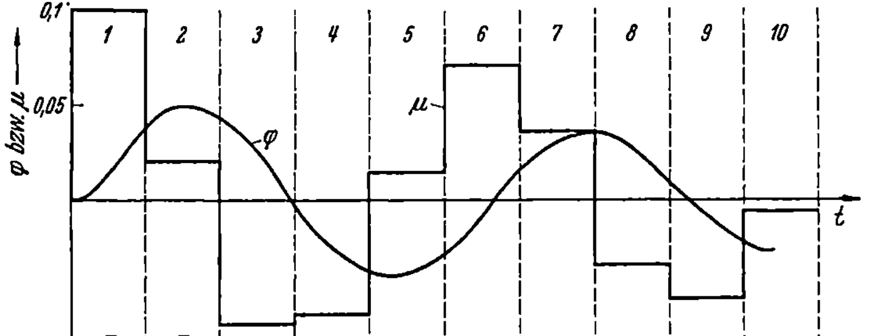

Abb. 21. Regelvorgang bei einem Schema entsprechend Abb. 20

$D_2 = 0{,}14$ ausgeführt, entsprechend Abb. 21. Für die ersten zwei Abschnitte sei die Rechnung zahlenmäßig wiedergegeben:

Abschn. 1: $\mu = \mu_1 = 0{,}1; \quad \varphi_{10} = 0; \quad \varphi'_{10} = 0$

$$C_{11} = \frac{-0{,}1}{0{,}5} = - 0{,}2$$

$$C_{21} = \frac{-0{,}1}{-1} = + 0{,}1 .$$

Abschn. 2:

$$\varphi_{20} = \mu_1 + C_{11} D_1 + C_{21} D_2 = 0{,}1 - 0{,}2 \cdot 0{,}37 + 0{,}1 \cdot 0{,}14 = 0{,}040$$

$$T_1 \varphi'_{20} = - D_1 C_{11} - \frac{T_1}{T_2} D_2 C_{21} = 0{,}37 \cdot 0{,}2 - 2 \cdot 0{,}14 \cdot 0{,}1 = 0{,}046$$

$$\mu_2 = \mu_1 - \varkappa \varphi_{20} = 0{,}1 - 2 \cdot 0{,}04 = 0{,}02$$

$$C_{12} = \frac{\varphi_{20} + \varphi'_{20} T_1 \frac{T_2}{T_1} - \mu_2}{1 - \frac{T_2}{T_1}} = \frac{0{,}04 + 0{,}046 \cdot 0{,}5 - 0{,}02}{0{,}5} = 0{,}086$$

$$C_{22} = \frac{\varphi_{20} + \varphi'_{20} T_1 - \mu_2}{1 - \frac{T_1}{T_2}} = \frac{0{,}04 + 0{,}046 - 0{,}02}{-1} = - 0{,}066 .$$

Man sieht aus Abb. 21, daß der Regelvorgang nicht gut gedämpft verläuft und deshalb die bezogene Stellzeit $\dfrac{T_c}{\varkappa\, T_1}$ hier größer als 0,5 ($\varkappa < 2{,}0$) gemacht werden muß.

Auch schon bei Verwendung eines stetigen Integralreglers kann bei der Anordnung nach Schema Abb. 20 die Stellzeit T_s nicht beliebig klein gemacht werden. Die Differentialgleichung des geschlossenen Regelkreises wird in diesem Fall

$$\varphi'''\, T_s\, T_1\, T_2 + \varphi''\, T_s\,(T_1 + T_2) + \varphi'\, T_s + 1 = 0 \; . \tag{37}$$

Nach Abschnitt 10 läßt sich hieraus der Mindest-Grenzwert für $\left(\dfrac{T_s}{T_1}\right)_g$, bei dem gerade ungedämpfte Schwingungen auftreten, errechnen.

Es wird

$$\left(\frac{T_s}{T_1}\right)_g = \frac{\dfrac{T_2}{T_1}}{1 + \dfrac{T_2}{T_1}} \; . \tag{38}$$

Bei Schrittregelung, wenigstens dann, wenn nicht $\dfrac{T_c}{T_1} \ll 1$ und damit der Schrittregler praktisch wie ein stetiger Regler arbeitet, muß im allgemeinen die wirksame Stellzeit größer als Gl. (38) entsprechend gewählt werden, wenn die Regelung stabil werden soll. Die Berechnung des Grenzwertes für $\left(\dfrac{T_s}{T_1}\right)_g$ ist in diesem Fall nicht ganz einfach, da jetzt für die Anordnung mehrere Schwingungsmöglichkeiten gegeben sind.

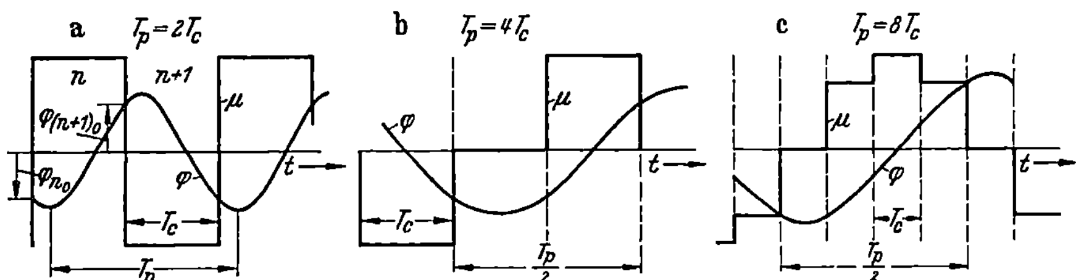

Abb. 22a—c. Verschiedene Schwingungsmöglichkeiten bei einer Regelung entsprechend Abb. 20

Einige solcher Möglichkeiten sind in Abb. 22 aufgezeichnet. Im Fall a ist die Schwingungsdauer einer Regelschwingung $T_p = 2\, T_c$, bei b ist $T_p = 4\, T_c$ und bei c $T_p = 8\, T_c$. Welche Schwingung sich im labilen Fall tatsächlich einstellt, hängt von den Zeitkonstanten T_c, T_1, T_2 bzw. ihren Verhältnissen zueinander ab. Im Fall a ($T_p = 2\, T_c$) läßt sich der Grenzwert für $\varkappa$ und damit für $\left(\dfrac{T_s}{T_1}\right)_g$ nach folgenden Bedingungen errechnen:

1) $\qquad \varphi_{(n+1)0} = -\,\varphi_0$

2) $\qquad \varphi'_{(n+1)0} = -\,\varphi'_{n0}$

3) $\qquad \mu_n = -\,\mu_{n+1} = -\,\varphi_{n0}\,\dfrac{\varkappa}{2}$

und man erhält unter Berücksichtigung der Gln. (31) bis (35)

$$\varkappa_g = 2 \, \frac{(1 + D_1) \, (1 + D_2) \left(\dfrac{T_1}{T_2} - 1 \right)}{- (1 + D_1) \, (1 - D_2) + \dfrac{T_1}{T_2} (1 - D_1) \, (1 + D_2)} \tag{39}$$

bzw.

$$\left(\frac{T_s}{T_1} \right)_g = \left(\frac{T_c}{T_1 \varkappa_g} \right) = 0,5 \, \frac{T_c}{T_1} \, \frac{- (1 + D_1) \, (1 - D_2) + \dfrac{T_1}{T_2} (1 - D_1) \, (1 + D_2)}{(1 + D_1) \, (1 + D_2) \left(\dfrac{T_1}{T_2} - 1 \right)} \, . \tag{40}$$

Bei Fall c kann die Regelschwingung (φ) schon mit großer Annäherung als Sinusschwingung aufgefaßt werden, so daß für die Stabilität auch praktisch nur die Grundschwingung von $\mu = f(t)$ berücksichtigt zu werden braucht (Abschn. 11/II). Nimmt man für $\varphi(t)$ eine Sinusschwingung an und macht man jeden Schritt von μ wieder gleich $(-\varkappa\varphi)$, wobei für φ der jeweilige Wert nach der Sinuskurve $(\varphi = \hat{\varphi} \sin v \, t)$ einzusetzen ist, so ergibt sich für μ an der Grenze der Stabilität eine Treppenkurve mit der Grundwelle

$$\mu = 1{,}26 \, \varkappa \, \hat{\varphi} \cos v \, t$$

gegenüber

$$\mu = 1{,}0 \, \frac{1}{T_s \, v} \, \hat{\varphi} \cos v \, t$$

$$\left(\frac{\mathrm{d}\mu}{\mathrm{d}t} = \frac{1}{T_s} \hat{\varphi} \sin v \, t \right)$$

bei stetiger Regelung.

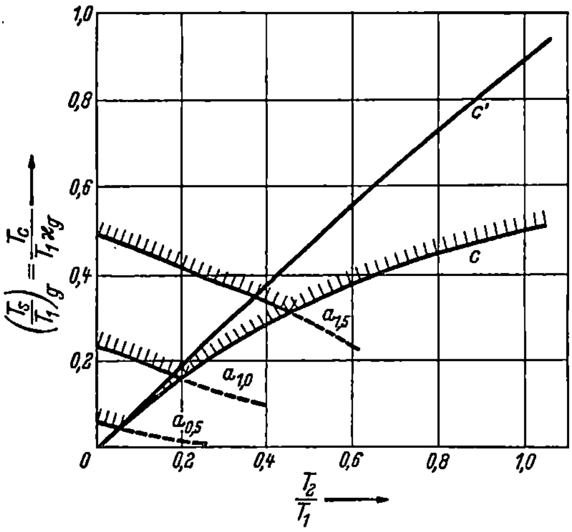

Nun ist aber

$$v = \frac{2\,\pi}{T_p} = \frac{2\,\pi}{T_c} \cdot \frac{T_c}{T_p} \, .$$

Abb. 23. Stabilitätsgrenzen bei einer Regelung entsprechend Abb. 20

a Grenzkurve bei Schwingung entsprechend Abb. 22a
c Grenzkurve bei Schwingung entsprechend Abb. 22c
c' wie c, aber T_s als Totzeit

Also wird bei stetiger Regelung mit $\dfrac{T_c}{T_p} = \dfrac{1}{8}$:

$$\mu_{stg} = 1{,}0 \, \frac{\hat{\varphi} \cos v \, t}{\dfrac{T_s}{T_c} \cdot 2\,\pi \, \dfrac{1}{8}} = \frac{1{,}27}{\dfrac{T_s}{T_c}} \, \hat{\varphi} \cos v \, t \, .$$

Setzen wir noch für $\dfrac{T_c}{T_s} = \varkappa$ nach Gl. (21), so wird

$$\mu_{stg} = 1{,}27 \, \varkappa \cdot \hat{\varphi} \cos v \, t \, .$$

Man sieht also, daß sich bei einem Schwingungsbild nach Abb. 22c praktisch die gleichen Verhältnisse ergeben wie bei stetiger Regelung.

Die Grenze der Stabilität entspricht also auch der bei stetiger Regelung und läßt sich nach Gl. (38) berechnen.

Der Schwingungsfall Abb. 22b gibt günstigere Stabilitätsverhältnisse als der entsprechend c, so daß wir sicher gehen, wenn wir bei Bestimmung der Stellzeit nur die Fälle a und c berücksichtigen.

In Abb. 23 sind die den Fällen a und c entsprechenden untersten Grenzwerte für die bezogene Stellzeit $\frac{T_s}{T_1}$ abhängig von $\frac{T_2}{T_1}$ aufgezeichnet. Bei kleineren Werten von $\frac{T_2}{T_1}$ wird die geringst mögliche Stellzeit durch Schwingungen der Form a bei größeren Werten durch solche der Form c bestimmt. Für den Fall a sind 3 Kurven für $\frac{T_c}{T_1}$ gleich 0,5, 1,0 und 1,5 aufgezeichnet. Von der Kurve c gilt eigentlich immer nur ein Punkt, bei dem sich die Schwingungsform c einstellt. Im übrigen Verlauf gibt die Kurve etwas zu günstige Werte. Sie kann also ohne weiteres als Richtlinie für die Wahl von $\frac{T_s}{T_1}$ verwendet werden, weil sie nach der sicheren Seite abweicht.

In Abb. 23 ist noch die Grenzkurve beim Schwingungsbild c eingetragen, wenn T_2 eine Totzeit darstellt. Die Grenzkurven beim Schwingungsbild a gelten mit genügender Genauigkeit auch für diesen Fall.

Kontrolliert man nun die Stabilitätsverhältnisse bei dem durchgerechneten Beispiel mit $\frac{T_c}{T_1} = 1,0$; $\frac{T_2}{T_1} = 0,5$; $\frac{T_s}{T_1} = 0,5$, das zu einer schlecht gedämpften Regelschwingung geführt hat, so sieht man, daß der entsprechende Punkt in Abb. 23 nur wenig oberhalb der Grenzkurve c liegt, die Stabilitätsverhältnisse also nicht sehr gut sein werden.

d) Schrittregler mit Beeinflussung durch Differenzen. So wie es bei stetigen Reglern in manchen Fällen zweckmäßig oder sogar erforderlich ist (11/II), den Regelkreis außer von der Regelgröße selbst auch noch von deren zeitlichen Ableitungen zu beeinflussen, kann es beim Schrittregler vorteilhaft sein, Differenzen der Regelgröße zwischen den einzelnen Schritten einzuführen. Praktisch wird aber wohl nur die Berücksichtigung der ersten und unter Umständen die zweite Differenz in Frage kommen. Die Höhe der sprungartig angenommenen Änderung der Steuergröße μ (S. 243) wird dann z. B. ($a, b, c > 0$):

$$(\varDelta\mu)_n = -\alpha(\varphi_n) - b(\varphi_n - \varphi_{n-1}) - c[(\varphi_n - \varphi_{n-1}) - (\varphi_{n-1} - \varphi_{n-2})] \quad (41)$$

(Bei stetiger Regelung würde dies der Vorschrift

$$\frac{d\mu}{dt} = -a\,\varphi - b\frac{d\varphi}{dt} - c\frac{d^2\varphi}{dt^2}$$

entsprechen.)

Gl. (41) läßt sich auch in der Form schreiben:

$$(\varDelta\mu)_n = -(a + b + c)\,\varphi_n + (b + 2\,c)\,\varphi_{n-1} - c\,\varphi_{n-2}$$
$$= A\,\varphi_n + B\,\varphi_{n-1} + C\,\varphi_{n-2}. \quad (42)$$

Um die Differenzen bzw. nach Gl. (42) die vorhergehenden Werte zur Verfügung zu haben, müssen die getasteten Werte der Regelgröße gespeichert werden, z. B. in einem mit Röhren und Kondensatoren aufgebautem Register [114], dem sie dann in den Tastmomenten entnommen und mit den entsprechenden Einflußfaktoren [A, B, C Gl. (42)] multipliziert dem Regler zugeführt werden.

Die Berechnung solcher Anordnungen wird schwierig und es empfiehlt sich daher die zweckmäßige Wahl der Einflußfaktoren mit Hilfe eines

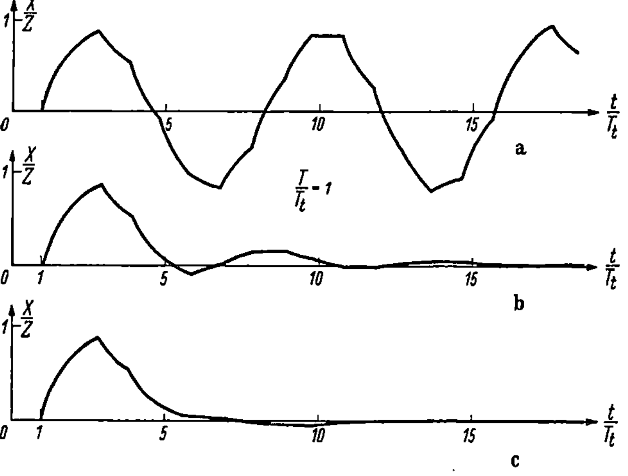

Abb. 24. Schrittregelung mit Aufschaltung von Differenzen
a) ohne
b) mit erster Differenz
c) mit erster und zweiter Differenz

Analogrechners (Regelmodell) zu ermitteln. Man geht dabei am einfachsten so vor, daß man zunächst den Faktor A in Gl. (42) so wählt, daß die Regelung gerade an der Grenze der Stabilität arbeitet und dann die Faktoren B und C durch systematisches Probieren so bestimmt, daß die Regelung günstig wird. Abb. 24 zeigt z. B. die Verhältnisse bei der Regelung einer Regelstrecke mit Totzeitglied (T_t) und einem Proportionalglied mit Verzögerung (T) [114].

C. Die Stabilität der Regelung

10. Stabilitätsuntersuchungen linearer Regelkreise

I. Allgemeines

Wie sich bei der Ermittlung des Regelvorganges gezeigt hat, erfordert die Durchrechnung eines Beispiels bis zum endgültigen Ergebnis schon bei verhältnismäßig einfachen Anordnungen recht viel Zeit. Vor allem ist die Lösung der charakteristischen Gleichung, die ja bei fast allen Methoden erforderlich ist, mühselig, sobald sie höheren als zweiten Grades wird. Vielfach wird sich nun bei der Lösung herausstellen, daß auch Wurzeln mit sehr kleinem negativen oder gar positiven Realteil auftreten, was bedeutet, daß die Regelung unbrauchbar ist. In diesem Fall treten ja in der Lösung Glieder auf, die mit der Zeit nur sehr langsam oder überhaupt nicht verschwinden, so daß also die Anordnung nicht oder erst nach langer Zeit zur Ruhe kommt. Kommt sie überhaupt nicht mehr zur Ruhe, so spricht man von *labiler*, in anderen Fällen von *stabiler* Regelung.

Die Untersuchung der Stabilität entspricht also grundsätzlich der Kontrolle der Wurzeln der charakteristischen Gleichung, die als rein reelle Wurzeln negativ sein, als konjugiert komplexe Wurzeln negative Realteile aufweisen müssen. Die Wurzeln müssen somit in der komplexen Ebene nach Abb. 1 links der imaginären Achse, im schraffierten Gebiet liegen. Sind z. B. die drei in Abb. 1 ein-

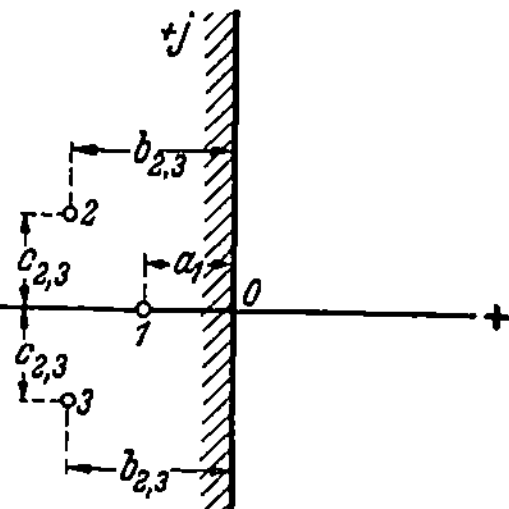

Abb. 1. Lage der Wurzeln der charakteristischen Gleichung bei stabiler Regelung

gezeichneten Wurzeln vorhanden, so werden sich die drei Teilvorgänge:

$$C_1 \, e^{-a_1 t} + e^{-b_{2,3} t} \, (C_2 \cos c_{2,3} \, t + C_3 \sin c_{2,3} \, t)$$

ergeben.

In vielen Fällen wird man sich aber mit der Kontrolle der Stabilität nicht begnügen. Man möchte auch wissen, ob eine bestimmte *Stabilitätsgüte* erreicht wird. Für die Festlegung der Stabilitätsgüte gibt es verschiedene Möglichkeiten. Man kann z. B. verlangen, daß die verschiedenen sich überlagernden Teilvorgänge des Regelvorganges in einer bestimmten Zeit alle abgeklungen sind, also eine bestimmte *Absolutdämpfung* vorschreiben. Das bedeutet aber, daß die Wurzeln der charak-

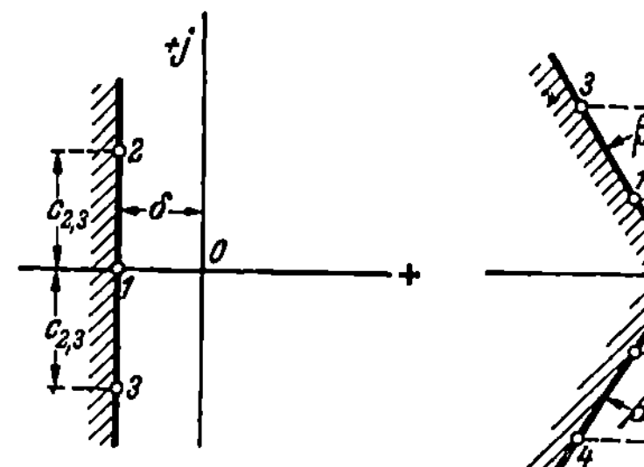

Abb. 2. Lage der Wurzeln bei verlangter absoluter Dämpfung

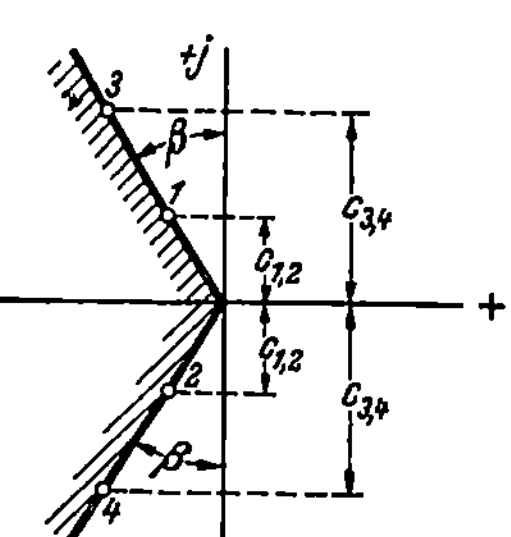

Abb. 3. Lage der Wurzeln bei verlangter relativer Dämpfung

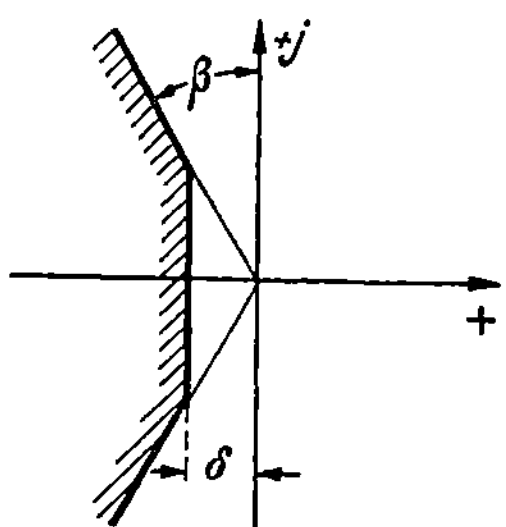

Abb. 4. Lage der Wurzeln bei verlangter Absolut- und Relativdämpfung

teristischen Gleichung in der komplexen Ebene nach Abb. 2 links einer im Abstand δ parallel zur imaginären Achse verlaufenden Gerade liegen. Treten dann z. B. die drei in Abb. 2 eingezeichneten Wurzeln auf, so ergeben sich die drei Teilvorgänge:

$$C_1 \, e^{-\delta t} + e^{-\delta t} \, (C_2 \cos c_{2,3} \, t + C_3 \sin c_{2,3} \, t) \, .$$

Man kann für die Beurteilung der Stabilitätsgüte auch die *relative Dämpfung*, d. h. das Verhältnis von Realteil zu Imaginärteil aller auftretenden Wurzeln heranziehen. Man beurteilt damit die Güte nicht nach der absoluten, sondern nach der relativen Abklingzeit der Teilvorgänge, d. h. nach der Zahl der Halbwellen bis zum praktischen Verschwinden der einzelnen Vorgänge, also nach der relativen Regelzeit nach Abschn. I, S. 23. Die Wurzeln müssen in diesem Fall entsprechend Abb. 3 in dem durch zwei vom Nullpunkt unter dem Winkel β gegenüber der imaginären Achse verlaufenden Strahlen begrenzten Gebiet liegen. Verlangt wird also in diesem Fall, daß $\left|\dfrac{Re}{Im}\right| \geqq \varrho = \operatorname{tg}\beta$. Treten z. B. die 4 in Abb. 3 eingezeichneten Wurzeln auf, so ergeben sich die vier Teilvorgänge:

$$e^{-\varrho\, c_{1,2} t}\,(C_1 \cos c_{1,2}\,t + C_2 \sin c_{1,2}\,t) + e^{-\varrho\, c_{3,4} t}\,(C_3 \cos c_{3,4}\,t + C_4 \sin c_{3,4}\,t)\,.$$

Da trotz erreichter Absolutdämpfung u. U. relativ schlecht gedämpfte Schwingungen hoher Frequenz, trotz erreichter Relativdämpfung u. U. absolut schlecht gedämpfte Schwingungen niedriger Frequenz auftreten können, wird man gelegentlich die Lage der Wurzeln nach Abb. 4 noch so einschränken müssen, daß eine Mindest-Absolutdämpfung ($|Re| \geqq \delta$) und eine Mindest-Relativdämpfung $\left(\left|\dfrac{Re}{Im}\right| \geqq \varrho\right)$ vorgeschrieben wird.

Praktisch genügt im allgemeinen die Festlegung der rechnerisch auch am einfachsten zu erfassenden Stabilitätsgüte nach Abb. 3, also nach der relativen Dämpfung.

Die Kontrolle der Stabilität oder auch Stabilitätsgüte ist vor allem dann wichtig, wenn es sich um die Analyse einer gegebenen oder auch etwa lediglich nach Gefühl oder Erfahrung projektierten Regelanlage handelt. Nun begnügt man sich heute in der Regelungstechnik nicht mehr mit der *Analyse* sondern ist mehr und mehr dazu übergegangen, wie in anderen Zweigen der Technik schon lange, eine *Synthese* der Regelung zu schaffen, d. h. Unterlagen zu gewinnen, um eine Regelungsanlage von vornherein so projektieren und bauen zu können, daß sie gewünschte Eigenschaften aufweist. Eine sehr wichtige Eigenschaft ist dabei selbstverständlich die, daß sie stabil arbeitet oder eine bestimmte Stabilitätsgüte aufweist. Wenn nun von vornherein die Anlage so ausgelegt wird, daß sie genügend stabil arbeitet, ist natürlich die Frage lediglich nach der Stabilität oder Stabilitätsgüte in gewissem Sinn uninteressant geworden. Bei der nun folgenden Behandlung der verschiedenen Methoden für Kontrolle der Stabilität bzw. Stabilitätsgüte wird daher großer Wert auf die Klärung des Einflusses von frei wählbaren Regelkonstanten auf die Stabilität bzw. Stabilitätsgüte zu legen sein, um so Unterlagen für eine Synthese, also Vorausberechnung der Anlage, zu gewinnen.

Die mathematische Begründung der verschiedenen nunmehr zu behandelnden Stabilitätskriterien wird nur dort gebracht, wo sie sich ohne besonderen mathematischen Aufwand gewissermaßen von selbst bietet.

Alle praktisch angewandten Stabilitätskriterien lassen sich im übrigen letzten Endes auf einen von CAUCHY gefundenen Satz über die Anzahl der Nullstellen und Pole einer analytischen Funktion in einem begrenzten Bereich zurückführen [*58*].

II. Das Hurwitz-Kriterium

Die charakteristische Gleichung hat die Form:

$$a_m\, p^m + a_{m-1}\, p^{m-1} + \cdots + a_1\, p + a_0 = 0\,. \tag{1}$$

Wenn diese Gleichung nur Wurzeln mit negativem Realteil aufweisen soll, wenn also die ihr entsprechende Differentialgleichung einen *stabilen* Regelvorgang beschreiben soll, müssen die Koeffizienten $a_m \ldots a_0$ folgende Bedingungen erfüllen:

1. Die Koeffizienten $a_0, a_1, \ldots a_m$ müssen sämtlich von Null verschieden und positiv sein bzw. gleiches Vorzeichen aufweisen.
2. Die Determinanten (Hurwitz-Determinanten)

$$\Delta_\lambda = \begin{vmatrix} a_{m-1} & a_{m-3} & a_{m-5} & \cdots & a_{m+1-2\lambda} \\ a_m & a_{m-2} & a_{m-4} & \cdots & a_{m+2-2\lambda} \\ 0 & a_{m-1} & a_{m-3} & \cdots & a_{m+3-2\lambda} \\ 0 & a_m & a_{m-2} & \cdots & a_{m+4-2\lambda} \\ \cdot & \cdot & \cdot & & \\ \cdot & \cdot & \cdot & & \\ \cdot & \cdot & \cdot & & \\ 0 & 0 & 0 & \cdots & a_{m-\lambda} \end{vmatrix} \tag{2}$$

müssen größer als Null sein. Die Determinante Δ_λ muß für $\lambda = 2, 3 \ldots (m-1)$ bei einer charakteristischen Gleichung m-ten Grades gebildet werden; dabei müssen in den Horizontalreihen die Indizes um je zwei Einheiten abnehmen, in den Vertikalreihen um je eine Einheit wachsen. Für a_k ist bei $k \gtrless {0 \atop m}$ gleich Null zu setzen.

Außer der Forderung, daß alle Koeffizienten größer als Null sein müssen, ergeben sich also folgende Bedingungen für Gln. bis 5. Grades: bei einer Gleichung 3. Grades:

$$\Delta_2 = \begin{vmatrix} a_2 & a_0 \\ a_3 & a_1 \end{vmatrix} > 0 \quad \text{oder} \quad (a_1 a_2 - a_0 a_3) > 0 \tag{3}$$

bei einer Gleichung 4. Grades:

$$\Delta_2 = \begin{vmatrix} a_3 & a_1 \\ a_4 & a_2 \end{vmatrix} > 0 \quad \text{oder} \quad (a_2 a_3 - a_1 a_4) > 0 \tag{4}$$

$$\Delta_3 = \begin{vmatrix} a_3 & a_1 & 0 \\ a_4 & a_2 & a_0 \\ 0 & a_3 & a_1 \end{vmatrix} > 0 \quad \text{oder} \quad a_1 (a_3 a_2 - a_4 a_1) - a_0 a_3^2 > 0 \tag{5}$$

bei einer Gleichung 5. Grades:

$$\Delta_2 = \begin{vmatrix} a_4 & a_2 \\ a_5 & a_3 \end{vmatrix} > 0 \text{ oder } (a_4\,a_3 - a_5\,a_2) > 0 \tag{6}$$

$$\Delta_3 = \begin{vmatrix} a_4 & a_2 & a_0 \\ a_5 & a_3 & a_1 \\ 0 & a_4 & a_2 \end{vmatrix} > 0 \text{ oder } a_2\,(a_4\,a_3 - a_5\,a_2) - a_4\,(a_4\,a_1 - a_5\,a_0) > 0 \tag{7}$$

$$\Delta_4 = \begin{vmatrix} a_4 & a_2 & a_0 & 0 \\ a_5 & a_3 & a_1 & 0 \\ 0 & a_4 & a_2 & a_0 \\ 0 & a_5 & a_3 & a_1 \end{vmatrix} > 0 \text{ oder } a_1\,a_2\,(a_4\,a_3 - a_5\,a_2) - a_1\,a_4\,(a_4\,a_1 - a_5\,a_0)$$
$$- a_0\,a_4\,(a_3^2 - a_1\,a_5) + a_0\,a_5\,(a_3\,a_2 - a_5\,a_0) > 0 \,. \tag{8}$$

Das HURWITZ-Kriterium kann auch für die Kontrolle der Stabilitätsgüte erweitert werden. Der bei Gleichungen höherer Ordnung schon für die Berechnung der HURWITZ-Determinanten nach Gl. (2) lediglich für Stabilitätskontrolle erforderliche große Zeitaufwand wird dann aber noch wesentlich größer. Es erscheint daher zweckmäßig bei Untersuchungen der Stabilitätsgüte auf andere, in folgendem noch zu behandelnde Methoden zurückzugreifen.

Beispiel. Bei der S. 144 behandelten Temperaturregelung soll die Stabilität abhängig von den beiden frei wählbaren Konstanten $\varkappa = \frac{\eta v}{\delta}$ und T_n untersucht werden. Die Differentialgleichung des Regelvorganges (5/112) ist vierter Ordnung, die Bedingungen den Ungleichungen (4) und (5) entsprechend müssen also erfüllt werden. Es muß somit sein:

$$[T_n\,(T_{IIa}\,T_{III} + T_{IIa}\,T_{IIb}) \cdot T_n\,(T_{IIa} + T_{III})]$$
$$- [T_n\,T_{IIa}\,T_{IIb}\,T_{III} \cdot T_n\,(1 + \varkappa)] > 0$$

oder mit eingesetzten Zahlenwerten:

$$1,17 - 0,04 - 0,04\,\varkappa > 0$$

und daraus

$$\varkappa < 28,2 \,.$$

Zunächst ergibt sich also aus Gl. (4) ein Grenzwert für den Verstärkungsfaktor $\varkappa$ von 28,2, der auf keinen Fall überschritten werden darf. Nach Gl. (5) muß außerdem mit eingesetzten Zahlenwerten sein:

$$1,17\,T_n\,(1 + \varkappa) - 0,04\,T_n\,(1 + \varkappa)^2 - 0,27\,h\,\varkappa > 0$$

und daraus

$$T_n > \frac{\varkappa}{4,2 + 4,05\,\varkappa - 0,15\,\varkappa^2}\,h \,.$$

Die Grenze der Stabilität ist erreicht mit

$$T_n = \frac{\varkappa}{4,2 + 4,05\,\varkappa - 0,15\,\varkappa^2}\,h \,.$$

Für $\varkappa = 28,2$, dem Grenzwert, der sich nach Gl. (4) ergeben hat, wird nach dieser Gleichung die erforderliche Rückführzeitkonstante bereits unendlich groß, d. h. also, daß für die Stabilität im vorliegenden Fall nur die Gl. (5) maßgebend ist.

Abb. 5 zeigt die dieser Gleichung entsprechende Grenzkurve und zwar lediglich im wirklich interessierenden Bereich ($\varkappa$ und T_n positiv!). Nur Punkte, die auf der schraffierten Seite dieser Kurve liegen, ergeben stabilen Betrieb.

In die Abb. 5 sind die drei Punkte, den Kurven Abb. 5/25 III ($\varkappa = 1,53$ $T_n = 0,4$ Std.) (A), Abb. 5/26 I ($\varkappa = 1,53$, $T_n = 0,2$ Std.) (B) und Abb. 5/26 II ($\varkappa = 0,765$, $T_n = 0,2$ Std.) (C) entsprechend eingezeichnet. Wir sehen, daß der

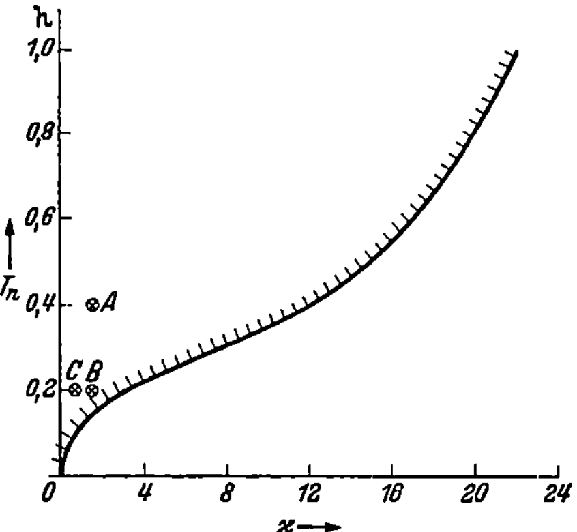

Abb. 5. Grenzkurve der Stabilität bei einer Temperaturregelung nach Abb. 5/23

Punkt A mit der brauchbaren Regelkurve schon gut im stabilen Gebiet liegt, während die Punkte B und C mit den wesentlich schlechter gedämpften Regelkurven recht nahe an die Grenzkurve herankommen.

U. U. kann auch noch eine dritte Konstante der Regelung frei wählbar sein, so daß es dann zweckmäßig wird, Kurvenscharen abhängig von zwei veränderlichen Konstanten mit der dritten als Parameter aufzuzeichnen.

III. Mathematisch-graphische Lösung

a) Stabilität. Die rein mathematische Behandlung der Stabilitätsfrage nach HURWITZ hat den Nachteil, daß sie, insbesondere bei Gleichungen höheren Grades, zu unübersichtlichen Ausdrücken führt, so daß es dann schwer wird, den Einfluß einzelner Konstanten der Regelung auf die Stabilität zu erkennen. Übersichtlicher ist die nachstehend behandelte mathematisch-graphische Lösung des Problems [24], [47]. (Das Verfahren, aber lediglich zur Kontrolle der Stabilität nicht der Stabilitätsgüte, wird in der östlichen Literatur [59] als MICHAILOWsches Kriterium bezeichnet. Die Arbeiten [24], [47] sind später aber unabhängig von MICHAILOW entstanden.)

Wir gehen wieder aus von der charakteristischen Gleichung des Regelvorganges [Gl. (1)], in die wir für p den Wert $j\,v$ (v reell!) einsetzen. Es ergibt sich dann:

$$(j\,v)^m\,a_m + (j\,v)^{m-1}\,a_{m-1} + \cdots (j\,v)\,a_1 + a_0 = H(j\,v) = u(v) + j\,v(v). \quad (9)$$

Setzen wir für v Werte zwischen 0 und $+\infty$ ein, so wird $H(j\,v)$ eine irgendwie in der komplexen Zahlenebene liegende Kurve. Die der Gl. (9) entsprechende charakteristische Gleichung hat, wie bei Behandlung der Stabilitätsgüte noch nachgewiesen wird, nur Wurzeln mit negativem Realteil, was stabile Regelung bedeutet, wenn folgende Bedingungen erfüllt sind:

1. Für $v = 0$ muß $H(j\,v)$ also $H(0) > 0$ sein, was gleichbedeutend ist mit $a_0 > 0$.

2. Die halbe Ortskurve $(0 \leqq v \leqq + \infty)$ muß bei einer Gleichung m-ten Grades m Quadranten in der Reihenfolge

$$1, 2, 3, 4, 5 (= 1),\ 6 (= 2) \ldots (m - 1),\ m$$

durchlaufen.

In Abb. 6 ist der Verlauf von $H(j\,v)$ bei stabiler Regelung für charakteristische Gleichungen verschiedenen Grades aufgezeichnet.

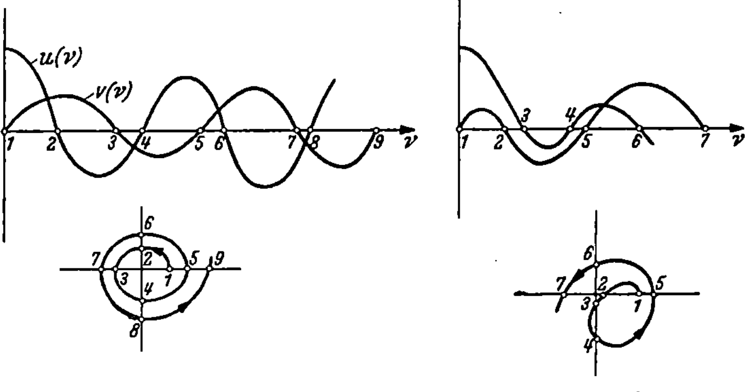

Abb. 6. Verlauf der Kurve $H(j\,v)$ für charakteristische Gleichungen verschiedener Ordnung bei stabiler Regelung

Berücksichtigt man, daß, wie bereits bei der rein mathematischen Behandlung gesagt, alle Koeffizienten $a_0, a_1 \ldots a_m$ positiv sein müssen, so kann die 2. Bedingung auch durch folgende zwei Forderungen ersetzt werden:

a) Die Gleichungen $u(v) = 0$ und $v(v) = 0$ [Gl. (9)] dürfen nur reelle Wurzeln aufweisen.

b) Die Nullstellen von $u(v)$ und $v(v)$ müssen sich gegenseitig trennen, d. h. bei von Null zunehmenden Werten von v müssen abwechselnd

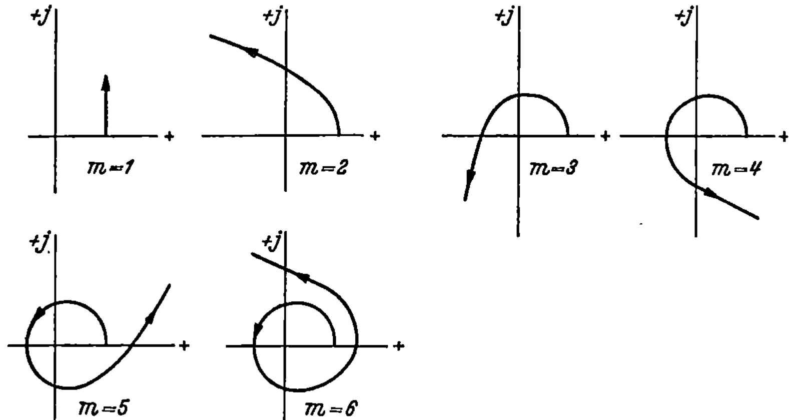

Abb. 7. Nullstellen der Kurve $H(j\,v)$ bei stabiler Regelung

Abb. 8. Nullstellen der Kurve $H(j\,v)$ bei labiler Regelung

Nullstellen von $u(\nu)$, $v(\nu)$, $u(\nu)$ usw. auftreten entsprechend der Abbn. 7 u. 8.

Für die Beurteilung der Stabilität ist es also lediglich erforderlich, die Lage der Nullstellen von $u(\nu)$ und $v(\nu)$ bzw. bei Änderung von Konstanten die Verschiebung der Nullstellen zu beachten.

Geht die Kurve $H(j\,\nu)$ durch Null, so bedeutet das, daß der Realteil der entsprechenden konjugiert komplexen Wurzeln Null ist, also eine ungedämpfte Schwingung auftritt, die Grenze der Stabilität somit gerade erreicht ist. Auf Grund dieser Tatsache lassen sich auch nach dieser Methode sogenannte Grenzkurven entsprechend Abb. 5 aufstellen. Man braucht nur

$$H(j\,\nu) = u(\nu) + j\,v(\nu) = 0 \qquad (10)$$

oder

$$u(\nu) = 0 \qquad (11)$$
$$v(\nu) = 0 \qquad (12)$$

zu setzen, eliminiert aus diesen zwei Gleichungen ν und kann dann den Zusammenhang zwischen zwei veränderlichen Größen für den Stabilitätsgrenzfall ermitteln. Häufig macht die Elimination von ν Schwierigkeiten. In diesen Fällen geht man zweckmäßigerweise so vor, daß man zunächst die beiden veränderlichen Größen so trennt, daß sie beide aus zwei Gleichungen abhängig von ν als Parameter berechnet werden können. So erhält man für bestimmte Werte von ν zusammengehörige Werte der Größen, somit die Grenzkurve.

Beispiele. Zunächst sei wieder das Beispiel der Temperaturregelung S. 144 betrachtet. Nach der charakteristischen Gl. (5/112) wird:

$$[(j\,\nu)^2 = -\,\nu^2; \quad (j\,\nu)^3 = -\,j\,\nu^3; \quad (j\,\nu)^4 = \nu^4]$$
$$H(j\,\nu) = \nu^4\,T_n\,T_{IIa}\,T_{IIb}\,T_{III} - \nu^2\,T_n\,(T_{IIa} + T_{III}) + \varkappa$$
$$+ j\,[-\,\nu^3\,T_n\,(T_{IIa}\,T_{III} + T_{IIa}\,T_{IIb}) + \nu\,T_n\,(1 + \varkappa)];$$

oder nach Division durch T_n mit den Zahlenwerten

$$T_{IIa} = 0,25\ \mathrm{h}; \quad T_{IIb} = 0,08\ \mathrm{h}; \quad T_{III} = 2\ \mathrm{h}; \quad T_n = 0,4\ \mathrm{h}; \quad \varkappa = 1,53:$$

$$\nu^4\,0,04\ \mathrm{h}^3 - \nu^2\,2,25\ \mathrm{h} + 3,8\,\frac{1}{\mathrm{h}} + j\,(-\,\nu^3\,0,52\ \mathrm{h}^2 + \nu\,2,53) = u(\nu) + j\,v(\nu).$$

Die Nullstellen von $u(\nu)$ und $v(\nu)$ (für positives ν) ergeben sich daraus für

$$u(\nu)\ \text{bei}\ \nu_{u\,1,2} = \sqrt{\pm\sqrt{-\,96 + 780} + 28}\ \ \frac{1}{\mathrm{h}},$$

also

$$\nu_{u\,1} = 1,22\,\frac{1}{\mathrm{h}}$$

$$\nu_{u\,2} = 7,35\,\frac{1}{\mathrm{h}}$$

für $v(\nu)$ bei $\nu_{v\,1} = 0$

$$\nu_{v\,2} = \sqrt{4,9} = 2,22\,\frac{1}{\mathrm{h}}\,.$$

Da die Gln. $u(v) = 0$ und $v(v) = 0$ nur reelle Wurzeln aufweisen (Bedingung a) und außerdem die Nullstellen von $u(v)$ und $v(v)$ sich gegenseitig trennen (Bedingung b) ($v_{v1} = 0$; $v_{u1} = 1,22\,\frac{1}{h}$; $v_{v2} = 2,22\,\frac{1}{h}$; $v_{u2} = 7,35\,\frac{1}{h}$) ist die Regelung stabil (Kurve Abb. 5/25 III).

Setzt man zur Ermittlung der Stabilitätsgrenzkurve $u(v) = v(v) = 0$ und zwar mit den obigen Werten für T_{IIa}, T_{IIb} und T_{III}, so erhält man die beiden Gleichungen:

1. $v^4\, T_n\, 0{,}04\, h^3 - v^2\, T_n\, 2{,}25\, h + \varkappa = 0$,
2. $-v^2\, 0{,}52\, h^2 + (1 + \varkappa) = 0$.

Aus der zweiten Gleichung v^2 gerechnet und in die erste Gleichung eingeführt ergibt

$$T_n = \frac{\varkappa}{4{,}2 + 4{,}05\,\varkappa - 0{,}15\,\varkappa^2}\,h\,,$$

also das gleiche Ergebnis wie S. 250 mit der Kurve (Abb. 5).

Bis zu Gleichungen 6. Grades läßt sich nach dieser Methode sehr schnell durch Lösen zweier Gleichungen von höchstens 2. Grades die Stabilität untersuchen[1]. Erst bei einer Gleichung 7. Grades muß dann eine Gleichung 3. Grades gelöst werden, was wieder etwas langwieriger wird.

Auch dann, wenn die charakteristische Gleichung eine transzendente Gleichung wird, also z. B. bei Anordnungen mit Totzeit, etwa nach Abb. 8/33, kann dieses Verfahren angewandt werden. Setzt man in die Gl. (8/117) für $p = j\,v$ entsprechend Gl. (8/117a), so erhält man mit der Konstanten $\varkappa = 3{,}7$; $T_y = 1{,}5$ sek die in Abb. 9 aufgezeichnete Ortskurve. Entsprechend den unendlich vielen Wurzeln der Gleichung muß die Kurve den Nullpunkt unendlichmal umschlingen, wobei sich die

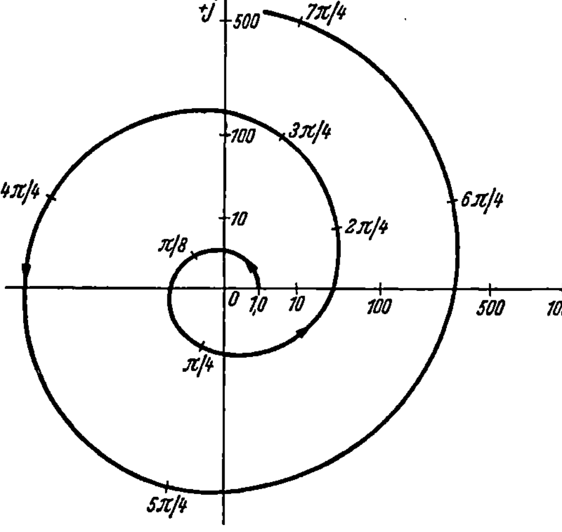

Abb. 9. Kurve $H(j\,v)$ bei einer Regelung nach Abb. 8/33 zur Kontrolle der Stabilität (Maßstab verzerrt!)

---

[1] Wenn alle Koeffizienten der charakteristischen Gleichung gleiches Vorzeichen aufweisen, liegt der letzte Ast der Kurve $H(j\,v)$ im 6. (2.) Quadranten; infolgedessen braucht nur untersucht zu werden, ob sich mit den aus der Gleichung $v(v) = 0$ (in diesem Fall nach Division durch v eine quadratische Gleichung in v^2) errechneten Werten von v für $u(v)$ ein negativer und ein positiver Wert ergibt, somit die Kurve $H(j\,v)$ entsprechend Abb. 6 die reelle Achse links und rechts vom Nullpunkt schneidet.

Nulldurchgänge von Real- und Imaginärteil trennen müssen. Da dies bei der Kurve nach Abb. 9 zutrifft, (die Kurve geht spiralenartig mit größer werdendem Krümmungsradius um den Nullpunkt), liegt stabile Regelung vor. Nicht nur die Grundwelle, deren Dämpfung bei der Bestimmung der Konstanten $\varkappa$ und T_y vorgeschrieben wurde, sondern auch alle Oberwellen verlaufen also gedämpft. Praktisch wird es wohl immer so sein, daß die Stabilität gesichert ist, wenn bei solchen Kreisen mit Totzeitglied für Dämpfung der Grundwelle gesorgt ist.

b) Stabilitätsgüte. Das Verfahren läßt sich verhältnismäßig einfach für die Kontrolle der *Stabilitätsgüte* erweitern. Mit Rücksicht auf die Möglichkeit der Verwendung von vorgerechneten Tabellen für die Auswertung sei die Stabilitätsgüte lediglich aus der *relativen* Dämpfung abgeleitet. Es wird also kontrolliert, ob die Wurzeln der charakteristischen Gleichung in dem nach Abb. 3 schraffierten Gebiet liegen, wobei selbstverständlich der Winkel β und damit das Verhältnis $\left|\dfrac{Re}{Im}\right| = \varrho$ variiert werden kann.

Setzt man in die charakteristische Gl. (1) für p nicht $j\,v$ entsprechend Gl. (9), sondern $p = v\,(j - \varrho)$, so ergibt sich:

$$v^m\,(j - \varrho)^m\,a_m + v^{m-1}\,(j - \varrho)^{m-1}\,a_{m-1} + \cdots$$
$$+ v\,(j - \varrho)\,a_1 + a_0 = G(v)\,. \tag{13}$$

$G(v)$ stellt für verschiedene Werte von v zwischen $v = 0$ und $v = \infty$ wieder eine, irgendwie in der komplexen Ebene liegende Kurve dar, nämlich die Abbildung des Strahles in der v-Ebene unter dem Winkel β in die $G(v)$-Ebene. Der Verlauf dieser Kurve ergibt, wie wir sehen werden, das verbesserte Stabilitätskriterium.

Sind $p_1, p_2, p_3 \cdots p_m$ die Wurzeln der charakteristischen Gl. (1), so kann für diese Gleichung auch nach Division durch a_m geschrieben werden:

$$(p - p_1)\,(p - p_2) \cdots (p - p_m) = 0\,. \tag{14}$$

Setzt man nun wie oben für $p = v\,(j - \varrho)$, so wird Gl. (14):

$$[v\,(j - \varrho) - p_1] \cdot [v\,(j - \varrho) - p_2] \cdots [v\,(j - \varrho) - p_m]$$
$$= \frac{G(v)}{a_m} = x(v) + j\,y(v)\,. \tag{15}$$

Die Gl. (15) entspricht der Gl. (13), nur ergibt sich hier $G(v)$ als Produkt von Vektoren, deren Anzahl der Zahl der Wurzeln der charakteristischen Gleichung entspricht. Die Winkellage von $G(v)$ für irgendeinen Wert von v erhält man durch Addition der Winkel α_k der Einzelvektoren $[v\,(j - \varrho) - p_k]$, (Abb. 10). Für $v = 0$ wird $\sum\limits^m \alpha_k = 0$. Befinden sich alle Wurzeln im schraffierten Gebiet, ist also die Dämpfung aller auftretenden Schwingungen genügend groß (p_1, p_2, p_3), so drehen sich die Vektoren mit von Null anwachsenden Werten für v links herum, und zwar diejenigen, die reellen Wurzeln entsprechen, um $\pi/2 + \beta$, und, die zwei konjugiert komplexen Wurzeln entsprechen, zusammen um $2\,(\pi/2 + \beta)$,

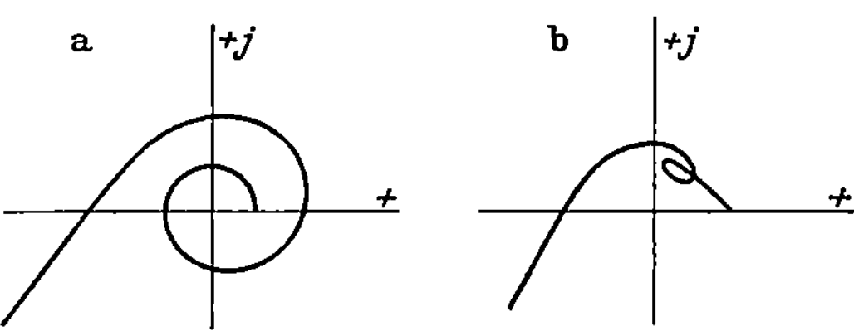

Abb. 10. Ermittlung der Winkellage $G(\nu)$

wenn sich ν von 0 bis ∞ ändert; der Gesamtdrehungswinkel γ wird also $a\,(\pi/2 + \beta)$, wenn a die Anzahl der Wurzeln bedeutet. Der Vektor $G(\nu)$ muß also von seiner Ausgangslage einen Winkel $\gamma = a\,(\pi/2 + \beta)$, monoton wachsend durchlaufen, wenn ν von 0 bis ∞ ansteigt. Die Nullstellen von $x(\nu)$ und $y(\nu)$ müssen sich gegenseitig trennen, d. h. bei von Null zunehmenden Werten von ν müssen abwechselnd

Nullstellen von $x(\nu)$, $y(\nu)$, $x(\nu)$ usw. auftreten entsprechend Abb. 11a.

Befinden sich Wurzeln im nicht schraffierten Gebiet, ist also die Dämpfung bei einzelnen Schwingungen ungenügend, so drehen sich die Wurzeln mit positivem Realteil entsprechenden Vektoren um den Winkel $-\pi/2 + \beta$ (rechts herum), zwei konjugiert komplexe zusammen um den Winkel $2\,(-\pi/2 + \beta)$, wenn sich wieder ν von 0 bis ∞ ändert. Bei konjugiert komplexen Wurzeln mit positivem Realteil ist diese Drehung sofort zu erkennen, bei komplexen Wurzeln mit kleinem negativen Realteil etwas schwieriger. Für die Wurzeln p_4 und p_5 in Abb. 10 gilt:

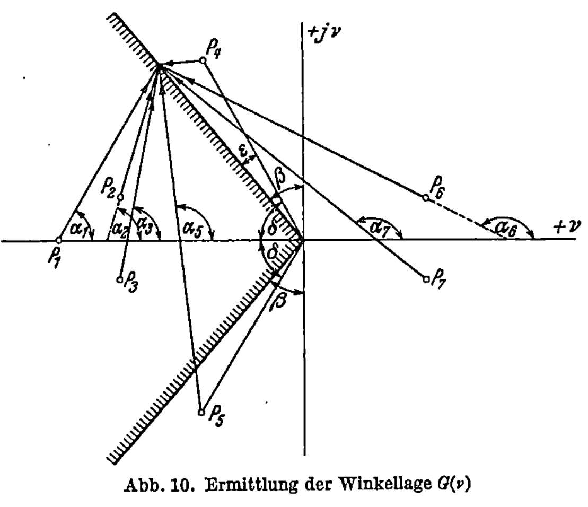

Abb. 11a u. b. Verlauf der Kurve $G(\nu)$, a) bei genügender, b) bei ungenügender Dämpfung

Drehung von p_5: $\pi/2 - \delta + \beta$.

Drehung von p_4:
$$-\left(\frac{2\,\pi}{2} - \varepsilon\right) = -\left[\frac{2\,\pi}{2} - \left(\beta + \delta - \frac{\pi}{2}\right)\right]$$
$$= -\frac{3\,\pi}{2} + \beta + \delta .$$

Drehung von p_4 und p_5 zusammen: $2\,(-\pi/2 + \beta)$.

Sind also b Wurzeln mit ungenügender Dämpfung vorhanden, so bedeutet das eine negative Drehung (rechts herum) um den Winkel $b\,(-\pi/2 + \beta)$.

Der Gesamtdrehungswinkel γ des Vektors wird also:

$$\gamma = a\left(\frac{\pi}{2} + \beta\right) + b\left(-\frac{\pi}{2} + \beta\right) . \tag{16}$$

Da die Zahl aller Wurzeln $(a + b)$ dem Grad der Gleichung m entspricht, gilt außerdem

$$a + b = m \, . \tag{17}$$

Aus diesen beiden Gln. (16) und (17) läßt sich demnach die Zahl der befriedigenden (a) und der unbefriedigenden (b) Wurzeln rechnen, wenn nur der Winkel γ, den der Vektor $G(\nu)$ durchläuft, wenn sich ν von 0 bis ∞ ändert, bekannt ist. Es wird

$$a = \frac{m}{2} + \frac{\gamma - m\,\beta}{\pi} \tag{18}$$

$$b = \frac{m}{2} + \frac{-\gamma + m\,\beta}{\pi} \, . \tag{19}$$

Wie ohne weiteres zu erkennen ist, kann das unter a behandelte Verfahren zur Stabilitätsuntersuchung als Spezialfall der hier behandelten Methode mit $\varrho = 0$; $\beta = 0$ aufgefaßt werden.

Um zu kontrollieren, ob bei einer Differentialgleichung m-ter Ordnung bei allen auftretenden Frequenzen jeweils die Zahl der Halbwellen über oder unter einer bestimmten Grenze liegt, braucht also nur die Kurve $G(\nu)$ aufgezeichnet zu werden. An und für sich genügt es, wie bei der Kurve $H(j\nu)$, die Schnittpunkte mit den Achsen zu rechnen. Da aber hier die Schnittpunkte für positive und negative Werte von ν nicht symmetrisch zur reellen Achse liegen, ergeben sich nicht Gleichungen in ν^2, wodurch der Grad auf die Hälfte reduziert wird, sondern es muß direkt ν berechnet werden. Im vorliegenden Fall wird es daher im allgemeinen zweckmäßig sein, durch Berechnen einzelner Punkte den grundsätzlichen Verlauf der Kurve zu bestimmen. Praktisch genügen meistens schon 3 bis 5 Punkte.

Für die praktische Anwendung des Verfahrens sollen noch einige Hilfsmittel angegeben werden. Wird für

$$b_0 = 1; \quad (j - \varrho) = b_1; \quad (j - \varrho)^2 = b_2; \quad \ldots; \quad (j - \varrho)^m = b_m$$

gesetzt, so wird Gl. (13):

$$\nu^m\, b_m\, a_m + \nu^{m-1}\, b_{m-1}\, a_{m-1} + \cdots + \nu\, b_1\, a_1 + b_0\, a_0 = G(\nu) \, . \tag{20}$$

In Tab. 1 sind für die Werte von ϱ, die den Winkeln $\pi/16$, $\pi/8$, $\pi/4$, $3\,\pi/8$ entsprechen, die Werte von b_0 bis b_6 zusammengestellt.

Außerdem sind für den wohl wichtigsten Fall $\varrho = 0{,}4141$, damit relative Regeldauer $\tau = 2{,}4$ in Tab. 2 auch noch die Produkte $\nu^k\, b_k$ für Werte ν von 1 bis 9 berechnet worden (ν_k normiert.)

Mit Hilfe dieser Tabellen kann bei bestimmtem Verhältnis ϱ, also bestimmter Halbwellenzahl, die Kurve $G(\nu)$ verhältnismäßig schnell gerechnet werden. Da die Anfangsrichtung der Kurve (Winkel gegen die imaginäre Achse $= \beta$) und der Quadrant, in dem die Kurve für $\nu = \infty$ endet (Realteil und Imaginärteil des Gliedes b_m), sowie die Endrichtung (Tangens des Winkels gegen die reelle positive Achse gleich Imaginärteil/Realteil von b_m. In Tab. 2 oben angegeben.) festliegen, ist der grundsätzliche Kurvenverlauf meistens schon nach der Berechnung

Tabelle 1

β	τ	$\operatorname{tg}\beta = \varrho$	b_1 Re	b_1 Im	b_2 Re	b_2 Im	b_3 Re	b_3 Im	b_4 Re	b_4 Im	b_5 Re	b_5 Im	b_6 Re	b_6 Im
0	∞	0	0	1	—1	0	0	—1	1	0	0	1	—1	0
$\frac{\pi}{16}$	5	0,199	—0,199	1	—0,960	—0,398	0,589	—0,882	0,765	0,765	—0,917	0,611	—0,429	—1,038
$\frac{\pi}{8}$	2,42	0,414	—0,414	1	—0,828	—0,828	1,171	—0,486	0	1.372	—1,37	—0,567	1,136	—1,136
$\frac{\pi}{4}$	1	1,0	—1,0	1	0	—2,0	2,0	2,0	—4	0	4	—4	0	8
$\frac{3\pi}{8}$	0,41	2,414	—2,414	1	4,838	—4,838	—6,93	16,49	0	—47,04	46,1	112,6	—223	—223

von nur wenigen Punkten zu übersehen, und damit kann dann auch schon auf die Stabilitätsverhältnisse geschlossen werden. Um von vornherein schon die Größenordnung der Werte von ν, für die die Kurve $G(\nu)$ von Interesse sein wird, festzustellen, ist es zweckmäßig, zunächst bei $\varrho = 0$ die Schnittpunkte der entsprechenden Kurve $H(j\nu)$ mit der rellen Achse festzustellen, was, wie früher gezeigt, bis zu Gleichungen 6. Grades nur der Lösung einer quadratischen Gleichung bedarf.

Die Kurve $G(\nu)$ bietet auch die Möglichkeit, näherungsweise ein Wurzelpaar der charakteristischen Gleichung zu ermitteln. In Abschn. 8/V wurde bereits gezeigt, wie näherungsweise zwei konjugiert komplexe Wurzeln ermittelt werden können, wenn die Kurve $H(j\nu)$ in der Nähe des Nullpunktes vorbeiläuft, was bedeutet, daß mindestens *eine* Schwingung mit verhältnismäßig geringer Dämpfung auftritt. Ist dies nicht der Fall, so versagt diese Methode. Durch den Nullpunkt selbst geht die $H(j\nu)$-Kurve nur dann, wenn ungedämpfte Schwingungen auftreten, die Regelung also unbrauchbar ist.

Anders liegen die Verhältnisse bei der $G(\nu)$-Kurve für $\varrho \neq 0$. Hat man ϱ zufällig so gewählt, wie dem Verhältnis von Realteil zu Imaginärteil eines Wurzelpaares entspricht, so geht die Kurve durch den Nullpunkt. Aus dem Frequenzmaßstab auf der Kurve kann dann sofort der Imaginärteil und, da ϱ bekannt ist, auch der Realteil des Wurzelpaares festgestellt werden. Verläuft die Kurve $G(\nu)$ nur in der Nähe des Nullpunktes vorbei, so können ν und ϱ abgeschätzt werden, wobei folgendes zu beachten ist: Bildet man die horizontalen Geraden $\nu = $ const

Tabelle 2
$$\varrho = 0{,}414$$

v	b_0	$v\,b_1$ $\left(\frac{5}{8}\pi\right)$	$v^2\,b_2$ $\left(1\frac{1}{4}\pi\right)$	$v^3\,b_3$ $\left(1\frac{7}{8}\pi\right)$	$v^4\,b_4$ $(2{,}5\,\pi)$	$v^5\,b_5$ $\left(3\frac{1}{8}\pi\right)$	$v^6\,b_6$ $\left(3\frac{3}{4}\pi\right)$
0	1	0	0	0	0	0	0
1	1	—0,414 + 1 j	— 0,828— 0,828j	1,171— 0,486j	0+ 1,372j	— 1,37— 0,567j	1,136— 1,136j
1,2	1	—0,496 + 1,2j	— 1,192— 1,192j	2,05 — 0,84j	+ 2,84j	— 3,41— 1,41j	3,39 — 3,39j
1,4	1	—0,58 + 1,4j	— 1,623— 1,623j	3,21 — 1,33j	+ 5,26j	— 7,35— 3,05j	8,55 — 8,55j
1,7	1	—0,703 + 1,7j	— 2,395— 2,395j	5,76 — 2,39j	+ 11,45j	— 19,45— 8,05j	27,4 —27,4j
2	1	—0,828 + 2j	— 3,3 — 3,3j	9,47 — 3,88j	+ 21,95j	— 43,9 — 18,15j	72,6 —72,6j
2,5	1	—1,035 + 2,5j	— 5,176— 5,176j	18,3 — 7,58j	+ 53,5j	—133,8 — 55,4j	277—277j
3	1	—1,242 + 3j	— 7,42 — 7,42j	31,95 — 13,1j	+ 111j	— 333—138j	827—827j
3,5	1	—1,45 + 3,5j	—10,15 —10,15j	50,2 — 20,85j	+ 206j	— 720—298j	2089—2089j
4	1	—1,656 + 4j	—13,2 —13,2j	75,7 — 31,1j	+ 351j	— 1405—581j	4650—4650j
5	1	—2,07 + 5j	—20,6 —20,6j	148 — 60,6j	+ 857j	— 4290—1770j	17720—17720j
6	1	—2,484 + 6j	—29,8 —29,8j	256 —104,9j	+1778j	— 10650—4400j	52900—52900j
7	1	—2,898 + 7j	—40,5 —40,5j	406 —166,5j	+3290j	— 23000—9540j	133500—133500j
8	1	—3,312 + 8j	—52,9 —52,9j	606 —248,5j	+5610j	— 44900—18600j	298000—298000j
8,5	1	—3,52 + 8,5j	—59,9 —59,9j	719 —298,5j	+7160j	— 60750—25200j	428000—428000j
9	1	—3,726 + 9j	—67 —67j	862 —354j	+9000j	— 81000—33400j	603000—603000j
$\cdot 10^{-1}$	1	$\cdot 10^{-1}$	$\cdot 10^{-2}$	$\cdot 10^{-3}$	$\cdot 10^{-4}$	$\cdot 10^{-5}$	$\cdot 10^{-6}$
$\cdot 10^{-2}$	1	$\cdot 10^{-2}$	$\cdot 10^{-4}$	$\cdot 10^{-6}$	$\cdot 10^{-8}$	$\cdot 10^{-10}$	$\cdot 10^{-12}$
$\cdot 10$	1	$\cdot 10$	$\cdot 10^2$	$\cdot 10^3$	$\cdot 10^4$	$\cdot 10^5$	$\cdot 10^6$

17*

aus der ν-Ebene in die $G(\nu)$-Ebene ab, so schneiden die entsprechenden Kurven die Kurven $\varrho = $ const unter dem gleichen Winkel wie in der ν-Ebene entsprechend Abb. 12, was bei der Abschätzung des Wertes von ν zu berücksichtigen ist.

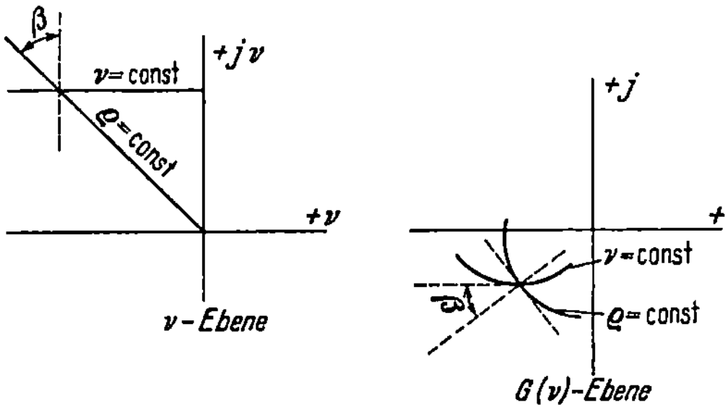

Durch systematisches Berechnen von Kurvenstücken für verschiedene Werte von ν in der Nähe des ungefähr ermittelten ν-Wertes kann schließlich auch die Kurve, die durch Null geht und damit das Wurzelpaar selbst beliebig genau ermittelt werden.

Abb. 12. Winkelverhältnisse bei Abbildung der Geraden $\nu = $ const und $\varrho = $ const aus der ν-Ebene in die $G(\nu)$-Ebene

Entsprechend den Stabilitäts-Grenzkurven (Abb. 5) lassen sich nun auch Grenzkurven für bestimmte Dämpfung (ϱ) ermitteln. Geht die Kurve $G(\nu)$ durch Null, so bedeutet das, daß bei einer Teilschwingung gerade die Grenze für die verlangte Dämpfung erreicht ist. Setzt man also

$$G(\nu) = x(\nu) + j\,y(\nu) = 0 \qquad (21)$$

oder

$$x(\nu) = 0 \qquad (22)$$

$$y(\nu) = 0 \qquad (23)$$

so kann aus den beiden Gln. (22) und (23) der Zusammenhang zwischen zwei veränderlichen, frei wählbaren Konstanten bei bestimmter Dämpfung ermittelt werden. Durch Variation von ϱ erhält man eine Kurvenschar, Grenzkurven für bestimmte Dämpfung. Die Stabilitätsgrenzkurve entsprechend Abb. 5 stellt dabei nur einen Spezialfall ($\varrho = 0$) dar.

Häufig interessiert auch der Fall, daß der Hauptvorgang aperiodisch mit zwei oder auch mehreren gleichen Abklingzeitkonstanten verläuft, was bedeutet, daß mehrere Wurzeln der charakteristischen Gleichung rein reell und gleich groß werden. Die entsprechende Grenzkurve kann mit Hilfe der Gln. (22) und (23), in denen für $\varrho = \infty$ und $\nu = 0$ zu setzen wäre, nicht ermittelt werden. Man kann aber zu dieser Grenzkurve nach folgenden Überlegungen kommen:

Zeichnet man $G(p)$ abhängig von p für rein reelle Werte von p auf, so muß die entsprechende Kurve die Nullinie so oft schneiden, wie rein reelle Nullstellen vorhanden sind. In Abb. 13 ist z. B. eine Kurve mit drei solchen Nullstellen (a) aufgezeichnet. Durch Variation von Konstanten kann nun unter Umständen $G(p)$ so geändert werden, daß die Schnittpunkte 1 und 2 immer näher zusammenrücken und schließlich in

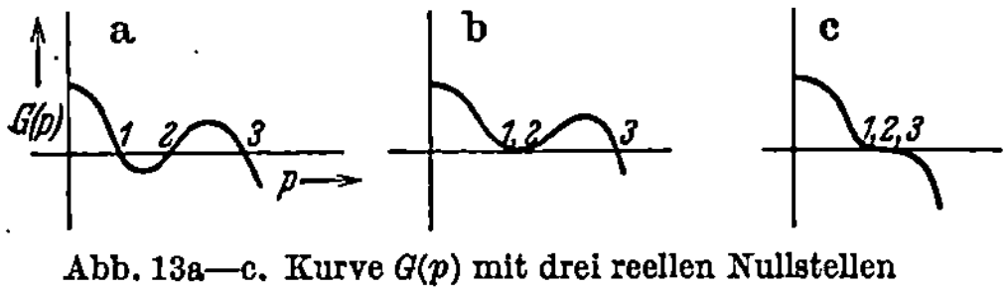

Abb. 13a—c. Kurve $G(p)$ mit drei reellen Nullstellen

einem Punkt zusammenfallen (Abb. 13 b), zwei reelle Wurzeln sind damit gleich geworden, die Kurve $G(p)$ berührt gerade die Nullinie, und weist dort ein Minimum auf. Aus dieser Tatsache ergibt sich sofort die Bedingung dafür, daß zwei reelle Wurzeln gleich werden: Die Kurve $G(p)$ muß dort, wo sie Null wird, auch gleichzeitig ein Minimum aufweisen, d. h. es muß außer $G(p) = 0$ auch noch $G(p)$ nach p differenziert Null sein, also

$$G'(p) = 0 \ . \tag{24}$$

Nach ähnlichen Überlegungen ergibt sich sofort, daß bei drei gleichen Wurzeln (entsprechend Abb. 13 c) auch noch $G''(p)$ Null werden muß usw. Mit $G(p) = 0$ und $G'(p) = 0$ hat man nun zwei Gleichungen, aus denen wieder über p als Parameter zwei veränderliche Größen der Regelung so berechnet werden können, daß zwei gleiche reelle Wurzeln auftreten. Man hat somit auch die Grenzkurve für $\varrho = \infty$ gefunden.

An Hand von einigen Beispielen soll das Verfahren näher erläutert werden. Für folgende drei Gleichungen sechsten Grades soll kontrolliert werden, ob die relative Regeldauer (τ) bei allen vorkommenden Schwingungen kleiner als 2,4 also $\tau < 2,4$ bzw. $\varrho > 0,414$ wird.

(a) $p^6 + p^5\,4,2 + p^4\,108 + p^3\,230 + p^2\,249 + p\,226 + 102 = 0$

(b) $p^6 + p^5\,5 + p^4\,111 + p^3\,315 + p^2\,438 + p\,356 + 126 = 0$

(c) $p^6 + p^5\,13 + p^4\,159 + p^3\,421 + p^2\,567 + p\,450 + 150 = 0 \ .$

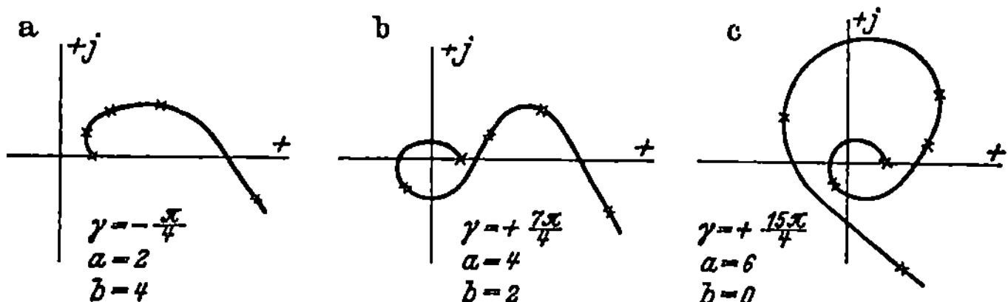

Abb. 14a—c. Verlauf der Kurve $G(\nu)$ bei Gleichungen 6. Grades

Abb. 14 zeigt den grundsätzlichen Verlauf der Kurven $G(\nu)$ mit $\varrho = 0,414$ für die drei Fälle. Dabei sind nur die nachstehend zusammengestellten Punkte mit Hilfe von Tabelle 2 gerechnet:

Kurve	$\nu = 1$	$\nu = 2$	$\nu = 4$	$\nu = 10$
a	$+70,6 + \mathrm{j}\,54,7$	$+1153 + \mathrm{j}\,958$	$+12537 + \mathrm{j}\,21205$	$+907000 - \mathrm{j}\,23540$
b	$-17 \ - \mathrm{j}\,11,5$	$+2225 + \mathrm{j}\,328$	$+16237 + \mathrm{j}\,17294$	$+776351 + \mathrm{j}\,79740$
c	$-16,3 - \mathrm{j}\,13$	$+1962 + \mathrm{j}\,580$	$+10185 + \mathrm{j}\,24930$	$-192000 + \mathrm{j}\,56000$

Mit diesen wenigen, schnell berechneten Punkten läßt sich nach Abb. 14 mit Hilfe von Gln. (18) und (19) erkennen, daß nur bei Gl. (c) die verlangte Dämpfung bei allen Teilschwingungen erreicht wird.

Die Wurzeln der drei Gleichungen sind im übrigen die folgenden:

(a) $p_1 = p_2 = -1$; $p_{3,4} = -0{,}1 \pm j\,1$; $p_{5,6} = -1 \pm j\,10$

(b) $p_1 = p_2 = -1$; $p_{3,4} = -0{,}5 \pm j\,1$; $p_{5,6} = -1 \pm j\,10$

(c) $p_1 = p_2 = -1$; $p_{3,4} = -0{,}5 \pm j\,1$; $p_{5,6} = -5 \pm j\,10$.

Für den Fall c sind noch maßstäblich für kleinere Werte von v die Kurven $G(v)$ für $\varrho = 0$, $\varrho = 0{,}414$ und $\varrho = 1$ in Abb. 15 aufgezeichnet.

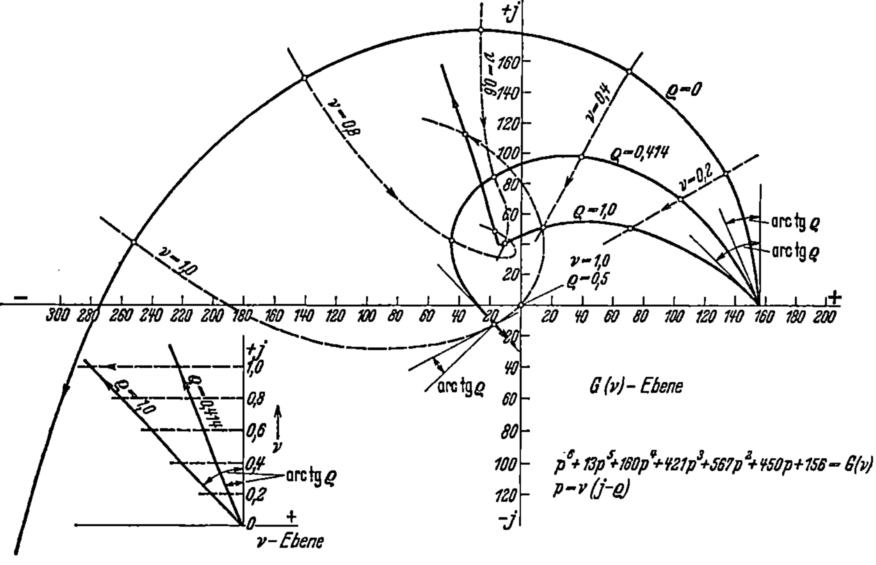

Abb. 15. Kurven $v = $ const und $\varrho = $ const für eine Gleichung 6. Grades zur Ermittlung eines Wurzelpaares

Durch Verbinden von Punkten gleicher v-Werte erhält man unter Berücksichtigung der Schnittwinkel (Abb. 12) ein Netz aus $v = $ const und $\varrho = $ const-Kurven. Aus der Lage des Nullpunktes in diesem Netz läßt sich dann unschwer ein Wurzelpaar abschätzen. Während die Kurve $G(v)_{\varrho\,=\,0} = H(j\,v)$ noch so weit vom Nullpunkt entfernt verläuft, daß ein Abschätzen des Imaginärteiles des ersten Wurzelpaares ($-0{,}5 \pm j\,1$) praktisch unmöglich ist, läßt es sich auch schon allein mit Hilfe der Kurve $G(v)_{\varrho\,=\,0{,}414}$ mit großer Annäherung ermitteln.

Für das Beispiel der Temperaturregelung (S. 144) sollen nun Grenzkurven für bestimmte Dämpfung abhängig von den frei wählbaren Konstanten $\varkappa$ und T_n aufgestellt werden.

Die Kurve für $\varrho = 0$ ist bereits ermittelt (Abb. 5). Setzen wir in die charakteristische Gl. (5/112) für $p = v\,(j - \varrho)$, so erhalten wir bei $T_{IIa} = 0{,}25$ Std.; $T_{IIb} = 0{,}08$ Std.; $T_{III} = 2$ Std.:

$$\frac{G(v)}{T_n} = v^4\,(j - \varrho)^4\,0{,}04\,h^3 + v^3\,(j - \varrho)^3\,0{,}52\,h^2 + v^2\,(j - \varrho)^2\,2{,}25\,h$$

$$+ v\,(j - \varrho)\,(1 + \varkappa) + \frac{\varkappa}{T_n} = x(v) + j\,y(v) = 0\,.$$

Für $\varrho = 1$ wird (mit Hilfe von Tabelle 1):

$$\nu^4 (-4)\, 0{,}04\, h^3 + \nu^3 (2 + j\, 2)\, 0{,}52\, h^2 + \nu^2 (-j\, 2)\, 2{,}25\, h$$
$$+ \nu\,(j - 1) \cdot (1 + \varkappa) + \frac{\varkappa}{T_n} = 0$$

oder

$$\text{I:} \quad -\nu^4\, 0{,}16\, h^3 + \nu^3\, 1{,}04\, h^2 - \nu\,(1 + \varkappa) + \frac{\varkappa}{T_n} = x(\nu) = 0$$

$$\text{II:} \quad \nu^3\, 1{,}04\, h^2 - \nu^2\, 4{,}5\, h + \nu\,(1 + \varkappa) = y(\nu) = 0 \; .$$

Aus II errechnet sich

$$\varkappa = -\nu^2\, 1{,}04\, h^2 + \nu\, 4{,}5\, h - 1$$

aus I

$$T_n = \frac{\varkappa}{\nu^4\, 0{,}16\, h^3 - \nu^3\, 1{,}04\, h^2 + \nu\,(1 + \varkappa)} \; .$$

Für verschiedene Werte von ν können somit zusammengehörige Werte von $\varkappa$ und T_n, also die entsprechende Grenzkurve gefunden werden. Um die Grenzkurve für aperiodischen Vorgang zu erhalten, müssen die beiden Konstanten $\varkappa$ und T_n aus den Gleichungen

$$\text{I:} \; \frac{G(p)}{T_n} = p^4\, 0{,}04\, h^3 + p^3\, 0{,}52\, h^2 + p^2\, 2{,}25\, h + p\,(1 + \varkappa) + \frac{\varkappa}{T_n} = 0$$

$$\text{II:} \; \frac{G'(p)}{T_n} = p^3\, 0{,}16\, h^3 + p^2\, 1{,}56\, h^2 + p\, 4{,}5\, h + (1 + \varkappa) = 0$$

berechnet werden. Es wird aus II

$$\varkappa = -p^3\, 0{,}16\, h^3 - p^2\, 1{,}56\, h^2 - p\, 4{,}5\, h - 1$$

und aus I

$$T_n = -\frac{\varkappa}{p^4\, 0{,}04\, h^3 + p^3\, 0{,}52\, h^2 + p^2\, 2{,}25\, h + p\,(1 + \varkappa)} \; .$$

Bei Variation von p können wieder zusammengehörige Werte von $\varkappa$ und T_n berechnet werden. Abb. 16 zeigt die Grenzkurven für $\varrho = 0$; $= 0{,}414$; $= 1{,}0$; $= \infty$. Dabei ist bei den Kurven auch der Parameter ν bzw. bei $\varrho = \infty$ der Wert von $p_{1,2}$ (jeweils in $1/h$) mit angegeben, und außerdem ist T_n auf die Zeitkonstante $T_{III} = 2$ Std. bezogen. Der früher allein verwendeten Grenzkurve für $\varrho = 0$ konnte man lediglich entnehmen, in welchem

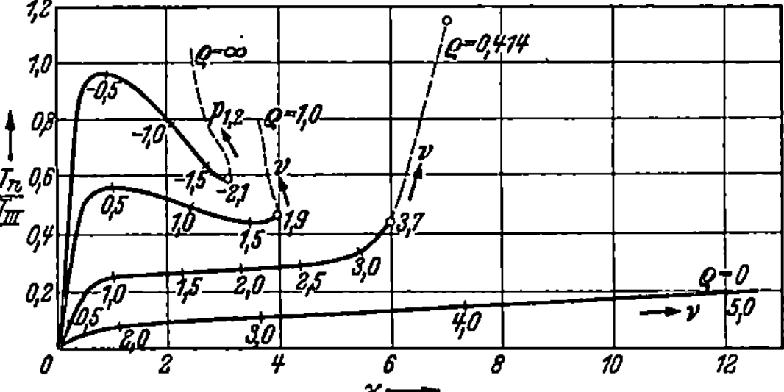

Abb. 16. Grenzkurven für verschiedene Dämpfung bei einer Temperaturregelung entsprechend Abb. 5/23

Gebiet die zweite Konstante bei Annahme eines bestimmten Wertes für die erste liegen muß, wobei keinerlei Anhaltspunkte dafür gegeben waren, wie weit man sich von der Grenzkurve zu entfernen hat. Im

Gegensatz hierzu können jetzt aus unserer Kurvenschar unmittelbar brauchbare Werte für die Regelungskonstanten entnommen werden. Dabei ergibt sich noch der besondere Vorteil, daß mit ν und ϱ bzw. $p_{1,2}$ auch sofort ein Wurzelpaar der charakteristischen Gleichung bekannt ist und damit durch eine Division deren Grad um zwei Einheiten verringert werden kann.

Über die zweckmäßige Auswahl der Regelkonstanten aus der Kurvenschar wird in einem späteren Abschn. 13 noch genaueres gesagt werden. Auf folgendes sei aber schon hier hingewiesen: Praktisch ist natürlich nicht nur die relative (τ), sondern auch die absolute Regeldauer (t_R) von Wichtigkeit. Nun wird nach Gl. (1/3) und (1/4) (dabei für $\tau_R \rightarrow \tau$; $\omega_p \rightarrow \nu$ gesetzt):

$$t_R = \tau\, t_h = \tau\,\frac{\pi}{\nu} = \frac{\pi}{\varrho\,\nu}\,.$$

Bei Annahme von ϱ bzw. τ bedeutet dies, daß die Frequenz der Regelschwingung möglichst groß gewählt werden muß, wenn die absolute Regelzeit t_R klein werden soll. Praktisch ist aber immer durch den Einfluß der weiter noch vorhandenen Wurzeln eine gewisse Grenze gesetzt. Betrachtet man in unserem Beispiel, einer Regelung mit einer charakteristischen Gleichung 4. Grades, außer dem Wurzelpaar $[\nu\,(\pm\,j - \varrho)]$ auch noch die zwei weiteren, rein rellen Wurzeln, so zeigt sich, daß die diesen entsprechenden Vorgänge sehr schnell verschwinden, wenn $\varkappa$ nach Abb. 16 klein gewählt wird, daß aber *ein* Vorgang immer langsamer abklingt, je größer $\varkappa$ gewählt wird. Schließlich hat es aber dann keinen Sinn mehr, die Regelzeit, bedingt durch das komplexe Wurzelpaar, noch weiter zu verkleinern, wenn sich gleichzeitig noch ein anderer Vorgang abspielt, der unter Umständen wesentlich langsamer abklingt. Nach diesen Überlegungen kommt man zu dem Ergebnis, daß zweckmäßigerweise die Regelkonstanten so gewählt werden, daß die Hauptschwingung zwar möglichst schnell verschwindet, aber nicht schneller als andere noch auftretende Teilvorgänge. Günstig werden die Verhältnisse deshalb sicher dann, wenn die Abklingzeitkonstanten mehrerer Vorgänge gleich groß werden. In Abb. 16 sind deshalb die Punkte, bei denen die dritte, rein reelle Wurzel gerade gleich dem Realteil des komplexen Wurzelpaares wird, besonders gekennzeichnet. Über diese Punkte wird man im allgemeinen nicht hinausgehen.

Abb. 17 zeigt nochmals die Grenzkurven entsprechend Abb. 16, wobei aber jetzt nicht ν, sondern $t_R = \tau\,\pi/\nu$ also die absolute Regeldauer der Hauptschwingung mit eingetragen ist. Außerdem sind Punkte gleicher Regeldauer auf den Grenzkurven

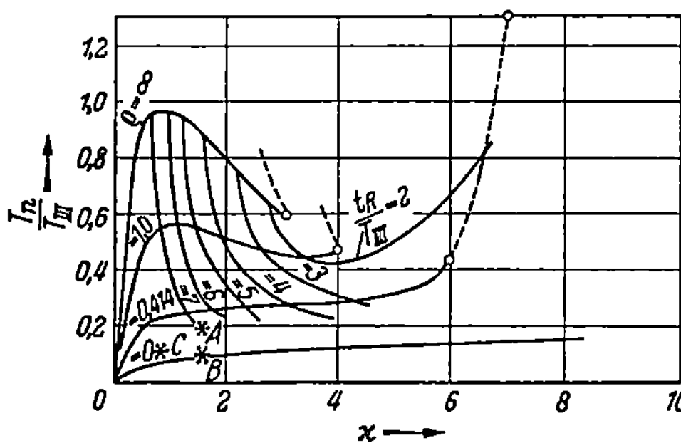

Abb. 17. Grenzkurven wie Abb. 16 mit Regelzeitkurven

miteinander verbunden, so daß sich ein Netz von ϱ und t_R Kurven ergibt, das schon recht brauchbare Anhaltspunkte für die zweckmäßige Wahl der Regelkonstanten ergibt. In dieses Bild sind auch die früher benützten Werte: A ($\varkappa = 1{,}53$; $T_n = 0{,}4\,\text{Std.}$); B ($\varkappa = 1{,}53$; $T_n = 0{,}2\,\text{Std.}$); C ($\varkappa = 0{,}765$; $T_n = 0{,}2\,\text{Std.}$) eingetragen. Man sieht aus der Abbildung sofort, daß sich bei geeigneterer Wahl der Konstanten bestimmt günstigere Regelbedingungen ergeben würden. Näheres darüber im Abschn. 13.

Um die Berechnung der Kurve $G(\nu)$ ($\varrho \neq 0$) aus Realteil und Imaginärteil, die etwas mühselig ist, zu umgehen, kann auch nach einer etwas anderen Methode vorgegangen werden [MITROVIC 100]. Ersetzt man zunächst in der charakteristischen Gl. (1) die Koeffizienten der letzten beiden Glieder, also a_1 und a_0 durch zwei Variable ξ und η, so lassen sich diese beiden Variablen für bestimmte rel. Dämpfung berechnen, also für bestimmten Wert von $\varrho = \operatorname{tg}\beta$ bzw. $\zeta = \sin\beta$. Durch Vergleich der Werte a_1 und a_0 mit den berechneten Werten von ξ und η läßt sich dann, wie sich zeigen wird, ohne Schwierigkeit feststellen, ob eine gewünschte Dämpfung vorhanden ist oder nicht.

Die charakteristische Gleichung mit ξ und η lautet:

$$a_m\,p^m + a_{m-1}\,p^{m-1} + \cdots + a_2\,p^2 + \xi\,p + \eta = 0 \ . \qquad (25)$$

Man setzt nun wieder für

$$p = \nu\,(j - \varrho) = \frac{\nu}{\sqrt{1-\zeta^2}}\,(j\,\sqrt{1-\zeta^2} - \zeta) = \lambda\,(j\,\sqrt{1-\zeta^2} - \zeta) \qquad (26)$$

$$\left(\varrho = \operatorname{tg}\beta = \frac{\sin\beta}{\sqrt{1-\sin^2\beta}} = \frac{\zeta}{\sqrt{1-\zeta^2}}\right)$$

in diese Gleichung ein und bekommt durch Trennung von Real- und Imaginärteil die zwei rein reellen Gleichungen für ξ und η mit dem Parameter λ:

$$\xi = a_2\,f_2(\zeta)\,\lambda + a_3\,f_3(\zeta)\,\lambda^2 + \cdots + a_m\,f_m(\zeta)\,\lambda^{m-1} \qquad (27)$$

$$\eta = -\lambda^2\,[a_2\,f_1(\zeta) + a_3\,f_2(\zeta)\,\lambda + \cdots + a_m\,f_{m-1}(\zeta)\,\lambda^{m-2}] \ . \qquad (28)$$

Dabei bedeuten die Funktionen $f_k(\zeta)$:

$$f_k(\zeta) = -[2\,\zeta\,f_{k-1}(\zeta) + f_{k-2}(\zeta)] \qquad (29)$$

mit

$$f_0(\zeta) = 0 \ ; \qquad f_1(\zeta) = -1 \ .$$

Für Gleichungen bis $m = 6$ ergeben sich damit die Funktionen $f_k(\zeta)$ mit $\zeta = 0{,}38$ entsprechend $\varrho = 0{,}414$ ($\beta = \pi/8$), wie sie nachstehend zusammengestellt sind.

$$f_1(\zeta) = -\ 1$$
$$f_2(\zeta) = \ \ \ 2\,\zeta = 0{,}76$$
$$f_3(\zeta) = -\ 4\,\zeta^2 + 1 = 0{,}42$$
$$f_4(\zeta) = \ \ \ 8\,\zeta^3 - 4\,\zeta = -1{,}08$$
$$f_5(\zeta) = -16\,\zeta^4 + 12\,\zeta^2 - 1 = 0{,}42$$
$$f_6(\zeta) = \ \ \ 32\,\zeta^5 - 32\,\zeta^3 + 6\,\zeta = 0{,}77 \ .$$

Die Kurve $\eta = f(\xi)$, die in Parameterform den beiden Gln. (27), (28) entspricht läßt sich damit schnell berechnen, sie hat z.B. die in Abb. 18 dargestellte Form. Für zusammengehörige Werte von $a_0(\eta)$ und $a_1(\xi)$,

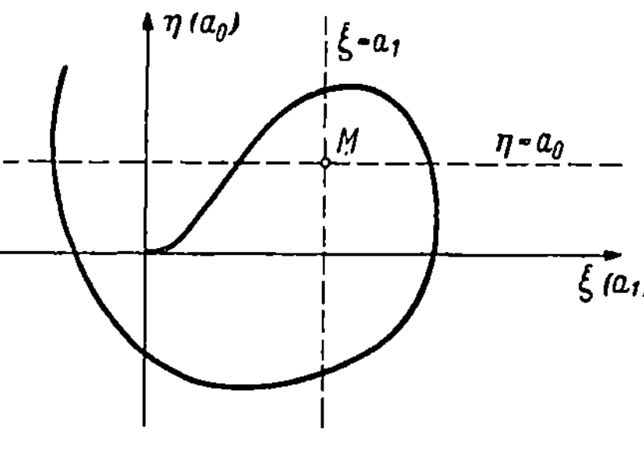

Abb. 18.　Kurve $\eta = f(\xi)$ bei der Methode nach Mitrovio

die auf dieser Kurve liegen, tritt ein Wurzelpaar auf, das einer Schwingung mit der vorgeschriebenen Dämpfung entspricht. Dabei ist aber noch nichts gesagt über die Lage weiterer Wurzeln. Die Frage ist nun, wie aus der Lage eines nicht auf der Kurve liegenden Punktes M, der bestimmten Werten von a_0 und a_1 entspricht, allgemein auf die erreichte Dämpfung geschlossen werden kann.

Zunächst kann gesagt werden, daß negative Werte von a_0 und a_1 ausscheiden, da sonst das System labil wird (s. z.B. Abschn. II), also außer den beiden u. U. richtig liegenden Wurzeln noch solche mit positivem Realteil auftreten. *Der Punkt a_0, a_1 darf also nur im ersten Quadranten liegen.*

Als Kriterium dafür, ob alle Wurzeln die gewünschte Lage in der komplexen Eben (Abb. 10) aufweisen, läßt sich auf Grund der Forderung für den Verlauf von $G(\nu)$ nach S. 256 $[\gamma = m\,(\pi/2 + \beta)]$ ohne Schwierigkeit folgende Bedingung ableiten [100]:

Die Kurve $\eta = f(\xi)$, die bei Null beginnt, muß abwechselnd die Geraden $\eta = a_0$ und $\xi = a_1$ schneiden und zwar beginnend mit $\eta = a_0$. Die Zahl der Schnittpunkte muß $n = m\left(1 + \dfrac{\beta}{\dfrac{\pi}{2}}\right)$ sein, wobei n auf die nächst niedrigere ganze Zahl abzurunden ist. Für $m = 6$ und $\beta = \dfrac{\pi}{8}$

ergibt sich z.B. $n = 6 + \dfrac{\dfrac{6\pi}{8}}{\dfrac{\pi}{2}} \approx 7$.

Die Methode soll wieder am Beispiel der Temperaturregelung Abb. 5/23 näher erläutert werden. Aus der charakteristischen Gl. (5/112) zusammen mit Gl. (25) ergibt sich:

$$p^4\,0,04 + p^3\,0,52 + p^2\,2,25 + p\,\xi + \eta = 0\,.$$

Daraus errechnet sich mit Hilfe von Gln. (27), (28) unter Berücksichtigung der Gl. (29) bei $\varrho = 0,414$ ($\zeta = 0,38$) (s. die Werte $f_k(\zeta)$ S. 265):

$$\xi = 1,71\,\lambda + 0,217\,\lambda^2 - 0,043\,\lambda^3\,,$$

$$\eta = 2,25\,\lambda^2 - 0,4\,\lambda^3 - 0,017\,\lambda^4\,.$$

Rechnet man für verschiedene Werte von λ $(0 \div 10)$ ξ und η, so ergibt sich die Kurve Abb. 19. (Maßstäblich nur bis $\eta = 0$.) Man kann nun mit Hilfe dieser Kurve sofort feststellen, daß z.B. für $a_0 = \dfrac{\varkappa}{T_n} = \dfrac{1}{T_y} = 5\,\dfrac{1}{h}$

und $a_1 = 1 + \varkappa = 6\,(M_1)$ die gewünschte Dämpfung entsprechend $\varrho = 0{,}41$ erreicht bzw. überschritten ist, nicht aber für $a_0 = \dfrac{1}{T_y} = 3\,\dfrac{1}{\mathrm{h}}$ und $a_1 = 1 + \varkappa = 12\,(M_2)$.

Wenn in der charakteristischen Gleichung nur in den letzten zwei Koeffizienten a_1 und a_0 frei wählbare Konstanten des Reglers auftreten, was bei unserem Beispiel und auch sonst sehr häufig der Fall ist, so

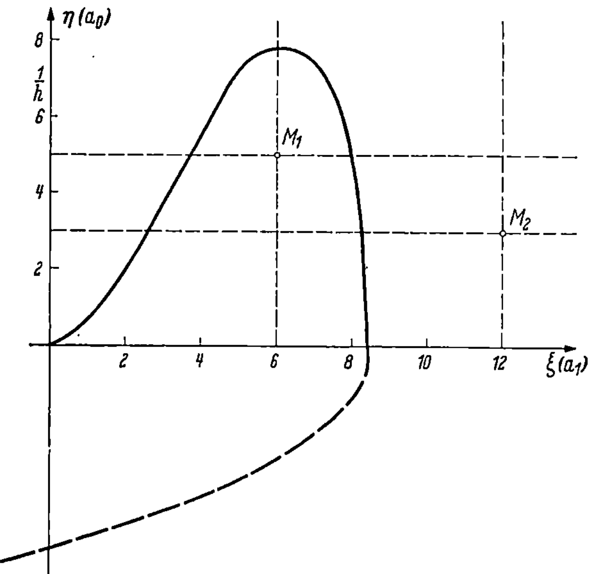

Abb. 19. Kurve entsprechend Abb. 18 für das Beispiel der Temperaturregelung nach Abb. 5/23

können aus der Kurve $\eta = f(\xi)$ sofort zusammengehörige Reglerkonstanten bei vorgeschriebener Dämpfung abgelesen werden. Kurven, wie sie in Abb. 16 gezeigt sind, lassen sich dann verhältnismäßig schnell ermitteln.

IV. Methode der selbsterregten Schwingungen. (Nyquist-Bode-Verfahren)

a) Stabilität. Wir betrachten wieder, wie in Abschn. 7, den aufgeschnittenen Regelkreis, wie er in Abb. 20 schematisch aufgezeichnet ist. Der Kreis ist an der durch die Wirkungsrichtung als Eingang erkennbaren Stelle mit ungedämpften Sinusschwingungen $(\vec{\varepsilon})$ erregt zu denken. Das Verhältnis von Ausgangsgröße, (die bei einem linearen System ebenfalls reine Sinusschwingungen ausführt) zu Eingangsgröße nach Größe und Phase bei Erregung mit beliebigen Frequenzen haben wir als Frequenzgang des Regelkreises $\mathfrak{F}_R$ bezeichnet, also

$$\mathfrak{F}_R = \frac{\vec{\alpha}}{\vec{\varepsilon}}\,. \tag{30}$$

$\mathfrak{F}_R$, der Frequenzgang des offenen Regelkreises stellt im allgemeinen eine komplexe Größe dar. Geht die dem Frequenzgang $\mathfrak{F}_R$ bei Änderung der

Erregungsfrequenz zwischen $\omega = 0$ und $\omega = +\infty$ entsprechende Ortskurve bei irgendeiner Frequenz durch den Punkt $+1 \pm j\,0$, in Zukunft mit P_0 bezeichnet, so stellt sich bei geschlossenem Regelkreis eine ungedämpfte Sinusschwingung ein, die Regelung ist also labil. In diesem Fall kann die äußere Erregung weggelassen und der Regelkreis geschlossen werden, ohne daß sich am Schwingungszustand etwas ändert. Die Ausgangsgröße, die nach Größe und Phasenlage vollkommen der vorher erregenden Fremdgröße entspricht, übernimmt die Erregung des Systems, so daß also die fremderregten Schwingungen in selbsterregte übergegangen sind.

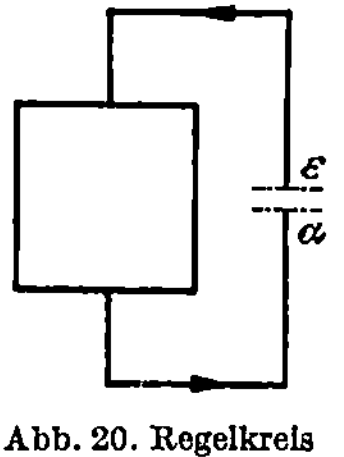

Abb. 20. Regelkreis aufgeschnitten

Bedingung für Stabilität ist nun, daß der Punkt P_0 links der Kurve, bzw. daß er außerhalb der Kurve liegt, wenn diese durch den Ast für Frequenzen kleiner als 0 bis $-\infty$ ergänzt wird. Geht man nämlich von einem Punkt P_k für bestimmten Wert $\omega_k = \nu_k$ auf der Kurve $\mathfrak{F}_R(\omega)$ aus und untersucht die Verschiebung des Punktes, wenn nun mit einer gedämpften oder angefachten Schwingung erregt wird ($\omega = \nu - j\,\beta$ bzw. $j\,\omega = j\,\nu + \beta$), so wird man ähnlich, wie S. 190 gezeigt, feststellen, daß links der Kurve das Gebiet $\beta < 0$ liegt, das gedämpften Schwingungen entspricht. Liegt also P_0 links der Kurve, so bedeutet das, daß sich bei geschlossenem Regelkreis ($\mathfrak{F}_R = 1{,}0!$) gedämpfte Schwingungen einstellen.

Die Anwendung des Verfahrens (des „Nyquist-Kriteriums") in der einfachen, in nachfolgendem behandelten Form, ist nur unter bestimmten, aber sehr häufig zutreffenden Voraussetzungen zulässig,

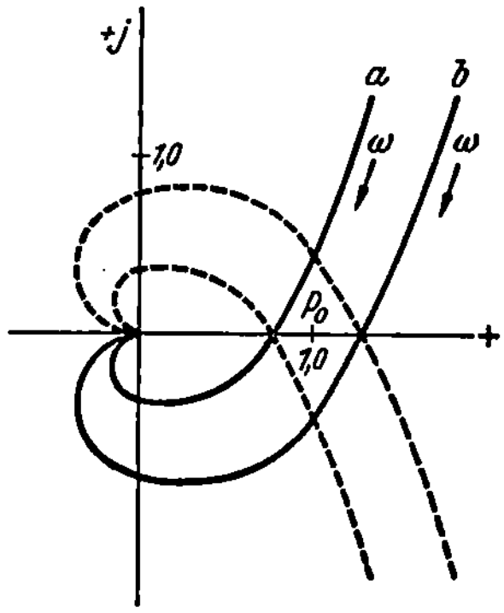

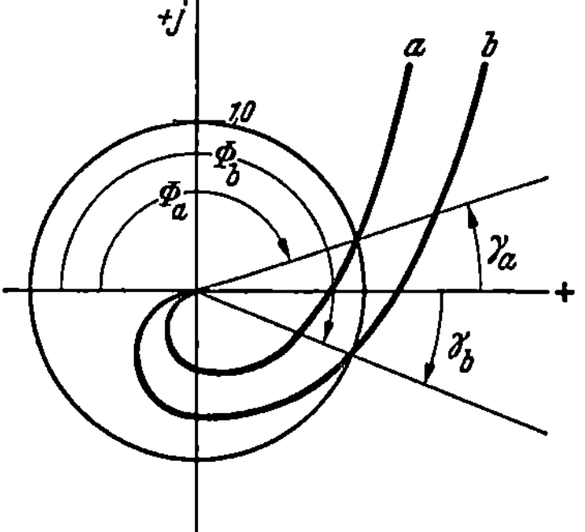

Abb. 21. Frequenzgang des offenen Regelkreises $\mathfrak{F}_R$
a stabile Regelung, b labile Regelung

Abb. 22. Kontrolle der Stabilität durch Feststellung der Winkel Φ bzw. γ

auf die im einzelnen aber hier nicht eingegangen werden kann. (Siehe z. B. [60].) Eine wesentliche Voraussetzung ist jedenfalls die, daß der offene Regelkreis stabil ist, daß also bei offenem Kreis keine selbsterregten Schwingungen auftreten können.

    In Abb. 21 sind zwei Ortskurven aufgezeichnet, a bei stabiler, b bei labiler Regelung.

In sehr vielen Fällen schneidet die Kurve $\mathfrak{F}_R(\omega)$ außer etwa bei $\omega = 0$ (Proportionalregelung!) die reelle Achse nur einmal und es ist dann nur festzustellen, ob der Schnittpunkt unter oder über 1,0 liegt. Im ersten Fall ist die Regelung stabil, im zweiten labil.

In Abb. 23 sind noch 3 Ortskurven $\mathfrak{F}_R(\omega)$ mit je zwei Schnittpunkten mit der reellen Achse aufgezeichnet. Nach der Bedingung, daß im stabilen Fall der Punkt P_0 links der Kurve liegen muß, läßt sich auch hier entscheiden, wann Stabilität bzw. Labilität vorliegt.

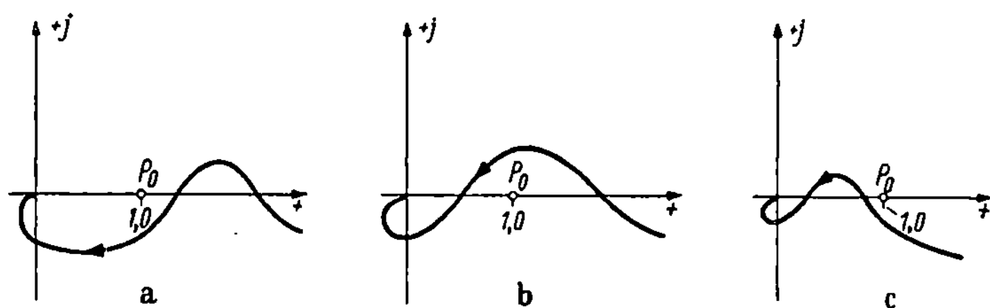

Abb. 23. Ortskurven $\mathfrak{F}_R(\omega)$ mit je zwei Schnittpunkten mit der reellen Achse

Für den einfacheren Fall entsprechend Abb. 21 und 22 erfolgt die Feststellung des Schnittpunktes folgendermaßen: Schneidet die Kurve $\mathfrak{F}_R(\omega)$ nach Abb. 22 den Einheitskreis bei einem Winkel $\Phi > -180°$; $\gamma > 0$, so ist die Regelung stabil (Φ_a, γ_a), liegt der Schnittpunkt bei $\Phi \lessgtr -180°$, so ist sie labil (Φ_b, γ_b). Wie aus Abb. 22 ersichtlich, ist $\gamma = 180° + \Phi$.

Der Winkel Φ entspricht der durch die verschiedenen Zeitverzögerungen im Regelkreis bedingten Phasenverschiebung. Ohne jede Verzögerung muß der Winkel 0 sein, was nach Abb. 22 bedeutet, daß $\mathfrak{F}_R$ rein reell negativ sein muß. Nur dann kann die Regelung einer auftretenden Abweichung φ der Regelgröße vom Sollwert entgegenwirken.

Um festzustellen, ob eine Anordnung stabil oder labil ist, muß also der Winkel Φ bei $|\mathfrak{F}_R(\omega)| = 1,0$ ermittelt werden. Dazu trägt man $|\mathfrak{F}_R(\omega)|$ und Φ abhängig von ω auf, wobei für $|\mathfrak{F}_R(\omega)|$ und ω logarithmischer, für Φ linearer Maßstab gewählt wird (BODE-Diagramm.) Abb. 24 zeigt solche Kurven. Zur Kontrolle der Stabilität

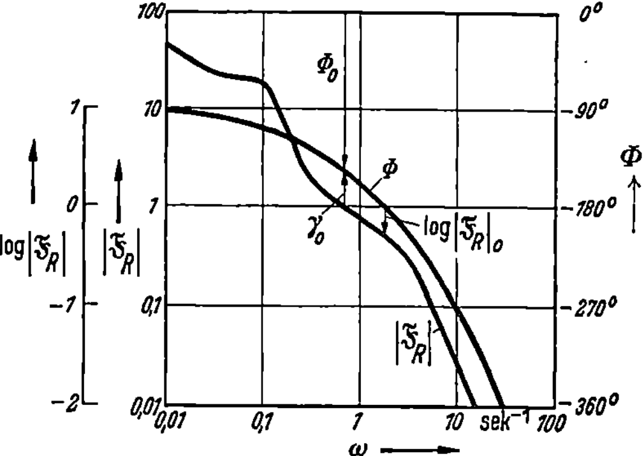

Abb. 24. Betrag und Winkellage des Frequenzganges abhängig von der Frequenz in log. Maßstab (Bode-Diagramm)

interessiert nur der Winkel Φ_0 bei $|\mathfrak{F}_R| = 1,0$, der in Abb. 24 gleich $-150° > -180°$ wird, was stabile Regelung bedeutet. Als „Phasenrand" („phase margin") wird der Φ_0 entsprechende Winkel γ_0 bezeichnet.

Tabelle 3

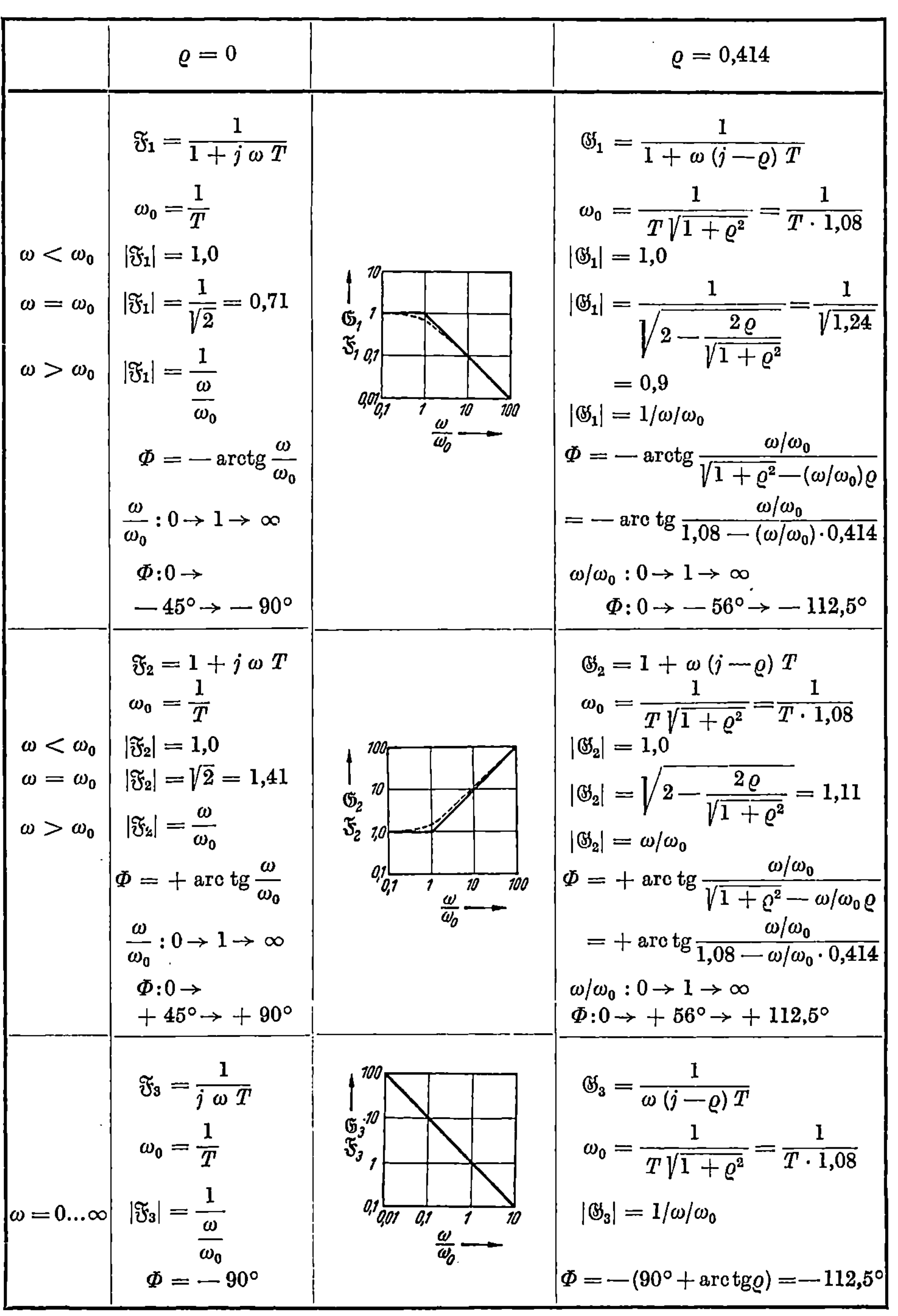

	$\varrho = 0$		$\varrho = 0{,}414$
$\omega < \omega_0$ $\omega = \omega_0$ $\omega > \omega_0$	$\mathfrak{F}_1 = \dfrac{1}{1 + j\,\omega\,T}$ $\omega_0 = \dfrac{1}{T}$ $|\mathfrak{F}_1| = 1{,}0$ $|\mathfrak{F}_1| = \dfrac{1}{\sqrt{2}} = 0{,}71$ $|\mathfrak{F}_1| = \dfrac{1}{\dfrac{\omega}{\omega_0}}$ $\Phi = -\arctan\dfrac{\omega}{\omega_0}$ $\dfrac{\omega}{\omega_0} : 0 \to 1 \to \infty$ $\Phi : 0 \to -45° \to -90°$		$\mathfrak{G}_1 = \dfrac{1}{1 + \omega\,(j - \varrho)\,T}$ $\omega_0 = \dfrac{1}{T\sqrt{1 + \varrho^2}} = \dfrac{1}{T \cdot 1{,}08}$ $|\mathfrak{G}_1| = 1{,}0$ $|\mathfrak{G}_1| = \dfrac{1}{\sqrt{2 - \dfrac{2\varrho}{\sqrt{1+\varrho^2}}}} = \dfrac{1}{\sqrt{1{,}24}}$ $= 0{,}9$ $|\mathfrak{G}_1| = 1/\omega/\omega_0$ $\Phi = -\arctan\dfrac{\omega/\omega_0}{\sqrt{1+\varrho^2} - (\omega/\omega_0)\varrho}$ $= -\arctan\dfrac{\omega/\omega_0}{1{,}08 - (\omega/\omega_0)\cdot 0{,}414}$ $\omega/\omega_0 : 0 \to 1 \to \infty$ $\Phi : 0 \to -56° \to -112{,}5°$
$\omega < \omega_0$ $\omega = \omega_0$ $\omega > \omega_0$	$\mathfrak{F}_2 = 1 + j\,\omega\,T$ $\omega_0 = \dfrac{1}{T}$ $|\mathfrak{F}_2| = 1{,}0$ $|\mathfrak{F}_2| = \sqrt{2} = 1{,}41$ $|\mathfrak{F}_2| = \dfrac{\omega}{\omega_0}$ $\Phi = +\arctan\dfrac{\omega}{\omega_0}$ $\dfrac{\omega}{\omega_0} : 0 \to 1 \to \infty$ $\Phi : 0 \to +45° \to +90°$		$\mathfrak{G}_2 = 1 + \omega\,(j - \varrho)\,T$ $\omega_0 = \dfrac{1}{T\sqrt{1 + \varrho^2}} = \dfrac{1}{T \cdot 1{,}08}$ $|\mathfrak{G}_2| = 1{,}0$ $|\mathfrak{G}_2| = \sqrt{2 - \dfrac{2\varrho}{\sqrt{1+\varrho^2}}} = 1{,}11$ $|\mathfrak{G}_2| = \omega/\omega_0$ $\Phi = +\arctan\dfrac{\omega/\omega_0}{\sqrt{1+\varrho^2} - \omega/\omega_0\varrho}$ $= +\arctan\dfrac{\omega/\omega_0}{1{,}08 - \omega/\omega_0 \cdot 0{,}414}$ $\omega/\omega_0 : 0 \to 1 \to \infty$ $\Phi : 0 \to +56° \to +112{,}5°$
$\omega = 0\ldots\infty$	$\mathfrak{F}_3 = \dfrac{1}{j\,\omega\,T}$ $\omega_0 = \dfrac{1}{T}$ $|\mathfrak{F}_3| = \dfrac{1}{\dfrac{\omega}{\omega_0}}$ $\Phi = -90°$		$\mathfrak{G}_3 = \dfrac{1}{\omega\,(j - \varrho)\,T}$ $\omega_0 = \dfrac{1}{T\sqrt{1 + \varrho^2}} = \dfrac{1}{T \cdot 1{,}08}$ $|\mathfrak{G}_3| = 1/\omega/\omega_0$ $\Phi = -(90° + \arctan\varrho) = -112{,}5°$

Tabelle 3 (Fortsetzung)

	$\varrho = 0$		$\varrho = 0{,}414$
$\omega = 0 \ldots \infty$	$\mathfrak{F}_4 = j\,\omega\,T$ $\omega_0 = \dfrac{1}{T}$ $\lvert\mathfrak{F}_4\rvert = \dfrac{\omega}{\omega_0}$ $\Phi = +\,90°$		$\mathfrak{G}_4 = \omega\,(j-\varrho)\,T$ $\omega_0 = \dfrac{1}{T\sqrt{1+\varrho^2}} = \dfrac{1}{T\cdot 1{,}08}$ $\lvert\mathfrak{G}_4\rvert = \dfrac{\omega}{\omega_0}$ $\Phi = +\,(90° + \mathrm{arc\,tg}\,\varrho) = +\,112{,}5°$
$\omega < \omega_0$ $\omega = \omega_0$ $\omega > \omega_0$	$\mathfrak{F}_5 = {}^{1)}$ $\dfrac{1}{(j\omega)^2 T^2 + j\omega\,2\zeta\,T + 1}$ $\omega_0 = \dfrac{1}{T}$ $\mathfrak{F}_5 = 1{,}0$ $\lvert\mathfrak{F}_5\rvert = \dfrac{1}{2\,\zeta}$ $\lvert\mathfrak{F}_5\rvert = 1/(\omega/\omega_0)^2$ $\Phi = -\,\mathrm{arc\,tg}\ \dfrac{2\,\zeta\,\omega/\omega_0}{1-(\omega/\omega_0)^2}$ $\omega/\omega_0 : 0 \to 1 \to \infty$ $\Phi : 0 \to -90° \to -180°$		$\mathfrak{G}_5 = {}^{2)}$ $\dfrac{1}{\omega^2(j-\varrho)^2 T^2 + \omega\,(j-\varrho)\,2\zeta\,T + 1}$ $\omega_0 = \dfrac{1}{T\sqrt{1+\varrho^2}} = \dfrac{1}{T\cdot 1{,}08}$ $\lvert\mathfrak{G}_5\rvert = 1{,}0$ $\lvert\mathfrak{G}_5\rvert = \dfrac{1}{2\,\zeta - \dfrac{2\varrho}{\sqrt{1+\varrho^2}}} = \dfrac{1}{2\,\zeta - 0{,}77}$ $\lvert\mathfrak{G}_5\rvert = 1/(\omega/\omega_0)^2$ $\Phi = -\,\mathrm{arc\,tg}$ $\times \dfrac{2\,\zeta\sqrt{1+\varrho^2}\,\omega/\omega_0 - 2\varrho\,(\omega/\omega_0)^2}{(1+\varrho^2) - 2\zeta\varrho\sqrt{1+\varrho^2}\,(\omega/\omega_0) - (1-\varrho^2)(\omega/\omega_0)^2}$ $\Phi = -\,\mathrm{arc\,tg}$ $\times \dfrac{2\,\zeta\,1{,}08\,\omega/\omega_0 - 0{,}83\,(\omega/\omega_0)^2}{1{,}17 - 2\,\zeta\,0{,}45\,\omega/\omega_0 - 0{,}83\,(\omega/\omega_0)^2}$ $\omega/\omega_0 : 0 \to 1 \to \infty$ $\Phi : 0 \to -112{,}5° \to -225°$
	$\mathfrak{F}_6 = e^{\pm j\,\omega\,T}$ $\omega_0 = \dfrac{1}{T}$ $\lvert\mathfrak{F}_6\rvert = 1{,}0$ $\Phi = \pm\,\dfrac{\omega}{\omega_0}\cdot\dfrac{180°}{\pi}$ $= \pm\,\dfrac{\omega}{\omega_0}\cdot 57{,}5°$		$\mathfrak{G}_6 = e^{\pm\,\omega(j-\varrho)\,T}$ $\omega_0 = \dfrac{1}{T}$ $\lvert\mathfrak{G}_6\rvert = e^{\mp\,\varrho\frac{\omega}{\omega_0}} = e^{\mp\,0{,}414\frac{\omega}{\omega_0}}$ $\Phi = \pm\,\dfrac{\omega}{\omega_0}\cdot 57{,}5°$

$^{1)}$ gilt nur für $\zeta \geqq 0$ $\qquad$ $^{2)}$ gilt nur für $\zeta \geqq \varrho$

Zunächst scheint diese Methode noch recht umständlich zu sein. Aber es zeigt sich, daß die Kurve $\log |\mathfrak{F}_R| = f(\log \omega)$ in vielen Fällen sehr leicht und schnell aus den Einzelfrequenzgängen der Teilglieder des Regelkreises gefunden und durch einmalig angefertigte Kurvenlineale einfach gezeichnet oder auch durch Gerade angenähert werden kann.

$\mathfrak{F}_R$ ergibt sich meist als Produkt

$$\mathfrak{F} = \mathfrak{F}_1 \cdot \mathfrak{F}_2 \cdot \mathfrak{F}_3 \cdots \mathfrak{F}_n = |\mathfrak{F}_1|\, e^{j\Phi_1} \cdot |\mathfrak{F}_2|\, e^{j\Phi_2} \cdots |\mathfrak{F}_n|\, e^{j\Phi_n} \tag{31}$$

und damit wird

$$\log |\mathfrak{F}_R| = \log |\mathfrak{F}_1| + \log |\mathfrak{F}_2| + \cdots + \log |\mathfrak{F}_n| \tag{32}$$

und

$$\Phi = \Phi_1 + \Phi_2 + \cdots + \Phi_n . \tag{33}$$

Um $\log |\mathfrak{F}_R|$ zu bekommen, braucht also nur die Summe $\sum\limits_{0}^{n} \log |\mathfrak{F}_k|$ und für den Winkel Φ nur $\sum\limits_{0}^{n} \Phi_k$ gebildet zu werden. Für die wichtigsten praktisch vorkommenden Einzelfrequenzgänge zeigt die Tabelle 3 ($\varrho = 0$), wie die Kurven $\log |\mathfrak{F}_k| = f(\log \omega)$ durch Gerade angenähert werden können. Außerdem ist in der Tabelle noch der Frequenzgang eines Gliedes mit Totzeit aufgenommen.

b) Stabilitätsgüte. Nach dem Verlauf der Kurven $|\mathfrak{F}_R| = f(\omega)$ und $\Phi = f(\omega)$ bzw. $\gamma = (\Phi + 180°) = f(\omega)$ kann schon etwas über die Stabilitätsgüte ausgesagt werden. Ist bei $|\mathfrak{F}_R| = 1,0$ der Winkel Φ (Φ_0 in Abb. 24) noch wesentlich größer als $-180°$, also $\Phi_0 \gg -180°$ oder $\gamma_0 \gg 0$ bzw. ist bei $\Phi = -180°$ der Betrag $|\mathfrak{F}_R|$ („Amplitudenrand", „gain margin") $|\mathfrak{F}_R|_0$ in Abb. 24 schon wesentlich geringer als 1,0, so kann auf gute Stabilität geschlossen werden. Als ausreichend stabil gilt die Regelung dann, wenn $\gamma_0 \gtrsim 30°$ und $|\mathfrak{F}_R|_0 \lesssim 0,4$ wird [61].

Die Methode läßt sich aber auch einfach erweitern, so daß die Stabilitätsgüte unmittelbar kontrolliert werden kann.

Denkt man sich das aufgeschnittene System nicht mit ungedämpften, sondern mit gedämpften Schwingungen erregt, so führt die Ausgangsgröße ebenfalls gedämpfte Schwingungen gleicher Frequenz und Dämpfung aus. Man kann auch für diesen Fall die Ortskurve des Frequenzganges berechnen und zwar am einfachsten bei Annahme gleicher relativer Dämpfung für alle Frequenzen. In den Ausdruck für den Frequenzgang, der die Form

$$\mathfrak{F}_R(\omega) = \frac{A\,(j\,\omega)}{B\,(j\,\omega)} \tag{34}$$

hat, setzt man an Stelle von $j\,\omega$ jetzt $\omega\,(j - \varrho)$, wobei dann ϱ durch die angenommene relative Dämpfung bestimmt ist (logarithm. Dekrement der Schwingung: $\lambda = \pi\,\varrho$).

Der Frequenzgang nimmt also jetzt die Form an:

$$\mathfrak{G}_R(\omega) = \frac{C\,[\omega\,(j - \varrho)]}{D\,[\omega\,(j - \varrho)]} . \tag{35}$$

Geht die entsprechende Kurve bei irgendeiner Frequenz ω_c durch den Punkt P_0, so bedeutet das, daß auch bei geschlossenem Regelkreis eine gedämpfte Regelschwingung mit der Frequenz ω_c und der relativen Dämpfung ϱ auftritt. Ebenso, wie bei $\varrho = 0$ gezeigt, geht dann bei geschlossenem Regelkreis die fremderregte gedämpfte Schwingung in eine selbsterregte über. Die relative Dämpfung der Regelschwingung ist größer als ϱ, wenn P_0 links, kleiner, wenn P_0 rechts liegt. Auch hier kann für die Bestimmung der Lage der Kurve zum Punkt P_0 so vorgegangen werden, wie beim normalen BODE-Verfahren entsprechend Abb. 24. Im Gegensatz zum Verfahren zur einfachen Kontrolle der Stabilität, bei der man doch nie ganz sicher ist, wie weit man von P_0 entfernt bleiben muß, wird man jetzt anstreben, die Kurve durch P_0 gehen zu lassen, wenn man ϱ entsprechend der gewünschten Dämpfung gewählt hat.

Auch bei diesem Verfahren können bei den am meisten vorkommenden Einzelfrequenzgängen die Kurven $\log |\mathfrak{G}_k| = f(\log \omega)$ in einem weiten Bereich durch Gerade angenähert werden, wie aus Tabelle 3 ersichtlich.

Während die Kurven für $|\mathfrak{G}(\omega)|$ ebenso schnell gefunden werden können wie die Kurven $|\mathfrak{F}(\omega)|$, macht die Berechnung des Phasenwinkels, für die in der Tabelle die Formeln mit angegeben sind, bei $\varrho \neq 0$ etwas mehr Arbeit als bei $\varrho = 0$. In der Tabelle sind für $\varrho = 0{,}414 = \operatorname{arc tg} \dfrac{\pi}{8}$, was einer in den meisten Fällen sicher ausreichenden Dämpfung entspricht, auch die Zahlenwerte mit eingetragen.

c) Beispiele. Als erstes Beispiel sei wieder die Regelanordnung — Dampf-Warmwasser-Heizung — nach Abb. 5/23 behandelt. In Abschn. 8 Gl. (71) war der Frequenzgang des Regelkreises $\mathfrak{F}_R$

$$\mathfrak{F}_R = \mathfrak{F}_{MI} \cdot \mathfrak{F}_{II} \cdot \mathfrak{F}_{III}$$

$$= -\frac{1 + p\, T_n}{p\, \delta_v\, T_n} \cdot \frac{1}{1 + p\, T_{IIa} + p^2\, T_{IIa}\, T_{IIb}} \cdot \frac{\eta_v}{1 + p\, T_{III}}$$

gefunden worden. Für die Weiterbehandlung schreiben wir den Ausdruck etwas um. Zunächst ziehen wir $\dfrac{\eta_v}{\delta_v}$ zusammen und führen dafür den Verstärkungsfaktor $\varkappa$ ein. Außerdem setzen wir für

$$1 + p\, T_{IIa} + p^2\, T_{IIa}\, T_{IIb} = 1 + p\, 2\, \zeta\, T_{II} + p^2\, T_{II}^2\,,$$

so daß also

$$T_{II} = \sqrt{T_{IIa}\, T_{IIb}} \quad \text{und} \quad 2\, \zeta = \frac{T_{IIa}}{T_{II}} = \sqrt{\frac{T_{IIa}}{T_{IIb}}}$$

wird. Damit wird

$$\mathfrak{F}_R = -\varkappa \cdot (1 + p\, T_n) \cdot \frac{1}{p\, T_n} \cdot \frac{1}{1 + p\, 2\, \zeta\, T_{II} + p^2 T_{II}^2} \cdot \frac{1}{1 + p\, T_{III}}\,.$$

Der Frequenzgang setzt sich damit aus Einzelgliedern zusammen, wie sie in der Tabelle 3 enthalten sind. Wir setzen wie in Abschn. 8:

$$T_n = 0{,}2\,h\,;\frac{\eta v}{\delta v} = \varkappa = 1{,}53\;;\;\; T_{IIa} = 0{,}25\,h\;;\;\; T_{IIb} = 0{,}08\,h\;;\;\; T_{III} = 2\,h$$

und erhalten damit

$$T_{II} = 0{,}141\,h\;;\;\; 2\,\zeta = 1{,}76\,.$$

Der Frequenzgang mit diesen Zahlenwerten wird

$$\mathfrak{F}_R = -\,[1{,}53]\cdot[(1 + p\,0{,}2\,h)]\cdot\left[\frac{1}{p\,0{,}2\,h}\right]\cdot\left[\frac{1}{1 + p\,0{,}25\,h + p^2\,0{,}02\,h^2}\right]$$
$$\cdot\left[\frac{1}{1 + p\,2\,h}\right] = -\,\mathfrak{F}_1\,\mathfrak{F}_2\,\mathfrak{F}_3\,\mathfrak{F}_4\,\mathfrak{F}_5\,,$$

mit

$$\omega_{20} = \omega_{30} = \frac{1}{0{,}2\,h} = 5\,\frac{1}{h}\;;\;\; \omega_{40} = \frac{1}{0{,}141\,h} = 7\,\frac{1}{h}\;;\;\; \omega_{50} = \frac{1}{2\,h} = 0{,}5\,\frac{1}{h}\,.$$

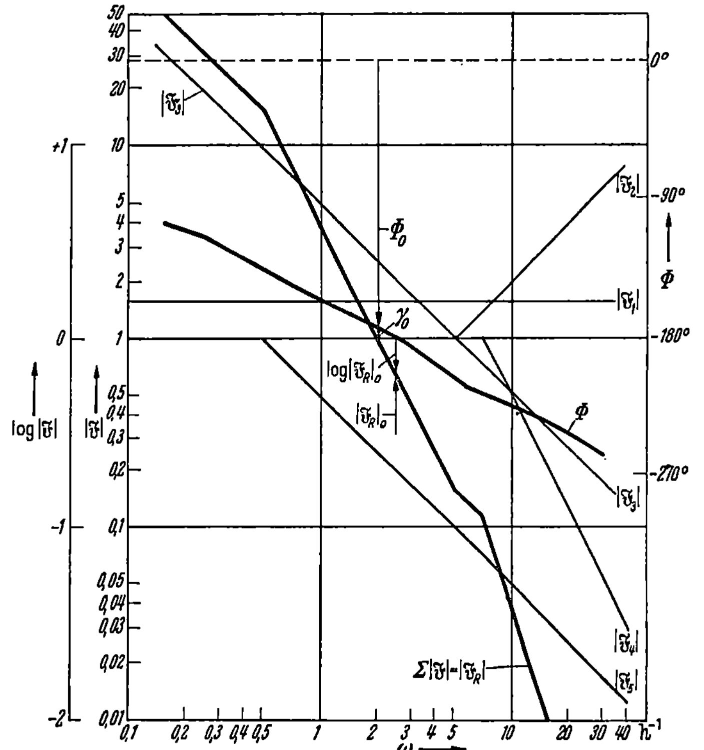

Abb. 25. Betrag und Winkellage des Frequenzganges bei einer Regelung nach Abb. 5/23

Abb. 25 zeigt $|\mathfrak{F}_R|$ bzw. $\log|\mathfrak{F}_R|$ als Summe der Einzelfrequenzgänge, die durch Gerade nach Tabelle 3 angenähert sind, sowie den Winkel $\varPhi$. Für die Berechnung des Winkels arbeitet man zweckmäßigerweise mit Tabellen. Tabelle 4 stellt eine solche für unser Beispiel dar.

Aus Abb. 25 ist zu erkennen, daß die Regelung stabil ist, da

$$\Phi_0 = -174° > -180°$$

ist. Man sieht aber auch, daß die für ausreichend stabile Regelung verlangten Bedingungen, Phasenrand $\gamma_0 \gtrsim 30°$ Amplitudenrand $|\mathfrak{F}_{R0}| \leq 0{,}4$, nicht erfüllt sind. γ_0 wird $(180° - 174°) = 6°$, ist also zu klein und $|\mathfrak{F}_R|_0$ wird $0{,}65$, ist also zu groß. Die Erkenntnis, daß sich bei den angenommenen Konstanten (wählbar sind nur $\varkappa$ und T_n) keine ausreichende Stabilitätsgüte ergibt, wird durch die in Abb. 5/26 I aufgezeichnete, schlecht gedämpfte Regelkurve bestätigt.

Aus Abb. 25 läßt sich nun aber auch ableiten, wie die Stabilität verbessert werden kann. Vergrößert man T_n und verringert damit ω_{20}, so rückt die resultierende Kurve $|\mathfrak{F}_R|$ nach unten, erreicht also bei niedrigerer Frequenz den Wert 1. Andererseits rückt aber die Kurve für Φ nach oben, weil sich die beiden Winkel Φ_2 und Φ_3 schon bei niedrigerer Frequenz gegeneinander ausgleichen ($\Phi_2 > 0$; $\Phi_3 = -90° < 0$). Da sich also beide Kurven im günstigen Sinn verschieben, kann nun wieder $\varkappa$ vergrößert werden, ohne daß die Stabilität gefährdet wird. Wählt man z. B. $T_n = 1\,h$ und setzt für $\varkappa$ zunächst den Wert $1{,}0 = |\mathfrak{F}_1|$ ein, so ergeben sich die in Abb. 26 aufgezeichneten Verhältnisse. Stellt man jetzt die Forderung $\gamma_0 = 30°$, so kann $\varkappa$ auf $\dfrac{1}{0{,}14} = 7{,}2$ vergrößert werden bzw. bei $|\mathfrak{F}_R|_0 = 0{,}4$ auf $1 \cdot \dfrac{0{,}4}{0{,}09} = 4{,}5$. Da sich der zweite Wert bei einer Frequenz $\omega = 5{,}5\ 1/h$ errechnet, der ziemlich nahe an der Eigenfrequenz $\omega_{40} = 7\ 1/h$ liegt, wird die Ermittlung von $\varkappa$ ungenau, weil der Ersatz der Kurve $|\mathfrak{F}_4|$ durch Gerade in diesem Gebiet zu große Abweichungen ergibt. Um Genaueres zu er-

Tabelle 4

$\dfrac{\omega}{1/h}$	Φ_1	$\dfrac{\omega}{\omega_{20}}$	$\Phi_2 = +\arctan\dfrac{\omega}{\omega_{20}}$	Φ_3	$\dfrac{\omega}{\omega_{40}}$	$\Phi_4 = -\arctan\dfrac{2\zeta\frac{\omega}{\omega_{40}}}{1-\left(\frac{\omega}{\omega_{40}}\right)^2}$	$\dfrac{\omega}{\omega_{50}}$	$\Phi_5 = -\arctan\dfrac{\omega}{\omega_{50}}$	$\overset{5}{\underset{1}{\sum}}\,\Phi = \Phi$
0,2	0	0,04	$+2°$	$-90°$	0,029	$-3°$	0,4	$-22°$	$-113°$
0,5	0	0,1	$+6°$	$-90°$	0,071	$-7°$	1,0	$-45°$	$-136°$
1,0	0	0,2	$+12°$	$-90°$	0,143	$-14°$	2,0	$-64°$	$-156°$
3	0	0,6	$+31°$	$-90°$	0,43	$-43°$	6,0	$-81°$	$-183°$
6	0	1,2	$+50°$	$-90°$	0,86	$-89°$	12	$-85°$	$-214°$
10	0	2,0	$+63°$	$-90°$	1,43	$-117°$	20	$-87°$	$-222°$
30	0	6	$+80°$	$-90°$	4,3	$-157°$	60	$-90°$	$-257°$

$T_n = 0{,}2\ h$

mitteln, müßte man die Kurve $|\mathfrak{F}_4|$ exakt berechnen. Man kann aber auf jeden Fall feststellen, daß der Wert $\varkappa = 4{,}5$ zu niedrig berechnet ist, weil der tatsächliche Verlauf von $|\mathfrak{F}_4|$ bei $2\,\zeta = 1{,}76$ unter der durch Gerade angenäherten Kurve liegt.

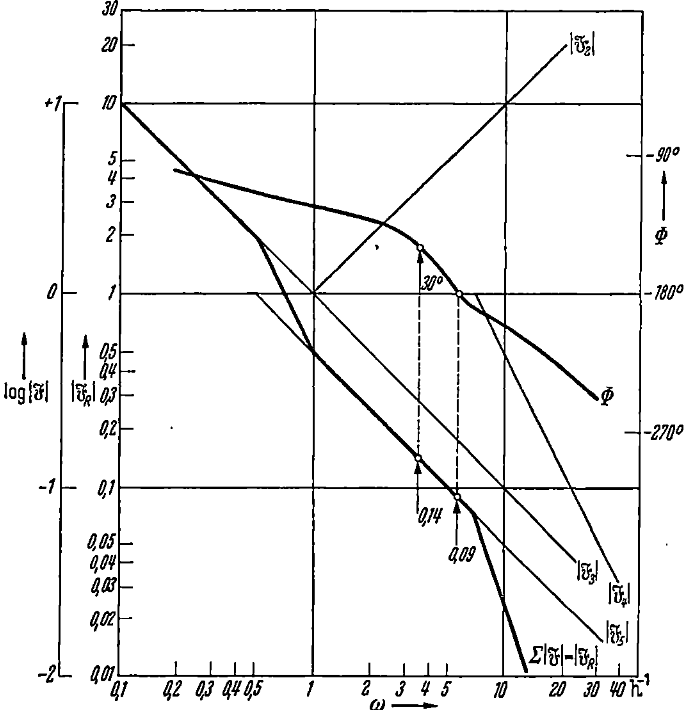

Abb. 26. Wie Abb. 25 aber Nachstellzeit T_n vergrößert

Nimmt man für T_n einen sehr großen Wert an, jedenfalls so groß, daß $T_n \gg T_{III}$ und somit $\omega_{20} = \omega_{30} \ll \omega_{50}$, so würden in dem für die Beurteilung der Stabilität wichtigen Gebiet ($|\mathfrak{F}_R| = 1$) die Kurven $|\mathfrak{F}_R|$ und Φ durch die Frequenzgänge $\mathfrak{F}_2$ und $\mathfrak{F}_3$, die sich dann praktisch gegeneinander kompensieren ($|\mathfrak{F}_2|$ nach oben, $|\mathfrak{F}_3|$ nach unten, $\Phi_2 \approx +90°$, $\Phi_3 = -90°$), überhaupt nicht mehr beeinflußt. Berücksichtigt man nach Tabelle 4 für die Berechnung des Winkels Φ nur noch Φ_4 und Φ_5, so daß also $\Phi = \Phi_4 + \Phi_5$ wird, so zeigt sich, daß $\Phi = -180°$ wird bei $\omega \approx \omega_{40}$. Die Ersatzgeraden für $|\mathfrak{F}_4|$ geben in diesem Frequenzgebiet kein richtiges Bild, wir können aber der Tabelle 3 entnehmen, daß für $\omega = \omega_{40}$ $|\mathfrak{F}_4| = 1/2\,\zeta = 1/1{,}76 = 0{,}57$ wird gegenüber $1{,}0$ bei Annäherung von $|\mathfrak{F}_4|$ durch Geraden. Nun ist $|\mathfrak{F}_5|$ nach Abb. 26 bei $\omega = 7\ 1/h$ gleich $0{,}075$, also $|\mathfrak{F}_4| \cdot |\mathfrak{F}_5| = 0{,}57 \cdot 0{,}075 = 0{,}042 = |\mathfrak{F}_R|_{0\,(\varkappa=1)}$. Vergrößert man $\varkappa$ soweit, daß $|\mathfrak{F}_R|_0 = 0{,}4$ (Wert für genügend gute Stabilität), so ergibt sich für $\varkappa$ der Wert von $1{,}0 \cdot \dfrac{0{,}4}{0{,}042} \approx 10$.

Dies wäre also ein Grenzwert für den Verstärkungsfaktor, der sich
für $T_n \approx \infty$ ergeben würde. Bei $T_n = \infty$ geht die PI-Regelung in eine
P-Regelung über, bei der die Stabilitätsverhältnisse immer günstiger
liegen. Die praktisch gleich günstigen Verhältnisse erhalten wir aber,
wenn wir nur dafür sorgen, daß T_n wesentlich größer
wird als die größte im Kreis noch vorkommende Zeitkonstante, im vorliegenden Fall also T_{III}.

Man sieht aus der Behandlung des Beispieles, daß
nach diesem BODE-Verfahren neben der Kontrolle der
Stabilität auch sehr wertvolle Erkenntnisse gewonnen
werden, die die Wahl der Regelkonstanten wesentlich
erleichtern.

Als zweites Beispiel sei die in Abschn. 8 Abb. 33
behandelte Regelung mit Totzeitglied betrachtet. Zunächst sei aber eine P-Regelung angenommen, so daß
sich das in Abb. 27 aufgezeichnete Regelschema ergibt.
Der Frequenzgang wird nach Gl. (8/114), wenn wir
für $T_y = \infty$ setzen (Übergang von PI-Regelung auf
P-Regelung):

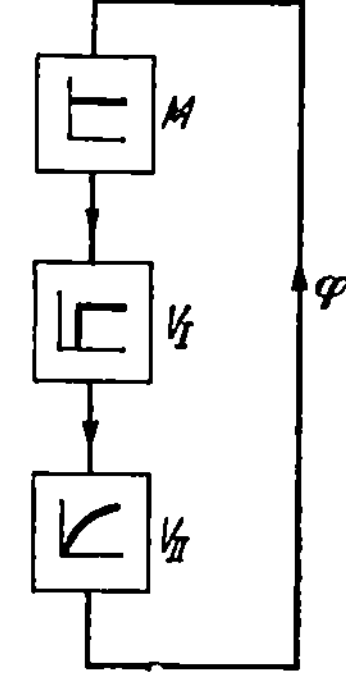

Abb. 27. Temperatur-
regelung mit
Totzeit-Glied

$$\mathfrak{F}_R = -\varkappa \cdot e^{-p\,T_{It}} \cdot \frac{1}{1+p\,T_{II}} = \mathfrak{F}_M \cdot \mathfrak{F}_I \cdot \mathfrak{F}_{II} \, .$$

Für die Konstanten: $\varkappa = 5$; $T_{It} = 2$ sek; $T_{II} = 10$ sek sind in Abb. 28
die zur Kontrolle der Stabilität benötigten Kurven $|\mathfrak{F}_R|$ und Φ aufge-
zeichnet (a).

Da bei $|\mathfrak{F}_R| = 1{,}0$ der Phasenwinkel

$$\Phi_0 \approx -140° > -180° \, ,$$

st die Regelung stabil. Dem Bild kann auch entnommen werden, daß
die Grenze der Stabilität bei $\varkappa = \dfrac{5}{0{,}64} \approx 8$ erreicht ist, weil dann $|\mathfrak{F}_R| = 1$
wird bei $\Phi_0 = -180°$. Man kann auch sofort erkennen, daß die Kurven
$|\mathfrak{F}_R| = f_1(\omega)$ und $\Phi = f_2(\omega)$ im interessierenden Bereich ($|\mathfrak{F}_R| = 1{,}0$)
nicht beeinflußt werden, wenn man den P-Regler durch einen PI-Regler
entsprechend $\mathfrak{F}_2 \cdot \mathfrak{F}_3$ der Tabelle 3 ersetzt, dabei aber die Nachstellzeit
des PI-Reglers (Zeitkonstante $T_n = \varkappa\,T_y$) wesentlich größer macht als
T_{II}, so daß $\omega_{0M} = \dfrac{1}{T_n} \ll \omega_{0II} = \dfrac{1}{T_{II}}$. Dies sofort zu sehen ist, wie wir
schon beim ersten Beispiel festgestellt haben, einer der großen Vorteile
dieses Verfahrens. Wie aus den in Abb. 28 mit eingezeichneten Kurven (b)
für $T_n = 2\,T_{II} = 20$ sek zu sehen ist, wird auch schon bei diesem im Vergleich zu T_{II} nicht sehr großen Wert von T_n die Stabilität durch den astatischen Regler nicht mehr ungünstig beeinflußt. Während beim statischen
Regler mit $\varkappa = 5$ eine ohne Regler auftretende Temperaturabweichung
nur auf $\dfrac{1}{1+\varkappa} = \dfrac{1}{6}$ herabgesetzt wird, verschwindet sie bei astatischer Re-

gelung, also PI-Regelung, vollkommen, so daß man zweckmäßigerweise einen PI-Regler verwenden wird.

In Abb. 29 sind für den gleichen Regelkreis bei $\varkappa = 5$ die entsprechenden Kurven für $\varrho = 0{,}414$ aufgezeichnet und zwar nur für statische

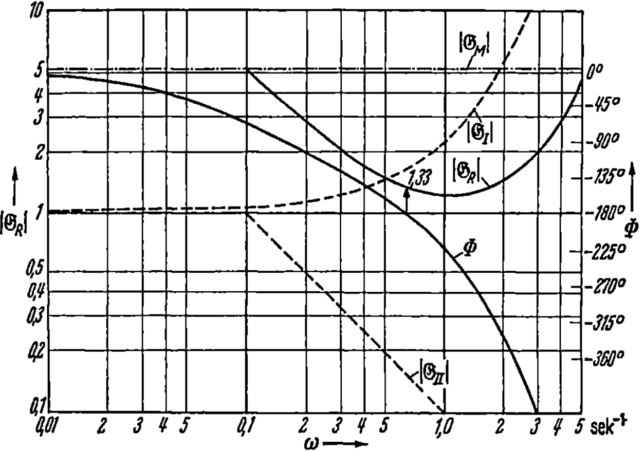

Abb. 28. Kontrolle der Stabilität bei Regelung nach Abb. 27
a mit statischem (P-Regler),
b mit astatischem, vorübergehend statischem Regler (PI-Regler)

Regelung, da natürlich die Feststellung, daß der Übergang von statischer zu astatischer Regelung auch die Stabilitätsgüte nicht beeinflußt, wenn nur $T_n \gg T_{II}$ gewählt wird, auch hier gilt.

Da $|\mathfrak{G}_R|$ immer größer als $1{,}0$ bleibt, also auch bei $\Phi = -180°$, ist bei den angenommenen Konstanten die verlangte Stabilitätsgüte ($\varrho = 0{,}414$) nicht erreicht. Man kann aber aus den Kurven sofort ablesen, daß bei einer Verkleinerung der Verstärkung $\varkappa$ von 5 auf $\dfrac{5}{1{,}33} = 3{,}8$ $|\mathfrak{G}_R| = 1{,}0$

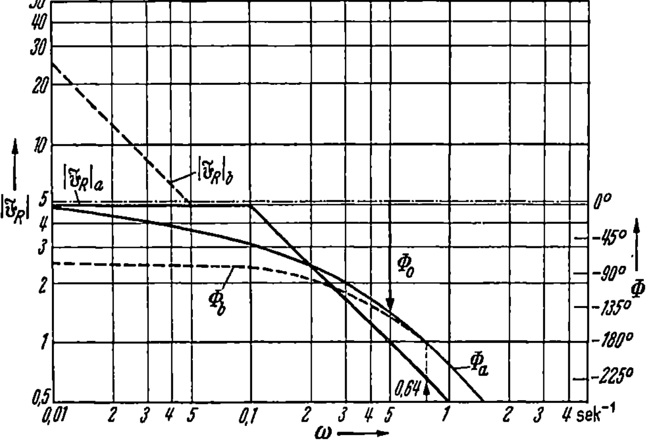

Abb. 29. Kontrolle der Stabilitätsgüte bei Regelung nach Abb. 27 ($\varrho = 0{,}414$)

wird bei $\Phi = -180°$, also dann gerade die gewünschte Stabilitätsgüte erreicht ist.

Bei dem vorstehenden Beispiel mit einem Regelglied, das eine konstante Laufzeit aufweist, ergeben sich entsprechend den unendlich vielen Wurzeln der Stammgleichung (transzendente Gleichung) unendlich viele Teilvorgänge. Die obigen Kontrollen der Stabilität und der Stabilitätsgüte haben sich nur auf die den Vorgang allein maßgeblich beeinflussende Grundschwingung bezogen. Man kann aber aus den Abb. 28 und 29 noch folgende Schlüsse ziehen: Da bei $\varrho = 0$ (Abb. 29) $|\mathfrak{F}_R|$ monoton gegen Null ($\omega = \infty$) absinkt, der Wert 1,0 also nicht mehr erreicht wird, verlaufen alle Oberschwingungen gedämpft. Anders ist es bei $\varrho \neq 0$. $|\mathfrak{G}_R|$ wird zwar zunächst kleiner, wächst dann aber wieder und strebt monoton gegen unendlich ($\omega = \infty$). Das bedeutet aber, daß Oberschwingungen mit geringerer Stabilitätsgüte ($\varrho < 0{,}414$) auftreten werden. Sie beeinflussen den Regelvorgang aber erfahrungsgemäß trotzdem nicht ungünstig, weil ihre absolute Abklingzeit entsprechend ihrer höheren Frequenz doch immer wesentlich kleiner bleibt als die der Grundschwingung und ihre Amplituden klein sind.

V. Ermittlung der Stabilität bzw. Stabilitätsgüte aus den Teilfrequenzgängen von Regelstrecke und Regler

a) Allgemeines über das Verfahren. Meistens liegt in der Regelungstechnik das Problem so, daß einer gegebenen Regelstrecke ein geeigneter Regler zuzuordnen ist. Mit der gegebenen Regelstrecke liegt auch ihr Frequenzgang fest, und gesucht ist ein Regler mit einem diesem günstig zugeordneten Frequenzgang. Wie sich nun zeigen wird, lassen sich aus dem Verlauf der Einzelfrequenzgänge von Regelstrecke (gegeben) und Regler (angenommen) Schlüsse über die Stabilität bzw. Stabilitätsgüte ziehen und außerdem Unterlagen für die Wahl der Reglerkonstanten gewinnen.

Wie bereits wiederholt gesagt, muß bei geschlossenem Regelkreis der Gesamtfrequenzgang des Regelkreises $\mathfrak{F}_R$ gleich 1,0 sein.

$\mathfrak{F}_R$ läßt sich aus den Einzelfrequenzgängen des Meßwerkes bzw. Reglers $\mathfrak{F}_M$ und der Regelstrecke $\mathfrak{F}_S$ zusammensetzen, so daß sich ergibt

$$\mathfrak{F}_R = \mathfrak{F}_M \, \mathfrak{F}_S = 1{,}0 \qquad (36)$$

oder auch

$$\mathfrak{F}_S = \frac{1}{\mathfrak{F}_M} = \mathfrak{G}_M \qquad (37)$$

bzw.

$$\mathfrak{F}_R = \mathfrak{F}_S \, \mathfrak{F}_M = \frac{\mathfrak{F}_S}{\mathfrak{G}_M} = \frac{S(\omega)}{M(\omega)} = A(\omega) \, . \qquad (38)$$

Zeichnet man die beiden Kurven $\mathfrak{F}_S$ und $\mathfrak{G}_M$ für rein reelle Frequenzen ($\omega = \nu$), also $S(\omega)$ und $M(\omega)$ auf, so kann aus dem Verlauf der Kurven meist sofort auch auf die Form der Kurve $A(\omega) = \mathfrak{F}_S \, \mathfrak{F}_M$ geschlossen werden. (Mit Rücksicht auf richtigen Regelsinn ist für $\mathfrak{F}_S$ oder $\mathfrak{F}_M$ der negative Wert der in Abschn. 2 und 3 gefundenen Ausdrücke einzusetzen. Bei den folgenden Abbildungen wird $\mathfrak{F}_M$ negativ eingesetzt.) Für einen bestimmten Fall — schwingungsfähige Regelstrecke Abb. 3/1 und 3/5, astatisches Meßwerk mit vorübergehender Statik (PI-Regler) Abb. 2/23 und 2/24 — zeigt Abb. 30 die beiden Kurven. Bei kleinen Frequenzen ($\omega \approx 0$) eilt der der Kurve $S(\omega)$ entsprechende Vektor gegenüber dem $M(\omega)$ entsprechenden voraus, $\left(\dfrac{S(\omega)}{M(\omega)}\right)_{\omega \approx 0} = A(\omega)$ liegt also im

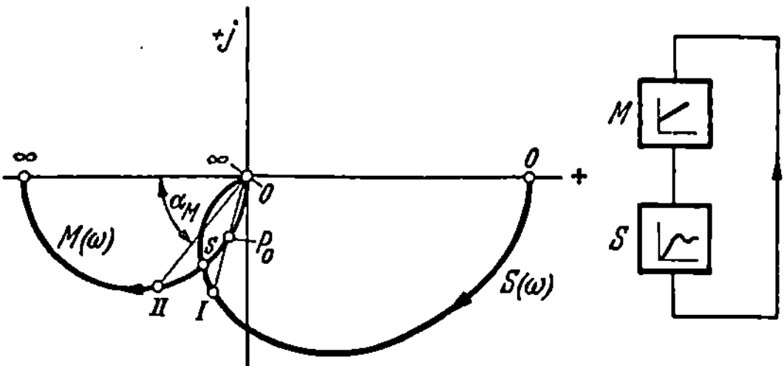

ersten Quadranten. Bei hohen Frequenzen wird im allgemeinen $M(\omega)$ gegen $S(\omega)$ voreilen, $A(\omega)$ also im vierten Quadranten verlaufen. Außerdem wird für $\omega = \infty$ $S(\omega) = 0$ und damit auch $A(\omega) = 0$. Bei irgendeiner Frequenz, also beim Übergang vom ersten auf den vierten

Abb. 30. Frequenzgang $[S(\omega)]$ der Regelstrecke und reziproker negativer Frequenzgang des Reglers (Meßwerkes) $[M(\omega)]$ mit Regelschema. Regler astatisch, vorübergehend statisch

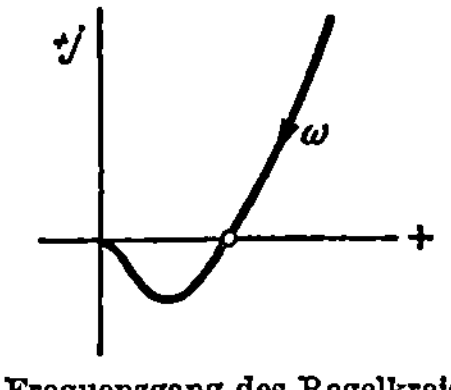

Quadranten, wird die reelle Achse geschnitten, der Verlauf von $A(\omega)$ wird also der Abb. 31 entsprechen. Für die Beurteilung der Stabilität ist in diesem Fall nur wesentlich, ob der Schnittpunkt mit der reellen Achse oberhalb (labil) oder unterhalb (stabil) vom Punkt P_0 (1,0) liegt. Dies läßt sich aber entscheiden aus den im Schnittpunkt S Abb. 30 auftretenden Frequenzen von $S(\omega)$ und $M(\omega)$, also ω_S und ω_M. Ist $\omega_S < \omega_M$, so tritt Phasengleichheit von $M(\omega)$ und $S(\omega)$ auf bei

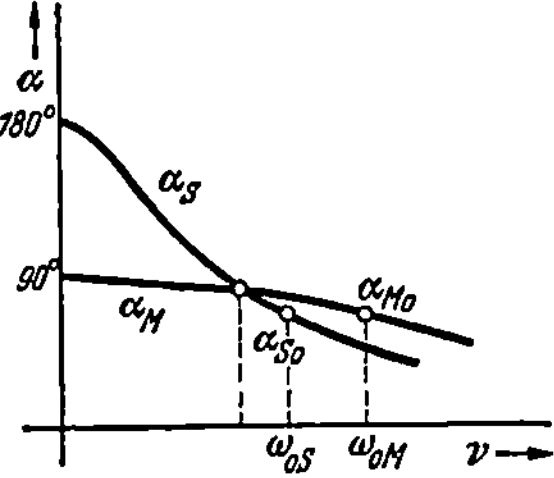

Abb. 31. Frequenzgang des Regelkreises bei Einzelfrequenzgängen entsprechend Abb. 27

Abb. 32. Verlauf der Winkel α_M und α_S abhängig von der Frequenz bei $\omega_{0M} < \omega_{0S}$. (Labiler Fall I)

$|S(\omega)| > |M(\omega)|$ (I in Abb. 30), was dann bedeutet, daß bei Phasengleichheit $A(\omega) > 1{,}0$ wird, die Regelung also labil ist. Dies geht aus folgendem hervor: Der Zeiger $M(\omega)$ dreht sich mit fallender Frequenz vom Schnittpunkt ($\alpha_{S0} = \alpha_{M0}$) aus nach links und liegt bei Frequenz 0 in Richtung der negativen imaginären Achse. Der Zeiger $S(\omega)$ dreht sich mit fallender Frequenz ebenfalls nach links, kommt aber in die Richtung der imaginären Achse schon bei einer Frequenz, die größer als Null sein muß, weil er sich bei Frequenz Null bis in die Richtung der positiven reellen Achse gedreht hat. Die Winkel α von $S(\omega)$ und $M(\omega)$

gegen die negative reelle Achse werden sich also etwa nach Abb. 32 vom Schnittpunkt S aus (α_{S0}, α_{M0}, ω_{0S}, ω_{0M}) mit fallender Frequenz ($\omega = \nu$) ändern. Phasengleichheit bei gleicher Frequenz tritt daher, wie eine Betrachtung von Abb. 30 ergibt, in einem Bereich auf, in dem $|S(\omega)| > |M(\omega)|$ ist, was ja in Gl. (38) bedeutet, daß $|\mathfrak{F}_R|$ bei Phasengleichheit größer als 1,0 ist. Stimmen im Schnittpunkt S die Frequenzen überein, so wird bei Phasengleichheit $A(\omega) = 1{,}0$, es treten somit ungedämpfte Schwingungen auf. Ist $\omega_S > \omega_M$, so tritt die Phasengleichheit bei $|S(\omega)| < |M(\omega)|$ (II in Abb. 30) auf. $A(\omega)$ ist dabei kleiner als 1,0, die Regelung ist also stabil. Als Kriterium für die Stabilität bei einem Verlauf der Kurven $S(\omega)$ und $M(\omega)$ nach Abb. 30 gilt also: $\omega_S \lessgtr \omega_M$ labil, $\omega_S > \omega_M$ stabil.

Ohne die Kurven $S(\omega)$ und $M(\omega)$ tatsächlich zu rechnen oder überhaupt aufzuzeichnen, kann man in vielen Fällen lediglich aus ihrer Lage zueinander Rückschlüsse auf die Stabilitätsverhältnisse ziehen und oft von vornherein ohne jede Rechnung unbrauchbare Anordnungen ausmerzen bzw. verbessern. Allerdings gehört eine gewisse Erfahrung und Übung dazu, die Kurven lediglich mit dem „geistigen Auge" zu sehen und zu beurteilen.

Will man sich nicht nur einen Überblick über die Stabilitätsverhältnisse verschaffen, sondern bei einem bestimmten Beispiel die Kontrolle der Stabilität durchführen, so kann man auch hier Absolutbetrag und Phasenwinkel von $S(\omega)$ und $M(\omega)$ getrennt in logarithmischem Maßstab aufzeichnen, wie bei der Behandlung des NYQUIST-BODE-Verfahrens gezeigt. Als Kriterium für die Stabilität gilt dann:

Sind für $\omega = \omega_0$ die Winkel Φ_S und Φ_M gleich, so ist die Regelung labil, wenn der entsprechende Betrag von $S(\omega_0)$ gleich oder größer ist als der Betrag von $M(\omega_0)$, stabil, wenn der Betrag von $S(\omega_0)$ kleiner ist als der von $M(\omega_0)$. Es gilt also

$$\left.\begin{array}{l} |S(\omega_0)| \geqq |M(\omega_0)| \text{ labil} \\ |S(\omega_0)| < |M(\omega_0)| \text{ stabil} \end{array}\right\} \Phi_S = \Phi_M \, .$$

Der Frequenzgang der Regelstrecke $S(\omega)$ und der reziproke Frequenzgang des Meßwerkes bzw. Reglers lassen sich mit Hilfe der Tabelle 3 meist schnell aufzeichnen, besonders wenn man noch berücksichtigt, daß für eine Abschätzung der Stabilität die Betragskurven durch Gerade angenähert werden können.

Besonders günstig wirkt sich, wie nachstehend in einem Beispiel gezeigt wird, die Aufteilung des Frequenzganges dann aus, wenn einer bestimmten Regelstrecke ein Regler so angepaßt werden soll, daß z. B. eine bestimmte relative Dämpfung auftritt.

b) Beispiel für die Kontrolle der Stabilität. Für die Kontrolle der Stabilität sei wieder das Beispiel einer Temperaturregelung entsprechend Abb. 5/23 herangezogen.

Der Frequenzgang der Regelstrecke bestehend aus den beiden Gliedern V_{II} und V_{III} wird nach Gl. (8/69) und (8/70)

$$\mathfrak{F}_S = \frac{1}{1 + p\,T_{IIa} + p^2\,T_{IIa}\,T_{IIb}} \cdot \frac{\eta v}{1 + p\,T_{III}} \, ,$$

der reziproke Frequenzgang des Meßwerkes bzw. Reglers nach Gl. (8/68)

$$\frac{1}{\mathfrak{F}_{MI}} = - \frac{p\,\delta_v\,T_n}{1 + p\,T_n}\,.$$

Wir bilden nun

$$\mathfrak{F}_R = \frac{\mathfrak{F}_S}{1/\mathfrak{F}_{MI}} = \frac{\dfrac{1}{1 + p\,T_{IIa} + p^2\,T_{IIa}\,T_{IIb}} \cdot \dfrac{\eta_v}{1 + T_{III}}}{-\dfrac{p\,\delta_v\,T_n}{1 + p\,T_n}},$$

wählen die Bezugsgrößen so, daß wir den Regelbereich η_v schon beim Meßwerk berücksichtigen, setzen für $\dfrac{\eta_v}{\delta_v} = \varkappa$ (Verstärkungsfaktor), errechnen aus T_{IIa} und T_{IIb} die Konstanten $2\,\zeta$ und T_{II} entsprechend Tabelle 3, Nr. 5, und erhalten damit:

$$\mathfrak{F}_R = \frac{\dfrac{1}{1 + 2\,\zeta\,p\,T_{II} + p^2\,T_{II}^2} \cdot \dfrac{1}{1 + p\,T_{III}}}{-\dfrac{1}{\varkappa}\dfrac{p\,T_n}{1 + p\,T_n}} = \frac{S(\omega)}{M(\omega)}\,.$$

Sowohl $S(\omega)$ als auch $M(\omega)$ lassen sich nun nach Betrag und Phase nach Tabelle 3 schnell berechnen und aufzeichnen, Abb. 33. Der Abb. 33 sind folgende Konstanten zugrunde gelegt:

$$T_{IIa} = 0{,}25\,h;\; T_{IIb} = 0{,}08\,h;\quad \text{damit}\quad 2\,\zeta = 1{,}76;\; T_{II} = 0{,}141\,h;$$
$$T_{III} = 2\,h;\; T_n = 1\,h;\; \varkappa = 5.$$

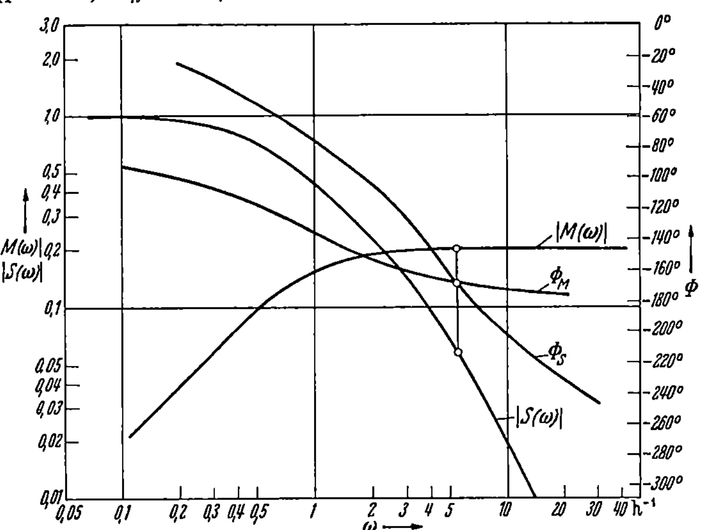

Abb. 33. Kontrolle der Stabilität mit Hilfe der Teilfrequenzgänge von Regler und Regelstrecke bei einer Regelung nach Abb. 5/23

Man sieht aus Abb. 33, daß bei $\Phi_M = \Phi_S$ der Betrag $|S(\omega)| < |M(\omega)|$, die Regelung also stabil ist. Man kann der Abbildung auch den Betrag

$$|\mathfrak{F}_R| = \frac{|S(\omega)|}{|M(\omega)|} = \frac{0{,}06}{0{,}2} = 0{,}3 \text{ bei Phasengleichheit entnehmen. Wie S. 272}$$

erwähnt, gilt die Stabilität als ausreichend, wenn dieser Betrag nicht größer als 0,4 wird. Im vorliegenden Fall wird die Stabilitätsgüte also sicher ausreichen.

c) Beispiel für die Kontrolle der Stabilitätsgüte bzw. für die Bestimmung der Reglerkonstanten. Als Beispiel sei die in Abb. 27 im Blockschema aufgezeichnete Temperaturregelung betrachtet. Wir teilen den S. 277 gefundenen Frequenzgang $\mathfrak{F}_R$ wieder auf und erhalten, wenn wir

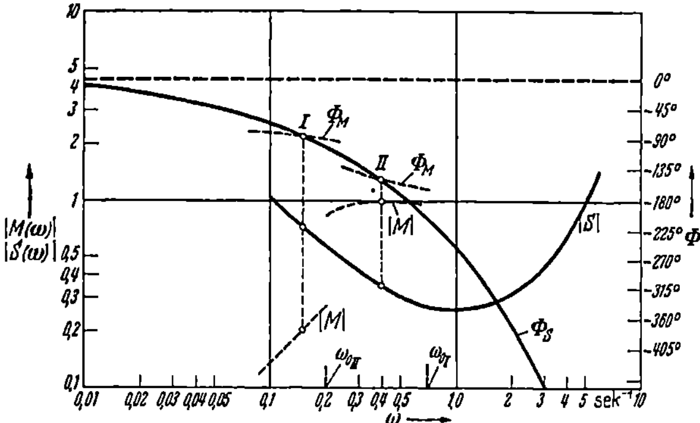

Abb. 34. Kontrolle der Stabilitätsgüte bzw. Bestimmung der Reglerkonstanten
bei einer Regelung nach Abb. 27

einen *PI*-Regler (astatisches Meßwerk, vorübergehend statisch) annehmen, wie im vorigen Beispiel S. 282:

$$\mathfrak{F}_R = \frac{\mathfrak{F}_{II} \cdot \mathfrak{F}_{III}}{\dfrac{1}{\mathfrak{F}_{MI}}} = \frac{e^{p\,T}{}_{It}\,(1 + p\,T_{II})}{\dfrac{1}{\varkappa}\dfrac{p\,T_n}{1 + p\,T_n}} = \frac{S(\omega)}{M(\omega)} \, .$$

Gegeben soll nur die Regelstrecke mit den Konstanten T_{It} und T_{II} sein, während für die Konstanten des Reglers, also für T_n und $\varkappa$ geeignete Werte gesucht werden sollen. Wir setzen für $p = \omega\,(j - \varrho)$ und zeichnen zunächst (in log. Maßstab) $|S|$ und Φ_S auf. Abb. 34 zeigt diese Kurven für $\varrho = 0{,}414$. Sie entsprechen denen von Abb. 29, wenn wir $\varkappa = 1{,}0$ setzen. Auf Transparent-Papier zeichnen wir nach Abb. 35 $|M|$ und Φ_M für $\varkappa = 1{,}0$ abhängig von $\dfrac{\omega}{\omega_{0\,M}}$, wobei der vorläufig noch offene Wert von ω_{0M} entsprechend Tabelle 3 gleich $\dfrac{1}{T_n \cdot 1{,}08}$ wird. Die Maßstäbe für $|M|$ und Φ_M müssen natürlich die gleichen sein, wie für $|S|$ und Φ_S, nur an Stelle des absoluten Wertes von ω im S-Bild tritt jetzt der relative Wert $\dfrac{\omega}{\omega_{0\,M}}$. Wir verschieben nun die M-Kurven auf den S-Kurven horizontal so, daß sich die Geraden $|M| = 1$, $\Phi_M = -180°$ mit denen für $|S| = 1$, $\Phi_S = -180°$ decken. Bei einer beliebigen Lage der M-Kurven gegen die S-Kurven werden sich bei bestimmter Frequenz die Kurven für Φ_M und Φ_S schneiden, was bedeutet, daß bei dieser Frequenz bei der gewählten Lage der Kurven gegeneinander Phasengleichheit vorhanden ist. Man kann nun ein Konstantenpaar (T_n und $\varkappa$), das die Bedingung $\varrho = 0{,}414$ erfüllt, folgendermaßen bestimmen:

1. Man stellt die Werte von $|S|$ und $|M|$ bei dieser Frequenz fest. Da bei Einhaltung der gewünschten Stabilitätsgüte ($\varrho = 0{,}414$) $|S| = |M|$ werden muß, ergibt sich sofort der Korrekturfaktor für den Verstär-

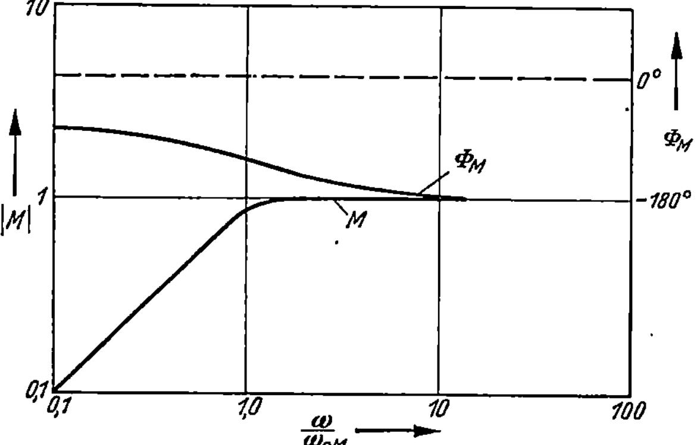

Abb. 35. Reziproker Frequenzgang des Reglers nach Größe und Phase
zur Ermittlung der Reglerkonstanten mit Hilfe von Abb. 34

kungsfaktor, der zunächst mit 1,0 angesetzt war. Nach Abb. 34 wird z.B. für den Fall I $|M| = 0{,}2$; $|S| = 0{,}72$ und da $|M| \sim \dfrac{1}{\varkappa}$, muß $\varkappa_I = 1{,}0 \cdot \dfrac{0{,}2}{0{,}72} = 0{,}28$ gemacht werden. Für den Fall II wird $|M| = 1{,}0$; $|S| = 0{,}34$ und damit $\varkappa_{II} = 1{,}0 \cdot \dfrac{1{,}0}{0{,}34} = 3{,}0$. Damit ist also der Verstärkungsfaktor $\varkappa$ gefunden.

2. Man stellt die Absolutfrequenz auf dem S-Bild fest, bei der bei der gewählten Lage der M-Kurven gegen die S-Kurven im M-Bild der Wert $\dfrac{\omega}{\omega_{0\,M}} = 1{,}0$ auftritt. Da $\omega_{0\,M} = \dfrac{1}{T_n \cdot 1{,}08}$, ist damit auch T_n gefunden. Im Fall I Abb. 34 wird $\omega_{0\,M} = 0{,}7\,\dfrac{1}{\text{sek}}$ und damit $T_{n\,I} = \dfrac{1}{0{,}7 \cdot 1{,}08}$ sek $= 1{,}3$ sek, im Fall II $\omega_{0\,M} = 0{,}2\,\dfrac{1}{\text{sek}}$ und damit $T_{n\,II} = \dfrac{1}{0{,}2 \cdot 1{,}08} = 4{,}6$ sek. Also auch die Nachstellzeitkonstante liegt damit fest.

Hat man einmal die beiden Bilder entsprechend Abb. 34 und 35 berechnet und gezeichnet, so kann man sehr schnell zusammengehörige Werte für den Verstärkungsfaktor $\varkappa$ und die Nachstellzeit T_n finden und an Hand von Kurven etwa entsprechend Abb. 17 eine zweckmäßige Wahl der Konstanten treffen.

11. Stabilität von Regelkreisen mit nichtlinearen Gliedern
I. Allgemeines

Bisher waren bei den Stabilitätsbetrachtungen, wie auch bei der rechnerischen Behandlung des Regelvorganges nur lineare Regelglieder vorausgesetzt, bzw. wurden nur kleine Abweichungen der verschiedenen

Größen im Regelkreis von ihrem stationären Wert angenommen, so daß mit einer gewissen Berechtigung die einzelnen Glieder linearisiert werden konnten. Im Abschn. 9 wurde an Hand von einigen Beispielen gezeigt, wie mit Hilfe von graphischen Verfahren, bzw. durch schrittweise Integration auch bei nichtlinearen Gliedern im Regelkreis der Regelvorgang ermittelt werden kann. Nachstehend sollen nun von verschiedenen bekannten Methoden für die Behandlung der *Stabilitätsfrage* bei solchen Kreisen zwei für die Praxis besonders wichtige herausgegriffen werden. Wir beschränken uns auf den Fall, daß in einem sonst linearen System nur *ein* nichtlineares Glied auftritt.

II. Beschreibungsfunktion

a) Die Methode. Wir gehen so vor, daß wir uns ein nichtlineares Glied durch eine zeitlich sinusförmig veränderliche Eingangsgröße erregt denken und betrachten die sich dabei ergebende Ausgangsgröße (Beschreibungsfunktion [*63, 46*]). Die Ausgangsgröße wird sich ebenfalls periodisch mit der Zeit ändern, aber nicht mehr, wie bei linearen Gliedern, nach einer einfachen Sinusfunktion. Die sich ergebende periodische Funktion läßt sich aber nach FOURIER in Grundwelle und Oberwellen zerlegen, und wir berücksichtigen für die weitere Untersuchung nur die Grundwelle.

Wir nehmen dabei an, daß der Verlauf der Grundwelle durch Oberwellen, wie sie bei geschlossenem Regelkreis auftreten können, nicht beeinflußt wird, bzw. daß solche Oberwellen durch die in der Regelstrecke praktisch immer vorhandenen Verzögerungsglieder, die dann als Tiefpaß wirken, weitgehend unterdrückt werden. Da in manchen Fällen weder die eine noch die andere Annahme in genügendem Maße zutrifft, ist es zweckmäßig, die Ergebnisse aus den folgenden Untersuchungen etwas kritisch zu betrachten und mehr qualitativ als quantitativ zu werten. (Die Zusatzbeeinflussung bei nachstehend behandeltem Beispiel (c) zeigt klar, wie Oberwellen die Grundwelle maßgebend beeinflussen können.) Wir haben somit das nichtlineare System auf ein im wesentlichen gleichwertiges lineares System zurückgeführt und können die verschiedenen behandelten Methoden zur Stabilitätskontrolle anwenden.

Allerdings muß noch folgendes beachtet werden: Während bei linearen Gliedern das Verhältnis von Ausgangsgröße zu Eingangsgröße, d.h. bei Sinuserregung der Frequenzgang, unabhängig ist vom Wert der Eingangsgröße, tritt bei nichtlinearen Gliedern eine Abhängigkeit des Frequenzganges von der Amplitude der Eingangsgröße auf. Diese Abhängigkeit kann sich sowohl auf den Betrag als auch auf den Phasenwinkel erstrecken. Daraus ergibt sich aber, daß bei einer Stabilitätsuntersuchung eines Regelkreises mit nichtlinearen Regelgliedern nicht nur mit einem bestimmten festen Frequenzgang des Kreises, sondern mit einem von den nichtlinearen Gliedern abhängigen *Frequenzgangbereich* gerechnet werden muß. Nur wenn sich für den ganzen in Frage kommenden Bereich stabiler Betrieb errechnet, kann die Anordnung als stabil bezeichnet werden.

Tabelle 5. *Frequenzgang nichtlinearer Glieder (Beschreibungsfunktion)*

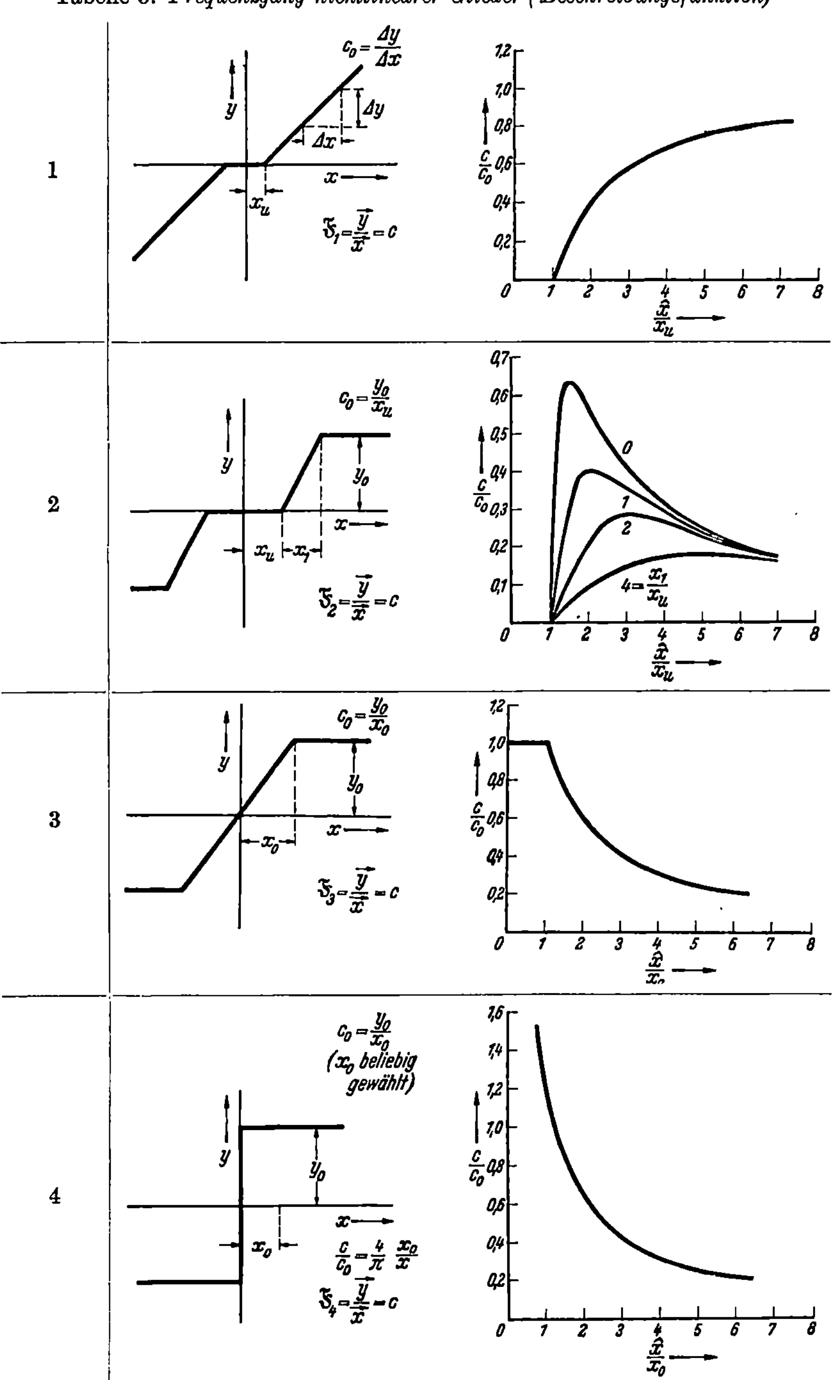

Tabelle 5 (Fortsetzung)

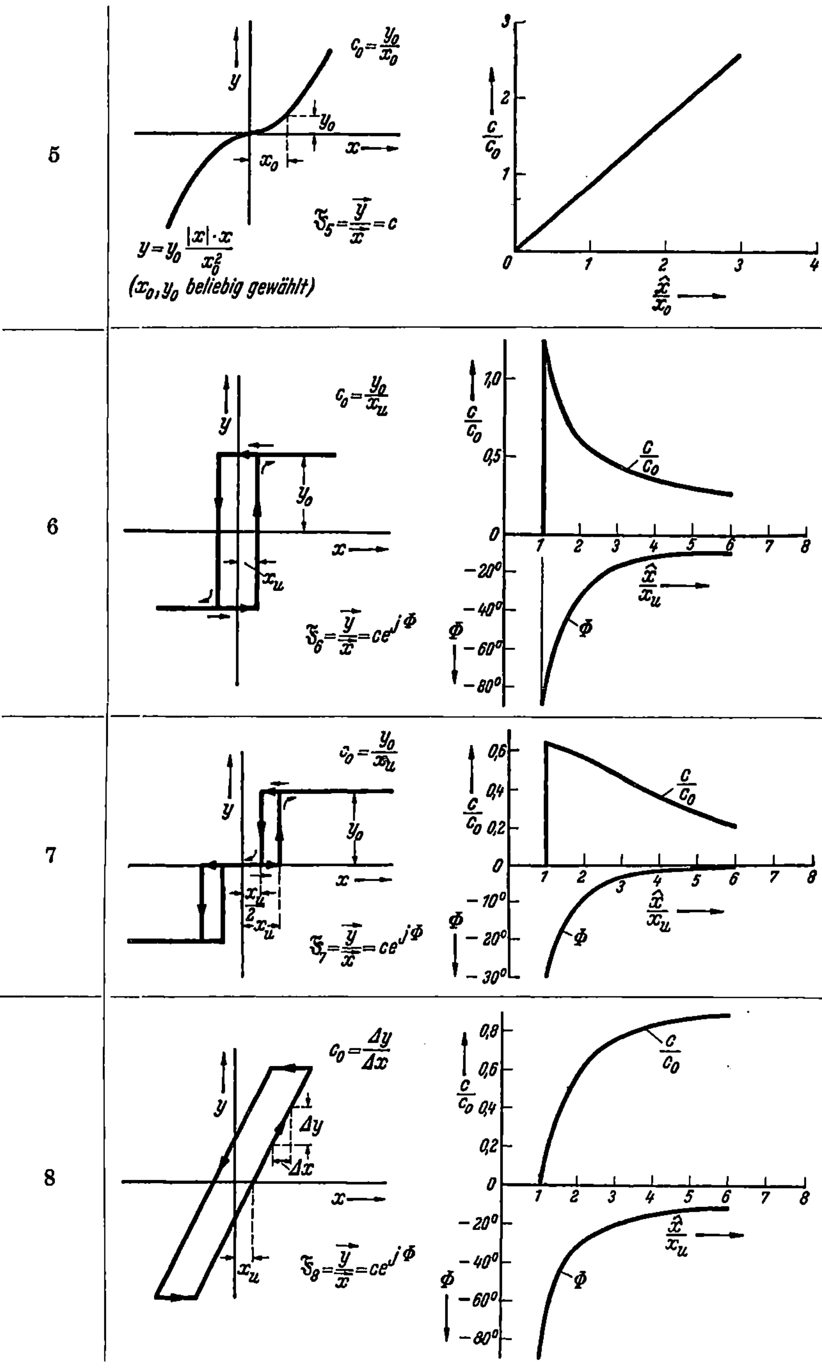

In Tabelle 5 sind für einige häufiger vorkommende nichtlineare Glieder die für die Ermittlung der Stabilität maßgebenden Frequenzgänge für die Grundfrequenz zusammengestellt und die Abhängigkeit der zugehörigen Konstanten von der Amplitude der Eingangsschwingung aufgezeichnet.

Aus der Tabelle ist ersichtlich, was oben bereits erwähnt wurde, wie durch die Nichtlinearität, je nach deren Art sowohl das Größenverhältnis von Ausgangsgröße zu Eingangsgröße als auch die Phasenlage der beiden Größen gegeneinander durch die Amplitude der Eingangsschwingung beeinflußt werden kann. Die durch die Nichtlinearität bedingte Phasenverschiebung ist *frequenzunabhängig*, worauf noch besonders hingewiesen sei. An Hand von zwei Beispielen soll die Untersuchungsmethode näher erläutert werden.

b) Integralregler mit nichtlinearer Kennlinie. Nach Abb. 1 soll ein Regelkreis bestehend aus zwei Gliedern (*1* und *2*) mit Weg-Geschwindigkeitssteuerung (Glieder mit Ausgleich) und einem Integralregler (*3*) vorliegen. Es kann sich z. B. um die Spannungsregelung eines Generators (*1*) handeln, der von einer Erregermaschine (*2*) erregt wird, deren Erregung durch einen Integralregler (*3*) gesteuert wird.

Für den Frequenzgang des Regelkreises gilt, wenn zunächst Linearität bei allen Gliedern angenommen wird [nach Gl. (3/28) und (2/52)]

$$\mathfrak{F}_R = -\frac{1}{1 + p\,T_1} \cdot \frac{1}{1 + p\,T_2} \cdot \frac{1}{p\,T_3} \tag{1}$$

und daraus die charakteristische Gleichung ($\mathfrak{F}_R = 1{,}0$)

$$p^3\,T_1\,T_2\,T_3 + p^2\,T_3\,(T_1 + T_2) + p\,T_3 + 1 = 0 \tag{2}$$

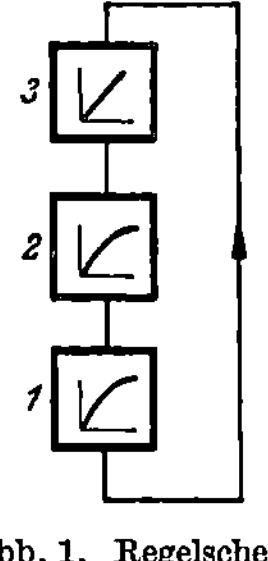

T_3 ist die Zeit, in der der Regler bei einer Abweichung der Regelgröße gleich dem Sollwert die Steuergröße für den Eingang des Gliedes *2* um den Sollwert verstellt. Wir beziehen nun die Zeitkonstanten auf die Zeitkonstante T_1, bezeichnen

$$\frac{T_1}{T_2} = \mu \; ; \quad \frac{T_1}{T_3} = \zeta$$

Abb. 1. Regelschema der untersuchten Regelanordnung mit nichtlinearem Glied

und erhalten

$$p^3\,T_1^3 + p^2\,T_1^2\,(1 + \mu) + p\,T_1\,\mu + \mu\,\zeta = 0 \,. \tag{3}$$

Nach Gl. (10/3) muß bei Stabilität

$$T_1^2\,(1 + \mu) \cdot T_1\,\mu > \mu\,\zeta\,T_1^3, \tag{4}$$

also $\zeta < (1 + \mu)$ oder

$$\frac{T_1}{T_3} < \left(1 + \frac{T_1}{T_2}\right) \quad \text{oder} \quad T_3 > \frac{T_1\,T_2}{T_1 + T_2} \tag{5}$$

werden. An der Stabilitätsgrenze wird

$$\zeta = (1 + \mu) \quad \text{oder} \quad T_3 = \frac{T_1\,T_2}{T_1 + T_2} \,. \tag{6}$$

Wir wollen nun für das Glied *3*, also den Integralregler zusammen mit einem nichtlinearen Glied *0*, einen Zusammenhang zwischen Eingangs- und Ausgangsgröße nach Tabelle 5, Nr. 2 mit $x_1 = 0$ annehmen, wie er sich z. B. ergibt, wenn ein Verstellmotor durch ein Spannungsrelais, das einen gewissen Unempfindlichkeitsbereich aufweist, je nach der Regelgrößen-Abweichung für die eine oder andere Drehrichtung geschaltet wird. Eingangsgröße ist in diesem Fall also z. B. eine Span-

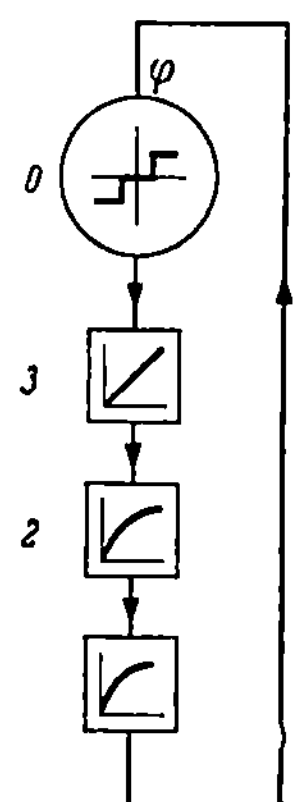

Abb.2. Regelschema für die Regelung entsprechend Abb. 1, aber mit nichtlinearem Glied (*o*) (Dreipunktregler)

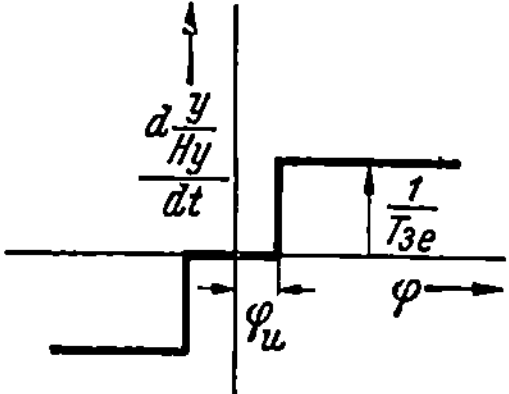

Abb. 3. Nichtlineares Glied *0* im Regelschema Abb. 2

nung, Ausgangsgröße eine Verstellgeschwindigkeit. Abb. 2 zeigt das Regelschema für diesen Fall. Das nichtlineare Glied wird durch einen Kreis dargestellt, in den im Gegensatz zu den linearen Gliedern, nicht die Übergangsfunktion sondern der stationäre Zusammenhang zwischen Eingangs- und Ausgangsgröße eingetragen ist. Weiterhin sollen nichtlineare Glieder immer so gekennzeichnet werden. Abb. 3 zeigt den Zusammenhang zwischen bezogener Regelgröße φ und bezogener Stellgröße y. y ist auf H_y bezogen. Eine Änderung der Stellgröße y um den Wert H_y soll (über Erregermaschine und Generator beim Beispiel einer Spannungsregelung) eine Änderung der Regelgröße um ihren Sollwert zur Folge haben. Die Verstellgeschwindigkeit nach Ansprechen des Relais ist mit $\dfrac{1}{T_{3e}}$ bezeichnet, was bedeutet, daß der Bereich H_y in der Zeit T_{3e} (statische Verstellzeit) durchlaufen wird.

Der Tabelle 5, Nr. 2 $\left(\dfrac{x_1}{x_u} = 0\right)$ kann nun der für die Stabilitätsbetrachtung einzusetzende Wert c bezogen auf $c_0 = \dfrac{y_0}{x_u} = \dfrac{1}{T_{3e}\,\varphi_u} = \dfrac{1}{T_{30}}$, also $\dfrac{c}{c_0} = \dfrac{T_{30}}{T_3}$, entnommen werden, so daß wir also den Wert von T_3 (dynamische Verstellzeit) mit dem wir bei verschiedenen Amplituden ($\hat{\varphi}$) rechnen müssen, kennen.

Abb. 4a zeigt den für die Stabilitätsbetrachtung einzusetzenden Wert T_3 bezogen auf den nach Abb. 3 zu berechnenden Wert $T_{30} = T_{3e}\,\varphi_u$ abhängig von der auf φ_u bezogenen Regelgrößen-Abweichung. Die Verstellzeit T_3 weist bei $\dfrac{\hat{\varphi}}{\varphi_u} = 1{,}5$ ein Minimum ($T_{3\,\text{min}}$) auf. Da nach Gl. (5)

die Stabilität bei kleinstem Wert von T_3 am meisten gefährdet ist, muß für die Stabilitätsbetrachtung dieses Minimum herangezogen werden.

Wir wollen nun der weiteren Betrachtung ein Zahlenbeispiel zugrunde legen. Es sei

$$T_1 = 1{,}5 \text{ sek}; \quad T_2 = 0{,}36 \text{ sek}; \quad T_{3e} = 8 \text{ sek}; \quad \varphi_u = 0{,}01 \; .$$

Es wird dann

$$T_{30} \;\; = T_{3e} \cdot \varphi_u = 8 \text{ sek} \cdot 0{,}01 = 0{,}08 \text{ sek}$$
$$T_{3\,\text{min}} = 1{,}4 \cdot T_{30} = 0{,}112 \text{ sek} \qquad \text{(nach Abb. 4)}.$$

Mit Rücksicht auf Stabilität müßte sein [Gl. (5)]

$$T_{3\,\text{min}} > \frac{T_1\,T_2}{T_1 + T_2} = \frac{1{,}5 \cdot 0{,}36 \text{ sek}^2}{1{,}86 \text{ sek}} = 0{,}29 \text{ sek} \; .$$

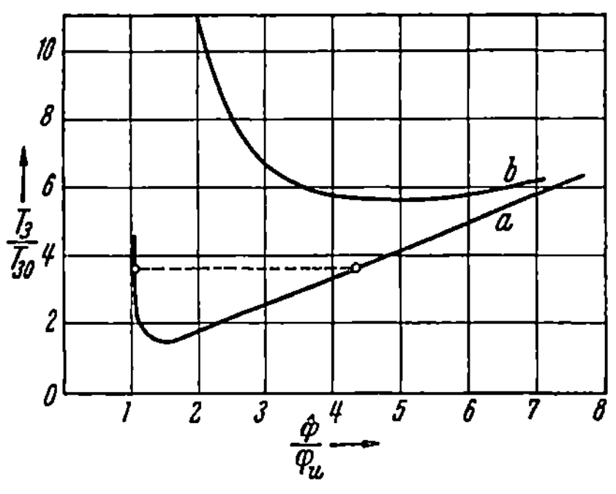

Abb. 4. Wirksame Verstellzeit T_3 bei einer Anordnung nach Abb. 2

a Kennlinie nach Abb. 3
b Kennlinie nach Abb. 5

Die Anordnung ist also bei dieser Dimensionierung nicht stabil, sie pendelt. Aus Abb. 4 kann aber auch entnommen w rden, daß bei einer Abweichung $\frac{\varphi}{\varphi_u} = 4{,}3$ gerade der Wert $T_3 = 0{,}29 \text{ sek} = 0{,}08 \text{ sek} \cdot 3{,}6$ erreicht wird, und daß bei größeren Abweichungen die dynamische Verstellzeit T_3 größer wird. Das bedeutet aber, daß die Schwingungen nur bis zu einer Amplitude der Schwingung von $\frac{\hat{\varphi}}{\varphi_u} = 4{,}3$ also bis $\varphi = 0{,}043$ anwachsen, dann aber konstant bleiben. Bei größeren Abweichungen arbeitet die Regelung stabil, die Abweichungen gehen zurück, es bleibt dann aber die ungedämpfte Restschwingung. Wie aus Abb. 4 ersichtlich, wird der Wert $T_3 = 0{,}29 \text{ sek} \left(\frac{T_3}{T_{30}} = 3{,}6\right)$ auch noch bei $\frac{\hat{\varphi}}{\varphi_u}$ wenig größer als 1,0 erreicht. Auch hier ist also eine ungedämpfte Schwingung möglich. Es zeigt sich aber, daß ein solcher Zustand nicht bestehen bleiben kann, er ist labil. Sobald nämlich aus irgendwelchen Gründen die Amplituden etwas kleiner werden, wird die Schwingung gedämpft ($T_3 > 0{,}29$ sek), verschwindet also. Sobald aber die Amplituden etwas größer werden, wird die Schwingung angefacht ($T_3 < 0{,}29$ sek), die Amplituden wachsen, bis dann bei $\frac{\hat{\varphi}}{\varphi_u} = 4{,}3$ der stabile Schwingungszustand erreicht ist.

Nun soll weiter untersucht werden, wie die Anordnung so verbessert werden kann, daß sie auch bei kleinen Regelabweichungen stabil arbeitet. Wir vergrößern zu diesem Zweck die statische Verstellzeit T_{3e} so weit, daß im ungünstigsten Fall $\left(\frac{\hat{\varphi}}{\varphi_u} = 1{,}5\right)$ $T_3 = 0{,}33 > 0{,}29$ sek wird. Nun ist $T_{3\,min} = 1,4 \cdot T_{30} = 1,4 \cdot \varphi_u\, T_{3e} = 0,33$ sek und daraus errechnet sich

$$T_{3e} = \frac{0,33 \text{ sek}}{0,01 \cdot 1,4} = 23 \text{ sek}.$$

Die Verstellzeit T_{3e} müßte also gegenüber dem erst angenommenen Wert von 8 sek auf das 3fache vergrößert werden, was selbstverständlich eine sehr träge Regelung bedeuten würde. Wir wollen uns daher noch mit einem anderen Weg zur Verbesserung der Stabilitätsverhältnisse bei kleinen Regelabweichungen beschäftigen.

Sowohl bei elektrischen [62] als auch bei mechanischen (Öl, Luft usw.) Reglern läßt sich meist mit verhältnismäßig einfachen Mitteln erreichen, daß die Verstellgeschwindigkeit nach Überschreitung des Unempfindlichkeitsbereiches nicht ruckartig, sondern erst mit weiter

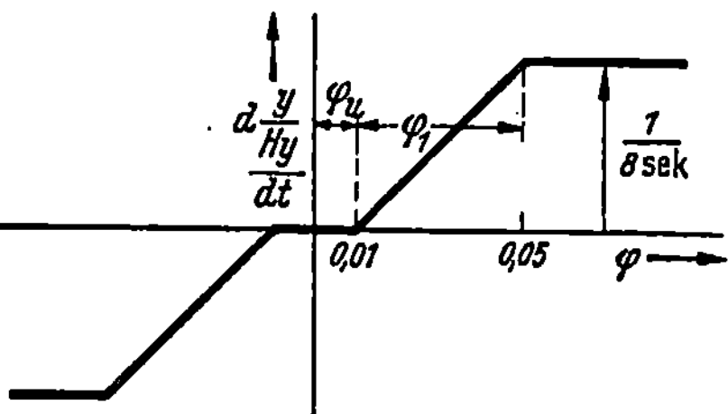

Abb. 5. Verbessertes Glied 0 im Regelschema nach Abb. 2

ansteigender Abweichung allmählich auf die Endgeschwindigkeit geht. Der Zusammenhang zwischen Ausgangs- und Eingangsgröße ist damit also durch den Verlauf nach Tabelle 5, Nr. 2 $\left(\dfrac{x_1}{x_u} \neq 0\right)$ gegeben. Wir wollen sehen, wie sich die Verhältnisse bei unserem Beispiel ändern, wenn wir für den Regler diese Charakteristik zugrunde legen.

Wir nehmen die gleichen Konstanten wie bisher an, wählen $\varphi_1 = 0,04$ (Abb. 5) und kontrollieren die Stabilität zunächst wieder unter der Voraussetzung, daß $T_{3e} = 8$ sek festliegt. Auch hier wird $\dfrac{T_3}{T_{30}} = \dfrac{c}{c_0}$, wobei $\dfrac{c}{c_0}$ der Tabelle entnommen werden kann. Abb. 4b zeigt $\dfrac{T_3}{T_{30}}$ für diesen Fall. $T_{3\,min}$ wird

$$5,6 \cdot T_{30} = 5,6 \cdot \varphi_u\, T_{3e} = 5,6 \cdot 0,08 \text{ sek} = 0,45 \text{ sek} > 0,29 \text{ sek}.$$

0,29 sek war der oben errechnete Wert an der Stabilitätsgrenze, die Anordnung ist also bei der effektiven Verstellzeit von $T_{3e} = 8$ sek auch bei kleinen Amplituden stabil. Man sieht, daß durch die verhältnismäßig einfache Änderung am Regler, durch die erreicht wird, daß statt des ruckartigen Ansteigens der Verstellgeschwindigkeit in dem kleinen Bereich von 1—4% Abweichung die Geschwindigkeit proportional mit der Abweichung wächst, die effektive Verstellzeit stark (auf etwa $^1/_4$) herabgesetzt und damit wesentlich schnellere Regelung erzielt werden kann.

c) Proportionalregler mit Reibung oder Lose. Abb. 6 zeigt das Schema eines Regelkreises mit einer Regelstrecke bestehend aus zwei Gliedern mit Ausgleich (1 und 2) und einem Proportionalregler (0). Solange der Regler „ideal" ist (z. B. Röhrenregler) oder als „ideal" angesehen werden kann, wenn er also vernachlässigbar kleine Masse besitzt, bzw. wenn die Massenschwingung durch eine geschwindigkeitsabhängige Dämpfung unterdrückt, keine „trockene", also geschwindigkeitsunabhängige Reibung und kein Spiel vorhanden ist, arbeitet eine solche Anordnung immer stabil. Die den Regelvorgang beschreibende Differentialgleichung wird von zweiter Ordnung, so daß also nach einer Störung eine Regelabweichung nach einer gedämpften Schwingung verschwindet. Der

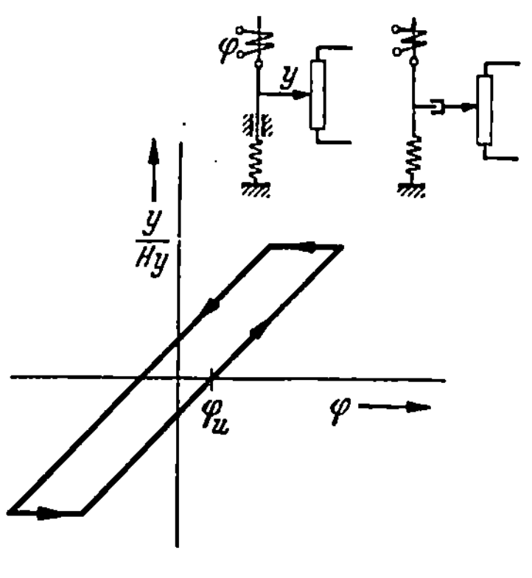

Abb. 6. Regelschema eines Regelkreises mit nichtlinearem Proportionalregler 0

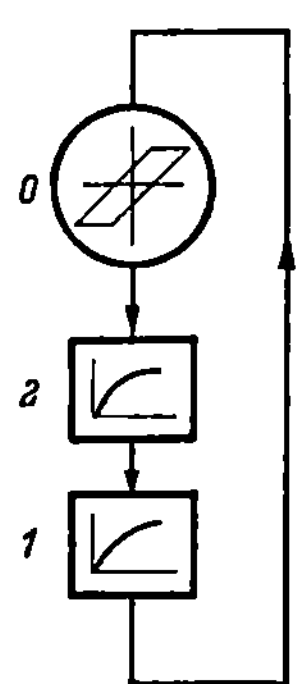

Abb. 7. Regler mit Reibung oder Lose

Frequenzgang des Regelkreises wird in diesem idealen Fall [Gln. (3/28) und (2/1) mit $\frac{1}{\delta} = \varkappa$]:

$$\mathfrak{F}_R = - \varkappa \frac{1}{1 + p\,T_1} \cdot \frac{1}{1 + p\,T_2} \cdot \tag{7}$$

$\varkappa$ ist der Verstärkungsfaktor des Kreises. [Bei einer Abweichung der Regelgröße gleich dem Sollwert φ_0 verstellt der Regler (0) die Eingangsgröße des Gliedes 2 um einen Betrag, der über Glied 2 und 1 eine Änderung der Regelgröße um $\varkappa\,(-\varphi_0)$ ergeben würde.]

Aus Gl. (7) ergibt sich die charakteristische Gleichung ($\mathfrak{F}_R = 1,0$):

$$p^2\,T_1\,T_2 + p\,(T_1 + T_2) + 1 + \varkappa = 0 \,, \tag{8}$$

bzw. wenn wir das Verhältnis $\frac{T_1}{T_2} = \mu$ einführen

$$p^2\,T_1^2 + p\,T_1\,(1 + \mu) + (1 + \varkappa)\,\mu = 0 \tag{9}$$

mit den Wurzeln:

$$p_{1,2} = \pm j\,\frac{1}{T_1}\sqrt{(1 + \varkappa)\,\mu - \frac{1}{4}\,(1 + \mu)^2} \;-\; \frac{1}{T_1}\frac{(1 + \mu)}{2} \cdot \tag{10}$$

Für $\mu = 2$ und $\varkappa = 30$ wird z. B.:

$$p_{1,2} = \pm j\,\frac{1}{T_1}\,7,7 - \frac{1}{T_1}\,1,5 \cdot$$

Wir wollen nun annehmen, daß der Regler mit Reibung behaftet ist, so daß sich ein Zusammenhang zwischen Eingangsgröße (φ) und Ausgangsgröße $\left(\frac{y}{H_y}\right)$ entsprechend Tabelle 5, Nr. 8 ergibt, wie er in Abb. 7 zusammen mit einem Beispiel eines elektromagnetischen Reglers aufgezeichnet ist.

Die Reibung bedingt nach Abb. 7 einen gewissen Unempfindlichkeitsbereich ($\pm \varphi_u$) und außerdem ein Nacheilen der Ausgangsgröße bei einer zeitlichen Änderung der Eingangsgröße mit Richtungswechsel. Bei jedem Richtungswechsel bleibt der Regler so lange stehen, bis sich die Stellkraft um den doppelten Betrag der Reibungskraft, die Eingangsgröße also um $2\varphi_u$ geändert hat. Die gleichen Verhältnisse ergeben sich im übrigen, wenn der Regler ohne Reibung, aber mit Lose, wie dies in Abb. 7 ebenfalls angedeutet ist, arbeitet. Die Nacheilung der Ausgangsgröße bedingt nun eine Verschlechterung der Stabilitätsverhältnisse, so daß die bei idealem Regler unbedingt stabile Anordnung labil werden kann. Erst dadurch, daß der Verstärkungsfaktor verringert und damit eine größere Endabweichung $\left(\varphi_\infty = \dfrac{\sigma}{1+\varkappa}\right.$ s. S. 121$\left.\right)$ in Kauf genommen werden muß, können dann wieder stabile Verhältnisse geschaffen werden.

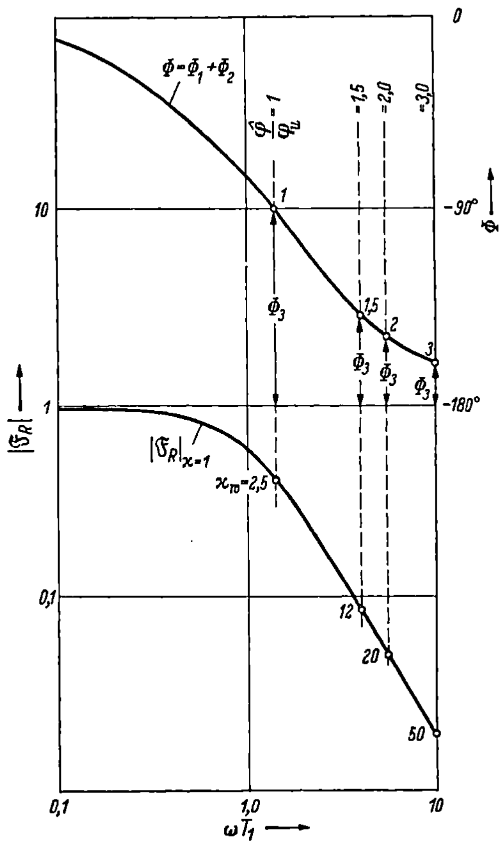

Abb. 8. Betrag-Phasendiagramm für die Anordnung nach Abb. 6 aber mit linearem Proportionalregler ($\varkappa = 1{,}0$)

Die Stabilitätsbetrachtung soll an Hand des obigen Zahlenwertes, für $\mu = \dfrac{T_1}{T_2} = 2$ durchgeführt werden und zwar nach dem NYQUIST-BODE-Verfahren mit Hilfe des Betrag-Phasen-Diagramms. Abb. 8 zeigt dieses Diagramm und zwar für die Anordnung mit idealem Regler bei $\varkappa = 1{,}0$. Wir sehen, daß der Winkel $\varPhi$ immer größer als ($-180°$) bleibt, also unbedingte Stabilität vorhanden ist. (Siehe Abschn. 10 IV a.)

Wenn wir jetzt zum Betrieb mit nichtlinearem Regler entsprechend Abb. 7 übergehen, so können wir zunächst der Tabelle 5, Nr. 8 die amplitudenabhängige Winkelnacheilung $\left[\varPhi_3 = f\left(\dfrac{\hat{\varphi}}{\varphi_u}\right)\right]$ entnehmen. Addieren wir diesen Winkel zum Winkel $\varPhi = \varPhi_1 + \varPhi_2$, so erhalten wir den tatsächlichen Winkel $\varPhi' = \varPhi_1 + \varPhi_2 + \varPhi_3$, der aber jetzt nicht nur frequenzabhängig sondern auch amplitudenabhängig wird. Nun interessiert für die Stabilität nur der Fall, daß $\Phi' = -180°$ wird und wir suchen daher für verschiedene Werte von $\dfrac{\hat{\varphi}}{\varphi_u}$ den Wert von Φ', bei dem $\Phi' = \Phi + \Phi_3 = -180°$ wird und bezeichnen den entsprechenden Punkt auf der Kurve $\Phi = \mathrm{f}(\omega\,T_1)$ mit dem zugehörigen Wert von $\dfrac{\hat{\varphi}}{\varphi_u}$. Bei $\dfrac{\hat{\varphi}}{\varphi_u} = 1,0$ z. B. wird nach Tabelle 5, Nr. 8 $\Phi_2 = -90°$. Da bei $\omega\,T_1 = 1,14$ der Winkel $\Phi = -90°$, also mit $\Phi_3 = -90°$ der Gesamtwinkel $\Phi + \Phi_3 = \Phi' = -180°$ wird, ist der entsprechende Punkt auf der Kurve $\Phi = \mathrm{f}(\omega\,T_1)$ mit 1,0 bezeichnet. Bei $\dfrac{\hat{\varphi}}{\varphi_u} = 3$ wird $\Phi_3 = -20°$, der Punkt mit $\Phi = -160°$, ist also mit 3,0 zu bezeichnen usw.

Die Stabilitätsgrenze ist erreicht, wenn bei $\Phi = -180°$ der Betrag von $|\mathfrak{F}_R|'$ gleich 1,0 wird. Mit $|\mathfrak{F}_R|'$ ist dabei der Frequenzgang des Regelkreises bezeichnet, der sich unter Berücksichtigung der Verstärkung und der Nichtlinearität beim Regler ergibt. Wir können nun für die verschiedenen bezeichneten Punkte auf der Φ-Kurve den wirksamen Verstärkungsfaktor $\varkappa_w$ an der Grenze der Stabilität aus der Bedingung, daß bei $\Phi = -180°$ der Betrag $|\mathfrak{F}_R'|$ gleich eins wird, ermitteln. Auf der $|\mathfrak{F}_R|$-Kurve sind für die Punkte $\dfrac{\hat{\varphi}}{\varphi_u} = 1;\ 1,5;\ 2;\ 3$ die so ermittelten Verstärkungsfaktoren $\varkappa_w$ eingetragen $\left[|\mathfrak{F}_R'| = |\mathfrak{F}_R| \cdot \varkappa_w = 1,0;\ \varkappa_w = \dfrac{1}{|\mathfrak{F}_R|}\right]$.

Berücksichtigt man nun noch entsprechend Tab. 5, Nr. 8 den Faktor $\dfrac{c}{c_0}$ bei den verschiedenen Werten von $\dfrac{\hat{x}}{x_u}$ entspr. $\dfrac{\hat{\varphi}}{\varphi_u}$, so erhältman die dem Anstieg der Gerade $\left[\dfrac{y}{H_y} = \mathrm{f}(\varphi)\right]$ nach Abb. 7 entsprechende Verstärkung an der Grenze der Stabilität. Abb. 9 zeigt diese Grenzkurve.

Man kann nun aus der Abb. 9 folgendes entnehmen: Während bei der linearen Anordnung unter allen Umständen Stabilität vorhanden ist, kann jetzt das System labil werden. Nur wenn $\varkappa < 30$ gewählt wird, ist das System für alle Amplituden $\dfrac{\hat{\varphi}}{\varphi_u}$ stabil. Wählt man $\varkappa$ größer, z. B. 40, so ergeben sich zwei Schnittpunkte 1 und 2 auf der Grenzkurve, was bedeutet, daß 2 Schwingungsmöglichkeiten gegeben sind, und zwar bei $\dfrac{\hat{\varphi}}{\varphi_u} \approx 1,1$, also bei kleinen Amplituden und dann bei $\dfrac{\hat{\varphi}}{\varphi_u} = 2,2$. Wie dem Verlauf der Kurve ohne weiteres zu entnehmen ist, kann eine stationäre Schwingung bei Punkt 1 nicht

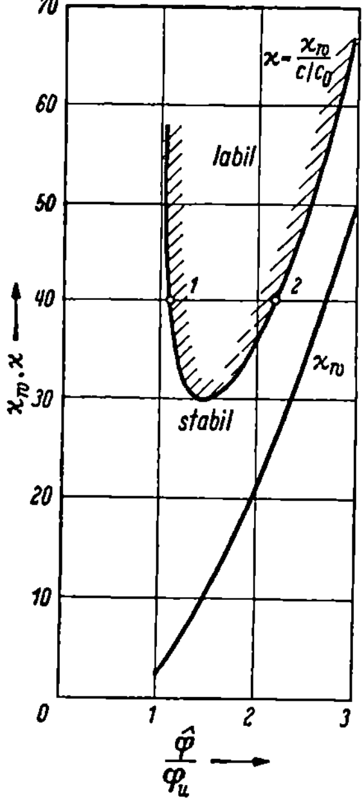

Abb. 9. Zulässige Verstärkung bei der Anordnung nach Abb. 6

bestehen bleiben, wohl aber im Punkt 2. Ein Ansteigen der Amplitude bedeutet bei Punkt 1 ein Wandern in das labile Gebiet, was weiteres Ansteigen bedeutet, bis schließlich der Punkt 2 erreicht ist, der nach der gleichen Überlegung einer stabilen stationären Schwingung entspricht.

Ganz allgemein kann gesagt werden, daß, ähnlich wie bei vorstehendem Beispiel gezeigt, Reibung oder Lose bei einem Regler entsprechend Abb. 7 immer eine u. U. wesentliche Verschlechterung der Regelverhältnisse zur Folge hat.

An Hand des behandelten Beispieles soll nun noch gezeigt werden, wie durch eine verhältnismäßig einfache Maßnahme die schädliche Wirkung einer ja schließlich nie ganz zu vermeidenden Reibung oder Lose in gewissem Ausmaß beseitigt werden kann.

Durch eine zusätzliche Beeinflussung des Reglers durch eine periodisch veränderliche Fremdgröße sorgt man dafür, daß der Regler kleine Schwingungen ausführt, also praktisch dauernd in Bewegung bleibt. Die Amplitude der Fremdgröße muß so groß gewählt werden, daß die ihr entsprechende Kraft etwas größer ist als die Reibungskraft. Bei einem elektromagnetischen Regler nach Abb. 7 kann diese Zusatzbeeinflussung z. B. durch eine mit Wechselstrom erregte Hilfsspule erfolgen. Die Frequenz der Zusatzbeeinflussung ist so hoch zu wählen, daß die dadurch bedingten Schwingungen der Ausgangsgröße des Reglers keine störenden Schwingungen der Regelgröße zur Folge haben. Ihre Mindesthöhe hängt also von den in der Regelstrecke wirksamen Zeitverzögerungen ab. Sie darf aber auch nicht zu hoch gewählt werden, weil sonst die Massenwirkung des Reglers, die ja bei der Untersuchung vernachlässigt wurde, eine Bewegung überhaupt unterdrückt.

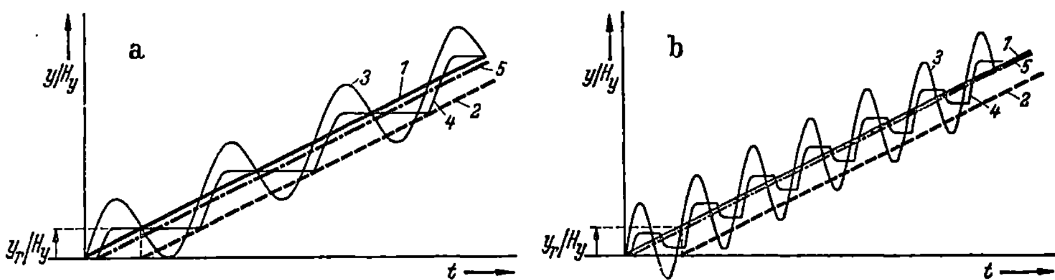

Abb. 10a u. b. Ausgangsgröße eines Proportionalreglers bei gleichmäßig mit der Zeit ansteigender Eingangsgröße.

1 idealer Regler, *2* Regler mit Reibung, *3* idealer Regler mit Zusatzbeeinflussung, *4* Regler mit Reibung und Zusatzbeeinflussung, *5* Mittelwert aus Kurve *4*

Bei Abb. 10 ist angenommen, daß sich die Eingangsgröße (φ) des Reglers gleichmäßig mit der Zeit vergrößert. Ohne Zusatzbeeinflussung ergibt sich beim idealen Regler für die Ausgangsgröße der Verlauf *1*, beim Regler mit Reibung der Verlauf *2*, mit Zusatzbeeinflussung bei idealem Regler der Verlauf nach *3*, beim Regler mit Reibung der Verlauf nach *4*. Gerade *5* zeigt den für den Regelvorgang maßgebenden mittleren Wert aus Kurve *4*. Die der Amplitude der Zusatzbeeinflussung entsprechende Kraft ist 50% größer als die Reibungskraft $\left(\text{entsprechend } \dfrac{y_r}{H_y}\right)$ angenommen.

Während bei Abb. 10a zwischen dem idealen Verlauf (1) und dem mit Zusatzbeeinflussung wirksamen Verlauf (5) der Ausgangsgröße noch eine gewisse Differenz vorhanden ist, verschwindet diese bei Abb. 10b mit höherer Frequenz der Zusatzbeeinflussung praktisch vollkommen.

Abb. 11 zeigt noch die entsprechenden Kurven bei sinusförmig mit der Zeit veränderlicher Eingangsgröße. Die Frequenz der Zusatzbeeinflussung ω_2 ist wesentlich höher als die Grundfrequenz (24fach) gewählt.

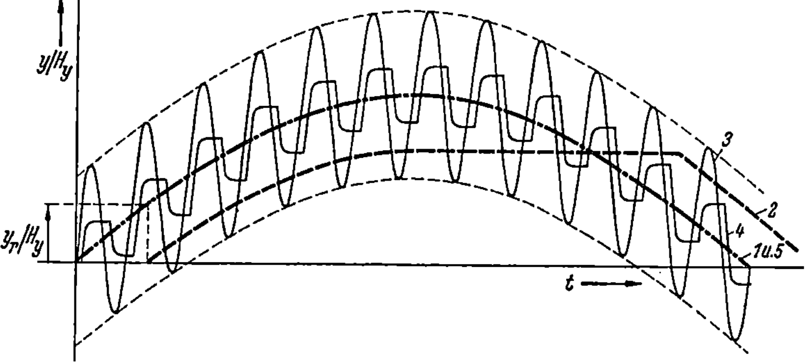

Abb. 11. Ausgangsgröße eines Proportionalreglers bei sinusförmig veränderlicher Eingangsgröße.
1—5 wie bei Abb. 10

Während sich normal die Ausgangskurve 2 mit der für die Stabilität ungünstigen Phasenverschiebung ergeben würde, entspricht mit Zusatzbeeinflussung die wirksame Kurve 5 praktisch vollkommen der idealen 1.

In diesem Zusammenhang sei noch darauf hingewiesen, daß es sich bei einem Proportionalregler entsprechend Abb. 12 (durch zwei gegenüber der Feder F_1 schwache Federn F_2 wird der Abgriff A gegen eine Mittellage gedrückt) nicht eigentlich um Lose, sondern um einen Regler mit Unempfindlichkeitsbereich handelt, mit der in Abb. 12 mit aufgezeichneten Kennlinien, die Tabelle 5, Nr. 1 entspricht. Da eine Phasendrehung zwischen Ausgangs- und Eingangsgröße nicht auftritt und die wirksame Verstärkung (entsprechend $\dfrac{c}{c_0}$ nach Tabelle 5, Nr. 1) bei kleinen Amplituden kleiner wird, werden die Stabilitätsverhältnisse hier gerade bei kleinen Amplituden besonders gut. Errechnet sich daher ohne Berücksichtigung der Nichtlinearität Stabilität, so ist diese bei Vorhandensein dieser Nichtlinearität um so sicherer gewährleistet.

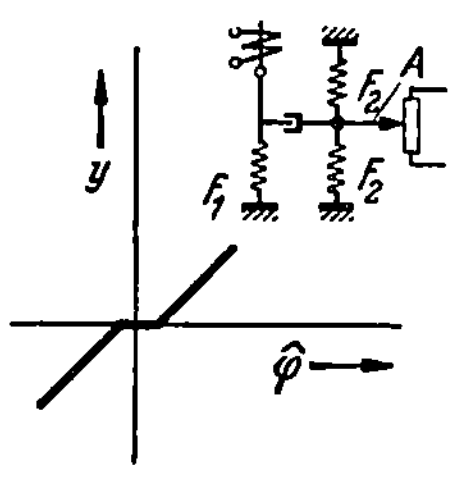

Abb. 12. Proportionalregler mit Unempfindlichkeitsbereich

III. Phasenebene [$92, 93, 94, 95$]

a) Lineares System. In manchen Fällen, insbesondere bei unstetigen Relaisgliedern im Regelkreis, und wenn außerdem keine zu hohe Ordnungszahl für die den Regelvorgang beschreibende Differentialgleichung vorliegt, bietet die Betrachtung in der sogenannten Phasenebene einen guten Einblick in die Vorgänge und erlaubt insbesondere eine einfache Beurteilung der Stabilitätsverhältnisse.

Wir betrachten zunächst eine lineare Differentialgleichung 2. Ordnung [entspr. Gl. (3/12)]

$$\frac{\mathrm{d}^2\varphi}{\mathrm{d}t^2}\, T^2 + \frac{\mathrm{d}\varphi}{\mathrm{d}t}\, 2\,\zeta\, T + \varphi = 0 \tag{11}$$

bzw. mit normierter Zeit $\left(\tau = \dfrac{t}{T}\right)$

$$\frac{\mathrm{d}^2\varphi}{\mathrm{d}\tau^2} + \frac{\mathrm{d}\varphi}{\mathrm{d}\tau}\, 2\,\zeta + \varphi = 0 \tag{12}$$

also die Differentialgleichung einer gedämpften Schwingung mit der Lösung ($\zeta < 1$ angenommen, $\sqrt{1-\zeta^2} = \Omega$)

$$\varphi = C\, \mathrm{e}^{-\zeta\tau} \cos(\Omega\,\tau + \gamma) \tag{13}$$

und damit

$$\varphi' = -\,C\,\zeta\, \mathrm{e}^{-\zeta\tau} \cos(\Omega\,\tau + \gamma) - C\,\Omega\, \mathrm{e}^{-\zeta\tau} \sin(\Omega\,\tau + \gamma) \tag{14}$$

Die Gleichungen (13, 14) können als Parameterdarstellung mit τ als Parameter für

$$\varphi' = \mathrm{f}(\varphi) \tag{15}$$

oder mit

$$x \equiv \varphi; \quad y \equiv \varphi'$$

für

$$y = \mathrm{f}(x)$$

aufgefaßt werden.

Berechnet man diese Funktion, so ergibt sich für eine ungedämpfte Schwingung also für $\zeta = 0$ und damit $\Omega = 1$ ein Kreis entsprechend Abb. 13a. Der Kreis ist in Wirklichkeit ein Vielfachkreis, der unendlich mal durchlaufen wird, wenn τ von Null bis unendlich ansteigt. Dieser Kreis wird als *Zustandskurve* oder *Phasendiagramm*, die (φ, φ')-Ebene, bzw. die (x, y)-Ebene als *Phasenebene* bezeichnet. („Phase" bedeutet hier einfach Zustand!). Jeder Punkt der Zustandskurve gibt Auskunft über den Zustand des Systems in einem bestimmten Augenblick.

Da der Kreis nicht durch den Nullpunkt geht, wo sowohl φ als auch φ' Null, das System also in seiner Ruhelage ist ($\varphi = 0$)

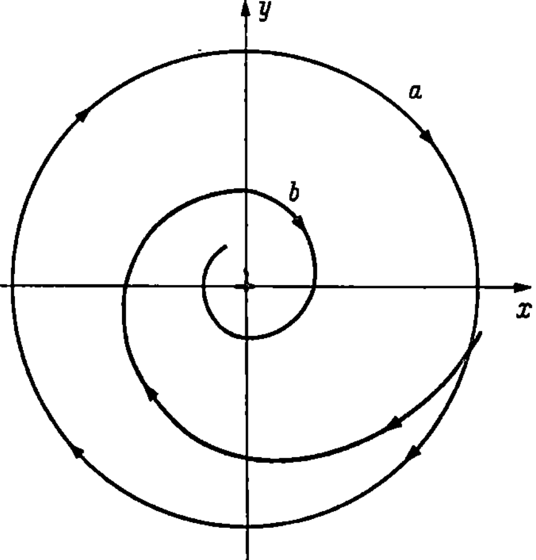

Abb. 13. Zustandskurven einer linearen ungedämpften (a) und einer gedämpften (b) Schwingung

und auch in der Ruhelage bleibt ($\varphi' = 0$), stellt er, wie jede andere in sich geschlossene Kurve in der Phasenebene, — auch bei nichtlinearen Vorgängen treten solche Kurven auf — eine Dauerschwingung dar.

Läßt man die Annahme $\zeta = 0$ fallen, betrachtet man also eine gedämpfte Schwingung, so ergibt sich für die Zustandskurve nach den Gl. (13, 14) eine mit wachsendem τ kleiner werdende Spirale nach Abb. 13 b, die im Nullpunkt ($\tau = \infty$) endet, der damit dem Endzustand entspricht. Der Vorgang ist stabil. Ganz allgemein gilt, daß ein System stabil ist, wenn die Zustandskurve im Nullpunkt endet. (Dies ist aber keine unbedingte Forderung für Stabilität. Die Kurve kann z. B. auch enden bei bestimmten Wert φ, wobei aber $\varphi' = 0$ sein muß.)

b) Nichtlineares System. Anhand von einigen Beispielen soll nun das Arbeiten nach dieser Methode bei nichtlinearen Systemen näher erläutert werden.

Nach Abb. 14 wird ein lineares System, bestehend aus einem Integralglied *1* und einem Proportionalglied mit Verzögerung·*2* durch einen

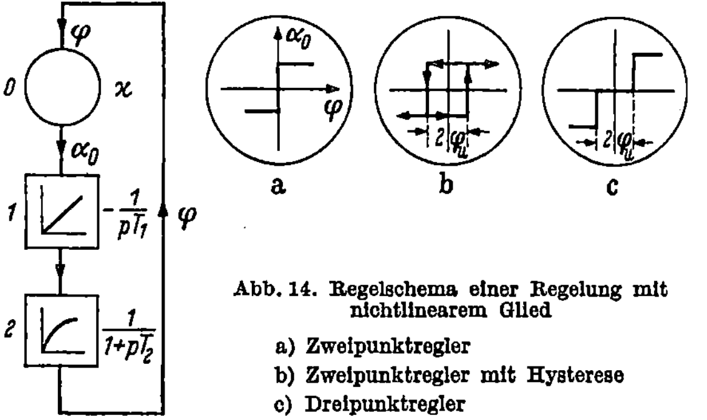

Abb. 14. Regelschema einer Regelung mit nichtlinearem Glied

a) Zweipunktregler
b) Zweipunktregler mit Hysterese
c) Dreipunktregler

nichtlinearen Regler *0* geregelt. Der Regler soll nach Art eines Relais als Zweipunkt- oder Dreipunktregler arbeiten. In Abb. 14 sind drei Charakteristiken aufgezeichnet, wie sie der Untersuchung zugrunde gelegt werden sollen. Fall a stellt einen einfachen Zweipunktregler, Fall b einen solchen mit Hysterese und c einen Dreipunktregler dar. Das Schema Abb. 14 entspricht z. B. einer Temperaturregelung in einem Raum *2*, wobei die zugeführte Wärmeleistung durch ein vom Relais *0* gesteuerten Integralglied *1* verändert wird.

Die Differentialgleichung für das ganze System lautet

$$\frac{d^2\varphi}{dt^2} T_1 T_2 + \frac{d\varphi}{dt} T_1 = K \tag{16}$$

oder mit

$$\tau = \frac{t}{T_1} :$$

$$\frac{d^2\varphi}{d\tau^2} \frac{T_2}{T_1} + \frac{d\varphi}{d\tau} = K . \tag{17}$$

K kann je nach Stellung des Reglers (bei entsprechender Normierung) den Wert $\pm\,1$ und beim Dreipunktregler (Abb. 14 c) außerdem noch den Wert 0 annehmen.

Die Lösung der Differentialgleichung (17) lautet mit $x = \varphi$ und $y = \varphi'\,T_1$ mit den Anfangswerten $x_0 = (\varphi)_0$ und $y_0 = (\varphi')_0\,T_1$:

$$x = x_0 + y_0\,\frac{T_2}{T_1}\left(1 - e^{-\tau\frac{T_1}{T_2}}\right) + K\left[\tau - \frac{T_2}{T_1}\left(1 - e^{-\tau\frac{T_1}{T_2}}\right)\right] \qquad (18)$$

und daraus

$$y = +\,y_0\,e^{-\tau\frac{T_1}{T_2}} + K\left(1 - e^{-\tau\frac{T_1}{T_2}}\right). \qquad (19)$$

Die Gleichungen (18, 19) geben die Zustandskurve mit τ als Parameter. Aus Gl. (19) läßt sich τ rechnen:

$$\tau = \frac{T_2}{T_1}\ln\frac{y_0 - K}{y - K}. \qquad (20)$$

Dieser Wert in Gl. (18) eingesetzt ergibt die Zustandskurve:

$$x\,\frac{T_1}{T_2} = x_0\,\frac{T_1}{T_2} + y_0 - y + K\ln\frac{y_0 - K}{y - K}. \qquad (21)$$

Wir betrachten zuerst den einfachen Zweipunktregler entsprechend Abb. 14a. Damit die Regelung richtig arbeitet, muß bei positiven Werten von x der Regler $K = -\,1$ und bei negativen $K = +\,1$ einstellen [Gl. (16)]. Jeweils bei $x = 0$ schaltet das Relais um, die Gerade $x = 0$ wird daher als *Schaltgerade* bezeichnet.

Abb. 15 zeigt für $\dfrac{T_1}{T_2} = 2$ die Zustandskurve, die sich aus einzelnen Bögen zusammensetzt und spiralenartig gegen Null geht, was bedeutet, daß das System stabil ist. Allerdings kommt das System erst nach vielmaligem Überschwingen und Umschalten zur Ruhe. Berechnet man das Verhältnis $\dfrac{|x_2|}{|x_0|} = \alpha$ nach Abb. 16, das als Maß für die Dämpfung angesehen werden kann, so ergibt sich

$$\frac{x_2}{x_0} = \left|\frac{y_1 + \ln\dfrac{1}{1 + y_1}}{y_1 + \ln(1 - y_1)}\right|, \qquad (22)$$

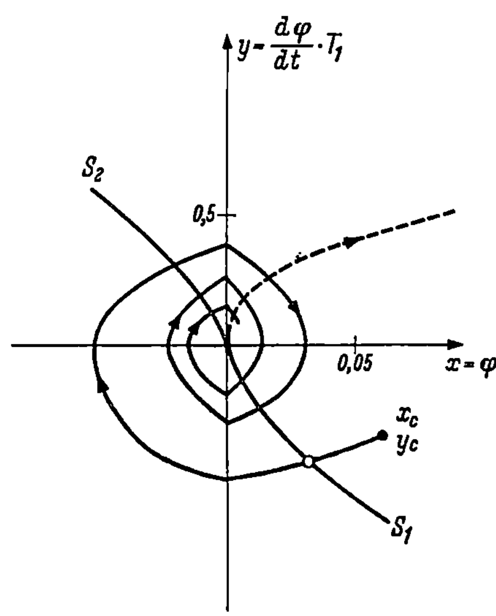

Abb. 15. Zustandskurve für die Regelung nach Abb. 14 a. (S_1, S_2, Schaltkurven für „optimale Regelung")

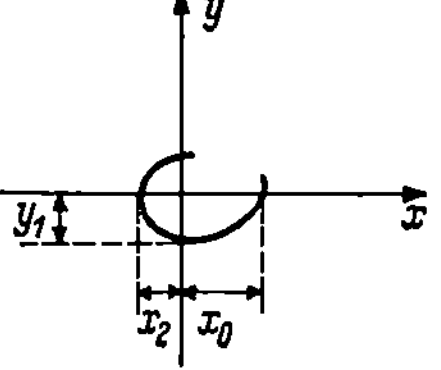

Abb. 16. Teilstück der Zustandskurve nach Abb. 15 zur Berechnung von $\dfrac{|x_2|}{|x_0|}$

woraus zu sehen ist, daß bei kleinen Ausschlägen ($y_1 \to 0$) das Verhältnis α gegen 1,0, die Dämpfung also gegen Null geht. Ließe sich eine Relaiskennlinie nach Abb. 14a exakt verwirklichen, so würde das System allmählich auf einen Zustand kommen, bei dem die Ausschläge Null werden, das Relais aber mit sehr (unendlich) hoher Frequenz dauernd umschaltet.

Praktisch weist aber ein Relais immer eine Kennlinie entsprechend Abb. 14b auf, d.h. Anzugs- und Abfallwert der Eingangsgröße sind verschieden, wir bekommen eine sogenannte Hysteresis. Damit verschieben sich aber in der Phasenebene die Umschaltpunkte, und wir erhalten nach Abb. 17 zwei Schaltgeraden $S_1 = -\varphi_u$ und $S_2 = +\varphi_u$. In Abb. 17 ist auch gezeigt, wie die Zustandskurve in diesem Fall verläuft.

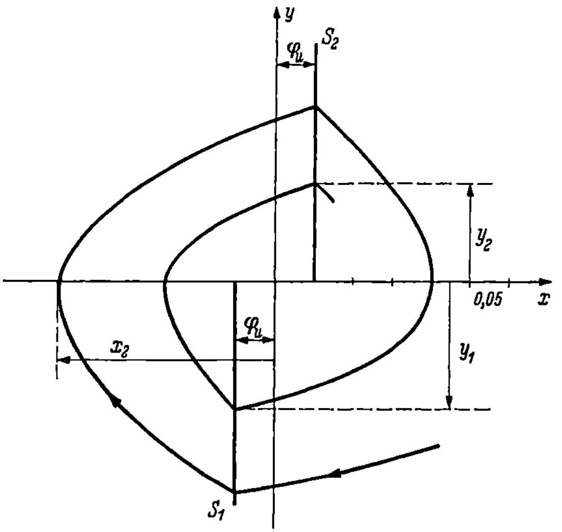

Abb. 17. Zustandskurve mit Schaltgeraden für die Regelung nach Abb. 14 b

Wenn wir annehmen, daß jetzt eine Dauerschwingung mit endlichen Amplituden auftritt, wie dies rein überlegungsmäßig zu vermuten ist, so müßte sich aus Gl. (21) ein Wert $y_2 = -y_1$ (Abb. 17) errechnen lassen. Der Zusammenhang zwischen y_2 und y_1 nach Abb. 17 ergibt sich nach Gl. (21) für diesen Fall:

$$2\,\varphi_u\frac{T_1}{T_2} = y_1 - y_2 + \ln\frac{1-y_1}{1-y_2}\,. \tag{23}$$

Mit $y_2 = -y_1$ wird

$$2\,\varphi_u\frac{T_1}{T_2} = 2\,y_1 + \ln\frac{1-y_1}{1+y_1} \tag{24}$$

Aus dieser Gleichung lassen sich tatsächlich Werte von y_1 abhängig von φ_u berechnen, womit also bewiesen ist, daß Dauerschwingungen auftreten.

Abb. 18 zeigt den Zusammenhang zwischen $y_2 = -y_1 = y_{\max}$ und $2\,\varphi_u\frac{T_1}{T_2}$ bei der Dauerschwingung. Für jeden Wert von φ_u kann der Kurve $|y_1| = y_d$ entnommen werden und mit y_1 kann dann nach Gl. (21) x_d, also die bei der Dauerschwingung auftretende maximale Abweichung der Regelgröße $\varphi_{\max}$ berechnet werden. Es wird mit den Bezeichnungen nach Abb. 17 ($x = \varphi$ gesetzt).

$$\varphi_2 \frac{T_1}{T_2} = -\varphi_u \frac{T_1}{T_2} + y_1 + \ln(1 - y_1) . \tag{25}$$

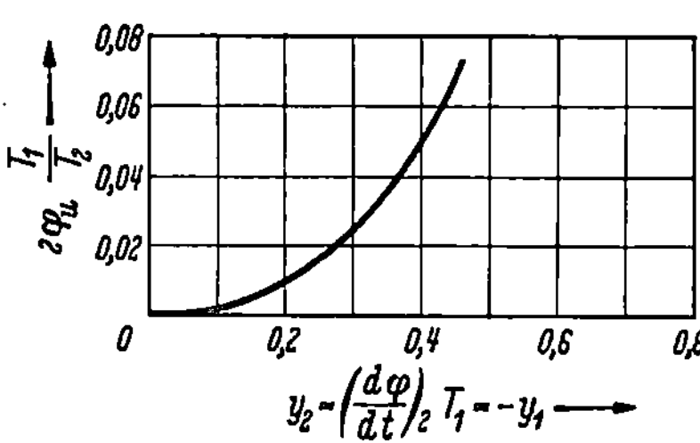

Abb. 18. Zusammenhang zwischen $y_{max}\, T_1 \left(\dfrac{d\varphi}{dt}\right)_{max}$ und φ_u bei der Dauerschwingung nach Abb 17

Bei der Dauerschwingung wird $\varphi_2 = \varphi_d = \varphi_{\max}$.

Abb. 19 zeigt die so gerechnete Abhängigkeit der maximalen Abweichung von der halben Hysteresisbreite x_u. Wird z. B. $\varphi_u = 0{,}01$ und wie im Beispiel angenommen, $\dfrac{T_1}{T_2} = 2$, so wird

$$\varphi_{\max} = \frac{0{,}07}{2} = 0{,}035.$$

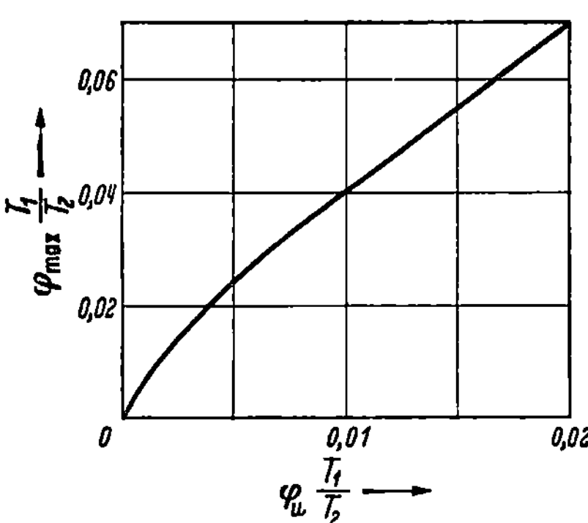

Abb. 19. Zusammenhang zwischen φ_{max} und φ_u bei der Dauerschwingung nach Abb. 17

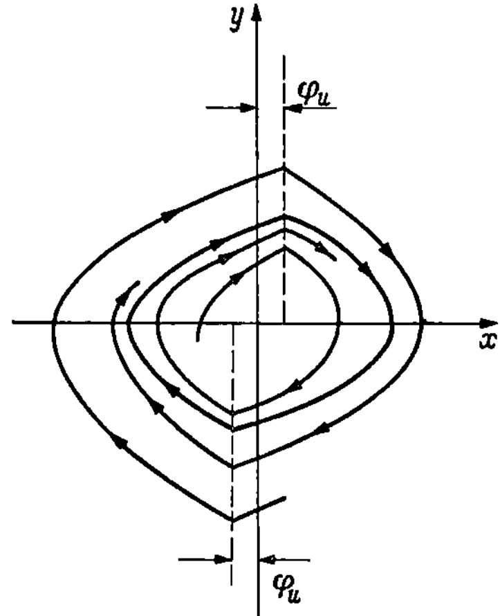

Abb. 20. Übergang von gedämpften Schwingungen großer Amplituden und von angefachten kleinen Schwingungen zu der Dauerschwingung bei der Regelung nach Abb. 14 b

Sind die Abweichungen zunächst größer oder kleiner als der Dauerschwingung entspricht, so wird sich ein periodisch abklingender oder aufschwingender Vorgang einstellen, bis schließlich die Dauerschwingung erreicht ist entsprechend Abb. 20.

Die Verhältnisse lassen sich sehr wesentlich verbessern, wenn das Relais 0 außer von der Regelgröße ($c_1\,\varphi$) auch noch von deren Differentialquotienten nach der Zeit $\left(c_2\dfrac{d\varphi}{dt}\,T_1\right)$ beeinflußt wird. Wenn die Regelgröße auf den Wert 0 zustrebt, schaltet dann das Relais ohne Unempfindlichkeit schon vor $\varphi = 0$ um. Wir erhalten dann nach Abb. 21, der das Beispiel mit dem Schema Abb. 14 zugrundeliegt unter Berücksichtigung der Unempfindlichkeit je nach dem Verhältnis $\dfrac{c_1}{c_2}$ verschiedene Schaltgeraden $S\,1$ und $S\,2$.

In der Abb. 21 sind 3 solche Geradenpaare eingezeichnet und die zugehörigen Zustandskurven der Dauerschwingungen. S_a gilt für $\frac{c_2}{c_1} = 0$ S_b für $\frac{c_2}{c_1} = 0{,}025$ und S_c für $\frac{c_2}{c_1} = 0{,}1$. Die Kurve T im Bild entspricht der Kurve Abb. 18, die Schnittpunkte der Schaltgeraden mit dieser Kurve geben die Umschaltpunkte. Man sieht, daß die Amplituden der

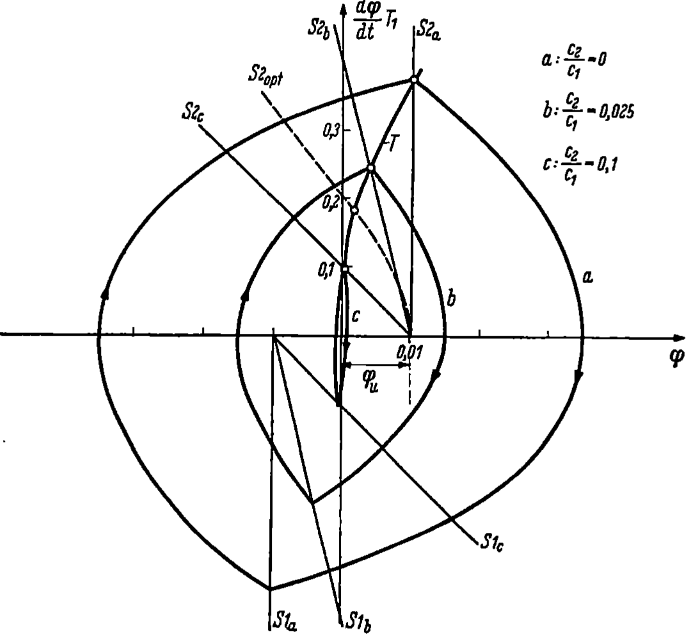

Abb. 21. Zustandskurven der Dauerschwingung bei der Regelung nach Abb. 14 (b). Beeinflussung des Reglers durch die Regelgröße $(c_1\,\varphi)$ und durch ihre zeitliche Änderung $\left(c_2\dfrac{d\varphi}{dt}\,T_2\right)$

Dauerschwingung, (vor allem φ_{max}) ganz wesentlich abnehmen, wenn der Differentialquotient mit eingeführt wird. Bei $\frac{c_2}{c_1} = 0{,}1$ wird φ_{max} sehr klein, praktisch vernachlässigbar gegenüber dem Unempfindlichkeitsbereich φ_u.

Auch der Regelvorgang verläuft bei einer solchen Zusatzbeeinflussung des Relais-Reglers durch den Differentialquotienten sehr günstig, wie anschließend an die Behandlung der „Optimalregelung" S. 303 noch gezeigt wird.

Schließlich sei noch die Regelung behandelt bei einem Relaisregler entsprechend Abb. 14c. In diesem Fall eines Dreipunktreglers ergibt sich die in Abb. 22 aufgezeichnete Zustandskurve. Wir haben 2 Schaltgeraden $S\,1$ und $S2$. Rechts von $S\,1$ gilt $K = -1$, links von $S\,2$ $K = +1$ und im Zwischenbereich $K = 0$. Unter Berücksichtigung von Gl. (21) läßt sich die Zustandskurve von Schaltmoment zu Schaltmoment berechnen. Sie endet immer im Zwischenbereich bei $|\varphi_d| < \varphi_u$ und $\varphi' = 0$. Die maximale Abweichung im Endzustand liegt also innerhalb des Unempfindlichkeitsbereiches des Relais.

Anhand des Beispieles mit einfachem Zweipunktregler Abb. 14a soll nun noch die in der Literatur vielfach behandelte sog. „*Optimalregelung*" betrachtet werden.

Für eine Zustandskurve mit $K = + 1$, die durch den Nullpunkt der Phasenebene geht $(x_0 = y_0 = 0)$, gilt die Gleichung [nach Gl. (21)]

$$x \frac{T_1}{T_2} = - y + \ln \frac{1}{1 - y},$$
$$(26)$$

sie ist in Abb. 15 mit aufgezeichnet ($S\,1$) und die entsprechende Kurve ($S\,2$) für $K = - 1$. Gehen wir aus von Punkt $x_c,\,y_c$ in Abb. 15, so muß zunächst das Relais den Wert $K = - 1$ eingestellt haben, damit die von $x_c,\,y_c$ ausgehende eingezeichnete Zustandskurve gilt. Schaltet nun das Relais nicht erst um auf $K = + 1$, wenn $x = 0$ erreicht ist, sondern, wenn die Zustandskurve die Kurve $S\,1$ — sie sei Schaltkurve genannt —

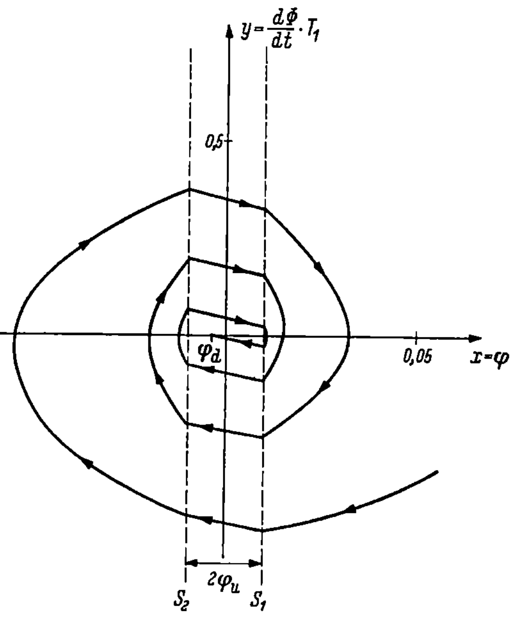

Abb. 22. Zustandskurve bei einer Regelung nach Abb. 14 c

schneidet, so wird $S\,1$ jetzt Zustandskurve und ohne weiteres Umschalten wird der Nullpunkt erreicht. Ganz ähnlich werden die Verhältnisse, wenn etwa von Werten $x_c < 0$, $y_c < 0$ ausgegangen wird. In diesem Fall gilt zunächst $K = + 1$ und im Schnittpunkt der Zustandskurve mit der Kurve $S\,2$, die für $K = - 1$ gilt und ebenfalls durch den Nullpunkt geht, muß geschaltet werden. Auf diese Weise kann bei beliebigen Anfangsbedingungen erreicht werden, daß nach nur *einmaligem* Umschalten das Ziel $(x = 0,\ y = 0)$ in kürzester Zeit erreicht wird. Man spricht von einer *Optimalregelung*.

Die Schaltkurve nach Gl. (26) läßt sich angenähert $(y \ll 1)$ darstellen durch die Gleichung

$$x \frac{T_1}{T_2} \approx \frac{y^2}{2} + \frac{y^3}{3}.$$
$$(27)$$

Abb. 23 zeigt, wie gerätetechnisch z. B. die gewünschte Kennlinie des Relais, wenigstens angenähert, erreicht werden kann.

Ein polarisiertes Relais erhält 3 Wicklungen. Die Wicklung 1 wird von einer der Regelgröße φ proportionalen, die beiden anderen über Dioden von einer der Änderung der Regelgröße $\left(\frac{d\varphi}{dt}\right)$ proportionalen Spannung gespeist. Durch die Wirkung der Strom-Spannungskennlinie der Dioden kann der gewünschte nichtlineare Einfluß des Differentialquotienten angenähert verwirklicht werden. Ist $\left(\frac{d\varphi}{dt}\right) = 0$, so ist nur φ wirksam, das Relais schaltet bei $\varphi = 0$. Ist $\left(\frac{d\varphi}{dt}\right) < 0$, so muß in Wicklung 2 eine Durchflutung auftreten, die der von Wicklung 1 entgegenwirkt, wenn $\varphi > 0$, so daß das Relais schon bei $\varphi > 0$ entsprechend $S\,1$ abschaltet. Bei $\left(\frac{d\varphi}{dt}\right) > 0$ wird die Wicklung 3 entsprechend wirksam.

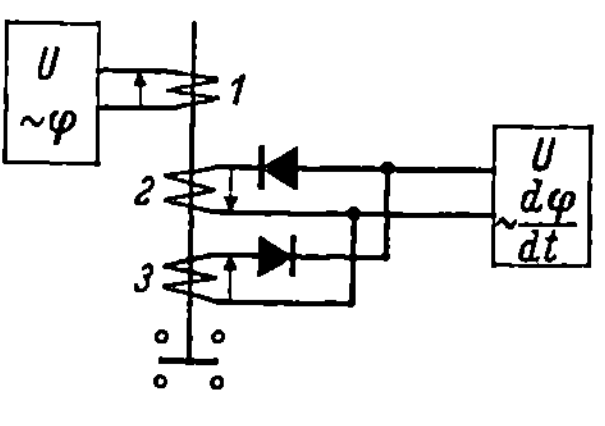

Abb. 23. Gerätetechnische Darstellung der Kurven S_1 und S_2 nach Abb. 15 für „optimale" Regelung

Berücksichtigt man bei dieser „Optimalregelung" den praktisch immer auftretenden, unvermeidlichen Unempfindlichkeitsbereich, so verschlechtern sich die Verhältnisse wieder etwas. In Abb. 21 ist die Schaltkurve für „Optimalregelung" als Kurve $S\,2_{\text{opt.}}$ eingetragen. Auch jetzt ist der Schnittpunkt dieser Kurve mit der Kurve T Umschaltpunkt und wir sehen, daß die Amplituden der auch jetzt unvermeidlichen Dauerschwingung größer werden als bei einer linearen Beeinflussung des Reglers durch den Differentialquotienten mit $\frac{c_2}{c_1} = 0{,}1$ entsprechend $S\,2_c$.

Da ohnedies die Darstellung der Schaltkurve für Optimalregelung gerätetechnisch schwieriger ist als die einfache lineare Beeinflussung wird man im allgemeinen mit dieser arbeiten und auf die „Optimalregelung" verzichten. Abb. 24 zeigt (am Analogrechner aufgenommen)

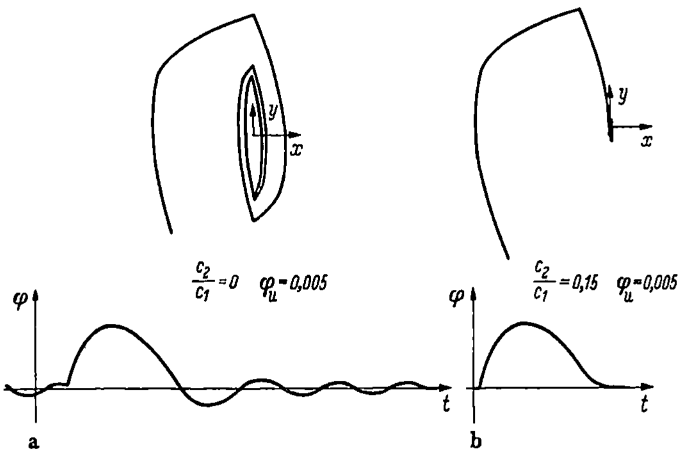

Abb. 24. Zustandskurven und Übergangsfunktionen bei einer Regelung nach Abb. 14 (b)
a) ohne Zusatzbeeinflussung durch den Differentialquotienten
b) mit Zusatzbeeinflussung durch den Differentialquotienten

Zustandskurve und Übergangsfunktion nach einer Sprungstörung bei einer Regelung nach Abb. 14 einmal ohne (a) und dann mit Beeinflussung durch den Differentialquotienten (b). Man sieht, daß bei a der Regelvorgang erst nach mehrmaligem Umschalten abgeschlossen ist und eine Dauerschwingung mit recht erheblichen Amplituden übrigbleibt, während im Fall b nach einmaligem Umschalten die Regelabweichung praktisch zum Verschwinden kommt. An der aufgenommenen Übergangsfunktion sind die Schwankungen von der Dauerschwingung herrührend überhaupt nicht mehr feststellbar. Nach diesem Prinzip arbeitet z. B. eine neuere Ausführung des Tirrillreglers [*94*].

Leider verliert die Betrachtung von Regelvorgängen in der Phasenebene sehr an Übersicht und Anschaulichkeit, wenn kompliziertere Anordnungen, die zu Differentialgleichungen höherer als zweiter Ordnung führen, untersucht werden sollen. Trotzdem wird gelegentlich auch in solchen Fällen die Phasenebene zu Hilfe genommen.

12. Verbesserung der Stabilität
I. Allgemeine Maßnahmen

Wie sich schon bei der Behandlung der verschiedenen Regelbeispiele gezeigt hat, kann stärkere Dämpfung der Hauptregelschwingung also damit Verbesserung der Stabilität durch verschiedene Maßnahmen erzielt werden. Übergang von astatischer auf statische Regelung, also von *I*-Regelung auf *P*-Regelung, ergibt immer günstigere Stabilitätsbedingungen (Beispiel, S. 134). Wenn nicht unbedingt ein konstanter Wert der Regelgröße gefordert wird, ist es daher immer zweckmäßig, statische Regelung vorzusehen. Wird aber astatische Regelung gefordert oder nur geringe Statik zugelassen, so kann die Stabilität durch zusätzliche vorübergehende Statik wesentlich verbessert werden (Beispiel, S. 134). Bei entsprechend großer Nachstellzeitkonstante werden dabei die Stabilitätsverhältnisse praktisch die gleichen, wie mit statischer Regelung. Ebenfalls günstig wirkt sich eine Verkleinerung des Regelbereiches (η) bzw. des Verstärkungsfaktors ($\varkappa$) aus (Beispiel, S. 143). Es ist daher in schwierigeren Fällen zweckmäßig, indirekte Regler zu verwenden, bei denen sich vorübergehend ein kleinerer Regelbereich als mit Rücksicht auf die stationären Bedürfnisse erforderlich, einstellen läßt (Beispiel, S. 150).

Regelglieder mit Ausgleich (Abb. 3/12), also solche mit endlichem Regelbereich, sind immer solchen ohne Ausgleich, also z. B. Verstellgliedern mit reiner Geschwindigkeitssteuerung (Abb. 3/20) oder gar solchen mit reiner Beschleunigungssteuerung (Abb. 3/28) vorzuziehen (Beispiel, S. 127). Bei indirekten Reglern wird man daher mit Vorteil eine Rückführung vorsehen, so daß der Regler mit Ausgleich arbeitet (Beispiel, S. 135).

Meistens ist es bei einer Regelung so, daß die Verzögerung in *einem* Regelglied, im allgemeinen einem Glied der Regelstrecke, und damit eine entsprechende Hauptzeitkonstante festliegt und nicht beeinflußt werden kann, daß aber weitere noch vorhandene Regelglieder, die vielfach nur als Verstärker wirken, mit verhältnismäßig einfachen Mitteln so beeinflußt werden können, daß sie nur geringe Verzögerung aufweisen. Um günstige Regelverhältnisse zu bekommen, ist es, wenigstens bei Gliedern mit Weg-Geschwindigkeitssteuerung (Glieder mit Ausgleich), vorteilhaft, die Zeitkonstanten aller in Reihe geschalteten Glieder möglichst klein gegenüber der Hauptzeitkonstanten zu machen, so daß die Regelung dann durch sie so gut wie gar nicht beeinflußt wird und wir damit praktisch die günstigen Verhältnisse der Regelung mit nur *einem* Verzögerungsglied bekommen. Umgekehrt wird bei Gliedern mit reiner Geschwindigkeitssteuerung (Glieder ohne Ausgleich), z. B. bei indirekten Reglern ohne Rückführung, im allgemeinen die Stabilität verbessert durch große Schlußzeit, also geringe Verstellgeschwindigkeit. Auch durch Störgrößenaufschaltung kann die Stabilität insofern verbessert werden, als die Statik vergrößert oder überhaupt eine solche zugelassen werden kann, ohne daß dadurch eine dauernde Abweichung auftritt (S. 22).

In der Elektrotechnik kommen vielfach Anordnungen vor, bei denen an die Stelle eines klar als „Regler" erkenntlichen Gliedes Schaltungen treten, die in ihrer Wirkungsweise die Aufgabe eines „Reglers" übernehmen. Die vorstehenden Ausführungen gelten sinngemäß natürlich auch für solche Anordnungen, wie an Hand eines Beispiels gezeigt werden soll.

Nach Abb. 1 wird der Drehstromgenerator G über die Erregermaschine E, den Gleichrichter Gl_1, den Magnetverstärker MV und den Transformator T_{r1} aus einer Wechselstromquelle Q erregt. Der Magnetverstärker wird in Abhängigkeit von der Generatorspannung U über die Anordnung R so gesteuert, daß U praktisch konstant gehalten wird. Der Magnetverstärker, zwei wechselstromseitig in

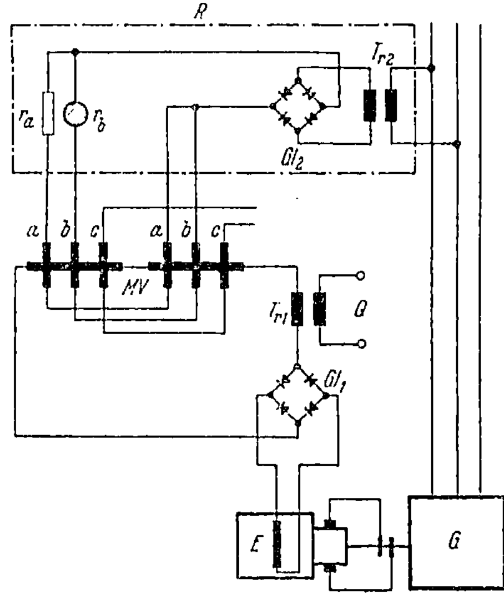

Abb. 1. Spannungsregelung eines Drehstromgenerators mit Magnetverstärker

Reihe geschaltete Drosselspulen, besitzt drei Steuerwicklungen, a, b und c, von denen zunächst nur die Wicklungen a und b interessieren. Die Wicklung a wird von der gleichgerichteten und geglätteten Generatorspannung über einen einfachen, linearen Widerstand r_a, die Wicklung b ebenfalls von der Generatorspannung über einen nichtlinearen Widerstand r_b z. B. eine Stabilisatorröhre, gespeist. Die den beiden Strömen in den Wicklungen a und b entsprechenden Durchflutungen sind gegeneinander gerichtet. Etwa bei der höchsten vorkommenden Generatorspannung sind die den beiden Strömen in a und b entsprechenden Durchflutungen

gleich, die resultierende Durchflutung beider Wicklungen somit gleich
Null. Abhängig von der Generatorspannung werden sich nun entsprechend den linearen und nichtlinearen Widerständen in Zweig a und b
die Durchflutungen des Magnetverstärkers nach Abb. 2 verändern. Die
resultierende Durchflutung wird also vom Wert Null bei der Spannung U_{max} mit fallender Generatorspannung ansteigen und damit wird
der Leitwert des Magnetverstärkers, der bei U_{max} praktisch gesperrt ist,
mehr und mehr zunehmen, damit der Erregerstrom der Erregermaschine
und schließlich die Generatorspannung ansteigen. Die Erregerschaltung
für den Magnetverstärker wirkt also wie ein P-Regler, der mit fallender
Generatorspannung den Generator stärker erregt und umgekehrt.

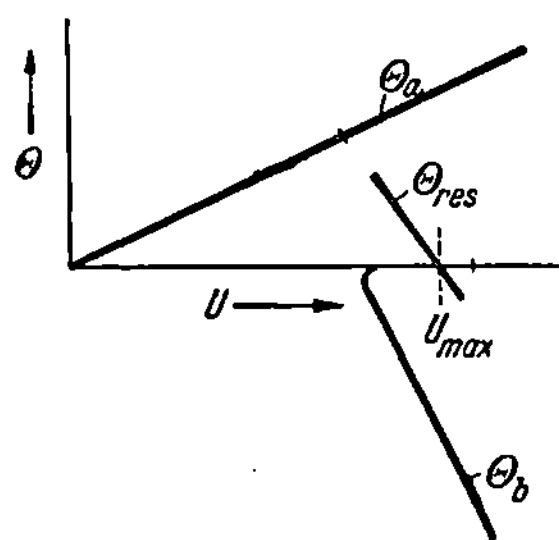
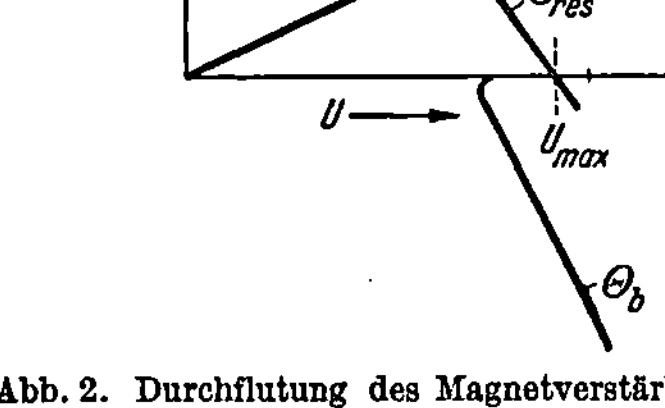

<table>
<tr><td>Abb. 2. Durchflutung des Magnetverstärkers nach
Abb. 1 von Wicklung a und b herrührend</td><td>Abb. 3. Blockschema der Regelung
nach Abb. 1</td></tr>
</table>

Abb. 3 zeigt das Blockschema einer solchen Regelung, die wir nun
hinsichtlich der Stabilitätsverhältnisse untersuchen wollen. Drei Glieder mit Weg-Geschwindigkeitssteuerung (Glieder mit Ausgleich), entsprechend den Erregerwicklungen von Magnetverstärker, Erregermaschine und Generator, sind in Reihe geschaltet. Der Frequenzgang
des offenen Regelkreises wird also

$$\mathfrak{F}_R = \mathfrak{F}_1\,\mathfrak{F}_2\,\mathfrak{F}_3 = -\varkappa\,\frac{1}{(1+p\,T_1)\,(1+p\,T_2)\,(1+p\,T_3)}\,. \tag{1}$$

$\varkappa$ ist dabei der Verstärkungsfaktor, der sich bei linearisierten Kennlinien
der drei Regelglieder ergibt. [Wird der Regelkreis vor dem Eingangs-
transformator T_{r2} aufgeschnitten und T_{r2} von einer Fremdspannung gespeist, so ergibt eine Änderung dieser Fremdspannung um den Wert $\varDelta U$
durch die dadurch verursachte Änderung der Erregung des Magnetverstärkers letzten Endes eine Änderung der Generatorspannung um
$(-\varkappa\,\varDelta U)$.]

Entsprechend der P-Regelung wird eine Störung nicht vollkommen
ausgeregelt, sondern eine ohne Regelung auftretende Spannungsände-
rung $(\varDelta U)_0$ wird auf den Wert $\varDelta U = \dfrac{(\varDelta U)_0}{\varkappa + 1}$ reduziert (s. S. 121). Bei
einer solchen Spannungsregelung werden nun meist hohe Ansprüche an
die Spannungskonstanz gestellt, so daß also die Forderung nach möglichst großem Verstärkungsfaktor $\varkappa$ auftritt. Mit Rücksicht auf die
Stabilität ist aber $\varkappa$ bei einer Anordnung nach Abb. 3 begrenzt. Vielfach

20*

wird man daher Zusatzeinrichtungen vorsehen müssen, durch die erreicht wird, daß man den Verstärkungsfaktor vergrößern und damit größere Genauigkeit der Regelung erzielen kann, ohne die Stabilität zu gefährden.

Wir nehmen an, daß bei unserem Beispiel eine Rest-Abweichung der Spannung (ΔU) von 4% gegenüber dem Mittelwert zugelassen wird, wenn sich die Belastung von Leerlauf bis Voll-Last (Blindbelastung!) ändert. Da ohne Regelung der Spannungsfall $(\Delta U)_0$ bei Drehstromgeneratoren bei einer solchen Belastungsänderung ungefähr 100% beträgt, wird also

$$\Delta U = 0{,}04 \cdot (\Delta U)_0 = \frac{(\Delta U)_0}{1 + \varkappa} \quad \text{und damit } \varkappa = 24 \ .$$

Bei einem Maschinensatz für etwa 30 kVA, dessen Regelung nach dieser Forderung ausgelegt werden soll, seien folgende Zeitkonstanten für die drei Glieder errechnet worden:

$$T_1 = 0{,}1 \ \text{sek}; \quad T_2 = 0{,}2 \ \text{sek}; \quad T_3 = 0{,}5 \ \text{sek} \ .$$

Es soll kontrolliert werden, ob die Anordnung genügend stabil arbeitet, wobei die Stabilität genügen soll, wenn die relative Dämpfung (S. 247):

$$\left| \frac{Re}{Im} \right| = \varrho \geqq 0{,}414$$

ist.

Mit Hilfe von Tabelle 3 lassen sich für den Frequenzgang nach Gl. (1) schnell Betrag und Phasenwinkel bei $\varrho = 0{,}414$ auftragen (Abb. 4). Wir

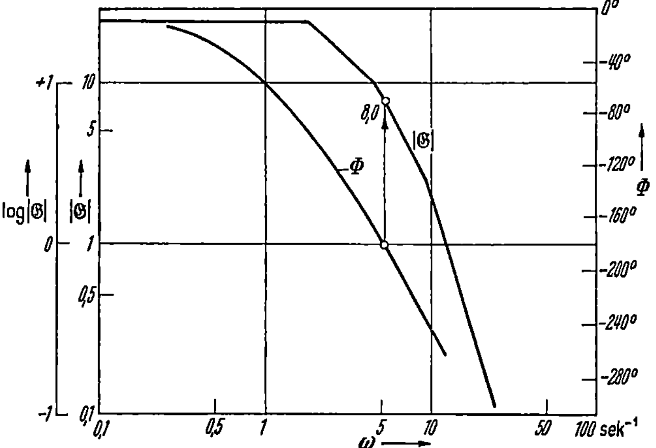

Abb. 4. Betrag und Phasenwinkel einer Anordnung nach Abb. 1. $\varkappa = 24$; $\varrho = 0{,}414$

sehen aus der Abbildung, daß bei $\Phi = -180°$ der Betrag wesentlich größer als 1,0, nämlich 8 ist, die verlangte Stabilitätsgüte also (nach Abschn. 10 IVb, S. 272) bei weitem nicht erreicht wird. Der Verstärkungsfaktor $\varkappa$ müßte von 24 auf $\frac{24}{8} = 3$ herabgesetzt werden, was aber nach obigem zu große dauernde Spannungsabweichungen ergeben würde.

Wir gehen nun so vor, daß wir den Verstärkungsfaktor zwar entsprechend herabsetzen, aber nur vorübergehend. Mit einer gewissen Zeitverzögerung wird dann ein größerer Verstärkungsfaktor wirksam und im Endergebnis ist für die dauernde Abweichung diese größere Verstärkung maßgebend. Wenn wir die Verzögerung groß genug machen, ist dann für die Stabilität praktisch nur der kleinere, für die Endabweichung aber der größere Wert bestimmend. Wir führen also zu der mit Rücksicht auf die Genauigkeit der Regelung verlangten kleinen Statik vorübergehend eine zusätzliche Statik ein, ähnlich, wie wir bei astatischen Reglern mit Rücksicht auf Stabilität eine vorübergehende Statik einführen (s. z. B. Abschn. 2, Abb. 23).

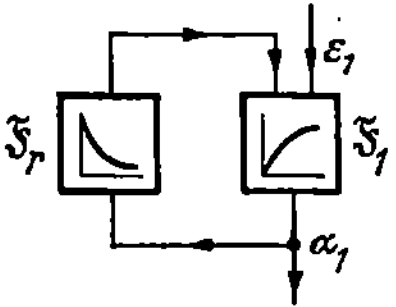

Abb. 5. Regelglied *1* nach Abb. 3 mit nachgiebiger Rückführung

Um dies zu erreichen, sehen wir bei Glied 1 unseres Regelkreises Abb. 3, also beim Magnetverstärker nach Abb. 1, eine nachgiebige Rückführung vor. Nach Abb. 5, in der das Glied 1 besonders herausgezeichnet ist, wird die Ausgangsgröße über ein Rückführglied wieder dem Eingang zugeführt. Mit den im Bild eingezeichneten Bezeichnungen gilt

$$\vec{\alpha}_1 = \vec{\varepsilon}_1 \, \mathfrak{F}_1 + \vec{\alpha}_1 \, \mathfrak{F}_r \, \mathfrak{F}_1 \tag{2}$$

und daraus errechnet sich der Frequenzgang des geänderten Gliedes 1:

$$\mathfrak{F}_1' = \frac{\vec{\alpha}_1}{\vec{\varepsilon}_1} = \frac{\mathfrak{F}_1}{1 - \mathfrak{F}_r \, \mathfrak{F}_1} \, . \tag{3}$$

Der Frequenzgang $\mathfrak{F}_1$ liegt bereits fest, er wird, wenn wir den Verstärkungsfaktor unberücksichtigt lassen

$$\mathfrak{F}_1 = \frac{1}{1 + p\, T_1} \, . \tag{4}$$

Für das Rückführglied gilt entsprechend der eingezeichneten Übergangsfunktion (Tabelle 7, Nr. 21) bei Gegenkopplung

$$\mathfrak{F}_R = \frac{- c_r \, p \, T_r}{1 + p \, T_r} \tag{5}$$

und somit wird der Frequenzgang des gesamten Gliedes:

$$\mathfrak{F}_1' = \frac{\dfrac{1}{1 + p\, T_1}}{1 + \dfrac{c_r \, p \, T_r}{(1 + p\, T_r)(1 + p\, T_1)}} = \frac{1 + p \, T_r}{(1 + p \, T_r)(1 + p \, T_1) + c_r \, p \, T_r} \, . \tag{6}$$

Zu bestimmen sind nun die Konstanten c_r und T_r. Wenn wir zunächst annehmen, daß T_r sehr groß ($\to \infty$) gewählt wird, die Rückführung also praktisch starr wird, so wird

$$\mathfrak{F}_{1\infty}' = \frac{1}{(1 - c_r)\left(1 + p \, \dfrac{T_1}{1 + c_r}\right)} \, . \tag{7}$$

Wir sehen, daß durch die starre Rückführung sowohl die Verstärkung des Gliedes, als auch die Zeitkonstante gegenüber dem Glied ohne Rückführung im Verhältnis $\dfrac{1}{1+c_r}$ verändert erscheint. Wir wählen nun c_r so, daß sich die Gesamtverstärkung von $\varkappa = 24$ auf $\varkappa' = 3$ verringert, was bedeutet, daß sich die Verstärkung des Gliedes 1 in diesem Verhältnis verkleinern muß. Damit wird

$$\frac{1}{1+c_r} = \frac{3}{24} = \frac{1}{8} \quad \text{oder} \quad c_r = 7 \,.$$

$c_r > 0$ bedeutet Gegenkopplung, die Wirkung der Eingangsgröße wird durch die Rückführung geschwächt. Da sich auch T_1 auf $T_1 = \dfrac{T_1}{8}$ verkleinert, werden damit zusätzlich die Stabilitätsverhältnisse noch wesentlich verbessert, was bei der Wahl von T_r zu berücksichtigen ist. Bei $T_r = \infty$ und $c_r = 7$ wird also mit Sicherheit die verlangte Stabilitätsgüte überschritten und wenn wir nun die Rückführzeitkonstante T_r zwar nicht ∞, aber groß gegenüber der größten im Kreis vorkommenden Zeitkonstanten machen, im vorliegenden Fall also größer als T_3, so können wir erwarten, daß die verlangte Stabilitätsgüte auch dann noch erreicht wird.

Wir machen $T_r = 2\,T_3 = 2 \cdot 0{,}5 \text{ sek} = 1 \text{ sek}$ und untersuchen nun die Stabilitätsgüte. Der Frequenzgang des ganzen Kreises lautet jetzt:

$$\mathfrak{F}_R = \varkappa\, \mathfrak{F}_1'\,\mathfrak{F}_2\,\mathfrak{F}_3 = \varkappa \cdot \frac{-(1+p\,T_r)}{(1+p\,T_r)(1+p\,T_1)+c_r\,p\,T_r} \cdot \frac{1}{1+p\,T_2} \cdot \frac{1}{1+p\,T_3}. \quad (8)$$

Zunächst betrachten wir den Frequenzgang $\mathfrak{F}_1'$ und zeichnen diesen nach Betrag und Phase für sich bei $\varrho = 0{,}414$ auf. Für $\mathfrak{F}_1'$ etwas umgeformt erhalten wir

$$\mathfrak{F}_1' = \frac{1+p\,T_r}{p^2\,(T_r\,T_1)+p\,[T_1+T_r\,(1+c_r]+1} \quad (9)$$

oder mit den gegebenen bzw. gefundenen Konstanten: $T_1 = 0{,}1 \text{ sek}$; $T_r = 1 \text{ sek}$; $c_r = 7$:

$$\mathfrak{F}_1' = \frac{1+p\,1\text{ sek}}{p^2\,0{,}1\text{ sek}^2 + p\,8{,}1\text{ sek} + 1} = \frac{1+p\,1\text{ sek}}{0{,}1\text{ sek}^2\,(p-p_1)\,(p-p_2)}$$

$$= \frac{1}{0{,}1\text{ sek}^2}\,\frac{1+p\,1\text{ sek}}{\left(p+0{,}124\dfrac{1}{\text{sek}}\right)\left(p+81\dfrac{1}{\text{sek}}\right)}$$

$$= \frac{1}{1+p\,8{,}1\text{ sek}} \cdot (1+p\,1\text{ sek}) \cdot \frac{1}{1+p\,0{,}0124\text{ sek}} = \mathfrak{F}_{1a}' \cdot \mathfrak{F}_{1b}' \cdot \mathfrak{F}_{1c}'.$$

Dabei sind p_1 und p_2 die Wurzeln der Gleichung:

$$p^2 + p\,81\frac{1}{\text{sek}} + 10\frac{1}{\text{sek}^2} = 0\,,$$

also $p_1 = \dot{-}\,0{,}124 \text{ 1/sek}$; $p_2 = -\,81 \text{ 1/sek}$.

Der Frequenzgang setzt sich jetzt aus Gliedern zusammen, wie sie der Tabelle 3 entnommen werden können. Abb. 6 zeigt Betrag und Phase von $\mathfrak{G}_1$ (bei $\varrho = 0{,}414$) abhängig von ω und Abb. 7 schließlich Betrag und Phase·

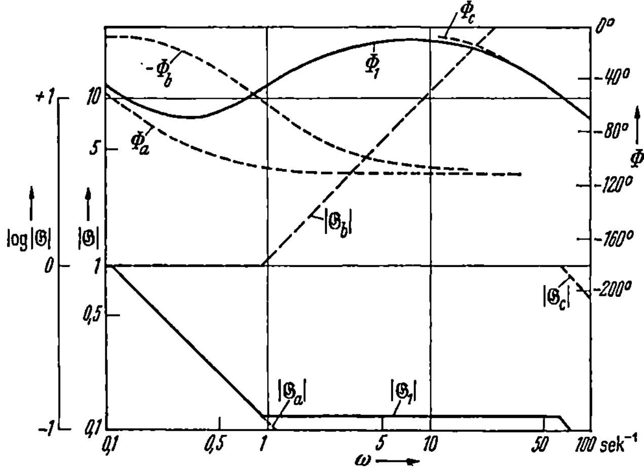

Abb. 6. Betrag des Frequenzganges eines Gliedes mit Rückführung
nach Abb. 5, $\varrho = 0{,}414$

des Gesamtfrequenzganges $\mathfrak{G}_R$ für $\varrho = 0{,}414$. Wir sehen, daß bei $\Phi = -180°$ der Betrag $|\mathfrak{G}_0|$ etwa gleich 0,4 wird. Da dieser gleich 1,0 werden dürfte, ist also die verlangte Stabilitätsgüte sicher erreicht. Prak-

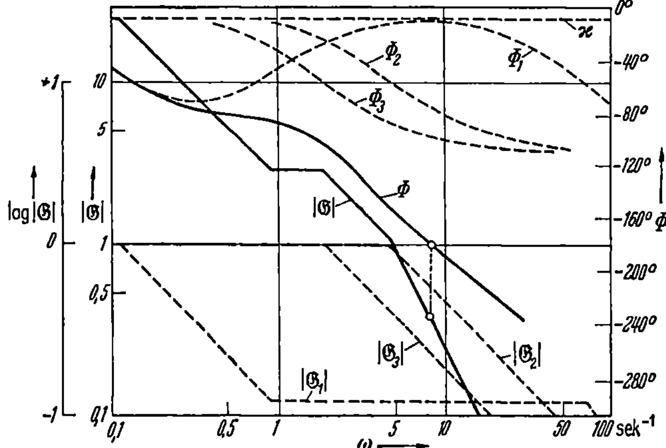

Abb. 7. Frequenzgang einer Anordnung nach Abb. 3 mit Rückführung an Glied 1
nach Abb. 5, $\varrho = 0{,}414$

tisch wird man daher bei der Inbetriebnahme der Anlage entweder den Betrag der Rückführkonstante c_r oder die Rückführzeitkonstante verkleinern können, wodurch die Regelgeschwindigkeit noch etwas vergrößert wird.

Bei einer Rückführung entsprechend Abb. 5 ist noch folgendes zu beachten. Unter Umständen kann ein Teilsystem mit Rückführung für sich schwingungsfähig werden, was besonders dann möglich ist, wenn im Rückführkreis Totzeiten auftreten. So weisen Magnetverstärker oder Stromtore (jonische Verstärker) immer, wenn auch kleine Totzeiten auf, die vielfach vernachlässigt werden können, unter Umständen aber doch zu Störungen im Rückführkreis führen, wie an dem Beispiel Abb. 5 gezeigt werden soll. Ergänzt man die Anordnung nach Abb. 5 durch ein Totzeitglied im Rückführkreis, so ergibt sich das Schema entsprechend Abb. 8.

Betrachtet man diesen Rückführkreis für sich und schneidet an der in Abb. 8 gekennzeichneten Stelle auf, so ergibt sich bei Gegenkopplung ein Frequenzgang

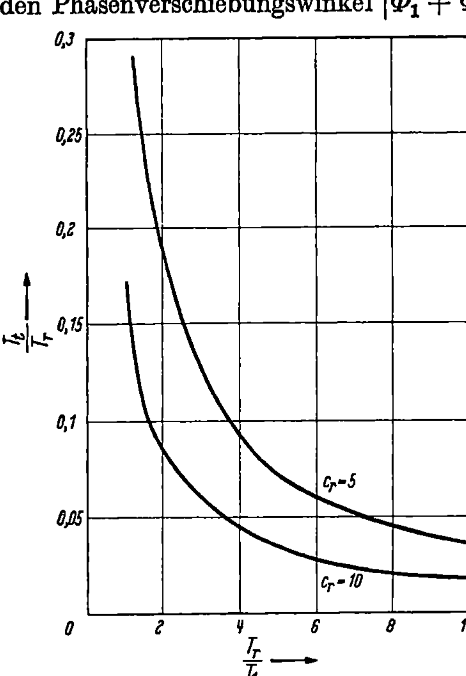

Abb. 8. Schema einer Rückführung mit Totzeitglied im Rückführkreis

$$\mathfrak{F}_r = \frac{\bar{\alpha}_r}{\bar{\varepsilon}_r} = -\frac{1}{1 + p\,T_1} \cdot e^{-p\,T_t} \cdot \frac{c_r\,p\,T_r}{1 + p\,T_r}. \tag{10}$$

Ist nach der Stabilitätsuntersuchung nach Abschnitt 10 IV bei $|\mathfrak{F}_r| = 1$ der Phasenverschiebungswinkel $|\Phi| = 180°$, so ist die Grenze der Stabilität erreicht. Berechnet man für bestimmte Werte von c_r und $\dfrac{T_r}{T}$ den Phasenverschiebungswinkel $|\Phi_1 + \Phi_r|$ gegeben durch die 2 Glieder ohne Totzeit bei $|\mathfrak{F}_r| = 1$, so ergibt sich aus der Differenz $180° - |\Phi_1 + \Phi_r| = |\Phi_t|$ die durch die Totzeit zusätzlich auftretende Phasenverschiebung an der Stabilitätsgrenze. Auf diese Weise sind die in Abb. 9 aufgezeichneten Kurven ermittelt, denen die zulässige Totzeit bei bestimmten Konstanten der Rückführung entnommen werden können. Bei $c_r = 7$ und $T_r = 1$ sek $= 10 \cdot T_1$, wie für das Beispiel nach Abb. 5 gerechnet, wird das System labil, wenn eine

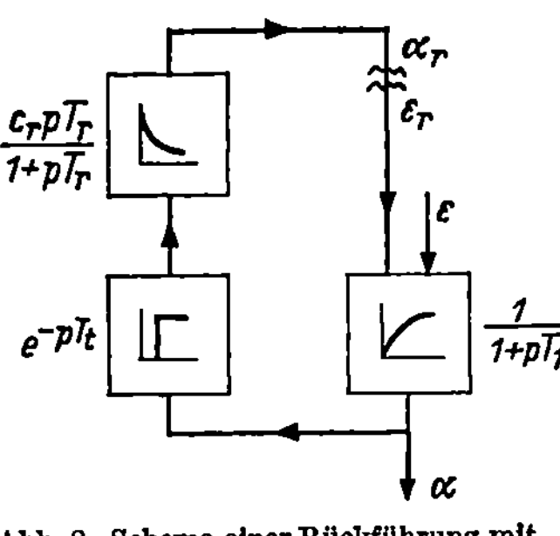

Abb. 9. Zulässige Totzeit bei einer Rückführung nach Abb. 8

Abb. 10. Schaltung des Rückführkreises bei Regelglied nach Abb. 5

Totzeit $T_t \geqq 0{,}03\ T_r = 0{,}03$ sek auftritt. Um bei $T_t > 0{,}03$ die Stabilität in diesem Kreis wieder herzustellen, muß entweder $|c_r|$ verkleinert oder T_r vergrößert werden. Beides wirkt sich auf den Hauptkreis ungünstig aus.

Somit ergibt sich die Tatsache, daß eine Rückführung unter Umständen nicht so bemessen werden kann, wie es mit Rücksicht auf den Hauptkreis wünschenswert wäre, wenn im Rückführkreis eine, wenn auch kleine Totzeit, wirksam ist. Die Verhältnisse werden in dieser Hinsicht noch ungünstiger, wenn die Rückführung nicht über *ein* sondern über zwei oder mehrere Glieder im Hauptkreis erfolgt.

Zum Abschluß sei noch einiges über die praktische Ausführung der Rückführung bei dem Beispiel nach Abb. 1 gesagt. Die einfachste Schaltung ist die, daß die in Abb. 1 beim Magnetverstärker MV noch vorgesehene Wicklung c vom Ausgang des Verstärkers, also von den Gleichstromklemmen des Gleichrichters her, über einen Kondensator gespeist wird, so daß sich also die Schaltung für den Rückführkreis nach Abb. 10 ergibt. $\mathfrak{U}$ ist die Gleichrichterspannung, C die Kapazität des vorgeschalteten Kondensators und R und L Widerstand und Selbstinduktion der Wicklung c. Bei Wechselstromspeisung wird

$$\mathfrak{J} = \frac{\mathfrak{U}}{R + j\,\omega\,L + \dfrac{1}{j\,\omega\,C}} = \frac{\mathfrak{U}}{R}\ \frac{j\,\omega\,C R}{j\,\omega\,C R + (j\,\omega)^2 \dfrac{L}{R}\,C\,R + 1}$$

$$= \frac{\mathfrak{U}}{R}\ \frac{p\,T_r}{p^2\,T_r\,T_1 + p\,T_r + 1}\ , \tag{11}$$

wenn für die elektrische Zeitkonstante $C\,R = T_r$ und für die magnetische $\dfrac{L}{R} = T_1$ gesetzt wird. Nehmen wir an, daß T_1 klein ist gegen T_r, so können wir für Gl. (10) auch schreiben $\left(\dfrac{1}{R} = c_r \text{ gesetzt:} \right)$

$$\frac{\mathfrak{J}}{\mathfrak{U}} = \frac{c_r\,p\,T_r}{(1 + p\,T_r)\,(1 + p\,T_1)}\ , \tag{12}$$

der Ausdruck entspricht also dem für $\mathfrak{F}_1\,\mathfrak{F}_r$ nach Gln. (4) und (5). Da $T_1 = 0{,}1$ sek $\ll T_r = 1{,}0$ sek, ist die obige Näherung berechtigt. Die Bedingung $c_r = 7$ bestimmt die Bemessung der Rückführwicklung (c, Abb. 1). Wenn wir den Kondensator kurzschließen, die Rückführung also starr machen, so muß sich bei bestimmter Ausgangsspannung am Gleichrichter die erforderliche Vormagnetisierungs-Durchflutung, die gleich 1,0 gesetzt werde, folgendermaßen zusammensetzen:

1. Resultierende Durchflutung von Wicklung a und b gleich 8
2. Durchflutung von Wicklung c gleich   — 7

Summe also: 1,0.

Die Zeitkonstante T_r bestimmt zusammen mit dem Widerstand der Wicklung c (R_c) die Kapazität des Kondensators. Es wird

$$C = \frac{T_r}{R_c}\ .$$

Bei größerer Steuerleistung des Magnetverstärkers bedingt die an und für sich wegen ihrer Einfachheit zunächst immer anzustrebende Schaltung nach Abb. 10 eine sehr große Kapazität, die auch bei Verwendung von Elektrolyt-Kondensatoren u. U. wirtschaftlich oder auch aus Raumgründen nicht mehr tragbar ist. In solchen Fällen muß man dann zu anderen Rückführschaltungen übergehen. Man kann z. B. an Stelle von Wicklung c zwei Wicklungen vorsehen und eine unverzögert entsprechend $c_r = 7$ vom Gleichrichter her als Gegenkopplungswicklung, die zweite über einen rückgekoppelten Magnetverstärker mit der gewünschten Rückführzeitkonstante verzögert entsprechend $c_r = -7$ als Mitkopplungswicklung speisen.

II. Beeinflussung des Regelkreises durch zeitliche Ableitungen der Regelgröße

Wie schon in Abschn. 2, V bei der Behandlung von Meßwerken bzw. Reglern mit Vorhalt, also mit Beeinflussung durch die zeitliche Änderung der Eingangsgröße gesagt, ist eine solche Maßnahme bei schwierigen Regelproblemen zweckmäßig bzw. notwendig. In vielen Fällen genügt dies aber noch nicht, sondern es muß auch noch der 2. Differentialquotient mit für die Regelung herangezogen werden. In einigen Beispielen sollen nun solche Fälle behandelt werden, bei denen ein brauchbares Arbeiten der Regelung erst durch eine solche Zusatzbeeinflussung erreicht werden kann.

a) **Der frei schwebende Körper.** Nach Abb. 11 soll ein Eisenkörper frei in der Luft schwebend gehalten werden. Das Problem hat in der Hauptsache theoretisches Interesse, spielt aber z. B. bei der einmal vorgeschlagenen elektrischen Schwebebahn [12] eine Rolle.

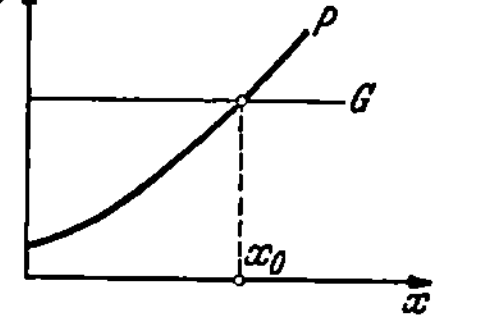

Abb. 11. Freischwebend gehaltener Eisenkörper

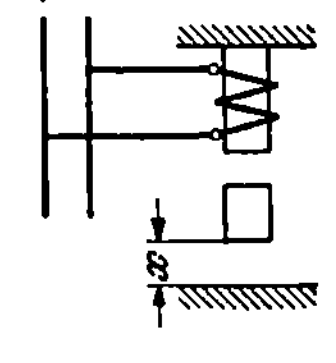

Abb. 12. Kräfte beim schwebenden Körper nach Abb. 11

Es läßt sich sehr schnell nachweisen, daß mit der Anordnung in der einfachen Schaltung nach Abb. 11 kein Schwebezustand des Eisenzylinders zu erreichen ist. Der Eisenzylinder fällt, wie wir sehen werden, entweder nach unten, oder er geht ganz nach oben, bis er anliegt. Bei konstantem Erregerstrom hat die Zugkraft P des Magneten abhängig von der Stellung (x) des Zylinders etwa den in Abb. 12 gezeichneten Verlauf. Je geringer der Luftspalt wird, desto größer wird die Zugkraft. Bei bestimmter Höhe (x_0) wird die Zugkraft gerade gleich dem Gewicht des Zylinders, womit also Gleichgewicht der am Zylinder angreifenden Kräfte vorhanden ist. Das Gleichgewicht ist aber labil. Befindet sich der Zylinder etwas zu hoch, so überwiegt die magnetische Kraft und zieht ihn mit steigender Überschußkraft weiter nach oben, ist sie zu klein, so überwiegt die Schwerkraft, der Zylinder fällt mit zunehmender Beschleunigung nach unten. Der Vorgang kann z. B. durch eine ganz geringe Änderung des Erregerstromes eingeleitet werden.

Nach der in Abb. 13 aufgezeichneten Anordnung soll nun durch eine selbsttätige Regelung ein stabiler schwebender Gleichgewichtszustand des Zylinders erzielt werden. Der Zylinder deckt je nach seiner Stellung

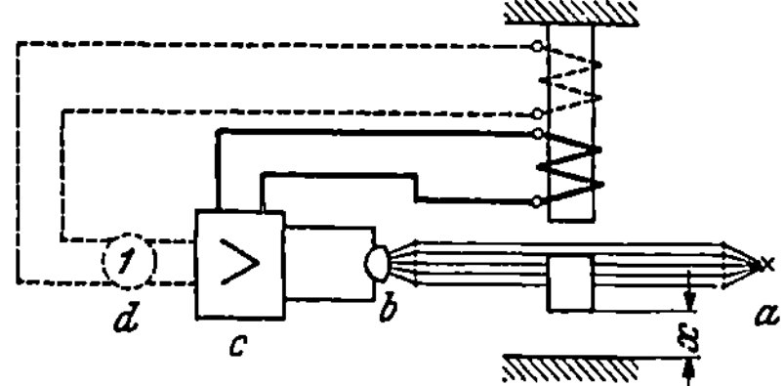
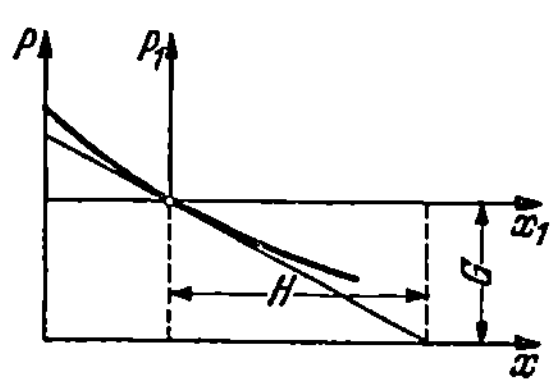

Abb. 13. Anordnung zur Stabilisierung des frei schwebenden Körpers nach Abb. 11

Abb. 14. Kräfte beim schwebenden Körper nach Abb. 13

die (parallel gerichtete) Strahlung einer Lichtquelle (a) auf eine Photozelle (b) mehr oder weniger ab und steuert so den Photozellenstrom. Über eine Verstärkeranordnung (c) wird dann entsprechend auch der Erregerstrom des Elektromagneten gesteuert, so daß mit Verringerung des Luftspaltes, also mit steigenden Werten von x der Erregerstrom stark abnimmt und damit eine Zugkraftkennlinie nach Abb. 14 entsteht. Wir sehen, daß sich jetzt im Gegensatz zu Abb. 12 ein, wenigstens scheinbar, stabiler Gleichgewichtszustand einstellt. Trotzdem ist auch jetzt noch kein brauchbarer Betriebszustand zu erzielen, weil die dynamische Stabilität nicht gewahrt ist, wie eine Untersuchung der Stabilitätsverhältnisse nun zeigen wird.

Nehmen wir an, daß die Zeitkonstante der Erregerwicklung vernachlässigbar klein ist, der Erregerstrom also praktisch ohne Verzögerung der Lage des Zylinders folgt und eine Rückwirkung durch die Änderung des Luftspaltes auf die Wicklung nicht auftritt, so entspricht jeder Stellung des Zylinders immer genau eine bestimmte magnetische Kraft, die Kennlinie (Abb. 14) gilt also auch für dynamische Verhältnisse. Betrachten wir nur kleine Abweichungen der Zylinderstellung aus der Gleichgewichtslage, so können wir die Kennlinien ersetzen durch die Tangente und können für die Abweichung der magnetischen Kraft vom Sollwert (G) setzen:

$$P_1 = -G\frac{x_1}{H} \tag{13}$$

(H nach Abb. 14).

Da sich Gewicht und Sollwert der magnetischen Kraft aufheben, bleibt außerdem nur noch wirksam die Beschleunigungskraft:

$$P_b = -m\frac{d^2x_1}{dt^2} \tag{14}$$

und somit ergibt sich die Differentialgleichung:

$$m \frac{\mathrm{d}^2 x_1}{\mathrm{d}t^2} + \frac{G}{H} x_1 = 0 \tag{15}$$

oder

$$T_f^2 \frac{\mathrm{d}^2 x_1}{\mathrm{d}t^2} + x_1 = 0 \tag{16}$$

mit einer ungedämpften Schwingung als Lösung (für den Ausdruck mH/G, der die Dimension einer Zeit im Quadrat hat, ist T_f^2 gesetzt). Die Regelung ist also labil. Sie kann stabilisiert werden durch eine zweite Erregerwicklung, die von einem Strom erregt wird, der proportional ist der zeitlichen Änderung von x, oder auch, da die Erregerspannung fest durch die Stellung x gegeben ist (der Verstärker soll ohne Verzögerung arbeiten), der Änderung der Erregerspannung. In Abb. 13 ist diese Zusatzeinrichtung mit der Bildung des ersten Differentialquotienten (d) gestrichelt mit eingezeichnet. In diesem Fall tritt noch eine Kraft proportional $\mathrm{d}x_1/\mathrm{d}t$ auf, und für Gl. (16) ergibt sich

$$T_f^2 \frac{\mathrm{d}^2 x_1}{\mathrm{d}t^2} + T_c \frac{\mathrm{d}x_1}{\mathrm{d}t} + x_1 = 0 \;. \tag{17}$$

T_c entspricht dabei der Zeit, in der sich der Kern bei konstanter Geschwindigkeit um den Weg H bewegen muß, wenn dadurch in der Hilfsspule ein Strom erzeugt werden soll, der eine Hubkraft gleich dem Gewicht G erzeugt.

Wir sehen also, daß wir durch zusätzliche Beeinflussung des Magneten durch den ersten Differentialquotienten im vorliegenden Fall eine sonst labile Regelung stabilisieren können. Ist die elektromagnetische Zeitkonstante der Erregerwicklung nicht vernachlässigbar klein, ist also der Ohmsche Widerstand nicht groß gegenüber der Selbstinduktion, so werden einerseits durch die Verzögerung des Erregerstromes die Stabilitätsverhältnisse wieder ungünstiger. Andererseits wird sich in diesem Fall aber die durch eine Bewegung des Zylinders in der Erregerwicklung induzierte Spannung bemerkbar machen. Durch diese Spannung wird dann der Erregerstrom so beeinflußt, daß eine magnetische Zusatzkraft entsteht, die der Bewegung entgegenwirkt, was selbstverständlich wieder stabilisierend auf den Vorgang einwirkt. Beide Einflüsse wirken also im entgegengesetzten Sinn, so daß die Vernachlässigung der Zeitkonstante wohl im allgemeinen keinen großen Fehler ergeben wird.

b) Winkelgetreue Gleichlaufschaltung. Nach Abb. 15 soll ein Drehstromnebenschlußmotor, dessen Drehzahl durch Bürstenverschiebung verändert werden kann, in winkelgetreuem Gleichlauf mit einer Leitwelle gehalten werden. Die Drehzahl des Motors (Ist-Drehzahl n) wird in einem Differential (D) verglichen mit der Drehzahl der Leitwelle (Soll-Drehzahl n_0). Stimmen die beiden Drehzahlen überein, so bleibt der Kontaktarm des an das Differential angebauten Spannungsteilers in Ruhe. Ist die Drehzahl n höher als n_0, so bewegt sich der Arm in der einen, ist sie niedriger, in der anderen Richtung. Zwischen Mitte des

Spannungsteilers und Kontaktarm liegt der Anker eines kleinen konstant erregten Gleichstromverstellmotors VM, der damit bei Abweichung der Kontaktarmstellung von der Mittellage (Winkel γ) die Bürsten des Drehstromnebenschlußmotors verstellt und zwar so, daß sich die Drehzahl im Sinne einer Beseitigung der Winkelabweichung γ ändert.

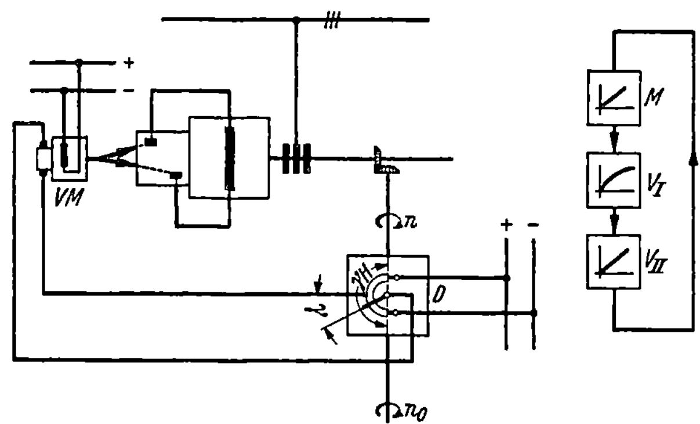

Abb. 15. Winkelgetreue Gleichlaufschaltung

Um insbesondere die später zu behandelnde verbesserte Anordnung (Abb. 16) klarer übersehen zu können, fassen wir im vorliegenden Fall den Verstellmotor als Meßwerk bzw. Regler auf. Es hat die Eigenschaften eines rein astatischen Meßwerkes mit der Übergangsfunktion nach Abb. 2/21 und den Frequenzgang Gl. (2/52):

$$\mathfrak{F}_M = \frac{1}{p\,T_y} \tag{18}$$

T_y entspricht dabei der Zeit, in der der Motor seinen ganzen Regelbereich durchläuft, bei einer Spannung dem vollen Winkel γ_H am Spannungsteiler entsprechend.

Der Hauptmotor, ein reiner Nebenschlußmotor, als erstes Verstellglied hat die Übergangsfunktion nach Abb. 3/12 mit dem Frequenzgang Gl. (3/28):

$$\mathfrak{F}_I = \frac{1}{1 + p\,T_I}\,. \tag{19}$$

Das Differential können wir als zweites Verstellglied auffassen. Seine Übergangsfunktion (Winkel γ bei einer plötzlichen Änderung der Drehzahl n) entspricht der Abb. 3/20 mit dem Frequenzgang Gl. (3/36)

$$\mathfrak{F}_{II} = -\frac{1}{p\,T_{II}}\,. \tag{20}$$

T_{II} entspricht dabei der Zeit, in der sich der Kontaktarm um den Winkel γ_H bewegt, wenn die Drehzahl um den durch die Gesamtbürstenverstellung gegebenen Regelbereich ($\eta\,n_0$) von ihrem Sollwert (n_0) abweicht. [Das Minuszeichen ist eingeführt, damit die Regelung im richtigen Sinn arbeitet, es hätte auch bei Gl. (18) oder (19) eingeführt werden können.]

Als Störung sei ein Belastungsstoß des Hauptmotors angenommen. Als Störfrequenz bekommen wir dann entsprechend Gln. (19) und (20)

$$\mathfrak{F}_\sigma = \frac{\vec{\varphi}}{\vec{\sigma}} = \frac{1}{(1 + p\,T_I)\,p\,T_{II}} \cdot \tag{21}$$

Dabei ist σ die auf den Regelbereich $\eta\,n_0$ bezogene Drehzahländerung, die sich durch den Belastungsstoß ergeben würde, wenn keine Regelung vorhanden wäre.

Nach Gl. (8/4) wird nun mit Gln. (18) bis (21)

$$\mathfrak{F} = \frac{\mathfrak{F}_\sigma}{1-\mathfrak{F}_R} = \frac{\dfrac{1}{(1 + p\,T_I)\,p\,T_{II}}}{1 + \dfrac{1}{p\,T_y(1+p\,T_I)\,p\,T_{II}}} = \frac{p\,T_y}{p^3\,T_y\,T_I\,T_{II} + p^2\,T_y\,T_{II} + 1} = \frac{F(p)}{G(p)} \cdot \tag{22}$$

$G(p) = 0$ stellt die charakteristische Gleichung des Regelvorganges dar. Da das Glied mit p fehlt, ein Koeffizient also Null wird (Forderung 1 S. 24a nicht erfüllt), ist die Regelung nach der Anordnung Abb. 15 labil, also unbrauchbar und eine weitere Untersuchung erübrigt sich.

Eine Verbesserung der Verhältnisse ergibt sich sofort, wenn wir in den Regelkreis noch eine der zeitlichen Änderung der Regelgröße $\left(\dfrac{d\gamma}{dt}\right)$, also der Drehzahlabweichung proportionale Größe nach Abb. 16 in den Regelkreis einführen. Im Ankerkreis des Verstellmotors liegen noch zwei Tourendynamos in Reihe, die bei gleicher Drehzahl auch gleiche Spannung abgeben, aber gegeneinander geschaltet sind. Auf diese Weise wird in diesem Kreis noch eine der Drehzahldifferenz, also der zeitlichen Änderung des Winkels γ proportionale Spannung wirksam. Auf den Verstellmotor, den wir als Meßwerk bzw. Regler aufgefaßt haben, wirkt somit außer der Regelgröße selbst noch ihr erster Differentialquotient ein, wir bekommen einen Zusatzfrequenzgang

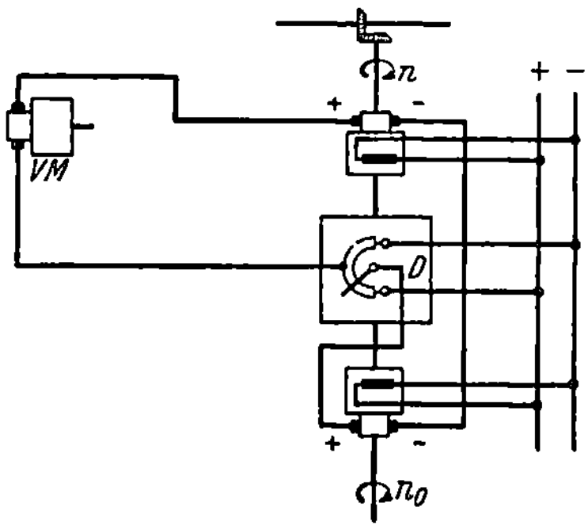

$$\mathfrak{F}_z = p\,T_v \tag{23}$$

Abb. 16. Stabilisierte winkelgetreue Gleichlaufschaltung
(Einführung des 1. Differentialquotienten)

und damit wird der Gesamtfrequenzgang

$$\mathfrak{F}_{RZ} = -\frac{1 + p\,T_v}{p\,T_y\,(1 + p\,T_I)\,p\,T_{II}} \cdot \tag{24}$$

T'_v entspricht dabei der Zeit, in der sich der Kontaktarm über den ganzen Winkelbereich γ_H bewegt, wenn die Spannungsdifferenz der beiden Tourendynamos gerade der maximalen, γ_H entsprechenden Gesamtspannung am Spannungsteiler gleich wird.

Die charakteristische Gleichung $G(p) = 0$ wird nun entsprechend Gl. (22)

$$p^3\, T_y\, T_I\, T_{II} + p^2\, T_y\, T_{II} + p\, T_v + 1 = 0\;.\qquad(25)$$

Nach Gl. (10/3) ist die Regelung stabil, wenn:

$$T_y\, T_{II}\, T_v > T_y\, T_I\, T_{II}\;,\qquad(26)$$

woraus sich ergibt, daß

$$T_v > T_I\qquad(27)$$

sein muß.

Anschließend soll noch an Hand eines Zahlenbeispiels dargelegt werden, daß sich diese Forderung bei der Schaltung nach Abb. 16 praktisch nicht erfüllen läßt.

Der Drehstromnebenschlußmotor soll zwischen 500 und 1500 U/min, also im Verhältnis 1:3 regelbar sein, wobei die Drehzahl-Momentkennlinie im ganzen Bereich etwa gleiche Neigung aufweisen soll, so daß mit einer festen Anlaufzeitkonstante, die den Wert $T_I = 1$ sek annehmen soll, gerechnet werden kann. Bei maximaler Geschwindigkeit soll der Verstellmotor in 20 sek die Bürsten dem ganzen Regelbereich entsprechend verstellen, so daß also $T_y = 10$ sek wird, da T_y auf die Gesamtspannung am Spannungsteiler (γ_H) bezogen ist. Die Zeitkonstante T_{II} wird nach der Definition S. 317:

$$T_{II} = \frac{\gamma_h}{\eta\, n_0} = \frac{300^\circ}{360^\circ}\cdot\frac{1}{1000\ \text{1/min}}\cdot 60\,\frac{\text{sek}}{\text{min}} = 0{,}05\ \text{sek}\;.$$

(300° entspricht dem Winkel γ_H, 1000 U/min ist der Regelbereich $\eta\, n_0$; um auf sek zu kommen, ist noch mit $60\,\dfrac{\text{sek}}{\text{min}}$ zu multiplizieren.)

Festzulegen ist nun noch T_v und damit ist dann auch, wie wir sehen werden, die Spannung der Tourendynamos vorgeschrieben. T_v muß nach Gl. (27) größer als T_I sein, wir wählen, um sicher stabilen Betrieb zu bekommen, $T_v = 2\,T_I = 2$ sek. Nach der Definition von T_v muß also die Differenz der Tourendynamospannungen gleich der Gesamtspannung am Spannungsteiler werden, wenn sich der Kontaktarm in 2 sek über den ganzen Winkelbereich γ_H, den wir zu 300° angenommen haben, bewegt. 300° je 2 sek entspricht einer Drehzahldifferenz von

$$\frac{300^\circ}{360^\circ}\cdot\frac{60\ \text{sek/min}}{2\ \text{sek}} = 25\ \text{U/min}$$

zwischen Leitwelle und Motor. Da die Zusatzspannung je zur Hälfte von einem der Dynamos geliefert wird, hat jeder somit bei einer Drehzahldifferenz von 25 U/min die halbe Spannungsteilerspannung zu liefern, sie müssen also so erregt bzw. bemessen sein, daß sie bei 500 U/min die $\dfrac{1\cdot 500}{2\cdot 25} = 10$fache, bzw. bei 1000 U/min die 20fache Spannung abgeben. Wird als Steuerspannung für den Verstellmotor eine Spannung von 12 Volt gewählt, so daß also die Gesamtspannung (γ_H entsprechend) 24 Volt wird, so sind die Dynamos für 480 Volt bei 1000 U/min zu bemessen. Da sie den vollen Verstellmotorstrom führen, dabei aber die 40fache Spannung aufweisen, werden sie also in ihrer Leistung 40mal so groß wie der Verstellmotor. Beträgt die Verstellmotorleistung 0,1 kW, so wären die Tourendynamos für 4 kW bei 1000 U/min zu bemessen, was natürlich aus wirtschaftlichen, aber auch technischen Gründen niemals in Frage kommen kann.

Auf praktisch brauchbare Verhältnisse kommt man erst, wenn man zwischen Verstellmotor und Spannungsteiler noch einen Verstärker z. B. in Form eines elektromagnetischen Steuerapparates etwa eines elektromechanischen Reglers nach Abb. 17 oder auch eines Öldruckreglers [20] setzt. Der statisch, also als P-Regler, arbeitende Regler nach Abb. 17 besitzt eine Grunderregung (G), die so eingestellt wird, daß sich der Regler bei stromloser Hilfsspule H gerade in der Mittellage befindet, der Verstellmotor also keine Spannung bekommt und in Ruhe bleibt. Führt die Hilfsspule aber Strom, so geht der Regler nach oben oder unten und seine Lage entspricht, wenn die Masse vernachlässigbar klein ist, in jedem Augenblick der an der Hilfsspule liegenden Spannung

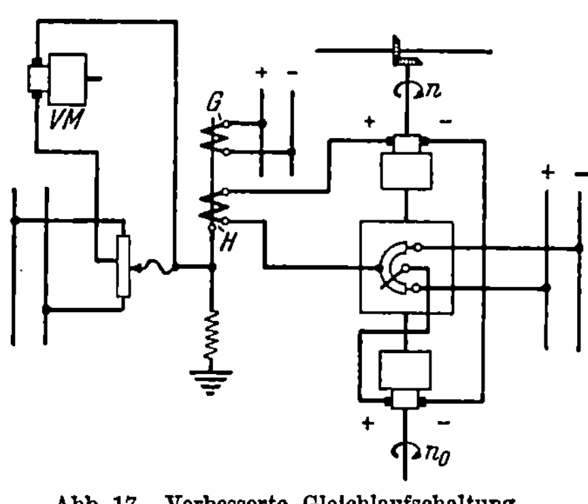

Abb. 17.　Verbesserte Gleichlaufschaltung gegenüber Abb. 16

also der Summe aus Spannungsteiler- und Tourendynamospannung. Damit bekommt aber auch der Verstellmotor eine dieser Summenspannung verhältnisgleiche Steuerspannung, wie es auch bei der einfachen Anordnung nach Abb. 16 der Fall ist. Da aber die maximale Steuerleistung des Reglers (Hilfsspule des Elektromagneten) wesentlich kleiner ausfallen wird als die Verstellmotorleistung (5 bis 10 Watt), können jetzt technisch und wirtschaftlich tragbare Dimensionen für die Tourendynamos erreicht werden.

Der Regelvorgang selbst soll nun für diese Verhältnisse ermittelt werden. Aus den Gln. (24) und (21) ergibt sich nach Gl. (8/4)

$$\mathfrak{F} = \frac{p\,T_y}{p^3\,T_y\,T_{II}\,T_I + p^2\,T_y\,T_{II} + p\,T_v + 1} = \frac{F(p)}{G(p)} \tag{28}$$

oder mit den Zahlen des Beispiels:

$$\frac{F(p)}{G(p)} = \frac{p\,10\ \text{sek}}{p^3\,0{,}5\ \text{sek}^3 + p^2\,0{,}5\ \text{sek}^2 + p\,2\ \text{sek} + 1} \cdot$$

$G(p) = 0$ ergibt die Wurzeln

$$p_1 = (-\,0{,}54)\,\frac{1}{\text{sek}}$$

$$p_{23} = (\pm\,j\,1{,}92 - 0{,}23)\,\frac{1}{\text{sek}} \cdot$$

Der Regelvorgang wird damit, z. B. nach Gl. (6/31)

$$\frac{\varphi}{\varDelta} = 5{,}26\,e^{-0{,}54\,t\,\frac{1}{\text{sek}}} + e^{-0{,}23\,t\,\frac{1}{\text{sek}}}\left(-5{,}26\cos 1{,}92\,t\,\frac{1}{\text{sek}} + 0{,}85\sin 1{,}92\,t\,\frac{1}{\text{sek}}\right)$$

Abb. 18 zeigt den Vorgang. Die Hauptregelschwingung ist noch ziemlich schlecht gedämpft ($\tau_R = 8{,}3$). Eine Besserung könnte noch erzielt werden durch Vergrößerung der Verstellzeit T_y oder durch eine Verkleinerung des Regelbereiches (evtl. nur vorübergehend), was eine Vergrößerung von T_{II} bedeuten würde.

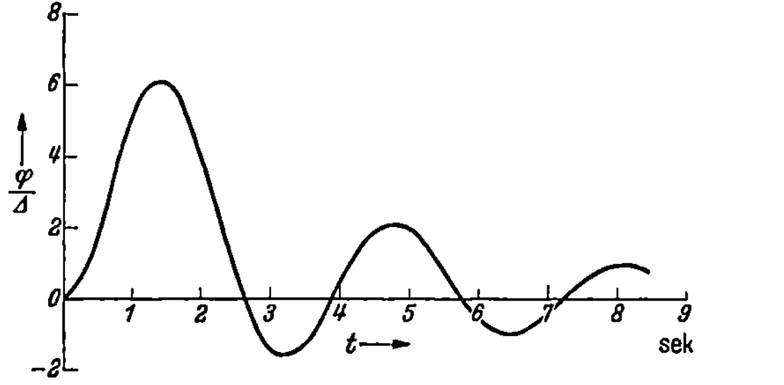

Abb. 18. Regelvorgang bei einer Regelung
nach Abb. 17

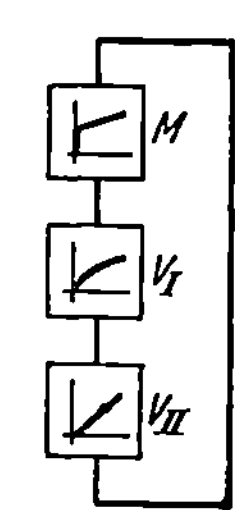

Abb. 19. Regelschema für eine Anordnung zur Stabilisierung der Querlage
eines Flugzeuges

c) Stabilisierung der Querlage eines Flugzeuges. Durch eine Regeleinrichtung soll dafür gesorgt werden, daß ein Flugzeug unabhängig von irgendwelchen Störungen in seiner horizontalen Normallage gehalten wird. Bei einer Winkelabweichung aus dieser Lage wird ein Ruderausschlag erzeugt, der ein rückdrehendes Moment verusacht. Um auch bei einem dauernd vorhandenen Störmoment (z. B. einseitige Belastung) vollkommen horizontale Lage zu erzielen, soll die Regelung astatisch arbeiten. Ohne auf die technischen Einzelheiten einer solchen Anordnung einzugehen, sei nur der grundsätzliche Aufbau kurz erläutert: Die Winkelabweichung aus der Normallage wird durch einen künstlichen Horizont gemessen (Meßwerk), der bei einer Abweichung die Rudermaschine (Hilfsmotor, Verstellwerk I) steuert. Die Rudermaschine verstellt das Ruder und dieses beeinflußt nun durch ein entsprechendes Drehmoment die Lage des Flugzeuges (Verstellwerk II). Der Aufbau des Regelkreises wird also grundsätzlich der Abb. 19 entsprechen. Das astatische Meßwerk soll zur Verbesserung der Stabilitätsverhältnisse mit vorübergehender Statik ausgerüstet sein, für die Übergangsfunktion gilt also Abb. 2/26, für den Frequenzgang bei Vernachlässigung der Masse Gl. (2/72):

$$\mathfrak{F}_M = -\frac{1 + p\,T_n}{p\,\delta_v\,T_n} \tag{29}$$

(—-Zeichen um richtigen Regelsinn zu erzielen!).

Die Rudermaschine wird zweckmäßigerweise als Verstellwerk mit Weg-Geschwindigkeitssteuerung, also etwa nach Abb. 3/10 ausgeführt, mit der Übergangsfunktion Abb. 3/12 und dem Frequenzgang Gl. (3/28)

$$\mathfrak{F}_I = \frac{1}{1 + p\,T_I} \cdot \tag{30}$$

Über das Flugzeug als zweites Verstellglied können folgende Überlegungen angestellt werden: Wird das Ruder um einen bestimmten Winkel ausgelegt, so wird auf das Flugzeug ein Drehmoment um die Längsachse ausgeübt, es erhält also eine Drehbeschleunigung und fängt an sich zu drehen. Bei der Drehung tritt durch den Luftwiderstand ein Gegendrehmoment, Dämpfungsmoment auf, das in erster Annäherung verhältnisgleich der Drehgeschwindigkeit angenommen werden kann. Die Beschleunigung nimmt also mit zunehmender Geschwindigkeit ab. Ist das Gegendrehmoment gleich dem beschleunigenden, vom Ruder herrührenden geworden, so wird das Flugzeug nicht mehr weiter beschleunigt, sondern dreht sich jetzt mit konstanter Geschwindigkeit, der Winkel aus der Normallage wächst also jetzt einfach proportional mit der Zeit an. Wir haben also eine Beschleunigungs-Geschwindigkeitssteuerung vor uns mit der Übergangsfunktion (Änderung des Winkels nach einer sprungartigen Verstellung des Ruders) nach Abb. 3/25 mit dem Frequenzgang Gl. (3/47):

$$\mathfrak{F}_{II} = \frac{1}{p^2\,T_{IIa}\,T_{IIb} + p\,T_{IIa}} \cdot \tag{31}.$$

Der Frequenzgang des offenen Regelkreises $\mathfrak{F}_R$ wird mit Gl. (29) bis (31):

$$\mathfrak{F}_R = -\frac{1 + p\,T_n}{p\,\delta_v\,T_n} \cdot \frac{1}{p\,T_I + 1} \cdot \frac{1}{p^2\,T_{IIa}\,T_{IIb} + p\,T_{IIa}} \cdot \tag{32}$$

Als Störung sei ein plötzlich einsetzendes Stördrehmoment angenommen, wie es z.B. durch plötzliche einseitige Gewichtsbelastung bzw. Entlastung zustande kommen kann. (Bei den praktisch in Frage kommenden kleinen Winkelabweichungen kann ein solches Gewichts*moment* als konstant angenommen werden.) Die Störung hat dann die gleiche Wirkung wie der Ruderausschlag, der Störfrequenzgang $\mathfrak{F}_\sigma$ entspricht also dem Frequenzgang $\mathfrak{F}_{II}$ nach Gl. (31)

Der Frequenzgang der Regelung wird also:

$$\mathfrak{F} = \frac{\mathfrak{F}_\sigma}{1 - \mathfrak{F}_R} = \frac{p^2\,\delta_v\,T_n\,T_I + }{p^4\,\delta_v\,T_n\,T_I\,T_{IIa}\,T_{IIb} + p^3\,\delta_v\,T_n\,(T_{IIa}\,T_{IIb} + T_I\,T_{IIa}) + }$$
$$\frac{+\,p\,\delta_v\,T_n}{+\,p^2\,\delta_v\,T_n\,T_{IIa} + p\,T_n + 1} = \frac{F(p)}{G(p)} \cdot \tag{33}$$

Die charakteristische Gleichung $G(p) = 0$ ist hier vom vierten Grad, eine Weiterbehandlung kann daher praktisch nur mit Zahlenwerten eines Beispiels durchgeführt werden. Daher seien folgende Daten für einen bestimmten Fall gegeben[1]:

Trägheitsmoment des Flugzeugs in der Längsachse: $\Theta = 1000$ mkpsek². Drehmoment durch das Ruder verursacht beim Winkel 1 (entspricht

---

[1] Die Zahlen des Beispiels verdanke ich Herrn Dipl.-Ing. Temme.

$57,25°$): $M = 1500$ mkp. Gegendrehmoment vom Luftwiderstand herrührend: $W = 400$ mkpsek $\cdot \omega$.

Der Sollwert der Regelgröße, nämlich der Winkellage des Flugzeuges, ist im vorliegenden Fall Null, die Abweichung kann also hier nicht auf den Sollwert bezogen werden. Als Bezugswert sei der Winkel 1 gewählt. Auch der Ruderausschlag sei auf den Winkelausschlag 1 bezogen.. Nehmen wir an, daß sich das Flugzeug mit konstanter Geschwindigkeit (ω_c) so schnell dreht, daß das Luftgegenmoment gerade gleich dem Rudermoment beim Winkel 1 (1500 mkp) wird, so entspricht die Zeit, in der bei dieser Geschwindigkeit der Winkel 1 durchlaufen wird, der Zeitkonstante T_{IIa}. Es wird die Drehgeschwindigkeit

$$\omega_c = \frac{1500 \ (\text{mkp})}{400 \ (\text{mkpsek})} = 3{,}8 \ (1/\text{sek})$$

und damit

$$T_{IIa} = \frac{1}{\omega_c} = \frac{1}{3{,}8 \ 1/\text{sek}} = 0{,}265 \ \text{sek} \ .$$

T_{IIb} ist die Zeit, in der bei konstanter Beschleunigung mit einem dem Rudermoment beim Ausschlag 1 entsprechenden Moment (1500 mkp) die obige Winkelgeschwindigkeit (3,8 1/sek) erreicht ist. Es wird somit, da

$$\left(\frac{d\omega}{dt}\right)_c \Theta = \frac{\omega_c}{T_{IIb}} \Theta = M:$$

$$T_{IIb} = \frac{\omega_c}{M} \cdot \Theta = \frac{3{,}8}{1500} \ 1000 \left[\frac{1/\text{sek}}{\text{mkp}} \ \text{mkpsek}^2\right] = 2{,}5 \ \text{sek} \ .$$

[Ist das Luftgegenmoment vernachlässigbar klein, so wird $\mathfrak{F}_{II}$ nach Gl. (31) $\mathfrak{F}_{II} = \dfrac{1}{p^2 \ T_{IIa} \ T_{IIb}}$. In diesem Fall wird zweckmäßigerweise an Stelle von ω_c einfach 1,0 (1/sek) eingesetzt. T_{IIa} wird dann 1,0 sek und T_{IIb} errechnet sich aus $T_{IIb} = \omega_c \Theta / M$.]

Die Verzögerung in der Rudermaschine wirkt ungünstig auf den Regelvorgang. Man wird daher bestrebt sein, ihre Verstellzeit möglichst klein zu halten. Aus praktischen, konstruktiven Gründen ist man aber an gewisse Grenzen gebunden. Es sei angenommen, daß sich $T_1 = 1{,}0$ sek gerade noch erreichen läßt. Bei einer sprungartigen Bewegung des Meßwerkes um seinen (einseitigen) Vollausschlag folgt also das Ruder nach einer Exponentialkurve und zwar mit einer Anfangsgeschwindigkeit, die eine Verstellzeit von $T_1 = 1{,}0$ sek für den (einseitigen) Vollausschlag ergeben würde.

Wählbar sind vorläufig noch die beiden Konstanten T_n und δ_v. T_n ist die sogenannte Nachstellzeitkonstante des Meßwerkes, die im allgemeinen (etwa durch Verstellen einer Dämpfungspumpe) in weiten Grenzen verändert werden kann. Sie bildet ein Maß für die Dauer der vorübergehenden Statik (S. 49). Die vorübergehende Statik δ_v gibt im vorliegenden Fall, mit dem Winkel 1,0 als Bezugsgröße, sowohl für die Regelgröße als auch den Ruderausschlag den Winkel an, um den das Flugzeug gedreht sein muß, damit (bei dauernder Statik, also bei festgestellter Rückführbremse!) die Rudermaschine, vom Meßwerk gesteuert, gerade den Ruderwinkel 1,0 einstellt. Die zweckmäßige Wahl der beiden Größen T_n und δ_v wird sich bei der Durchrechnung des Beispiels von selbst ergeben.

Die charakteristische Gleichung $G(p) = 0$ nach Gl. (33) mit den eingesetzten Zahlenwerten wird:

$$G(p) = p^4\,0{,}66\ \mathrm{sek}^3 + p^3\,0{,}925\ \mathrm{sek}^2 + p^2\,0{,}265\ \mathrm{sek} + p\,\frac{1}{\delta_v} + \frac{1}{\delta_v\,T_n} = 0\ .$$

Damit die Regelung stabil ist, muß nach Gl. (10/5) sein:

$$\frac{1}{\delta_v}\left(0{,}245 - 0{,}66\,\frac{1}{\delta_v}\right) > \frac{1}{\delta_v\,T_n}\,0{,}86\ \mathrm{sek}\ .$$

An der Grenze der Stabilität wird

$$0{,}245 - 0{,}66\,\frac{1}{\delta_v} = \frac{1}{T_n}\,0{,}86\ \mathrm{sek}$$

und daraus die Grenzkurve der Stabilität

$$\delta_v = \frac{0{,}66}{0{,}245 - \dfrac{0{,}86\ \mathrm{sek}}{T_n}}\ .$$

Schon bei $T_n = \infty$, also bei statischer Regelung, müßte die dann dauernde Statik $\delta_v = 2{,}7$ werden, d. h., um eine einseitige Belastung, die z. B. einen Ruderausschlag von $10°$ erfordert, auszugleichen, müßte das Flugzeug einen Winkel von $27°$ gegen die Normallage einnehmen. Man sieht also sofort, daß die Regelung in dieser Form unbrauchbar ist.

Die Regelverhältnisse sollen nun dadurch verbessert werden, daß das Meßwerk zusätzlich noch vom ersten Differentialquotienten der Regelgröße, also von der Winkelgeschwindigkeit des Flugzeuges, die durch den sog. Wendezeiger (Kreisel) erfaßt werden kann, beeinflußt wird. Der Frequenzgang der Regelung wird dann nach Gl. (33) und entsprechend (23) und (24)

$$\mathfrak{F} = \frac{\dfrac{1}{p\,T_{IIa}\,(1 + p\,T_{IIb})}}{1 + \dfrac{(1 + p\,T_n)\,(1 + p\,T_v)}{p\,\delta_v\,T_n\,(1 + p\,T_I)\,p\,T_{IIa}\,(1 + p\,T_{IIb})}}\ . \tag{34}$$

$1/T_v$ ist dabei die Winkelgeschwindigkeit, mit der sich das Flugzeug drehen muß, damit durch die Zusatzbeeinflussung die gleiche Wirkung auf das Meßwerk ausgeübt wird wie durch die Regelgröße selbst, und zwar bei einer Abweichung gleich dem Winkel 1.

Aus Gl. (34) ergibt sich für den Fall, daß wir $T_n = T_{IIb} = 2{,}5$ sek und $T_v = T_I = 1$ sek wählen, der wesentlich vereinfachte Frequenzgang

$$\mathfrak{F} = \frac{p\,T_n}{(1 + p\,T_{IIb})\left(p^2\,T_n\,T_{IIa} + \dfrac{1}{\delta_v}\right)} = \frac{F(p)}{G(p)}\ . \tag{35}$$

$G(p) = 0$ ergibt die drei Wurzeln

$$p_1 = - \frac{1}{T_{IIb}} ; \quad p_{2,3} = \pm j \sqrt{\frac{1}{\delta_v \, T_n \, T_{IIa}}} \; .$$

Wir erhalten also außer einem abklingenden Vorgang noch eine ungedämpfte Schwingung, sind also damit gerade an der Grenze der Stabilität. Sicher stabil wird die Regelung, wenn wir $T_n > T_{IIb}$ und $T_v > T_I$ wählen. Für die Berechnung des Regelvorganges muß dann allerdings Gl. (34) herangezogen werden. Es wird

$$\mathfrak{F} = \frac{\begin{aligned} & \quad\quad\quad\quad\quad\quad\quad\quad p^2 \, \delta_v \, T_n \, T_I + \\ & p^4 \, \delta_v \, T_n \, T_I \, T_{IIa} \, T_{IIb} + p^3 \, \delta_v \, T_n \, (T_I \, T_{IIa} + T_{IIa} \, T_{IIb}) + \\ & + p \, \delta_v \, T_n \\ \hline & + p^2 \, (\delta_v \, T_n \, T_{IIa} + T_n \, T_v) + p \, (T_n + T_v) + 1 \end{aligned}} = \frac{F(p)}{G(p)} . \tag{36}$$

$G(p)$ mit eingesetzten Zahlenwerten wird, wobei für $T_n = 6$ sek $T_v = 1{,}5$ sek und $\delta_v = 0{,}33$ angenommen ist ($\delta_v = 0{,}33$ bedeutet, daß bei statischer Regelung eine Winkelabweichung des Flugzeuges um $3{,}3°$ einen Ruderausschlag von $10°$ hervorruft):

$$G(p) = p^4 \, 1{,}32 \text{ sek}^4 + p^3 \, 1{,}85 \text{ sek}^3 + p^2 \, 9{,}53 \text{ sek}^2 + p \, 7{,}5 \text{ sek} + 1 = 0 \; .$$

Daraus die vier Wurzeln (da zwei Wurzeln reell, können diese am schnellsten durch Probieren bzw. Interpolation gefunden werden):

$$p_1 \; = (-0{,}69) \frac{1}{\text{sek}} ,$$

$$p_2 \; = (-0{,}168) \frac{1}{\text{sek}} ,$$

$$p_{3,4} = (-0{,}27 \pm j \, 2{,}55) \frac{1}{\text{sek}} \; .$$

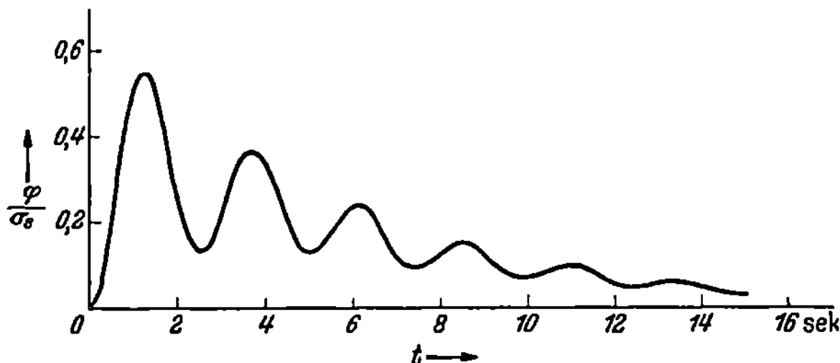

Abb. 20. Regelvorgang bei einer Anordnung nach Abb. 19
(Stabilisierung der Regelung nur durch den 1. Differentialquotienten)

Aus Gl. (36) ergibt sich dann z.B. nach Gl. (8/33) der Regelvorgang, wie er in Abb. 20 aufgezeichnet ist, zu:

$$\frac{\varphi(t)}{\sigma_s} = -0{,}17 \, e^{-0{,}69 \, t \frac{1}{\text{sek}}} + 0{,}49 \, e^{-0{,}168 \, t \frac{1}{\text{sek}}}$$

$$+ e^{-0{,}27 \, t \frac{1}{\text{sek}}} \left(-0{,}323 \cos 2{,}55 \, t \frac{1}{\text{sek}} - 0{,}05 \sin 2{,}55 \, t \frac{1}{\text{sek}} \right) .$$

Auch jetzt befriedigt die Regelung noch nicht. Der Hauptschwingungsvorgang ist schlecht gedämpft, die bezogene Regelzeit wird $\tau_R = 9{,}5$.

Durch eine Vergrößerung von T_n und T_v können die Verhältnisse zwar noch verbessert werden, aber selbst wenn man $T_n = \infty$ (statische Regelung) und $T_v = T_{IIb} = 2,5$ sek wählt, ergeben sich für die Hauptschwingung die Wurzeln

$$p_{1,2} = (-0,5 \pm j\,3,3)\,\frac{1}{\text{sek}},$$

die bezogene Regelzeit wird also auch noch $\tau_R = 3,3/0,5 = 6,6$.

Eine wesentliche Verbesserung kann nur erzielt werden durch eine weitere zusätzliche Beeinflussung des Meßwerkes, und zwar durch eine dem zweiten Differentialquotienten der Regelgröße, also der Winkelbeschleunigung des Flugzeuges verhältnisgleiche Größe, die ebenfalls, allerdings wesentlich schwieriger, durch eine Kreiselanordnung erfaßt werden kann. Entsprechend Gl. (34) wird dann der Frequenzgang der Regelung:

$$\mathfrak{F} = \cfrac{\cfrac{1}{p\,T_{IIa}\,(1 + p\,T_{IIb})}}{1 + \cfrac{(1 + p\,T_n)\,(1 + p\,T_v + p^2\,T_f^2)}{p\,\delta_v\,T_n\,(1 + p\,T_I)\,p\,T_{IIa}\,(1 + p\,T_{IIb})}} \cdot \qquad (37)$$

$1/T_v$ ist wieder die Winkel*geschwindigkeit*, die gleiche Beeinflussung des Meßwerks hervorruft wie eine Winkelabweichung gleich 1, $1/T_f^2$ ist die Winkel*beschleunigung* mit ebenfalls gleicher Wirkung auf das Meßwerk.

Machen wir nun

$$T_v = T_I + T_{IIb} \quad \text{und} \quad T_f^2 = T_I\,T_{IIb},$$

so läßt sich

$$1 + p\,T_v + p^2\,T_f^2$$

gegen

$$(1 + p\,T_I)\,(1 + p\,T_{IIb}) = 1 + p\,(T_I + T_{IIb}) + p^2\,T_I\,T_{IIb}$$

wegkürzen, und wir erhalten den Restfrequenzgang

$$\mathfrak{F} = \cfrac{p\,T_n}{(1 + p\,T_{IIb})\left(p^2\,T_n\,T_{IIa} + \cfrac{p\,T_n}{\delta_v} + \cfrac{1}{\delta_v}\right)} \cdot \qquad (38)$$

Bei unserem Beispiel müßte bei einer Winkelgeschwindigkeit

$$\omega_c = \frac{1}{3,5\ \text{sek}} = 0,285\ \left(\frac{1}{\text{sek}}\right)$$

und einer Winkelbeschleunigung

$$\left(\frac{d\omega}{dt}\right)_c = \frac{1}{2,5\ \text{sek}^2} = 0,4\ \left(\frac{1}{\text{sek}^2}\right)$$

jeweils die gleiche Beeinflussung des Meßwerkes wie durch die Winkelabweichung 1 stattfinden. Die Beschleunigung $0,4\left(\dfrac{1}{\text{sek}^2}\right)$ entspricht einem Drehmoment von $M = \Theta\,\dfrac{d\omega}{dt} = 1000$ mkp sek$^2 \cdot 0,4$ 1/sek$^2 = 400$ mkp, wie es bei einem Ruderwinkel $400/1500 = 0,27$ erzeugt wird.

Außer einem mit der Zeitkonstante T_{IIb} exponentiell abklingenden Vorgang erhalten wir nach Gl. (38) nur noch eine einfach zu übersehende Schwingung, bei der noch die Konstanten T_n und δ_v gewählt werden können. Z.B. kann verlangt werden, daß die bezogene Regelzeit den Wert 2,0 annehmen soll (nach zwei Halbwellen ist die Amplitude auf etwa 4% ihres Anfangswertes abgeklungen). Nach Gl. (1/4) wird dann

$$\tau_R = \sqrt{\frac{4\,\dfrac{T_{IIa}}{T_n}}{\delta_v} - 1} = 2$$

und daraus $\dfrac{T_n}{\delta_v} = 0,8\ T_{IIa}$. Wird die vorübergehende Statik δ_v gleich 1,0 gewählt, so wird $T_n = 0,8 \cdot 0,265\ \text{sek} \cdot 1,0 = 0,212\ \text{sek}$.

Setzen wir nun alle Zahlenwerte in die Gl. (38) ein, so erhalten wir

$$\mathfrak{F} = \frac{p\,0,212\ \text{sek}}{p^3\,0,14\ \text{sek}^3 + p^2\,0,586\ \text{sek}^2 + p\,2,71\ \text{sek} + 1} = \frac{F(p)}{G(p)}\ .$$

Die charakteristische Gleichung $G(p) = 0$ ergibt die Wurzeln

$$p_1 = (-0,4)\,\frac{1}{\text{sek}} \quad (\text{aus } 1 + p\,T_{IIb} = 0)\,,$$

$$p_{2,3} = (-1,9 \pm j\,3,8)\,\frac{1}{\text{sek}} \left(\text{aus } p^2\,T_n\,T_{IIa} + p\,\frac{T_n}{\delta_v} + \frac{1}{\delta_v} = 0\right)$$

und nach Gl. (8/33) wird der Regelvorgang:

$$\frac{\varphi(t)}{\sigma_s} = 0,091\ e^{-0,4\,t\,1/\text{sek}} + e^{-1,9\,t\,1/\text{sek}}\,(-0,091\cos 3,8\,t\,1/\text{sek} -$$
$$0,036\sin 3,8\,t\,1/\text{sek})$$

wie er in Abb. 21 aufgezeichnet ist. Wir sehen, daß die Regelung jetzt gut arbeitet. Wird z. B. $\sigma_s = 1,0$, d. h. wird das Flugzeug einseitig

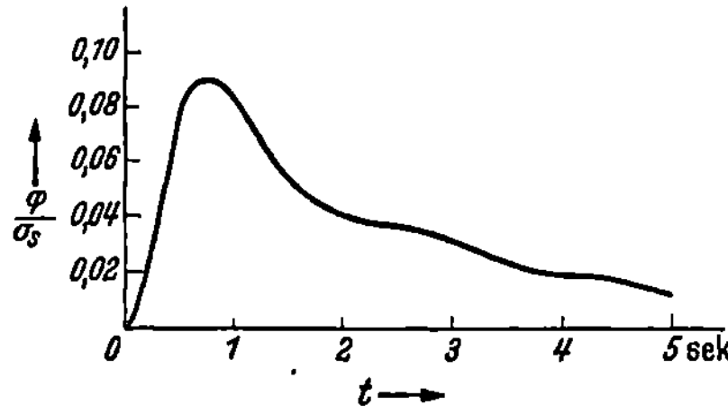

Abb. 21. Regelvorgang bei einer Anordnung nach Abb. 19 (Stabilisierung der Regelung durch den 1. und 2. Differentialquotienten)

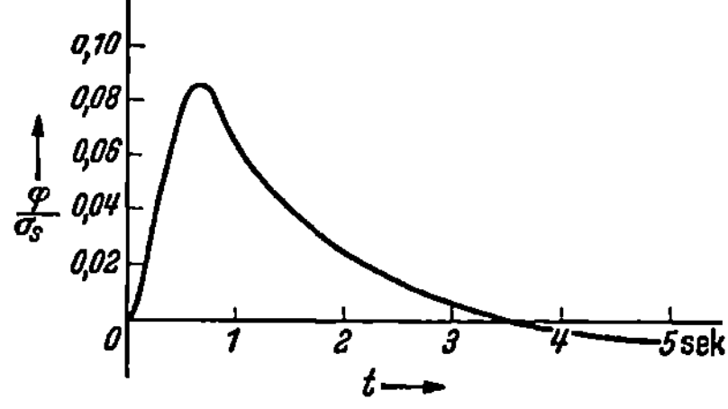

Abb. 22. Regelvorgang wie bei Abb. 19, aber nur kurzes Störstoßmoment entsprechend Abb. 23 angenommen

plötzlich so stark belastet, daß ein Winkelausschlag des Ruders von 1 (57,5°) erforderlich wird, so wird die größte Winkelabweichung des Flugzeuges nur maximal 0,09 (5,2°) und verschwindet außerdem schon nach wenigen Sekunden.

Das vorstehend behandelte Beispiel zeigt besonders klar die Verbesserung der Stabilitätsverhältnisse durch Einführung des ersten und zweiten Differentialquotienten der Regelgröße in den Regelkreis.

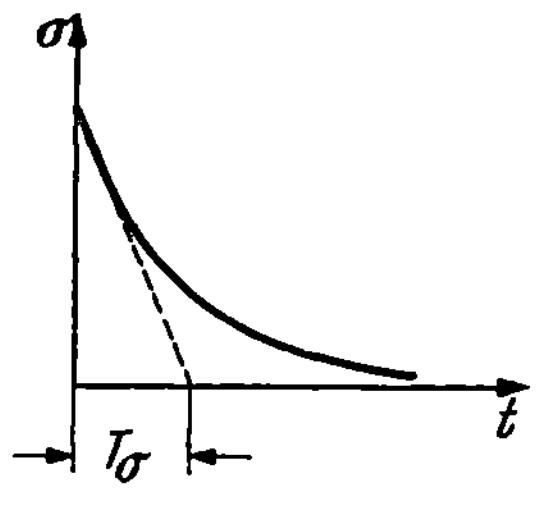
Abb. 23. Verlauf des Störmomentes beim Regelvorgang nach Abb. 22

In Abb. 22 ist noch der Regelvorgang aufgezeichnet, der sich abspielt, wenn das Flugzeug durch ein Stoßmoment nach Abb. 23 (entsprechend Abb. 3/47) — ruckartig einsetzend, exponentiell verschwindend — nur vorübergehend beansprucht wird.

In diesem Fall wird mit Gl. (31) und (3/131) der Störfrequenzgang

$$\mathfrak{F}_\sigma = \frac{p\,T_\sigma}{(1 + p\,T_\sigma)\,(p^2\,T_{IIa}\,T_{IIb} + p\,T_{IIa})} \qquad (39)$$

und der Frequenzgang der Regelung bei gleichen Bedingungen wie vorher $(T_v = T_I + T_{IIb};\ T_f^2 = T_I\,T_{IIb})$:

$$\mathfrak{F} = \frac{p^2\,T_n\,T_\sigma}{(1 + p\,T_\sigma)\,(1 + p\,T_{IIb})\left(p^2\,T_n\,T_{IIa} + p\cdot\dfrac{T_n}{\delta_v} + \dfrac{1}{\delta_v}\right)}\cdot \qquad (40)$$

Die charakteristische Gleichung $G(p) = 0$ wird hier vom vierten Grad, die neu hinzukommende Wurzel ist aber sofort gegeben zu $p_4 = -\,1/T_\sigma$. Bei Abb. 22 ist für $T_\sigma = 5$ sek angenommen.

III. Beeinflussung des Regelkreises durch nichtlineare Glieder

Der Regelvorgang kann unter Umständen auch durch sinnvoll ausgewählte und zweckmäßig eingesetzte nichtlineare Glieder sehr wesentlich verbessert werden. Betrachtet man die zwei Hauptforderungen, die an eine Regelung gestellt werden, nämlich einerseits schnelles Verschwinden von Abweichungen, andererseits aber doch gute Dämpfung des Regelvorganges, so sieht man, daß sich diese Forderungen eigentlich widersprechen. Wenn man nun aber durch Einbau von Nichtlinearitäten dafür sorgt, daß bei größeren Abweichungen der Regelvorgang schwach gedämpft, also schnell, bei kleineren dagegen langsamer und dafür gut gedämpft verläuft, so gelingt es die genannten Forderungen besser als bei linearer Regelung zu erfüllen. An einem einfachen Beispiel soll diese Erkenntnis näher erläutert werden [98, 94, 99].

Nach Abb. 24 wird eine Regelstrecke 2, bestehend aus einem Proportionalglied mit Verzögerung, durch ein Integralglied 1 geregelt, das von einem nichtlinearen Glied 0 gesteuert wird. Der sonst lineare Zusammenhang zwischen Verstellgeschwindigkeit des Gliedes 1 und der Regelabweichung φ ist durch einen gebrochenen Linienzug ersetzt, der relativ geringe Verstellgeschwindigkeit bei kleinen, größere bei großen Abweichungen bedeutet. In Abb. 25 sind für eine Störung σ_s drei Kurven aufgezeichnet und zwar einmal für niedrige Verstellgeschwindigkeit a,

mit $\dfrac{T_1}{T_2}$ nach Abb. 24 gleich 2,0, dann für große Verstellgeschwindigkeit b, entsprechend $\dfrac{T_1}{T_2} = 0{,}37$ und schließlich bei nichtlinearem Glied 0. In diesem letzten Fall ist angenommen, daß jeweils
bei $\varphi = 0{,}2\,\sigma_s$ von der Geschwindigkeit entsprechend $\dfrac{T_1}{T_2} = 2$ auf die
größere, entsprechend $\dfrac{T_1}{T_2} = 0{,}37$ geschaltet wird und umgekehrt.

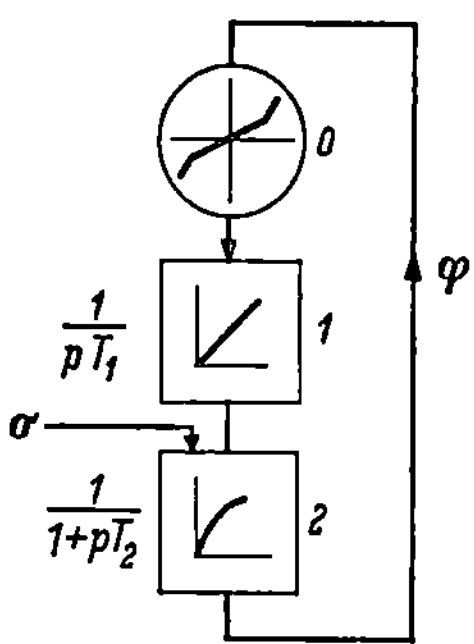

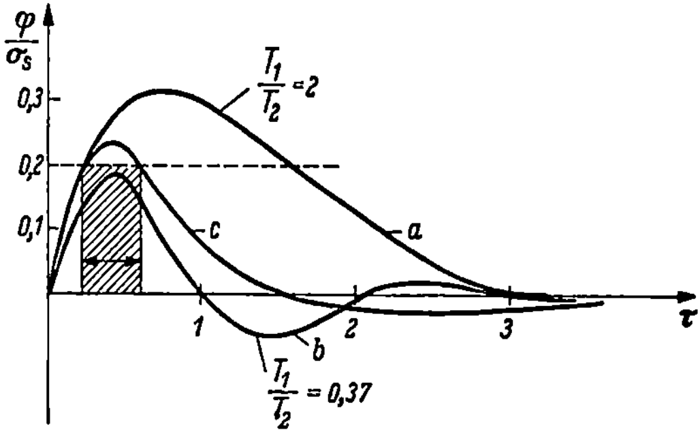

Abb. 24. Regelkreis mit nichtlinearem Glied zur Verbesserung der
Stabilitätsverhältnisse

Abb. 25. Regelvorgang bei einer Regelung entsprechend dem
Schema Abb. 24

Der Vorgang nach Kurve c kann als günstig angesehen werden. Die
Dämpfung ist gut, entsprechend Kurve a und die maximale Abweichung
klein, entsprechend Kurve b. Bei der Kurve c sind also die Vorteile beider
Kurven a und b ausgenutzt, ihre Nachteile aber vermieden.

D. Synthese des Regelkreises

13. Verschiedene Methoden für die zweckmäßige Bestimmung des Reglers bzw. der Regelkonstanten [115]

I. Anforderungen an die Regelung

Die Anforderungen, die an eine Regelung gestellt werden, sind von
Fall zu Fall sehr verschieden. Von vornherein kann gesagt werden, daß
es unmöglich sein wird, einen bestimmten Verlauf des Regelvorganges
anzugeben, der etwa als günstigster ganz allgemein immer anzustreben
wäre. An Hand von einigen Beispielen aus der Regeltechnik soll dies
noch näher erläutert werden.

Bei der Drehzahlregelung von Kraftmaschinen ist äußerst wichtig,
daß bei plötzlicher Entlastung die Drehzahl nicht zu stark ansteigt,
damit die Maschinen nicht gefährdet werden und evtl. vorhandene
Sicherheitsorgane ansprechen. Sehr ungünstig wirkt sich z. B. bei einer
Dampfturbinenregelung das Ansprechen des sogenannten Schnellschlusses aus. Die Dampfzuführung wird in diesem Falle praktisch
momentan unterbrochen und kann erst wenn die Drehzahl auf einen
bestimmten Wert (unter der Betriebsdrehzahl) abgesunken ist von

Hand wieder eingeschaltet werden. Ansprechen des Schnellschlusses bedeutet also auf jeden Fall eine Betriebsunterbrechung, die vermieden werden muß. Ein sehr wesentlicher Gesichtspunkt für die Beurteilung der Drehzahlregelung ist also hier der Wert der größten Abweichung.

In einem kleineren Netz, das hauptsächlich zur Speisung von Glühlampen dient, ist wichtig, daß die Spannungsregelung so arbeitet, daß die Spannungsabweichung bei Entlastung klein bleibt, und daß außerdem der Sollwert etwa aperiodisch, jedenfalls nicht erst nach mehreren Schwingungen erreicht wird. Große Spannungsabweichung nach oben bedeutet nämlich eine Gefährdung der Glühlampen; Spannungsschwankungen und damit verbundene stark wechselnde Änderungen der Lichtstärke (Flackern) der Glühlampen, gegen die das menschliche Auge sehr empfindlich ist, stören bei der Arbeit. Verlangt wird also bei diesem Beispiel geringe Maximalabweichung, die aber verhältnismäßig langsam verschwinden kann.

Anders liegen die Verhältnisse bei der Spannungsregelung in größeren Netzen mit Verbundbetrieb größerer Kraftwerke. Die Hauptgefahr liegt hier in der Spannungsabsenkung als Folge von Kurzschlüssen. Gut belastete Motoren können in diesem Falle unter Umständen kippen, d.h. über ihr durch die verringerte Spannung wesentlich verkleinertes Kippmoment hinauskommen, sehr großen Strom aufnehmen und damit durch Überstromauslöser abgeschaltet werden. Außerdem können auch infolge des mit der Spannung stark zurückgehenden synchronisierenden Momentes die verschiedenen parallel arbeitenden Generatoren auseinanderfallen, also gegeneinanderlaufen. Die dadurch bedingten starken Strompendelungen führen dann zu Abschaltungen, also zu unangenehmen Unterbrechungen der Stromlieferung. Die Schwungmassen der Maschinen verhindern nun bei einer Spannungsabsenkung sowohl das momentane Kippen der Motoren als auch das augenblickliche Auseinanderfallen der Generatoren. Gelingt es daher, die Spannung schnell wieder auf ihren Sollwert oder auch kurzzeitig darüber hinauszubringen, so daß das synchronisierende Moment der Generatoren vorübergehend über dem normalen liegt, und die Maschinen sich damit um so leichter wieder fangen, so ist die Größe der Maximalabweichung an sich nicht so sehr wichtig. Man wird also hier an die Spannungsregelung die Forderung stellen, daß sie möglichst schnell arbeitet, damit nach einer Spannungsabsenkung der Sollwert schnell wieder erreicht oder auch überschritten wird. Der Hauptwert wird also auf schnelle und weniger auf gut gedämpfte Regelung gelegt.

Bei der Beschleunigungsregelung für Fahrzeuge mit Personenbeförderung ist möglichst aperiodischer Verlauf des Regelvorganges erwünscht. Der Mensch kann sich sehr gut durch entsprechende Körperhaltung an unter Umständen sehr große Beschleunigungen angleichen, wenn diese allmählich einsetzen und ebenso auch wieder verschwinden. Unangenehm ist dagegen ruckartig einsetzende oder auch wechselnde Beschleunigung.

In manchen Fällen treten bei Regelanordnungen außer den durch Belastungsänderungen und dergleichen auftretenden auch noch dauernd vorhandene, aber periodisch mit der Zeit veränderliche Störungen auf. Z.B. können beim Antrieb von langsam laufenden Arbeitsmaschinen über Getriebe (etwa Trockentrommeln bei Papiermaschinen) häufig Momentschwankungen von der Umdrehungsfrequenz der langsam laufenden Welle beobachtet werden. Um Resonanz zwischen Frequenz der Regelschwingung und Störfrequenz zu vermeiden, muß in diesem Falle dafür gesorgt werden, daß beide weit genug auseinander liegen, die Schwingungszahl der Regelschwingung also durch Wahl der Konstanten entsprechend festgelegt wird. Ist die Frequenz der Störung unbestimmt oder veränderlich, oder treten Störungen verschiedener Frequenz auf, so empfiehlt es sich, vollkommen aperiodische Regelung anzustreben.

Wenn auch bei den behandelten Beispielen die Bedingungen für einen befriedigenden Verlauf des Regelvorganges recht verschieden sind, so kann doch wohl für einen Großteil aller Regelanordnungen folgende Forderung aufgestellt werden:

1. Die Maximalabweichung der Regelgröße soll möglichst klein sein.

2. Der Sollwert der Regelgröße soll möglichst schnell erreicht werden, wobei im allgemeinen ein leichtes Überschwingen, also ein periodischer Vorgang mit guter Dämpfung nicht unerwünscht ist.

Untersucht soll nun werden, welche Möglichkeiten dem Regelungstechniker zur Verfügung stehen, den Regelkreis so zu bestimmen, daß der Regelvorgang einen gewünschten Verlauf nimmt. Dabei wird zunächst angenommen, daß zwar die Regelstrecke fest gegeben ist, der Regler aber ganz unabhängig von üblichen Ausführungen in seiner Struktur und seinen Konstanten bestimmt werden soll. Dieses Problem entspricht der aus der Netzwerksynthese bekannten Aufgabe der Festlegung von Netzwerken mit vorgeschriebenen Eigenschaften [*85*].

Leider müssen nun aber bei schwierigeren Regelstrecken die Forderungen an den Regelverlauf mit Rücksicht auf die immer kompliziertere Struktur des Reglers mehr und mehr eingeschränkt werden. Da man außerdem in vielen Fällen gezwungen ist Regler konventioneller Bauart zu verwenden, wird sich der Hauptteil dieses Abschnittes mit der zweckmäßigen Bestimmung freiwählbarer Regelkonstanten bei festliegender Struktur des Reglers beschäftigen.

II. Festlegung der Struktur des Reglers und seiner Konstanten

Wir beschränken uns bei diesem allgemeinsten Fall der Synthese auf die Folgeregelung nach Abb. 1. Für die Folgeregelung gilt nach Gln. (8/4 und 8/128)

$$\mathfrak{F} = \frac{\mathfrak{F}_\sigma}{1 - \mathfrak{F}_R} = \frac{-\mathfrak{F}_R}{1 - \mathfrak{F}_R} = \frac{-\mathfrak{F}_S\,\mathfrak{F}_M}{1 - \mathfrak{F}_S\,\mathfrak{F}_M}, \tag{1}$$

wenn mit $\mathfrak{F}_S$ der Frequenzgang der fest gegebenen Strecke und mit $\mathfrak{F}_M$ der gesuchte Frequenzgang des Reglers bezeichnet wird. Verlangt man nun eine bestimmte Übergangsfunktion für die Regelgröße, also einen bestimmten zeitlichen Verlauf der Regelgröße nach einer sprungartigen Änderung der Führungsgröße, so liegt auch der Frequenzgang der Regelung $\mathfrak{F}$ nach Gl. (1) fest, und $\mathfrak{F}_M$ läßt sich nach dieser Gl. (1) berechnen. Es wird

$$\mathfrak{F}_M = \frac{\dfrac{1}{\mathfrak{F}_S}}{1 - \dfrac{1}{\mathfrak{F}}} \cdot \tag{2}$$

An Hand von einigen Beispielen soll die Anwendung dieser Beziehung näher erläutert werden.

Beispiel 1. Die Regelstrecke sei durch ein einfaches Proportionalglied mit Verzögerung dargestellt, so daß

$$\mathfrak{F}_S = \frac{1}{1 + p\,T_1} \tag{3}$$

wird. Für die Übergangsfunktion sei der Verlauf

$$\frac{x}{w_s} = 1 - e^{-\frac{t}{\varrho\,T_1}} \tag{4}$$

vorgeschrieben. Der neue Wert der Regelgröße soll sich also nach einer Exponentialfunktion mit der Zeitkonstante $\varrho\,T_1$ einstellen. Der Übergangsfunktion Gl. (4) entspricht der Frequenzgang (s. z. B. Tab. 7/3)

$$\mathfrak{F} = \frac{1}{1 + p\varrho\,T_1} \quad . \tag{5}$$

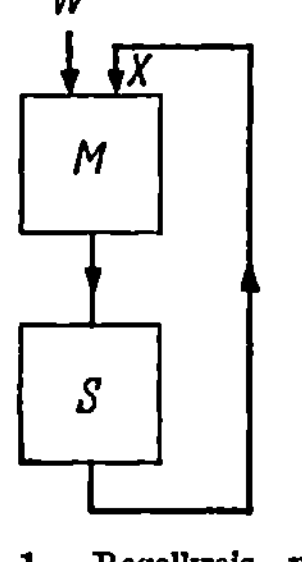

Abb. 1. Regelkreis mit Regelstrecke (*S*) und Meßwerk (Regler) (*M*) bei Folgeregelung

und damit ergibt sich nach Gl. (2)

$$\mathfrak{F}_M = \frac{1 + p\,T_1}{1 - 1 - p\varrho\,T_1} = -\frac{1}{\varrho}\,\frac{1 + p\,T_1}{p\,T_1} \cdot \tag{6}$$

Der errechnete Frequenzgang entspricht z. B. dem eines *PI*-Reglers (Tab. 6 Nr. 8), dessen Konstanten $\left(T_n = T_1 \text{ und } \varkappa = \dfrac{1}{\varrho}\right)$ nach der gestellten Forderung festliegen.

Beispiel 2. Bei der Folgeregelung entsprechend Abb. (8/44) wird der Frequenzgang der Strecke

$$\mathfrak{F}_S = \frac{1}{p\,T_2\,(1 + p\,T_1)} \cdot \tag{7}$$

Verlangt sei wieder eine Übergangsfunktion nach Gl. (4) mit dem Frequenzgang nach Gl. (5). Damit errechnet sich

$$\mathfrak{F}_M = -\frac{T_2}{\varrho\,T_1}\,(1 + p\,T_1) \cdot \tag{8}$$

Dieser Frequenzgang entspricht einer Anordnung nach dem Schema Abb. 2 mit einem differenzierenden Glied. Wie in Abschn. 2 bereits gesagt, lassen sich solche Glieder nicht vollkommen ideal verwirklichen, so daß also auch die verlangte Übergangsfunktion nicht ideal erreichbar ist.

Schränkt man die Bedingung für die Übergangsfunktion Gl. (4) so ein, daß sie mit horizontaler Anfangstangente beginnt, nimmt man z.B.

$$\frac{x}{w_3} = 1 - \left(1 + \frac{t}{\varrho\,T_1}\right) e^{-\frac{t}{\varrho\,T_1}} \tag{9}$$

an, was einem Frequenzgang

$$\mathfrak{F} = \frac{1}{(1 + p\varrho\,T_1)^2} \tag{10}$$

entspricht, so errechnet sich

$$\mathfrak{F}_M = -\frac{T_2}{2\varrho\,T_1}\,\frac{1 + p\,T_1}{1 + p\dfrac{\varrho\,T_1}{2}}\,. \tag{11}$$

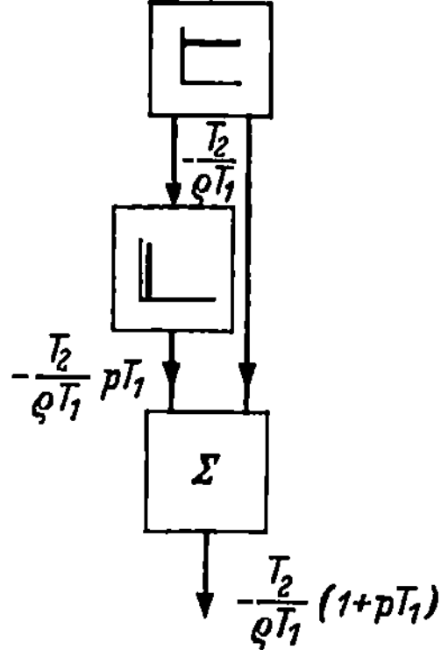

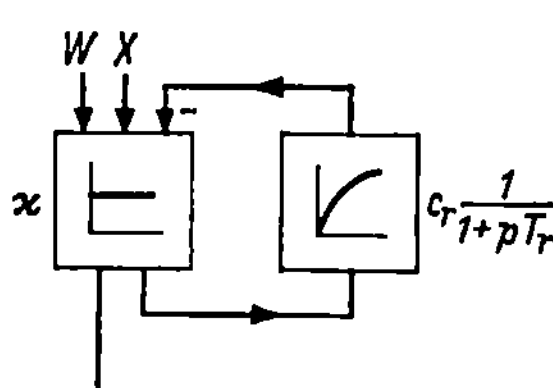

Abb. 2. Regler mit Proportional- und Differentialwirkung

Abb. 3. Proportionalregler mit verzögernder Gegenkopplung

Dieser Frequenzgang läßt sich z.B. darstellen durch eine Anordnung nach Tab. 6, Nr. 15 oder mit Hilfe eines verzögert gegengekoppelten P-Reglers nach Abb. 3

$$\left(\varkappa = \frac{T_2}{T_1}\cdot\frac{1}{\varrho^2}\;;\quad c_r = \frac{T_1}{T_2}\,(2\,\varrho - \varrho^2)\;;\quad T_r = T_1\right).$$

Beispiel 3. Die Regelstrecke sei durch ein reines Totzeitglied dargestellt, also (Tab. 7/23)

$$\mathfrak{F}_S = e^{-p\,T_1}\,. \tag{12}$$

Nach Ablauf der unvermeidlichen Totzeit T_1 soll die Regelgröße $\varkappa$ nach einer Exponentialfunktion (Zeitkonstante $\varrho\,T_1$) der Führungsgröße folgen, was dem Frequenzgang

$$\mathfrak{F} = \frac{e^{-p\,T_1}}{1 + p\varrho\,T_1} \tag{13}$$

entspricht.

Nach Gl. (2) errechnet sich damit

$$\mathfrak{F}_M = -\frac{1}{(1 + p\varrho\, T_1) - \mathrm{e}^{-p\, T_t}} \, . \tag{14}$$

Man kann nun versuchen, diesen Frequenzgang durch einen einfachen P- oder I-Regler mit noch zu bestimmender Rückführung (man spricht von „ergänzender Rückführung" [97]) darzustellen, nach Abb. 4. Es muß dann nach diesem Bild

$$\frac{\alpha}{\varepsilon} = \frac{\mathfrak{F}'_M}{1 - \mathfrak{F}'_M \mathfrak{F}_r} = \mathfrak{F}_M = -\frac{1}{(1 + p\varrho\, T_1) - \mathrm{e}^{-p\, T_1}} \tag{15}$$

werden.

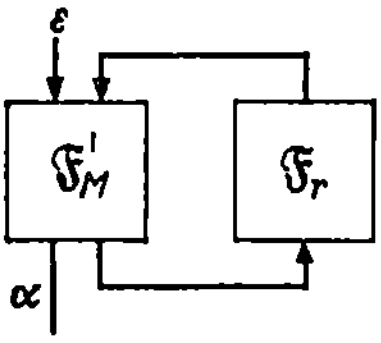

Abb. 4. Regler mit Rückführung

Nimmt man z.B. einen I-Regler (mit richtigem Regelsinn) an, also

$$\mathfrak{F}'_M = -\frac{1}{p\, T_M} \tag{16}$$

so wird

$$\mathfrak{F}_M = \frac{-1}{p\, T_M + \mathfrak{F}_r} = \frac{-1}{(1 + p\varrho\, T_1) - \mathrm{e}^{-p\, T_1}}$$

und daraus errechnet sich

$$T_M = \varrho\, T_1 \tag{17}$$

und

$$\mathfrak{F}_r = 1 - \mathrm{e}^{-p\, T_1} \, . \tag{18}$$

Wir haben also einen I-Regler mit einer starren Gegenkopplung, die nach Ablauf der Totzeit T_1 durch eine Mitkopplung wieder aufgehoben wird.

In den folgenden Abschnitten nehmen wir nun an, daß die gesamte Regelanordnung in ihrer Struktur festliegt, also auch schon eine bestimmte Reglerart gewählt ist und bestimmen lediglich noch die Reglerkonstanten so, daß sich ein gewünschter Regelverlauf einstellt.

III. Angleichung der Abklingzeitkonstanten der verschiedenen Teilvorgänge

Wie in Abschn. 10/III (S. 264) bereits gesagt, hat es keinen Zweck, die Konstanten so zu bestimmen, daß *ein* Teilvorgang schnell verschwindet, wenn sich daneben noch weitere Vorgänge mit wesentlich größeren Abklingzeitkonstanten abspielen. Günstig werden deshalb sicher die Verhältnisse, wenn die Regelkonstanten so bestimmt werden, daß sich für möglichst viele Teilvorgänge die gleiche Abklingzeitkonstante ergibt, was bedeutet, daß möglichst viele Wurzeln mit gleichem Realteil auftreten. Wir wollen uns daher im folgenden mit der Frage beschäftigen, wie sich diese Forderung praktisch erfüllen läßt.

Wir gehen wieder aus von der charakteristischen Gleichung des Regelvorganges:

$$p^m\, a_m + p^{m-1}\, a_{m-1} + p^{m-2}\, a_{m-2} + \cdots + p\, a_1 + a_0 = 0 \tag{19}$$

oder nach Division durch a_m

$$p^m + p^{m-1} A_{m-1} + p^{m-2} A_{m-2} + \cdots + p A_1 + A_0 = 0 \qquad (20)$$

bzw. mit $p_1, p_2 \ldots p_m$ als Wurzeln dieser Gleichung

$$(p - p_1)(p - p_2) \ldots (p - p_m) = 0 . \qquad (21)$$

Aus den beiden Gln. (20) und (21) ergibt sich, daß die Koeffizienten A_0, $A_1 \ldots A_{m-1}$ auch ausgedrückt werden können als Funktionen der Wurzeln $p_1, p_2 \ldots p_m$, z.B. ergibt sich bei einer Gleichung vierten Grades:

$$p^4 + p^3 A_3 + p^2 A_2 + p A_1 + A_0 = 0 \qquad (22)$$

oder

$$\left. \begin{array}{l} p^4 - p^3 (p_1 + p_2 + p_3 + p_4) + p^2 (p_1 p_2 + p_2 p_3 + p_3 p_4 + p_4 p_1 \\ \qquad + p_1 p_3 + p_2 p_4) \\ \qquad - p (p_1 p_2 p_3 + p_2 p_3 p_4 + p_3 p_4 p_1 + p_4 p_1 p_2) + p_1 p_2 p_3 p_4 = 0 . \end{array} \right\} \quad (23)$$

Durch Koeffizientenvergleich erhalten wir:

$$A_3 = -(p_1 + p_2 + p_3 + p_4) \qquad (24)$$

$$A_2 = p_1 p_2 + p_2 p_3 + p_3 p_4 + p_4 p_1 + p_1 p_3 + p_2 p_4 \qquad (25)$$

$$A_1 = -(p_1 p_2 p_3 + p_2 p_3 p_4 + p_3 p_4 p_1 + p_4 p_1 p_2) \qquad (26)$$

$$A_0 = p_1 p_2 p_3 p_4 . \qquad (27)$$

Von den Koeffizienten A_k sind im allgemeinen einzelne unbeeinflußbar, also fest gegeben. In anderen stecken aber frei wählbare Regelkonstanten, so daß sie also innerhalb gewisser Grenzen beliebig verändert werden können. Je nach der Freizügigkeit, die bei der Wahl für die einzelnen Koeffizienten A_k gegeben ist, können nun mehr oder weniger viele Bedingungen aufgestellt werden, die die Wurzeln der Gleichung erfüllen sollen. Am besten wird dies an Hand von einigen Beispielen klar.

Für eine Regelung mit dem Regelschema nach Abb. 5 wird der Frequenzgang der Regelung:

$$\mathfrak{F} = \cfrac{\cfrac{1}{1 + p\,T_1}}{1 + \cfrac{1}{(1 + p\,T_1)(1 + p\,T_2)\,p\,T_3}}$$

$$= \frac{p^2 T_2 T_3 + p\,T_3}{p^3 T_1 T_2 T_3 + p^2 T_3 (T_1 + T_2) + p\,T_3 + 1} \qquad (28)$$

oder für $p\,T_1 = q$; $T_1/T_2 = \mu$; $T_1/T_3 = \zeta$ gesetzt:

$$\mathfrak{F} = \frac{q^2 + q\,\mu}{q^3 + q^2 (1 + \mu) + q\,\mu + \mu\,\zeta} . \qquad (29)$$

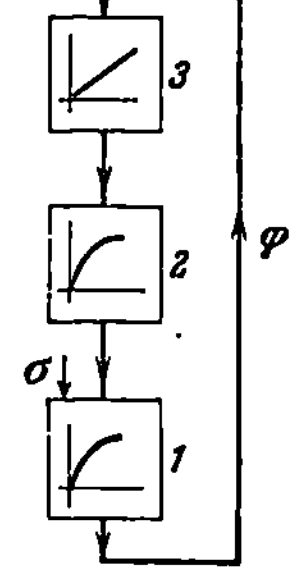

Abb. 5. Regelschema einer Regelung mit zwei Regelgliedern mit Ausgleich und einem astatischen (I-) Regler

Der Nenner von Gl. (29) gleich Null gesetzt stellt die charakteristische Gleichung des Regelvorganges dar ($q^3 + q^2 A_2 + q A_1 + A_0 = 0$).

Wir nehmen nun an, daß alle Konstanten des Regelkreises bis auf T_3, etwa die Stellzeit eines Reglers, fest gegeben sind, und wollen T_3, also ζ, so bestimmen, daß der Regelvorgang einen bestimmten vorgeschriebenen Verlauf nimmt.

Zunächst sei verlangt, daß außer einer gedämpften Schwingung (konjugiert komplexes Wurzelpaar) noch ein mit der gleichen Zeitkonstanten abklingender Teilvorgang auftritt. Wir setzen daher:

$$q_{1,2} = p_{1,2}\, T_1 = v\, T_1\, (\pm j - \varrho) = \Omega\, (\pm j - \varrho) \, . \tag{30}$$

(Für die auf $\dfrac{1}{T_1}$ bezogene Frequenz $v\, T_1$ ist Ω eingeführt.)

$$q_3 = -\,\Omega\,\varrho \, . \tag{31}$$

Damit wird die charakteristische Gleichung entsprechend Gl. (23):

$$\left. \begin{aligned} q^3 - q^2\,(q_1 + q_2 + q_3) + q\,(q_1\,q_2 + q_2\,q_3 + q_3\,q_1) - q_1\,q_2\,q_3 \\ = q^3 + q^2\,(3\,\varrho\,\Omega) + q\,(\Omega^2 + 3\,\varrho^2\,\Omega^2) + \Omega^3\,\varrho + \Omega^3\,\varrho^3 = 0 \\ (q^3 + q^2\,A_2 + q\,A_1 + A_0 = 0) \, . \end{aligned} \right\} \tag{32}$$

Durch Vergleich von Gl. (32) mit Nenner von Gl. (29) ergeben sich folgende drei Gleichungen:

$$1. \quad \Omega^3\,\varrho + \Omega^3\,\varrho^3 = \mu\,\zeta \, , \tag{33}$$

$$2. \quad \Omega^2 + 3\,\varrho^2\,\Omega^2 = \mu \, , \tag{34}$$

$$3. \qquad 3\,\Omega\,\varrho = 1 + \mu \, . \tag{35}$$

Wir haben damit drei Gleichungen mit drei Unbekannten: ϱ, Ω und ζ, aus denen sich diese drei Größen berechnen lassen. Schon aus der 2. und 3. Gleichung ergibt sich für Ω^2

$$\Omega^2 = -\,\frac{1}{3}\,(1 + \mu^2 - \mu) \, , \tag{36}$$

ein Wert, der für reelle Werte von $\mu = \dfrac{T_1}{T_2}$ immer negativ reell wird. Damit wird also die Frequenz (Ω) imaginär.

Unsere obige Forderung nach Auftreten einer Schwingung mit der Nebenbedingung gleicher Abklingzeitkonstanten für alle drei Wurzeln läßt sich somit hier nicht erfüllen. Verzichtet man aber auf die Forderung, die die dritte Wurzel q_3 betrifft und verlangt dafür, daß eine Schwingung mit bestimmter relativer Dämpfung auftritt (schreibt also ϱ vor), so kommt man zu einem brauchbaren Ergebnis. Man setzt in diesem Falle wie oben für $q_{1,2} = \Omega\,(j - \varrho)$, für die dritte Wurzel allgemein q_3 und erhält damit die drei Gleichungen:

$$1. \quad -\,\Omega^2\,(1 + \varrho^2)\,q_3 = \mu\,\zeta \, , \tag{37}$$

$$2. \quad \Omega^2\,(1 + \varrho^2) - 2\,\varrho\,\Omega\,q_3 = \mu \, , \tag{38}$$

$$3. \quad -\,q_3 + 2\,\Omega\,\varrho = 1 + \mu \, , \tag{39}$$

aus denen Ω, q_3 und ζ gerechnet werden können. Es wird

$$\Omega = \pm\,\sqrt{-\,\frac{\mu}{3\,\varrho^2 - 1} + \left[(1 + \mu)\,\frac{\varrho}{3\,\varrho^2 - 1}\right]^2} - \frac{\varrho\,(1 - \mu)}{3\,\varrho^2 - 1} \tag{40}$$

$$q_3 = 2\,\varrho\,\Omega - (1 + \mu) \tag{41}$$

$$\zeta = \frac{-\,\Omega^2\,(1 + \varrho^2)\,q_3}{\mu} \, . \tag{42}$$

Damit liegt also die frei wählbare Regelkonstante ζ fest.

Als zweites Beispiel sei eine Regelung mit dem Schema nach Abb. 6 behandelt. Dabei soll *3* einen astatischen Regler mit vorübergehender Statik, also einen *PI*-Regler (S. 49), darstellen. Der Frequenzgang der Regelung wird in diesem Falle (nach Abschn. 8):

$$\mathfrak{F} = \cfrac{\cfrac{1}{q}}{1 + \cfrac{1 + q\,\dfrac{\varkappa}{\zeta}}{q\left(1 + q\,\dfrac{1}{\mu}\right)q\,\dfrac{1}{\zeta}}} = \frac{q^2 + q\,\mu}{q^3 + q^2\,\mu + q\,\mu\,\varkappa + \mu\,\zeta} \right\} \tag{43}$$

$(p\,T_1 = q;\ T_1/T_2 = \mu;\ T_1/T_3 = \zeta;\ \varkappa = \eta/\delta_v = \text{Verstärkungsfaktor}).$

Der Nenner von Gl. (43) gleich Null gesetzt ergibt wieder die charakteristische Gleichung

$$q^3 + q^2\,A_2 + q\,A_1 + A_0 = 0\ .$$

Als frei wählbar sollen die beiden Kenngrößen des Reglers *3*, also ζ und $\varkappa$ angenommen werden. Verlangt man auch hier, daß sich der Regelvorgang aus einer Schwingung und einem mit gleicher Zeitkonstante abklingenden Teilvorgang zusammensetzt, so daß also

$$q_{1,2} = \Omega\,(\pm j - \varrho) \tag{44}$$
$$q_3\ \ = -\,\Omega\,\varrho \tag{45}$$

gesetzt werden kann, so erhalten wir durch Vergleich der Gln. (32) und (43) folgende drei Gleichungen:

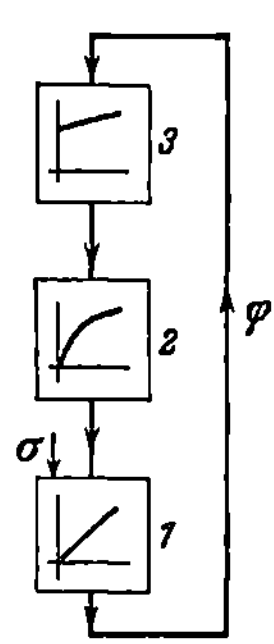

Abb. 6. Regelschema einer Regelung mit einem Regelglied mit und einem ohne Ausgleich und einem astatischen (*PI*)-Regler, vorübergehend statisch

$$\begin{aligned}
1.\quad & \Omega^3\,\varrho + \Omega^3\,\varrho^3 = \mu\,\zeta\,, & (46)\\
2.\quad & \Omega^2 + 3\,\Omega^2\,\varrho^2 = \varkappa\,\mu\,, & (47)\\
3.\quad & 3\,\Omega\,\varrho = \mu\,. & (48)
\end{aligned}$$

Die vier Unbekannten $\Omega,\ \varrho,\ \zeta$ und $\varkappa$ können aus diesen drei Gleichungen nicht alle bestimmt werden. Wir schreiben daher weiter die relative Dämpfung der Regelschwingung, also den Wert von ϱ vor und können dann die restlichen Größen, also Ω und vor allem die Kenngrößen des Reglers ζ und $\varkappa$ berechnen. Es wird sehr einfach:

$$\Omega = \frac{\mu}{3\,\varrho} \tag{49}$$

$$\varkappa = \frac{\Omega^2\,(1 + 3\,\varrho^2)}{\mu} \tag{50}$$

$$\zeta = \frac{\Omega^3\,\varrho\,(1 + \varrho^2)}{\mu}\ . \tag{51}$$

In diesem Falle läßt sich also die gestellte Bedingung ohne weiteres erfüllen. Durch Variation von ϱ können somit jeweils zusammengehörige Werte für $\varkappa$ und ζ gefunden werden, bei denen drei Wurzeln gleichen Realteil aufweisen, also gleich schnell abklingen.

Als letztes sei schließlich noch das wiederholt benutzte Beispiel einer Temperaturregelung nach Abb. 5/23 behandelt. Die charakteristische Gleichung entsprechend Gl. (5/112) lautet:

$$q^4 + q^3 (1 + \mu) + q^2 (\mu + \mu \zeta) + q (1 + \varkappa) \mu \zeta + \varkappa \mu \zeta \lambda = 0$$
$$q^4 + q^3 A_3 + q^2 A_2 + q A_1 + A_0 = 0 . \tag{52}$$

Dabei ist für $p \cdot T_{III} = q$; $T_{III}/T_{IIb} = \mu$; $T_{III}/T_{IIa} = \zeta$; $T_{III}/T_n = \lambda$; $\eta/\delta_v = \varkappa$ gesetzt. Wir stellen nun die Forderungen, daß eine gedämpfte Schwingung auftritt, und daß außerdem die dritte Wurzel gleich wird dem Realteil des konjugiert komplexen Wurzelpaares, also:

$$q_{1,2} = \Omega (\pm j - \varrho)$$
$$q_3 = - \Omega \varrho = - P .$$

Nach Gl. (24) bis (27) und (52) wird dann

$$1. \quad 3 P - q_4 = 1 + \mu , \tag{53}$$
$$2. \quad \Omega^2 + 3 P^2 - 3 P q_4 = \mu (1 + \zeta) , \tag{54}$$
$$3. \quad \Omega^2 (P - q_4) + P^3 - 3 P^2 q_4 = (1 + \varkappa) \mu \zeta , \tag{55}$$
$$4. \quad - \Omega^2 P q_4 - P^3 q_4 = \mu \zeta \lambda \varkappa . \tag{56}$$

Wenn wir wieder annehmen, daß T_{III}, $T_{IIa}(\zeta)$, $T_{IIb}(\mu)$ festliegen, so bleiben die fünf Unbekannten: P, q_4, Ω, λ, und $\varkappa$. Da nur vier Gleichungen zur Verfügung stehen, muß noch eine weitere Größe angenommen werden. Am zweckmäßigsten wird noch eine bestimmte Abklingzeitkonstante $P = \Omega \varrho$ verlangt, also als bekannt angenommen. Aus den vier Gleichungen errechnet sich dann:

$$q_4 = 3 P - (1 + \mu) , \tag{57}$$
$$\Omega^2 = 6 P^2 - 3 P (1 + \mu) + \mu (1 + \zeta) , \tag{58}$$
$$\varkappa = \frac{\{ - P^3 20 + P^2 15 (1+\mu) - P [2 \mu (1 + \zeta) + 3 (1+\mu)^2] + \mu (1+\mu) (1+\zeta) \}}{\mu \zeta} - 1 , \tag{59}$$
$$\lambda = \frac{- \Omega^2 P q_4 - P^3 q_4}{\mu \zeta \varkappa} . \tag{60}$$

Bei Annahme verschiedener Werte für P können somit zusammengehörige Werte für λ, also T_n und $\varkappa$ berechnet werden, bei denen die obigen Forderungen (gedämpfte Schwingung und dritte Wurzel gleich dem Realteil des komplexen Wurzelpaares) erfüllt sind. Abb. 7 zeigt diese Kurve und gleichzeitig noch alle für die Berechnung des Regelvorganges wichtigen Größen bei $\mu = T_{III}/T_{IIb} = 25$ und $\zeta = T_{III}/T_{IIa} = 8$, entsprechend den früher (S. 146) verwendeten Zahlenwerten. Man sieht aus den Kurven, daß sich etwa die Forderung, wonach auch die vierte Wurzel gleich der dritten sein soll ($q_4 = - P$), im vorliegenden Fall nicht verwirklichen läßt. Zweckmäßigerweise wird an Hand solcher Kurven auch der Regelvorgang selbst berechnet und dann die vielfach besonders interessierende größte Abweichung der Regelgröße φ_{max} vom

Sollwert und außerdem die Regeldauer τ mit aufgetragen, so daß sich sehr anschauliche Bilder ergeben, denen je nach den Anforderungen an die Regelung die günstigsten Werte für die Regelkonstanten entnommen werden können.

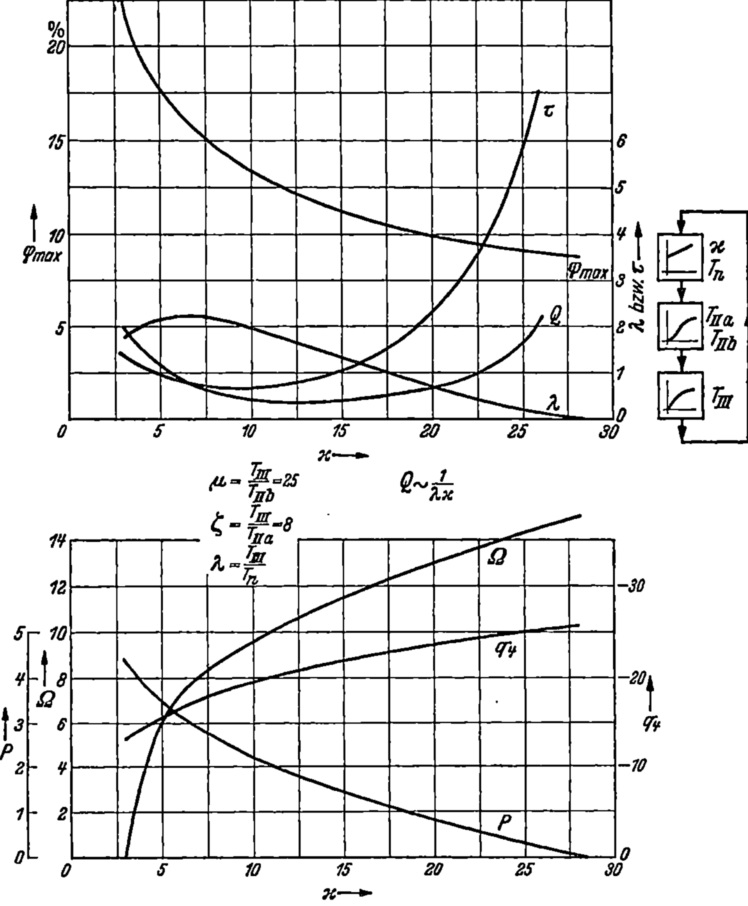

Abb.7.Charakteristische Größen bei einer Temperaturregelung entsprechend Abb. 5/27
Dritte Wurzel gleich dem Realteil eines Wurzelpaares

IV. Die lineare Regelfläche

a) Allgemeines. Unter der linearen Regelfläche versteht man nach Abb. 8 die Gesamtfläche, die von der Zeitkoordinate bzw. von der dem stationären Endwert der Regelgröße φ_∞ entsprechenden Horizontallinie und der Regelkurve (zeitlicher Verlauf der Regelgröße) eingeschlossen wird, wobei die Flächen oberhalb φ_∞ positiv, die unterhalb negativ gezählt werden.

Die Größe der Fläche allein kann für die Güte der Regelung nicht maßgebend sein, denn es ergibt sich z. B. ein Minimum sowohl bei ganz idealen Verhältnissen, wenn überhaupt keine Abweichung auftritt als auch bei einer ungedämpften Schwingung, also labilem Betrieb. In beiden Fällen wird die lineare Fläche überhaupt Null. Eine klare Beurteilung des Regelvorganges wäre aus der linearen *Betrags*-Regelfläche möglich, d.h. aus der Fläche, die sich ergeben würde, wenn man sowohl die oberhalb als auch die unterhalb φ_∞ liegenden Flächen positiv zählen würde.

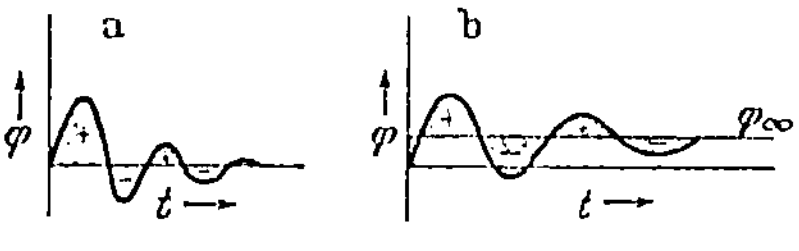

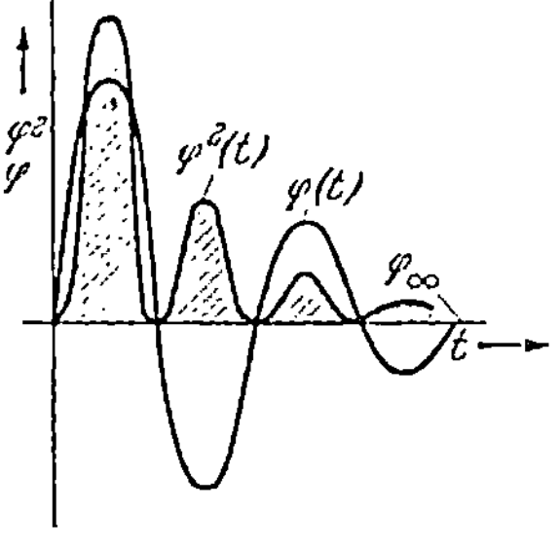

Abb. 8.a u. b. Zur Definition der linearen Regelfläche.
a I-Regelung, b P-Regelung

Um gerade die langsamer verschwindenden Regelabweichungen also gewissermaßen die Gesamtregelzeit besser zu erfassen, hat man auch die zeitbetonte lineare Regelfläche $\left[Q = \int_0^\infty \varphi\,(t) \cdot t\,dt \right]$ als Kriterium für die Regelgüte eingeführt. Durch Optimierung mit dem Analogrechner sind für die zeitbetonte lineare *Betrags*-Regelfläche Standard-Funktionen gefunden worden, aus denen durch Vergleich mit der charakteristischen Gleichung des Regelvorganges Regelkonstanten festgelegt werden können [*115, 116*].

Da sich die lineare *Betrags*-Regelfläche rechnerisch nicht geschlossen erfassen läßt, hat man für die Beurteilung der Regelung auch die quadratische Regelfläche vorgeschlagen [*40*], [*64*]. Um diese zu gewinnen, werden entsprechend Abb. 9 die Abweichungen der Regelgröße [$\varphi(t)$] gegen φ_∞ quadriert. Die Fläche zwischen φ_∞ und φ^2 wird dann als *quadratische Regelfläche* ($Q\square$) bezeichnet. Durch die Quadrierung ergeben sich nunmehr auch bei negativen Abweichungen positive Flächenanteile. Sorgt man dafür, daß die quadratische Fläche ein Minimum wird, so wird die Regelung sicher günstig werden. Im Gegensatz zur linearen Betrags-Regelfläche läßt sich die quadratische Fläche berechnen. Allerdings ist die Berechnung und insbesondere die Optimierung der Fläche — sie soll ein Minimum werden — mühsam und zeitraubend. Außerdem ergibt das Minimum der quadratischen Regelfläche im allgemeinen eine für viele Fälle zu schwache Dämpfung, wie z. B. aus Abb. 10 ersichtlich ist, in der neben anderen Kurven eines Regelvorganges auch die bei Minimum der quadratischen Fläche (*d*) mit aufgezeichnet ist.

Abb. 9. Zur Definition der quadratischen Regelfläche

Aus den vorgenannten Gründen — langwierige Rechnung, zu schwache Dämpfung — wollen wir uns mit der quadratischen Regelfläche weiterhin nicht mehr beschäftigen. Es zeigt sich nämlich, daß sich doch auch die wesentlich einfacher zu berechnende *lineare* Regelfläche, allerdings zusammen mit anderen Kriterien, mit Vorteil zur Beurteilung der Güte einer Regelung bzw. für die zweckmäßige Bestimmung der Regelkonstanten heranziehen läßt. Wir wollen uns daher anschließend zunächst mit der Berechnung der linearen Regelfläche beschäftigen.

b) Berechnung der linearen Regelfläche. Zunächst sei astatische, also I-Regelung angenommen. Die Regelfläche wird in diesem Falle bei Verlauf der Regelgröße nach der Übergangsfunktion $\varphi(t)/\sigma_s$

$$Q = \int_0^\infty \frac{\varphi(t)}{\sigma_s}\,\mathrm{d}t \,. \tag{61}$$

Der Übergangsfunktion $\dfrac{\varphi(t)}{\sigma_s}$ entspricht der Frequenzgang $\mathfrak{F}(p)$. Differentiation im Zeitbereich bedeutet Multiplikation mit p im Frequenzbereich (S. 35), Integration dagegen Multiplikation mit $1/p$. Somit entspricht der Regelfläche nach Gl. (61) der Frequenzgang $\dfrac{\mathfrak{F}(p)}{p} = \dfrac{F(p)}{p\,G(p)}$. Zum Beispiel mit Hilfe des HEAVISIDEschen Entwicklungssatzes kann nun nach S. 187 das Integral abhängig von der Zeit berechnet werden. Im vorliegenden Fall interessiert aber nur der Endwert, also der Wert, der sich nach Abklingen aller Teilvorgänge einstellt, also lediglich das Glied in Gl. (8/33)

$$\left(\frac{F(p)}{p\,G(p)}\right)_{p\,\to\,0} \quad \text{entsprechend} \quad \frac{F(0)}{G(0)} \,.$$

Es wird einfach

$$Q = \left(\frac{F(p)}{p\,G(p)}\right)_{p\,\to\,0} = \left(\frac{\mathfrak{F}}{p}\right)_{p\,\to\,0} \,. \tag{62}$$

Der Ausdruck $\mathfrak{F} = F(p)/G(p)$ hat bei astatischer Regelung die allgemeine Form:

$$\mathfrak{F} = \frac{p^n\,b_n + p^{n-1}\,b_{n-1} + \cdots + p\,b_1}{p^m\,a_m + p^{m-1}\,a_{m-1} + \cdots + p\,a_1 + a_0} \,, \tag{63}$$

wobei $n \leqq m$. Damit wird

$$Q = \left(\frac{\mathfrak{F}}{p}\right)_{p\,\to\,0} = \frac{b_1}{a_0} = \frac{b_1}{a_m\,A_0}{}^{1} \,. \tag{64}$$

Vom Endwert wäre an und für sich noch der Anfangswert des Integrals für $t = 0$ abzuziehen, der sich aus $\left(\dfrac{F(p)}{p\,G(p)}\right)_{p\,=\,\infty}$ einfach ermitteln läßt. Da das Integral über die Regelkurve aber immer mit Null beginnen muß, so lange die Regelgröße endlich bleibt, was praktisch natürlich immer angenommen werden kann, wird der Anfangswert immer Null. Man braucht also lediglich den Ausdruck für den Frequenzgang der Regelung durch p zu dividieren, für p dann Null einzusetzen, und hat damit bereits die gesuchte Regelfläche gefunden.

Für den Frequenzgang der Regelung nach Gl. (8/51) wird z.B.

$$Q = \left(\frac{\mathfrak{F}}{p}\right)_{p\,\to\,0} = \frac{T_z + T_y}{\dfrac{\eta v}{\delta}} \,.$$

---

[1] Ist $b_1 = 0$ so wird die Regelfläche immer Null!

Bei statischer Regelung wird entsprechend Abb. 8b:

$$Q = \int_0^\infty \left(\frac{\varphi(t)}{\sigma_s} - \frac{\varphi(\infty)}{\sigma_s} \right) \mathrm{d}t \tag{65}$$

und damit:

$$Q = \left[\frac{F(p) - G(p) \dfrac{F(0)}{G(0)}}{p\,G(p)} \right]_{p \to 0} . \tag{66}$$

Für eine Regelung mit dem Frequenzgang

$$\mathfrak{F} = \frac{p\,T_1 + 1}{p^2\,T_1\,T_2 + p\,T_2 + \varkappa} = \frac{F(p)}{G(p)}$$

wird zum Beispiel

$$Q = \left[\frac{(p\,T_1 + 1) - (p^2\,T_1\,T_2 + p\,T_2 + \varkappa)\cdot \dfrac{1}{\varkappa}}{p\,(p^2\,T_1\,T_2 + p\,T_2 + \varkappa)} \right]_{p \to 0} = \frac{T_1 - T_2 \dfrac{1}{\varkappa}}{\varkappa} .$$

c) Minimum der Regelfläche bei vorgeschriebener relativer Dämpfung.
Wie oben bereits gesagt, stellt die Größe der Regelfläche für sich noch
kein Kriterium für die Güte der Regelung dar. Wenn wir aber von der
Forderung einer bestimmten relativen Dämpfung für den Hauptvorgang ausgehen, so daß alle dann möglichen Regelkurven wenigstens für
den Hauptvorgang geometrisch ähnlichen Verlauf zeigen, so wird die
Kurve mit kleinster Regelfläche bestimmt ein Optimum darstellen. Wir
wollen daher nachstehend untersuchen, wie die Regelkonstanten ermittelt
werden können, wenn außer der Dämpfung auch noch minimale Regelfläche verlangt wird. Dabei soll nur der praktisch wichtigere Fall der
astatischen, also I-Regelung berücksichtigt werden.

Zunächst sei unendlich große relative Dämpfung, also *aperiodischer*
Verlauf möglichst vieler Teilvorgänge mit einer entsprechenden Zahl
gleicher reeller Wurzeln behandelt. Nach Abschn. III, S. 335 kann die
charakteristische Gleichung des Regelvorganges in folgende Form gebracht werden:

$$G(p) = p^m + p^{m-1} A_{m-1} + \cdots + p\,A_1 + A_0 = 0 . \tag{67}$$

Nach Gl. (64) wird die Regelfläche, die ein Minimum werden soll:

$$Q = \frac{b_1}{a_m} \frac{1}{A_0} .$$

Damit das Problem überhaupt lösbar ist, muß dieser Ausdruck für die
Regelfläche durch frei wählbare Regelkonstanten beeinflußt werden
können, was aber praktisch wohl auch immer zutreffen dürfte. Außerdem
sind bei jeder Regelung aber noch fest gegebene, z.B. durch die Art der
Regelstrecke festliegende Regelkonstanten vorhanden, die in den verschiedenen Koeffizienten A_k stecken, von denen also einige als feste
Konstanten angenommen werden müssen.

Wie auf S. 335 gezeigt, können die Koeffizienten A_k durch die
Wurzeln der charakteristischen Gleichung dargestellt werden. Auch

der Faktor b_1/a_m läßt sich im allgemeinen durch Koeffizienten A_k, also durch die Wurzeln ausdrücken. Wir haben damit folgendes Gleichungssystem, wenn r Koeffizienten festliegen:

$$Q = \varphi\,(p_1, p_2, \ldots p_m) \tag{68}$$

$$\left.\begin{aligned}
A_{m-1} &= \psi_1\,(p_1, p_2 \ldots p_m) = C_1 \quad \text{oder} \quad \psi_1(p_1, p_2 \ldots p_m) - C_1 = 0 \\
A_{m-2} &= \psi_2\,(p_1, p_2 \ldots p_m) = C_2 \quad \text{oder} \quad \psi_2\,(p_1, p_2 \ldots p_m) - C_2 = 0 \\
&\ \ \vdots \\
A_{m-r} &= \psi_r\,(p_1, p_2 \ldots p_m) = C_r \quad \text{oder} \quad \psi_r\,(p_1, p_2 \ldots p_m) - C_r = 0\,.
\end{aligned}\right\} \tag{69}$$

Die Fläche Q soll ein Minimum werden, wobei gleichzeitig die Bedingungen entsprechend dem Gleichungssystem (69) erfüllt sein müssen. Diese Minimumberechnung mit Nebenbedingungen läßt sich mit folgendem Gleichungssystem durchführen:

$$\left.\begin{aligned}
\frac{\partial}{\partial p_\mu}\,[\varphi(p_1, p_2 \ldots p_m) + \lambda_1 \cdot \psi_1(p_1, p_2 \ldots p_m) + \cdots \\
+ \lambda_r\,\psi_r(p_1, p_2 \ldots p_m)] = 0\,.
\end{aligned}\right\} \tag{70}$$

Dabei ist für $p_\mu = p_1, p_2 \ldots p_m$ zu setzen. $\lambda_1 \ldots \lambda_r$ sind beliebige, nicht weiter interessierende Konstanten, die mit Hilfe des Gleichungssystems eliminiert werden können. Die nach der Eliminierung der λ-Werte noch übrig bleibenden Gleichungen erlauben dann die Berechnung von $(m-r)$ Wurzeln. (Nach der vorstehenden Rechnung könnte sich genau so ein Maximum für die Regelfläche ergeben. Praktisch dürfte dieser Fall aber kaum auftreten. Im Zweifelsfall wird man die Konstanten etwas variieren und kontrollieren, ob die Regelfläche dann tatsächlich auch größer wird.)

Führt man diese Rechnung durch — die Durchrechnung sei hier übergangen [40] —, so kommt man zu dem Ergebnis, daß für den praktisch wohl immer auftretenden Fall, daß b_1/a_m nur von festliegenden Regelkonstanten abhängt, die Fläche ein Minimum wird, wenn $(m-r+1)$ Wurzeln gleich sind. Sind also z. B. zwei Regelkonstanten und damit zwei Koeffizienten A frei wählbar, also $m-r = 2$, so müssen drei Wurzeln einer charakteristischen Gleichung vierten Grades gleich werden.

Wie in Abschn. 10/III (S. 260) gezeigt, muß bei k gleichen Wurzeln die charakteristische Gleichung selbst und außerdem die Gleichung einmal, zweimal … $(k-1)$-mal differenziert Null werden. Dieses Gleichungssystem kann dann für die Ermittlung der frei wählbaren Regelkonstanten benutzt werden.

Am Beispiel der Temperaturregelung (S. 144) sei dies noch näher erläutert. Der Frequenzgang der Regelung wird nach Gl. (8/73) mit den S. 146 eingeführten bezogenen Konstanten:

$$\mathfrak{F} = \frac{q^3 + q^2\,\mu + q\,\mu\,\zeta}{q^4 + q^3\,(1+\mu) + q^2\,\mu\,(1+\zeta) + q\,(1+\varkappa)\,\mu\,\zeta + \varkappa\,\mu\,\zeta\,\lambda}\,. \tag{71}$$

Daraus nach Gl. (64) $b_1/a_m = \mu\,\zeta$. Der Quotient ist also nur durch feste Konstanten bestimmt, die Voraussetzung von oben ist also hier gegeben.

Die charakteristische Gleichung lautet [Gl. (52)]:

1. $G(q) = q^4 + q^3 (1 + \mu) + q^2 \mu (1 + \zeta) + q (1 + \varkappa) \mu \zeta + \varkappa \mu \zeta \lambda = 0$.

(72)

Damit wird:

2. $G'(q) = 4 q^3 + 3 q^2 (1 + \mu) + 2 q \mu (1 + \zeta) + (1 + \varkappa) \mu \zeta = 0$.   (73)

3. $G''(q) = 12 q^2 + 6 q (1 + \mu) + 2 \mu (1 + \zeta) = 0$.   (74)

Aus der dritten Gleichung kann nun die dreifache Wurzel $q_{1\text{-}3}$, aus der zweiten dann die Konstante $\varkappa$ und schließlich aus der ersten λ gerechnet werden. Mit den bisher schon eingeführten Werten für μ und ζ ($\mu = 25$; $\zeta = 8$) ergibt sich für $q_{1\text{-}3}$ entsprechend der quadratischen Gl. (74):

$$q_{1\text{-}3} = - 4{,}3; \; - 8{,}7 .$$

Da der zweite Wert auf eine negative Konstante $\lambda = T_{III}/T_n$, also eine negative (nicht mögliche) Rückführzeitkonstante führt, kommt nur der erste $q_{1\text{-}3} = - 4{,}3$ in Frage. Aus den zwei weiteren Gleichungen errechnet sich dann

$$\varkappa = 3{,}1; \; \lambda = T_{III}/T_n = 1{,}7 .$$

Setzt man diese Werte in die Gl. (72) ein und dividiert sie durch $(q - q_{1\text{-}3})^3$, so erhält man eine Restgleichung für die vierte Wurzel q_4. Sie wird in vorliegendem Fall:

$$q_4 = - 13{,}0 .$$

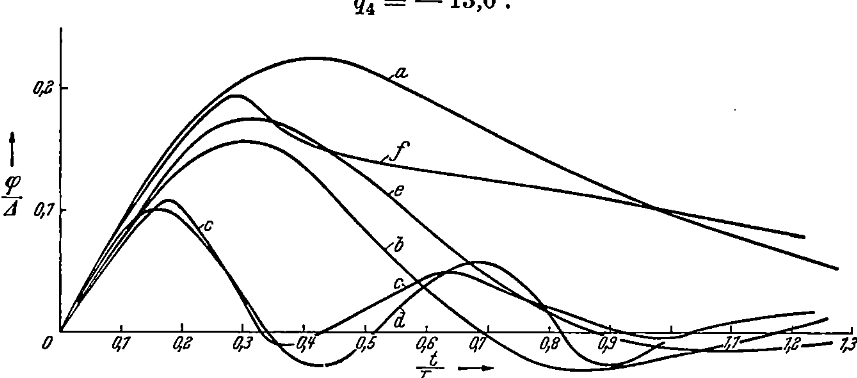

Abb. 10. Regelkurven bei einer Temperaturregelung nach Abb. 5/23
a Lineare Regelfläche ein Minimum bei aperiodischer Regelung, b Lineare Regelfläche ein Minimum bei $\varrho = 0{,}414$, c Lineare Regelfläche ein Minimum bei dritter Wurzel gleich dem Realteil eines komplexen Wurzelpaares, d Quadratische Regelfläche ein Minimum, e Praktisches Optimum, f Betragsoptimum

In Abb. 10 ist die entsprechende Regelkurve (a) neben anderen, auf die wir später noch kommen werden, aufgezeichnet.

Wir wollen nun untersuchen, wie das Minimum der Regelfläche gefunden werden kann, wenn für ein Wurzelpaar eine bestimmte *relative Dämpfung* vorgeschrieben wird, wenn also für ein Wurzelpaar:

$$p_{1,2} = \nu (\pm j - \varrho)$$

(75)

mit einem bestimmten Wert von ϱ gesetzt werden soll. Der Rechnungsgang ist praktisch der gleiche wie bei aperiodischer Regelung gezeigt, nur sind die einzelnen Koeffizienten A_k und auch die Regelfläche als Funktionen von $\nu\,(+\,j-\varrho)$; $\nu\,(-\,j-\varrho)$; $p_3,\,p_4\ldots p_m$ oder, da ϱ eine Konstante ist, als Funktionen von $\nu,\,p_3,\,p_4\ldots p_m$ auszudrücken. Also:

$$Q = \varphi\,(\nu,\,p_3,\,p_4\ldots p_m) \tag{76}$$

$$\left.\begin{aligned}A_{m-1} &= \psi_1\,(\nu,\,p_3,\,p_4\ldots p_m) = C_1\\ A_{m-2} &= \psi_2\,(\nu,\,p_3,\,p_4\ldots p_m) = C_2\\ &\cdot\cdot\cdot\cdot\cdot\cdot\cdot\cdot\cdot\cdot\cdot\cdot\cdot\cdot\cdot\cdot\cdot\cdot\\ A_{m-r} &= \psi_\nu\,(\nu,\,p_3,\,p_4\ldots p_m) = C_r\,.\end{aligned}\right\} \tag{77}$$

Das Gl. (70) entsprechende Gleichungssystem wird damit hier:

$$\left.\begin{aligned}\frac{\partial}{\partial p_\mu}[\varphi_1\,(\nu,\,p_3,\,p_4\ldots p_m) &+\lambda_1\,\psi_1\,(\nu,\,p_3,\,p_4\ldots p_m)\\ &+\cdots\lambda_r\,\psi_r\,(\nu,\,p_3,\,p_4\ldots p_m)] = 0\end{aligned}\right\} \tag{78}$$

$$\left.\begin{aligned}\frac{\partial}{\partial \nu}[\varphi\,(\nu,\,p_3,\,p_4\ldots p_m) &+ \lambda_1\,\psi_1\,(\nu,\,p_3,\,p_4\ldots p_m)\\ &+\cdots\lambda_r\,\psi_r\,(\nu,\,p_3,\,p_4\ldots p_m)] = 0\,.\end{aligned}\right\} \tag{79}$$

Für p_μ ist hier $p_3,\,p_4\ldots p_m$ zu setzen. Bei r konstanten Koeffizienten lassen sich damit, wie auf S. 343 gezeigt $(m-r)$ Wurzeln und damit unter Berücksichtigung von Gl. (75) auch die frei wählbaren Konstanten bestimmen. Im Gegensatz zum oben behandelten aperiodischen Fall, wo eine allgemeine Durchrechnung eine Vereinfachung ergeben hat, muß hier das Verfahren der Minimumbestimmung auch praktisch immer durchgeführt werden. Das Beispiel der Temperaturregelung soll nun auch hier durchgerechnet werden (Konstanten nach S. 146).

Nach Gl. (24) bis (27), (52) u. (75) wird:

$$A_3 = 2\,\varrho\,\Omega - (q_3 + q_4) = 1 + \mu = C_1\,, \tag{80}$$

$$A_2 = +\,\Omega^2\,(1 + \varrho^2) - 2\,\varrho\,\Omega\,(q_3 + q_4) + q_3\,q_4 = \mu\,(1 + \zeta) = C_2\,, \tag{81}$$

$$A_1 = -\,\Omega^2\,(1 + \varrho^2)\,(q_3 + q_4) + 2\,\varrho\,\Omega\,q_3\,q_4 = (1 + \varkappa)\,\mu\,\zeta\,, \tag{82}$$

$$A_0 = \Omega^2\,(1 + \varrho^2)\,q_3\,q_4 = \varkappa\,\mu\,\zeta\,\lambda\,. \tag{83}$$

A_3 und A_2 sind also konstant, A_1 und A_0 abhängig von den frei wählbaren Regelkonstanten $\varkappa$ und λ.

Die Regelfläche wird nach Gln. (62), (71) u. (83):

$$Q = \frac{1}{\varkappa\,\lambda} = \frac{\mu\,\zeta}{A_0} = \frac{\mu\,\zeta}{\Omega^2\,(1+\varrho^2)\,q_3\,q_4}\,. \tag{84}$$

Wenn sie ein Minimum werden soll, muß also $A_0 = \Omega^2\,(1 + \varrho^2)\,q_3\,q_4$ ein Maximum werden. Mit den Gln. (80) bis (84) ergibt sich damit nach Gln. (78) u. (79) (hier q für p und Ω für ν):

$$\left.\begin{aligned}\frac{\partial}{\partial q_\mu}\{\Omega^2\,(1 + \varrho^2)\,q_3\,q_4 &+ \lambda_1\,(2\,\varrho\,\Omega - q_3 - q_4) + \lambda_2\,[\Omega^2\,(1 + \varrho^2)\\ &-2\,\varrho\,\Omega\,(q_3 + q_4) + q_3\,q_4]\} = 0\,.\end{aligned}\right\} \tag{85}$$

$$\left.\begin{aligned}\frac{\partial}{\partial \Omega}\{\Omega^2\,(1 + \varrho^2)\,q_3\,q_4 &+ \lambda_1\,(2\,\varrho\,\Omega - q_3 - q_4) + \lambda_2\,[\Omega^2\,(1 + \varrho^2)\\ &-2\,\varrho\,\Omega\,(q_3 + q_4) + q_3\,q_4]\} = 0\end{aligned}\right\} \tag{86}$$

und nach der Durchführung der Differentiation:

1. $\Omega^2 (1 + \varrho^2)\, q_4 - \lambda_1 + \lambda_2\, (- 2\,\varrho\,\Omega + q_4) = 0 \,,$ (87)

2. $\Omega^2 (1 + \varrho^2)\, q_3 - \lambda_1 + \lambda_2\, (- 2\,\varrho\,\Omega + q_3) = 0 \,,$ (88)

3. $2\,\Omega\, (1 + \varrho^2)\, q_3\, q_4 + \lambda_1\, 2\,\varrho + \lambda_2\, [2\,\Omega\, (1 + \varrho^2) - 2\,\varrho\, (q_3 + q_4)] = 0.$ (89)

Durch Berechnung von λ_1 und λ_2 aus den Gln. (87) und (88) und Einsetzen in die Gl. (89) erhalten wir eine Gleichung in Ω, ϱ, q_3 und q_4:

$$q_3\, q_4 + \Omega\, \varrho\, (q_3 + q_4) + \Omega^2\, (\varrho^2 - 1) = 0 \,. \tag{90}$$

$q_3\, q_4$ und $q_3 + q_4$ nach Gln. (80) und (81) durch Ω und feste Konstanten ausgedrückt, ergibt schließlich eine quadratische Gleichung für Ω:

$$\Omega^2 + \Omega\, \frac{1{,}5\,\varrho\, (1 + \mu)}{1 - 3\,\varrho^2} - \frac{0{,}5\,\mu\, (1 + \zeta)}{1 - 3\,\varrho^2} = 0 \,. \tag{91}$$

Mit den obigen Zahlenwerten für μ und ζ und bei Annahme von $\varrho = 0{,}414$ wird

$$\Omega = v\, T_{III} = 5{,}9 \,.$$

(Der zweite Wert für Ω wird negativ, ist also unbrauchbar.) Mit Hilfe von Gln. (80) und (81) lassen sich die Wurzeln q_3 und q_4 berechnen:

$$q_3 = - 4{,}8$$
$$q_4 = - 16{,}2$$

und schließlich mit Gln. (82) und (83) die gesuchten Regelkonstanten:

$$\varkappa = 5{,}2; \quad \lambda = T_{III}/T_n = 3{,}1 \,.$$

Die entsprechende Regelkurve ist in Abb. 10b mit eingetragen.

d) Minimum der Regelfläche bei gleichzeitiger Angleichung der Abklingzeitkonstanten verschiedener Teilvorgänge. Wie in Abschn. III erläutert, wird es zweckmäßig sein, die Regelkonstanten so zu wählen, daß möglichst viele Teilvorgänge mit gleicher Zeitkonstante abklingen. Im allgemeinen wird diese Forderung nicht zu einer eindeutigen Festlegung der Konstanten führen, sondern man erhält nur Kurven, aus denen z. B. eine zweite Konstante entnommen werden kann, wenn die erste gewählt wird (Abb. 7). Für die Wahl dieser ersten Konstanten müssen aber erst an Hand weiterer Kurven (Regeldauer, größte Abweichung usw.) eingehende Überlegungen angestellt werden. Wie schon wiederholt betont, sind die Anforderungen an die Regelung von Fall zu Fall so verschieden, daß solche genaueren Untersuchungen oft nicht zu umgehen sind. Zu einer wohl häufig befriedigenden Lösung kommt man aber, wenn man außer der Forderung gleicher Abklingzeiten auch noch verlangt, daß die Regelfläche ein Minimum werden soll. Mit Hilfe der Abschn. III und IVb und c, in denen diese zwei Teilaufgaben für sich behandelt werden, läßt sich nun auch diese Doppelaufgabe ohne Schwierigkeit lösen, wie wieder an Hand des Beispiels einer Temperaturregelung gezeigt werden soll (Abb. 5/23).

Wir setzen wie S. 339: $q_{1,2} = \Omega\, (\pm j - \varrho)$ (92)

$$q_3 = - P \tag{93}$$

und erhalten [Gln. (53) bis (56)]:

$$A_3 = 3\,P - q_4 = 1 + \mu \tag{94}$$

$$A_2 = \Omega^2 + 3\,P^2 - 3\,P\,q_4 = \mu\,(1 + \zeta) \tag{95}$$

$$A_1 = \Omega^2\,(P - q_4) + P^3 - 3\,P^2\,q_4 = (1 + \varkappa)\,\mu\,\zeta \tag{96}$$

$$A_0 = -\,\Omega^2\,P\,q_4 - P^3\,q_4 = \mu\,\zeta\,\lambda\,\varkappa\,. \tag{97}$$

Die Regelfläche wird [Gl. (84)] $(\Omega\,\varrho = P!)$:

$$Q = \frac{\mu\,\zeta}{A_0} = -\,\frac{\mu\,\zeta}{\Omega^2\,P\,q_4 + P^3\,q_4}\,. \tag{98}$$

Wenn sie ein Minimum werden soll, muß also $(\Omega^2\,P\,q_4 + P^3\,q_4)$ ein Maximum werden, wobei (als Nebenbedingungen):

$$A_3 = \psi_1\,(\Omega,\,P,\,q_4) = C_1 \tag{99}$$

$$A_2 = \psi_2\,(\Omega,\,P,\,q_4) = C_2 \tag{100}$$

konstant sein sollen.

Wir erhalten damit entsprechend Gln. (85) und (86):

$$\frac{\partial}{\partial\Omega}\,[\Omega^2\,P\,q_4 + P^3\,q_4 + \lambda_1\,(3\,P - q_4) + \lambda_2\,(\Omega^2 + 3\,P^2 - 3\,P\,q_4)] = 0 \tag{101}$$

$$\frac{\partial}{\partial P}\,[\Omega^2\,P q_4 + P^3\,q_4 + \lambda_1\,(3\,P - q_4) + \lambda_2\,(\Omega^2 + 3\,P^2 - 3\,P\,q_4)] = 0 \tag{102}$$

$$\frac{\partial}{\partial q_4}\,[\Omega^2\,P\,q_4 + P^3\,q_4 + \lambda_1\,(3\,P - q_4) + \lambda_2\,(\Omega^2 + 3\,P^2 - 3\,P\,q_4)] = 0 \tag{103}$$

und nach Durchführung der Differentiation:

$$\text{1.} \qquad\qquad 2\,\Omega\,P\,q_4 + \lambda_2\,2\,\Omega = 0\,, \tag{104}$$

$$\text{2.} \qquad \Omega^2\,q_4 + 3\,P^2\,q_4 + \lambda_1\,3 + \lambda_2\,(6\,P - 3\,q_4) = 0\,, \tag{105}$$

$$\text{3.} \qquad \Omega^2\,P + P^3 - \lambda_1 - \lambda_2\,3\,P = 0\,. \tag{106}$$

Nach Elimination von λ_1 und λ_2 ergibt sich eine Gleichung in Ω, P und q_4:

$$6\,P^3 + 12\,P^2\,q_4 + 6\,P\,q_4^2 + 2\,\Omega^2\,q_4 + 6\,\Omega^2\,P = 0\,. \tag{107}$$

Drückt man nun noch q_4 nach Gl. (94) und Ω^2 nach Gl. (95) durch P, A_3 und A_2 aus,

$$q_4 = -\,A_3 + 3\,P\,, \tag{108}$$

$$\Omega^2 = A_2 - 3\,P^2 + 3\,P\,q_4\,, \tag{109}$$

so bleibt eine Gleichung dritten Grades für P übrig:

$$P^3(84) + P^2\,(-\,48\,A_3) + P\,(6\,A_3^2 + 6\,A_2) - A_3\,A_2 = 0 \tag{110}$$

oder, mit Hilfe von Gln. (80) u. (81) und den Zahlenwerten (S. 146):

$$P^3(84) + P^2\,(-\,48 \cdot 26) + P\,(6 \cdot 26^2 + 6 \cdot 225) - 26 \cdot 225 = 0$$

oder

$$P^3 - 14{,}9\,P^2 + 64\,P - 69{,}5 = 0$$

mit den drei Wurzeln:

$$P_1 = 1{,}65$$
$$P_2 = 5{,}2$$
$$P_3 = 8{,}0 \ .$$

Da die Wurzeln P_2 und P_3 zu positiven Werten der vierten Wurzel der charakteristischen Gleichung führen, gibt nur der eine Wert $P_1 = 1{,}65$ brauchbare Verhältnisse. Aus den Gln. (108) und (109) errechnen sich dann die Werte für q_4 und Ω:

$$q_4 = -21; \qquad \Omega = 10{,}7;$$

und schließlich mit Gln. (96) und (97):

$$\varkappa = 14; \qquad \lambda = T_{III}/T_n = 1{,}5 \ .$$

Abb. 10c zeigt die diesen so errechneten Regelkonstanten entsprechende Regelkurve. Man kann wohl sagen, daß diese Kurve im Vergleich zu den andern mit aufgezeichneten einen recht günstigen Verlauf zeigt, so daß also in gewissem Sinne hier von optimaler Regelung gesprochen werden kann.

V. Die Bestimmung der Regelkonstanten aus dem Frequenzgang der Regelung [64], [65], [66], [67]

a) **Praktisches Optimum, „Betragsanschmiegung"** [64], [65]. Wie in Abschn. 8 gezeigt, kann aus dem Frequenzgang der Regelung der Regelvorgang, also die Regelgröße abhängig von der Zeit bei irgendeiner Störung ermittelt werden. Zwischen Frequenzgang und Regelkurve besteht ein eindeutiger Zusammenhang. Aus dem Verlauf des Frequenzganges läßt sich daher auf den Verlauf der Regelkurve schließen bzw. muß durch eine bestimmte Beeinflussung des Frequenzganges durch entsprechende Wahl der Regelkonstanten auch eine ganz bestimmte Beeinflussung der Regelkurve möglich sein. Von dieser Tatsache macht macht man bei den nun zu behandelnden Verfahren zur Bestimmung frei wählbarer Regelkonstanten aus dem Frequenzgang Gebrauch.

Der Frequenzgang der Regelung $\mathfrak{F}$, also die Abhängigkeit der Regelgröße von der Störgröße bei Sinusschwingungen verschiedener Frequenz, ergibt sich nach Gl. (8/4) zu

$$\mathfrak{F} = \frac{\vec{\varphi}}{\vec{\sigma}} = \frac{\mathfrak{F}_\sigma}{1 - \mathfrak{F}_R} \ . \tag{111}$$

$\mathfrak{F}_\sigma$ ist der Störfrequenzgang, $\mathfrak{F}_R$ der Frequenzgang des offenen Regelkreises, woran noch kurz erinnert sei.

Durch geeignete Wahl der Störung können wir immer erreichen, daß der Frequenzgang der Regelung die Form annimmt:

$$\mathfrak{F} = \frac{p^n\, b_n + p^{n-1}\, b_{n-1} + \cdots p\, b_1 + b_0}{p^m\, a_m + p^{m-1}\, b_{m-1} + \cdots p\, a_1 + a_0} \tag{112}$$

wobei $n \gtrless m$.

Der Frequenzgang der Temperaturregelung nach Gl. (8/73) kann z. B. auf die Form von Gl. (112) gebracht werden, wenn für die Störung nicht eine Sprungfunktion sondern eine Anstiegsfunktion angenommen wird, so daß sich für den Störfrequenzgang an Stelle von Gl. (8/72) ergibt:

$$\mathfrak{F}_\sigma = \frac{1}{p\,T_\sigma\,(1 + p\,T_{III})}.$$

(113)

Der Zähler von Gl. (8/73) ist in diesem Fall noch durch $p\,T_\sigma$ zu dividieren und wir erhalten damit die Form von Gl. (112). Würden wir eine Sollwert-Sprungsstörung annehmen, so würde $\mathfrak{F}_\sigma = -\,\mathfrak{F}_R$ und wir würden dann ebenfalls auf einen Frequenzgang entsprechend Gl. (112) kommen.

Unseren weiteren Überlegungen legen wir also einen Frequenzgang nach Gl. (112) zugrunde.

Wir verlangen nun:

1. daß der Betrag des Frequenzganges vom Wert $\omega = 0$ aus im weiteren Frequenzbereich bis $\omega = \infty$ *monoton* abfällt, also keine Überhöhungen aufweist, was bedeutet, daß nur gut gedämpfte Schwingungen zugelassen werden, und daß

2. die lineare Regelfläche ein Minimum wird.

Die zweite Forderung ist, wie sich nachweisen läßt [*64*], [*67*], erfüllt, wenn dafür gesorgt wird, daß

2a. der Betrag des Frequenzganges von $\omega = 0$ aus in einem möglichst großen Frequenzbereich möglichst konstant bleibt, der Frequenzgang selbst sich also weitgehend an einen Kreis $|\mathfrak{F}|_0\,e^{-j\,\omega\,T}$, wie er in Abb. 11 aufgezeichnet ist, anschmiegt.

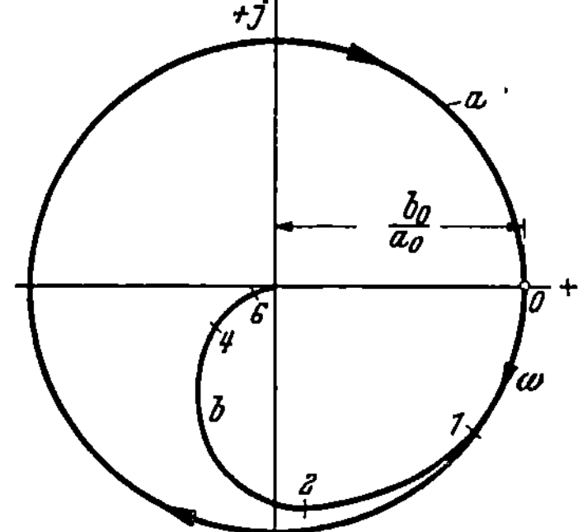

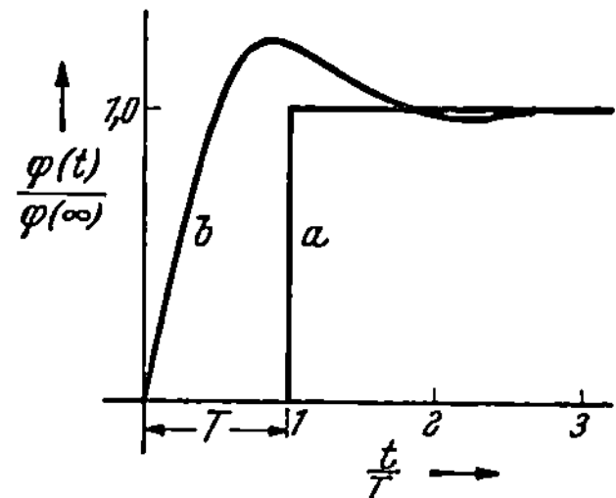

Abb. 11.   *a* Frequenzgang mit konstantem Betrag, *b* Frequenzgang, der sich an Frequenzgang *a* anschmiegt

Abb. 12.   *a* Übergangsfunktion bei Frequenzgang nach Abb. 11a, *b* bei Frequenzgang nach Abb. 11b

Es hängt vom Aufbau des Regelkreises ab, ob sich die Bedingungen 1 und 2a allein durch entsprechende Wahl von Regelkonstanten erreichen lassen. Bei Regelkreisen höherer Ordnung können u. U. noch besondere Rückführeinrichtungen erforderlich werden.

In Abb. 12a ist die dem Kreis $|\mathfrak{F}|_0\,e^{-j\,\omega\,T}$ entsprechende Übergangsfunktion (s. Abschn. 3) aufgezeichnet. Man sieht, daß die Regelgröße nach der Totzeit T sprunghaft, ohne Überschwingen auf den neuen Wert geht.

In Abb. 11 ist auch noch ein Frequenzgang b eingezeichnet, der sich dem Kreis a weitgehend anschmiegt und dessen Betrag mit steigender Frequenz monoton auf Null absinkt, der also die Bedingungen 1 und 2a erfüllt. Abb. 12b zeigt die entsprechende Übergangsfunktion, die von der des Kreises a nicht unwesentlich abweicht und zwar, vom regeltechnischen Standpunkt aus betrachtet, in günstigem Sinn. Der neue Wert wird schneller erreicht, das geringe Überschwingen ist in den meisten Fällen nicht unerwünscht. Auf jeden Fall wird bei Erfüllung der Bedingungen 1 und 2 erreicht, daß der Regelvorgang gut — in manchen Fällen zu gut — gedämpft verläuft. Das Problem läuft also auch hier auf die Forderung nach kleinster linearer Regelfläche bei bestimmten Nebenbedingungen hinaus.

Es fragt sich nun, wie die verlangten Bedingungen erfüllt werden können, wie also die frei wählbaren Regelkonstanten zu bestimmen sind.

Wenn wir vom Frequenzgang nach Gl. (112) ausgehen, so erhalten wir für $|\mathfrak{F}|^2$ mit $p = j\,\omega$:

$$|\mathfrak{F}|^2 = \mathfrak{F}\,\mathfrak{F}^* = \frac{B_0 + B_1\,\omega^2 + B_2\,\omega^4 + B_3\,\omega^6 + \cdots}{A_0 + A_1\,\omega^2 + A_2\,\omega^4 + A_3\,\omega^6 + \cdots} \qquad (114)$$

wobei $\mathfrak{F}^*$ den konjugiert komplexen Wert von $\mathfrak{F}$ bedeutet. Die Konstanten B und A lassen sich aus den Konstanten a und b mit Hilfe von Gln. (112) und (114) berechnen, sie werden

$$B_0 = b_0^2; \quad B_1 = b_1^2 - 2\,b_0\,b_2; \quad B_2 = b_2^2 - 2\,b_1\,b_3 + 2\,b_0\,b_4;$$
$$B_3 = b_3^2 - 2\,b_2\,b_4 + 2\,b_1\,b_5 - 2\,b_0\,b_6 \quad \text{usw.} \qquad (115)$$
$$A_0 = a_0^2; \quad A_1 = a_1^2 - 2\,a_0\,a_2 \quad \text{usw., entsprechend } B. \qquad (116)$$

Wenn der Betrag von $\mathfrak{F}$, also $|\mathfrak{F}|$, von $\omega = 0$ aus möglichst konstant bleiben soll, so muß auch das Quadrat des Betrages, also $|\mathfrak{F}|^2$, nach Gl. (114) möglichst konstant bleiben. Das bedeutet aber, daß das Verhältnis $\dfrac{B_\nu}{A_\nu}$ bis zu möglichst hohem Index gleich $\dfrac{B_0}{A_0}$ gemacht werden muß. Dies wird sofort klar, wenn man berücksichtigt, daß dann, wenn bei $n = m$ alle Koeffizientenverhältnisse bis zu $\dfrac{B_n}{A_n} = \dfrac{B_0}{A_0}$ gemacht werden können, der Betrag unabhängig von ω konstant gleich $\dfrac{B_0}{A_0}$ wird.

Die frei wählbaren Regelkonstanten sind also so zu wählen, daß

$$\frac{B_1}{A_1} = \frac{B_2}{A_2} = \cdots = \frac{B_\nu}{A_\nu} = \frac{B_0}{A_0}. \qquad (117)$$

Wobei ν so groß sein soll, wie nach frei wählbaren Regelkonstanten möglich ist.

Gegenüber der Methode unter III und IV hat diese Art der Optimierung den Vorteil, daß der Zähler des Frequenzganges (B) stärker berücksichtigt wird. Im Zähler stecken aber entsprechend Gl. (6/39) vor allem die Anfangsbedingungen. Die Konstanten werden also hier mehr als bei den früher behandelten Methoden der angenommenen Störung angepaßt.

Die praktische Berechnung der Regelkonstanten entsprechend Gl. (117) wird bei Gleichungen höherer Ordnung ziemlich zeitraubend, wenn sich auch keine grundsätzlichen Schwierigkeiten ergeben. Zwei Beispiele sollen die praktische Durchrechnung noch näher erläutern.

Für ein Regelschema nach Abb. 13 ergibt sich der Frequenzgang der Regelung bei einer Sprungstörung:

$$\mathfrak{F} = \frac{\mathfrak{F}_\sigma}{1-\mathfrak{F}_R} = \frac{\dfrac{1}{1 + p\,T_1}}{1 + \dfrac{\varkappa\,(1 + p\,T_3)}{p\,T_3\,(1 + p\,T_1)\,(1 + p\,T_2)}}$$

$$= \frac{q^2 + q\,\mu}{q^3 + q^2\,(1 + \mu) + q\,\mu\,(1 + \varkappa) + \mu\,\zeta\,\varkappa} \qquad (118)$$

$$\text{mit } q = j\,\omega\,T_1; \quad \mu = \frac{T_1}{T_2}; \quad \zeta = \frac{T_1}{T_3}\,.$$

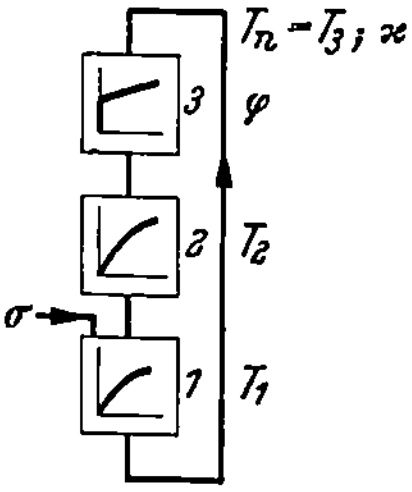

Abb. 13. Regelschema

Um auf die Form [Gl. (112)] zu kommen, nehmen wir an Stelle der Sprungfunktion für die Störung eine Anstiegsfunktion $\left(\dfrac{1}{p\,T_1}\right)$ an und erhalten damit

$$\mathfrak{F}' = \frac{\mu + q}{\mu\,\zeta\,\varkappa + q\,\mu\,(1 + \varkappa) + q^2\,(1 + \mu) + q^3}$$

$$= \frac{b_0 + q\,b_1}{a_0 + q\,a_1 + q^2\,a_2 + q^3\,a_3}\,. \qquad (119)$$

Frei wählbar sollen $\zeta = \dfrac{T_1}{T_3}$ und $\varkappa$ sein. $\mu = \dfrac{T_1}{T_2} = 4$ sei gegeben.

Aus Gl. (119) errechnen sich nach Gln. (115) und (116) die Koeffizienten A und B:

$$B_0 = \mu^2; \qquad B_1 = 1; \qquad B_2 = 0;$$
$$A_0 = \mu^2\,\zeta^2\,\varkappa^2; \qquad A_1 = \mu^2\,(1 + \varkappa)^2 - 2\,(1 + \mu)\,\mu\,\zeta\,\varkappa;$$
$$A_2 = (1 + \mu)^2 - 2\,\mu\,(1 + \varkappa)\,.$$

Wir setzen nach Gl. (117) zunächst ($\mu = 4$!):

$$\frac{B_1}{A_1} = \frac{1}{16 + 32\,\varkappa + 16\,\varkappa^2 - 40\,\zeta\,\varkappa} = \frac{B_0}{A_0} = \frac{1}{\zeta^2\,\varkappa^2}$$

und erhalten (nur positive Werte von ζ berücksichtigt!):

$$\zeta = \sqrt{\frac{416}{\varkappa^2} + \frac{32}{\varkappa} + 16} \; - \frac{20}{\varkappa}\,. \qquad (120)$$

Setzen wir nun weiter

$$\frac{B_2}{A_2} = \frac{B_0}{A_0}, \text{ so muß, da } B_2 = 0, \text{ auch } A_2 = 25 - 8\,(1 + \varkappa) = 0$$

werden. Daraus errechnet sich $\varkappa = 2{,}1$ und aus Gl. (120) dann $\zeta = 1{,}7$. Die gesuchten Konstanten liegen also fest. Der Frequenzgang $\mathfrak{F}'$ mit diesen Konstanten ist der in Abb. 12b aufgezeichnete. Die Wurzeln der charakteristischen Gleichung [Nenner von $\mathfrak{F}$, Gl. (118)] werden $q_1 = -2{,}3$ $q_{2,3} = -1{,}35 \pm j\, 2{,}1$.

Die relative Dämpfung der Schwingung ($q_{2,3}$) wird $\varrho = \dfrac{1{,}35}{2{,}1} = 0{,}65$ bzw. die relative Regeldauer $\tau_R = 1{,}5$. Wir sehen also, daß wir hier, was im übrigen bei dieser Optimierung ganz allgemein zutrifft, gute, für manche Fälle zu starke Dämpfung erzielen.

Als weiteres Beispiel soll wieder das der Temperaturregelung (S. 144) behandelt werden. Bei einer Sprungfunktion als Störung ergibt sich der Frequenzgang nach Gl. (71) und daraus der Frequenzgang bei einer Anstiegsfunktion $\left(\dfrac{1}{p\,T_1} = \dfrac{1}{q}\right)$:

$$\mathfrak{F}' = \frac{\mu\,\zeta + q\,\mu + q^2}{\varkappa\,\mu\,\zeta\,\lambda + q\,(1+\varkappa)\,\mu\,\zeta + q^2\,\mu\,(1+\zeta) + q^3\,(1+\mu) + q^4} \cdot \tag{121}$$

Gegeben sei wieder $\mu = 25$; $\zeta = 8$ und gesucht $\varkappa$ und λ.

Es wird nach Gln. (115) und (116):

$$B_0 = 4 \cdot 10^4; \quad B_1 = 625 - 400 = 225; \quad B_2 = 1; \quad B_3 = 0$$

$$A_0 = \varkappa^2\,\lambda^2\,4 \cdot 10^4; \quad A_1 = 40\,000 + 80\,000\,\varkappa + 40\,000\,\varkappa^2 - 90\,000\,\varkappa\,\lambda;$$

$$A_2 = \underbrace{5{,}1 \cdot 10^4 - 1{,}04 \cdot 10^4}_{4{,}06\,\cdot\,10^4} - 1{,}04 \cdot 10^4\,\varkappa + 400\,\varkappa\,\lambda$$

$$A_3 = 675 - 225 = 450 \ (\text{unabhängig von } \varkappa \text{ und } \lambda!).$$

Wir setzen nach Gl. (117):

$$\text{I.} \quad \frac{B_1}{A_1} = \frac{2{,}25\ 10^{-2}}{4 + 8\,\varkappa + 4\,\varkappa^2 - 9\,\varkappa\,\lambda} = \frac{B_0}{A_0} = \frac{1}{\varkappa^2\,\lambda^2} \tag{122}$$

$$\text{II.} \quad \frac{B_2}{A_2} = \frac{10^{-4}}{4{,}06 - 1{,}04\,\varkappa + 0{,}04\,\varkappa\,\lambda} = \frac{B_0}{A_0} = \frac{1}{\varkappa^2\,\lambda^2} \cdot \tag{123}$$

Aus I. errechnet sich:

$$\varkappa = \pm\sqrt{\left(\frac{1 - 1{,}12\,\lambda}{1 - 0{,}006\,\lambda^2}\right)^2 - \frac{1}{1 - 0{,}006\,\lambda^2}} \;-\; \frac{1 - 1{,}12\,\lambda}{1 - 0{,}006\,\lambda^2} \tag{124}$$

und aus II.:

$$\varkappa \approx \frac{40\,600}{10\,400 - 400\,\lambda} \cdot \tag{125}$$

Trägt man nun $\varkappa$ abhängig von λ nach den beiden Gln. (124) und (125) auf, so sind im Schnittpunkt der beiden Kurven die Gln. (124) und (125) gleichzeitig erfüllt.

Abb. 14 zeigt diese Kurven und wir können dem Bild die gesuchten Konstanten $\varkappa = 4{,}4$ und $\lambda = 2{,}7$ entnehmen. Die diesen Werten entsprechende Regelkurve ist in Abb. 10 mit eingezeichnet (e). In ihrem, für viele Fälle sicher brauchbaren Verlauf, liegt die Kurve etwa zwischen Kurve a (aperiodische Regelung, Regelfläche Minimum) und Kurve d (quadratische Regelfläche Minimum).

Um den Zusammenhang zwischen Frequenzgang und Regelkurve zu veranschaulichen, sind in Abb. 15 die zu den Kurven Abb. 10 c und e gehörenden Frequenzgänge aufgezeichnet.

b) Betragsoptimierung [65]. Das im vorhergehenden Abschn. a behandelte Verfahren, hat, wie bereits gesagt, den Vorteil, daß die Anfangsbedingungen weitgehend berücksichtigt werden, so daß sich also je nach der angenommenen Störung verschiedene Konstanten errechnen.

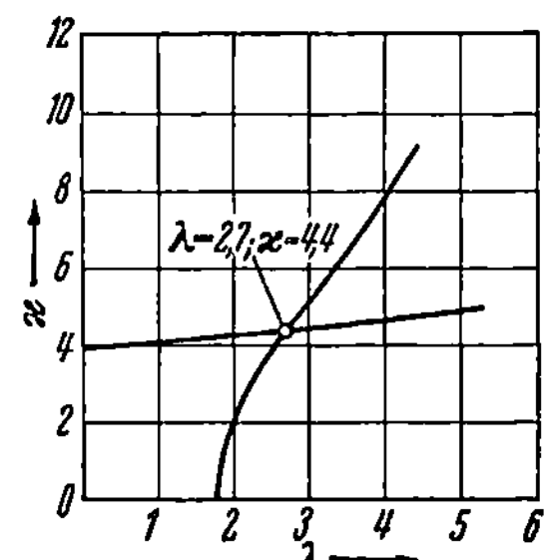

Abb. 14. Ermittlung der Konstanten $\varkappa$ und λ nach den Gln. (124) und (125)

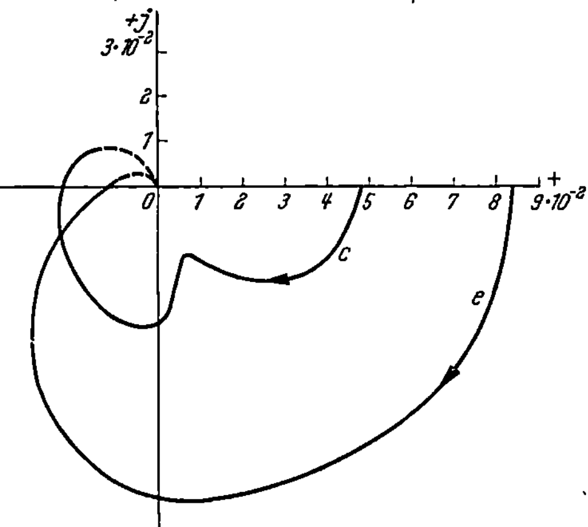

Abb. 15. Frequenzgang bei einer Temperaturregelung nach Abb. 5/23. c Lineare Regelfläche, Minimum mit Wurzelangleichung, e Praktisches Optimum, Betragsanschmiegung

Es hat aber auf der anderen Seite den Nachteil, daß die Berechnung der Konstanten, insbesondere dann, wenn mehrere (z. B. drei bei *PID*-Regelung) frei wählbar sind, sehr mühselig und zeitraubend werden kann. Bei dem nun zu behandelnden Optimierungsverfahren verzichtet man auf die Berücksichtigung der bei verschiedenen Störungen verschiedenen Anfangsbedingungen und gewinnt damit den nicht unwesentlichen Vorteil, daß sich die Konstanten einfach und schnell errechnen lassen.

Auch hier wird von der Forderung ausgegangen, daß der Betrag des Frequenzganges der Regelung, also $|\mathfrak{F}|$ vom Wert $\omega = 0$ aus in einem weiten Frequenzbereich möglichst konstant bleibt, wobei man sich bei der Berechnung aber auf den Fall beschränkt, daß eine Sollwertstörung, die einer Folgeregelung entspricht, vorliegt. Es wird dann nach Gl. (8/128) $\mathfrak{F}_\sigma = -\mathfrak{F}_R$ und für den Frequenzgang ergibt sich entsprechend Gl. (111):

$$\mathfrak{F} = \frac{\bar{\varphi}}{\bar{\sigma}} = \frac{-\mathfrak{F}_R}{1-\mathfrak{F}_R} \, . \tag{126}$$

Wenn wir nun annehmen, — und auf diesen Fall wollen wir uns beschränken — daß keine Rückführungen von einem Punkt innerhalb der Regelstrecke zum Regler führen, so ergibt sich der Frequenzgang des offenen Regelkreises $\mathfrak{F}_R$ als Produkt der Teilfrequenzgänge von Regler ($\mathfrak{F}_M$) und Regelstrecke ($\mathfrak{F}_S$), also:

$$\mathfrak{F}_R = \mathfrak{F}_M \, \mathfrak{F}_S \, . \tag{127}$$

Den Frequenzgang des Reglers — wir nehmen einen integral wirkenden an — können wir auf die Form bringen

$$\mathfrak{F}_M = -\frac{c_0 + c_1\,p + \cdots + c_k\,p^k}{2\,p}.\tag{128}$$

Für einen *PI*-Regler wird z. B. [Gl. (2/72)]:

$$\mathfrak{F}_M = -\frac{\varkappa\,(1 + p\,T_n)}{p\,T_n} - = -\frac{2\dfrac{\varkappa}{T_n} + 2\,\varkappa\,p}{2\,p},$$

für einen *PID*-Regler [Gl. (2/96)]:

$$\mathfrak{F} = -\frac{1 + p\,\varkappa\,T_y + p^2\,T_v\,T_y}{p\,T_y} = -\frac{\dfrac{2}{T_y} + 2\,\varkappa\,p + 2\,T_v\,p^2}{2\,p}.$$

Der Frequenzgang der Regelstrecke kann, wenn keine Totzeiten auftreten, auf die folgende Form gebracht werden

$$\mathfrak{F}_S = \frac{1}{d_0 + d_1\,p + d_2\,p^2 + \cdots + d_n\,p^n}.\tag{129}$$

Für den Frequenzgang der Regelung erhalten wir damit:

$$\mathfrak{F} = \frac{(c_0 + c_1\,p + \cdots + c_k\,p^k)}{2\,p\,(d_0 + d_1\,p + \cdots + d_n\,p^n) + (c_0 + c_1\,p + \cdots + c_k\,p^k)}.\tag{130}$$

Wenn wir nun, wie bei dem Verfahren a, dafür sorgen wollen, daß $|\mathfrak{F}|^2 = \mathfrak{F}\,\mathfrak{F}^*$ in einem möglichst großen Bereich konstant und zwar bei der hier angenommenen Störung gleich 1,0 bleibt, so müssen die Reglerkonstanten so gewählt werden, daß folgende Gleichungen erfüllt werden [aus Gln. (114 bis 117)]:

$$k = 0 \qquad\qquad c_0 = \frac{d_0^2}{d_1}\tag{131}$$
I-Regler

$$k = 1$$
PI-Regler
$$\left.\begin{aligned} c_0 &= \frac{d_0}{D_1}\,(d_1^2 - d_0\,d_2)\\[2mm] c_1 &= \frac{d_1}{D_1}\,(d_1^2 - d_0\,d_2) - d_0\\[2mm] D_1 &= \begin{vmatrix} d_1 & d_0\\ d_3 & d_2 \end{vmatrix} \end{aligned}\right\}\tag{132}$$

$$k = 2$$
PID-Regler
$$\left.\begin{aligned} c_0 &= \frac{d_0}{D_2}\begin{vmatrix} d_1 & d_2 & d_0\\ d_3 & d^2 & -d_1\,d_3 + d_0\,d_4 \end{vmatrix}\\[2mm] c_1 &= \frac{d_1}{D_2}\begin{vmatrix} d_1 & d_2 & d_0\\ d_3 & d_2^2 & -d_1\,d_3 + d_0\,d_4 \end{vmatrix} - d_0\\[2mm] c_2 &= \frac{1}{D_2}\begin{vmatrix} d_1 & d_0 & 0\\ d_3 & d_2 & d_2\,d_0\\ d_5 & d_4 & d_2^2 - d_1\,d_3 + d_0\,d_4 \end{vmatrix} - d_1\\[2mm] D_2 &= \begin{vmatrix} d_1 & d_0 & 0\\ d_3 & d_2 & d_1\\ d_5 & d_4 & d_3 \end{vmatrix} \end{aligned}\right\}\tag{133}$$

$k = 3$

IPD_2-Regler

$$c_0 = \frac{d_0}{D_3} \begin{vmatrix} 0 & & d_1 & d_0 \\ d_1\,d_3 - d_0\,d_4 & & d_3 & d_2 \\ d_3^2 - d_2\,d_4 + d_1\,d_5 - d_0\,d_6 & & d_5 & d_4 \end{vmatrix}$$

$$c_1 = \frac{d_1}{D_3} \begin{vmatrix} 0 & & d_1 & d_0 \\ d_1\,d_3 - d_0\,d_4 & & d_3 & d_2 \\ d_3^2 - d_2\,d_4 + d_1\,d_5 - d_0\,d_6 & & d_5 & d_4 \end{vmatrix} - d_0$$

$$c_2 = \frac{1}{D_3} \begin{vmatrix} d_1 & d_0 & 0 & 0 \\ d_3 & d_2 & d_0 & 0 \\ d_5 & d_4 & d_2 & d_1\,d_3 - d_0\,d_4 \\ d_7 & d_6 & d_4 & d_3^2 - d_2\,d_4 + d_1\,d_5 - d_0\,d_6 \end{vmatrix} - d_1$$

$$c_3 = \frac{1}{D_3} \begin{vmatrix} d_1 & d_0 & 0 & 0 \\ d_3 & d_2 & d_1 & 0 \\ d_5 & d_4 & d_3 & d_1\,d_3 - d_0\,d_4 \\ d_7 & d_6 & d_5 & d_3^2 - d_2\,d_4 + d_1\,d_5 - d_0\,d_6 \end{vmatrix} - d_2$$

$$D_3 = \begin{vmatrix} d_1 & d_0 & 0 & 0 \\ d_3 & d_2 & d_1 & d_0 \\ d_5 & d_4 & d_3 & d_2 \\ d_7 & d_6 & d_5 & d_4 \end{vmatrix}$$

$$\left.\vphantom{\begin{matrix}a\\a\\a\\a\\a\\a\\a\\a\\a\\a\\a\\a\end{matrix}}\right\} \quad (134)$$

Wir betrachten wieder das Beispiel der Temperaturregelung (S. 144). Der Frequenzgang für den Regler [Gl. (8/68) mit $\frac{1}{\delta_v} = \varkappa$] wird

$$\mathfrak{F}_M = -\frac{\varkappa\,(1 + p\,T_n)}{p\,T_n} = -\frac{2\,\dfrac{\varkappa}{T_n} + 2\,\varkappa\,p}{2\,p} \tag{135}$$

für die Regelstrecke [Gl. (8/69) und (8/70) mit $\eta_v = 1$]:

$$\mathfrak{F}_S = \frac{1}{1 + p\,T_{IIa} + p^2\,T_{IIa}\,T_{IIb}} \cdot \frac{1}{1 + p\,T_{III}} \tag{136}$$

und daraus mit den S. 338 eingeführten Konstanten:

$$\mathfrak{F}_M = -\frac{c_0 + c_1\,q}{2\,q} = -\frac{2\,\varkappa\,\lambda + 2\,\varkappa\,q}{2\,q} \tag{137}$$

$$\mathfrak{F}_S = \frac{1}{d_0 + d_1\,q + d_2 q^2 + d_3 q^3} = \frac{1}{1 + \left(1 + \dfrac{1}{\zeta}\right) q + \left(\dfrac{1}{\zeta} + \dfrac{1}{\mu\,\zeta}\right) q^2 + \dfrac{1}{\mu\,\zeta} q^3} \cdot \tag{138}$$

Nach Gl. (132) errechnet sich nun mit $\zeta = 8$; $\mu = 25$:

1. $$c_0 = 2\,\varkappa\,\lambda = \frac{1}{0,141} \cdot 1,14 = 8,1; \quad \varkappa\,\lambda = 4,05\,.$$

2. $$c_1 = 2\,\varkappa = \frac{1,125}{0,141} \cdot 1,14 - 1 = 8,1; \quad \varkappa = 4,05\,.$$

Die gesuchten Konstanten sind also $\varkappa = 4,05$; $\lambda = 1,0$.

Die entsprechende Regelkurve ist in Abb. 10 als Kurve f eingetragen, sie nähert sich stark der Kurve a für aperiodische Regelung.

VI. Die Wurzelortskurven-Methode (Root-Locus-Method) [68], [57]

Man geht bei diesem Verfahren, das sich vor allem in USA eingeführt hat, von den Polen und Nullstellen der dem Frequenzgang des offenen Regelkreises entsprechenden Funktion $\mathfrak{F}_R(p)$ aus und ermittelt auf graphischem Weg daraus die Wurzeln der charakteristischen Gleichung des geschlossenen Kreises, bzw. bestimmt Regelkonstanten so, daß sich bei geschlossenem Kreis gewünschte Wurzeln ergeben. Dabei beschränkt man sich, wie beim Betragsoptimum, auf Regelungen mit Sollwertstörung, also Folgeregelungen.

Der Frequenzgang $\mathfrak{F}_R$ kann im allgemeinen ohne Schwierigkeit auf die Form gebracht werden

$$\mathfrak{F}_R = \frac{-K_0\,(p-p_{a1})\,(p-p_{a2})\cdots(p-p_{an})}{(p-p_{b1})\,(p-p_{b2})\,(p-p_{b3})\cdots(p-p_{bm})}\,. \tag{139}$$

$p_{a1} = a_1\,e^{j\,\alpha_1};\ p_{a2} = a_2\,e^{j\,\alpha_2}\ldots;\ p_{an} = a_n\,e^{j\,\alpha_n}$ entsprechen also den Nullstellen und $p_{b1} = b_1\,e^{j\,\beta_1};\ p_{b2} = b_2\,e^{j\,\beta_2}\ldots;\ p_{bm} = b_m\,e^{j\,\beta_m}$ den Polen von $\mathfrak{F}_R$.

Bei geschlossenem Regelkreis wird nach Gl. (7/5)

$$\mathfrak{F}_R = 1{,}0\,. \tag{140}$$

Um nun die Nullstellen der Gleichung $\mathfrak{F}_R - 1 = 0$, die der charakteristischen Gleichung des Regelvorganges entspricht, zu bestimmen, geht man folgendermaßen vor:

Man trägt zunächst in die komplexe Ebene alle Nullstellen (p_a) und alle Pole (p_b) ein, die Nullstellen z. B. mit $\bigcirc$, die Pole mit $\times$ gekennzeichnet. Geht man nun von irgendeinem Punkt p in der Ebene aus, so läßt sich entsprechend Abb. 16, bei der 3 Pole und 1 Nullstelle angenommen sind, aus den einzelnen Zeigern $(p-p_{ak}) = |A_k|\,e^{j\,\alpha_k}$ bzw. $(p-p_{bk}) = |B_k|\,e^{j\,\beta_k}$ ein Wert für den Frequenzgang $\mathfrak{F}_R$, z. B. für $p = p_0$, ermitteln. Es wird

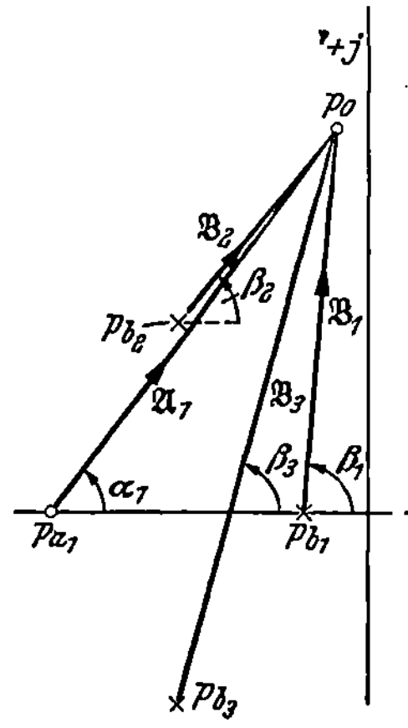

Abb. 16. Ermittlung des Frequenzganges $\mathfrak{F}_R$ für $p = p_0$

$$\mathfrak{F}_R = -K_0\,\frac{\mathfrak{A}_1\,\mathfrak{A}_2\cdots\mathfrak{A}_n}{\mathfrak{B}_1\,\mathfrak{B}_2\cdots\mathfrak{B}_m} = -K_0\,\frac{|\mathfrak{A}_1|\cdot|\mathfrak{A}_2|\cdots|\mathfrak{A}_n|\cdot e^{j\,(\alpha_1+\alpha_2+\,\cdots\,+\alpha_n)}}{|\mathfrak{B}_1|\cdot|\mathfrak{B}_2|\cdots|\mathfrak{B}_m|\cdot e^{j(\beta_1+\beta_2+\,\cdots\,+\beta_m)}}$$

$$= -K_0\,\frac{A}{B}\,e^{j\,(\alpha-\beta)} = -K_0\,\frac{A}{B}\,e^{j\,\gamma}\,. \tag{141}$$

Die Beträge $|\mathfrak{A}|$ und $|\mathfrak{B}|$ sowie die Winkel α und β können der Abb. 16 entnommen werden.

Um die Wurzeln der charakteristischen Gleichung zu bekommen, sind nun die Punkte p in der komplexen Ebene zu suchen, bei denen $\mathfrak{F}_R = 1{,}0$ wird oder bei denen nach Gl. (141)

$$\frac{A}{B}\,e^{j(\alpha-\beta)} = -\frac{1}{K_0} \tag{141}$$

wird.

Das Aufsuchen solcher Punkte wird in zwei Schritten durchgeführt:

1. Man sucht Kurven für p, bei denen der resultierende Winkel $(\alpha - \beta)$ gleich $\pm\pi$, $\pm 3\pi$, $\pm 5\pi$ usw. wird. Die entsprechenden Kurven werden 180°-Ortskurven genannt.

2. Auf diesen Kurven werden dann die Punkte ermittelt, bei denen $\dfrac{A}{B} = \dfrac{1}{K_0}$ wird. Sie entsprechen den Wurzeln der charakteristischen Gleichung. Oder man wählt auf einer 180°-Ortskurve einen Punkt, der z. B. einer günstigen Dämpfung entspricht und bestimmt dann die Konstante K_0, in der im allgemeinen wenigstens eine frei wählbare Reglerkonstante steckt, so, daß $\dfrac{1}{K_0} = \dfrac{A}{B}$ wird.

Die unangenehmere Arbeit ist die unter 1. genannte, also die Aufstellung der 180°-Ortskurven. Man kann aber Typen von Ortskurven für Frequenzgänge mit einer nicht zu großen Anzahl von Nullstellen und Polen katalogisieren [68], und kann damit die Arbeit, die im wesentlichen auf ein Probieren hinausläuft, wesentlich vereinfachen. Außerdem kann die Ermittlung der Ortskurven erleichtert werden, wenn man folgendes beachtet:

1. Die Ortskurven beginnen in den Polen.

2. Teile der Ortskurven auf der reellen Achse sind einfach zu ermitteln.

3. Die Tangente an die Ortskurve für sehr große Werte von p läßt sich einfach ermitteln, da dann alle Winkel α_k bzw. β_k gleich werden.

4. Die Schnittpunkte mit der imaginären Achse sind verhältnismäßig schnell zu ermitteln.

5. Die Kurven verlaufen auf der reellen Achse oder symmetrisch zur reellen Achse.

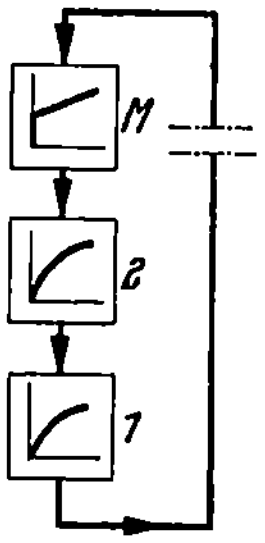

Abb. 17. Schema einer Regelung zur Erläuterung der Ortskurven-Methode

An Hand eines Beispieles sei die Methode wieder näher erläutert. Für einen Regelkreis mit dem Regelschema nach Abb. 17 wird der Frequenzgang des offenen Kreises (Frequenzgang des Regelkreises) $\mathfrak{F}_R$ [s. z. B. Gl. (8/57)]

$$\mathfrak{F}_R = -\frac{\varkappa(1 + p\,T_n)}{p\,T_n(1 + p\,T_1)\,(1 + p\,T_2)} = -\frac{\varkappa}{T_1\,T_2}\,\frac{\left(p + \dfrac{1}{T_n}\right)}{p\left(p + \dfrac{1}{T_1}\right)\left(p + \dfrac{1}{T_2}\right)}$$

$$= -K_0\,\frac{(p - p_{a1})}{(p - p_{b1})\,(p - p_{b2})\,(p - p_{b3})}\,. \tag{142}$$

Die Konstanten seien gegeben:

$$T_1 = 3\ \text{sek}; \quad T_2 = 0{,}5\ \text{sek}; \quad T_n = 1{,}5\ \text{sek}; \quad \varkappa = 3\,.$$

Wir erhalten damit

$$\mathfrak{F}_R = -2\,\frac{1}{\text{sek}^2}\,\frac{\left(p - 0{,}66\,\dfrac{1}{\text{sek}}\right)}{(p-0)\left(p-0{,}33\,\dfrac{1}{\text{sek}}\right)\left(p-2\,\dfrac{1}{\text{sek}}\right)}\,.$$

Abb. 18 zeigt die entsprechenden 180°-Ortskurven, die folgendermaßen gefunden werden können:

Zunächst werden die drei Pole (×) und die Nullstellen (○) von Gl. (142) in die komplexe Ebene eingezeichnet. Dann sucht man Teile der Ortskurve auf der reellen Achse nach der Bedingung, daß $\gamma = [\alpha_1 - (\beta_1 + \beta_2 + \beta_3)] = 180°\;(= -180°$ oder $= \pm 3 \cdot 180°$ usw.). Für Punkte auf der positiv reellen Achse werden alle Winkel α und β 180°, der resultierende Winkel also $(-2 \cdot 180°)$. Somit liegen auf der positiven reellen Achse keine Abschnitte von Ortskurven. Auf der negativen reellen Achse wird für den Bereich zwischen p_{b1} und p_{b2}: $\alpha_1 = 0$; $\beta_1 = 180°$; $\beta_2 = \beta_3 = 0$, also $\gamma = -180°$ und für den Bereich zwischen p_{b3} und p_{a1}: $\alpha_1 = 180°$; $\beta_1 = \beta_2 = 180°$; $\beta_3 = 0$,

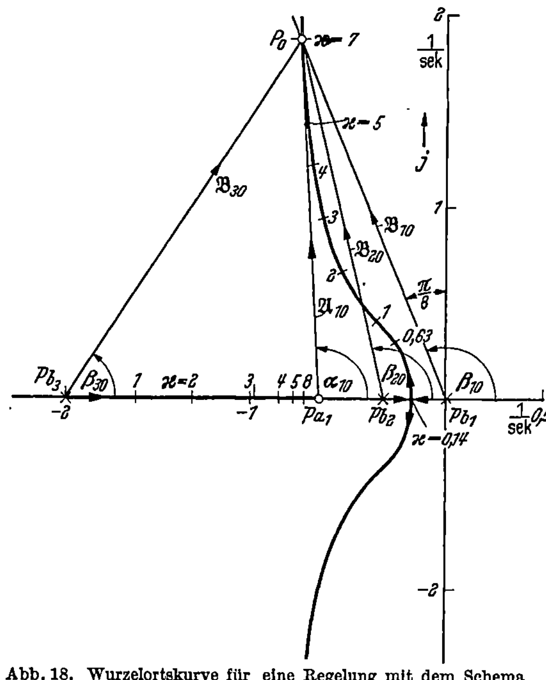

Abb. 18. Wurzelortskurve für eine Regelung mit dem Schema nach Abb. 13

also $\gamma = 180° - 2 \cdot 180° = -180°$. Diese zwei Bereiche, die in der Abb. 18 gekennzeichnet sind, entsprechen Abschnitten von 180°-Ortskurven.

Die Ortskurve von p_{b3} ausgehend, endet bei p_{a1}, sie entspricht rein reellen Wurzeln der charakteristischen Gleichung des geschlossenen Kreises. Die von p_{b1} und p_{b2} ausgehenden Ortskurven treffen sich bei $\left(-0{,}19\,\dfrac{1}{\text{sek}}\right)$. Dieser Punkt $(-x)$ entspricht einer reellen Doppelwurzel der charakteristischen Gleichung.

Von hier aus verlassen die Ortskurven die reelle Achse und gehen symmetrisch in den zweiten und dritten Quadranten entsprechend zwei konjugiert komplexen Wurzeln. Der weitere Verlauf muß nun durch Aufsuchen von Punkten gefunden werden, bei denen

$$\gamma = [\alpha_1 - (\beta_1 + \beta_2 + \beta_3)] = -180°\,.$$

Man geht zweckmäßigerweise so vor, daß man bei festem Imaginärteil verschiedene Realteile annimmt und die Winkelsumme γ ermittelt. Durch Interpolation erhält man dann verhältnismäßig schnell den Realteil, bei dem $\gamma = -180°$ wird. Der Punkt auf der reellen Achse, an dem die Ortskurven nach oben und unten austreten, läßt sich aus der Bedingung ermitteln, daß die resultierende Winkeländerung beim Austritt Null sein muß. Da bei kleinen Winkeln der Winkel gleich dem tg des Winkels gesetzt werden kann, ergibt sich die Beziehung

$$-\left(\frac{1}{|x|-|p_{b_1}|}+\frac{1}{|p_{a_1}|-|x|}\right)+\frac{1}{|p_{b_2}|-|x|}+\frac{1}{|p_{b_3}|-|x|}\right)=0$$

aus der, am einfachsten durch Probieren, x gefunden werden kann.

Bildet man nun für einzelne Punkte der Ortskurven den Betrag $\frac{A}{B}=\frac{|\mathfrak{A}_1|}{|\mathfrak{B}_1|\,|\mathfrak{B}_2|\,|\mathfrak{B}_3|}=\frac{1}{K_0}$, so kann nach Gl. (142) der Verstärkungsfaktor $\varkappa=K_0\cdot T_1\,T_2=\frac{B}{A}\,T_1\,T_2$ in die Ortskurve für diese Punkte eingetragen werden, wie dies in Abb. 18 durchgeführt ist.

Nachdem also auf diese Weise die Abb. 18 gewonnen ist, können zunächst bei den angenommenen Konstanten die Wurzeln der charakteristischen Gleichung dem Bild entnommen werden. Bei $\varkappa=3$ treten die zwei konjugiert komplexen Wurzeln $p_{1,2}=(\pm j\,0{,}95-0{,}65)\,\frac{1}{\text{sek}}$ und die reelle Wurzel $p_3=-1{,}02\,\frac{1}{\text{sek}}$ auf.

Man kann aber auch sehen, wie man z. B. $\varkappa$ zu wählen hat, wenn eine relative Dämpfung von $\varrho=0{,}414$, entsprechend einem Verhältnis von Betrag des Realteils zu dem des Imaginärteils der Wurzeln von tg $\frac{\pi}{8}=0{,}414$ auftreten soll. Der Strahl von Null unter dem Winkel $\frac{\pi}{8}$ gegen die positive imaginäre Achse trifft die Ortskurve bei $\varkappa=7$, womit also der Verstärkungsfaktor gefunden ist. Gleichzeitig liegen auch die drei Wurzeln fest:

$$p_{1,2}=(\pm j\,1{,}87-0{,}77)\,1/\text{sek};\quad p_3\approx-0{,}76\,1/\text{sek}\,.$$

Verlangt man einen rein aperiodischen Regelvorgang, also nur reelle Wurzeln, so muß, wie dem Bild 18 entnommen werden kann, $\varkappa\leqq0{,}14$ gewählt werden.

Die vorstehend behandelte Methode erscheint zunächst etwas umständlich und zeitraubend. Sie vermittelt aber einen anschaulichen Einblick in den Zusammenhang zwischen den Wurzeln der charakteristischen Gleichung und dem Frequenzgang des offenen Kreises. Außerdem kann man sich die Ermittlung der Winkel und Beträge durch Verwendung eines eigens für diese Methode entwickelten Zeichen-Meß-Gerätes („Spirule") wesentlich erleichtern [68].

VII. Bestimmung der Konstanten aus den Teilfrequenzgängen von Regelstrecke und Regler nach der Wurzelortskurven-Methode [72]

Diese Methode entspricht im Grunde dem in Abschn. 10/V behandelten Verfahren zur Ermittlung der Stabilitätsgüte, ist aber aus der Wurzelortskurvenmethode des vorigen Abschnittes entwickelt worden.

Wir trennen den Frequenzgang des Regelkreises $\mathfrak{F}_R$ wieder auf in die beiden Teilfrequenzgänge $\mathfrak{F}_M$ (Regler) und $\mathfrak{F}_S$ (Strecke), setzen also

$$\mathfrak{F}_R = \mathfrak{F}_M \, \mathfrak{F}_S \tag{143}$$

$\mathfrak{F}_M$ kann bei einem PI-Regler, auf den wir uns beschränken wollen, auf die Form Gl. (135)

$$\mathfrak{F}_M = -\varkappa \left(1 + \frac{1}{p\,T_n}\right), \tag{144}$$

$\mathfrak{F}_S$ auf die Form

$$\mathfrak{F}_S = \frac{1}{K_S\,(p - p_1)\,(p - p_2)\cdots(p - p_m)} \tag{145}$$

gebracht werden. $p_1, p_2 \ldots p_m$ entsprechen also den Polen des Frequenzganges $\mathfrak{F}_S$.

Da bei geschlossenem Regelkreis $\mathfrak{F}_R = \mathfrak{F}_M \, \mathfrak{F}_S = 1{,}0$ sein muß, wird nach Gln. (144, 145)

$$K_S\,(p - p_1)\,(p - p_2)\cdots(p - p_M) = -\varkappa\left(1 + \frac{1}{p\,T_n}\right). \tag{146}$$

Zeichnet man nun in der komplexen Ebene die Pole von $\mathfrak{F}_S$, also $p_1, p_2 \ldots$ ein, so läßt sich der Verlauf von $\dfrac{1}{\mathfrak{F}_S} = K_S\,(p - p_1)\,(p - p_2)\cdots$ $(p - p_m)$ zunächst für rein reelle negative Werte von p schnell finden. Da auch $\dfrac{1}{\mathfrak{F}_S}$ in diesem Fall reell wird, kann man in einer rein reellen Darstellung den Betrag von $\dfrac{1}{\mathfrak{F}_S}$ abhängig von p darstellen, also $\left|\dfrac{1}{\mathfrak{F}_S}\right| = f(p)$. Abb. 19 zeigt z. B. a die Ortskurve und b den Betrag in reeller Darstellung abhängig von p für

$$\frac{1}{\mathfrak{F}_S} = (1 + p\,T_1)\,(1 + p\,T_2) = (1 + p\,2\text{ sek})\,(1 + p\,0{,}25\text{ sek})$$

$$= 0{,}5\text{ sek}^2\left(p + 0{,}5\,\frac{1}{\text{sek}}\right)\left(p + 4\,\frac{1}{\text{sek}}\right).$$

Trägt man nun in die gleiche Abb. (19b) auch noch die Kurve $|\mathfrak{F}_M|$ $= f(p)$ bei vorher gewählten Konstanten $\varkappa$ und T_n ein, so entsprechen die Schnittpunkte der beiden Kurven den Wurzeln der Gleichung des geschlossenen Kreises. In Abb. 19b sind 2 solcher Kurven, einmal für $\varkappa = 1$ $T_n = 4$ sek mit den drei reellen Wurzeln des geschlossenen Kreises $p_1 \approx -0{,}1$ 1/sek; $p_2 = -1{,}0$ 1/sek; $p_3 = -3{,}3$ 1/sek und dann für $\varkappa = 3$; $T_n = 1{,}0$ sek mit nur einer reellen Wurzel $p_1 = -2{,}1$ eingetragen. Die zwei weiteren Wurzeln im zweiten Fall sind konjugiert komplex.

Man kann dem Bild 19b, das für eine Regelung nach dem Schema Abb. 17 gilt, gewisse Richtlinien für die Wahl von $\varkappa$ und T_n entnehmen. Will man z. B. drei reelle Wurzeln, so muß T_n groß $\left(\dfrac{1}{T_n} \leq p_1,\right.$ dabei p_1 die Wurzel mit dem kleinsten Absolutbetrag$\Big)$ und $\varkappa$ klein, $\Big($kleiner als der Betrag des Minimums von $\left.\left|\dfrac{1}{\mathfrak{F}s}\right|\right)$

$$\left[\varkappa < T_1\,T_2 \cdot \frac{1}{4}\left(\frac{1}{T_2} - \frac{1}{T_1}\right)^2 = \frac{1}{4}\left(\frac{p_2}{p_1} + \frac{p_1}{p_2}\right) - 0,5\right]$$

gewählt werden. Für $T_n = \infty$, also für einen Proportionalregler, geht die Kurve $|\mathfrak{F}_M|$ in eine Horizontale $|\mathfrak{F}_M| = -\varkappa$ über und durch ent-

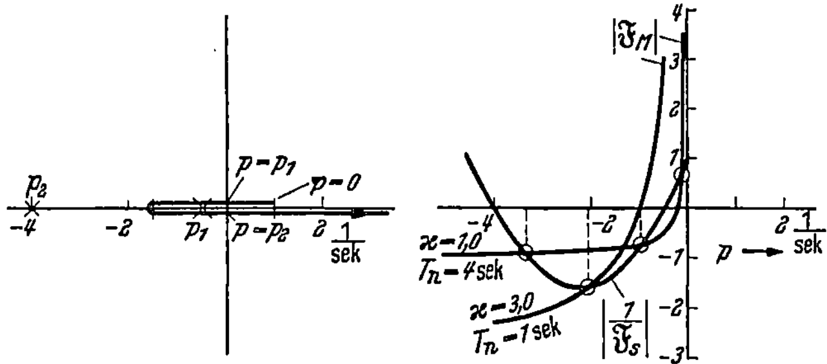

Abb. 19.a u. b. Ortskurve (a) und Betrag (b) von $\dfrac{1}{\mathfrak{F}s}$ für reelle Werte von p

sprechende Wahl von $\varkappa$ können zwei gewünschte reelle Wurzeln erzielt werden. $\left[\text{Schnittpunkte von } (-\varkappa) \text{ mit der Kurve}\left|\dfrac{1}{\mathfrak{F}s}\right|\right]$.

Im allgemeinen interessanter und wichtiger als der Fall rein reeller Wurzeln ist der eines komplexen Wurzelpaares. Wieder an Hand des Beispieles einer Temperaturregelung (S. 144) soll gezeigt werden, daß mit dieser Methode die Regelkonstanten verhältnismäßig einfach gefunden werden können, wenn z. B. eine bestimmte relative Dämpfung vorgeschrieben wird.

Für den Regler (PI) gilt die Gl. (144), und für die Regelstrecke nach Gl. (136)

$$\frac{1}{\mathfrak{F}s} = (1 + p\,T_{III})\,(1 + p\,T_{IIa} + p^2\,T_{IIa}\,T_{IIb}) \tag{147}$$

und mit den Konstanten (S. 146) $T_{III} = 2\,h;\ T_{IIa} = 0,25\,h;\ T_{IIb} = 0,08\,h$:

$$\frac{1}{\mathfrak{F}s} = (1 + p\,2\,h)\,(1 + p\,0,25\,h + p^2\,0,25 \cdot 0,08\,h^2)$$

$$= 2\,h\left(p + 0,5\,\frac{1}{h}\right) \cdot 0,25\,h \cdot 0,08\,h\left(p - j\,3,3\frac{1}{h} + 6,3\,\frac{1}{h}\right)$$

$$\cdot\left(p + j\,3,3\,\frac{1}{h} + 6,3\,\frac{1}{h}\right) = 0,04\,h^3\,(p - p_1)\,(p - p_2)\,(p - p_3).$$

Wir schreiben nun eine relative Dämpfung $\varrho = 0,414 = \operatorname{tg} \frac{\pi}{8}$ vor und ermitteln graphisch $\frac{1}{\mathfrak{F}s}$ für $p = \nu\,(j - \varrho)$. Nach Abb. 20 tragen wir zunächst die drei Nullstellen von $\frac{1}{\mathfrak{F}s}$ in die komplexe Ebene ein und ziehen den Strahl S unter dem Winkel $\left(\frac{\pi}{8}\right)$ gegen die positive imaginäre Achse. Wir bilden nun, wie in Abschn. VI gezeigt, für verschiedene Werte von ν das Produkt der Zeiger $(p - p_1)\,(p - p_2)\,(p - p_3) = A_1\,e^{j\alpha_1} \cdot A_2\,e^{j\alpha_2} \cdot A_3\,e^{j\alpha_3} = A_1 \cdot A_2 \cdot A_3 \cdot e^{j(\alpha_1 + \alpha_2 + \alpha_3)}$, das dann den verschiedenen Werten

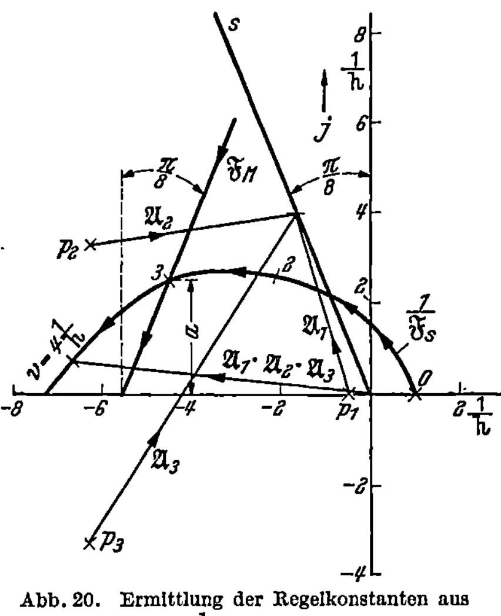

Abb. 20. Ermittlung der Regelkonstanten aus $\frac{1}{\mathfrak{F}s}$ und $\mathfrak{F}_M$

von $\frac{1}{\mathfrak{F}s}$ entspricht. Für $\nu = 4\,\frac{1}{h}$ sind die Zeiger in Abb. 20 eingetragen.

Auf diese Weise erhält man recht schnell die Ortskurve für $\frac{1}{\mathfrak{F}s} = f\,[\nu\,(j - \varrho)]$, wie sie in der Abb. 20 aufgezeichnet ist.

Die Ortskurve für $\mathfrak{F}_M = f\,[\nu\,(j - \varrho)]$ entspricht nach Gl. (144) einer bei $(- \varkappa)$ auf der reellen Achse für $\nu = \infty$ endenden Geraden, die unter dem Winkel $- \frac{\pi}{8}$ gegen die Senkrechte aus dem Unendlichen für $\nu = 0$ kommt. Der Maßstab für ν auf der Geraden wird durch T_n bestimmt.

Zusammengehörige Werte von $\varkappa$ und T_n, bei denen für den geschlossenen Regelkreis komplexe Wurzeln mit der relativen Dämpfung ϱ auftreten, lassen sich nun einfach finden. Zunächst wird nach Abb. 20 für den Schnittpunkt der Ortskurve $\frac{1}{\mathfrak{F}s}$ mit der reellen Achse $\varkappa = 7,3$ und $T_n = \infty$, da für $T_n = \infty$ und $\varkappa = 7,3$ $\mathfrak{F}_M$ nach Gl. (144) ebenfalls durch $(- 7,5)$ geht, bzw. diesem Punkt entspricht.

Wählt man irgend einen Wert, z. B. $\nu = 3\,\frac{1}{h}$, was einem komplexen Wurzelpaar

$$p_{1,2} = 3\,(\pm\,j - \varrho)\,\frac{1}{h}$$

entspricht, so können die Konstanten folgendermaßen gefunden werden:

Man zieht vom Punkt $3\,\frac{1}{h}$ auf der Ortskurve $\frac{1}{\mathfrak{F}s}$ eine Gerade unter dem Winkel $\left(- \frac{\pi}{8}\right)$ gegen die Senkrechte. Der Schnittpunkt dieser Geraden mit der reellen Achse $(- 5,6)$ entspricht $(- \varkappa)$. Der zugehörige

Wert für T_n errechnet sich aus dem Imaginärteil von $\dfrac{1}{\mathfrak{F}_S}$, in Abb. 20 mit a bezeichnet, zu

$$T_n = \frac{\varkappa}{a\,\nu\,(1+\varrho^2)} = \frac{5{,}6}{2{,}5 \cdot 3\ 1/h\ (1+0{,}414^2)} = 0{,}64\,h\ .$$

$\dfrac{T_n}{T_{III}}$ wird somit $\dfrac{0{,}64}{2} = 0{,}32$.
Führt man diese Konstruktion
für verschiedene Werte von ν
durch, so erhält man die
Kurve $T_n = f(\varkappa)$, wie sie
in Abb. 10/16 bereits aufgezeichnet ist.

Die zwei weiteren reellen
Wurzeln können für die ermittelten Konstanten, wie
oben gezeigt (Abb. 19), gefunden werden. Abb. 21 zeigt
die entsprechenden Kurven.
$\left|\dfrac{1}{\mathfrak{F}_S}\right|$ für reelle Werte von p
kann aus den drei Nullstellen

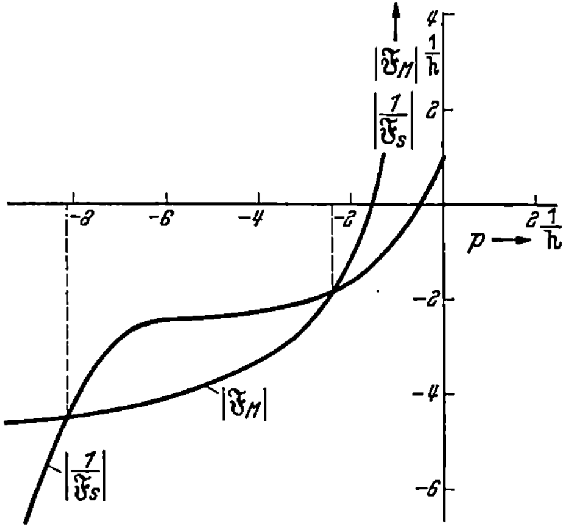

Abb. 21. Ermittlung der reellen Wurzeln nach
Bestimmung der Konstanten nach Abb. 20

schnell gerechnet bzw. konstruiert, $|\mathfrak{F}_M|$ gerechnet werden. Die reellen
Wurzeln werden $(-2{,}5)\,\dfrac{1}{h}$ und $(-8{,}1)\,\dfrac{1}{h}$.

VIII. Optimierung von nichtlinearen Regelkreisen

Mit Rücksicht auf die Abhängigkeit des Regelvorganges von der
Größe der Abweichung wird man bei der Optimierung nichtlinearer
Regelkreise nicht so differenzierte, gewissermaßen für jeden Sonderfall
besonders auszuwählende Methoden anwenden können, wie bei linearen
Kreisen. Man wird sich hier mit möglichst einfachen, klar erkennbaren,
in vielen Fällen aber ausreichenden Bedingungen für den zeitlichen Verlauf der Regelgröße nach einer Störung begnügen müssen. Als eine, im
allgemeinen ausreichende Forderung kann z. B. die einer Mindest-Relativ-
Dämpfung (S. 247) der den Regelvorgang hauptsächlich bestimmenden
Schwingung angesehen werden. Man wird z. B. $\varrho = \dfrac{|\text{Realteil}|}{|\text{Imaginärteil}|} = 0{,}414$
für die der Grundschwingung entsprechenden Wurzeln der charakte-
ristischen Gleichung fordern.

Über den Einfluß von Nichtlinearitäten auf den Regelvorgang
können zunächst nur qualitative Überlegungen angestellt werden. Im-
merhin lassen sich aber, wie im Abschn. 11 gezeigt, mit Hilfe der Beschreibungsfunktion die Stabilitätsgrenzen mit im allgemeinen ausreichender Genauigkeit festlegen.

Die Beschreibungsfunktion ist amplitudenabhängig, d. h. je nach
Amplitude der Eingangsgröße wird das Verhältnis von Ausgangs- zu

Eingangsgröße verschieden. Bei einer Optimierung sollen nun aber die Regelkonstanten so bestimmt werden, daß sich ein abklingender Vorgang mit abklingenden Größen, möglichst nach einem verlangten Gesetz abspielt. Es erscheint daher zunächst vollkommen abwegig die amplitudenabhängige Beschreibungsfunktion auch hier zur Ermittlung der Konstanten heranzuziehen. Wie aber an Hand von einigen Beispielen gezeigt werden soll, kann für qualitative Überlegungen, die dann zweckmäßigerweise experimentell am Analogrechner kontrolliert werden, die Beschreibungsfunktion doch sehr wertvolle Dienste leisten.

Beispiel 1. Nach Abb. 22 wird ein Regelkreis bestehend aus zwei Proportionalgliedern mit Verzögerung (1 und 2), einem Integralglied (3) durch einen Dreipunkt-Regler (0) gesteuert. Gegeben sind die Zeitkonstanten der Glieder 1 und 2, zu bestimmen sind die Konstanten des Zweipunktreglers 0 zusammen mit der Stellzeit von Glied 3.

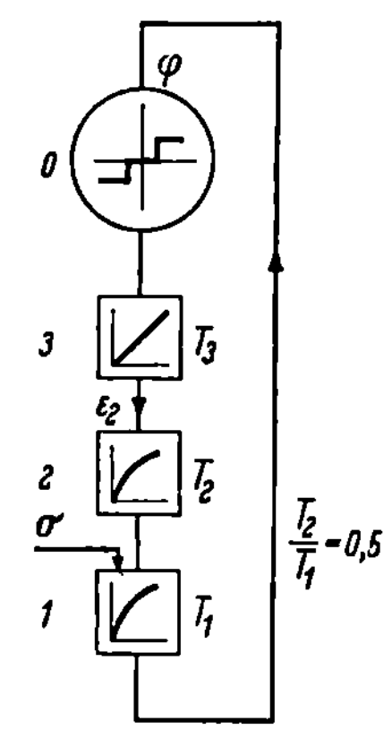

Abb. 22. Regelkreis mit nichtlinearem Glied (Dreipunktregler 0)

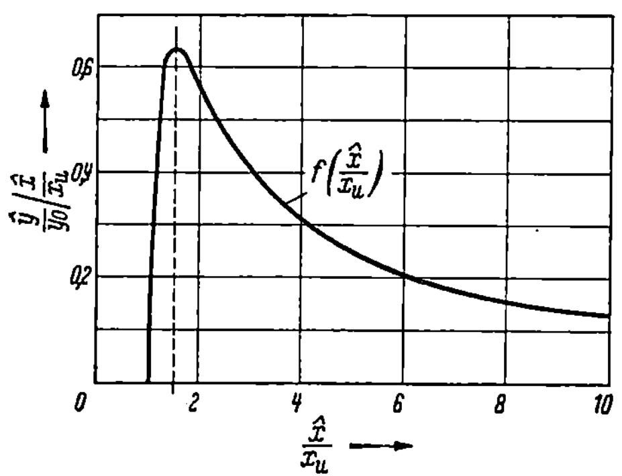

Abb. 23. Kennlinie des Dreipunktreglers 0 von Abb. 22

Nimmt man zunächst an Stelle von Glied 0 ein lineares Glied an, das dann einfach mit Glied 3 vereinigt werden kann, so läßt sich bei gegebenen Werten für die Zeitkonstanten T_1 und T_2, der Wert von T_3 so bestimmen, daß die relative Dämpfung des periodischen Vorganges z.B. $\varrho = 0{,}414$ wird.

In Abb. 23 ist die stationäre Kennlinie des nichtlinearen Gliedes mit entsprechenden Bezeichnungen und außerdem in Abb. 24 die zugehörige amplitudenabhängige Beschreibungsfunktion $\dfrac{\hat{y}}{y_0} = f\!\left(\dfrac{\hat{x}}{x_u}\right)$ aufgezeichnet. Man sieht, daß das Verhältnis von Ausgangsgröße $(\vec{y})$ zu Eingangsgröße $(\vec{x})$

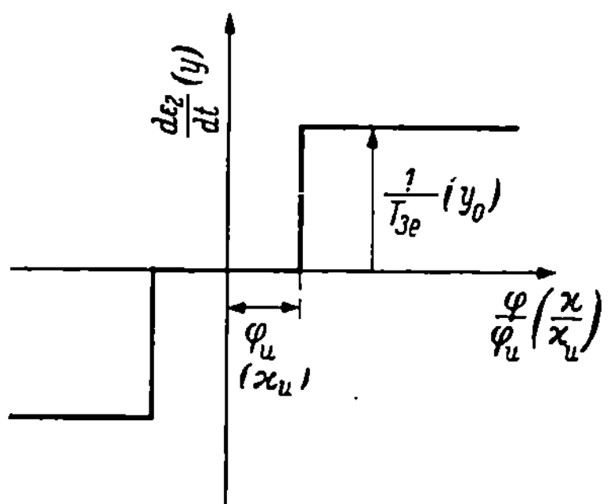

Abb. 24. Beschreibungsfunktion des Dreipunktreglers von Abb. 22

bis $x = x_u$ Null wird, dann ansteigt, bei $\dfrac{\hat{x}}{x_u} = 1{,}5$ ein Maximum aufweist und von da ab mit wachsenden Amplituden $\hat{x}$ stetig abnimmt.

Die Einstellung des Regelvorganges kann nun nach folgenden Überlegungen durchgeführt werden: Angenommen wird für die Optimierung eine bestimmte Störung, z. B. eine solche, die bei gut eingestellter Regelung zu einer maximalen Abweichung von etwa 10% des Sollwertes der Regelgröße führt. Der (einseitige) Unempfindlichkeitsbereich (x_u) soll 1% vom Sollwert der Regelgröße betragen. Stellt man nun Glied 0 zusammen mit Glied 1 so ein, daß sich bei einer Amplitude von $\dfrac{\hat{x}}{x_u} = 10$ nach der Beschreibungsfunktion die gleiche (dynamische) Stellzeit T_{3w}

$$\left[\; T_{3w} = \frac{T_{3e}\,\dfrac{\varphi_u}{\hat{\varphi}}}{f\!\left(\dfrac{\hat{x}}{x_u}\right)} \quad (\text{Abb. 23 u. 24}) \;\right] \text{ergibt, die für den linearen Kreis}$$

errechnet ist, so kann erwartet werden, daß der Vorgang zunächst bei großen Amplituden auch ähnlich verläuft wie bei der linearen Regelung, daß er aber bei kleinen Amplituden, wenn nach Abb. 24 die Beschrei-

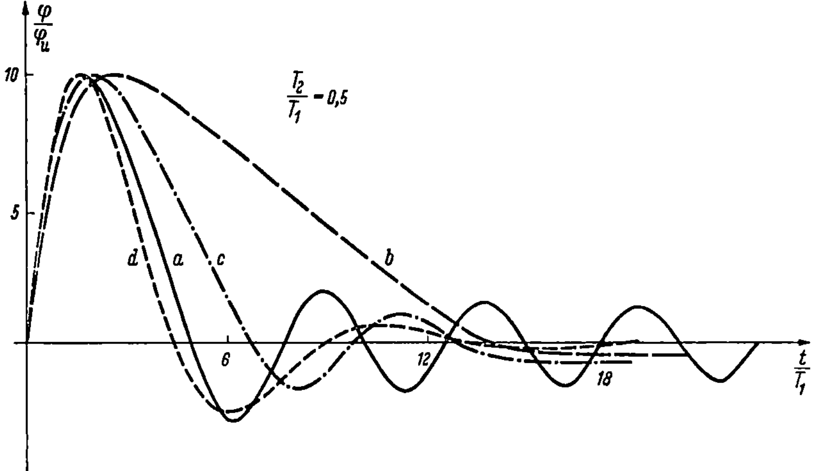

Abb. 25. Übergangsfunktion bei einer Regelung nach Abb. 22

a nichtlinear, abgestimmt für $\dfrac{\hat{\varphi}}{\varphi_u} = 10$

b nichtlinear, abgestimmt für $\dfrac{\hat{\varphi}}{\varphi_u} = 1{,}5$

c nichtlinear, abgestimmt für $\dfrac{\hat{\varphi}}{\varphi_u} \approx 4$

d linear $\varrho \approx 0{,}414$

bungsfunktion ihr Maximum aufweist, schlecht gedämpft sein wird. Das Experiment (Analogrechner) — Abb. 25, a — bestätigt diese Erwartung. Zunächst liegen die Regelkurven für nichtlineare a und lineare (d) Regelung dicht zusammen, später, wenn die Amplituden kleiner werden, laufen die Kurven weit auseinander, der nichtlineare Vorgang führt überhaupt zu ungedämpften Schwingungen. Diese Einstellung ist also unbrauchbar.

Umgekehrt werden die Verhältnisse, wenn die Glieder 0 und 1 so eingestellt werden, daß sich bei $\dfrac{\hat{x}}{x_u} = 1{,}5$ also beim Maximum der Beschreibungsfunktion eine der linearen Regelung bei $\varrho = 0{,}414$ entsprechende Stellzeit T_{3w} ergibt. Die tatsächliche Verstellgeschwindigkeit ist dabei gegen den ersten Versuch auf den $\dfrac{1}{4{,}5}$-fachen Wert verringert. Abb. 25, b zeigt das experimentelle Ergebnis. Der nichtlineare Vorgang weicht bei großen Amplituden sehr stark, bei kleinen nur wenig vom linearen ab. Die Regelung ist auch jetzt unbrauchbar, weil sie viel zu träge arbeitet.

Geht man nun mit der tatsächlichen Verstellzeit auf einen Wert, der etwa in der Mitte zwischen den beiden extremen Werten liegt, so kann man erwarten, daß damit eine brauchbare Regelung erreicht wird. Abb. 25, c bestätigt diese Überlegung.

Beispiel 2. Nach Abb. 26 soll ein Regelkreis, bestehend aus 3 Proportionalgliedern mit Verzögerung (*1, 2, 3*), die gleiche Zeitkonstante (T) aufweisen, durch einen Proportionalregler *4* geregelt werden. Da in der einfachen Schaltung bei guter Dämpfung nur eine sehr niedrige Kreis-Verstärkung und damit eine sehr ungenaue Regelung möglich ist, wird noch ein Vorhaltglied *5* (Differenzierglied) zur Stabilisierung vorgesehen.

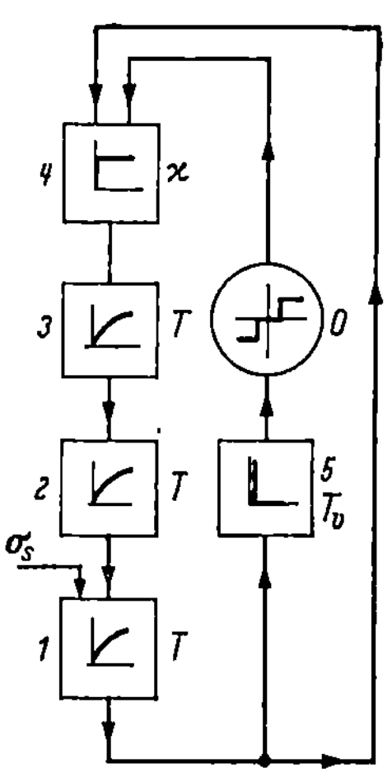

Abb. 26. Regelkreis mit nichtlinearem Vorhaltglied (5 + 0)

Differenzierende Glieder für große Ausgangsleistung zu bauen, ist schwierig, man wird im allgemeinen die Ausgangsleistung noch verstärken müssen, wenn sie für eine wirkungsvolle Beeinflussung des Regelkreises ausreichen soll. Im vorliegenden Fall ist ein Relaisverstärker *0*, der als Dreipunkregler ausgeführt ist, also ein nichtlinearer Verstärker vorgesehen. Die praktische Ausführung kann etwa so sein, daß einem polarisierten Relais ein dem Differentialquotienten der Regelgröße proportionaler Strom zugeführt wird und dieses dann, unter Umständen noch über ein Zwischenrelais, nach Überschreiten des Ansprechstromes auf den Eingang des Proportionalreglers *4* eine feste Zusatzbeeinflussung in der einen oder anderen Richtung gibt.

Um zu einer günstigen Bemessung der Glieder *5* und *0* zu kommen, geht man zweckmäßigerweise von einem linearen Vorhaltglied aus. Macht man im linearen Fall die Vorhaltzeitkonstante $T_v = T$, so läßt sich bei einer relativen Dämpfung von $\varrho = 0{,}414$ ein Kreisverstärkungsfaktor von $\varkappa = 6$ erreichen, der als ausreichend angesehen werden soll.

Nimm man eine Sprungstörung im Glied 1 an, wie in Abb. 26 angedeutet, und würde diese ohne Regelung zu einer Abweichung der Regelgröße von 10% führen, so ergibt sich im ersten Augenblick ohne und auch mit Regelung, eine zeitliche Änderung der Regelgröße $\dfrac{\mathrm{d}\varphi}{\mathrm{d}t} = \dfrac{0,1}{T}$. Damit ist ein Richtwert für die Größenordnung der bei der Regelung zu erwartenden Änderungsgeschwindigkeit der Regelgröße gewonnen. Bemißt man nun die Glieder 5 und 0 so, daß sich bei einer Eingangsgröße bestimmt durch $\dfrac{\mathrm{d}\varphi}{\mathrm{d}t} = \dfrac{0,1}{T}$ (nach der für das nichtlineare Glied auch hier gültigen Beschreibungsfunktion Abb. 24) die gleiche Ausgangsgröße ergibt wie beim linearen Glied 5 mit $T_v = T$, so kann erwartet werden, daß sich bei einer Störung von $\sigma_s = 0,1$ die nichtlineare Regelung zunächst ähnlich verhalten wird wie die lineare. Mit abklingenden Amplituden wird entsprechend dem Verlauf der Beschreibungsfunktion der Einfluß des nichtlinearen Gliedes, also des Differentialquotienten, stärker. Dies stört aber hier nicht, sondern im Gegenteil, die Dämpfung wird noch besser. Bei ganz kleinen Amplituden fällt allerdings der Vorhalt-Einfluß überhaupt weg, weshalb der Unempfindlichkeitsbereich (x_u nach Abb. 23) klein genug gehalten werden muß. Wird er mit $\left(\dfrac{\mathrm{d}\varphi}{\mathrm{d}t}\right)_u = \dfrac{0,01}{T}$ gewählt, so dürfte die erforderliche Dämpfung praktisch bis zum Verschwinden der Regelgröße gesichert sein.

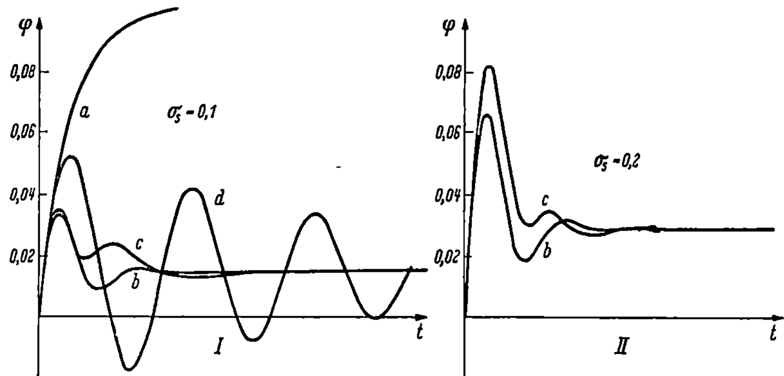

Abb. 27. Übergangsfunktion bei einer Regelung nach Abb. 26
I Sprungsstörung $\sigma_s = 0,1$ (dafür abgestimmt)
II Sprungsstörung $\sigma_s = 0,2$
a ohne Regelung
b mit linearem Vorhaltglied
c mit nichtlinearem Vorhaltglied
d ohne Vorhalt

Abb. 27 zeigt den Regelvorgang linear und nichtlinear mit der oben erläuterten Einstellung für $\sigma_s = 0,1$ aber auch noch für $\sigma_s = 0,2$. Man sieht deutlich, daß die oben durch Überlegung aus der Beschreibungsfunktion gewonnenen Erkenntnisse, tatsächlich weitgehend bestätigt werden. Werden die Kurven für $\sigma_s = 0,1$ (linear und nichtlinear) betrachtet, so ist festzustellen, daß sie zunächst dicht beisammen liegen, daß dann bei der nichtlinearen der jetzt größere Einfluß des Vorhaltgliedes ein Überschwingen auf negativen Ausschlag verhindert, schließlich dann aber bei Wegfall des Vorhaltes $(x < x_u)$ der nichtlineare Vorgang schlechter gedämpft verläuft als der lineare. Da aber die Amplituden inzwischen sehr klein geworden sind, kann die gewählte Einstellung des nichtlinearen Gliedes doch als zweckmäßig und günstig bezeichnet werden.

Wie aus den Kurven für $\sigma_s = 0{,}2$ zu sehen, sollte allerdings der Einfluß des nichtlinearen Gliedes verstärkt werden, wenn mit größeren Störungen gerechnet werden muß.

IX. Optimierung mit Hilfe von Regelmodellen (Analogrechner). [101, 102]

Hat man nach irgendeiner der geschilderten Methoden geeignet erscheinende Regelkonstanten gefunden, so möchte man vielfach das Verhalten des Regelkreises mit diesen Konstanten bei den verschiedensten Störmöglichkeiten kontrollieren. In der ausgeführten Anlage, etwa bei der Inbetriebsetzung, ist dies meist umständlich und zeitraubend, aus betrieblichen Gründen manchmal überhaupt unmöglich.

Man bedient sich daher für diese Kontrolle sogenannter Regelmodelle. Dies sind im Prinzip Analogrechner, die in Sonderausführung in ihrem Aufbau und ihrer Bedienungsweise auf die besonderen Bedürfnisse der Regelungstechnik zugeschnitten sein können.

Ein solches Modell enthält eine gewisse Zahl von (im allgemeinen elektronischen) Verstärkern, durch die in Verbindung mit RC-Schaltungen das Verhalten von Regelgliedern verschiedener Art nachgebildet werden kann (s. Abschn. 2/V S. 65). Durch Zusammenschalten mehrerer Glieder, entsprechend dem Regelschema, kann dann der ganze Regelkreis nachgebildet und sein Verhalten studiert werden. Z. B. kann das zeitliche Verhalten der Regelgröße bei einer Sprungstörung, angreifend an irgendeiner Stelle im Regelkreis, registriert werden. Bei verhältnismäßig langsamen Vorgängen werden die Ergebnisse von einem *schreibenden* Instrument aufgenommen. Bei schnellen Vorgängen arbeitet man nach dem Repetierverfahren, d. h. man schaltet die Sprungstörung periodisch ein und aus und zwar mit einem Zeitabstand, der so groß gewählt ist, daß der Regelvorgang jeweils bei der nächsten Schaltung bereits abgeklungen ist (s. Abschn. 8/II S. 181). Man bekommt so auf den Schirm eines Oszillographen ein stehendes Bild und kann dann den Einfluß der Veränderung der Konstanten sofort erkennen. Wenn sich auch das Zeitverhalten der Glieder des Modells in weiten Grenzen verändern läßt, wird man doch gelegentlich auch eine Zeittransformation einführen. Alle Zeitgrößen wie Zeitkonstanten, Totzeiten, usw. werden dann mit einem bestimmten Faktor multipliziert.

Solche Regelmodelle werden immer auch mit nichtlinearen Gliedern ausgerüstet, wie vor allem mit Funktionsgebern für stetige Nichtlinearitäten, Multipliziergliedern und Gliedern mit unstetigem Verhalten (Relaiskennlinien).

Bisher ist nur von der *Kontrolle* des Regelkreises bei bereits ermittelten Konstanten gesprochen worden. Man kann das Modell natürlich auch dazu verwenden, die Regelkonstanten ohne Rechnung, nur durch Probieren so zu bestimmen, daß sich ein günstiger Regelverlauf einstellt.[1] Auf diese Weise lassen sich etwa zwei frei wählbare Konstanten noch einigermaßen gut ermitteln (z. B. *PI*-Regelung), während man bei 3 Konstanten (z. B. *PID*-Regelung) das wirkliche Optimum schon recht

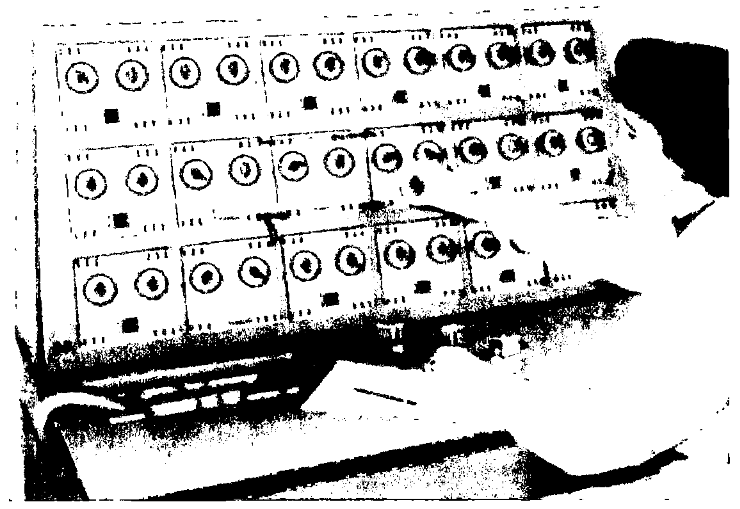

Abb. 28. Regelmodell (Siemens)

schwer findet. Ganz allgemein kann gesagt werden, daß vor dem Versuch die Konstanten durch Rechnung in ihrer Größe schon einigermaßen ermittelt sein sollten.

Anders liegen die Verhältnisse bei nichtlinearen Regelkreisen mit mehreren nichtlinearen Gliedern, weil dort eine rechnerische Optimierung schwierig und die rechnerische Ermittlung des Regelvorganges meist sehr langwierig ist und so eine Variation der Konstanten zum Zweck einer Optimierung sehr viel Zeit erfordert.

Das Modell berechnet als Analogrechner, wenn entsprechende nichtlineare Glieder eingesetzt werden, ohne Schwierigkeit den Regelvorgang in kürzester Zeit und so läßt sich durch systematische Veränderung der Konstanten verhältnismäßig schnell auch hier eine Optimierung durchführen. Nach Überlegungen wie sie in Abschn. VIII angestellt sind, wird man auch hier möglichst schon vorher die ungefähren Werte der Konstanten abschätzen.

Da das Regelmodell eigentlich einen Analogrechner darstellt, können mit seiner Hilfe nicht nur Regelvorgänge, z. B. bei Sprungstörung oder

---

[1] Nach dieser Methode haben Ziegler und Nichols [117, 79] Regeln für die zweckmäßige Einstellung von Reglern gefunden.

auch Sinusstörung (Frequenzgang) berechnet, sondern auch andere Aufgaben gelöst werden, wie z. B. die Aufnahme von Phasendiagrammen, wie sie in Abschn. II/III gezeigt sind.

In Abb. 28 ist ein solches Regelmodell (mit Transistorverstärkern)

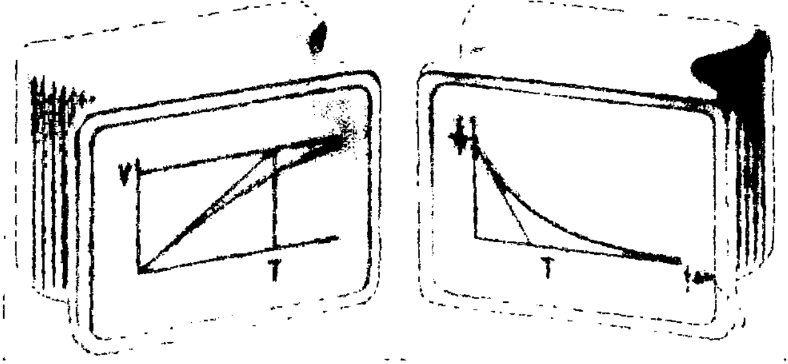

Abb. 29. Funktionsstecker zum Regelmodell Abb. 28

und in Abb. 29 sind sogenannte Funktionsstecker für dieses Modell gezeigt. Durch diese Stecker wird die für bestimmtes Zeitverhalten erforderliche RC-Schaltung hergestellt. Da auf den Steckern die entsprechende Übergangsfunktion aufgezeichnet ist, läßt sich sehr anschaulich der Regelkreis ganz analog dem Regelschema aufbauen.

Anhang

Tabelle 6. *Regler*

Nr.	Be-zeichnung	Ausf. Beispiele	Übergangsfunktion	
			Verlauf	Gleichung
1	Statisch (ideal) (P)	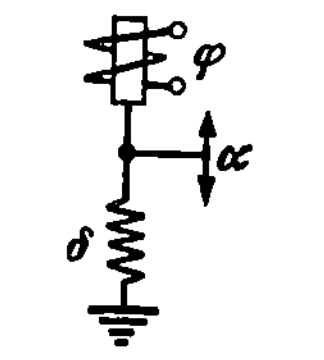	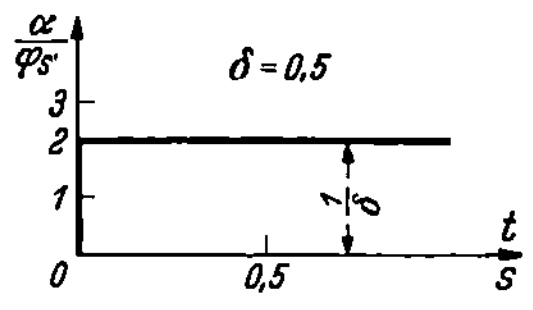 $\delta = 0{,}5$	$\alpha = \varphi_s \cdot \dfrac{1}{\delta}$
2	Statisch mit Masse ohne Dämpfung (P)	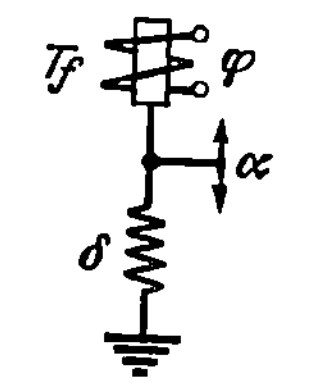	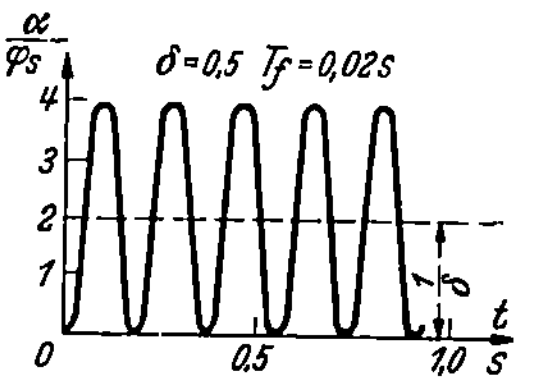 $\delta = 0{,}5 \quad T_f = 0{,}02\,s$	$\alpha = \varphi_s \dfrac{1}{\delta}$ $\times \left(1 - \cos\sqrt{\dfrac{\delta}{T_f^2}} \cdot t\right)$
3	Statisch mit Masse mit Dämpfung (P)	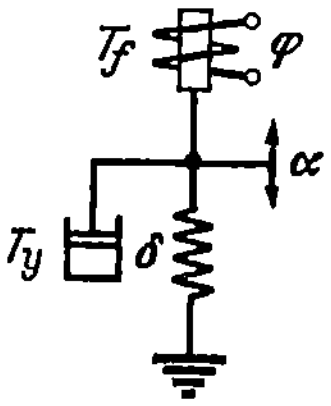	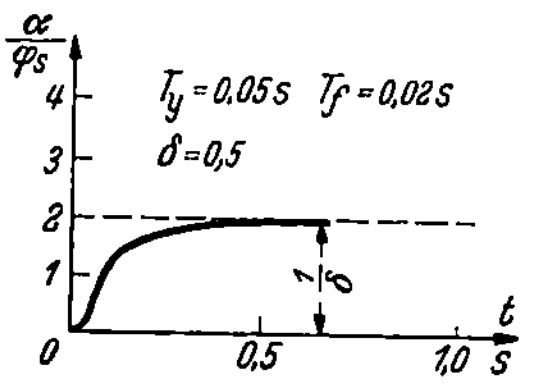 $T_y = 0{,}05\,s \quad T_f = 0{,}02\,s$ $\delta = 0{,}5$	$\alpha = \varphi_s \dfrac{1}{\delta}$ $+ C_1 e^{p_1 t} + C_2 e^{p_2 t}$
4	Statisch ohne Masse mit Dämpfung (P)	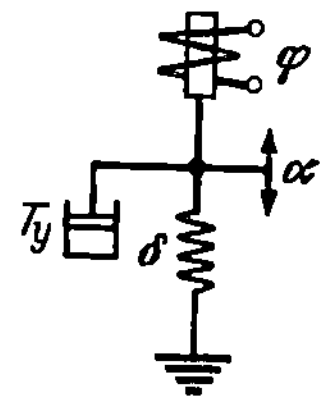	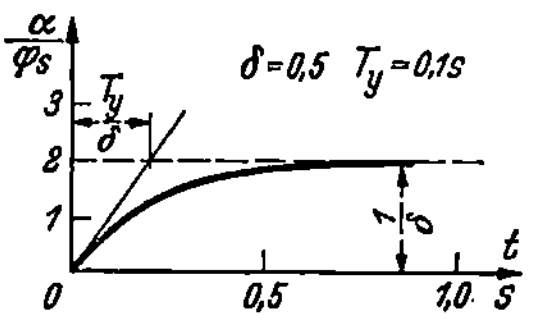 $\delta = 0{,}5 \quad T_y = 0{,}1\,s$	$\alpha = \varphi_s \dfrac{1}{\delta}$ $\times \left(1 - e^{-\frac{\delta}{T_y} \cdot t}\right)$
5	Asta-tisch ohne Masse mit Dämpfung (I)	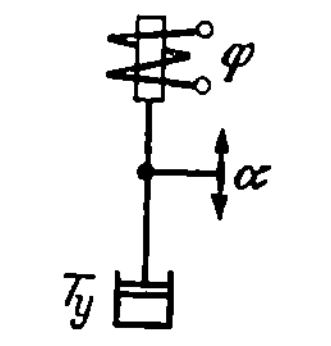	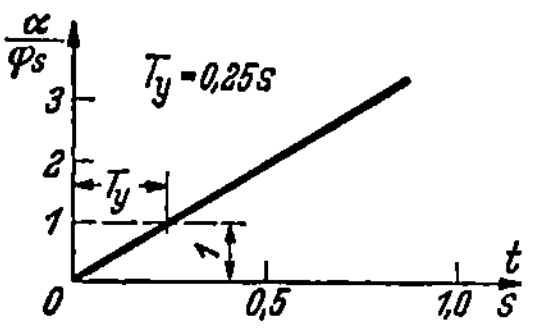 $T_y = 0{,}25\,s$	$\alpha = \varphi_s \cdot \dfrac{t}{T_y}$
6	Asta-tisch mit Masse mit Dämpfung (I)	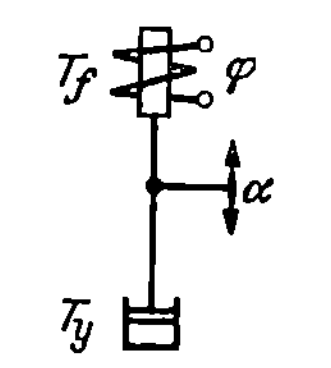	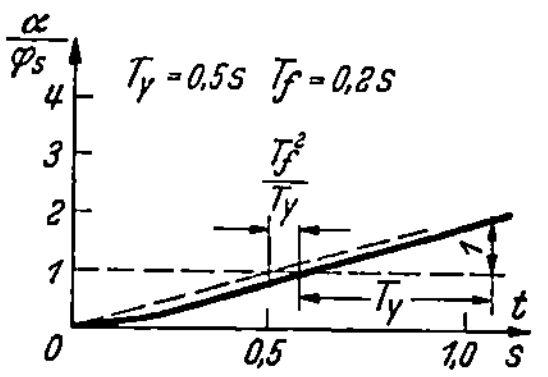 $T_y = 0{,}5\,s \quad T_f = 0{,}2\,s$	$\alpha = \dfrac{\varphi_s}{T_y}$ $\left[t - \dfrac{T_f^2}{T_y}\left(1 - e^{-\frac{T_y \cdot t}{T_f^2}}\right)\right]$

Differential-gleichung	Frequenzgang		
	Gleichung	Verlauf	Reziprok
$\alpha = \dfrac{\varphi}{\delta}$	$\dfrac{\vec{\alpha}}{\vec{\varphi}} = \dfrac{1}{\delta}$	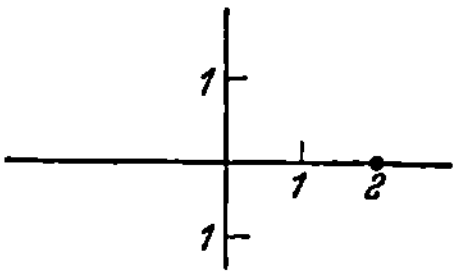	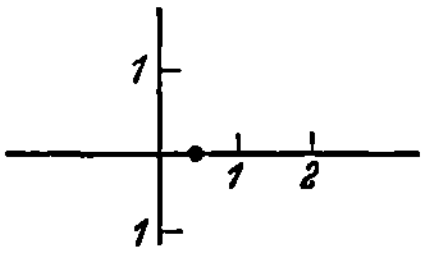
$\alpha'' \, T_j^2 + \alpha \, \delta = \varphi$	$\dfrac{\vec{\alpha}}{\vec{\varphi}} = \dfrac{1}{p^2 \, T_j^2 + \delta}$	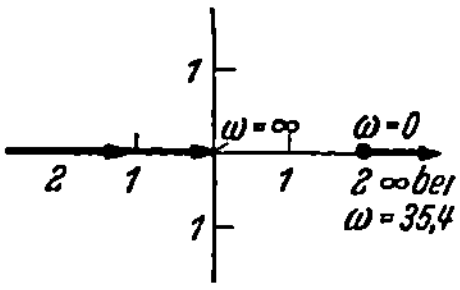	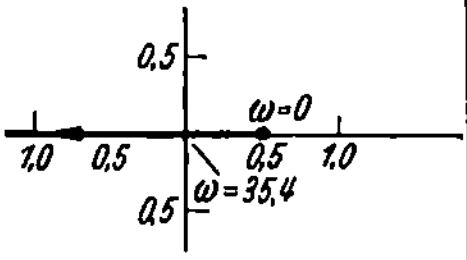
$\alpha'' \, T_j^2 + \alpha' \, T_y + \alpha \, \delta = \varphi$	$\dfrac{\vec{\alpha}}{\vec{\varphi}} = \dfrac{1}{p^2 \, T_j^2 + p \, T_y + \delta}$	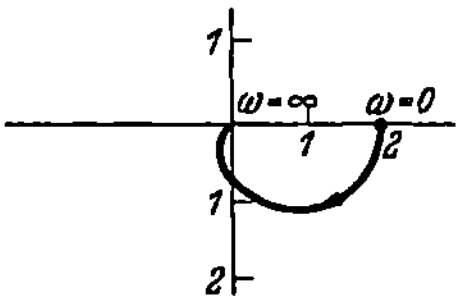	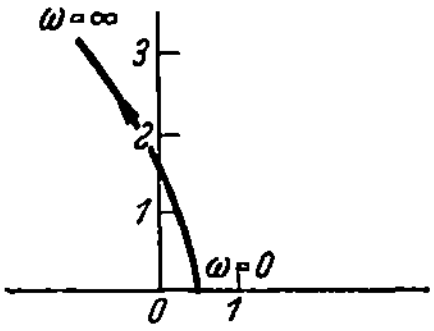
$\alpha' \, T_y + \alpha \, \delta = \varphi$	$\dfrac{\vec{\alpha}}{\vec{\varphi}} = \dfrac{1}{p \, T_y + \delta}$	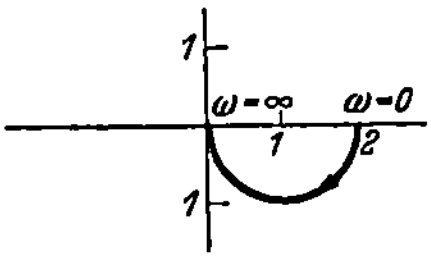	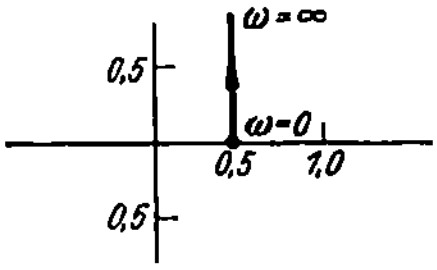
$\alpha' \, T_y = \varphi$	$\dfrac{\vec{\alpha}}{\vec{\varphi}} = \dfrac{1}{p \, T_y}$	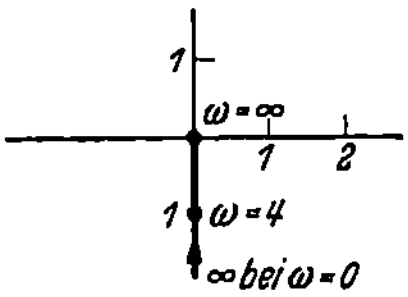	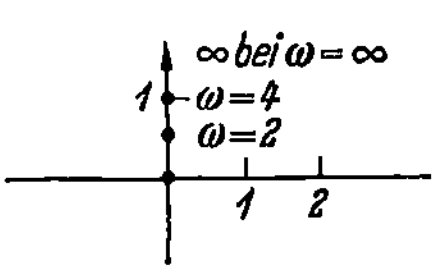
$\alpha'' \, T_j^2 + \alpha' \, T_y = \varphi$	$\dfrac{\vec{\alpha}}{\vec{\varphi}} = \dfrac{1}{p^2 \, T_j^2 + p \, T_y}$	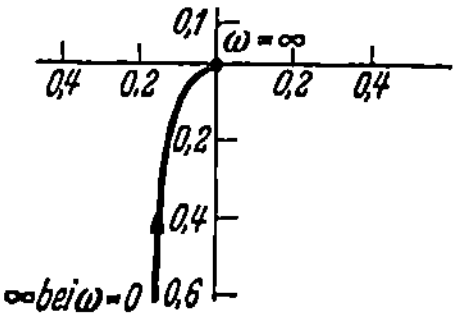	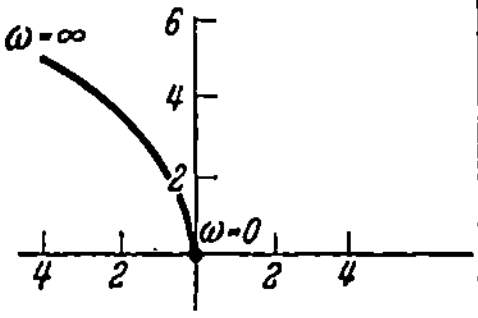

Tabelle 6. *Regler* (Fortsetzung)

Nr.	Bezeichnung	Ausf. Beispiele	Übergangsfunktion	
			Verlauf	Gleichung
7	Astatisch, vorüberg. statisch mit Masse (*PI*)	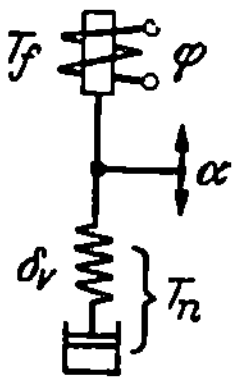	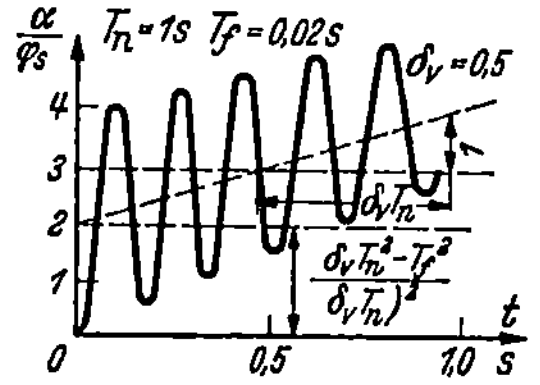	$\alpha = \dfrac{\varphi_s}{\delta_v\,T_n}\,t + C_1\,e^{p_1 t} + C_2\,e^{p_2 t} + C_3$
8	Astatisch, vorüberg. statisch ohne Masse (*PI*)	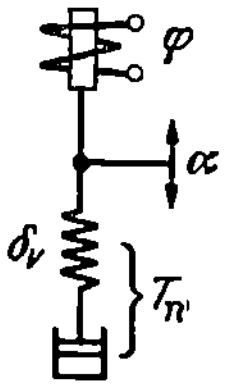	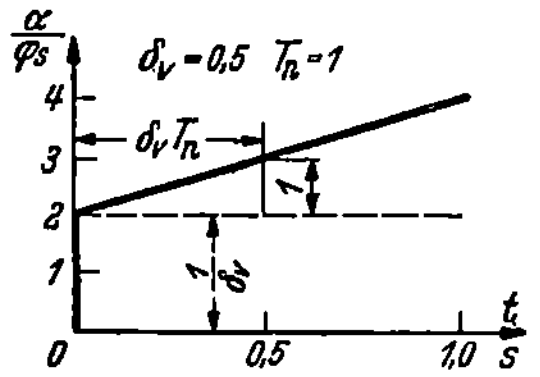	$\alpha = \dfrac{\varphi_s}{\delta_v} + \dfrac{\varphi_s}{\delta_v\,T_n}\,t$
9	Differenzierend, ideales Vorhaltglied *D*-Regler		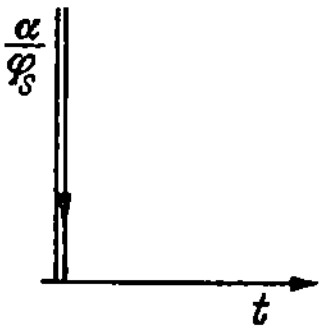	$\dfrac{\alpha}{\varphi_s} = 0$
10	*PD*- Regler	*P*-Regler parallel mit *D*-Regler	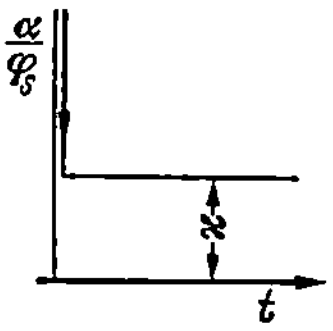	$\dfrac{\alpha}{\varphi_s} = \varkappa$
11	*ID*- Regler	*I*-Regler parallel mit *D*-Regler	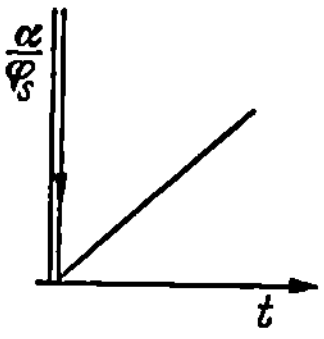	$\dfrac{\alpha}{\varphi_s} = \dfrac{t}{T_y}$
12	*PID*- Regler	*I*-Regler *P*-Regler *D*-Regler parallel	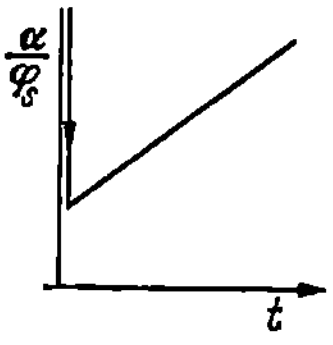	$\dfrac{\alpha}{\varphi_s} = \varkappa + \dfrac{t}{T_y}$

Differential-gleichung	Frequenzgang		
	Gleichung	Verlauf	Reziprok
$\alpha''' T_j^2 T_n$ $+ \alpha'' T_j^2$ $+ \alpha' \delta_v T_n$ $= \varphi' T_n + \varphi$	$\dfrac{\vec{\alpha}}{\vec{\varphi}} =$ $\dfrac{p T_n + 1}{p^3 T_j^2 T_n + p^2 T_j^2 + p \delta_v T_n}$	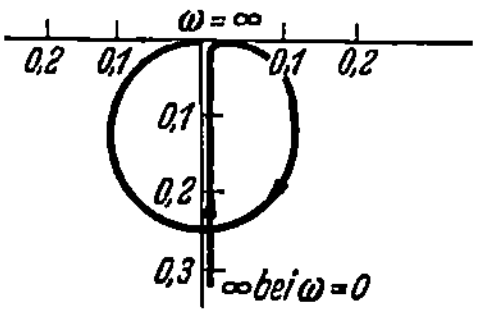 $\omega = \infty$; $0,2$ $0,1$ $0,1$ $0,2$; $0,1$; $0,2$; $0,3$ $\infty\,bei\,\omega = 0$	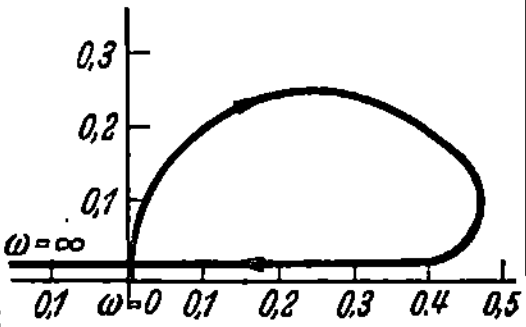 $0,3$ $0,2$ $0,1$; $\omega = \infty$; $0,1$ $\omega = 0$ $0,1$ $0,2$ $0,3$ $0,4$ $0,5$
$\alpha' \delta_v T_n$ $= \varphi' T_n + \varphi$	$\dfrac{\vec{\alpha}}{\vec{\varphi}} = \dfrac{p T_n + 1}{p \delta_v T_n}$ $= \dfrac{p \dfrac{1}{\delta_v} T_y + 1}{p T_y}$ $= \dfrac{1}{\delta_v} \dfrac{p T_n + 1}{p T_n}$	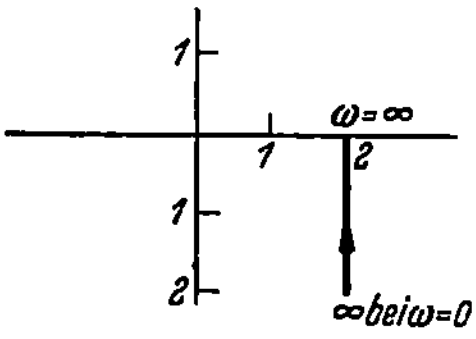 1; 1; 1; 2; $\omega = \infty$; 2; $\infty\,bei\,\omega = 0$	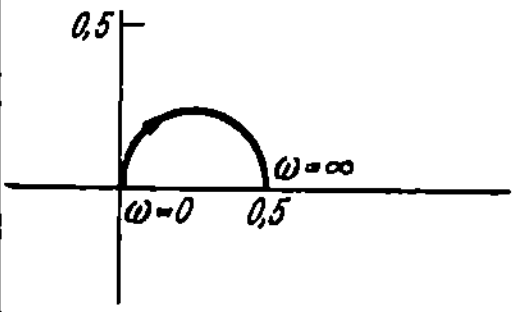 $0,5$; $\omega = \infty$; $\omega = 0$ $0,5$
$\alpha = \varphi' T_v$	$\dfrac{\vec{\alpha}}{\vec{\varphi}} = p T_v$	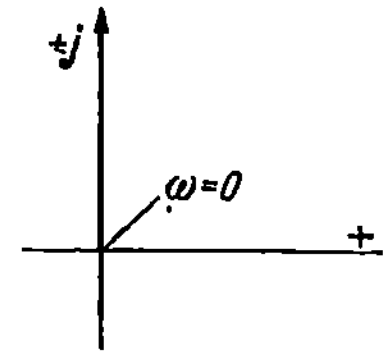 $+j$; $\omega = 0$; $+$	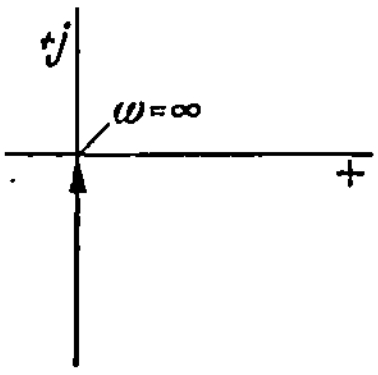 $+j$; $\omega = \infty$; $+$
$\alpha = \varphi \varkappa + \varphi' T_v$	$\dfrac{\vec{\alpha}}{\vec{\varphi}} = \varkappa + p T_v$	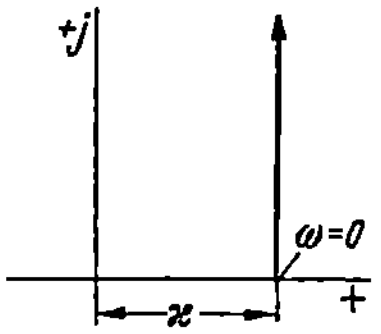 $+j$; $\omega = 0$; $+$; $\varkappa$	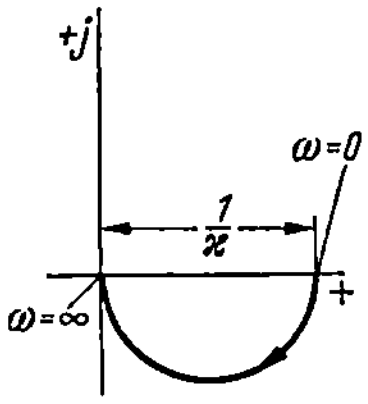 $+j$; $\dfrac{1}{\varkappa}$; $\omega = 0$; $\omega = \infty$; $+$
$\alpha' T_y = \varphi +$ $+ \varphi'' T_y T_v$	$\dfrac{\vec{\alpha}}{\vec{\varphi}} = 1 + p^2 T_y T_v$	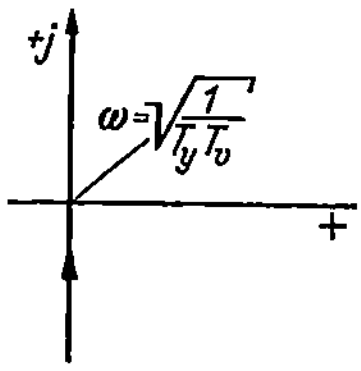 $+j$; $\omega = \sqrt{\dfrac{1}{T_y T_v}}$; $+$	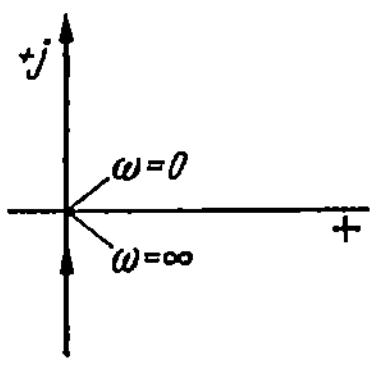 $+j$; $\omega = 0$; $\omega = \infty$; $+$
$\alpha' T_y = \varphi +$ $\varphi' \varkappa T_y +$ $\varphi'' T_y T_v$	$\dfrac{\vec{\alpha}}{\vec{\varphi}} =$ $= \dfrac{1 + p \varkappa T_y + p^2 T_y T_v}{p T_y}$	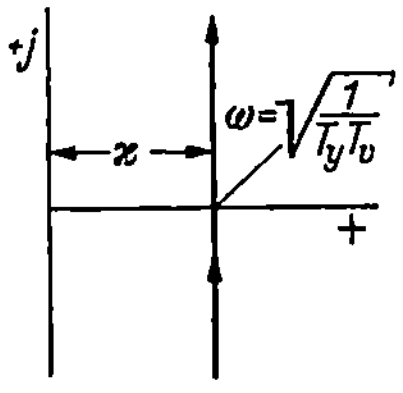 $+j$; $\varkappa$; $\omega = \sqrt{\dfrac{1}{T_y T_v}}$; $+$	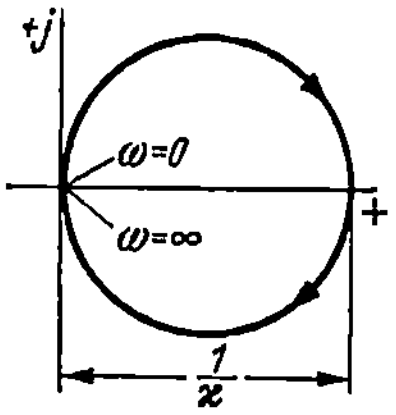 $+j$; $\omega = 0$; $\omega = \infty$; $+$; $\dfrac{1}{\varkappa}$

Tabelle 6. *Regler* (Fortsetzung)

Nr.	Be-zeichnung	Ausf. Beispiele	Übergangsfunktion — Verlauf	Übergangsfunktion — Gleichung
13	Astatisch vorüberg. statisch mit Vorhalt ohne Masse (*PID*)	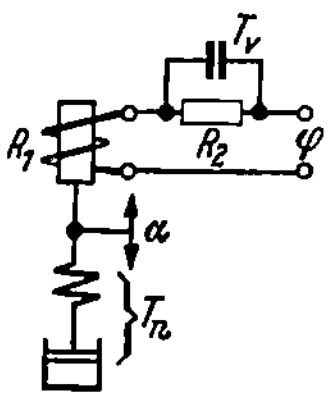	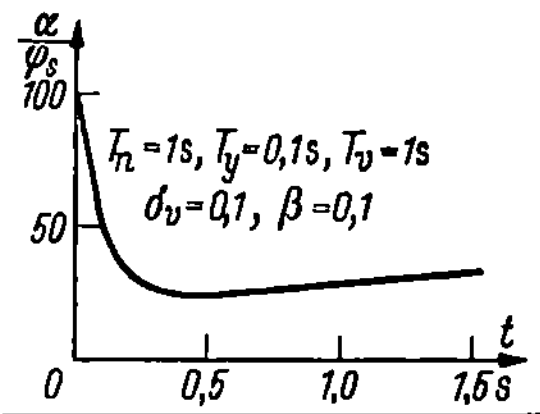 $T_n=1s$, $T_y=0{,}1s$, $T_v=1s$ $\delta_v=0{,}1$, $\beta=0{,}1$	$\dfrac{\alpha}{\varphi_s} = \dfrac{t}{\delta_v\,T_n} + \dfrac{1}{\delta_v}\left[\dfrac{1}{\beta} - \left(\dfrac{1}{\beta} - \dfrac{T_v}{T_n}\right)\right]$ $\times (1-\beta)\left(1 - e^{-\frac{t}{\beta T_v}}\right)$ $\beta = \dfrac{R_1}{R_1 + R_2}$
14	Wie 13 aber „ideal" $\dfrac{R_1}{R_2} \to 0$ (*PID*)		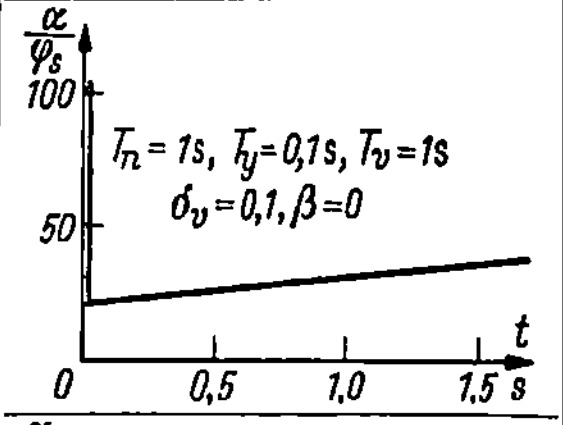 $T_n=1s$, $T_y=0{,}1s$, $T_v=1s$ $\delta_v=0{,}1$, $\beta=0$	$\left(\dfrac{\alpha}{\varphi_s}\right)_{\beta=0} = \dfrac{t}{\delta_v\,T_n} + \dfrac{1+\dfrac{T_v}{T_n}}{\delta_v}$ $\left(\dfrac{\alpha}{\varphi_s} = \infty \ \text{für} \ t = +0\right)$
15	Statisch mit Vorhalt ohne Masse (*PD*)	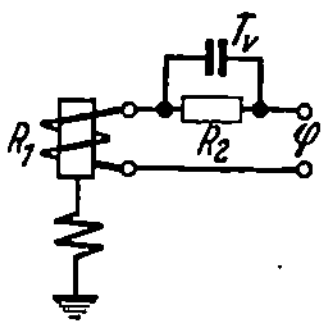	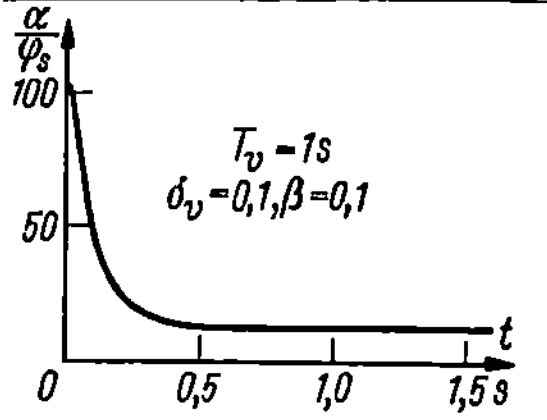 $T_v=1s$ $\delta_v=0{,}1$, $\beta=0{,}1$	$\dfrac{\alpha}{\varphi_s} = \dfrac{1}{\delta_v}\left[\dfrac{1}{\beta} - \left(\dfrac{1}{\beta} - 1\right)\right.$ $\left. \times \left(1 - e^{-\frac{t}{\beta T_v}}\right)\right]$ $\beta = \dfrac{R_1}{R_1 + R_2}$
16	Wie 15 aber „ideal" $\dfrac{R_1}{R_2} \to 0$ (*PD*)		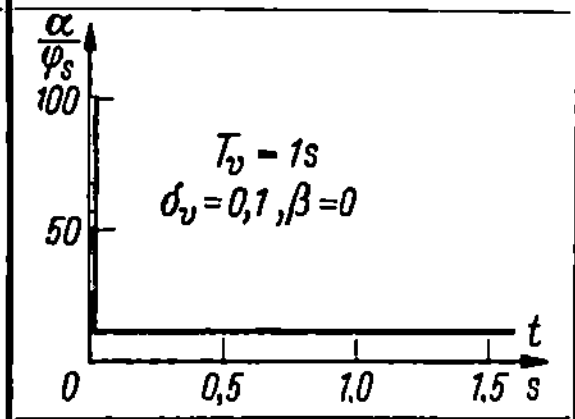 $T_v=1s$ $\delta_v=0{,}1$, $\beta=0$	$\left(\dfrac{\alpha}{\varphi_s}\right)_{\beta=0} = \dfrac{1}{\delta_v}$ $\left(\dfrac{\alpha}{\varphi_s} = \infty \ \text{für} \ t = +0\right)$
17	astatisch mit Vorhalt ohne Masse (*ID*)	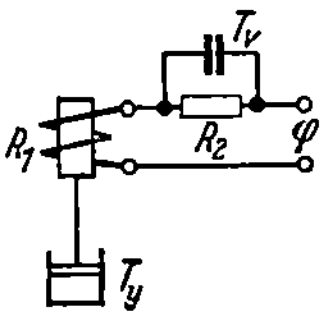	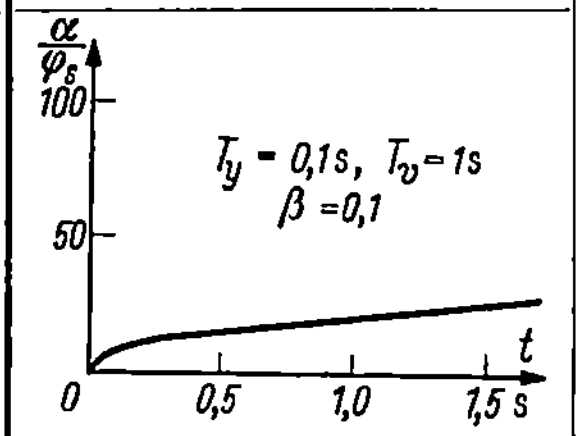 $T_y=0{,}1s$, $T_v=1s$ $\beta=0{,}1$	$\dfrac{\alpha}{\varphi_s} = \dfrac{t}{T_y} + \dfrac{T_v}{T_y}(1-\beta)$ $\times \left(1 - e^{-\frac{t}{\beta T_v}}\right)$ $\beta = \dfrac{R_1}{R_1 + R_2}$
18	Wie 17 aber „ideal" $\dfrac{R_1}{R_2} \to 0$ (*ID*)		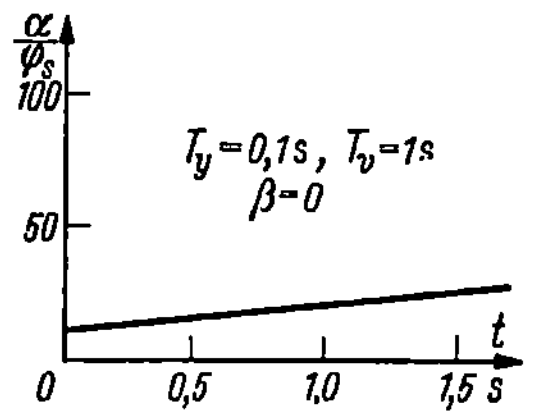 $T_y=0{,}1s$, $T_v=1s$ $\beta=0$	$\left(\dfrac{\alpha}{\varphi_s}\right)_{\beta=0} = \dfrac{t}{T_y} + \dfrac{T_v}{T_y}$

Differential-gleichung	Frequenzgang		
	Gleichung	Verlauf	Reziprok
$\delta_v T_n$ $\alpha'' \beta T_v \delta_v T_n$ $\varphi + \varphi' (T_n$ $T_v) + \varphi'' T_n T_v$	$\frac{\vec{\alpha}}{\vec{\varphi}} = \frac{(1 + p T_n)(1 + p T_v)}{p \delta_v T_n (1 + p \beta T_v)}$	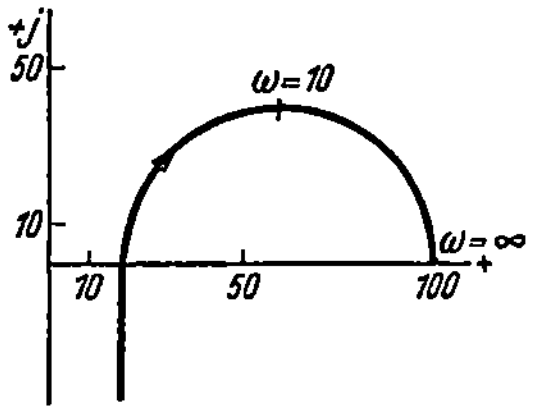+j 50 10 ω=10 ω=∞ 10 50 100 +	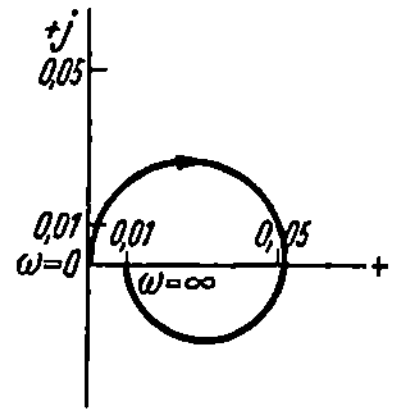+j 0,05 0,01 ω=0 0,01 0,05 ω=∞ +
$\delta_v T_n = \varphi$ $\varphi' (T_n + T_v)$ $\varphi'' T_n T_v$	$\frac{\vec{\alpha}}{\vec{\varphi}} = \frac{(1 + p T_n)(1 + p T_v)}{p \delta_v T_n}$	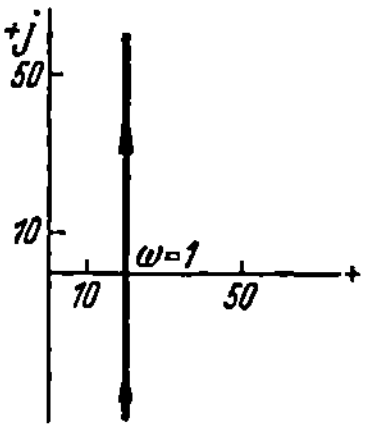+j 50 10 ω=1 10 50 +	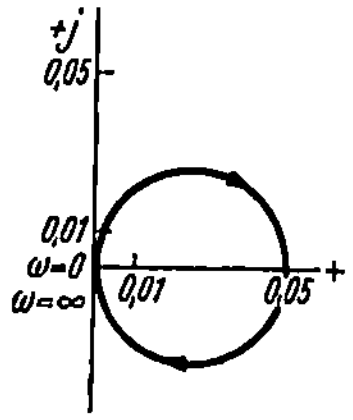+j 0,05 0,01 ω=0 ω=∞ 0,01 0,05 +
$\delta_v + \alpha' \beta T_v \delta_v$ $\varphi + \varphi' T_v$	$\frac{\vec{\alpha}}{\vec{\varphi}} = \frac{1 + p T_v}{\delta_v (1 + p \beta T_v)}$	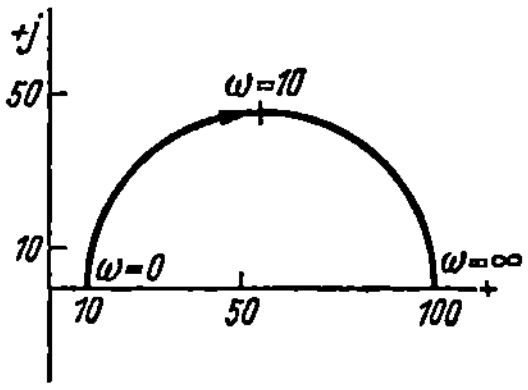+j 50 10 ω=10 ω=0 ω=∞ 10 50 100 +	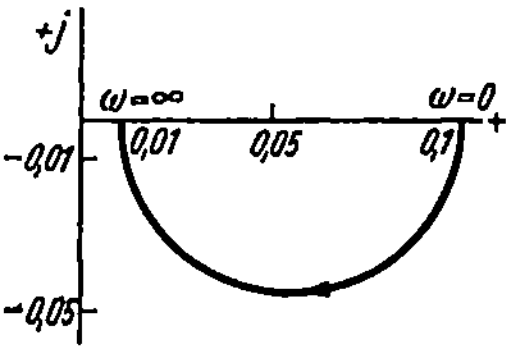+j ω=∞ ω=0 -0,01 -0,05 0,01 0,05 0,1 +
$\delta_v = \varphi + \varphi' T_v$	$\frac{\vec{\alpha}}{\vec{\varphi}} = \frac{1 + p T_v}{\delta_v}$	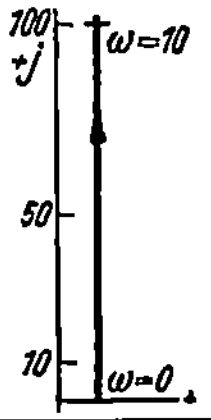100 +j ω=10 50 10 ω=0 +	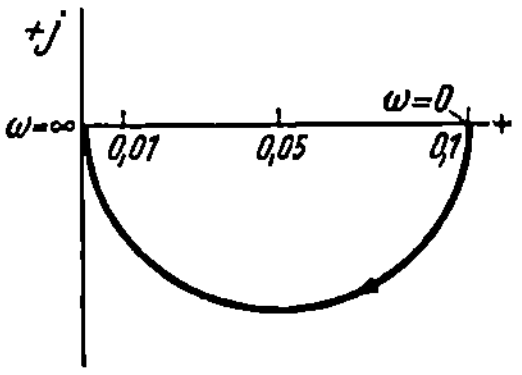+j ω=∞ ω=0 0,01 0,05 0,1 +
$T_y + \alpha'' \beta T_v T_y$ $\varphi + \varphi' T_v$	$\frac{\vec{\alpha}}{\vec{\varphi}} = \frac{1 + p T_v}{p T_y (1 + p \beta T_v)}$	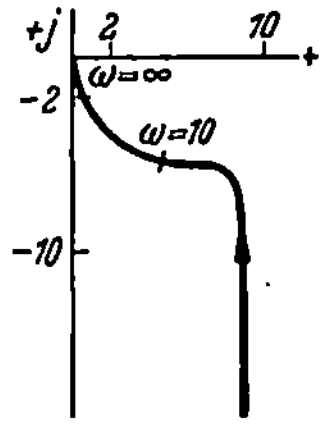+j 2 10 + ω=∞ -2 ω=10 -10	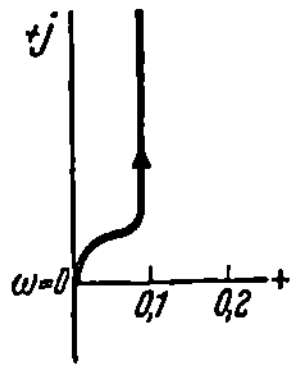+j ω=0 0,1 0,2 +
$T_y = \varphi + \varphi' T_v$	$\frac{\vec{\alpha}}{\vec{\varphi}} = \frac{1 + p T_v}{p T_y}$	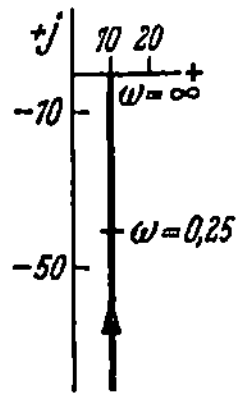+j 10 20 + -10 ω=∞ ω=0,25 -50	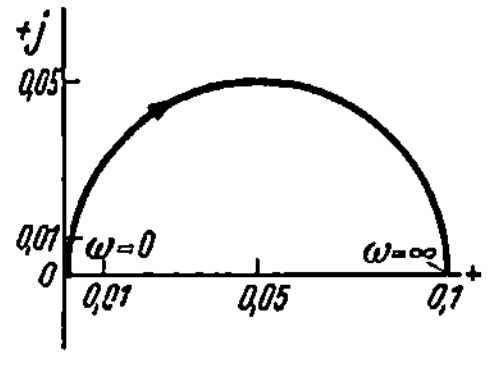+j 0,05 0,01 0 ω=0 ω=∞ 0,01 0,05 0,1 +

Tabelle 7. *Regelglieder*

Nr.	Übergangsfunktion		Differentialgleichung
	Verlauf	Gleichung	
1	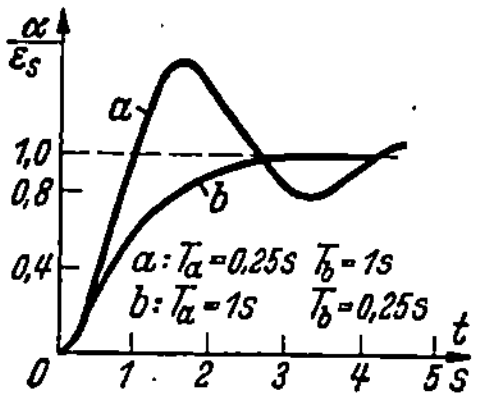	$\alpha = \varepsilon_s + C_1\, e^{p_1 t} + C_2\, e^{p_2 t}$	$\alpha''\, T_a\, T_b + \alpha'\, T_a + \alpha = \varepsilon$ a: $\dfrac{1}{4\, T_b^2} < \dfrac{1}{T_a\, T_b}$ b: $\dfrac{1}{4\, T_b^2} > \dfrac{1}{T_a\, T_b}$
2	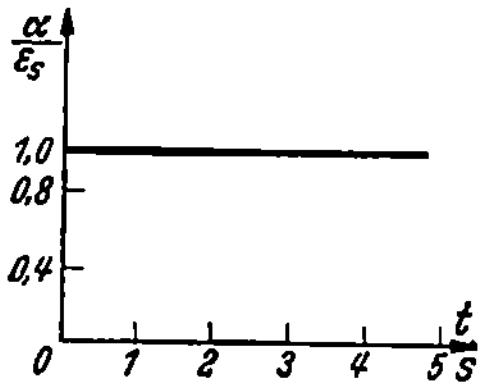	$\alpha = \varepsilon_s$	$\alpha = \varepsilon$
3	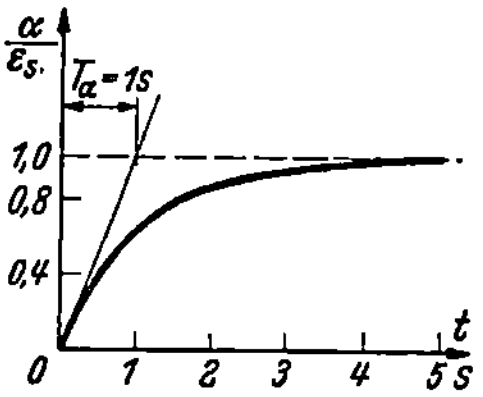	$\alpha = \varepsilon_s$ $\times \left(1 - e^{-\frac{t}{T_a}}\right)$	$\alpha'\, T_a + \alpha = \varepsilon$
4	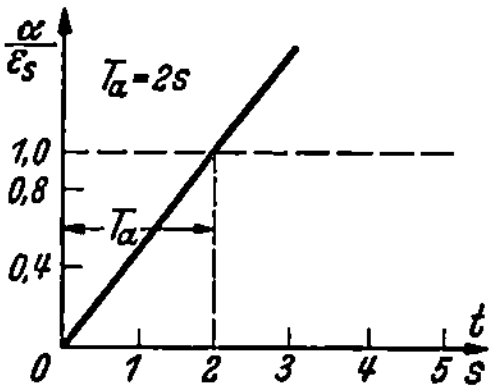	$\alpha = \varepsilon_s\, \dfrac{t}{T_a}$	$\alpha'\, T_a = \varepsilon$
5	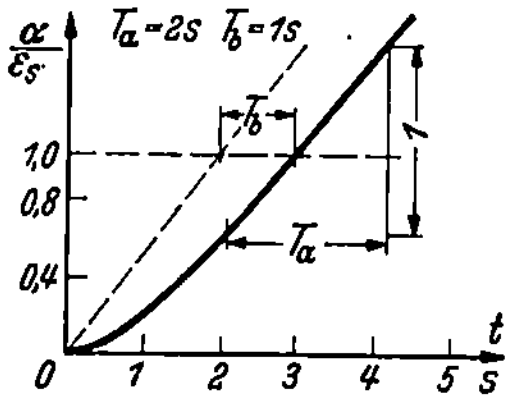	$\alpha = \dfrac{\varepsilon_s}{T_a}$ $\times \left[t - T_b\left(1 - e^{-\frac{t}{T_b}}\right)\right]$	$\alpha''\, T_a\, T_b + \alpha'\, T_a = \varepsilon$

Frequenzgang	Bemerkung	Verlauf des Frequenzganges
$\dfrac{\vec{\alpha}}{\vec{\varepsilon}} = \dfrac{1}{p^2\, T_a\, T_b + p\, T_a + 1}$		
$\dfrac{\vec{\alpha}}{\vec{\varepsilon}} = 1$	reine Wegsteuerung	
$\dfrac{\vec{\alpha}}{\vec{\varepsilon}} = \dfrac{1}{p\, T_a + 1}$	Weg-Geschwindigkeitssteuerung Verstellglied mit Ausgleich	
$\dfrac{\vec{\alpha}}{\vec{\varepsilon}} = \dfrac{1}{p\, T_a}$	reine Geschwindigkeitssteuerung	
$\dfrac{\vec{\alpha}}{\vec{\varepsilon}} = \dfrac{1}{p^2\, T_a\, T_b + p\, T_a}$	Beschleunigungs-Geschwindigkeitssteuerung	

Tabelle 7. *Regelglieder* (Fortsetzung)

Nr.	Übergangsfunktion: Verlauf	Übergangsfunktion: Gleichung	Differentialgleichung
6	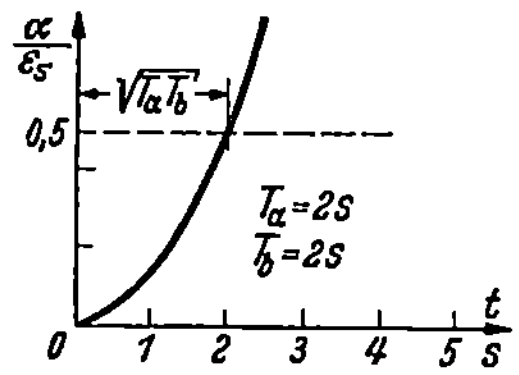 $T_a=2s$ $T_b=2s$ $\sqrt{T_aT_b}$	$\alpha = \varepsilon_s \frac{t^2}{2\,T_a\,T_b}$	$\alpha''\,T_a\,T_b = \varepsilon$
7.	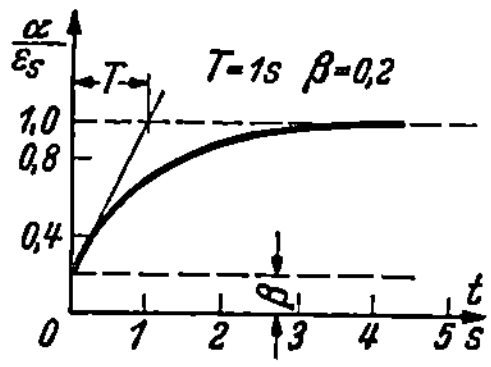 $T=1s$ $\beta=0,2$	$\alpha = \varepsilon_s\left[1-(1-\beta)\,e^{-\frac{t}{T}}\right]$	$\alpha'\,T + \alpha = \varepsilon'\,\beta\,T + \varepsilon$ $1 > \beta > 0$
8	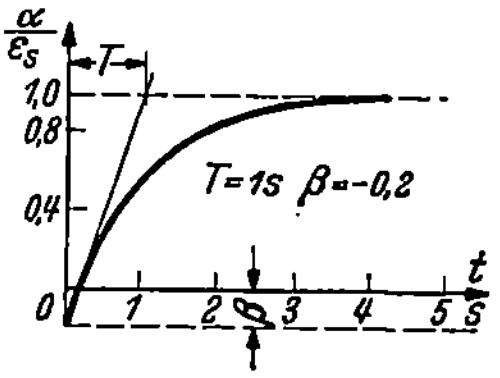 $T=1s$ $\beta=-0,2$	$\alpha = \varepsilon_s\left[1-(1-\beta)\,e^{-\frac{t}{T}}\right]$	$\alpha'\,T + \alpha = \varepsilon'\,\beta\,T + \varepsilon$ $\beta < 0$
9	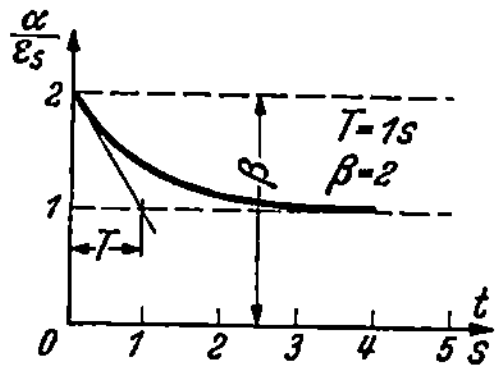 $T=1s$ $\beta=2$	$\alpha = \varepsilon_s\left[1-(1-\beta)\,e^{-\frac{t}{T}}\right]$	$\alpha'\,T + \alpha = \varepsilon'\,\beta\,T + \varepsilon$ $\beta > 1$
10	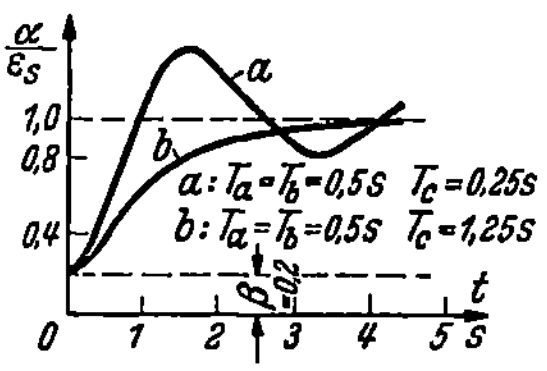 a: $T_a=T_b=0,5s$ $T_c=0,25s$ b: $T_a=T_b=0,5s$ $T_c=1,25s$ $\beta=0,2$	$\alpha = \varepsilon_s + C_1\,e^{p_1 t} + C_2\,e^{p_2 t}$ a: $\left(\frac{T_c}{T_a\,T_b}\right)^2 \frac{1}{4} < \frac{1}{T_a\,T_b}$ b: $\left(\frac{T_c}{T_a\,T_b}\right)^2 \frac{1}{4} > \frac{1}{T_a\,T_b}$	$\alpha''T_a\,T_b + \alpha'T_c + \alpha =$ $\varepsilon''\beta\,T_a\,T_b + \varepsilon'\beta\,T_c + \varepsilon$ $\beta > 0$
11	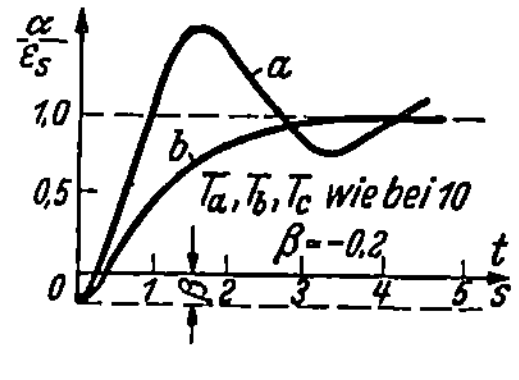 T_a, T_b, T_c wie bei 10 $\beta=-0,2$	$\alpha = \varepsilon_s + C_1\,e^{p_1 t} + C_2\,e^{p_2 t}$ a: $\left(\frac{T_c}{T_a\,T_b}\right)^2 \frac{1}{4} < \frac{1}{T_a\,T_b}$ b: $\left(\frac{T_c}{T_a\,T_b}\right)^2 \frac{1}{4} > \frac{1}{T_a\,T_b}$	$\alpha''T_a\,T_b + \alpha'T_c + \alpha =$ $\varepsilon''\beta\,T_a\,T_b + \varepsilon'\beta\,T_c + \varepsilon$ $\beta < 0$

Frequenzgang	Bemerkung	Verlauf des Frequenzgangs
$\dfrac{\vec{\alpha}}{\vec{\varepsilon}} = \dfrac{1}{p^2\,T_a T_b}$	reine Beschleunigungssteuerung	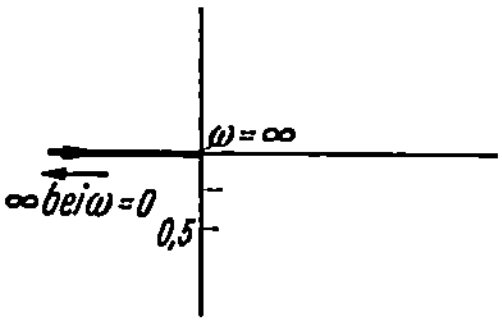
$\dfrac{\vec{\alpha}}{\vec{\varepsilon}} = \beta + \dfrac{1-\beta}{p\,T+1}$ $= \dfrac{p\,\beta\,T+1}{p\,T+1}$		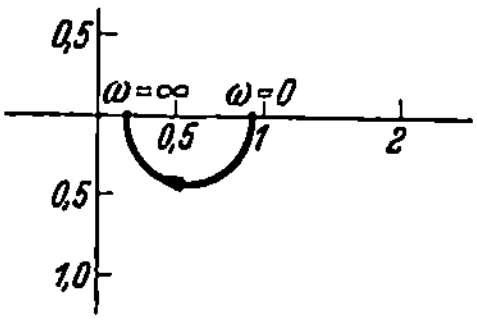
$\dfrac{\vec{\alpha}}{\vec{\varepsilon}} = \beta + \dfrac{1-\beta}{p\,T+1}$ $= \dfrac{p\,\beta\,T+1}{p\,T+1}$		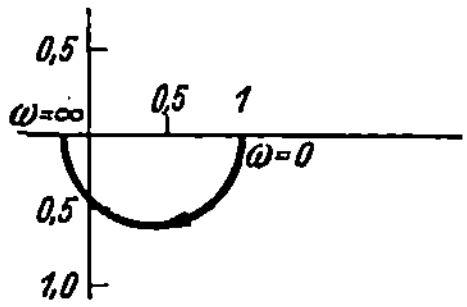
$\dfrac{\vec{\alpha}}{\vec{\varepsilon}} = \beta + \dfrac{1-\beta}{p\,T+1}$ $= \dfrac{p\,\beta\,T+1}{p\,T+1}$		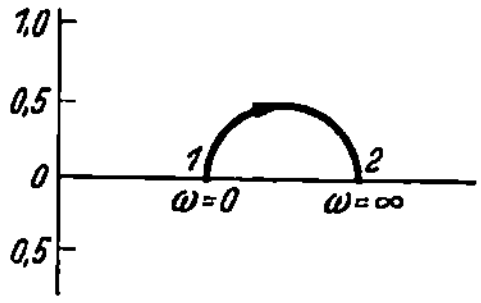
$\dfrac{\vec{\alpha}}{\vec{\varepsilon}} = \beta + \dfrac{1-\beta}{p^2\,T_a\,T_b + p\,T_c + 1}$ $= \dfrac{p^2\,\beta\,T_a\,T_b + p\,\beta\,T_c + 1}{p^2\,T_a\,T_b + p\,T_c + 1}$		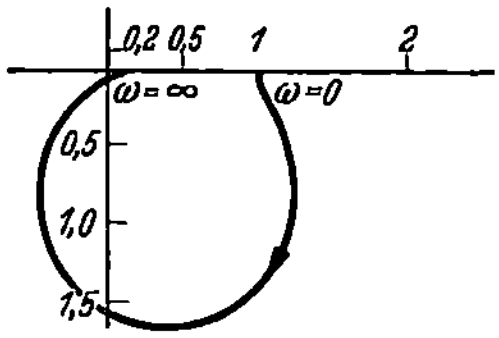
$\dfrac{\vec{\alpha}}{\vec{\varepsilon}} = \beta + \dfrac{1-\beta}{p^2\,T_a\,T_b + p\,T_c + 1}$ $= \dfrac{p^2\,\beta\,T_a\,T_b + p\,\beta\,T_c + 1}{p^2\,T_a\,T_b + p\,T_c + 1}$		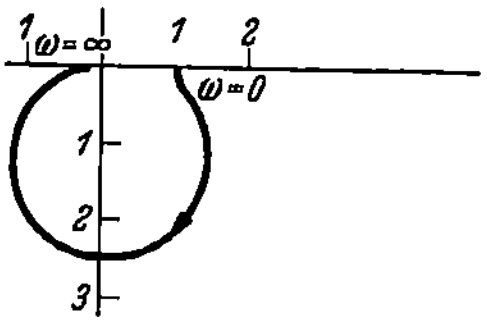

Tabelle 7. *Regelglieder* (Fortsetzung)

Nr.	Übergangsfunktion		Differentialgleichung
	Verlauf	Gleichung	
12	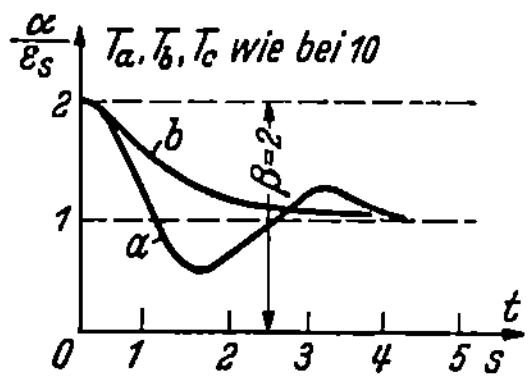	$\alpha = \varepsilon_s + C_1 e^{p_1 t} + C_2 e^{p_2 t}$ $\mathrm{a}:\left(\dfrac{T_c}{T_a\,T_b}\right)^2\dfrac{1}{4} < \dfrac{1}{T_a\,T_b}$ $\mathrm{b}:\left(\dfrac{T_c}{T_a\,T_b}\right)^2\dfrac{1}{4} > \dfrac{1}{T_a\,T_b}$	$\alpha''\,T_a\,T_b + \alpha'\,T_c + \alpha =$ $\varepsilon''\,\beta\,T_a\,T_b + \varepsilon'\,\beta\,T_c + \varepsilon$ $\beta > 1$
13	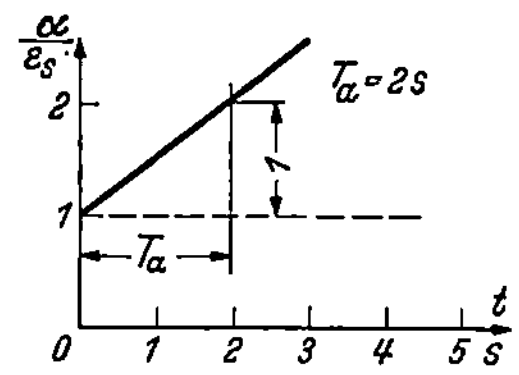	$\alpha = \varepsilon_s\left(1 + \dfrac{t}{T_a}\right)$	$\alpha'\,T_a = \varepsilon'\,T_a + \varepsilon$
14	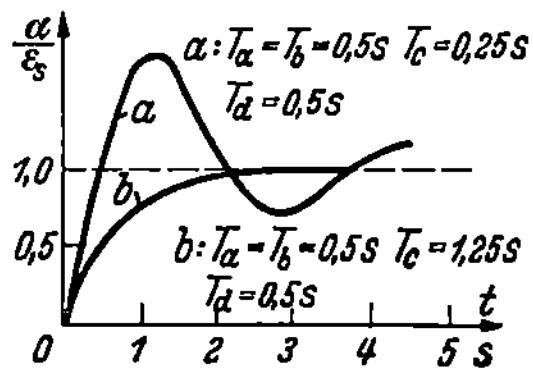	$\alpha = \varepsilon_s + C_1 e^{p_1 t} + C_2 e^{p_2 t}$	$\alpha''\,T_a\,T_b + \alpha'\,T_c + \alpha$ $= \varepsilon'\,T_d + \varepsilon$ $\mathrm{a}:\left(\dfrac{T_c}{T_a\,T_b}\right)^2\dfrac{1}{4} < \dfrac{1}{T_a\,T_b}$ $\mathrm{b}:\left(\dfrac{T_c}{T_a\,T_b}\right)^2\dfrac{1}{4} > \dfrac{1}{T_a\,T_b}$
15	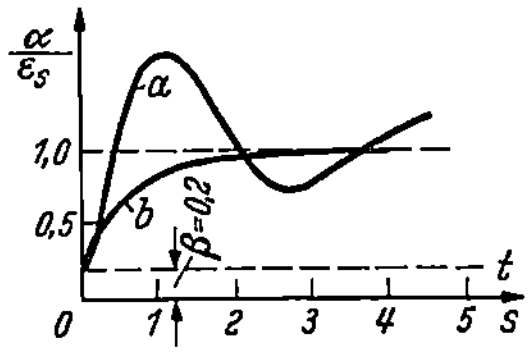	$\alpha = \varepsilon_s + C_1 e^{p_1 t} + C_2 e^{p_2 t}$ $\mathrm{a}:\left(\dfrac{T_c}{T_a\,T_b}\right)^2\dfrac{1}{4} < \dfrac{1}{T_a\,T_b}$ $\mathrm{b}:\left(\dfrac{T_c}{T_a\,T_b}\right)^2\dfrac{1}{4} > \dfrac{1}{T_a\,T_b}$	$\alpha''\,T_a\,T_b + \alpha'\,T_c + \alpha =$ $\varepsilon''\,\beta\,T_a\,T_b$ $+ \varepsilon'\,(\beta\,T_c + T_d) + \varepsilon$ $\beta > 0$
16	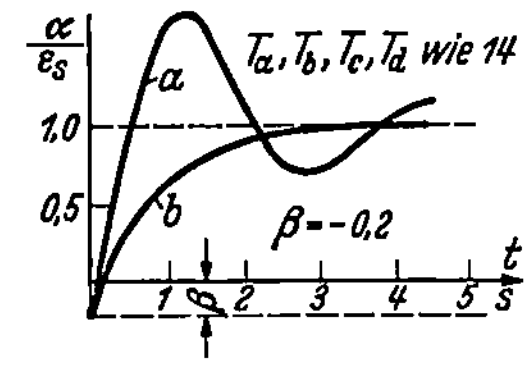	$\alpha = \varepsilon_s + C_1 e^{p_1 t} + C_2 e^{p_2 t}$ $\mathrm{a}:\left(\dfrac{T_c}{T_a\,T_b}\right)^2\dfrac{1}{4} < \dfrac{1}{T_a\,T_b}$ $\mathrm{b}:\left(\dfrac{T_c}{T_a\,T_b}\right)^2\dfrac{1}{4} > \dfrac{1}{T_a\,T_b}$	$\alpha''\,T_a\,T_b + \alpha'\,T_c + \alpha =$ $\varepsilon''\,\beta\,T_a\,T_b$ $+ \varepsilon'\,(\beta\,T_c + T_d) + \varepsilon$ $\beta < 0$
17	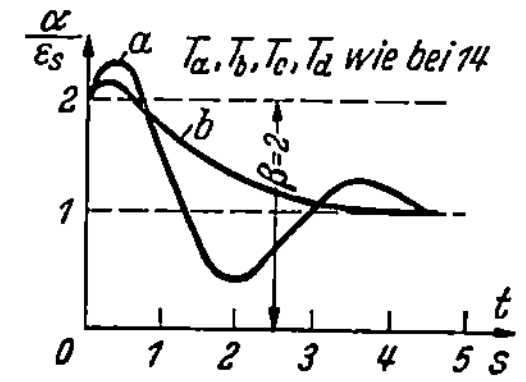	$\alpha = \varepsilon_s + C_1 e^{p_1 t} + C_2 e^{p_2 t}$ $\mathrm{a}:\left(\dfrac{T_c}{T_a\,T_b}\right)^2\dfrac{1}{4} < \dfrac{1}{T_a\,T_b}$ $\mathrm{b}:\left(\dfrac{T_a\,T_b}{T_c}\right)^2\dfrac{1}{4} > \dfrac{1}{T_a\,T_b}$	$\alpha''\,T_a\,T_b + \alpha'\,T_c + \alpha =$ $\varepsilon''\,\beta\,T_a T_b$ $+ \varepsilon'\,(\beta\,T_c + T_d) + \varepsilon$ $\beta > 1$

Frequenzgang	Bemerkung	Verlauf des Frequenzgangs
$\dfrac{\vec{\alpha}}{\vec{\varepsilon}} = \beta + \dfrac{1-\beta}{p^2\,T_a\,T_b + p\,T_c + 1}$ $\qquad = \dfrac{p^2\,\beta\,T_a\,T_b + p\,\beta\,T_c + 1}{p^2\,T_a\,T_b + p\,T_c + 1}$		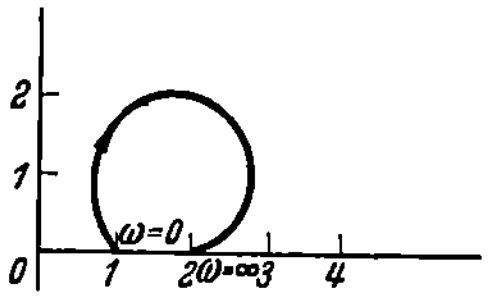
$\dfrac{\vec{\alpha}}{\vec{\varepsilon}} = \dfrac{p\,T_a + 1}{p\,T_a}$		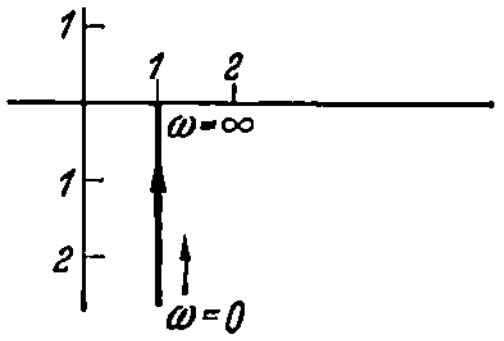
$\dfrac{\vec{\alpha}}{\vec{\varepsilon}} = \dfrac{p\,T_d + 1}{p^2\,T_a\,T_b + p\,T_c + 1}$		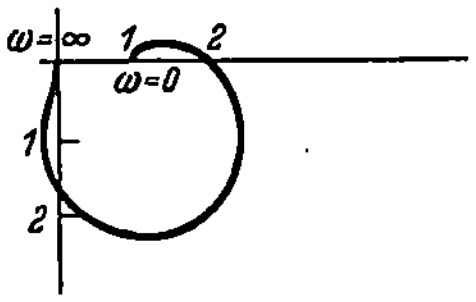
$\dfrac{\vec{\alpha}}{\vec{\varepsilon}} = \beta + \dfrac{p\,T_d + (1-\beta)}{p^2\,T_a\,T_b + p\,T_c + 1}$ $\qquad = \dfrac{p^2\,\beta\,T_a\,T_b + p\,(\beta\,T_c + T_d) + 1}{p^2\,T_a\,T_b + p\,T_c + 1}$		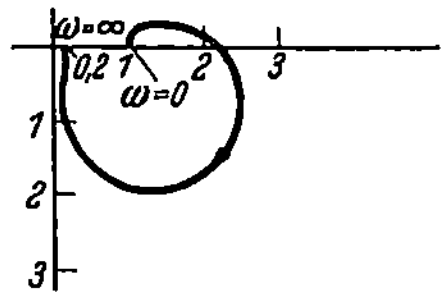
$\dfrac{\vec{\alpha}}{\vec{\varepsilon}} = \beta + \dfrac{p\,T_d + (1-\beta)}{p^2\,T_a\,T_b + p\,T_c + 1}$ $\qquad = \dfrac{p^2\,\beta\,T_a\,T_b + p\,(\beta\cdot T_c + T_d) + 1}{p^2\,\beta\,T_a\,T_b + p\,T_c + 1}$		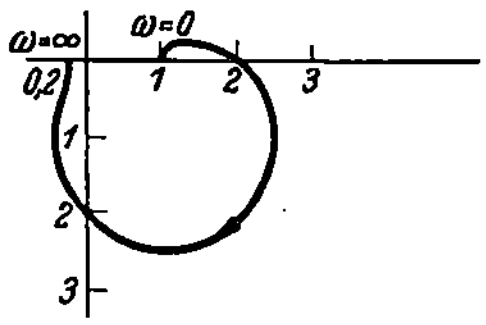
$\dfrac{\vec{\alpha}}{\vec{\varepsilon}} = \beta + \dfrac{p\,T + (1-\beta)}{p^2\,T_a\,T_b + p\,T_c + 1}$ $\qquad = \dfrac{p^2\,\beta\,T_a\,T_b + p\,(\beta\,T_c + T_d) + 1}{p^2\,T_a\,T_b + p\,T_c + 1}$		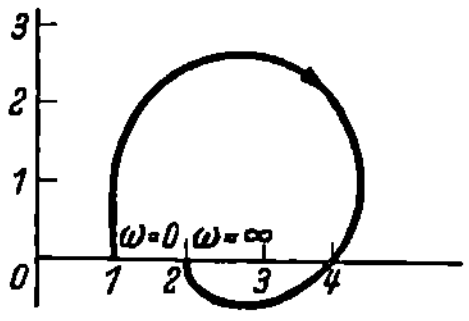

Tabelle 7. *Regelglieder* (Fortsetzung)

Nr.	Übergangsfunktion: Verlauf	Übergangsfunktion: Gleichung	Differentialgleichung
18	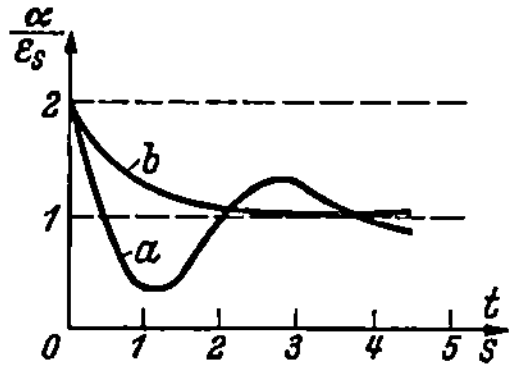	$\alpha = \varepsilon_s + C_1\,e^{p_1 t} + C_2\,e^{p_2 t}$ a: $\left(\frac{T_c}{T_a T_b}\right)^2 \frac{1}{4} < \frac{1}{T_a T_b}$ b: $\left(\frac{T_c}{T_a T_b}\right)^2 \frac{1}{4} > \frac{1}{T_a T_b}$	$\alpha'' T_a T_b + \alpha' T_c + \alpha = \varepsilon'' \beta T_a T_b + \varepsilon' (\beta T_c - T_d) + \varepsilon$ $\beta > 1$
19	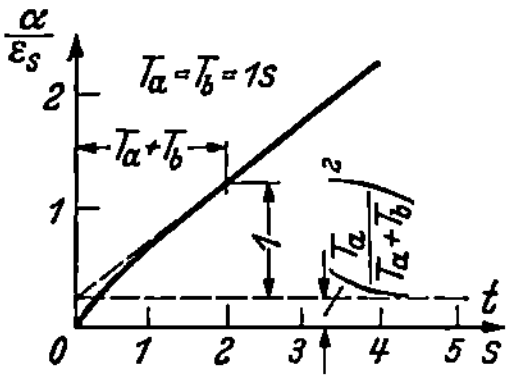	$\alpha = \frac{\varepsilon_s}{T_a + T_b} \times \left[t + \frac{T_a^2}{T_a + T_b} \times \left(1 - e^{-\frac{T_a + T_b}{T_a T_b} t}\right)\right]$	$\alpha'' T_a T_b + \alpha' (T_a + T_b) = \varepsilon' T_a + \varepsilon$
20	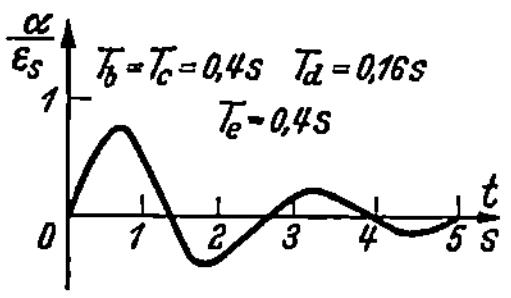	$\alpha = C_1\,e^{p_1 t} + C_2\,e^{p_2 t}$ $\alpha = \varepsilon_s \frac{T_e}{T_b T_c} \frac{1}{\nu} e^{\beta t} \sin \nu t$ $p_{1,2} = \beta \pm j\nu$	$\alpha'' T_b T_c + \alpha' T_d + \alpha = \varepsilon' T_e$
21	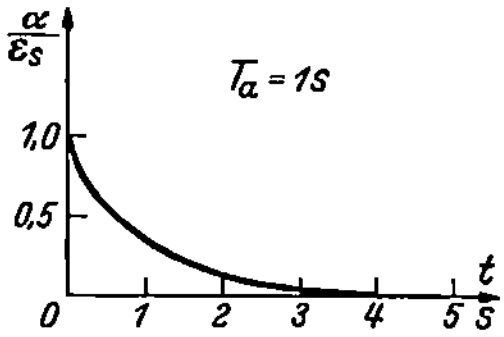	$\alpha = \varepsilon_s\, e^{-\frac{t}{T_a}}$	$\alpha' T_a + \alpha = \varepsilon' T_a$
22	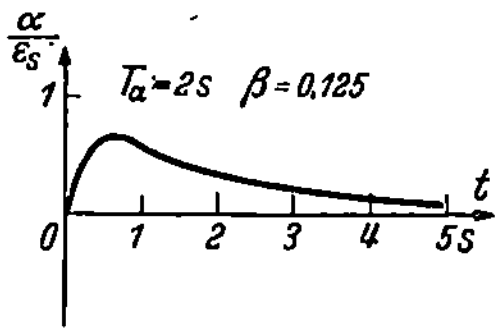	$\alpha = \varepsilon_s \left(e^{-\frac{t}{T_a}} - e^{-\frac{t}{\beta T_a}}\right)$	$\alpha'' \beta T_a^2 + \alpha' (1 + \beta) \times T_a + 1 = \varepsilon' (1 - \beta) T_a$
23	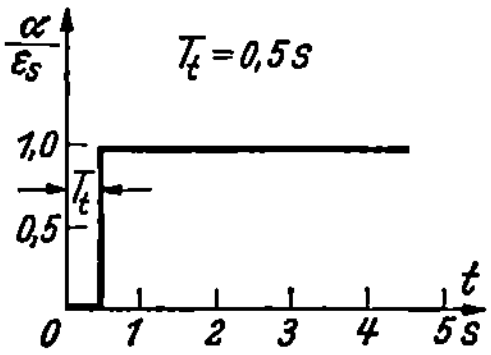	$\alpha = 0$ für $t < T_t$ $\alpha = \varepsilon_s$ für $t > T_t$	$\frac{\partial x}{\partial z} Z + \frac{\partial x}{\partial t} T_t = 0$ $z = 0 \quad x = x_I$ $z = Z \quad x = x_{II}$

Frequenzgang	Bemerkung	Verlauf des Frequenzgangs
$\dfrac{\vec{\alpha}}{\vec{\varepsilon}} = \beta + \dfrac{-\,p\,T_d + (1-\beta)}{p^2\,T_a\,T_b + p\,T_c + 1}$ $= \dfrac{p^2\beta T_a T_b + p(\beta T_c - T_d) + 1}{p^2\,T_a\,T_b + p\,T_c + 1}$		
$\dfrac{\vec{\alpha}}{\vec{\varepsilon}} = \dfrac{p\,T_a + 1}{p^2\,T_a\,T_b + p\,(T_a + T_b)}$		
$\dfrac{\vec{\alpha}}{\vec{\varepsilon}} = \dfrac{p\,T_e}{p^2\,T_b\,T_c + p\,T_d + 1}$	Bei Kraftmaschinen mit Synchrongenerator $T_b\,T_c = \dfrac{1}{\omega_e^2}; \quad T = \dfrac{1}{s_H}$ $\times \dfrac{1}{\omega_e^2\,T_a}; \quad T_e = \dfrac{1}{\omega_e^2\,T_a}$	
$\dfrac{\vec{\alpha}}{\vec{\varepsilon}} = \dfrac{p\,T_a}{p\,T_a + 1}$		
$\dfrac{\vec{\alpha}}{\vec{\varepsilon}} = \dfrac{p\,T_a}{p\,T_a + 1} - \dfrac{p\,\beta\,T_a}{p\,\beta\,T_a + 1}$ $= \dfrac{p\,T_a\,(1-\beta)}{p^2\beta\,T_a^2 + p\,T_a(1+\beta) + 1}$		
$\dfrac{\vec{x}_{II}}{\vec{x}_I} = \dfrac{\vec{\alpha}}{\vec{\varepsilon}} = e^{-\,p\,T_t}$		

Tabelle 7. *Regelglieder* (Fortsetzung)

Nr.	Übergangsfunktion		Differentialgeichung
	Verlauf	Gleichung	
24	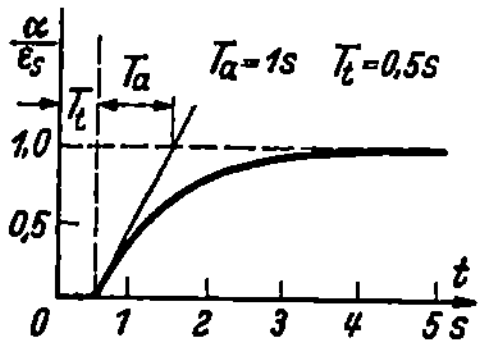	$\alpha = 0$ für $t < T_t$ $\alpha = \varepsilon_s \left(1 - e^{-\frac{t-T_t}{T_a}}\right)$ für $t > T_t$	
25	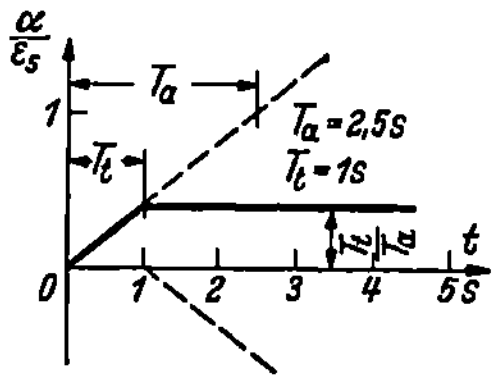	$\alpha = \varepsilon_s \dfrac{t}{T_a}$ für $t < T_t$ $\alpha = \varepsilon_s \left[\dfrac{t}{T_a} - \dfrac{t-T_t}{T_a}\right]$ für $t > T_t$	
26	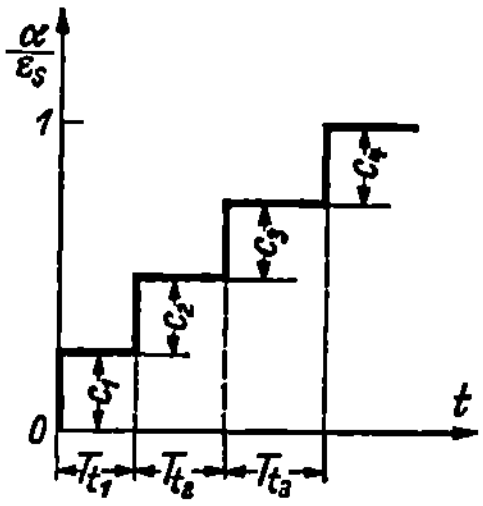		
27	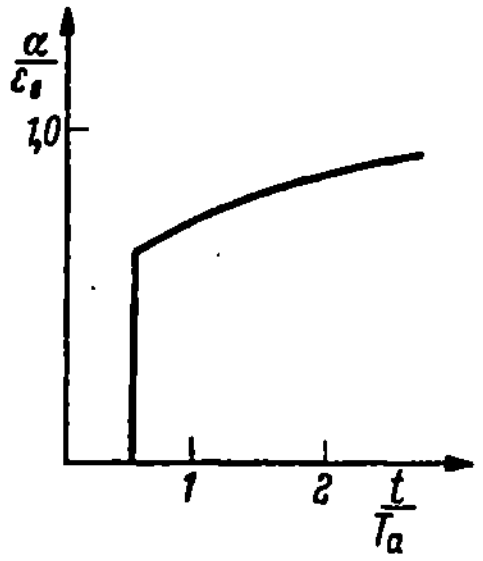	$\varrho = 0,5$ $T_a = 17,7$ sek $T_b = 8,9$ sek	$\dfrac{\partial x}{\partial z\, \partial t} Z\, T_a$ $+\dfrac{\partial^2 x}{\partial t^2} T_a\, T_b$ $+\dfrac{\partial x}{\partial t}\varrho\, T_a + \dfrac{\partial x}{\partial z} Z$ $+\dfrac{\partial x}{\partial t} T_b = 0$

Frequenzgang	Bemerkung	Verlauf des Frequenzgangs
$\dfrac{\vec{\alpha}}{\vec{\varepsilon}} = \dfrac{e^{-p_t}}{p\,T_a + 1}$	aus 3 und 23; entsprechend auch andere Übergangsfunktionen mit konstanter Laufzeit T_t	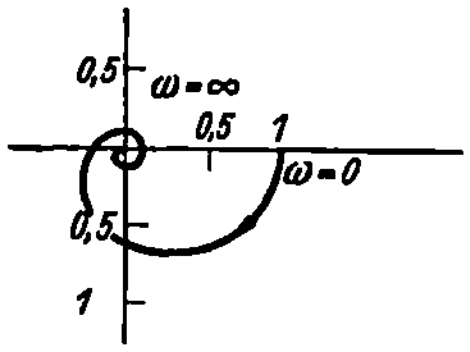 $\omega = \infty$; $\omega = 0$; $0{,}5$; 1
$\dfrac{\vec{\alpha}}{\vec{\varepsilon}} = \dfrac{1}{p\,T_a} - \dfrac{e^{-p\,T_t}}{p\,T_a}$		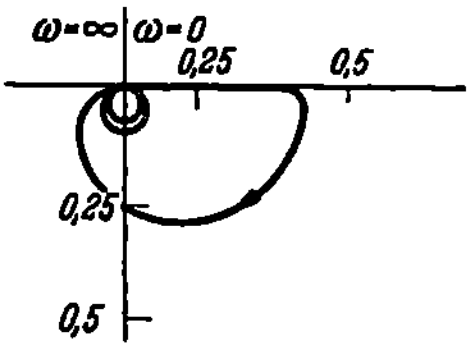 $\omega = \infty$; $\omega = 0$; $0{,}25$; $0{,}5$
$\dfrac{\vec{\alpha}}{\vec{\varepsilon}} = C_1 + C_2\,e^{-p\,T_{t1}}$ $+ C_3\,e^{-p(T_{t1}+T_{t2})}$ $+ C_4\,e^{-p(T_{t1}+T_{t2}+T_{t3})}$ $+ \cdots\cdots$		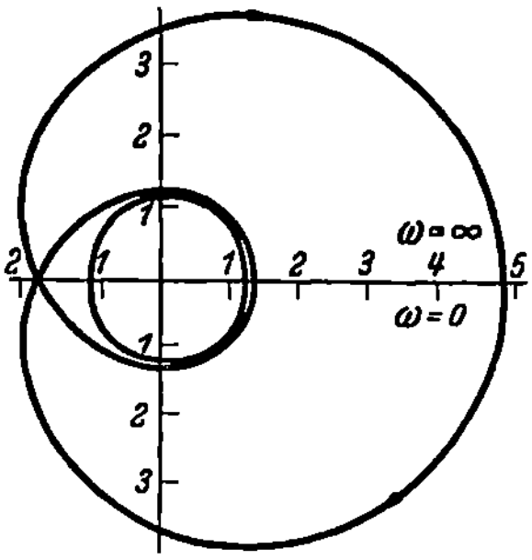 $\omega = \infty$; $\omega = 0$
$\dfrac{\vec{\alpha}}{\vec{\varepsilon}} = e^{-\left(p\,T_b + \frac{p\,e\,T_a}{p\,T_a + 1}\right)}$ $z = 0 \quad x = x_I$ $z = Z \quad x = x_{II}$ $\dfrac{\vec{\alpha}}{\vec{\varepsilon}} = \dfrac{x_{II}}{x_I}$	Wärmeaustauscher	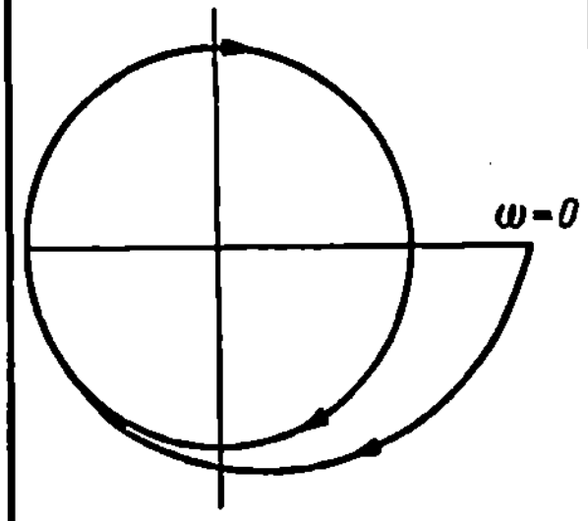 $\omega = 0$

Literaturverzeichnis

[1] ARTUS, W.: Über die Behandlung der Stabilität mechanisch-elektrischer Regelsysteme. Wiss. Veröff. Siemens-Werk Bd. 20, Heft 1, S. 186—206

[2] BUCHHOLD, TH.: Über die automatische Regelung von feinstufig arbeitenden Fahrzeugsteuerungen. Elektr. Bahnen 1942, H. 18, S. 37

[3] —: Über das Regelproblem. Elektrotechn. u. Maschinenb. 1940, Jg. 58, S. 1—10 u. S. 31—40

[4] EINSELE, A.: Theorie der direkten Spannungsregler. Diss. T. H. Karlsruhe 1933

[5] EMDE, F.: Tafeln elementarer Funktionen. Berlin: Teubner 1940

[6] FEISS, R.: Untersuchung der Stabilität von Regulierungen an Hand des Vektorbildes. Diss. der Eidgen. T. H. Zürich 1939

[7] GARTHE, H.: Ausgewählte Regelprobleme aus dem Gebiet der kontinuierlichen Regelung. Forschg. Ing.-Wes. Bd. 12 (1941) Heft 2 S. 88—99

[8] GÖRK, E.: Gesetzmäßigkeiten bei Regelvorgängen. Diss. T. H. Stuttgart 1941

[9] GRANER, H.: Beiträge zur Theorie der Netzregelung. Diss. T. H. München 1938. — Vorschläge für den Betrieb von Netzverbänden. ETZ Bd. 55 (1934) S. 1069. — Regel- u. Steuerverfahren für den Elektrizitätsverbundbetrieb. ETZ Bd. 60 (1939) S. 1269

[10] GRÜNWALD, E.: Lösungsverfahren der LAPLACE-Transformation für Ausgleichsvorgänge in linearen Netzen, angewandt auf selbsttätige Regelungen. Arch. Elektrotechn. Bd. 35 (1941) Heft 7

[11] JUILLARD-OLLENDORF, E.: Die selbsttätige Regelung elektrischer Maschinen. Berlin: Springer 1931

[12] KEMPER, H.: Schwebende Aufhängung durch elektromagnetische Kräfte: eine Möglichkeit für eine grundsätzlich neue Fortbewegungsart. ETZ Bd. 59 (1938) S. 391

[13] KÖNIG, H.: Periodische und aperiodische Schwingungen an empfindlichen Regelanordnungen. Z. techn. Physik 1937, Nr. 11, S. 426—431

[14] KRAMER, K.: Regelung des Blutkreislaufs. Z. VDI Bd. 85 (1941) Heft 4

[15] KÜPFMÜLLER, K.: Über die Dynamik der selbsttätigen Verstärkungsregler. Elektr. Nachr.-Techn. 1928 Heft 5 S. 459—467

[16] LANG, A.: Der direkte und indirekte Spannungsregler in einheitlicher Betrachtungsweise. Diss. T. H. Stuttgart 1939

[17] —: Beseitigung von Temperaturschwankungen bei der Aussetzregelung. Elektrowärme 1941 Heft 10

[18] —, M.: Das Dämpfungsproblem in der Regelungstechnik. Z. techn. Physik 1942 Heft 11 S. 280

[19] —, A.: Stabilisierungseinrichtungen bei selbsttätigen Spannungsreglern. Arch. Elektrotechn. Bd. 33 (1939) Heft 11

[20] LEONHARD, A.: Die selbsttätige Regelung in der Elektrotechnik. Berlin: Springer 1940

[21] —: Eine systematische und zweckmäßige Einteilung der verschiedenen Regelungsarten. Elektrotechn. u. Maschinenb. Jg. 58 (1940) Heft 51/52 S. 541—546

[22] —: Die Untersuchung von mehrfach geregelten Systemen mit Hilfe der Operatorenrechnung. Elektrotechn. u. Maschinenbau Jg. 61 (1943 Heft 27/28 S. 329—333

[23] —: Allgemeine Gesichtspunkte bei der Behandlung von Regelaufgaben. Forschung auf dem Geb. d. Ingenieurwesens Bd. 13 (1941) Heft 2

[24] LEONHARD, A.: Neues Verfahren zur Stabilitätsuntersuchung. Arch. Elektrotechn. Bd. 38 (1944) S. 17—28

[25] —: Temperatur-Regelung mit großen wirksamen Zeitkonstanten nach dem Pulsations-Verfahren. Elektrowärme Jg. 10 (1940) Heft 6

[26] LORENZ, I.: Grundsätzliches über die Regelungstechnik und ihre Anwendung im Gasfach. Gas- u. Wasserfach Jg. 85 (1942) Heft 3/4

[27] NYQUIST, H.: Regeneration Theory. Bell Syst. techn. J. 1932 S. 126

[28] REINHARDT, F.: Der Parallelbetrieb von Synchrongeneratoren mit Kraftmaschinenreglern konstanter Verzögerungszeit. Wiss. Veröff. Siemens-Werk Bd. 18, Heft 1, S. 24—44

[29] SCHMIDT, H.: Regelungstechnik. Die technische Aufgabe und ihre wirtschaftliche, sozialpolitische und kulturpolitische Auswirkung. Z. VDI Bd. 85 (1941) Heft 4

[30] TISCHNER, H.: Die Darstellung von Regelvorgängen. Hochfrequenztechn. 1941, Heft 58 S. 145—148

[31] TOLLE, M.: Regelung der Kraftmaschinen. Berlin: Springer 1921

[32] TRENDELENBURG, W.: Regelung durch das Vestibularorgan des Innenohres. Z. VDI Bd. 85 (1941) Heft 4

[33] TSCHENG, F.-S.: Praktische Methoden zur Ermittlung von Regelvorgängen unter Zuhilfenahme der Übergangsfunktionen. Diss. T. H. Stuttgart 1942

[34] TUNG, W.-H.: Die Behandlung von schwierigen Regelvorgängen bei elektromechanischen Reglern nach einem graphischen Verfahren. Diss. T. H. Stuttgart 1939

[35] WAGNER, K. W.: Operatorenrechnung nebst Anwendungen in Physik und Technik. Leipzig: Ambr. Barth 1940

[36] —: LAPLACEsche Transformation und Operatorenrechnung. Arch. Elektrotechn. Bd. 35 (1941), Heft 8

[37] WÜNSCH, G.: Regler für Druck und Menge. München u. Berlin: R. Oldenbourg 1930

[38] —: Kurssteuerung von Flugzeugen. Z. VDI Bd. 85 (1941) Heft 4

[39] OLDENBOURG, R. u. H. SARTORIUS: Dynamik selbsttätiger Regelungen. München u. Berlin: Oldenbourg 1944

[40] SARTORIUS, H.: Zweckmäßige Festlegung der frei wählbaren Regelungskonstanten. Diss. T. H. Stuttgart 1945

[41] ROSENHAMMER, H.: Bemessung stetiger linearer Regelsysteme. Arch. Elektrotechn. Bd. 36 (1942) S. 693

[42] —: Synthese ganzer rationaler Funktionen. Z. angew. Math. Mech. Bd. 22 (1942) S. 153

[43] ENGEL, F. V. A. u. R. OLDENBOURG: Mittelbare Regler und Regelanlagen. Berlin: VDI-Verlag 1944

[44] LEONHARD, A.: Stabilitätskriterium insbesondere von Regelkreisen bei vorgeschriebener Stabilitätsgüte. Arch. Elektrotechn. Bd. 39 (1948) S. 100 bis 107

[45] OPPELT, W.: Neuere Verfahren zur Prüfung der Stabilität von Regelvorgängen. Die Technik Bd. 3 (1948) S. 312—314

[46] —: Über die Stabilität unstetiger Regelvorgänge. Elektrotechnik Bd. 2 (1949) S. 71—78

[47] CREMER, L.: Ein neues Verfahren zur Beurteilung der Stabilität linearer Regelungs-Systeme. Zeitschr. f. angew. Math. u. Mech. Bd. 25/27 (1947) Heft 5/6

[48] HÜTTE: Des Ingenieurs Taschenbuch. Berlin: Ernst u. Sohn

[49] OPPELT, W.: Über Ortskurvenverfahren bei Regelvorgängen mit Reibung. VDI-Zeitschr. Bd. 90 (1948) S. 179—183

[50] FABRITZ, G.: Die Regelung der Kraftmaschinen. Wien: Springer 1940

[51] PROFOS, P.: Vektorielle Regeltheorie. Zürich: Lehmann 1944

[52] FÖRSTNER, W.: Querfeldverstärkergeneratoren kleiner Leistung. Diss. T. H. Stuttgart 1945

[53] LEONHARD, W.: Beiträge zur Berechnung und zum Entwurf polarisierter magnetischer Gleichstromverstärker. Diss. T. H. Stuttgart 1954

[54] AIKMAN, A. R.: Die praktische Untersuchung von Regelungen mit Hilfe der Frequenzgangmethode. Regelungstechnik Bd. 1 (1953) S. 4

[55] BLASS, K. H.: Anwendung der Frequenzganganalyse beim praktischen Betrieb von Regelungsanlagen. Regelungstechnik Bd. 2 (1954) S. 137

[56] DOETSCH, G.: Theorie und Anwendung der LAPLACE-Transformation. Berlin 1937

[57] NIXON, FLOYD E.: Principles of Automatic Controls. New York: Prentice-Hall, INC. 1953

[58] GÖRK, E.: Stabilitätskriterien. AEÜ Bd. 4 (1950) S. 89—96

[59] MEJEROW, M. W.: Grundlagen der selbsttätigen Regelung elektrischer Maschinen. (Aus dem Russischen.) Berlin: Verlag Technik 1954

[60] DZUNG, L. S.: Das Stabilitätskriterium nach NYQUIST. Regelungstechnik Bd. 1 (1953) S. 143

[61] OLDENBOURGER, R.: Frequency-Response Data Presentation, Standards and Design Criteria. ASME 1954 Nr. 8, S. 1155

[62] LEONHARD, A.: Ausschlagabhängigkeit relaisgesteuerter Stellmotore. Regelungstechnik Bd. 1 (1953) S. 13

[63] KOCHENBURGER, R. J.: A Frequency Response Method for Analyzing and Synthesizing Contactor Servomechanisms. Trans. AIEE 69 (1950) 220 bis 284

[64] SARTORIUS, H.: Angepaßte Regelsysteme. Regelungstechnik Bd. 2 (1954) S. 165

[65] KESSLER, C.: Über die Vorausberechnung optimal abgestimmter Regelkreise. Regelungstechnik Bd. 3 (1955) S. 40

[66] GRÜNWALD, E.: Entwurf von Reglern und Rückführungen. Regelungstechnik Bd. 3 (1955) S. 147

[67] OLDENBOURG, R. C. u. H. SARTORIUS: A Uniform Approach to the Optimum Adjustment of Control Loops. Transactions of the ASME 1954 Nr. 8, S. 1265

[68] EVANS, W. R.: Control System Synthesis by Root Locus Method. AIEE 1950 Vol. 69 Part I S. 66—69

[69] TUSTIN, A.: Automatic and Manual Control, Papers contributed to the Conference at Cranfield 1951. London, Butterworths Scinntific Publications 1952

[70] HAZEBROEK, P. u. B. L. VAN DER WAERDEN: The Optimum Adjustment of Regulators. ASME-Transactions 1950, Vol. 72 S. 317—322

[71] —: Theoretical Considerations on the Optimum Adjustment of Regulators. ASME-Trans. 1950, Volt 72, S. 309—315

[72] HAIER, U.: Der Aufbau von Gleichstromprogrammantrieben. Diss. T. H. Stuttgart 1955

[73] OETKER, R.: Zur Synthese von Regelkreisen mit vorgeschriebener Stabilitätsgüte. Regelungstechnik Bd. 1 (1953) S. 138

[74] ALTENHEIM, H. J.: Optimale Regelung einer Regelstrecke mit Ausgleichsgrad, Anlaufzeit und Totzeit. Regelungstechnik Bd. 1 (1953) S. 232

[75] TAKAHASHI, Y.: Transfer Function Analysis of Heat Exchange Processes. Automatic and Manual Control (Papers contributed to the Conference at Cranfield 1951) London Butterworths Scientific Publications 1952

[76] —: Regeltechnische Eigenschaften von Gleich- und Gegenstromwärmeaustauschern. Regelungstechnik Bd. 1 (1953) S. 32

[77] LEONHARD, A.: Determination of Transient Response from Frequency Response. Transactions of the ASME 1954 Nr. 8, S. 1215

[78] KOURIM, G.: Die elektrische Nachbildung von Wärmeaustauschvorgängen. Diss. T. H. Stuttgart 1955

[79] OPPELT, W.: Kleines Handbuch technischer Regelvorgänge. Weinheim: Vlg. Chemie. 3. Auflage 1960

[80] SCHÄFER, O.: Grundlagen der selbsttätigen Regelung. München: Franzis-Vlg. 1953

[81] HUTAREW, G.: Regelungstechnik. Berlin/Göttingen/Heidelberg: Springer 2. Auflage 1960

[82] Die LAPLACE-Transformation und ihre Anwendung in der Regelungstechnik. München: R. Oldenbourg 1955

[83] Deutsche Normen DIN 19226: Regelungstechnik, Benennungen, Begriffe. Ausgabe Januar 1954

[84] LEONHARD, A.: Das Stabilitätskriterium nach NYQUIST-BODE erweitert für die Kontrolle der Stabilitätsgüte. Regelungstechnik 1954, S. 236

[85] BADER, W.: Rationale Gegenkopplungs- und Entzerrungsschaltungen oder Folgeregler mit vorgeschriebenen Eigenschaften. Archiv d. Elektr. Übertragung 1954, Bd. 8, Heft 7, S. 285

[86] PETERS, J.: Wann gilt das Stabilitätskriterium nach NYQUIST. Arch. Elektr. Übertragung 1950, Bd. 4, Nr. 1, S. 17

[87] MAGNUS, K.: Über ein Verfahren zur Untersuchung nichtlinearer Schwingungs- und Regelungs-Systeme. VDI-Forschungsheft 451 (1955), VDI-Verlag

[88] TRNKA, Z.: Einführung in die Regelungstechnik. Berlin: Verlag Technik 1956

[89] ZYPKIN, J. S.: Differenzengleichungen der Impuls- und Regelungstechnik. Berlin: Verlag Technik 1956

[90] GALPERIN, I. I.: Struktur und Zahl der Rückführung von Regelungssystemen. Nachrichten des Allunionsinstituts f. Wärmetechnik 1946, 1947.

[91] SCHÄFER, O. u. W. FEISSEL: Ein verbessertes Verfahren zur Frequenzganganalyse industrieller Regelstrecken, Regelungstechnik 3 (1955) H. 9

[92] FLÜGGE-LOTZ: Über die Bewegung eines Schwingers unter dem Einfluß von Schwarz-Weiß-Regelung. ZAMM 1947, S. 97

[93] LOEB, J.: Les servomecanismes a programme Automatisme 1956, Nr. 7

[94] LEONHARD, A.: Sind nichtlineare Elemente in Regelkreisen erwünscht oder unerwünscht? E. u. M 1959, S. 489—495

[95] SCHWEIZER, G.: Beiträge zur Berechnung und zur experimentellen Untersuchung von nichtlinearen Regelkreisen. Dissertation TH Stuttgart 1958

[96] LEONHARD, A.: Steuerung und Regelung der Motordrehzahl. ETZ 73 (1952) S. 227—230

[97] GILOI, W.: Zur Theorie und Verwirklichung einer Regelung für Laufzeitstrecken nach dem Prinzip der ergänzenden Rückführung. Dissertation TH Stuttgart 1960

[98] MATUSCHKA, H.: Nichtlinearitäten im Regler zur Verbesserung der Regelgüte. Regelungstechnik. Moderne Theorien und ihre Verwendbarkeit. München: R. Oldenbourg 1957

[99] MAGNUS, K.: Optimierungsprobleme. Lehrgang „Regelungstechnik" des VDI-Bildungswerkes 1960

[100] MITROVIC, D.: Graphical Analysis of feedback control systems, Transactions paper Nr. 58—860 1958

[101] ERNST, D.: Elektronische Analogrechner. Wirkungsweise und Anwendung. München: R. Oldenbourg 1960

[102] BLEISTEINER, G., W. v. MANGOLDT, H. HENNING u. R. OETKER: Handbuch der Regelungstechnik. Springer-Verlag 1961

[103] DE QUERVAIN, A.: Digital Computer for Control of Interconnected Power Systems. AIEE Conference Paper CP 58—1103

[104] BOWER, G. G.: Analog-To-Digital Converters. Regelungstechnik 5 (1957) S. 418 ff.

[105] ANKE, K., G. KESSLER u. H. MÜLLER: Digitale Drehzahlregelung. Siemens-Zeitschrift Nr. 34 (1960) S. 660—664

[106] ANKE, K., K. ERTEL u. G. SINN: Digitale Wegregelung. Siemens-Zeitschrift Nr. 34 (1960) S. 664—671

[107] EGLI, W.: Der elektronische Digitalnetzregler. BBC-Mitteilungen 47 (1961) S. 741—749

[108] SCHMID, A.: Ein mechanisches Gerät zur Bestimmung der statischen und dynamischen Kennlinien von Drehzahlreglern für Wasserturbinen. Dissertation TH Stuttgart 1960

[109] WAHL, F.: Die Bewertung des Einflusses der Coulombschen Reibung auf das statische und dynamische Verhalten von Drehzahlreglern ohne Hilfsenergie für Einspritzpumpen von Dieselmotoren. Dissertation TH Stuttgart 1961

[110] SCHNEIDER, A.: Das regeldynamische Verhalten von Kohlenstaubfeuerungen. Dissertation TH Stuttgart 1959

[111] STÜRMER: Regelung des Dampfdruckes eines Trommelkessels durch Änderung der Feuerungsleistung. Dissertation TH Stuttgart 1959
[112] APRILE, G.: Calcolo numerico rapido della Risposta Transitoria. Estratto da "Il Calore", Rassegna tecnica mensile dell' Associazione nazionale per il Controllo della Combustione. Anno 1958, Nr. 5
[113] BROWN u. CAMPBELL: Principles of Servomechanismes. John Wiley, New York. Chapman Hall, Limited London 1948
[114] BURGSTAHLER, A.: Aufschaltung von Differenzenquotienten, ein Mittel zur Stabilisierung von Schrittregelungen. In Vorbereitung
[115] HENRICH, R.: Beitrag zur Frage der optimalen Bemessung der frei wählbaren Regelkonstanten. Dissertation TH Stuttgart 1958
[116] GRAHAM, D. u. R. C. LATHROP: The synthesis of optimum transient response criteria and standard forms. Trans AIEE Vol. 72/II (1953) 273
[117] ZIEGLER, J. G. u. N. B. NICHOLS: Optimum settings for automatic controller. Trans. ASME 64 (1942) 759
[118] ZYPKIN, J. S.: Theorie der Relaissysteme der automatischen Regelung. München: R. Oldenbourg u. Berlin: Verlag Technik 1958
[119] KAUFMANN, H.: Dynamische Vorgänge in linearen Systemen der Nachrichten- und Regelungstechnik. München: R. Oldenbourg 1959

Sachverzeichnis